Die

Fortschritte der Physik

im Jahre 1885.

Dargestellt

von

der physikalischen Gesellschaft zu Berlin.

XLI. Jahrgang.

Erste Abtheilung,

enthaltend:

Physik der Materie.

Redigirt von

Dr. E. Budde.

Berlin.

Verlag von Georg Reimer.

1891.

Die Fortschritte
der
Physik der Materie
im Jahre 1885.

Dargestellt

von

der physikalischen Gesellschaft zu Berlin.

Redigirt

von

Dr. E. Budde.

Berlin.
Verlag von Georg Reimer.
1891.

Vorwort.

Die Electrophysiologie hat sich seit geraumer Zeit zu einer selbständigen Disciplin entwickelt, deren Umfang so gross ist, dass eine einigermassen umfassende Berichterstattung über dieselbe den Rahmen dieser Berichte erheblich überschreiten würde. Sie wird zur Zeit nicht mehr von Physikern, sondern ausschliesslich von praktischen Physiologen betrieben, und diese suchen ihre Litteraturnachweise nicht in den Fortschritten der Physik, sondern in den Jahresberichten über Physiologie. Aus diesen Gründen hat der Vorstand der physikalischen Gesellschaft auf meinen Antrag beschlossen, den Bericht über Electrophysiologie vom Jahrgang 1885 ab eingehen zu lassen.

Das bisher unter No. 39 geführte Capitel fällt also von nun an fort. Der dadurch frei gewordene Raum ist vorläufig in folgender Weise verwerthet: Es mehren sich neuerdings die Abhandlungen, in denen nicht eine physikalische Eigenschaft an verschiedenen Körpern erforscht, sondern ein und derselbe Körper auf eine Reihe der verschiedensten Eigenschaften geprüft wird. Derartige Untersuchungen sind in der überkommenen Eintheilung der Berichte schwer unterzubringen; zu wiederholter Erwähnung derselben unter jeder der berührten Rubriken, wie Dichte, Schmelzpunkt, Brechungsindex etc. reicht der Raum nicht aus; wird aber über die ganze Abhandlung unter einer einzigen Rubrik referirt, so liegt die Gefahr nahe, dass der Leser sie nicht findet. An gewisse Zusammenstellungen, wie Dichte und Brechungsindex, ist man schon so gewöhnt, dass sich voraussetzen lässt, der Nachschlagende, der sich über Dichte orientiren will, werde auch die

Brechungsindices nicht undurchsucht lassen; für derartige Zusammenstellungen habe ich vorläufig keine Abweichung von der Ueberlieferung eintreten lassen, nach welcher sie unter einer, meist unter der zweiten der berührten Rubriken, abgehandelt werden. Solche Abhandlungen aber, welche sich mit mehr als zwei oder mit besonders heterogenen Constantengruppen beschäftigen, habe ich zu einem besonderen Capitel vereinigt, welches nunmehr die Nummer 40 und die Ueberschrift „Vermischte Constanten" erhält. Ich hoffe, dass es sich mit der Zeit zu einer brauchbaren Constantensammlung erweitern wird. Innerhalb desselben wird nicht nach Eigenschaften, sondern nach Substanzen geordnet.

Bezüglich der Capitel 3, Molecularphysik, und 7, Cohäsion und Adhäsion, wurde es mit der Zeit immer schwieriger, eine Grenze inne zu halten. Da jede feste Begrenzung das Aufsuchen erleichtert, habe ich mir erlaubt, eine solche zu ziehen: Cap. 3 umfasst von jetzt ab alles, was sich auf Atome und auf die Zusammensetzung des Molecüls aus Atomen bezieht, Cap. 7 dagegen den Aufbau des Körpers aus Molecülen, insbesondere also auch das, was sich auf den Begriff Gefüge bezieht. Wo die intramolecularen Kräfte aufhören und die intermolecularen anfangen, das ist freilich nicht ganz ohne Hypothese oder Willkür zu entscheiden; ich habe Allotropien, Makromolecüle und Krystallwasser zu Cap. 3, die Besonderheiten der Colloide aber zu Cap. 7 geschlagen.

Endlich glaube ich das Nachschlagen dadurch zu erleichtern, dass ich die Eintheilung des Werkes, welche Seite XXXII gegeben ist, erheblich specialisirt habe. Es war das nicht für alle Capitel erforderlich, wohl aber für solche, deren Inhalt aus der Ueberschrift nicht mit Sicherheit entnommen werden kann. Zugleich liefert diese detaillirte Eintheilung die Anordnung des Stoffes innerhalb der einzelnen Capitel.

E. Budde.

Erklärung der Citate.

Ein Kreuz (†) bedeutet, dass der Berichterstatter den citirten Abdruck nachgelesen, ein Sternchen (*), dass der Berichterstatter oder der Redacteur nochmals sich von der Richtigkeit des Citats überzeugt hat. [vor einem Citat bedeutet Auszug bezw. Referat der angegebenen Abhandlung in der dann genannten Zeitschrift. Wenn der Herr Referent über russische Arbeiten von einem Herrn Verfasser freundlichst unterstützt wurde und er die Mittheilung desselben für das in diesen Berichten gegebene Referat benutzen konnte, befindet sich vor der Chiffer des Referenten der eingeklammerte Name des Verfassers. Entsprechendes gilt für Referate aus dem Gebiet der Mechanik, wenn der Herr Referent bereits vorhandene, von andern Mitarbeitern herrührende Referate aus dem Jahrbuch über die Fortschritte der Mathematik benutzt hat.

Eine rund eingeklammerte (arabische) Zahl vor der (römischen) Bandzahl bezeichnet, welcher Reihe (Folge, Serie) einer Zeitschrift der betreffende Band angehört; hinter der Bandzahl deutet eine eckig eingeklammerte arabische Zahl auf gleichzeitige, eine rund eingeklammerte auf zeitlich getrennte, nacheinander erscheinende Abtheilungen. H bedeutet Heft, L Lieferung und (L) bei den Citaten aus Nature Brief, Briefliche Mittheilung, N (oder Nr.) Nummer.

Zeitschriften, von welchen für jedes Jahr ein Band erscheint, sind nach dieser Jahreszahl citirt, welche von der Jahreszahl des Erscheinens manchmal verschieden ist, wie bei den Rep. Brit. Ass., oder auch gleichzeitig nach dem Bande.

Im Folgenden ist angegeben, welche Abkürzungen für die Titel bei den Citaten benutzt sind. Abkürzungen, welche an sich vollständig verständlich sind, sind nicht mitgetheilt.

Manche näheren Angaben über die citirten Zeitschriften sind zu finden in diesen Berichten 1852, S. VIII-XXIV und 1854, S. X-XII etc.

Abh. d. Berl. Ak. = Physikalisch-mathematische Abhandlungen der Königlich Preussischen Akademie der Wissenschaften zu Berlin. Aus dem Jahre . . . . Berlin: (Dümmler's Verlagsbuchhandlung [jetzt Georg Reimer] in Comm.) 4°. — Erscheinen auch in einzelnen Heften. R.

Abh. d. Böhm. Ges. d. W = Abhandlungen der königl. böhmischen Gesellschaft der Wissenschaften. Prag: Selbstverlag der Kgl. böhm. Ges. 4°. R.

Abh. d. Brem naturw. Ver. = Abhandlungen hrsg. vom naturwissenschaftlichen Vereine zu Bremen. Bremen: Müller. gr. 8°.

Abh. d. G. d. W. zu Gött. = Abhandlungen der königlichen Gesellschaft der Wissenschaften zu Göttingen. Göttingen: Dietrich's Verlag. gr. 4°.

Abh. d. k. bayr. Ak. = Abhandlungen der Münchener Akademie der Wissenschaften. 2. Classe. München. In einzelnen Heften erhalten. R.

Abh. d. k. sächs. G. d. W. = Abhandlungen der mathematisch-physikalischen Classe der Königl. Sächsischen Gesellschaft der Wissenschaften. Leipzig: Hirzel. Erscheint in einzelnen Nummern mit durchlaufender Pagination, hoch 8°. R.

Abh. d. Senk. Naturf. Ges. = Abhandlungen hrsg. von der Senkenbergischen naturforschenden Gesellschaft. Frankfurt a/M.: Diesterweg. gr. 4°.

Ac. di Bologna sh. **Mem. di Bol.** und **Rend. di Bol.**

Ac d. Brux. = **Ac. d. Belg.** sh. **Bull. de Belg.** und **Mem. de Belg.**

Ac. dei Lincei sh. **Atti R. Acc. dei Lincei.**

Act. de la soc. Helv. = **Verh. d. Schweiz. Naturf. Ges.** sh. **Verh.** · · ·

Act. soc. Ups. = Nova acta Regiae societatis scientiarum Upsaliensis. Upsala. R.

Act. Univ. Lund. = Acta Universitatis Lundensis. Lund. 4°.

Acta Ac. Leopoldinae = Nova acta academiae caesareae Leopoldino-Carolinae Germanicae naturae curiosorum. Halis Saxonum (Lipsiae: W. Engelmann) 4°; auch mit dem Titel: Verhandlungen der Kaiserlichen Leopoldinisch-Carolinischen Deutschen Akademie der Naturforscher · · ·

Aerztl. Intellgzbl. München. = Aerztliches Intelligenz-Blatt; Münchener medicinische Wochenschrift. Organ für amtliche und praktische Aerzte, Hrsg. von BOLLINGER. · · ·. Red.: LEOP. GRAF. München: J. A. Finsterlin. Imp. 4°.

Allg. J. f. Uhrm. = Allgemeines Journal für Uhrmacherkunst. Red.: FERD. ROSENKRANZ. Leipzig: Kunath & Rosenkranz. gr. 4°.

Allg. Wien. med. Zeitung = Allgemeine Wiener medizinische Zeitung. Red. u. Hrsg.: B. KRAUS. Wien: Sallmayer in Comm. Fol.

D'Almeida J. sh. **J. de phys.**

Alpine J. = The Alpine Journal. (Zeitschrift des englischen Alpenklubs.)

Amer. Chem. = The American Chemist. A monthly journal of theoretical, analytical and technical chemistry. New-Series. (Citate, einzelnen Zeitschriften entnommen.)

Amer. Chem. J. = American Chemical Journal.

Amer. Ass. bezieht sich auf die Verhandlungen der nordamerikanischen Naturforscherversammlung, sh. **Proc. Amer. Ass.**

Amer. J. of Math. = American Journal of Mathematics pure and applied. Editor in chief: J. J. SYLVESTER, Associate Editor in charge: W. E. STORY. . . . Published under the auspices of the John Hopkins University. Baltimore · Murphy. 4°.

Amer. J. of science sh. **Sill. J.**

Ann. agron. = Annales de l'Institut national agronomique, administration, enseignement et recherches. Année · · ·. Paris: impr. et lib. Tremblay. — Ministère de l'agriculture et du commerce. — 8°.

Ann. d. Bur. d. Long. sh. **Annu. d. Bur. des Long.**

Ann. chim. phys. = Annales de chimie et de physique, par MM. CHEVREUL, DUMAS, BOUSSINGAULT, WURTZ, BERTHELOT, PASTEUR, avec la collaboration de M. BERTIN. (Sixième série.) Paris: G. Masson. 8°. Erscheint in 12 Monatsheften. R

Ann. d. Hydr. = Annalen der Hydrographie und maritimen Meteorologie. Organ des hydrographischen Amtes und der deutschen Seewarte. Hrsg. von dem hydrographischen Amt der Admiralität. Berlin: Mittler & Sohn. Lex. 8°. 12 H. R.

Ann. d. mines = Annales des Mines ou Recueil de mémoires sur l'exploitation des mines et sur les sciences et les arts qui s'y rapportent, rédigées par les Ingénieurs des Mines et publiées sous l'autorisation du Ministre des travaux publics. Paris. 8°.

Ann. d. l'obs. d. Mosc. = Annales de l'Observatoire de Moscou.

Ann. d'ocul. = Annales d'oculistique. Bruxelles: Bureau, Avenue de la Toison d'Or, 74.

Ann. d. Phys. u. Chem. sh. **Wied. Ann.** [früher (vor 1877) **Pogg. Ann.**]

Ann. d. phys. CObs. = Annalen des physikalischen Central-Observatoriums, hrsg. v. H. WILD. St. Petersburg. (Leipzig: Voss Sort.) Imp.-4°. R.

Ann. des mal. de l'oreille = Annales des Maladies de l'Oreille et du Larynx. Erscheint in Paris jährlich 6 Mal.

Ann. éc. norm. = **Ann. de l'éc. norm.** = Annales scientifiques de l'école normale supérieure publiées sous les auspices du ministre de l'instruction publique par un comité de redaction ···. Paris: Gauthier-Villars. 4°. (Das Erscheinen wurde durch den Krieg unterbrochen und 1872 mit einer neuen Serie wieder aufgenommen.)

Ann. obs. Brux. = Annales de l'observatoire royal de Bruxelles, publiées aux frais de l'Etat. Bruxelles: F. Hayez. 4°.

Ann. soc. mét. d. France = Annales de la société météorologique de France.

(Diese Citate sind entnommen ZS. f. Met.)

Ann. soc. scient. de Brux. = Annales de la société scientifique de Bruxelles. Bruxelles: F. Hayez. 8°.

Ann. tél. = Annales télégraphiques.

Annu. du Br. des Long. = Annuaire pour l'an . . ., publié par le bureau des longitudes. — Avec des Notices scientifiques: Paris: Gauthier-Villars. kl. 8°.

Annu. de Belg. = Annuaire de l'Academie royale des sciences, des lettres et des beaux arts de Belgique. Bruxelles: F. Hayez. kl. 8°. (Enthält Lebensbeschreibungen etc.)

Annu. d. Club. alpin = Annuaire du Club Alpin français. Paris: Hachette & Co. 8°.

Annu. d. Soc. Met. It. = Annuario della Società meteorologica Italiana (red. von RAGONA).

Annu. obs. Brux. = Annuaire de l'observatoire royal de Bruxelles.

Arch. d. Genève sh. **Arch. sc. phys.**

Arch. d. Math. = Archiv der Mathematik und Physik mit besonderer Rücksicht auf die Bedürfnisse der Lehrer an höheren Unterrichtsanstalten. Gegründet von J. A. GRUNERT, fortgesetzt von R. HOPPE. Leipzig: C. A. Koch. Die Bände fallen nicht mit den Jahrgängen zusammen. 8°. R.

Arch. de Physiol. = Archives de physiologie normale et pathologique. Directeurs MM. BROWN-SÉQUARD, CHARCOT, VULPIAN. Directeur-adjoint: M. A. JOFFROY. Paris: G. Masson (jährlich 2 Bde.).

Arch. f. Anat. = Archiv für Anatomie und Entwicklungsgeschichte. Zugleich Fortsetzung der Zeitschrift für Anatomie und Entwickelungsgeschichte. Unter

Mitwirkung von CHR. AEBY, AL. ECKER, JOS. GERLACH etc. hrsg. von WILH. HIS und WILH. BRAUNE. Leipzig: Veit & Co. gr. 8°. 6 H.

Arch. f. Anat. u. Physiol. = Archiv für Anatomie und Physiologie. Fortsetzung des von REIL, REIL und AUTENRIETH, J. F. MECKEL, JOH. MÜLLER, REICHERT und DU BOIS-REYMOND herausgegebenen Archives. Hrsg. von WILH. HIS und WILH. BRAUNE, und EMIL DU BOIS-REYMOND. Leipzig: Veit & Co. gr. 8°. 2 Abtheilungen zu 6 Heften und 1 Suppl.-Bd. 1. Anatomische Abtheilung sh. **Arch. f. Anat.** 2. Physiologische Abtheilung sh. **Arch. f. Physiol.**

Arch. f. Augenheilk. = Archiv für Augenheilkunde. Unter Mitwirkung von H. PAGENSTECHER in deutscher und englischer Sprache hrsg. von H. KNAPP und C. SCHWEIGGER. Wiesbaden: Bergmann. gr. 8°. 4 H.

Arch. f. mikrosk. Anat. = Archiv für mikroskopische Anatomie, hrsg. von v. LA VALETTE ST. GEORGE und W. WALDEYER. Bonn: Cohen & Sohn. gr. 8°.

Arch. f. Ohrenheilk. = Archiv für Ohrenheilkunde, im Verein mit A. BÖTTCHER, AD. FICK, C. HASSE etc. hrsg. von A. v. TRÖLTZSCH, ADAM POLITZER und H. SCHWARTZE. Leipzig: F. C. W. Vogel. gr. 8°. 4 H.

Arch. f. Ophth. = ALBR. v. GRAEFE's Archiv f. Ophthalmologie. Hrsg. von F. ARLT, F. C. DONDERS u. TH. LEBER. Berlin: H. Peters. gr. 8°.

Arch. f. path. Anat. = **Virchow Arch.** = Archiv für pathologische Anatomie und Physiologie und für klinische Medicin. Hrsg. v. RUD. VIRCHOW. Berlin: Georg Reimer. gr. 8°.

Arch. f. Pharm. = Archiv für Pharmacie. Zeitschrift des deutschen Apotheker-Vereins. Hrsg. vom Vereins-Vorstande unter Redaction von E. REICHARDT. (3. Reihe) Halle: Buchh. d. Waisenh. in Comm. 12 H. 8°. R.

Arch. f. Physiol. = **Du Bois Arch.** = Archiv für Physiologie (physiologische Abtheilung des Archivs für Anatomie und Physiologie). Unter Mitwirkung mehrerer Gelehrten hrsg. von EMIL DU BOIS-REYMOND. Leipzig: Veit & Co. gr. 8°. 6 H. u. 1 Suppl.-Bd. (Der Suppl.-Bd. von 1883 ist die Festschrift für E. DU BOIS-REYMOND zum 15. October 1883). R.

Arch. f. ges. Physiol. = **Pflüger Arch.** = Archiv für die gesammte Physiologie des Menschen und der Thiere. Hrsg. von E. F. W. PFLÜGER. Bonn: Strauss. R.

Arch. f. Psych. = Archiv für Psychiatrie und Nervenkrankheiten. Hrsg. von B. v. GUDDEN, L. MEYER, TH. MEYNERT, C. WESTPHAL. Red. v. C. WESTPHAL. Berlin: Hirschwald. gr. 8°.

Arch. Mus. Teyl. = **Arch Teyler** = Archives du Musée Teyler. Haarlem. 4°.

Arch. Néerl. = Archives néerlandaises des sciences exactes et naturelles publiées par la société hollandaise des sciences à Harlem, et rédigées par E. H. VON BAUMHAUER, Secrétaire de la Société, avec la collaboration de MM. D. BIERENS DE HAAN, C. A. J. A. OUDEMANS, W. KOSTER, C. H. D. BUIJS BALLOT et C. K. HOFFMANN. Haarlem: les héritiers Loosjes. 8°. 5 livraisons. R.

Arch. sc. phys. = Bibliothèque universelle et revue suisse. Archives des sciences physiques et naturelles. Lausanne: Bridel. 8°. 12 H. R.

Astr. Nachr. = **Astron. Nachr.** = Astronomische Nachrichten, begründet von H. C. SCHUMACHER. Unter Mitwirkung des Vorstandes der Astronomischen Gesellschaft hrsg. von Professor Dr. A. KRUEGER, Director der Sternwarte in Kiel. Kiel: Druck von C. F. Mohr (P. Peters). 4°. (Hamburg: Mauke Söhne in Comm.) Erscheint in einzelnen Nummern. Die Bände fallen nicht mit Jahrgängen zusammen. R.

Astr. Soc. bezieht sich auf Berichte über die Astronomical Society of London in Nature etc.

Ath. = Athen. = Athenaeum = The Athenaeum, Journal of English and Foreign Literature, Science, the fine Arts, Music and Drama. (In zwei Bänden: I. von Januar bis Juni, II. von Juli bis December.) R.

Atti R. Acc. dei Lincei = Atti della R. Accademia dei Lincei (4. Ser.) 1) Rendiconti (**Rend.**), 2) Memorie (**Mem.**) della Classe di scienze fisiche, matematiche e naturali. R. Vor December 1884 wurden Transunti (**Trans.**) statt der Rendiconti herausgegeben.

Atti Acc. Pont. dei Linc. = Atti dell' Accademia pontificia dei Nuovi Lincei. Roma.

Atti di Napoli = Atti della Reale Accademia delle scienze fisiche e matematiche. Napoli. 4°.

Atti di Torino = Atti della Reale Accademia delle scienze. Torino. 8°.

Atti R. Ist. Ven. = Atti del Reale Istituto Veneto di scienze, lettere ed arti.

Aus all. Weltth. = Aus allen Welttheilen. Illustrirtes Familienblatt für Länder- und Völkerkunde und verwandte Fächer. Red.: OSK. LENZ. Leipzig: Fues's Verl. gr. 4°.

Ausl. = Ausland = Das Ausland. Wochenschrift für Länder- und Völkerkunde, unter Mitwirkung von FRDR. RATZEL und anderen Fachmännern herausgegeben. Stuttgart: Cotta. gr. 4°. 52 Nrn. R.

Basler Verh. = Verhandlungen der naturforschenden Gesellschaft in Basel. Basel: H. Georg's Verlag. gr. 8°.

Bayr. Ind. u. Gewbl. = Bayerisches Industrie- und Gewerbeblatt. Zugleich Organ des bayerischen Dampfkessel-Revisions-Vereins. Hrsg. vom Ausschuss des polytechn. Vereins in München, red. von EGB. HOYER. München: Literar.-artist. Anstalt. 6 H. Lex. 8°.

Behm's Jahrbuch = Behm's geogr. Jahrb. = Geographisches Jahrbuch. Begründet 1866 durch E. BEHM. Unter Mitwirkung von A. AUWERS, G. v. BOGUSLAWSKI, O. DRUDE etc. hrsg. von HERM. WAGNER. Gotha: J. Perthes. 8°.

Beibl. = Beiblätter zu den Annalen der Physik und Chemie. Hrsg. unter Mitwirkung befreundeter Physiker von G. u. E. WIEDEMANN. Leipzig: Johann Ambrosius Barth. 8°. Jährlich 12 Nummern. R.

Beng. Soc. bezieht sich auf die Verhandlungen der englischen asiatischen Gesellschaft.

Ber. d. bot. Ges. = Berichte der Deutschen botanischen Gesellschaft. Berlin. (Band II, 1884.)

Ber. d. chem. Ges. = Chem. Ber. = Berichte der deutschen chemischen Gesellschaft. Red.: FERD. TIEMANN. Berlin: Friedländer & Sohn in Comm. 8°. Erscheint in einzelnen Heften (jährlich 19), ungefähr jede 14 Tage ein Heft (Nummer) ausser den Sommermonaten. R.

Ber. d. naturf. Ges. Bamb. = Bericht über die Verhandlungen der naturforschenden Gesellschaft zu Bamberg.

Ber. der naturf. Ges. Freib. = Berichte über die Verhandlungen der naturforschenden Gesellschaft in Freiburg i./B. Red. von F. HIMSTEDT. Freiburg i./Br.: Stoll & Bader in Comm.

Ber. d. naturw. Ges. Chemn. = Bericht der naturwissenschaftlichen Gesellschaft Chemnitz. · · · Chemnitz: Bülz.

Ber. d. Oberhess. Ges. = Berichte der oberhessischen Gesellschaft für Natur- und Heilkunde. Giessen: Ricker in Comm. gr. 8°.

Ber. d. sächs. Ges. d. Wiss. sh. **Leipz. Ber.**

Ber. d. ung. Acad. = **Ber. Ungarn** = Mathematische und naturwissenschaftliche Berichte aus Ungarn. Mit Unterstützung der ungar. Akademie der Wissenschaften und der königl. ungar. naturwissenschaftlichen Gesellschaft hrsg. von Baron R. EÖTVÖS, JUL. KÖNIG, JOS. V. SZABO, KOLOMAN V. SZILY, KARL v. THAN. Red. v. J. FRÖHLICH. Budapest. Berlin: Friedländer und Sohn. gr. 8°. (Juli bis Juni.)

Ber. d. Wien. Ak. sh. **Wien. Ber.**

Berl. klin. Wochenschr. = Berliner klinische Wochenschrift. Organ f. prakt. Aerzte. Mit Berücksichtigung der preuss. Medicinalverwaltung und Medicinalgesetzgebung nach amtlichen Mittheilungen. Red.: C. A. EWALD. Berlin; Hirschwald. 52 N. gr. 4°.

Berl. Monatsber. = Monatsberichte der Königlich Preussischen Akademie der Wissenschaften zu Berlin. Berlin: (Dümmler's Vorlagsbuchhandlung). (Bis 1881; von 1882 ab:)

Berl. Sitzber. = **Berl. Ber.** = Sitzungsberichte der Königl. Preussischen Akademie der Wissenschaften zu Berlin. Berlin: (Dümmler's Verl. [jetzt Georg Reimer] in Comm.) 53 N. Lex. 8°.

Berl. stat. Jahrb. = Statistisches Jahrbuch der Stadt Berlin · · · Hrsg. v. RICH. BÖCKH. Berlin: Simion. gr. 8°.

Bern. Mitth. = Mittheilungen der Naturforschenden Gesellschaft in Bern. · · · Bern: Huber & Comp. in Comm. 8°. R.

Biederm. CBl. f. Agr. Chem. = BIEDERMANN's Central-Blatt für Agrikulturchemie und rationellen Landwirtschafts-Betrieb. Referirendes Organ für naturwissenschaftliche Forschungen in ihrer Anwendung auf die Landwirtschaft. Fortgesetzt unter der Red. v. MOR. FLEISCHER und unter Mitwirkung von E. BORGMANN, O. KELLNER, A. KERN, etc. Leipzig: Leiner. 12 H. gr. 8°.

Bih(ang) Sv. Vet. Ak. Handl. = Bihang till Kongl. Svenska Vetenskaps-Akademiens Handlingar. Stockholm.

du Bois. Arch. = **du Bois-Reymond Arch.** sh. **Arch. f. Physiol.**

Boll. soc. geogr. Ital. = Bolletino della Società geografica italiana (seit 1868). Red.: DALLA VEDOVA.

Bot. Ztg. = Botanische Zeitung. Red.: A. DE BARY, L. JUST. Leipzig: Felix. 4°. 52 N.

Brioschi Ann. = Annali di matematica pura ed applicata, diretti da F. BRIOSCHI e L. CREMONA in continuazione degli Annali già pubblicati in Roma dal Prof. TORTOLINI. Milano. 4°.

Brit. J. of photogr. bezieht sich auf die Verhandlungen der photographischen Gesellschaft in London, die der Redaction nicht direct zugänglich waren.

Brit. med. J. = The British Medical Journal being the Journal of the British Medical Association, edited by ERNEST HART. London. 4°.

Bull. de Belg. = **Bull. Brux.** = **Bull. de Brux.** = Académie Royale des sciences, des lettres et des beaux-arts de Belgique. Bulletins des séances de la Classe des sciences. Bruxelles: F. Hayez. 8°. (2 Bände im Jahr.) In Band XI, 1885, sind durch einen längere Zeit fortgesetzten Druckfehler die Seitenzahlen 125—224 doppelt vorhanden; die Zahlen der zweiten Serie sind im Register des Werkes und in diesen Berichten durch einen Stern * bemerklich gemacht. R.

Bull. d'enc. = Bulletin de la société d'encouragement pour l'industrie nationale, par COMBES et PELIGOT Paris. 4°. (Nach verschiedenen Journalen citirt.)

Bull. de Marseille = Bulletin de la société scientifique et industrielle de Marseille.

Bull. de Moscou = Bulletin de la Société Impériale des naturalistes de Moscou. Moscou. Red. von MENZBIER.

Bull. de Mulhouse = Bulletin de la société industrielle de Mulhouse.

Bull. de Nancy = Bulletin de la société de géographie de l'Est. Nancy.

Bull. de Neufch. = Bullétin de la société des sciences naturelles de Neufchatel.

Bull. de Pét. = **Bull. Pétersb.** = Bulletin de l'Académie Imperiale de St. Pétersbourg. St. Pétersbourg et Leipzig. gr. 4°. R.

Bull. de Toulouse = Bulletin de la société des sciences physiques et naturelles de Toulouse.

Bull. Phil. Soc. Wash. = Bulletin of the Philosophical Society of Washington. Washington. 8°.

Bull. sc. math. = Bulletin des sciences mathématiques et astronomiques, rédigé par MM. G. DARBOUX et J. HOÜEL avec la collaboration des MM. ANDRÉ, LESPIAULT, PAINVIN et RADAU, sous la direction de la commission des hautes études. Paris; Gauthier-Villars. 8°.

Bull. soc. Belg. de Géogr. = Bulletin de la société belge de géographie. Bruxelles.

Bull. soc. chim. = Bulletin de la Société Chimique de Paris comprenant le procès-verbal des séances, les mémoires présentées à la société, l'analyse des travaux de chimie · · ·. Comité de rédaction: MM PH. DE CLERMONT, P.-T. CLÈVE · · ·. Secrétaire de la rédaction: M. TH. SCHNEIDER. Paris: C. Masson. (2 Bände im Jahre, jeder besteht aus 12 H.) R.

Bull. soc. math. = Bulletin de la société mathématique de France publié par les secrétaires. Paris: au siége de la société · · ·. 8°.

Bull. soc. min. = **Bull. soc. min. de France** = Bulletin de la société mineralogique de France.

Bull. soc. philomat. = Bulletin de la société philomatique de Paris. R.

Bull. Soc. Vaud. = Bulletin de la société vaudoise des sciences naturelles. Publié, sous la direction du Comité, par M. F. ROUX. Lausanne: F. Rouge.

Bull. US. Geol. Survey = Bulletin of the United States geological survey. herausg. durch das Department of the Interior, Washington. Einzelne numerirte Hefte.

Cambridge Phil. Soc. bezieht sich auf Berichte in Nature etc.

Carinthia = Carinthia. Zeitschrift für Vaterlandskunde, Belehrung und Unterhaltung. Hrsg. vom Geschichtsvereine und naturhistorischen Landesmuseum in Kärnthen. Red.: MARKUS Frhr. v. JABORNEGG. Klagenfurt: v. Kleinmayr in Comm. 12 Nrn. 8°.

Cas. = **Casopis** = Casopis prv pěstování mathematiky a fisiky. (ZS. f. Mathematik und Physik), redigirt von A. PANEK. Prag. (Böhmisch.) 8°.

CBl. f. Agr. Ch. sh. **Biederm. CBl. f. Agr. Chem.**

CBl. f Augenheilk. = Centralblatt für praktische Augenheilkunde. Hrsg. von J. HIRSCHBERG. Leipzig: Veit & Co. gr. 8⁰. 12 N.

CBl. f. d. Forstw. = Centralblatt für das gesammte Forstwesen. Hrsg. von GUSTAV HEMPEL. Wien: Frick. 12 H.

CBl. f. d. med. Wiss. = **Centrbl. f. d. med. Wiss.** = Centralblatt für die medicinischen Wissenschaften. Red. von H. KRONECKER und H. SENATOR und M. BERNHARDT. Berlin: Hirschwald. gr. 8⁰. 52 N.

CBl. f. Nervenheilk. = Centralblatt für Nervenheilkunde, Psychiatrie und gerichtliche Psychopathologie. Hrsg. u. red. von ALB. ERLENMEYER. Leipzig: Thomas. gr. 8⁰. 24 N.

Centrztg. f. Opt. u. Mech. = Central-Zeitung für Optik und Mechanik. Red.: OSC. SCHNEIDER. Leipzig: Gressner & Schramm. gr. 4⁰. 24 N.

Chem. Ber. = **Ber. d. chem. Ges.**

Chem. CBl. = Chemisches Centralblatt. Repertorium für reine, pharmazeutische, physiologische und technische Chemie. Red.: RUD. ARENDT. Hamburg und Leipzig: Leopold Voss. (Wöchentlich eine Nummer.) R.

Chem. Ind. = Die chemische Industrie. Monatsschrift, hrsg. vom Verein zur Wahrung der Interessen der chemischen Industrie Deutschlands. Red. von EMIL JACOBSEN. Berlin: Springer. hoch 4⁰.

Chem. News = The Chemical News and Journal of Physical Science. With which is incorporated the „Chemical Gazette". A Journal of Practical Chemistry in all its applications to pharmacy, arts and manufactures. Edited by WILLIAM CROOKES. London; Published at the office. Boy Court, Ludgate Hill, E. C. 4⁰. Bd. LI enthält No. 1310—1335, LII No. 1336—1361. R.

Chem. Ztg. Chemiker-Zeitung. Central-Organ für Chemiker, Techniker, Fabrikanten, Apotheker, Ingenieure. Chemisches Central-Annoncenblatt. Hrsg.: G. KRAUSE. Köthen: Verlag der Chemiker-Ztg. gr. 4⁰. 52 N.

Cim. = Il nuovo Cimento, Giornale fondato per la fisica e la chimica da C. MATTEUCCI e R. PIRIA, continuato per la fisica esperimentale e matematica da E. BETTI e. R. FELICI. Pisa: Tip. Pieraccini dir. da P. Salvioni. (Jährlich 2 Bände, in je drei Heften.) R.

Civiling. = Der Civilingenieur. ··· hrsg. von E. HARTIG. Neue Folge. Leipzig: Felix. gr. 4⁰. 8 H.

Coast-Survey of the U. S. Rep. sh. **Rep. U. S. C. S.**

Comptes rendus de l'acad. des sc. de Stockholm = Kongliga Svenska Vetenskaps-Akademiens Handlingar. Ny Följd.

Cosmos di Cora = Cosmos. Communicazione sui progressi più recenti e notevoli della geografia e delle scienze affini di GUIDO CORA.

C. R. = Comptes rendus hebdomadaires des séances de l'Académie des sciences, publiés, conformément à une décision de l'académie en date du 13 Juillet 1835 par MM. les secrétaires perpétuels. Paris: Gauthier-Villars. 4⁰. (In jedem Jahr 2 Bände. Jan.—Juni, Juli—Dec.). R.

Crelle J. = Journal für die reine und angewandte Mathematik. In zwanglosen Heften. Hrsg. von L. KRONECKER und K. WEIERSTRASS. Mit thätiger Beförderung hoher Königlich-Preussischer Behörden. Fortsetzung des von A. L. CRELLE [1826—1856] und C. W. BORCHARDT [1856—1880] herausgegebenen Journals. Berlin: Georg Reimer. gr. 4⁰. (Erscheint in Bänden zu vier Heften.) R.

d'Almeida J. sh. **J. de phys.**

Danske. Geogr. Selsk. Tidskr. = Det Danske Geografiske Selskabs Tidskrift. Kopenhagen. (Vom 2. Bde. an kürzer: Geografisk Tidskr. betitelt. Seit Jan. 1877 monatliche Hefte.)

Denkschr. d. K. Acad. d. Wiss. sh. **Wien. Denkschr.**

Dingl. J. = DINGLER's Polytechnisches Journal. Hrsg. von JOH. ZEMAN und FERD. FISCHER. Augsburg: Cottasche Buchh. (Jährlich 4 Bände und zu jedem Bande ein Atlas mit 30 bis 40 Tafeln. Jeder der Bände besteht aus 13 Heften.) R.

Diss. = **Dissert.** = Inaugural-Dissertation · · · .

D. LZtg. = **Dtsch. LZtg.** = Deutsche Litteraturzeitung. Hrsg. von MAX ROEDIGER. Berlin: Weidmann. Hoch 4°. 52 N.

Dtsch. Arch. f klin. Med. = Deutches Archiv für klinische Medicin. Hrsg. v. ACKERMANN, BAUER, BÄUMLER etc. Red. von H. v. ZIEMSSEN und F. A. ZENKER. Leipzig: P. C. W. Vogel. (2 Bde. zu je 6 H.) gr. 8°.

Dtsch. Bauz. = Deutsche Bauzeitung. Verkündigungsblatt des Verbandes deutscher Architekten- und Ingenieur-Vereine. Red.: K. E. O. FRITSCH und F. W. BÜSING. Berlin: Toeche in Comm. 104 N. hoch 4°.

Dtsch. geogr. Blätter = Deutsche geographische Blätter. · · · Neue Folge d. Mittheilungen d. früher. Ver. f. d. deut. Nordpolarfahrt. Red. M. LINDEMAN. Bremen: v. Halem in Comm. 4 H. gr. 8°. (1. Jahrg. 1877.)

Dtsch. Indztg. = Deutsche Industriezeitung. Organ der Handels- und Gewerbekammern zu Chemnitz, Dresden, Plauen und Zittau. Red.: MAX DIEZMANN. Chemnitz: Bülz in Comm. 52 N. Imp. 4°.

Dtsch. med. Wochenschr. = Deutsche medicinische Wochenschrift. Mit Berücksichtigung der öffentlichen Gesundheitspflege und der Interessen des ärztlichen Standes. Red.: P. BÖRNER. Berlin: Georg Reimer. 52 N. gr. 4°.

Dtsch. Rundsch. f. Geogr. = Deutsche Rundschau für Geographie und Statistik. Unter Mitwirkung hervorragender Fachmänner hrsg. von FRDR. UMLAUFT. Wien: Hartleben. 12 H. gr. 8°.

Dtsch. ZS. f. prakt. Med. = Deutsche Zeitschrift für praktische Medicin. Red.: C. F. KUNZE. Leipzig: Veit & Co. (52 N. jährl.)

D. R. P. = Deutsches Reichs-Patent. (Für jedes Patent erscheint eine besondere Patentschrift.)

Dubl. J. of med. sc. = Journal of medical science. Dublin.

Dubl. Phil. Trans. = Philosophical Transactions of the Royal Society of Dublin.

Dublin Proc. sh. **Proc. Dublin.**

Du Bois Arch. = **Du Bois-Reymond Arch.** sh. **Arch. f. Physiol.**

Edinb. Trans. = Transactions of the Royal Society of Edinburgh. Edinburgh. 4°.

Electr. = **Electrician** = The Electrician. A weekly journal of theoretical and applied electricity and chemical physics. London: James Gray. Fol.

Electricien = L'Electricien. Paris.

Elektrot. ZS. = Elektrotechnische Zeitschrift. Hrsg. vom elektrotechnischen Verein. Red. von R. RÜHLMANN. Berlin: Springer. 12 H. hoch 4°.

Encéphale = L'encéphale. Journal des maladies mentales et nerveuses. Sous la direction de B. BALL ··· J. LUYS. Paris 8° (1 1881, jährlich 1 Band).

Eng. and. Min. J. = The Engineering and Mining Journal. New-York.

Engineering = Engineering: An Illustrated Weekly Journal. Edited by W. H. MAW and J. DREDGE. London. Offices for Advertisements and Publication, ···. Fol. Erscheint in Wochennummern. Bd. XXXIX enthält die Hefte 992 bis 1017, XL die Hefte 1018—1043. R.

Erdm. J. sh. **J. f. prakt. Chem.**

Erlang. Ber. = **Erl. Sitzber.** = Sitzungsberichte der physikalisch-medizinischen Societät zu Erlangen. Erlangen. 8°. R.

Exner Rep. sh. **Rep. d. Phys.**

Exner Prot. = Protocolle der chemisch physikalischen Gesellschaft zu Wien, abgedruckt in Exner Rep. Die Seitenzahlen beziehen sich auf Exners Repertorium.

Explorat. = L'Exploration. Journal des conquêtes de la civilisation sur tous les points du globe. (Fortsetzung des seit 1875 erschienenen L'explorateur géographique et commercial, welcher 1876 einging.)

Forh. Christiania = Forhandlinger i Videnskabs-Selskabet i Christiana Aar···.

Fortschr. d. Med. = Fortschritte der Medicin. Unter Mitwirkung hervorragender Fachmänner hrsg. von CARL FRIEDLÄNDER. Berlin: Fischer's med. Buchh. gr. 8°. 24 N.

Frankl. J. = The Journal of the Franklin Institute. Philadelphia. (Nach englischen Journalen citirt.)

Gaea = Gaea. Natur und Leben. Zeitschrift zur Verbreitung naturwissenschaftlicher und geographischer Kenntnisse, sowie der Fortschritte auf dem Gebiete der gesammten Naturwissenschaften. Unter Mitwirkung von R. AVÉ-LALLEMANT, O. BUCHNER, J. EGLI hrsg. von HERM. J. KLEIN. Köln: Mayer. 12 H. Lex. 8°.

Gazz. chim (Ital.) = Gazzetta chimica Italiana. (Citirt nach Chem. CBl., Ber. d. chem. Ges., J. chem. soc. etc.)

Geol. Soc. bezieht sich auf die Verhandlungen der Englischen Geologischen Gesellschaft nach Phil. Mag.

G. d. mat. = **Battaglini G.** = Giornale matematico ad uso degli studenti delle università italiane pubblicato per cura del Prof. G. BATTAGLINI. Napoli. gr. 8°.

G. d. Palermo = Giornale di scienze naturali ed economische pubblicato per cura del consiglio di perfezionamento annesso al R. Istituto tecnico di Palermo.

Gesundheit = Gesundheit. Zeitschrift für körperliches und geistiges Wohl hrsg. von CARL RECLAM. Elberfeld: Loll. 24 N. gr. 4°. (1. Jahrg. erschien Oct. 1875 bis Sept. 1876.)

Gewerbehalle = Gewerbehalle. Organ für den Fortschritt in allen Zweigen der Kunstindustrie ··· red. von LUDW. EISENLOHR und CARL WEIGLE. Stuttgart: Engelhorn. 12 H. Fol.

Globus = Globus. Illustrirte Zeitschrift für Länder- und Völkerkunde. Mit besonderer Berücksichtigung der Anthropologie und Ethnologie. Begründet von KARL ANDREE. ··· hrsg. von R. KIEPERT. Braunschweig: Vieweg und Sohn. hoch 4°.

Gött. Nach. = Nachrichten von der Königlichen Gesellschaft der Wissenschaften und der Georgia-Augusta-Universität zu Göttingen. Göttingen: Dietrich's Verlag. 8°.

Gornij J. = Journal für Bergwesen. St. Petersburg. (Russisch.)

Gräfe's Arch. f. Oph. sh. **Arch. f. Opht.**

Groth ZS. f. Kryst. sh. **ZS. f. Kryst.**

Grun. Arch. sh. **Arch. d. Math.**

Heidelberger Physiol. Unters. = Untersuchungen aus dem physiologischen Institute der Universität Heidelberg. Hrsg. von W. KÜHNE (= Ergänzungshefte zu den Verhandlungen des naturhistorisch-medicinischen Vereins zu Heidelberg). Heidelberg: C. Winter. gr. 8°.

Hoppe Arch. sh. **Arch. d. Math.**

Humb. = **Humboldt** = Humboldt. Monatsschrift für die gesammten Naturwissenschaften. Hrsg. v. G. KREBS. Stuttgart: Encke. 12 H. hoch 4°. (1. Jahrg. 1882.)

Hydrog. Not. = Hydrographic Notices. Washington.

Jahrb. d. Math. = **F. d. Math.** = Jahrbuch über die Fortschritte der Mathematik begründet von CARL OHRTMANN. Im Verein mit anderen Mathematikern und unter besonderer Mitwirkung von FELIX MÜLLER und ALBERT WANGERIN hrsg. von MAX HENOCH und EMIL LAMPE. Berlin: Georg Reimer. 8°.

Jahrb. d. Medic. sh. **Schmidt's Jahrb. d. Med.**

Jahrb. d. Schweiz. A. C. = Jahrbuch des Schweizer Alpen-Club. Bern: Schmid, Francke & Co. in Comm. 8°.

Jahrb. f. Min. = Neues Jahrbuch für Mineralogie, Geologie und Palaeontologie ··· hrsg. von E. W. BENECKE, C. KLEIN und H. ROSENBUSCH etc. Stuttgart: Schweizerbart.

Jahrb. geol. Reichsanst. = Jahrbuch der k. k. geologischen Reichsanstalt. Wien: Hölder. 4 H. R.

Jahrb. d. met. Centralanst. = Jahrbuch der k. k. Centralanstalt für Meteorologie und Erdmagnetismus. Wien. R.

Jahresh. d. Ver. f. Würt. = Jahreshefte des Vereins für vaterländische Naturkunde in Württemberg. Hrsg. von dessen Redactions-Commission H. v. FEHLING, O. FRAAS, F. v. KRAUS, P. v. ZECH. Stuttgart: Schweizerbart. gr. 8°.

J. chem. soc. = The Journal of the Chemical Society of London by FOSTER etc. Editor H. WATTS. London (Van Voorst). Jährlich 2 Bände in 12 Heften. Der eine Band enthält Abhandlungen, der andere Referate.) R.

J. d. math. = Journal de mathématiques pures et appliquées fondé en 1836 et publié jusqu'en 1874 par J. LIOUVILLE. Publié par H. RESAL avec la collaboration de plusieurs savants. Paris: Gauthier-Villars. 4° R.

J. d. Pharm. = **J. de Pharm. et de Chim.** = Journal de Pharmacie et Chimie. Paris. (Erscheint in Heften. Nach Citaten anderer Zeitschriften.)

J. de phys. = Journal de physique théorique et appliquée, fondé par J.-CH. D'ALMEIDA et publié par MM. E. BOUTY, A. CORNU, E. MASCART, A. POTIER. (2e série) — Paris: au bureau du Journal de Physique ···. 8°. (Erscheint in 12 Monatsheften.) R.

J. d. russ. chem.-phys. Ges. = Journal der physico-chemischen Gesellschaft zu St. Petersburg. (Russisch.) [1] = 1. Abtheilung: Chemie, [2] = 2. Abtheilung: Physik.

J. éc. pol. = Journal de l'école polytechnique, publié par le conseil d'instruction de cet établissement. Paris: Gauthier-Villars. 4°.

Jelinek ZS. sh. **ZS. f. Met.**

Jen. ZS. = Jenaische Zeitschrift für Naturwissenschaft, hrsg. von der medicinisch-naturwissenschaftlichen Gesellschaft zu Jena. Jena: Fischer. gr. 8°. (Mit den Sitzungsberichten der Gesellschaft.)

J. f. Gasbel. = Journal für Gasbeleuchtung und Wasserversorgung. Organ d. Vereins v. Gas- und Wasserfachmännern Deutschlands mit seinen Zweigvereinen hrsg. von N. H. SCHILLING und H. BUNTE. München: Oldenbourg. 24 N. Lex. 8°.

J. f. prakt. Chem. (2) = Journal für praktische Chemie. Neue Folge hrsg. von ERNST VON MEYER, gegründet von OTTO LINNÉ ERDMANN. Leipzig: Johann Ambrosius Barth. 8°. Der Jahrgang (= 2 Bände) besteht aus 22 Nummern, von denen mehrere gemeinsam erscheinen. Bd. XXXI und XXXII der neuen Folge sind Bd. CXXXIX und CXL der ganzen Reihe. R.

J. Frankl. Inst. = **J. of the Franklin Inst.** sh. **Frankl. J.**

Inaug. Diss. = Inaugural-Dissertation.

Ind. Antiqu. = The Indian Antiquary, a journal of oriental research in archeology, history, literature, languages, philosophy, religion, folklore etc. Edited by JAS. BURGESS. Bombay. gr. 4°.

Ind. Bl. = Industrie-Blätter. Wochenschrift für gemeinnützige Erfindungen ···. Hrsg. von E. JACOBSON. Berlin: Gaertner. gr. 4°.

J. of anat. = The Journal of anatomy and physiology normal and pathological. Conducted by G. M. HUMPHRY, WM. TURNER and J. G. MAC KENDRIK. London and Cambridge: Macmillan and Co. 4 H.

J. of Telegr. Eng. = Journal of the Society of the Telegraph Engineers. London.

Iron = Iron. An illustrated weekly Journal of Science, Metals & Manufactures in Iron and Steel. London. 2 Bde. Fol.

J. Scott. Met. Soc. = Journal of the Scottish Meteorological Society.

Isis = Isis. Zeitschrift für alle naturwissenschaftlichen Liebhabereien. ··· Hrsg. von KARL RUSS und BRUNO DÜRIGEN. Berlin: Gerschel. 52 Nrn. gr. 4°.

Iswestija = **Isw. geogr. Ob.** = Nachrichten (Iswestija) der kais. geographischen Gesellschaft. St. Petersburg. (Russisch; aus dieser Zeitschrift bringen PETERM. Mitth. kürzere Auszüge.)

Isw. Peterb. T. Inst. = Schriften des St. Petersburger technologischen Institutes. St. Petersburg. (Russisch.)

Klin. Mon.-Bl. f. Augenheilk. = Klinische Monatsblätter für Augenheilkunde. Hrsg. v. W. ZEHENDER. Stuttgart: Enke. gr. 8⁰.

Kolbe J. sh. **J. f. prakt. Chem.**

Kronecker J. sh. **Crelle J.**

K. Sv. Vet. Ak. Handl. = Kongliga Svenska Vetenskaps-Akademiens Handlingar. Stockholm. R.

La Lum. électr. sh. **Lum. électr.**

La Nat. = **La Nature** = La Nature; Revue des sciences et de leurs applications aux arts et à l'industrie. Journal hebdomadaire illustré fondé par M. le ministre de l'instruction publique d'une souscription pour les bibliothèques populaires et scolaires. Rédaction en chef GASTON TISSANDIER. Paris: G. Masson. gr. 8⁰. (Jährlich 2 Bände nebst 3—4 überschüssigen Decemberheften, die der Bandnummer und Paginirung nach zum folgenden Jahrgang gerechnet werden.)

Lancet = The Lancet. A journal of british and foreign medicine, physiology, surgery, chemistry, criticism, literature and news. Edited by JAMES G. WAKLEY.

Landw. Jahrb. = Landwirthschaftliche Jahrbücher. Zeitschrift für wissenschaftliche Landwirthschaft und Archiv des Königl. Preuss. Landes-Oekonomie-Kollegiums. Hrsg. von H. THIEL. Berlin: Parey. 6 H. gr. 8⁰.

Landw. Versuchs-St. = Die landwirthschaftlichen Versuchs-Stationen. Organ für naturwissenschaftliche Forschungen auf dem Gebiete der Landwirthschaft. Unter Mitwirkung sämmtlicher deutscher Versuchs-Stationen hrsg. von FRDR. NOBBE. Berlin: Parey. 6 H. gr. 8⁰.

Leipz. Abh. sh. **Abh. d. k. sächs. Ges. d. W.**

Leipz. Ber. = Berichte über die Verhandlungen der königlich sächsischen Gesellschaft der Wissenschaften zu Leipzig. Mathematisch-physikalische Classe. Leipzig: Hirzel. 8⁰. R.

Leipz. Jahrb. d. Ver. f. Erdk. = Mittheilungen des Vereins für Erdkunde zu Leipzig. Nebst dem . . . Jahresbericht des Vereins. Leipzig: Dunker u. Humblot. (Seit 1872 als Fortsetzung der Jahresberichte.)

L'Electricien sh. **Électricien.**

Leop. = Leopoldina. Amtliches Organ der kaiserl. Leopoldinisch-Carolinischen deutschen Akademie d. Naturforscher. Hrsg. unter Mitwirkung der Sectionsvorstände von dem Präs. C. H. KNOBLAUCH. Halle a. S. Leipzig: Engelmann in Comm. 15 N. gr. 4⁰.

Lieb. Ann. = JUST. LIEBIG's Annalen der Chemie. Hrsg. von F. WÖHLER, H. KOPP, A. W. HOFMANN, A. KEKULÉ, E. ERLENMEYER, J. VOLHARD. Leipzig: C. F. Winter. 8⁰. R.

Lincei Trans., Lincei Rend. und **Lincei Mem.** sh. **Atti R. Ac. dei Lincei.**

Liouville J. sh. **J. de math.**

Lit(er). CBl. = Literarisches Centralblatt für Deutschland. Hrsg. u. verantwortl. Red. FR. ZARNCKE. Leipzig: Avenarius. 52 N. gr. 4⁰.

Lond. phys. Soc. bezieht sich auf die Verhandlungen der Physikalischen Gesellschaft zu London nach Berichten in Nature etc.

London Trans. = **Trans. Roy. Soc.** sh. **Phil. Trans.**

Lotos = Lotos. Jahrbuch für Naturwissenschaft. Im Auftrage des Vereines „Lotos" hrsg. von TH. KNOLL. Prag: Tempsky. gr. 8°.

Lund's Univ. Aarsskrift sh. **Act. Univ. Lund.**

Lum. électr. = La lumière électrique, Journal universel de l'électricité. — Directeur: Dr. CORNELIUS HERZ. — Paris: Aux bureaux du journal. 4°. (Jährlich 4 Bde., deren erste Nummern nicht selten auf dem Umschlag eine falsche Bandzahl tragen.)

Manch. Soc. = **Manch. Philos. Soc.** bezieht sich auf die Verhandlungen der naturwissenschaftlichen Gesellschaft zu Manchester nach Berichten in Nature etc.

Masch.-Constr. = Der practische Maschinen-Constructeur. Zeitschrift für Maschinen- und Mühlenbau, Ingenieure und Fabrikanten. ··· hrsg. v. WILH. HEINR. UHLAND. Leipzig: Baumgärtner. 24 H. gr. 4°.

Math. = Mathésis, recueil mathématique à l'usage des écoles spéciales et des établissements d'instruction moyenne, publié par P. MANSION et J. NEUBERG; Gand, Korte. Paris: Gauthier Villars. 8°.

Math. Ann. = Mathematische Annalen. In Vorbindung mit C. NEUMANN begründet durch RUD. FRDR. ALFR. CLEBSCH. ··· hrsg. von FEL. KLEIN u. ADPH. MAYER. Leipzig: B. G. Teubner. gr. 8°.

Math. Soc. bezieht sich auf die Verhandlungen der Londoner mathematischen Gesellschaft nach Berichten in Nature etc.

Med. Jahrb. Wien = Medizinische Jahrbücher. Hrsg. von der k. k. Gesellschaft der Aerzte, red. von E. ALBEBT, H. KUNDRAT und E. LUDWIG. Wien: Braumüller. 4 H. gr. 8°.

Mém. c. de Belg. = Mémoires couronnés et mémoires des savants étrangers publiés par l'académie royale des sciences, des lettres et des beaux-arts de Belgique. Bruxelles: F. Hayez. 4°.

Mém. de Belg. = Mémoires de l'académie royale des sciences, des lettres et des beaux-arts de Belgique. Bruxelles. F. Hayez. 4°.

Mém. de Bordeaux = Mémoires de la société des sciences physiques et naturelles à Bordeaux. Bordeaux, Paris. 8°.

Mém. de Cherbourg = Mémoires de la société des sciences de Cherbourg. Paris et Cherbourg. 8°. R.

Mém. de Liége = Mémoires de la société royale des sciences de Liège. Liège. 8°.

Mém. de Lille = Mémoires de la société des sciences, de l'agriculture et des arts de Lille et publications faites par ses soins. Paris, Lille. 8°.

Mém. de Paris = Mémoires de l'Académie des sciences de l'Institut de France. 4°.

Mém. p. de Paris = Mémoires présentés par divers savants à l'Académie des sciences de l'Institut de France et imprimés par son ordre. Paris.. 4°.

Mém. de St.-Pétersb. = **Mém. de Pét.** = Mémoires de l'académie impériale des sciences de St.-Pétersbourg. St.-Pétersbourg. Leipzig: Voss' Sort. Imp. 4°. R.

Mém. de Toulouse = Mémoires de la société des sciences physique et naturelle de Toulouse.

Mem. di Bol. = **Mem. di Bologna** = **Bol. Mem.** = Memorie dell' Accademia Reale di scienze dell' Istituto di Bologna. 4 Hefte. 4°.

Mem. di Modena = Memorie della Accademia Reale di Modena. Modena.

Mem. di Torino = Memorie della Reale Accademia delle scienze di Torino. Torino.

Mem. Ist. Lomb. = Memorie del Reale Istituto Lombardo di Scienze e Lettere. Classe di scienze matematiche e naturali. Milano, Napoli, Pisa: Ulrico Hoepli. 4°.

Mem. Ist. Ven. = Memorie del Reale Istituto Veneto di scienze, lettere ed arti. Venezia.

Mem. Manch. Soc. = Memoirs of the literary and philosophical society of Manchester. London: H. Baillière. 8°.

Mem. Russ. geogr. Soc. bezieht sich auf die Sapiski (Schriften) der Kais. Russischen Geographischen Gesellschaft. Petersburg.

Mem. Roy. Astr. Soc. = Memoirs of the Royal Astronomical Society. London. 4°.

Mem. Spettr. = Memorie della società degli spettroscopisti italiani. (Gegründet 1872.)

Mess. of Math. = The Messenger of Mathematics edited by ALLEN WHITWORTH C. TAYLOR, R. PENDLEBURY, J. W. L. GLAISHER. London and Cambridge: Macmillan and Co. 8°.

Met. Ital. = Meteorologia Italiana. Memorie e Notizie.

Met. Soc. bezieht sich auf die Verhandlungen der Meteorologischen Gesellschaft zu London nach Berichten in Nature etc.

Microsc. Soc. bezieht sich auf das Journal der Londoner Mikroskopischen Gesellschaft, das nach Nature und Athenaeum citirt ist.

Min. Mitth. = **Miner. u. petrogr. Mittheil.** = Mineralogische und petrographische Mittheilungen, hrsg. von G. TSCHERMAK. Wien: Hölder. gr. 8°.

Mitt. a. d. Geb. d. Seew. = Mittheilungen aus dem Gebiete des Seewesens. Hrsg. vom k. k. hydrographischen Amte, Marine-Bibliothek. Nebst Kundmachung für Seefahrer und Hydrographische Nachricht. Pola. Wien: Gerold's Sohn in Comm. gr. 8°.

Mitt. d. Arch. Ver. Böhmen = Mittheilungen des Architekten- und Ingenieur-Vereins im Königreich Böhmen. Red.: R. v. SCHUBERT-SOLDERN und JOS. SASKA. Prag: Rziwnatz in Comm. 4 H. Imp. 4°.

Mitt. d. d. ö. A. V. = Mittheilungen des deutschen und österreichischen Alpenvereins, red. von TH. TRAUTWEIN. Wien. München: Lindauer in Comm. 10 H. gr. 8°.

Mitt. d. Ges. f. Natur- u. Völkerk. = Mittheilungen der Deutschen Gesellschaft für Natur- und Völkerkunde Ostasiens hrsg. vom Vorstande. Yokohama. Berlin: Asher & Co. gr. 4°.

Mitt. d. naturf. Ges. in Bern sh. **Bern. Mitth.**

Mitt. d. naturw. Ver. v. Neuvorpomm. = Mittheilungen aus dem naturwissenschaftlichen Vereine von Neu-Vorpommern und Rügen in Greifswald. Red. v. TH. MARSSON. Berlin: Gaertner. gr. 8°.

Mitt. naturw. Ver. Steiermark = Mittheilungen des naturwissenschaftlichen Vereins für Steiermark. Unter Mitverantwortung der Direction red. von AUG. v. MOJSISOVICS. Graz: Wiessner in Comm.

Mitt. f. Erdk. Leipzig sh. **Leipz. Jahrb. d. Ver. f. Erdk.**

Mitt. geo. Ges. Wien = Mittheilungen der k. k. geographischen Gesellschaft in Wien. Red. von JOS. CHAVANNE. Wien: Verlag der „Steyrermühl". 12 H. gr. 8°.

Monatsber. d. preuss. Ak. d. Wiss. = **Monatsber. d. Berl. Ak.** sh. **Berl. Monatsb.**

Monatschr. für Ohrenheilk. = Monatschrift für Ohrenheilkunde, sowie für Kehlkopf-, Nasen-, Rachen-Krankheiten. Hrsg. von JOS. GRUBER, J. M. ROSSBACH, N. RÜDINGER, LEOP. v. SCHRÖTTER, R. VOLTOLINI und WEBER-LIEL. Berlin: Expedition der allgemeinen medicinischen Centralzeitung. 12 N. Fol.

Monatsh. f. Chem. = **Monatshefte d. Chem.** = Monatshefte für Chemie und verwandte Theile anderer Wissenschaften. Gesammelte Abhandlungen aus den Sitzungsberichten der Kaiserl. Akademie der Wissenschaften. Wien: Gerold's Sohn in Comm. 12 H. gr. 8°.

Mondes = Cosmos Les Mondes, Revue hebdomadaire des sciences et de leurs applications aux arts et à l'industrie, fondée par M. l'abbé MOIGNO et publiée sous sa direction par M. l'abbé H. VALETTE.

Mon. ind. belge = Moniteur industriel belge. Bruxelles.

Mon. scient. = Le Moniteur scientifique. Journal des sciences pures et appliquées à l'usage des chimistes, des pharmaciens et des manufacturiers avec une revue de physique et d'astronomie par M. R. RADAU. Année .... de publication par le Dr. QUESNEVILLE. Paris. (Nach anderen Journalen.)

Month. Not. = **Monthl. Not.** = Monthly Notices of the Royal Astronomical Society. (Band und Jahr fällt nicht zusammen.)

Morscoi Sbornik = Repertorium für Seewesen. St. Petersburg. (Russisch.)

Münch. Sitzber. = **Münch. Ber.** = Sitzungsberichte der mathematisch-physikalischen Classe der k. b. Akademie der Wissenschaften zu München. München: G. Franz in Comm. gr. 8°. R.

Müttr. Beobergebn. = Beobachtungsergebnisse der von den forstlichen Versuchsanstalten des Königreichs Preussen, des Herzogthums Braunschweig, der thüringischen Staaten, der Reichslande mit dem Landesdirectorium der Provinz Hannover eingerichteten forstlich-meteorologischen Stationen. Hrsg. von A. MÜTTRICH. Berlin: Springer. 12 N. 8°. sh. ZS. f. Forst- und Jagdwesen.

Nachr. d. Götting. Ges. d. W. sh. **Gött. Nach.**

Natur = Die Natur. Zeitung zur Verbreitung naturwissenschaftlicher Kenntniss und Naturanschauung für Leser aller Stände. Organ des „Deutschen Humboldt-Vereins". Begründet unter Hrsg. von OTTO ULE und KARL MÜLLER. Hrsg. von KARL MÜLLER. Halle: Schwetschke. 52 N. gr. 4°.

Nature = **Nat.** = Nature, a weekly illustrated journal of science. London and New-York: Macmillan & Co. Erscheint in Wochennummern; die Bände reichen von November bis April und Mai bis October. Jan. bis April 1890 umfasst die Nummern 792 bis 809 des Bandes XXXI, Bd. XXXII umfasst 810—835, XXXIII, Nov. bis Dec. umfasst No. 836—844. R.

Naturen (holländisches Journal) nach Citaten.

Naturf. = **Natf.** = Der Naturforscher, Wochenblatt zur Verbreitung der Fortschritte in den Naturwissenschaften. Hrsg. von WILH. SKLAREK. Berlin: Dümmler's Verlag. 52 N. 4°.

Naturw. Verein in Karlsruhe = Verhandlungen des naturwissenschaftlichen Vereins in Karlsruhe.

Nat. Tijdsch. v. Ned. Indie = Naturkundig Tijdschrift voor Nederlandsch-

Indie, uitgegeven door de Koninklijke Natuurkundige Vereeniging in Nederlandsch-Indie, onder redactie van H. ONNEN. Batavia. (Tijdschrift voor Nederl. Indie).

N. Cim. sh. **Cim.**

Nederl. met. Jaarb. = Nederlandsch meteorologisch Jaarboek ··· hrsg. von BUIJS-BALLOT. Querfolio.

N. Jahrb. f. Min. sh. **Jahrb. f. Min.**

Nieuw. Arch. = Nieuw Archief voor Wiskunde. Amsterdam.

North. Chin. Branch. of R. As. Soc. = Journal of the North-China Branch of the Royal Asiatic Society. Shanghai. 8°.

Nouv. Ann. = Nouvelles annales de mathématiques. Journal des candidats aux écoles polytechnique et normale, rédigé par MM. GERONO et CH. BRISSE. Paris: Gauthier-Villars. 8°.

Nov. Act. Ups. = Nova acta Regiae Societatis Upsaliensis.

Nuovo Cimento sh. **Cim.**

Nyt Mag. = Nyt Magazin for Naturvidenskaberne, ··· udgivet ved TH. KJERULF. ··· Christiania: P. T. Mallings Boghandel. gr. 8°.

Observatory = The Observatory, a monthly review of astronomy. Edited by W. N. M. CHRISTIE. London.

Öf. af Finska Vet. Soc. Förh. = Öfversigt af Finska Vetenskaps Societetens Förhandlingar. Helsingfors.

Öfvers. Svensk. Vet. Ak. Förh. = **Öfversigt** = Öfversigt af Kongl. Vetenskaps-Akademiens Förhandlingar. Stockholm. 8°. R.

Oesterr. med. Jahrb. = Medizinische Jahrbücher. Hrsg. von der k. k. Gesellschaft der Aerzte, red. v. E. ALBERT und E. LUDWIG. Wien: Braumüller 4 H gr 8°.

Oesterr. ZS. f. Bergw. = Oesterreichische Zeitschrift für Berg- und Hüttenwesen. Red.: HANNS HÖFER und C. v. ERNST. Wien: Manz. 52 N. gr. 4°.

Org. f. Eisenbahnw. = Organ für die Fortschritte des Eisenbahnwesens in technischer Beziehung. ··· Hrsg. v. E. HEUSINGER V. WALDEGG. Wiesbaden: Kreidel. 6 H. gr. 4°.

Org. f. Rübenz. Ind. = Organ des Centralvereins für Rübenzucker-Industrie der österreichisch-ungarischen Monarchie. Zeitschrift für Landwirthschaft und technischen Fortschritt der landwirthschaftlichen Gewerbe. Red. v. OTTO KOHLRAUSCH. Wien: Frick in Comm.

Overs. Danske Vid. Selsk. = **Overs. k. dan. Vidensk. Selsk. Forh.** = Oversigt over det Kongelige Danske Videnskabernes Selskabs Forhandlinger og dets Medlemmers Arbejder ···. Kopenhagen. 8°. (Es erscheinen im Jahre gewöhnlich 4 Nummern, oft ist ein französisches Resumé hinzugefügt.) R.

Peterm. Mitth. = A. PETERMANN's Mittheilungen aus JUSTUS PERTHES geographischer Anstalt, Hrsg. von E. BEHM. Gotha: J. Perthes. 4°. R.

Petersb. med. Wochenschr. = St. Petersburger medicinische Wochenschrift unter Redaction von E. MORITZ und L. v. HOLST. St. Petersburg: Röttger. gr. 4°. 52 N.

Pflüg. Arch. = **Pflüger Arch.** sh. **Arch. f. ges. Physiol.**

Pharm. Centralh. = Pharmaceutische Centralhalle für Deutschland. Zeitung für wissenschaftliche und geschäftliche Interessen der Pharmacie. Hrsg. von Dr. HERM. HAGER und EWALD GEISSLER. Berlin: Springer in Comm. 52 N. 8°.

Pharm. ZS. = Pharmaceutische Zeitschrift für Russland. Hrsg. von der pharmaceutischen Gesellschaft zu St. Petersburg. Red.: EDWIN JOHANSON. St. Petersburg: Ricker. 52 N. gr. 8°.

Phil. Mag. (5) = The London, Edinburgh and Dublin Philosophical Magazine and Journal of Science. Conducted by Sir ROBERT KANE, Sir WILLIAM THOMSON and WILLIAM FRANCIS. ··· Fifth series. London: Taylor & Francis. 8°. Bd. XIX enthält Heft 116 bis 121, XX enthält H. 122 bis 127. R.

Phil. Trans. = **Phil. Trans. Lond.** = Philosophical Transactions of the Royal Society of London. 4°.

Phot. Arch. = Photographisches Archiv. Hrsg. v. P. E. LIESEGANG. Düsseldorf: Liesegang. 20 H. gr. 8°.

Phot. Corresp. = Photographische Correspondenz. Zeitschrift für Photographie und verwandte Fächer. Organ der photogr. Gesellschaft in Wien, ··· red. v. E. HORNIG. Wien: Verlag der photographischen Correspondenz. 25 H. gr. 8°.

Phot. Mitth. = Photographische Mittheilungen. Zeitschrift des Vereins zur Förderung der Photographie. Hrsg. von HERM. W. VOGEL. Berlin: Oppenheim. 24 H. gr. 8°.

Phot. Soc. London bezieht sich auf die Verhandlungen der Londoner photographischen Gesellschaft nach Berichten in englischen Journalen.

Phys. Soc. bezieht sich auf die Verhandlungen der physikalischen Gesellschaft zu London in Nature etc. sh. Proc. Phys. Soc.

Pogg. Ann. = Annalen der Physik und Chemie, hrsg. zu Berlin von J. C. POGGENDORF. Leipzig: Barth. (CLX ist der letzte von POGGENDORF redigirte Band, jetzt von WIEDEMANN red. sh. **Wied. Ann.**)

Pol. Notizbl. = **Polyt. Notizbl.** = Polytechnisches Notizblatt für Chemiker, Gewerbtreibende, Fabrikanten und Künstler. Gegründet von RUD. BÖTTGER Hrsg. und red. von THEODOR PETERSEN. Frankfurt a. M.: Expedition. 24 N. 8°. R.

Practitioner = The Practitioner. A journal of therapeutics and public health. Edited by T. LAUDER BRUNTON and DONALD MACALISTER. London: Macmillan and Co. (Jährlich 2 Bände.)

Prag. Ber. = Sitzungsberichte der königl. böhmischen Gesellschaft der Wissenschaften zu Prag. Prag: Tempsky in Comm. gr. 8°. R.

Prag. med. Wochenschr. = Prager medizinische Wochenschrift. Red.: FRDR. GANGHOFNER und OTTO KAHLER. Prag: Tempsky. 52 N. fol.

Preuss. Stat. = Preussische Statistik (amtliches Quellenwerk). Hrsg. in zwanglosen Heften v. Kgl. statistischen Büreau in Berlin. Berlin: Verlag d. k. statist. Büreaus. Imp. 4°.

Proc. Amer. Acad. = Proceedings of the American Academy of sciences and arts. Boston.

Proc. Amer. Ass = Proc. of the American Association for the advancement of science.

Proc. Amer. Phil. Soc. = Proceedings of the American Philosophical Society. Philadelphia. 8°.

Proc. Amer. Soc. of Microscop. = Proceedings of the American Society of Microscopists.

Proc. California Acad. = Proceedings of the Academy of Sciences in California. San Francisco.

Proc. Camb. Soc. = Proceedings of the Cambridge Philosophical Society. Cambridge. 8°.

Proc. Dubl. Soc. = **Proc. Dublin** = The Scientific Proceedings of the Royal Dublin Society.

Proc. Glasgow Soc. = Proceedings of the Philosophical Society at Glasgow.

Proc. Manch. Soc. = Proceedings of the Literary and Philosophical Society of Manchester. Manchester 8°.

Proc. Math. Soc. = Proceedings of the Mathematical Society. London: C. F. Hogdson and Son. 8°.

Proc. Phys. Soc. = Proceedings of the Physical Society of London. Jährlich 3—4 Hefte.

Proc. R. Edinb. Soc. = **Proc. Edinb.** = Proceedings of the Royal Society of Edinburgh. Edinburgh.

Proc. Roy. Geogr. Soc. = Proceedings of the Royal Geographical Society. London.

Proc. Roy. Soc. = **Proc. London** = Proceedings of the Royal Society of London. London: Taylor und Francis. 8°. (Erscheint in einzelnen Nummern.)

Prof. pap. = Professional Papers (of the signal service), einzelne numerirte Abhandlungen, herausgeg. vom War Department oder vom Navy Department der vereinigten Staaten, Washington.

Progr. = Programm (bezieht sich auf Schulprogramme).

Progrès méd. = Le Progrès Médical, Journal de médecine, de chirurgie et de pharmacie. Redacteur en chef: BOURNEVILLE. Secrétaire de la Rédaction: A. BLONDEAU ···. Paris aux bureaux du journal ···. gr. 4°. (Wöchentlich eine Nummer.)

Publ. d. astro-phys. Obs. zu Potsdam = Publicationen des astro-physikalischen Observatoriums zu Potsdam. Potsdam. Leipzig: Engelmann in Comm. 4°.

Publ. d. l'ass. Franç. = Publications de l'Association Française pour l'avancement des sciences. (Verhandlungen der Gesellschaft französischer Naturforscher, den Rep. d. engl. Ges. entsprechend.)

Quart. J. Met. Soc. = Quarterly Journal of the Meteorological Society. (Schottische meteorologische Gesellschaft, ganz entsprechend für die englische Gesellschaft.)

Quart. J. of Math. = **Quart. J.** = The quarterly Journal of pure and applied Mathematics, by J. J. SYLVESTER, N. M. FERRERS, G. G. STOKES, A. CAYLEY, M. HERMITE. London. R.

Rec. trav. chim. = Recueil des travaux chimiques des Bays-Bas par MM. W. A. VAN DROP, A. P. N. FRANCHIMONT ···. Leide: A. W. Sijthoff. 8°.

Rend. di Bol. = Rendiconto delle sessioni dell' accademia reale delle scienze dell' Istituto di Bologna. Bologna. 8°.

Rend. di Nap(oli) = Rendiconto dell' accademia delle scienze fisiche e matematiche di Napoli. Napoli. 4°. R.

Rend. Lomb. = **Rend. Ist. Lomb.** = Reale Istituto Lombardo di scienze e lettere. Rendiconti. Classe di scienze matematiche e naturali. Milano. R.

Rep. anal. Chem. = Repertorium der analytischen Chemie für Handel, Gewerbe und öffentliche Gesundheitspflege. Organ des Vereins analytischer Chemiker. Red.: J. SKALWEIT. Hamburg: Voss. (seit 1881).

Rep. Brit. Ass. = Report of the meeting of the British Association for the advancement of science, held at Aberdeen 1885. London: John Murray 1885. 8°.

Rep. d. Phys. = Repertorium der Physik. Hrsg. von F. EXNER. München: Oldenbourg. Lex. 8°. 12 H.

Rep. f. Met. = Repertorium für Meteorologie, hrsg. von der kaiserlichen Akademie der Wissenschaften, red. v. HEINR. WILD. St. Petersburg. Leipzig: Voss' Sort. Imp. 4. R.

Rep. Smith. Inst. sh. **Smiths. Rep.**

Rep. U. S. C. S. = Report of the Superint. of the U. S. Coast Survey. Washington.

Rev. des trav. scient. = Revue des travaux scientifiques. Paris.

Rev. scient. = La Revue scientifique de la France et de l'étranger. Revue des cours scientifiques (3e série) ··· Paris: G. Baillière et Cie. (Jährlich 2 Bände zu je 25 oder 26 N.)

Riv. scient. ind. = **Riv. scient.-indust.** = Rivista scientifico-industriale. Firenze (von Vimercati). Nach Citaten in anderen Journalen.

Sap. Chark. Univ. = Schriften (Sapiski) der Charkower Universität. (Russisch.)

Sap. Novoruss. Univ. = Schriften der Odessaer Universität. Odessa. (Russisch.)

Sap. k. r. techn. Ges. = Schriften der kaiserlich russischen technischen Gesellschaft. St. Petersburg. (Russisch.)

Schmidt's Jahrb. d. Med. = SCHMIDT's Jahrbücher der in- und ausländischen gesammten Medizin. Red. v. ADF. WINTER. Leipzig: O. Wigand. (Im Jahre erscheinen mehrere Bände.)

Schr. d. Königsb. Ges. = Schriften der physikalisch-ökonomischen Gesellschaft zu Königsberg. Königsberg: in Comm. bei W. Koch. 4° XXIV. (1., 2. Abtheilung.) R.

Schweiz. Alpen-Ztg. = Schweizer Alpen-Zeitung.

Schweiz. Denkschr. = Neue Denkschriften der allgemeinen Schweizerischen Gesellschaft für die gesammten Naturwissenschaften. Zürich. = Nouveaux mémoires etc. R.

Science = Science. A weekly newspaper of all the arts and sciences. Published by N. D C. Hodges, New York, 47 Lafayette Place.

Scient. Amer. = Scientific American. New-York. (Nach verschiedenen Journalen citirt.)

Scient. Proc. Ohio Mech. Inst. = Scientific Proceedings of the Ohio Mechanics' Institute. Publishing Committee: ROBT. B. WARDER, Editor; LEWIS M. HOSEA; JAS. B. STANWOOD. Cincinnati, Ohio: Ohio Mechanics' Institute, departement of science and arts. 8°.

Sill. J. (3) = The American Journal of Science. Editors: JAMES D. and E. S. DANA, and B. SILLIMAN. Associate editors: Professors ASA GRAY, JOLIAN P. COOKE, and JOHN TROWBRIDGE, of Cambridge, Professors H. A. NEWTON and A. E. VERVILL of New Haven, Professor GEORGE F. BARKER, of Philadelphia. — 3. Series. New Haven, Comm.: J. D. and E. S. Dana. Bd. XXIX enthält die Hefte 169—174, XXX 175—180.

Sirius = Sirius. Zeitschrift für populäre Astronomie ···. Hrsg. ··· von HERM. J. KLEIN. Leipzig: Scholtze. 12 H. gr. 8⁰.

Sitzber. d. Bayr. Akad. sh. **Münch. Ber.** = **Münch. Sitzber.**

Sitz. d. Jen. Ges. f. Med. Nat. = sh. **Jen. ZS.**

Sitzber. d. kön. böhmischen Ges. d. Wissensch. zu Prag sh. **Prag. Ber.**

Sitzber. d. Wien. Ak. sh. **Wien. Ber.**

Smiths. Contrib. = Smithsonian Contributions to Knowledge. Washington: Smithsonian Institution.

Smiths. Inst. = **Smiths. Rep.** = Annual report of the board of regents of the Smithsonian Institution. Washington. 8⁰. R.

Soc. mét de France bezieht sich auf die Schriften der meteorologischen französischen Gesellschaft.

Svensk. Vet. Handl. = Kongliga Svenska Ventenskaps-Akademiens Handlingar.

Tagbl. d. Naturf.-Vers. in Strassburg = Tageblatt der 57. Versammlung deutscher Naturforscher und Aerzte in Strassburg vom 18. bis 24. September 1885.

Tech. Bl. = Technische Blätter. Vierteljahrsschrift d. deutschen polytechnischen Vereins in Böhmen. Red. von EMAN. CZUBER ···. Prag: Calwe in Comm. gr. 8⁰.

Techniker = Der Techniker. Internationales Organ über die Fortschritte der Wissenschaft, Erfindungen und Gewerbe. Hrsg. und Red.: PAUL GOEPEL. New-York (Berlin: Polytechnische Buchh. in Comm.). gr. 4⁰. 24 Nrn.

Telegr. J. = Telegraphic Journal, (gegr. 1872).

Tijdschr. Aardrijks Gen. = Tijdschrift van het Aardrijkskund Genootschap te Amsterdam.

Trans. Cambr. Soc. = Transactions of the Philosophical Society of Cambridge. Cambridge. 4⁰.

Trans. Con. Acad. = Transactions of the Connecticut Academy of Arts and Sciences. New-Haven.

Trans. Dubl. Soc. = The Scientific Transactions of the Royal Dublin Society. 4⁰.

Trans. Edinb. = **Trans. Edinb. Roy. Soc.** = Transactions of the Royal Society of Edinburgh.

Trans. Royal Soc. of London sh. **Phil. Trans.**

Trans. Edinb. Geol. Soc. = Transactions of the Geological Society of Edinburgh.

Trans. N. Z. Inst. = Transactions and Proceedings of the New Zealand Institute.

Trans. R. S. of Victoria = Transactions and Proceedings of the Royal Society of Victoria. Melbourne.

Tschermak Mitth. sh. **Min. Mitth.**

U. S. Coast Survey sh. **Rep. U. S. C. S.**

Verh. d. Ges. f. Erdk. = Verhandlungen der Gesellschaft für Erdkunde zu Berlin. 8°. (Enthaltend Sitzungsberichte, Nachrichten über andere Gesellschaften etc. sh. ZS. f. Erdk.)

Verh. d. k. k. geol. Reichsanst. = Verhandlungen der k. k. geologischen Reichsanstalt. Wien: Hölder. 17—18 N. Lex.-8°. R.

Verh. d. k. k. zool.-bot. Ges. Wien = Verhandlungen der k. k. zoologisch-botanischen Gesellschaft in Wien. Hrsg. von der Gesellschaft. Wien: Hölder in Comm. Leipzig: Brockkaus' Sort. in Comm.

Verh. d. naturf. Ges. zu Basel = Verhandlungen der naturforschenden Gesellschaft in Basel. Basel: Schweighauser. 8°. R.

Verh. d. naturh. Ver. f. Rheinl. = Verhandlungen des naturhistorischen Vereines der preussischen Rheinlande und Westphalens. Hrsg. von C. J. ANDRÄ. Bonn: Cohen & Sohn in Comm. gr. 8°.

Verh. physik. Ges. Berlin = Verhandlungen der physikalischen Gesellschaft zu Berlin. Berlin: Georg Reimer. 8°. R.

Verh. d. physiol. Ges. Berl. = Verhandlungen der physiologischen Gesellschaft zu Berlin, enthalten in DU BOIS-Arch. R.

Verh. d. Schweiz. Naturf. Ges. in (Locle), 1885, LXVIII = Verhandlungen der schweizerischen Naturforscher-Gesellschaft in Locle. — 68. Jahresversammlung. — Jahresbericht 1885. Glarus: Buchdruckerei von Frid. Schmidt. 1885. 8°. R. Erscheint gleichzeitig in französischer Ausgabe, und der wesentliche Inhalt wird einer der letzten Jahresnummern der Arch. sc. phys. beigefügt.

Verh. d. Ver. f. Gewerbfl. = Verhandlungen des Vereins zur Beförderung des Gewerbefleisses. Red.: HERM. WEDDING. Berlin: Simion. 10 H. gr. 4°.

Verh. Polyt. Ges. Berlin = Verhandlungen der Polytechnischen Gesellschaft zu Berlin. 8°.

Versl. K. Ak. d. Wet. (Afd. Nat.) = Verslagen en Mededeelingen d. Koninklijke Akademie van Wetenschappen Afdeeling Natuurkunde. Amsterdam.

Vidensk. Selsk. Skr. = Videnskabs Selskabs Skriften, naturvidenskabelig og matematisk Afd. (Erscheint in einzelnen Heften.) Kopenhagen. 4°. R.

Vierteljschr. d. Astr. Ges. = Vierteljahrschrift der Astronomischen Gesellschaft. Hrsg. von E. SCHÖNFELD, A. WINNECKE. Leipzig: W. Engelmann. 8°.

Vierteljschr. d. naturf. Ges. Zürich = Vierteljahrsschrift der naturforschenden Gesellschaft in Zürich. Red. von RUD. WOLF. Zürich: Höhr in Comm. 8°. R.

Virchow's Arch. sh. **Arch. f. path. Anat.**

Warsch. Univ. Isw. = Nachrichten (Iswestija) der Warschauer Universität. Warschau. (Russisch.)

Wied. Ann. = Annalen der Physik und Chemie. Unter Mitwirkung der Physikalischen Gesellschaft zu Berlin und insbesondere des Herrn H. VON HELMHOLTZ hrsg. von G. WIEDEMANN. Leipzig: J. A. Barth. 8°. 3 Bände. R.

Wien. Anz. = Wien. Anzeig. = Anzeiger der Kaiserlichen Akademie der Wissenschaften. — Mathematisch naturwissenschaftliche Classe. -- XXIII. Jahrgang. 1885. N. I—XXVIII. Wien: Aus der K. K. Hof- und Staatsdruckerei. 8°. R.

Wien. Ber. = Sitzungsberichte der mathematisch-naturwissenschaftlichen Classe der Kaiserlichen Akademie der Wissenschaften. Abtheilung (I. Abtheilung enthält die Abhandlungen aus dem Gebiete der Mineralogie, Botanik, Zoologie, Geologie und Paläontologie. II. Abtheilung ··· Mathematik, Physik, Chemie, Mechanik, Meteorologie und Astronomie. III. Abtheilung ··· Physiologie, Anatomie und theoretische Medicin.) Jahrgang 1885. Wien: in Comm. bei Carl Gerold's Sohn. 1885. (Der Band jeder Abtheilung besteht aus 5 Heften.) R.

Wien. Denkschr. = Denkschriften der Kaiserlichen Akademie der Wissenschaften. Mathematisch naturwissenschaftliche Classe. Wien: Gerold's Sohn in Comm. Imp. 4°.

Wien. med. Blätter = Wiener medizinische Blätter ···. Hrsg. von WILH. SCHLESINGER. Red. G. A EGGER. Wien: Braumüller in Comm. 52 Nrn. Imp. 4°. (I. Jahrg. 1878.)

Wien. med. Presse = Wiener medizinische Presse. Organ für praktische Aerzte. Hrsg. u. Chef-Red.: JOH. SCHNITZLER. Mit Beiblatt: Wiener Klinik. Vorträge aus der gesammten praktischen Heilkunde. Wien: Urban und Schwarzenberg. 12 H. gr. 8°.

Wien. med. Rundschau = Medicinisch-chirurgische Rundschau ··· hrsg. von W. F. LOEBISCH. Wien: Urban und Schwarzenberg. 12 H. gr. 8°.

Wien. med. Wochenschr. = Wiener medizinische Wochenschrift. Hrsg. und Red.: L. WITTELSHÖFER. Wien: Seidel & Sohn in Comm. gr. 8°.

Wochenschr. D. Ing. = Wochenschrift des Vereins deutscher Ingenieure sh. **ZS. D. Ing.**

Wolf Vierteljahrsschrift = **Wolf ZS.** sh. **Vierteljschr. d. naturf. Ges. Zürich.**

Württemb. Corr.-Bl. = Medicinisches Correspondenz-Blatt des württembergischen ärztlichen Landesvereins. Aus Auftrag desselben hrsg. v. B. ARNOLD, O. KÖSTLIN; J. TEUFFEL. Stuttgart: Schweizerbart. gr. 4°. 40 N.

Württemb. Jahrb. f. Statistik = Württembergische Jahrbücher für Statistik und Landeskunde. Hrsg. v. dem k. statistisch-topograph. Bureau. Stuttgart: Kohlhammer. Lex. 8°.

Würz. Ber. = Sitzungsberichte der physikalisch-medicinischen Gesellschaft zu Würzburg. Würzburg: Stahel. gr. 8°.

Würz. Verh. = Verhandlungen der physikalisch-medicinischen Gesellschaft in Würzburg. Würzburg: Stahel. gr. 8°.

Zool. Anzeiger = Zoologischer Anzeiger hrsg. v. J. VICT. CARUS. Leipzig: Engelmann. 26 N. gr. 8°.

Zool. Gart. = Der Zoologische Garten. Zeitschrift für Beobachtung, Pflege und Zucht der Thiere. Gemeinsames Organ f. Deutschland und angrenzende Gebiete. Hrsg. von der „Neuen Zoologischen Gesellschaft" in Frankfurt am Main. Red. v. F. C. NOLL. Frankfurt a. M.: Mahlau & Waldschmidt. 8°. 12 H.

ZS. anal. Chem. = Zeitschrift für analytische Chemie. Hrsg. von C. REMIGIUS FRESENIUS unter Mitwirkung von HEINR. FRESENIUS. Wiesbaden: Kreidel. 4 H. gr. 8°.

ZS. d. d. ö. A. V. = Zeitschrift des deutschen und österreichischen Alpenvereins. Redigirt von TH. TRAUTWEIN. Wien. München: Lindauer in Comm. gr. 8°.

ZS. d. geol. Ges. = ZS. d. deutschen geol. Ges. = Zeitschrift der deutschen geologischen Gesellschaft. Berlin: Hertz. 4 H. gr. 8⁰.

ZS. d. Ges. f. Erdk. sh. **ZS. f. Erdk.**

ZS. D. Ing. = Zeitschrift des Vereins deutscher Ingenieure. Red. TH. PETERS. Nebst Wochenschrift desselben Vereines. Berlin: Springer in Comm. 12 H. und 52 N. Imp. 4⁰.

ZS. d. k. preuss. statist. Bur. = Zeitschrift des königl. preussischen statistischen Bureaus. Berlin: Verlag des k. stat. Bureaus. Imp. 4⁰.

ZS. d. V. f. Rübenz. = Zeitschrift des Vereins für die Rübenzucker-Industrie des Deutschen Reichs. Hrsg. vom Vereins-Directorium. Red. KARL STAMMER. Berlin: Verein für die Rübenzucker-Industrie des Deutschen Reichs. 8⁰. 12 H.

ZS. f. angew. Elekt. = Zeitschrift für angewandte Elektricitätslehre ··· Hrsg. von F. UPPENBORN jun. München: Oldenbourg. 24 N. Lex. 8⁰.

ZS. f. Berg- u. Hüttenw. = Zeitschrift für das Berg-, Hütten- und Salinenwesen in dem preussischen Staate, hrsg. im Ministerium der öffentl. Arbeiten. Berlin: Ernst & Korn. 6 H. g. 4⁰.

ZS. f. Biol. = Zeitschrift für Biologie von M. v. PETTENKOFER und C. VOIT. München: Oldenbourg. 4 H. gr. 8⁰.

ZS. f. Erdk. = Zeitschrift der Gesellschaft für Erdkunde zu Berlin ··· hrsg. von W. KONER. Nebst: Verhandlungen der Gesellschaft für Erdkunde zu Berlin. Red.: G. NACHTIGAL. Berlin: D. Reimer. 6 H. u. 18 N. 8⁰.

ZS. f. Forst- und Jagdwesen = Zeitschrift für Forst- und Jagdwesen. Zugleich Organ für forstliches Versuchswesen. Hrsg. ··· v. B. DANCKELMANN. Berlin: Springer. (Mit Müttr. Beobergebn.)

ZS. f. Gasb. = ZS. f. Gasbeleuchtung = Zeitschrift für Gasbeleuchtung und Wasserversorgung.

ZS. f. Instrk. = Zeitschrift für Instrumentenkunde. Organ für Mittheilungen aus dem gesammten Gebiete der wissenschaftlichen Technik. — Hrsg. von E. ABBE in Jena, FR. ARZBERGER in Wien, C. BAMBERG in Berlin, ··· Red.: A. LEMAN und A. WESTPHAL. Vierter Jahrgang. 1884. Berlin: Julius Springer. R.

ZS. f. Kryst. = Zeitschrift für Krystallographie und Mineralogie unter Mitwirkung zahlreicher Fachgenossen des In- und Auslandes, hrsg. v. P. GROTH. Leipzig: Wilhelm Engelmann. R.

ZS. f. Math. (u. Phys.) = Zeitschrift f. Mathematik und Physik, hrsg. unter der verantwortlichen Redaction von O. SCHLÖMILCH, E. KAHL u. M. CANTOR. ··· Leipzig: B. G. TEUBNER. 8⁰.

ZS. f. Met. = Zeitschrift der österreichischen Gesellschaft f. Meteorologie. Red. von J. HANN. Wien: Braumüller. 12 H. Lex. 8⁰.

ZS. f. Naturw. = ZS. f. ges. Naturw. = Zeitschrift für Naturwissenschaften ···. Hrsg. vom naturwissenschaftlichen Vereine für Sachsen und Thüringen in Halle ···. Berlin: Parey. 6 H. gr. 8⁰.

ZS. f. Ohrenheilk. = Zeitschrift für Ohrenheilkunde. Unter Mitwirkung von C. AGNEW, E. BERTHOLD, G. BRUNNER etc. hrsg. von H. KNAPP und S. MOOS. Wiesbaden: Bergmann. 4 H. gr. 8⁰.

ZS. f. physiol. Chem. = Zeitschrift für physiologische Chemie, unter Mitwirkung von E. BAUMANN, GÄTGENS, O. HAMMERSTEIN etc. hrsg. von F. HOPPE-SEYLER. Strassburg: Trübner. gr. 8⁰.

ZS. f. Unterr. = Zeitschrift zur Förderung des physikalischen Unterrichts, hrsg. vom physikalisch-technischen Institut LISSER u. BENEKE. Jahrg. I, 1884, hat 3 Hefte und bildet mit dem aus 12 Heften bestehenden Jahrgang II, 1885, den ersten Band. Berlin: Lisser & Beneke. 8°.

ZS. f. vergl. Augenheilk. = Zeitschrift für vergleichende Augenheilkunde, unter Mitwirkung von O. BOLLINGER, L. FRANCK, R. LEUCKART u. A. hrsg. von K. BERLIN und O. EVERSBUSCH. Leipzig: F. C. W. Vogel. 2 H. gr. 8°. (Erscheint mit der Deutschen Zeitschrift für Thiermedicin und vergleichende Pathologie. · · ·)

ZS. f. Verm. = Zeitschrift für Vermessungswesen. Organ des deutschen Geometervereins. Unter Mitwirkung von F. R. HELMERT und F. LINDEMANN hrsg. von W. JORDAN. Stuttgart: Wittwer in Comm. 24 H. gr. 8°.

ZS. f. wiss. Geogr. = Zeitschrift für wissenschaftliche Geographie, in Verbindung mit O. DELITSCH, J. I. EGLI, TH. FISCHER etc. hrsg. von J. I. KETTLER. Lahr: Schauenburg. 6 H. Lex. 8°.

ZS. f. wiss. Zool. = Zeitschrift für wissenschaftliche Zoologie, hrsg. von CARL THDR. v. SIEBOLD u. ALB. v. KÖLLICKER unter der Red. von ERNST EHLERS. Leipzig: Engelmann. gr. 8°.

Zürch. Vierteljschr. sh. **Vierteljschr. d. naturf. Ges. Zürich.**

Inhalt der einzelnen Abschnitte.

I. Allgemeine Physik.

1a. Allgemeines.

Lehrbücher, welche die ganze Physik oder mehrere Zweige der Physik behandeln, Pädagogisches, Wörterbücher, Sammlungen von Abhandlungen, Philosophie und allgemeine Grundsätze, Geschichte der Physik oder mehrerer Zweige derselben, Biographisches, Varia.

1b. Maass und Messen.

Theorie des Messens, Zusammenfassendes, Einheiten und Dimensionen, Längen-, Flächen- und Volumenmaass (Integratoren etc.), Winkel-, Zeit-, Geschwindigkeits-, Gewichtsmaass. Hinter Geschwindigkeit sind zusammengesetztere Vorrichtungen, wie Myographien etc. eingeschaltet, die für Amplituden, Geschwindigkeiten, Arbeit etc. dienen können.

1c. Laboratoriumsapparate.

Quecksilberluftpumpen und Aspiratoren, Behandlung des Quecksilbers, Varia, Brenner, Glasbehandlung, Versilberung (siehe hierzu auch Cap. 18), Kitte etc.

2. Dichtigkeit.

3. Zusammensetzung der Molekel, physikalische Theorie des chemischen Processes.

Atomtheorie, neue Elemente, Atomgewichte, Valenz, Allotropieen und Polymerieen, Structurformeln, chemisches Gleichgewicht, Dissociation, Processe von einseitiger Richtung, Explosionen vom chemischen Gesichtspunkte, Geschwindigkeit der chemischen Processe, Katalyse, Einfluss von Druck, Magnetismus etc. auf chemische Processe, Makromoleküle und Krystallwasser.

3a. Krystalle.

4. Mechanik.

Physikalische Grundlagen, Mechanik eines Punktes (Relativbewegung am Schluss), Systeme von Punkten, Schwerpunkte, Anziehungstheorie, Kinematik, Statik und Dynamik des starren Körpers, Systeme, bei denen mehrere starre Körper zusammenwirken, Erddruck, dynamometrische etc. Apparate, Aehnlichkeitsprincip und Verwandtes, deformable Linien und Flächen, gleitende Reibung. (Die ganze äussere Ballistik ist, damit ihr Zusammenhang gewahrt werde, unter Cap. 6, Luftwiderstand, verwiesen).

5. Hydromechanik.

Statik, Dynamik auf Grund der idealen Differentialgleichungen, Widerstand, viscose Flüssigkeiten. Hierher Reibung geschmierter Axen etc.

6. Aëromechanik.

Statik, Dynamik, innere Reibung, Widerstand (hierher Geschosse), Mechanik der Explosionen.

7. Cohäsion und Adhäsion.

7a. Feste Körper.

Allgemeine Betrachtungen über intermolekulare Kräfte. Ideale Elasticitätslehre. Reale Elasticität und elastische Nachwirkung. Festigkeit. Härte. Ductilität und Viscosität fester Körper. Besonderheiten der Colloide.

7b. Capillarität.

7c. Lösungen.

Löslichkeit, Sättigung, Ausscheidung, Uebersättigung, Constitution der Lösungen, verschiedene physikalische Eigenthümlichkeiten, welche den Lösungen als solchen zukommen. Feste Lösungen, Legirungen.

7d. Emulsion und Suspension.

7e. Diffusion, Osmose.

7f. Ab- und Adsorption.

II. Akustik.

8. Physikalische Akustik.

Hierher auch ganz allgemeine Betrachtungen über Wellen, die sich nicht an bestimmte Träger binden.

9. Physiologische Akustik.

9a. Physiologische Schallerzeugung.

9b. Wahrnehmung des Schalles.

III. Optik.

10. Allgemeine Theorie des Lichts.

Zusammenfassende Schriften, welche sich auf mehrere Zweige der Optik beziehen, und solche, die wesentlich auf die Gleichungen des Aethers zurückgehen unter der Voraussetzung a) des fest-elastischen Aethers, b) des Maxwell'schen. Aberration. Sofern der Aether zur Begründung von Dispersion, Beugung, Doppelbrechung etc. verwendet wird, siehe auch Cap. 11, 15, 15a und 15b.

11. Fortpflanzung des Lichts, Spiegelung, Brechung und Dispersion.

Geschwindigkeit des Lichts, geradlinige Fortpflanzung, Spiegel, Brechung an ebenen Flächen, Prismen, Linsen und Linsencombinationen, soweit sie nicht instrumentell behandelt sind, Brechungs- und Dispersionscoefficienten in Beziehung zur chemischen Constitution.

12. Objective Farben, Spectrum, Absorption.

13. Photometrie.

14. Phosphorescenz und Fluorescenz.

15a. Interferenz, Beugung, Polarisation.

Letztere, soweit sie nicht speciell mit den Eigenschaften krystallinischer Medien zusammenhängt.

24. Verbreitung der Wärme.
 24a. Wärmeleitung.
 24b. Wärmestrahlung.
 Hierher auch diejenigen Fälle, wo eine Strahlung bis in den Bereich der sichtbaren Wellenlängen verfolgt wird.
 24c. Radiometrie und Bolometrie.

V. Elektricitätslehre.

25. Allgemeine Theorie der Elektricität und des Magnetismus.
 Lehrbücher und Zusammenfassendes, Einheiten, Strömungstheorie, insofern dabei die Elektricität unter dem Bilde einer bewegten Substanz aufgefasst wird, Schwingungen als solche, Allgemeines über ponderomotorische Wirkungen des Stromes, Theorie der Felder, Maxwell, Dielektricität, Elektrostriction. Vergl. 38, von welchem Capitel das vorliegende oft schwer zu trennen ist.

26. Quellen der Elektricität.
 Mit Ausnahme der Arbeit in der galvanischen Kette, welche unter 31 besprochen wird.

27. Elektrostatik.

28. Batterieentladung.

29. Galvanische Ketten.
 Beschreibung von Elementen und ähnlich wirkenden Combinationen, Etalons ausgenommen (siehe 30), charakterisirende Messungen an Elementen, Allgemeines über deren Anordnung.

30. Galvanische Mess- und Hülfsinstrumente.
 Galvanometer und Tangentenboussolen etc. nach altem Princip, Dynamometer, Ammeter, Ergmeter, Stromzähler und ähnliche Apparate, welche technischen, oft combinirten Zwecken dienen, Messinstrumente, welche nicht die Bewegung eines Magnets oder einer Rolle benutzen, darunter als besondere Abtheilung Voltameter; Messbrücken, Widerstandsetalons und Rheostaten, Etalons der elektromotorischen Kraft, allgemeine Betrachtungen und Sammelreferate, Hülfsapparate.

31. Theorie der Kette.
 Prototype und deren absolute Messung. Hierauf folgen relative Messungen und Messungen, die nur insofern absolut sind, als sie auf anderweitig festgestellte absolute Werthe von Etalons und Constanten recurriren. Und zwar: Theoretische Sätze, welche der Messung zu Grunde liegen, Bestimmungsmethoden für Stromstärke, Widerstand, elektromotorische Kraft. Hierauf Resultate der Messungen: Leitungsfähigkeit von Metallen, Variation durch Temperatur und Druck eingeschlossen, Leitungsfähigkeit von Elektrolyten (darunter reines Wasser etc.) am Schluss mit besonderer Beziehung auf die neuere Entwickelung der Jonentheorie, Uebergangswiderstand und asymmetrische Leitung, Widerstand in Gasentladungen (siehe hierzu auch Capitel 35), Einwirkung anderer Agentien (Magnetismus, Licht) auf den Widerstand (Selen), Elektromotorische Differenzen einzelner Contacte und elektromotorische Kraft der ganzen Kette (hierzu ist „Polarisation“ unter Abschnitt 32 zu vergleichen, so wie auch die charakterisirenden Messungen in Abschnitt 29), Herkunft der Stromarbeit; Anwendung der mechanischen Wärmetheorie auf die Kette.

Inhalt.

Erster Abschnitt.

Allgemeine Physik.

1c. Laboratoriumseinrichtungen.

2. Dichtigkeit.

3. Physikalische Betrachtung chemischer Beziehungen; Zusammensetzung der Molekel.

Seite

3a. Krystalle.

4. Mechanik.

5. Hydromechanik.

6. Aëromechanik

7a. Elasticität und Festigkeit.

7b. Capillarität.

7c. Lösung.

Seite

7d. Emulsion und Suspension.

7e. Diffusion.

7f. Absorption.

8. Physikalische Akustik.

9. Physiologische Akustik.

a. Physiologische Erzeugung des Schalles.

b. Wahrnehmung des Schalles.

Verzeichniss der Herren, welche für die 1. Abtheilung des XLI. Jahrganges (1885) der Fortschritte der Physik Berichte geliefert haben.

Herr Prof. Dr. Ångström (*K. Å.*) in Stockholm.
„ Dr. E. Blasius (*E. B.*) in Berlin.
„ Dr. Böttger (*Bgr.*) in Berlin.
„ Dr. Budde (*Bde.*) in Berlin.
„ Prof Dr. Chwolson (*O. Chw.*) in St. Petersburg.
„ Dr. R. Cohen (*Cn.*) in Würzburg.
„ Dr. Drude (*Dr.*) in Göttingen.
„ Dr. L. Grunmach (*L. Grnm.*) in Berlin.
„ Dr. Gruss (*Gs.*) in Prag.
„ Prof. Dr. Hoh† (*Hh.*) in Bamberg.
„ Dr. O. Knoblauch (*O. Kch.*) in Erlangen.
„ Dr. F. Kötter (*F. K.*) in Berlin.
„ Dr. Krigar-Menzel (*K. M.*) in Berlin.
„ Prof. Dr. Lampe (*Lp.*) in Berlin.
„ Prof. Dr. H. A. Lorentz (*Lz.*) in Leyden.
„ Dr. Nernst (*Nst.*) in Göttingen.
„ Prof. Dr. Pernet (*Pt.*) in Zürich.
„ Dr. Pockels (*F. P.*) in Göttingen.
„ Dr. Prytz (*K. P.*) in Kopenhagen.
„ Prof. Dr. Schumann (*Schn.*) in Berlin.
„ Dr. F. Richarz (*Rz.*) in Bonn.
„ Prof. Dr. W. Voigt (*W. V.*) in Göttingen.
„ Prof. Dr. Volkmann (*P. V.*) in Königsberg.
„ Prof. Dr. Wangerin (*Wn.*) in Halle.

Erster Abschnitt.

Allgemeine Physik.

1a. Sammelwerke und Abhandlungen, die sich auf die gesammte Physik oder grössere Theile derselben beziehen, historische Werke derselben Art und Biographien.

Litteratur.

O. LEHMANN. **Physikalische Technik, speciell Anleitung zur Selbstanfertigung physikalischer Apparate.** Leipzig: W. Engelmann 1885, 420 pp. [Beibl. IX, 806; [Elektrot. ZS. VI, 532.

E. WROBEL. **Die Physik in elementar-mathematischer Behandlung.** I. Die Mechanik. Rostock 1885, W. Werther; 143 pp.

A. P. L. CLAUSSEN. **Lehrbuch der Physik für Präparandenanstalten, höhere Knaben- u. Mädchenschulen etc.** Potsdam: Stein, 1885, 124 pp. [ZS. f. Natw. (4) IV, 495-7.

A. HANDL. **Lehrbuch der Physik für Pharmaceuten, Chemiker und Angehörige ähnlicher Berufszweige.** Wien: A. Hölder. [ZS. f. Instrk. V 447-48.

A. FICK. **Die medicinische Physik. Dritte Aufl.** Braunschweig: Vieweg & Sohn. 1885. XIV u. 438 pp. [Beibl. IX 482-83.

A. von OBERMAYER. **Lehrbuch der Physik für Infanteriecadettenschulen.** Wien: Braumüller 1885, 181 pp.

A. WIGKANDER. **Lärbock in Physik. II. Om wärmet och ljuset.** Lund: C. W. V. Gleerups Förlag 335 pp., 1885. [Beibl. IX, 487-88.

HAUSHOFER. Mikroskopische Reactionen. Braunschweig: Vieweg & Sohn. [ZS. f. Instrk. V 409.

R. I. GLAZEBROOK and W. N. SHAW. Practical Physics. 508 S. London: Longmans, 1885; 487 pp. [ZS. f. Instrk. V. 174. [Beibl. IX, 483. [Phil. Mag. (5) XX, 301. [Nat. XXXI, 477; [Engin. XXXIX, 385-386.

MACFARLANE's „Physical Arithmetic". [Nature XXXI. 551.

TURNER's Examples in Heat and Electricity. [Nature XXXI. 526-27.

C. W. HOLMAN. Physical laboratory notes. Boston: Cushing & Co. 83+8 pp.

Practische Anweisungen für die Laboranten des Massachusetts Institute of Technology, (Capitel: Nonius, Anfertigung von Fadenkreuzen Excentricität an Theilkreisen, Libelle, Durchgangszeiten, Wägung und Behandlung einer Wage, Meteorologische Instrumente u. s. w. durch Mechanik, Optik, Wärmelehre und Electricität). Z. Th. als Supplement zu Pickerings Physical Manipulations gedacht; die grössere Hälfte ist selbständig ausgearbeitet. Ein Anhang behandelt Photographie. *Bde.*

TROWBRIDGE's Physics. Newyork: Appleton. 1884. 367 pp. [Science V. 37.

ANTHONY and BRACKETT's Physics. Science V. 349-50.

New text-books of physics. Science V. 139-40.

Three physical text-books. Science VI. 96-97.

A. FOCILLON. Expériences et instruments de physique. 215 S. Tours: Marne. [ZS. f. Instr.-k. V. 69. *Bde.*

A. SCHIMKOFF. Lehrbuch der Experimentalphysik. I. 2. Aufl. Charkoff 1885†. (russ.).

N. JEGOROFF. Vorlesungen über Physik. St. Petersb. 85. 198 pp. (russ.)†. *O. Chw.*

P. G. TAIT. Properties of matter. Edinburg: Adam und Charles Black. 1885. 320 pp. [Beibl. IX. 641-42; [Nat. XXXII, 314-315.

---

v. HELMHOLTZ. Vorträge und Reden. Bd. I u. II. Braunschweig: Vieweg, 1884, 396 pp. u. 1885, 380 pp.

W. THOMSON. Mathematical and Physical Papers collected from different Scientific Periodicals from May 1841 to the Present Time. Vol. 2. 410. London: Cambridge Warehouse. [ZS. f. Instrk. V, 102; [Nat. XXXII, 25-28; [Rev. scient. XXXV, 750-754.

G. EGER. (In Verbindung mit P. R. BEDSON, O. BRANDES etc.) Technologisches Wörterbuch in englischer und deutscher Sprache. I. Theil, Englisch-Deutsch. Braunschweig: Vieweg & Sohn, 1882. [Beibl. IX. 145.

F. J. WERSHOVEN. Naturwissenschaftlich technisches Wörterbuch; die Ausdrücke der Physik, Meteorologie, Mechanik, Chemie, Hüttenkunde, chemischen Technologie, Electrotechnik. I. Theil, Englisch-Deutsch. London, Longmans und Berlin, L. Simon, 1885. [Beibl. IX, 146; [Electrot. ZS. VI, 268.

LUPTON. Numerical Tables and Constants. London: Macmillan, 1885, 96 pp.; [Phil. Mag. XIX. 142-143.

G. F. BARKER. Record of progress in physics. Smiths. Inst. Annual Rep. 1885, Part I, 577-636.

T. C. MENDENHALL. Report of physical laboratory division. Rep. war dept. Wash. 1885, I. 535-6.

G. CHRYSTAL. Address to the mathematical and physical section of the British association. Chem. News LI, 157-61.

J. BAUSCHINGER. Mitth. aus dem mechanisch-technischen Laboratorium der königl. technischen Hochschule in München. 12. Heft. München: Ackermann. [ZS. f. Instrk. V. 253.

SCHWALBE. Ueber die Bestrebungen für die Hebung des Unterrichts in den experimentellen Wissenschaften. Sep. aus Organ f. Int. des Realschulwesens 1885, 20 pp.

NOACK. Der physikalische Unterricht und seine Hilfsmittel. Z.-S. phys. Unterr. II. 121-132, 145-155; [Beibl. X; 205, 1886.

Wie studirt man Mathematik und Physik?
Von einem Lehrer der Mathematik.
Leipzig: Rossberg, 1885, 32 pp.; [Schlömilch ZS. XXX. [2] 145-6.

MEUTZNER. Bemerkungen aus der Praxis des physikalischen Unterrichtes. Z.-S. phys. Unterr. II. 229-232; [Beibl. X, 635.

H. EMSMANN. Das physikalische Kabinet und Lehrzimmer. Z.-S. phys. Unterr. II. 49-51.

ARMSTRONG. Opening Adress. Rep. Brit. Ass. 1885, 945; Nature XXXII, 449, 467; [Naturf. XVIII, 406-412; Unterrichtsangelegenheiten.

W. ODELL. Aims and Methods of the Teaching of Physics. London, Nature XXXI. 578.

SIR WILLIAM THOMSON's Scientific Laboratories. Nature XXXI. 409-13.

K. Physics at Johns Hopkins. Science VI. 547-48.

P. H. LEDEBOER. Le laboratoire d'enseignement de physique à la Sorbonne. Lum. Electr. XV. 16-25, 66-72, 195 -99, 264-268. 360-363, 408-410; [Beibl. IX, 296, 342, 357.

R. CLAUSIUS. Sur le rapport entre les grand agents de la nature. Lum. El. XVI. 253-59.

F. ROSENBERGER. Ueber die Genesis wissenschaftlicher Entdeckungen und Erfindungen. Ein Vortrag. Braunschweig: Vieweg, 1885, 29 pp.; [Beibl. IX. 366.

F. BRAUN. Ueber Gesetz, Theorie und Hypothese in der Physik. Akademische Antrittsrede, geh. am 30. Juli 1885. Tübingen: Fues. 23 S. 8°.

THEODOR HOH. Die Stellung der Atomenlehre zur Physik des Aethers. Bamberg 1885, W. Gärtner, 86 pp.

A. GAUTIER. La matière, les forces, l'affinité. Rev. scient. (3) XXII, 769-75.

BADOUREAU. L'énergie, ses sources et ses transformàtions. Rev. Scient. XXXVI. 169-74.

STALLO. La matière et la physique moderne. Rev. Scient. XXXV. 470-73.

R. FEDERICI. Le leggi di progresso II. Le deduzioni dai fenomeni naturali. Roma, 1885.

L. FERRI. Analisi del concetto di sostanza e sue relazioni coi concetti di essenza, di causa e di forza. Roma, 1885.

H. H. BATES. The physical basis of phenomena. Washington, Bull. Phil. Soc. VII. 40-68.

PLINY E. CHASE. Thermo-electro-photo-baric Unit. Proc. Am. Phil. Soc. Philadelphia XXII. 377-378.

— The Chase-Maxwell ratio. ibid. 375.

P. E. CHASE. Elementary Phyllotaxy. Phil. Mag. (5) XIX, 68; Proc. Am. Phil. Soc. XIX, 591-601; XX, 431 ff.: [Cim. (3) XVIII, 83.

M. MARIE. Histoire des Sciences Mathématiques et Physiques. Tome VI, VII. De Newton à Euler, d'Euler à Lagrange. Paris: Gauthier-Villars 1885; [Beibl. IX. 640.

SCHNEIDER. Zur Geschichte der Physik im XVII. Jahrhundert. (Erste Abtheilung). Pr. Ellwangen 1885; [F. d. Math. XVII, 947-8. *Bde.*

W. BOBININ. Geschichte der phys.-mathem. Wissenschaften in Russland. „Phys.-mathem. Wiss. in der Vergang. u. Gegenwart." (Journal, herausgeg. v. W. ROBININI in Moskau, russ.), 1885, I. p. 17-32, 122-140, 217-225, 225-239, 327-393.

— Entwickelung und gegenwärtiger Zustand der Geschichte der Mathematik. Ibidem p. 195-216, 299-326.

— Die philosophische, wissenschaftliche u. pädagogische Bedeutung der Geschichte der Mathematik. Ibidem p. 1-16, 97-112. *O. Chw.*

F. J. STUDNIČKA. Bericht über die mathematischen und naturwissenschaftlichen Publikationen der Kön. Böhm. Ges. d. Wissenschaften. II. Heft. Abhandlungen der zweiten und dritten Periode betreffend. Prag 1885, Verl. der Kön. Böhm. Ges. 351 pp.

A. TERQUEM. La Science romaine à l'époque d'Auguste, d'après Vitruve (Extraits). J. de Phys. (2) IV. 384-88.

M. ZWERGER. Die lebendige Kraft und ihr Maass, ein Beitrag zur Geschichte der Physik. München: Lindauer, 1885, 290 pp.

G. QUINCKE. Geschichte des physikalischen Instituts der Universität Heidelberg. Heidelberg: Univ.-Buchdr. 1885, 47 pp.

ANTOINE FAVARO. Les écrits inédits de Galilée. Rev. scient. (3) XXXV. 795-96.

REISET. Manuscrits de Henry-Victor Regnault. C. R. C. 1363-64.

GERHARDT. Ueber neu gefundene Manuscripte von Leibniz. Berl. Ber. 1885, 19-23, 133-143.

ADOLF BAEYER. Clemens Zimmermann. (Nekrolog). Berl. Chem. Ber. XVIII. 825-833.

Sir WILLIAM SIEMENS als Erfinder und Forscher. Vortrag, gehalten im deutschen Vereine für Kunst und Wissenschaft zu London von Dr. EUGEN OBACH. London: A. Siegle. Elektrot. ZS. VI. 313.

The SIEMENS Memorial. Engineering XL. 543.

The Late Sir WILLIAM SIEMENS. Nature XXXIII. 104-105.

FRIEDEL. Notice sur le vie et les Travaux de CH. A. WURTZ. Rev. scient. XXXV. 97-109, 129-144. Als Suppl. zu Bull. soc. chim. XLIII, 80 pp.

TROOST, MEZIÈRES, FIZEAU. Discours prononcés aux funérailles DE M. P. DESAINS, au nom de la Faculté des Sciences. C. R. 1257-59, 1259-64.

TRESCA†. Reden und Necrologe von M. LÉVY, H. DE LA GOUPILLIÈRE und anderen in C. R. C. 1527, 1610-14, 1614-15; Nat. XXXII, 181; La Nat. XXX (2) 63; Engin. XXXIX. 705.

DE SAINT-VENANT. Sur le but théorique des principaux travaux de HENRI TRESCA. C. R. CI. 119-122.

PHILIPS, SCHLÖSING. Discours prononcés aux obsèques de M. ROLLAND. C. R. C. 947-949, 950-959.

G. TISSANDIER. Dupuy de Lôme.
La Nature XIII. (1) 145-46.

JAMIN. François Arago. Rev. Scient. XXXV. 257-69.

NOURISSON. Pascal physicien et philosophe.
Paris 1885, E. Perrin.

VAN DER MENSBRUGGHE. JOSEPH PLATEAU (avec portrait). Belgique Annuaire LI. 389-486.

E. H. VON BAUMHAUER. Necrologie.
Rev. scient. (3) XXXV. 190.

ROBERT PERCEVAL GRAVES. Life of Sir WILLIAM ROWAN HAMILTON. Vol. II. 719 pp. (Hodges: Figgis and Co.) Nat. XXXII. 619-23.

JAMES CLERK MAXWELL Life of. Science V. 317-18.

J. H. GLADSTONE. ALFRED TRIBE. Nature XXXIII. 180.

FLEEMING JENKING.† Nature XXXII. 153-54.
Lum. él. XVI. 629.

BENJAMIN SILLIMAN.† Nature XXXI. 343; Chem. News LI. 69.

La vie de M. GRAHAM BELL à Washington
La Nature XIII. (1) 95.

A. W. HOFMANN. Zur Erinnerung an QUINTINO SELLA.
Chem. Ber. XVIII. 731-823.

F. NUCHARZENSKI. Un ingenieur au XVIe siècle. — Léonard da Vinci. Rev. scient. (3) XXXVI. 208-14, 242-46.

H. F. WEBER. Bericht über Gruppe 23 der schweizerischen Landesausstellung 1883. Physikalische Industrie; wissenschaftliche Instrumente.
Zürich, Orell, Füssli & Co. gr. 8°. [Electrot. ZS. VI. 35.

Physical Science at the Inventions Exhibition.
Engineering XL, 398-99, 491-497, 521-2, 594-6.

H. DENT GARDNER. International Inventions Exhibition.
Nature XXXII. 296-97.

G. GOVI. Communicazioni. Rend. Acc. Napoli XXIV. 28-30.
Vorlage Luvini'scher Abhandlungen.

D. MUSSEY. The application of physical methods to intellectual science. Washingt. Bull. Phil. soq. VIII, 18.

R. BIEDERMANN. Chemiker-Kalender für 1885. Berlin: J. Springer.

F. UPPENBORN. Kalender für Electrotechniker. München u. Leipzig: Oldenbourg. *Bde.*

1b. Maass und Messen.

P. MANSION. Note sur la méthode des moindres carrés. Bull. Belg. (3) IX, 9-14†.

Um nach der Methode der kleinsten Quadrate die Werthe von m Unbekannten aus m + n zwischen ihnen bestehenden Gleichungen zu bestimmen, ersetzt man letztere durch ein System von m Normalgleichungen. Verfasser zeigt in dem vorliegenden Aufsatze, dass dieses Normalsystem ersetzt werden kann durch ein Hülfssystem, welches man aus den gegebenen Gleichungen ohne jede Rechnung ableiten kann, welches aber (m + n) + m Unbekannte enthält.

Es seien z. B. folgende Gleichungen zwischen den 4 Unbekannten x, y, z, t gegeben:

$$\text{I.}\quad \begin{aligned} a_1 x + b_1 y + c_1 z + g_1 t &= h_1 \\ a_2 x + b_2 y + c_2 z + g_2 t &= h_2 \\ a_3 x + b_3 y + c_3 z + g_3 t &= h_3 \\ a_4 x + b_4 y + c_4 z + g_4 t &= h_4 \\ a_5 x + b_5 y + c_5 z + g_5 t &= h_5, \end{aligned}$$

dann ergiebt sich unter Benutzung der GAUSS'schen Bezeichnungen das Normalsystem:

$$\text{II.}\quad \begin{aligned} (aa)\,X + (ab)\,Y + (ac)\,Z + (ag)\,T &= (ah) \\ (ab)\,X + (bb)\,Y + (bc)\,Z + (bg)\,T &= (bh) \\ (ac)\,X + (bc)\,Y + (cc)\,Z + (cg)\,T &= (ch) \\ (ag)\,X + (bg)\,Y + (cg)\,Z + (gg)\,T &= (gh). \end{aligned}$$

Substituirt man die aus diesen Gleichungen abgeleiteten Werthe von X, Y, Z, T an die Stelle von x, y, z, t in die gegebenen

Gleichungen und bezeichnet die Fehler mit ε_1, ε_2, ε_3, ε_4, ε_5, so erhält man:

$$\text{III.}\quad \begin{aligned} a_1 X + b_1 Y + c_1 Z + g_1 T &= h_1 + \varepsilon_1 \\ a_2 X + b_2 Y + c_2 Z + g_2 T &= h_2 + \varepsilon_2 \\ a_3 X + b_3 Y + c_3 Z + g_3 T &= h_3 + \varepsilon_3 \\ a_4 X + b_4 Y + c_4 Z + g_4 T &= h_4 + \varepsilon_4 \\ a_5 X + b_5 Y + c_5 Z + g_5 T &= h_5 + \varepsilon_5 \end{aligned}$$

Wendet man auf die letzten Gleichungen die Methode der kleinsten Quadrate an, so erhält man unter Berücksichtigung des Systems II für die unbekannten Hülfsgrössen ε die 4 Gleichungen:

$$\text{IV.}\quad \begin{aligned} a_1 \varepsilon_1 + a_2 \varepsilon_2 + a_3 \varepsilon_3 + a_4 \varepsilon_4 + a_5 \varepsilon_5 &= 0 \\ b_1 \varepsilon_1 + b_2 \varepsilon_2 + b_3 \varepsilon_3 + b_4 \varepsilon_4 + b_5 \varepsilon_5 &= 0 \\ c_1 \varepsilon_1 + c_2 \varepsilon_2 + c_3 \varepsilon_3 + c_4 \varepsilon_4 + c_5 \varepsilon_5 &= 0 \\ g_1 \varepsilon_1 + g_2 \varepsilon_2 + g_3 \varepsilon_3 + g_4 \varepsilon_4 + g_5 \varepsilon_5 &= 0 \end{aligned}$$

Das System der neun Gleichungen III und IV ist äquivalent dem Normalsystem II. —

Mittelst dieses Hülfssystems gelangt man zu einem Satze, der die Verallgemeinerung desjenigen Satzes ist, mit welchem JACOBI seine Determinantentheorie beschliesst, sowie desjenigen, welchen CATALAN im ersten Paragraphen seiner „Bemerkungen zur Theorie der kleinsten Quadrate" beweist:

„Wenn man nach der Determinantentheorie auf alle möglichen Arten aus (m + n) Gleichungen, welche zwischen den m Unbekannten bestehen, p Unbekannte eliminirt, so führt das Normalsystem der so erhaltenen Gleichungen für die übrigbleibenden m—p Unbekannten zu denselben Werthen, wie das Normalsystem der ursprünglichen Gleichungen."

Verfasser beweist den Satz für das betrachtete System und zeigt dann die Anwendbarkeit seiner Methode an einem Zahlenbeispiel. *L. Grnm.*

Travaux et mémoires du bureau international des poids et mesures, publiés sous l'autorité du comité international par le directeur du bureau. Tome IV. Paris, Gauthier-Villars, 1885†. X+27 pp. +XVI pp., 169 pp. +CIV pp. 24 pp. +XXXI pp†.

Der vierte Band der vom internationalen Comité veröffentlichten Arbeiten des internationalen Bureaus für Maass und Gewicht enthält zunächst den durch eine Vorrede von Herrn O. J. Broch eingeleiteten Bericht der Commission, welche mit der Vergleichung der neuen Urkilogramme mit dem Kilogramme des Archives betraut worden war, und welcher von Seiten der französischen Section die Herren Dumas, Mouchez und Sainte-Claire Deville, von Seiten des internationalen Bureaus die Herren Broch und Stass angehörten. Zur definitiven Vergleichung mit dem Kilogramme des Archives gelangten die beiden neuen Platin-Iridium-Kilogramme KI und KIII (vergleiche diese Berichte, XL (1) 18 ff.), sowie ein der belgischen Regierung gehöriges mit Bl bezeichnetes Normalkilogramm aus Platin, welches im Jahre 1879 durch Herrn Marek mit dem Urkilogramm C des internationalen Bureaus (vergl. Travaux et mémoires, T. I, p. D 73, sowie diese Berichte, XXXVII, I. Abth., S. 8—9) verglichen worden war. Die zur Volumenbestimmung der Kilogramme im chemischen Laboratorium der École normale auf einer Sacré'schen Waage ausgeführten hydrostatischen Wägungen hatten die Werthe ergeben für

$$V_0\,\mathrm{KI} = \overset{\mathrm{ml}}{46.3975} + \overset{\mathrm{ml}^{*})}{\Delta \mathrm{I}}$$

$$(V_t\,\mathrm{KI} = 46.3975 + \Delta \mathrm{I} + 0.001\,193\ t + 0.000\,000\,399\ t^2),$$

ferner

$$V_0\,\mathrm{KIII} = \overset{\mathrm{ml}}{46.3947} + \overset{\mathrm{ml}}{\Delta \mathrm{III}}$$

$$(V_t\,\mathrm{KIII} = 46.3947 + \Delta \mathrm{III} + 0.001\,193\ t + 0.000\,000\,399\ t^2)$$

$$V_0\,\mathrm{Bl} = 47.1623 + \Delta \mathrm{Bl}$$

$$(V_t\,\mathrm{Bl} = 47.1623 + \Delta \mathrm{Bl} + 0.001\,204\ t + 0.000\,000\,547\ t^2).$$

Für das mit A bezeichnete Kilogramme des Archives wurde das Volumen zu Grunde gelegt

$$V_0\,\mathrm{A} = \overset{\mathrm{ml}}{48.68} + \overset{\mathrm{ml}}{\Delta \mathrm{A}},$$

wo ΔA die Unsicherheit bedeutet, mit welcher die Volumenbe-

*) ml = Milliliter = Kubikcentimeter; ΔI, ΔIII . . . bedeuten die Unsicherheiten, mit welchen die Volumenbestimmungen von KI, KIII, . . . behaftet sind.

stimmung des Kilogramme des Archives behaftet ist, und welche nach Broch zwischen den Grenzen —0.02 und +0.02 ml liegt.

Unter Annahme des kubischen Ausdehnungskoëfficienten

$$k = 0.000\,025\,533 + 0.000\,000\,0116\,t$$

ergiebt sich das Volumen von A bei der Temperatur t in Milliliter

$$V_t A = 48.68 + \Delta A + 0.001\,243\,t + 0.000\,000\,565\,t^2.$$

Die eigentlichen Vergleichungen der drei Kilogramme mit dem Kilogramme des Archives fanden statt in dem von Herrn Mouchez zur Verfügung gestellten Meridiansaale seines Observatoriums. Als Waage diente eine von Herrn Collot verfertigte, der École normale gehörige Präcisionswaage, welche die Ausführung einer Borda'schen wie einer Gauss'schen Wägung, sowie die gleichzeitige Vergleichung von 5 Kilogrammen ermöglicht, ohne dass man nöthig hat, den Waagekasten zu öffnen.

Die Handhabung der Waage und der Kilogramme erfolgte ausschliesslich durch Herrn Collot, der mit lauter Stimme die Schwingungen vorlas, welche dann von den Herren Broch und Stass unabhängig von einander aufgeschrieben wurden. Die Ablesungen der meteorologischen Hülfsinstrumente wurden von Herrn Clément ausgeführt.

Als Resultate der Vergleichungen ergaben sich folgende Endgleichungen:

$$A - KIII = +\overset{mg}{0.0174} + \overset{mg}{1.192}\,\Delta A - \overset{mg}{1.192}\,\Delta III \qquad \pm\overset{mg}{0.0097}$$

$$A - KI = -0.1910 + 1.199\,\Delta A + 0.007\,\Delta III - \overset{mg}{1.205}\,\Delta I \pm 0.0129$$

$$A - BI = +3.0458 + 1.186\,\Delta A - 0.007\,\Delta III - 1.180\,\Delta BI \pm 0.0129$$

$$KIII - KI = -0.2084 + 0.007\,\Delta A + 1.199\,\Delta III - 1.205\,\Delta I \pm 0.0129$$

$$KIII - BI = +3.0284 - 0.006\,\Delta A + 1.185\,\Delta III - 1.180\,\Delta BI \pm 0.0129$$

Dem Berichte der Vergleichungen ist ein Nachtrag zugefügt, dem zu Folge diese Endresultate noch zu corrigiren sind. Das vorhin angegebene Volumen von KIII war nämlich nicht direct durch eine hydrostatische Wägung des Kilogramms selbst erhalten, sondern aus der Bestimmung des specifischen Gewichts eines Platin-Iridiumcylinders von etwa 1146 g, aus welchem nachher das Kilogramm KIII hergestellt wurde. Die später (im Jahre 1882) auf

Beschluss des internationalen Comités von Herrn MAREK ausgeführte directe Volumenbestimmung ergab bei 0° C das Volumen

$$V_0\,KIII = \overset{ml}{46.400\,52} \pm \overset{ml}{0.00014};$$

daraus folgt als definitive Gleichung für KIII, bezogen auf das Kilogramme A des Archives

$$KIII = A - \overset{mg}{0.0105} - \overset{mg}{1.192}\,\Delta A \pm \overset{mg}{0.0097}.$$

Nimmt man $\Delta A = -0$ ml, 0088 an, setzt also das Volumen von A bei 0°

$$V_0\,A = \overset{ml}{48.6712},$$

so stimmen die Gewichte der beiden Kilogramme A und KIII im luftleeren Raume vollständig überein. Unter dieser Voraussetzung erhält man schliesslich folgende Endgleichungen:

$$KI = KIII + \overset{mg}{0.146} \pm \overset{mg}{0.003} + \overset{mg}{1.216}\,\Delta I$$
$$Bl = KIII - 3.035 \pm 0.013 + 1.180\,\Delta Bl$$
$$A = KIII \pm 0.01$$

Für die als Hülfsgewichte benutzten Kilogramme KII (aus Platin-Iridium), O (aus Platin, dem Observatorium zu Paris gehörig) und C′ (aus Platin, dem Conservatoire des arts et métiers gehörig)*) ergeben sich die folgenden Gleichungen:

$$KII = KIII + \overset{mg}{0.33} \pm \overset{mg}{0.040} + 1.185\,\Delta II$$
$$O = KIII - 0.094 \pm 0.018 + 1.200\,\Delta O$$
$$C' = KIII + 1.19 \pm 0.01 + 1.193\,\Delta C'.$$

Anhangsweise sind dem Berichte sämmtliche Originalbeobachtungen beigefügt.

Die zweite, von Herrn PERNET verfasste Abhandlung enthält Vergleichungen von Meterstäben in der Luft bei mittlerer Temperatur. Im Jahre 1877 hatte das internationale Comité die Herren STASS und SAINTE-CLAIRE DEVILLE im Verein mit Herrn MATTHEY in London mit der Herstellung zweier Meterstäbe aus Platin-Iridium mit rechteckigem Querschnitte betraut, welche später von den Gebrüdern BRUNNER in Paris polirt und getheilt

*) Vergl. die Referate über die Travaux et mémoires in den früheren Jahrgängen dieser Berichte.

werden sollten. (Vergl. diese Berichte XXXVII, 1. Abth. S. 10.) Diese Maassstäbe sollten, nach sorgfältiger Untersuchung ihrer physikalischen und chemischen Eigenschaften, einem Beschlusse des Comités zu Folge als Vergleichsnormale für die internationalen Meterstäbe dienen. Ferner hatte das Comité beschlossen, diese beiden Maassstäbe mittelst des Brunner'schen Komparators unter einander zu vergleichen, alsdann den einen derselben den verschiedensten mechanischen und thermischen Einflüssen zu unterwerfen, um ihn hernach auf's Neue mit dem andern zu vergleichen. Bis zur Fertigstellung der internationalen Prototype sollte der eine der beiden Stäbe als vorläufiges Urnormal für die Vergleichung der von den verschiedenen Staaten zur Prüfung eingesandten Strichmeterstäbe dienen. Die Mittheilung dieser, vom Verfasser in Gemeinschaft mit Herrn Benoit unter der besonderen Leitung und Mitwirkung der Herren Broch, Foerster und Stass ausgeführten Vergleichungen und Untersuchungen bildet den Gegenstand der zweiten Abhandlung. Folgende tabellarische Zusammenstellung enthält die Ergebnisse der Vergleichungen:

Bezeichnung:	Gleichung:
Normalmeterstab I des international. Bureau's, aus Platin-Iridium von Johnson-Matthey, mit rechteckigem Querschnitt, construirt von Gebr. Brunner Normalmeterstab II des international. Bureau's, ähnlich dem vorigen	$II - I = +\overset{\mu}{4}.88 + 0.006\,3\,t - 0.000\,63\,t^2$ $\pm 0.08 \quad \pm 0.0113 \quad \pm 0.00035$
Normalmeterstab No. 13 des internationalen Bureau's, aus Platin-Iridium (Legirung von 1874), X-Form	$II - 13 = +77.16$ ± 0.22

Bezeichnung:	Gleichung:
Normalmeterstab N des international. Bureau's, aus Bronze, mit eingelegter Silberscale, H-Form, construirt von STARKE und KAMMERER	$N - I = -\overset{\mu}{27.59} + 8.791\,t + 0.009\,5\,t^2$ $\pm 0.16 \quad \pm 0.033 \quad \pm 0.0010$
Normalmeterstab W der Academie der Wissenschaften zu Petersburg, aus Messing, mit rechteckigem Querschnitt, Theilung auf eingelegten Goldplättchen, construirt von HERMANN und PFISTER	$W - I = -147.320 + 9.154\,9\,t + 0.005\,60\,t^2$ $\pm 0.092 \quad \pm 0.0150 \quad \pm 0.000\,46$ $W - II = -152.08$ ± 0.10
Normalmeterstab S der Schweiz, aus Aluminiumbronze, von quadratischem Querschnitt, getheilt auf eingenietheter Silberscale, construirt von HERMANN u. STUDER	$S - I = -90.07 + 7.5765\,t$ $\pm 0.11 \quad \pm 0.0962$ $S_0 - II_0 = -94.89$ ± 0.05
Normalmeterstab A_1 der Normal-Aichungs-Commission zu Berlin, aus Stahl, H-Form, getheilt auf eingelegten Platinplättchen, construirt von REPSOLD	$A_1 - I = -2.71 + 1.826\,5\,t + 0.003\,55\,t^2$ $\pm 0.06 \quad \pm 0.0200 \quad \pm 0.000\,70$
Normalmeterstab He der Normal-Aichungs-Commission zu Wien, aus Bronze, mit U-förmigem	$He_0 - I_0 = -44.05$ ± 0.15

Bezeichnung:	Gleichung:
Querschnitt, getheilt auf eingelegter Silberskale, konstruirt von STARKE und KAMMERER	$He_0 - 13_0 = + 28.28 \mu$ ± 0.23
Normalmeterstab Be der belgischen Regierung, aus Platin, mit rechteckigem Querschnitt	$Be - I = - 76.19 + 0.377\,2\,t$
Normalmeterstab S_b der Serbischen Normal-Aichungs-Commission, aus Messing, mit rechteckigem Querschnitt, getheilt auf eingelegten Goldplättchen, construirt von STARKE und KAMMERER	$S_b - I = + 31.00 + 9.742\,t + 0.004\,2\,t^2$
Normalmeterstab US des StevensInstitute (Verein. Staaten), aus Messing, mit rechteckigem Querschnitt, getheilt auf eingelegten Silberplättchen	$US - I = - 387.07 + 9.067\,2\,t$ $\pm 0.43 \quad \pm 0.0690$
Normalmeterstab H_A der Normal-Aichungs-Commission zu Wien, aus Bronze, mit rechteckigem Querschnitt, getheilt auf eingelegten Silberplättchen, konstruirt von STARKE und KAMMERER	$H^A - I = - 58.45 + 10.047\,2\,t$ $\pm 0.16 \quad \pm 0.0192$

Bezeichnung:	Gleichung:
Normalmeterstab L des Herrn LOUGUININE, aus Messing mit eingelegter Silberskale, construirt von der „Société genevoise“.	$L_0 - I_0 = -\overset{\mu}{62.8} \pm 0.2$

Auch dieser Abhandlung sind anhangsweise sämmtliche Originalbeobachtungen, sowie die Fehlertafeln der benutzten Hülfsinstrumente beigefügt.

Die dritte, von Herrn BROCH verfasste Abhandlung endlich enthält die Bestimmungen einiger im Folgenden näher bezeichneten englischen Normalgewichte des Kilogramms, der Ounce troy und des livre avoir-du-poids.

1. Das dem Board of Trade gehörige im Standards Departement als Normalgewicht dienende Kilogramm 𝔈 wurde von GAMBEY im Jahre 1842 in Form eines Cylinders aus Platin hergestellt, ist im Jahre 1844 von W. H. MILLER volumenisirt und im darauf folgenden Jahre mit dem Kilogramme des Archives verglichen worden.

Es ergab sich unter Annahme der Volumina

$$V_0 A = \overset{ml}{48.665} \text{ und } V_0 \mathfrak{E} = \overset{ml}{47.3083}$$

die Gleichung

$$\mathfrak{E} = A - \overset{mg}{1.563}$$

Eine im Jahre 1875 von Herrn CHANEY ausgeführte Vergleichung ergab den Werth

$$\mathfrak{E} = A - \overset{mg}{1.844} \pm \overset{mg}{0{,}022},$$

also eine Gewichtsabnahme von 0.281 mg.

Im Jahre 1879 wurde von Hrn. MAREK in Gemeinschaft mit Herrn CHANEY eine Vergleichung von 𝔈 mit dem dem internationalen Bureau gehörigen Platin-Iridiumkilogramme S (in Form eines abgestumpften Kegels) und dem der Normal-Aichungs-Commission zu Wien gehörigen Platinkilogramme Z ausgeführt (vergleiche diese Berichte XXXVII, Abth. I, Seite 9), welche auf indirektem Wege zu der Gleichung führte

$$\mathfrak{C} = A - 1.923 \overset{mg}{} \pm 0.015 \overset{mg}{},$$

also nochmals eine Gewichtsabnahme, und zwar von 0.079 mg ergab.

Im Iahre 1883 endlich fand, einem von der englischen Regierung geäusserten Wunsche zu Folge, eine Vergleichung des Kilogrammes $\mathfrak{C}$ mit den dem internationalen Bureau gehörigen Normalkilogrammen K III, K I und S statt. Bezüglich der beiden Kilogramme K III und K I, von denen bekanntlich K III als internationales Urprototyp gewählt worden ist und in der Folge mit $\mathfrak{K}$ bezeichnet werden soll, sind die näheren Angaben aus der ersten Abhandlung zu entnehmen. Für das Volumen von S gilt die Gleichung

$$V_t S = 46.6406 \overset{ml}{} (1 + 0.000\,025\,707\, t + 0.000\,000\,0086\, t^2) + \Delta S.$$

Als Waage diente die Rupprecht'sche Waage No. 1, als Zulagegewichte Gewichte des Zehntel-Milligrammsatzes I von Stückrath. Als Resultat der Vergleichungen ergiebt sich:

$$\mathfrak{K} - \mathfrak{C} = 2.0178 \overset{mg}{} \pm 0.0030 \overset{mg}{}$$
$$KI - \mathfrak{C} = 2.1453 \pm 0.0030$$
$$S - \mathfrak{C} = 2.4755 \pm 0.0030$$
$$S - \mathfrak{K} = 0.4577 \pm 0.0030$$
$$S - KI = 0.3302 \pm 0.0030$$
$$KI - \mathfrak{K} = 0.1275 \pm 0.0030$$

2. Die mit S bezeichnete Ounce troy ist im Jahre 1874 aus einer Platin-Iridiumlegirung von Johnson-Matthey in Form eines mit Knopf versehenen abgestumpften Kegels von Oertling hergestellt. Das im Standard office zu London bestimmte Volumen bei 0° beträgt 1.4525 ml. Die Gewichtsbestimmung erfolgte auf der Rupprecht'schen Waage No. 3 unter Zugrundelegung der Gewichte des Platin-Iridiumsatzes O und der Aluminiumgewichte der Sätze W und II und ergab den Werth

$$S = 31.103\,557 \overset{g}{} + 1.207 \overset{mg}{} (\Delta S - \Delta O).$$

3. Von den drei zur Prüfung eingesandten Livre avoir-dupoids-Stücken ist das eine S aus Platin-Iridium im Jahre 1874 von

Oertling, die beiden anderen, bezeichnet mit 31 resp. 32, aus vergoldeter Bronze unter der Leitung von W. Miller im Jahre 1844 hergestellt. Die Volumina, von Herrn Chaney im Standard office zu London bestimmt, sind folgende:

$$V_0 S \overset{\text{ml}}{=} 21.1710$$
$$V_0 31 = 53.2727$$
$$V_0 32 = 53.5498.$$

Als kubischer Ausdehnungskoëfficient wurde angenommen

für Platin-Iridium $k = 0.000\,025\,707 + 0.000\,000\,008\,6\ t$

für Bronze $k = 0.000\,050\,5$.

Als Waage diente wieder die Rupprecht'sche Waage No. 1, als Normalgewichte diejenigen des Platin-Iridium-Gewichtssatzes Oe.

Es ergaben sich für die drei Pfunde die Endgleichungen:

$$S = \overset{\text{g}}{453}.\overset{\text{mg}}{591}.3494 \pm \overset{\text{mg}}{0.0014} + 1.202\,(\varDelta S - \varDelta Oe)$$
$$32 = 453.589.2406 \pm 0.0034 + 1.196\,(\varDelta 32 - \varDelta Oe)$$
$$31 = 453.587.3763 \pm 0.0034 + 1.190\,(\varDelta 31 - \varDelta Oe).$$

Anhangsweise sind auch dieser Abhandlung sämmtliche Originalbeobachtungen beigefügt. *L. Grnm.*

W. Winter. Ueber die Dimensionen der abgeleiteten Grössen absoluter Maasssysteme.

Exner's Rep. XXI, 775-804†; [Beibl. X, 252†, 1886.

Verfasser verfolgt in dieser Abhandlung den Zweck, die Dimensionen der abgeleiteten physikalischen Grössen so zu gestalten, dass sie charakteristische Ausdrücke für die darzustellenden Grössen werden und die Bedeutung von Formeln erlangen, aus denen sich die Werthe der abgeleiteten Grössen direkt ergeben, wenn man an Stelle der Symbole der absoluten Einheiten die Maasszahlen derselben setzt. So würde z. B. die Dimension für die Kraft und ebenso die Dimension für die Arbeit ein genaues Maass für Kraft resp. für Arbeit liefern, wenn man berücksichtigt, dass jeder in gleichförmig beschleunigter Bewegung durchlaufene Weg nach halben Centimetern (anstatt nach ganzen Centimetern als Einheit) zu messen ist, so dass sich z. B. als genaue Dimensionsformel für die Arbeit im C.G.S-System der Ausdruck ergeben würde

$$A = \frac{1}{2} C^2 G^2 S^{-2}. —$$

Um die Dimensionen für die elektrischen Einheiten möglichst einfach darstellen zu können, sollen die drei absoluten Einheiten auf zwei reducirt werden, indem zwischen jenen drei Einheiten noch eine Relation aufgestellt wird. Sir William Thomson hat in einem in Exner's Rep. XX, S. 532 ff. abgedruckten Vortrage angegeben, wie man nach einem Vorschlage von Clerk Maxwell, nachdem C und S als absolute Einheiten definirt sind, zu einer nur von C und S allein abhängigen Definition der Dichtigkeitseinheit und demgemäss auch der Masseneinheit gelangen, die Zahl der absoluten Einheiten also von drei auf zwei reduciren kann. Aehnlich will nun der Verfasser in dem Universalgravitationssystem die Zeit definiren durch die beiden unabhängigen Einheiten C und G. Als Einheit der Kraft wird diejenige Kraft definirt, mit welcher sich zwei Masseneinheiten in der Entfernung von 1 Centimeter von einander in Folge der Universalgravitation anziehen.

Da die Universalgravitation proportional ist dem Produkte der Massen und umgekehrt proportional dem Quadrate ihres Abstandes, so ist

$$F = C^{-2} G^2.$$

Diese Krafteinheit ist etwa 14900000 mal kleiner als die Krafteinheit im C.G.S-System

$$F = 0.000000067 \ C G S^{-2} \text{ (ungefähr).}$$

Um die Zeiteinheit zu definiren, denke man sich das eine Gramm um das feststehende andere Gramm im Kreise so schnell rotiren, dass es gerade die Krafteinheit $C^{-2} G^2$ als Centrifugalkraft hervorbringt. Nennt man dann die Zeit, in welcher es den dem Radius gleichen Kreisbogen, den Radian, durchläuft, Eins, so findet man deren Grösse in Sekunden aus der Formel

$$F = C G S^{-2}, \text{ also } S = \sqrt{\frac{C G}{F}},$$

wenn man $C = 1$, $G = 1$ und für F den obigen Werth setzt

$$S = 3860 \text{ Sekunden (ungefähr),}$$

und die Dimension der Zeit ist

$$S = C^{\frac{3}{2}} G^{-\frac{1}{2}}.$$

Aus den beiden Gleichungen

$$F = C^{-2} G^{2} = C G S^{-2}$$

ergiebt sich die zwischen den drei absoluten Einheiten C, G, S bestehende Relation

$$C^{3} G^{-1} S^{-2} = 1.$$

Mit Hülfe der beiden unabhängigen Einheiten C und G lassen sich nun die Dimensionen aller abgeleiteten Grössen einfach darstellen.

In ähnlicher Weise lassen sich noch mehrere zweigliedrige Systeme abgeleiteter Einheiten aufstellen.

Zum Schlusse stellt Verfasser die Dimensionen der letzteren für die verschiedenen Systeme in einer Tabelle zusammen. —

L. Grnm.

Arthur Hamilton-Smythe. A comparison of British and metric measures for engineering purposes with an abstract of the discussion upon the paper edited by James Forrest.

Excerpt minutes of Proceedings of the Institution of civil engineers. Vol. LXXX, Session 1884-85, Part. II, London 1885, 1-66†; [Engineering XXXIX, 84—86†.

In einer im Januar 1885 unter dem Vorsitz von Herrn Fred. J. Bramwell abgehaltenen Versammlung der Institution of civil engineers gelangte eine Abhandlung von Herrn A. Hamilton-Smythe „a comparison of british and metric measures for engineering purposes“ zur Sprache, an welche sich eine äusserst lebhafte Diskussion knüpfte. Ueber letztere dürfte ein eingehender Bericht an dieser Stelle von Interesse sein, da sie ein anschauliches Bild von der Verschiedenheit der Ansichten liefert, welche über diesen wichtigen Gegenstand in den maassgebenden wissenschaftlichen und technischen Kreisen Englands noch herrschen. Der Inhalt des von Herrn A. Hamilton-Smythe als Referenten gehaltenen Vortrages ist folgender: Zur Messung gewisser physikalischer Grössen, wie Zeiten, Winkel, Geschwindigkeiten bedient man sich allgemein internationaler Maassysteme; zur Messung von Raum, Gewicht und Münze hat England seine eigenen Systeme. Rücksichtlich des Kalküls haben nun die decimalen Maasssysteme vor allen andern einen Vorzug, da die Zahlensysteme aller civilisirten Nationen Decimalsysteme sind.

Unter den decimalen Maasssystemen ist aber das metrische Maasssystem das rationellste und systematisch am meisten durchgearbeitete. Sein Vorzug besteht nicht in seiner theoretischen Ableitung (vom Erdquadranten), sondern darin, dass alle Theile desselben durch ein äusserst bequemes und übersichtliches Decimalsystem zusammenhängen, sowie in den einfachen Beziehungen, welche zwischen der Volumeneinheit und der Gewichtseinheit bestehen. Durch internationale Vereinbarung ist auch das metrische System bei 240 Millionen Menschen eingeführt, von denen 60 Procent durch Handelsinteressen mit England in Verbindung stehen. England und Amerika besitzen die grösste Industrie, die meisten technischen Anstalten, eine sehr bedeutende technische Litteratur, ihr Maasssystem ist aber durchaus unsystematisch, zum Theil decimal, zum Theil duodecimal; der Umstand, dass es endliche Dreitheilung gestattet, ist praktisch belanglos. Der englische Fuss ist auch kein Hauptmass, sondern ein Drittheil des Yard. Bei vielen Messungen wird wegen der Kleinheit des englischen Fusses der Doppelfuss zu Grunde gelegt, andererseits ist der brittische Zoll und selbst $^1/_{16}$ Zoll als kleinstes Längenmass zu gross, während das Millimeter und sein zehnter Theil hiefür sehr geeignet ist. Für geodätische Messungen sind die in Decimeter und Centimeter getheilten Nivellirlatten sowie die 20 Meter-Ketten recht praktisch. Das brittische Maass gestattet zwar 12 Verjüngungen $^1/_2$, $^1/_3$, $^1/_4$, $^1/_6$, $^1/_8$, $^1/_{12}$, $^1/_{16}$, $^1/_{24}$, $^1/_{32}$, $^1/_{48}$, $^1/_{64}$, indessen die 6 Verjüngungen, welche das Metermass gestattet, $^1/_2$, $^1/_5$, $^1/_{10}$, $^1/_{20}$, $^1/_{25}$, $^1/_{50}$ sind auch für die praktischen Bedürfnisse ausreichend. Man befürchtet durch die Einführung des metrischen Systems eine Entwerthung der brittischen technischen Litteratur, sowie der Maschinen, welche nach brittischem Maasse arbeiten; allein die Umrechnung der quantitativen Beziehungen aus brittischem in metrisches Maass würde wohl noch von der jetzigen Generation ausgeführt werden können, und während dieser Zeit würden sich auch die Maschinen abgenutzt haben.

Denen, welche die Einführung des metrischen oder eines decimalen Systems abhängig machen wollen von der gleichzeitigen Einführung eines decimalen Münzsystems, sei zu erwidern, dass Maasse für Geldwerth wohl nie oder höchstens durch Zwangsmaassregeln international werden können, während sich das metrische System, wenn dessen Anwendung bei amtlichen Publikationen nur gestattet sein würde, sich sehr bald durch seine eigenen Vorzüge Bahn brechen würde. Wenn daher auch die Meinungen der Mitglieder der Versammlung über die Zweckmässigkeit der Einführung des metrischen Maasssystems leider noch auseinandergehen, so möge dieselbe wenigstens dahin wirken, dass gesetzliche Bestimmungen erlassen werden, denen zu Folge die Anwendung des metrischen Maasses bei amtlichen Plänen, Bauten etc. erlaubt würde, damit auf diese Weise den englischen Ingenieuren Gelegenheit geboten würde, die Vorzüge des metrischen Systems, besonders auch rücksichtlich der Zeitersparniss beim Rechnen, praktisch kennen zu lernen.

In der Diskussion, die sich an diesen Vortrag knüpft, plaidiren die Herren Maudsley, Wells Owen, Fowler, Rapier, Cowper, Chaney für das in fast ganz Europa verbreitete metrische System, dessen Vorzüge von einer grossen Anzahl englischer Ingenieure gewürdigt und dessen Einführung dringend gewünscht würde, weil es für genaues und bequemes praktisches Rechnen, zur logarithmischen Berechnung, zur Anwendung des Rechenschiebers etc. besonders geeignet sei, während die Herren de Salis und Joung gegen das metrische System, sowie gegen jedes Decimalsystem anführen, dass es die für den praktischen Gebrauch so wichtige Zweitheilung (? d. Ref.), Dreitheilung und Viertheilung entbehre. Die grosse Masse des Volkes zeige gar kein Bedürfniss nach Decimaltheilung. Das Rechnen mit englischen Maassen sei eine Uebung für den Verstand.

$^{19}/_{20}$ der englischen Litteratur, soweit sie Maasse enthielte, würde durch Einführung des metrischen Systems werthlos. Der Umstand, dass die meisten andern Continentalstaaten metrisches

Maass besässen, sei für England kein Grund, sein eigenes, wissenschaftlich ebenso begründetes Maass aufzugeben; denn der Bereich der englischen Herrschaft und des englischen Handels sei dem Bereiche des Metermaasses überlegen oder mindestens gleich, vollends erst im Detailhandel im Lande selbst verdiene das Duodecimalsystem wegen seiner vielfachen Theilbarkeit zweifelsohne den Vorzug.

Herr WALTON WILLIAMS ist der Ansicht, dass das Bedürfniss einer endgültigen Entscheidung für das eine oder andere System gegenwärtig noch nicht vorhanden sei, dass zuvor Untersuchungen von den englischen Ingenieuren angestellt werden müssten, ob sich nicht das metrische System verbessern liesse. Als Schrittmaass sei das Meter unbrauchbar, ebenso für Abschätzungen; denn da das Auge ein Gesichtsfeld von 60° besitze, müsste ein Arm 1 Meter lang sein, um ein Lineal von 1 Meter Länge so halten zu können, dass das Auge beide Enden zugleich sehe. Desshalb messen englische Arbeiter rascher mit dem 2-Fussstabe, als französische mit dem Meter; die Möglichkeit der vielfachen Verjüngungsweise mache das Duodecimalsystem für Karten, Nivellements etc. geeigneter. — Auch Herr THELWAK zieht nach eigenen, langjährigen Erfahrungen für alle nicht wissenschaftlichen Untersuchungen und Fragen das englische Maass dem metrischen vor. — Herr AIRY will metrisches System und Decimalsystem unterschieden wissen. Der englische Fuss, der desshalb der beste sei, weil ihn das Volk, und zwar nicht nur in England, sondern auch in Frankreich am häufigsten zum Gebrauch wähle, könne ja in 10 Zoll und jeder Zoll wieder in 10 Theile getheilt werden; daran würde sich auch das Volk leicht gewöhnen, wenn nur für Gebrauchsartikel, für die Bedürfnisse des Alltaglebens binäres Maass beibehalten würde. — Die Herren HANSON und VERNON HARCOURT plaidiren gleichfalls bei aller Anerkennung der wissenschaftlichen Bedeutung des Meters für Beibehaltung des englischen Maasses aus praktischen Gründen.

Das Meter sei zu lang und verlange deshalb zu viel Unterabtheilungen. Rechnen mit gewöhnlichen Brüchen sei leichter, als mit Decimalbrüchen; $^3/_{16}$ z. B. sei eine einfachere Ausdrucksweise und hafte besser im Gedächtnisse, als 0.1875. Der Vortheil, den die ausgedehntere Benutzung fremdländischer Bücher in Folge der Einführung des metrischen Systems für England mit sich bringen würde, könne nicht den Nachtheil aufwiegen, der durch den Verlust der ganzen englischen und amerikanischen technischen Litteratur, besonders der werthvollen Admiralitätskarten, Pläne etc. entstehen würde. Uebrigens sei England nicht nur europäischer Staat; die Einführung des metrischen Systems könnte daher nur dann für dasselbe von Belang sein, wenn sie gleichzeitig für Amerika und für die Colonieen stattfände; es müssten deshalb, um Einigkeit in dieser wichtigen Frage zu erzielen, zunächst alle englisch sprechenden Nationen zu einer Conferenz einberufen werden. — Nach Herrn Barry wäre der Uebergang vom englischen Fuss zum Meter, oder auch zum dekadischen Fuss (wie es Herr Airy wünscht) als ein Rückschritt zu beklagen, während Herr Preece wiederum die Vorzüge eines universalen Maasssystems unter besonderem Hinweis auf das kürzlich erst auf internationalem Wege adoptirte elektrische Maasssystem hervorhebt.

Hierauf tritt Herr Hamilton-Smythe nochmals mit vieler Wärme für das metrische System ein, dessen Vorzüge allgemein anerkannt würden, und dessen Einführung in erster Linie für die englischen Techniker von höchstem Interesse wäre, insofern sie dadurch zu einem eingehenderen Studium der ausländischen Litteratur veranlasst würden. Wie leicht und schnell sich der Uebergang gestalten würde, habe die Erfahrung auf dem Continente gezeigt. Mit der Einführung des Metermaasses würde endlich auch alle Umrechnungsarbeit zwischen den englischen und irischen Lokalmaassen fortfallen und in Folge dessen Zeit gewonnen werden für wichtigere und lohnendere technische Arbeiten. — Im Schlussworte richtet sich der Präsident der Versammlung, Sir F. Bramwell gegen das metrische System. Der Zweck eines arithmetischen Systems sei der, Berechnungen genügend bequem, leicht und genau ausführen zu können. Dieser Zweck werde für Kopfrechnen besser durch das Duodecimalsystem mit gewöhnlichen Brüchen, als durch das Decimalsystem erreicht. Decimalbrüche erleichtern wohl die Rechnung, seien aber sonst unpraktisch und für das Vorstellungsvermögen der Masse des Volkes unverständlich.

Das praktische Leben verlange die Grössen $\frac{1}{2}, \frac{1}{2} \cdot \frac{1}{2} = \frac{1}{4} \ldots,$ und dass diese gleichbedeutend seien mit 0.5, 0.25,.... werde das Volk nicht begreifen. Seit Jahren schon sei die Anwendung des metrischen Systems in England und in Amerika erlaubt, und doch habe es sich nicht einbürgern können. Wenn die Anhänger des metrischen Systems die zwangsweise Einführung desselben befürworten, so sei dies eben ein Beweis für die Ueberlegenheit des englischen Maasssystems, dessen Beseitigung als nationales Unglück zu bezeichnen wäre.

Die auf die Diskussion folgende Correspondenz weist als überwiegende Majorität Anhänger des metrischen Systems auf. Für Beibehaltung des englischen Systems treten nur ein die Herren Hurter und Jackson; für Einführung des metrischen Systems dagegen die Herren Barclay, Bauerman, Briffault, Chapman, Craig, Everett, Hennessy, Hett, Jenkin, Johnson, Nicolls, Parker-Rhodes, Smith, Thursfield. Neue Gesichtspunkte werden von keiner Seite hervorgehoben. Herr Jenkin wünscht nicht nur das metrische System eingeführt, sondern speciell mit Rücksicht auf das internationale elektrische Maasssystem sofort das Centimeter-Gramm-Sekunde-System. —

Anhangsweise ist dem Werke eine Karte beigefügt, welche die Ausbreitung des metrischen und des brittischen Masssystems in Europa graphisch darstellt. *L. Grnm.*

Abgekürzte Maass- und Gewichtsbezeichnungen.

Elektrot. ZS. VI, 114†.

Nach einem Beschlusse des Bundesraths sollen im amtlichen Verkehr und für Unterrichtszwecke die in folgender Zusammenstellung aufgeführten Abkürzungen für das metrische System ausschliesslich zur Anwendung kommnn:

A. Längenmaasse.		B. Flächenmaasse.	
Kilometer	km	Quadratkilometer . . .	qkm
Meter	m	Hektar	ha

A. Längenmaasse.		B. Flächenmaasse.	
Centimeter	cm	Ar	a
Millimeter	mm	Quadratmeter	qm
		Quadratcentimeter	qcm
		Quadratmillimeter	qmm

C. Körpermaasse.		D. Gewichte.	
Kubikmeter	cbm	Tonne	t
Hektoliter	hl	Kilogramm	kg
Liter	l	Gramm	g
Kubikcentimeter	ccm	Milligramm	mg
Kubikmillimeter	cmm		

[Anmerk. d. Referenten: Die Abkürzungen sind dieselben, welche das internationale Comité für Maass- und Gewicht für seine Publikationen und seinen officiellen Gebrauch angenommen hat, mit dem Unterschiede, dass letzteres die Flächenmaasse und Raummaasse als zweite resp. dritte Potenzen der entsprechenden Längenmaasse darstellt. Vergl. den Bericht des Referenten im XXXVI. Jahrgang dieser Berichte, Nachtrag S. 1049].

L. Grnm.

G. Lippegans. Anzeigeapparat für die Summirung entgegengesetzt gerichteter Grössen.

D. R. P. 31180, 1884; [ZS. f. Instrk. V, 451†.

Auf der hohlen Axe x ist mit ihr drehbar das Zifferblatt z befestigt, während mit der in x geführten Axe y der Zeiger T sich dreht. Mit der Zifferblattnabe ist ein Schaltrad s, mit der Zeigeraxe das Schaltrad p verbunden. Zifferblatt und Zeiger drehen sich in demselben Sinne. Zwei Kräfte, welche bei p und s in entgegengesetztem Sinne wirken, bringen eine relative Stellung des Zeigers gegen das Zifferblatt hervor, welche stets die Summe der zur Wirkung gekommenen Grössen anzeigt. Der Apparat soll Anwendung finden als Wasserstandszeiger bei Reservoiren, die gleichzeitig gefüllt und entleert werden, ferner als Controlapparat behufs Feststellung der jeweiligen durch Ab- und Zugang sich stetig ändernden Personenzahl etc. *L. Grnm.*

A. WESTPHAL. Basisapparate und Basismessungen.

ZS. f. Instrk. V, 257-274; 333-345; 373-385; 420-432†.

In einer Reihe aufeinander folgender Aufsätze beabsichtigt der Verfasser eine auf sorgfältigem Quellenstudium beruhende zusammenhängende Geschichte der Basisapparate und Basismessungen zu liefern. Die ganze Arbeit zerfällt in drei Abschnitte. Nach einer kurzen historischen Einleitung werden in dem vorliegenden ersten Abschnitte die älteren Basis-Apparate und -Messungen von SNELLIUS' Zeiten bis zur Herstellung eines auf streng wissenschaftlicher Grundlage beruhenden Apparates von BORDA behandelt. Es würde den Rahmen dieser Berichte überschreiten, wollte Referent die vom Verfasser gegebenen kritischen Darlegungen der einzelnen Arbeiten, welche zum Theil auch in geodätischen und physikalischen Lehrbüchern Aufnahme gefunden haben, näher besprechen; er muss sich vielmehr darauf beschränken, dieselben nur kurz zu erwähnen. Die erste präcise Basismessung wurde ausgeführt von WILLIBORD SNELLIUS etwa um das Jahr 1620.

Als Basis des seiner Breitengradmessung zwischen Alcmaria und Bergen-op-Zoom in Holland zu Grunde liegenden Dreiecksnetzes diente ihm die Seite Leyden-Soeterwonda von etwa 4 Kilometer Länge. Bald nach SNELLIUS wurde von W. J. BLAEN, einem Schüler TYCHO's, eine Breitengradmessung an der Küste der Nordsee von der Mündung der Maas bis zum Texel ausgeführt. In den sechziger Jahren des 17. Jahrhunderts wurde bei Bologne von RICCIOLI und GRIMALDI nach einem Vorschlage KEPLER's aus den Zenithdistanzen zweier Oerter, deren Entfernung auf trigonometrischem Wege ermittelt worden war, der durch die Endpunkte begrenzte terrestrische Bogen bestimmt.

Im Jahre 1669 begannen die Gradmessungen von PICARD zwischen Paris und Amiens, welche später (1683) von CASSINI I, LAHIRE und MARALDI und im Jahre 1718 von CASSINI II fortgesetzt wurden und welche in Bezug auf die Figur der Erde das Resultat lieferten, dass dieselbe ein an den Polen verlängertes Sphäroid sei. Zur Entscheidung der hieraus entstandenen Streitfrage wurden die beiden bekannten französischen Expeditionen ausgesandt, die eine unter LA CONDAMINE, BOUGUER und GODIN nach Peru, die andere unter Maupertuis, Clairaut, Camus, Le Monnier, Outhier und Celsius nach Lappland, um die Grösse eines Grades zu bestimmen, während Cassini II im Jahre 1739 unter Mitwirkung seines Sohnes Cassini de Thury und des Abbé La Caille eine Neubestimmung des grossen französischen Meridians ausführten. Zu diesem Behufe wurde die Picard'sche Basis zu wiederholten Malen neu bestimmt, ausserdem aber eine grössere Anzahl von Basismessungen im nördlichen Frankreich für geodätische und geographische Zwecke ausgeführt. Die Resultate der lappländischen Messung lieferten bekanntlich zuerst den praktischen Beweis für die Richtigkeit der Newton'schen Theorie, dass die Erde ein an den Polen abgeplattetes Sphäroid sei. Eine dritte im Jahre 1751 von La Caille nach dem Caplande unternommene französische Expedition verfolgte vorzugsweise astronomische Zwecke. —

Einen wesentlichen Fortschritt in der Entwickelung der Basismessungen bildet die vom Jesuiten Boscovich in Verbindung mit Le Maire in der Mitte des vorigen Jahrhunderts im Kirchenstaate zwischen Rom und Rimini ausgeführte Gradmessung, welche auf der Bestimmung zweier Grundlinien bei Rom und bei Rimini beruhte, welcher sich alsbald die Gradmessungen von Beccaria und Canonica in der Turiner Ebene am Südabhange der Alpen anschlossen, denen eine Basis in der Nähe von Turin zu Grunde lag. Anerkennenswerthe Verbesserungen erfuhren die Basisapparate ferner durch die Mailänder Astronomen Reggio, de Cesaris und Oriani, welche im Jahre 1788 die Basis von Somma als Grundlage für eine zweite oberitalienische Gradmessung bestimmten.

Zeitlich schliesst sich an diese Arbeiten an die Triangulation des österreichischen Generals A. von Zach, der drei Grundlinien bei Padua, bei Cima d'Olmo und am Taglimento maass, sowie die Messungen mehrerer Grundlinien in Ober-Italien und Süd-Frankreich durch dessen Bruder, den Astronomen v. Zach. — .

In Oesterreich begannen die geodätischen Operationen mit den vom Jesuitenpater Liesgang auf Anregung von Boscovich unternommenen Gradmessungen im Meridian von Wien, von Brünn bis Warasdin in Ungarn, welche als Grundlage eine im Jahre

1762 südlich von Wien gemessene Basis hatten, sowie eine zweite von ihm ausgeführte Gradmessung in Ungarn zwischen Szegedin und Peterwardein. Zu erwähnen wäre hier ferner die unter der Leitung des Generals Mayer v. Heldensfeld im Jahre 1806 begonnene Neuvermessung des Oesterreichischen Staates.

In der Schweiz wurde die erste Triangulation von H. Albertin im Jahre 1740 ausgeführt. Die umfassenden Messungen von Tralles begannen im Jahre 1788.

In Deutschland wurde die erste Basis von Cassini III in Gemeinschaft mit dem Astronomen Chr. Mayer in der Nähe von Mannheim bestimmt, ferner von dem ersteren eine Basis bei München, welche letztere im Jahre 1764 von P. v. Osterwald neu bestimmt werden musste. Indessen bieten diese Messungen, sowie mehrere andere vom Verfasser erwähnten, mit Ausnahme der vom Freiherrn v. Zach bei Seeberg ausgeführten Basismessung, keinen nennenswerthen Fortschritt auf diesem Gebiete.

Als Grundlage der englischen Vermessungsarbeiten, die sich von London, Greenwich über den Kanal erstreckten und sich an die Grundlinie von Dünkirchen anschliessen sollten, diente die zwischen London und Greenwich gelegene, unter der Leitung des Generals Roy im Jahre 1784 gemessene Basis von Hounslow-Heath, welche nach drei Methoden, mittels Kette, mit Hülfe von Holz- und mit Hülfe von Glas-Maassstäben bestimmt wurde. Hierauf folgten die Basismessungen von Mudge, bei Hounslow-Heath, von Salisbury und von Segdemoor am Ende des vorigen Jahrhunderts, sowie die Basismessung von Misterton Carr im Jahre 1801.

In Schweden wurde die zuerst von Maupertuis in Lappland gemessene Basis in den Jahren 1801 bis 1803 von Svanberg einer Neubestimmung unterworfen.

Zum Schlusse dieses Abschnittes werden vom Verfasser noch die älteren in Dänemark und Russland, sowie die in den aussereuropäischen Ländern, in Amerika, in Asien und Afrika ausgeführten Basismessungen kurz erwähnt. —

Der vom Verfasser in Aussicht gestellte zweite Abschnitt soll dem Borda'schen Basisapparat gewidmet sein, während der dritte Abschnitt den österreichischen Basisapparat, die Apparate von

Schumacher, Reichenbach, Schwerd, Bohnenberger, Struve, Tenner, Colby, Bessel, die Apparate der amerikanischen Coast and Geodetic Survey, der schwedischen Akademie, ferner die von Repsold, Brunner, Ibañez und endlich die neuesten Construktionen behandeln soll. — *L. Grnm.*

A. Schott. Report of the Superintendent of the U. S. Coast and Geodetic Survey for the fiscal year ending with June 1882. Washington 1883. Appendices 7 and 8. [ZS. f. Instrk. V, 315-321†.

Behufs Messung neuer Gradlinien im Westen der Vereinigten Staaten von Nordamerika, an der Küste des stillen Oceans und in der Gegend der Rocky Mountains hat Herr C. A. Schott im Auftrage der Coast and Geodetic Survey der Vereinigten Staaten einen neuen transportfähigen und billigen Basisapparat konstruirt, welcher vom Mechaniker der Coast Survey, Herrn Suess, in der kurzen Zeit von $4^1/_2$ Monaten ausgeführt und sofort zur Messung der Yolo-Basis benutzt worden ist. Dieser Basisapparat, welcher indessen den Anforderungen moderner Präcisionsmechanik schwerlich

genügen dürfte, ist ein Compensationsapparat mit Messstangen von 5 Meter Länge. Die Messstangen bestehen aus einer Combination von einem Zink- und zwei Stahlstäben; der mittlere Stab ist der Zinkstab, ihm zur Seite liegen die beiden Stahlstäbe; die drei Stäbe sind an den Ansatzenden c und d mit einander vernietet. Die Längenverhältnisse sind so gewählt, dass der grösseren Ausdehnung der Zinkstange in der einen Richtung durch die Ausdehnung der im Verhältniss zu ihrem geringeren Ausdehnungsvermögen grösseren Stahlstangen in der entgegengesetzten Richtung begegnet wird, so dass die Entfernung a b für die verschiedenen Temperaturen konstant bleibt. Zur Erzielung einer gleichen Temperatur für die beiden Metalle sind die Querschnitte der Stäbe der specifischen Wärme der Metalle umgekehrt proportional gewählt worden. Die Wärmeleitungsfähigkeit ist durch die Wahl der Dicke der Stangen berücksichtigt, endlich hat man zur Erzielung gleicher Wärmeabsorption den Stäben möglichst gleiche Oberflächen gegeben. Als beste Dimensionen der Querschnitte ergaben sich für den Zinkstab 25 zu 6,2, für die Stahlstäbe 23 zu 5,5 Millimeter. Die Länge der Stahlstangen (Ausdehnungskoëfficient 11,81 μ) ergab sich zu 3,90 Meter, diejenige der Zinkstange (Ausdehnungskoëfficient 32,08 μ) zu 2,96 Meter. Die Messstange ruht auf Rollen, die in äquidistanten Entfernungen einer T förmigen Eisenschiene befestigt sind. Der ganze Apparat befindet sich in einem 85 mm breiten und 145 mm hohen Holzkasten, der mit Glasfenstern für die Ablesung der Stäbe und der Thermometer versehen ist. Zur Messung von Bruchtheilen einer Stangenlänge dient ein etwa drei Meter langer Stahlstab, längs dessen Theilkante ein Nonius mittelst Mikrometerschraube verschoben werden kann. Im Interesse der Schnelligkeit der Messung hat man bei dem Apparat anstatt der üblichen optischen Messung wieder das veraltete Princip der Kontaktmessung, und zwar den sogenannten MUDGE'schen Kontakt, wieder adoptirt: Das vordere Ende der Messstange wird gebildet durch einen senkrecht zu seiner Axe abgeschnittenen Stahlcylinder, das hintere die eigentliche Kontaktvorrichtung enthaltende Ende durch einen ausgebohrten Stahlcylinder, über welchem unter Vermittelung einer Kontaktschraube und einer Spiralfeder ein hohler Cylinder als Hülse gleitet, an dessen freiem Ende sich die den Kontakt bewirkende horizontale Achatschneide befindet. Das Kernstück trägt auf seiner oberen Fläche einen prismatischen Ansatz, welcher sich in einem entsprechenden Ausschnitt der Hülse bewegt; Ansatz und Ausschnitt sind mit einigen Parallelstrichen als Indices versehen, welche in einer Fläche liegen und von denen bei der Messung die Mittelstriche zur Koincidenz gebracht werden.

Zur Bestimmung der Länge der Messstangen dienen zwei Normalstäbe, welche je aus einem Stahlstabe von 5 Meter Länge bestehen, an dessen Enden zwei Zinkstäbe von 2,49 Meter Länge angenietet sind. Die Stäbe ruhen auf Rollen, die in gleichen Entfernungen auf einer eisernen T-

Schiene befestigt sind; ein Holzkasten bildet wieder die Umhüllung des Ganzen.

Die Einrichtung der Hülfsapparate, der Stative, der Alignementsfernrohre, des Niveausektors, des Ablothungsapparats und des Beobachtungszeltes ermöglichen eine schnelle Aufstellung und Handhabung. An Schnelligkeit der Messung übertrifft der Apparat alle bekannten Basisapparate. Nach den von Herrn DAVIDSON, dem Leiter der Messung, gemachten Mittheilungen ist die Basis von 17586,5 Meter Länge in 20, resp. 18 und etwa die Hälfte der Basis in 8 Tagen gemessen worden; im Durchschnitte wurden in einem Tage 175, resp. 194 und 187 Stangen gelegt. Die durchschnittliche Stangenzahl pro Stunde betrug resp. 28, 37, 43. Ein abschliessendes Urtheil darüber, welche Genauigkeit bei dieser enormen Geschwindigkeit erzielt worden ist, wird man erst gewinnen können, wenn die Reduction der mit dem Apparate in Kalifornien gemessenen Yolo-Basis vorliegt. *L. Grnm.*

E. JAEDERIN. Geodätische Längenmessung mit Stahlbändern und Metalldrähten. Bihang till K. Svenske Wet.-Akad. Handlingar IX, No. 15. Stockholm 1885.

P. E. BERGSTRAND. Mesure des droites géodésiques au moyen des bandes d'acier et de fils métalliques. Stockholm 1885. [ZS. d. f. Instrk. V, 362-365†.

Die in den beiden Abhandlungen beschriebene, von Herrn JAEDERIN angegebene Messungsmethode wird mit in Millimeter getheilten frei aufhängenden Stahlbändern oder Metalldrähten von 20, 25 und 50 Meter Länge ausgeführt, deren Endpunkte, wie bei Basismessungen auf Dreifüssen aufgelegt sind, von denen jeder als Index eine vertikal stehende feine Nadel trägt. Zur Regulirung der angewandten Spannkraft ist an jedem Ende eine Federwaage eingeschaltet. Durch die Spannung entsteht eine Verlängerung des Messbandes, durch die freie Aufhängung in Folge der eintretenden Krümmung eine Verkürzung; diese beiden Korrektionen sollen durch Regulirung der Spannung der Art ausgeglichen werden, als wenn das Band gerade und frei auf einer ebenen Unterlage ausgestreckt wäre. Diese „Normalspannung" dürfte indessen sowohl durch Aenderungen der Temperatur als der Windstärke nicht unerheblich beeinflusst werden.

Die Länge des Messdrahtes wurde durch Nachmessung einer vorher mittelst eines Basisapparates gemessenen kleinen Grundlinie ermittelt. Die Temperaturkorrektion wurde dadurch bestimmt, dass jede Lage nach einander mit gleich starken Drähten von verschiedenem Metall, vernickeltem Messing und vernickeltem Stahl gemessen wurde. Die Reduktion auf die Horizontale endlich wurde durch geometrisches Nivellement der Oberflächen der Stative ermittelt.

Um die Leistungsfähigkeit der Methode zu zeigen, wird ein Beispiel, nämlich die Messung einer Linie von 2 Kilometer Länge, vollständig durchgeführt. Zu diesem Zwecke war zunächst mit dem Basisapparate der Schwedischen Akademie der Wissenschaften die Messung einer kleinen Grundlinie von 100 Meter Länge im April 1882 und im November 1883 ausgeführt worden. Als Länge der Versuchsbasis ergab sich der Werth 1995.0142 Meter, während eine auf geodätischem Wege ausgeführte Kontrolbestimmung den Werth 1995.0158 Meter ergab. Nach dem in der Z. S. f. Instrk. enthaltenen Berichte liefert indessen dies Resultat keinen ausreichenden Beweis für die Anwendbarkeit der Messungsmethode, erstens, weil die vier Messstangen des angewandten Basisapparates in der Zwischenzeit zwischen den Messungen im Jahre 1882 und denen im Jahre 1883 nachweisbar erhebliche Aenderungen erfahren hatten, welche bei der Berechnung nicht berücksichtigt werden konnten, zweitens, weil der behufs Kontrolbestimmung auf geodätischem Wege ermittelte Werth auf einer äusserst mangelhaften geodätischen Verbindung beruhte, und drittens, weil die jetzigen Endpunkte der der Kontrolbestimmung zu Grunde gelegten, im Jahre 1864 von Prof. LINDHAGEN bei Stockholm gemessenen, Hauptbasis nicht mehr mit Sicherheit als den ursprünglichen Endpunkten identisch angesehen werden können. *L. Grnm.*

JORDAN. Ueber Schrittmaasse. Z. d. d. Archit. u. Ingen.-Ver. z. Hannover 1885, 122. Dingl. J. CCLVI, 515—517†.

In vorliegender Abhandlung theilt Verfasser die von ihm gesammelten Erfahrungen über Entfernungsbestimmungen durch Abschreiten mit. Bezüglich der Schwankungen der Schrittlängen verschiedener Menschen liegen 256 Schrittwerthe vor, welche bei Längenmessübungen von Studirenden gewonnen wurden, indem Linien von 200 bis 300 Meter mit Latten und Messbändern auf ebenem Boden gemessen und hernach von den Messenden abgeschritten wurden. Die Schrittlängen variiren von 63 cm im Minimum bis zu 97 cm im Maximum. Am häufigsten kommt unter den 256 Werthen die Schrittlänge von 78 cm vor. Die Häufigkeit des Vorkommens grösserer oder kleinerer Schrittlängen nimmt von 78 cm nach beiden Seiten hin bis zu den extremen Werthen ab. Aus der mitgetheilten, nach Centimetern fortschreitenden Tabelle seien hier nur folgende Zahlen herausgegriffen:

Schrittlänge	Häufigkeit des Vorkommens	Schrittlänge	Häufigkeit des Vorkommens
63 cm	1 mal	80 cm	28 mal
75 „	6 „	82 „	20 „
76 „	13 „	87 „	11 „
77 „	18 „	88 „	3 „
78 „	34 „	91 bis 97 „	je 1 mal
79 „	29 „		

Das Mittel aus allen 256 Werthen ist 80,7 cm, und wenn man alle Werthe als ebensoviele unabhängige Bestimmungen einer Unbekannten auffasst, beträgt der mittlere Fehler einer solchen Bestimmung $\pm$ 4.47 cm oder 5.5 Procent. Man kann also als Mittelwerth für eine Schrittlänge 80 cm mit einem mittleren Fehler von 5 Procent annehmen. Das Alter der Schreitenden betrug im Mittel etwa 20 Jahre; mit zunehmendem Alter nimmt wahrscheinlich die Schrittlänge, welche übrigens zeitweiligen Veränderungen unterworfen ist, ab.

Bei der Prüfung des Schrittmaasses für Nivellementzwecke fand sich die Schrittlänge

auf wagerechter Strasse	78.0 cm
„ einer Strasse mit 7.4 Proc. Steigung aufwärts	76.3 „
„ derselben „ „ „ „ Gefälle abwärts	76.8 „
„ wagerechter Strasse nach 7 stündigem Marsche	75.0 „

mit Abweichungen bis zu 4 Procent vom Mittel. — Bedeutender werden die Aenderungen der Schrittlängen auf Gebirgspfaden. Sie nehmen allmälig von 77 cm ab bis zu 38 cm, wenn die Aufwärts-Steigung von 0° bis 30° zunimmt, und sie nehmen ab von 77 cm bis zu 50 cm, wenn das Abwärts-Gefälle von 0° bis 30° zunimmt. — Bezüglich der Abhängigkeit der Schrittlänge von der Körpergrösse ergeben die Versuche, dass die Schrittlängen im Mittel von 75 cm bis zu 87 cm zunehmen, wenn die Manneshöhe von 1,55 m bis 2 m zunimmt.

Bei den praktischen Messungen ist es zweckmässiger, dem Messgehilfen anzurathen, den ihm eigenen natürlichen Schritt einzuhalten, anstatt des beim Marschiren in Reih und Glied üblichen sogenannten Normalschritts. *L. Grnm.*

W. A. ROGERS. An examination of the standards of length constructed by the société genevoise.

Proc. Amer. Ac. Boston XX; 379-389†.

Den Gegenstand der Abhandlung bildet die Untersuchung folgender fünf von der Société génevoise konstruirten Normalmeterstäbe: erstens eines Herrn WRIGHT vom Yale College gehörigen, mit W bezeichneten Normalmeterstabes aus Messing mit eingelegter Silberskale, zweitens eines Normalmeterstabes von J. W. QUEEN u. Co. in Philadelphia derselben Art, bezeichnet mit Q_1, drittens eines mit Q_2 bezeichneten Normalmeterstabes aus Messing, bei welchem aber die auf einer eingelegten Silber-Skale ausgeführte Theilung in der neutralen Schicht des Stabes liegt, viertens eines Normalmeterstabes aus Messing, bei welchem die Theilung auf dem Messing ausgeführt ist, bezeichnet mit Q_3, endlich fünftens einer auf der Säule eines Kathetometers aufgetragenen Metertheilung, bezeichnet mit Q_4.

Verglichen werden diese Stäbe mit einem Normalmeterstab aus Bronze, bezeichnet mit R_2 und einem Normalmeterstab R_3 aus Stahl, deren Gleichungen bezogen auf das Mètre des Archives (A_0) bei 0° lauten:

$$R_2 + 284.6\,\mu = A_0$$
$$R_3 + 170.2\,\mu = A_0$$

Der Ausdehnungskoëfficient von R_2 pro 1° C. ist 17.17 μ.
" " " R_3 " 1° C. " 10.28 μ.

Die in extenso mitgetheilten Beobachtungen liefern folgende Endgleichungen für die bezeichneten Stäbe:

Bei 0°	Bei 16°.67	Ausdehnungs-koëfficient
$W + 36.1\mu = A_0$	$W - 264.7\mu = A_0$	18.19 μ
$Q_1 - 8.6\mu = A_0$	$Q_1 - 306.4\mu = A_0$	17.87
$Q_2 + 17.8\mu = A_0$	$Q_2 - 289.2\mu = A_0$	18.45
$Q_3 - 16.7\mu = A_0$	— — — —	— —
$Q_4 - 40.3\mu = A_0$	$Q_4 - 318.0\mu = A_0$	16.71

Von der Société ist als Werth für den Ausdehnungskoëfficienten angegeben worden 19.155 μ. Die mitgetheilten Beobachtungen ergeben also für den Ausdehnungskoëfficienten erheblich kleinere Werthe. *L. Grnm.*

J. Bosscha. Relation des expériences qui ont servi à la construction de deux mètres étalons en platine iridié, comparés directement avec le mètre des Archives. I. Annal. Delft 1885, 65-144†.

Verfasser giebt zunächst in einer Einleitung eine kurze historische Uebersicht über die Bildung der internationalen Meterkommission, über die Beschlüsse und Arbeiten derselben, über die Arbeiten der französischen Sektion und des permanenten Comités, sowie über die Verhandlungen der diplomatischen Meterkonferenz. Vergl. hierüber diese Berichte, XXXII, 3-8; XXXIV, 21-23; XXXV, 7-9; XXXVI, 3-5.

Im Jahre 1876 wurde eine niederländische Commission, bestehend aus den Herren F. J. Stamkart, J. Bosscha und J. A. C. Oudemans, ernannt, mit der Aufgabe, die zur Einführung der neuen Maasse in Holland nöthigen Arbeiten auszuführen. Im Jahre 1880 brachte diese Kommission nun 2 Meterstäbe aus Platin-Iridium nach Holland, welche sie in Paris in Gemeinschaft mit der französischen Sektion direkt mit dem Mètre des Archives verglichen hatte, so dass sie als Prototype dienen konnten. Den Gegenstand des vorliegenden, an das Handelsministerium erstatteten Berichts, bilden nun die Arbeiten, welche sich auf diese beiden Meterstäbe beziehen, und welche in Untersuchungen über die Elasticität und über die chemischen Eigenschaften des Platin-Iridiums, über den Genauigkeitsgrad mikrometrischer Messungen, und über eine Fehlerquelle bei Bestimmung von Endmaassstäben bestehen. —

L. Grnm.

H. F. WIEBE. Ueber die Veränderlichkeit der Papierskalen. ZS. f. Instrk. V, 304-307†; [Beibl. X, 13†, 1886.

Verfasser hat gelegentlich einiger thermometrischen Versuche an zahlreichen, mit Papierskalen versehenen Instrumenten die Beobachtung gemacht, dass die Papierskalen bei Erwärmungen bis zur Siedetemperatur des Wassers sich um $^1/_4$ bis $^2/_3$ Procent ihrer Längen verkürzten. Während des Siedens der Instrumente zeigte sich an den inneren Wänden der herausragenden Glashülle eine ziemlich erhebliche Wasserabscheidung, welche indessen im Laufe eines Tages wieder verschwand. Diese Feuchtigkeit konnte nur bei der Temperaturerhöhung aus dem Papiere ausgeschieden und später bei der Abkühlung wieder vom Papier aufgenommen sein. Die Länge der gebräuchlichen Papierskalen ist also wegen ihres Feuchtigkeitsgehalts in erheblichem Maasse von der Temperatur abhängig, und dieser Umstand giebt bei Messungen zu Fehlerquellen Veranlassung. Um sie zu beseitigen, empfiehlt es sich, die zu verwendenden Papierskalen vor dem Schliessen der Instrumente bei der Herstellung der letzteren durch längeres Erwärmen auf die höchste bei der Anwendung des Instruments vorkommende Temperatur möglichst auszutrocknen.

Die hygroskopische Eigenschaft des Papiers ist übrigens schon von DALENCÉ (Traité des Barom. Therm. et Hygrom. Amsterdam 1688) benutzt worden zur Konstruktion eines Hygrometers, welches aus einem zwischen zwei Stiften ausgespannten und in der Mitte beschwerten, mit einem Zeiger versehenen Papierstreifen bestand. *L. Grnm.*

DENNERT und PAPE. Unveränderliche hölzerne Maassstäbe. Dingl. J. CCLVII, 481; ZS. f. Instrk. VI, 173-174†.

Die Maassstäbe bestehen aus geradfaserigem Mahagoniholz mit abgeschrägten Kanten aus einer elfenbeinartigen Masse (wahrscheinlich Celluloid), welche behufs feiner Theilung und scharfer Ablesung matt geschliffen sind. Die Rückseite des Maassstabes ist, um ein Verziehen zu verhindern, mit starkem Papier beklebt.

L. Grnm.

J. E. REINECKER's Feinmessapparat. D. R. P. 29831, 1884. DINGL. J. CCLV, 226-227†; [ZS. f. Instrk. V, 110†.

Die eine Messfläche des Messapparats ist als Endfläche eines verschiebbaren Bolzens ausgebildet, dessen andere Endfläche beim Messen gegen eine mit einer beliebigen Flüssigkeit gefüllte und mit einer elastischen Membran verschlossene Dose drückt und dadurch ein starkes Steigen der Flüssigkeit in einem mit der Dose verbundenen sehr engen Haarröhrchen zur Folge hat. —

L. Grnm.

A. NAGEL. Präcisions-Nivellirinstrument der Mechaniker HILDEBRAND und SCHRAMM in Freiberg i./S. ZS. f. Instrk. V, 191-196†.

Ein mit drei starken Stellschrauben versehener kräftiger Dreifuss trägt die aus gehärtetem Stahl hergestellte verticale Axe des Instruments, welche sich in einer Büchse aus demselben Material dreht. Mit der Vertikalaxe, welche mit Centralklemme und Feinstellung versehen ist, ist ein horizontaler Träger verbunden, welcher die mit Mikrometertheilung versehene Elevationsschraube, eine Dosenlibelle und zwei Arme trägt, in welchen die horizontale Axe des Fernrohrträgers gelagert ist. Diese horizontale Queraxe, um welche sich das Fernrohr in seiner Vertikalebene neigen lässt, ist über der vertikalen Axe des Instruments derart angeordnet, dass sie sich mit der Verlängerung der letzteren schneidet. Das Instrument besitzt ein umlegbares Fernrohr mit einer Libelle, die zur Erzielung einer grösseren Stabilität unterhalb des Fernrohrs angebracht und fest mit ihm verbunden ist. Ueberdies ist das Fernrohr noch mit einer Reiterlibelle zu versehen, um mittelst derselben die Ringlager bezüglich der Gleichheit ihrer Durchmesser prüfen zu können. Die Libellen besitzen Schutzvorrichtungen aus Tuch oder Glas gegen den Einfluss starker Temperaturänderungen. Die Empfindlichkeit der Fernrohrlibellen beträgt etwa 6″ pro Skalentheil von 2,3 mm Länge. Die Vergrösserung des Fernrohrs ist eine etwa 40fache. Seitlich vom Fernrohr ist ein durch Kugelgelenk verstellbarer Spiegel angebracht, um vom Okular aus die Fernrohrlibelle mittelst einer in den Fernrohrträger gesteckten Linse ablesen zu können.

Die Konstanten des distanzmessenden Fernrohrs nach Reichenbach sind durch die Formel gegeben

$$D = 146.3923\,L + 0.686,$$

in welcher D die zu berechnende Zielweite in Metern bedeutet, wenn die in Metern ausgedrückten Lattenabschnitte zwischen dem oberen und unteren Faden mit L bezeichnet werden.

Das Instrument hat sich bei einigen vom Verfasser im Sommer 1884 ausgeführten Präcisionsnivellements in einer Ausdehnung von 56 Kilometern gut bewährt.

Die hin und zurück ausgeführten Nivellements betrafen 7 Linien zum Theil in nahezu horizontalem, zum Theil in gebirgigem Terrain (Höhenunterschiede von bez. 84, 130, 481 und 61 Meter mit enthaltend).

Der hierbei aus 78 Strecken berechnete mittlere Kilometerfehler ergiebt sich im Durchschnitt zu 1.775 mm, so dass sich der wahrscheinliche Beobachtungsfehler eines auf D Kilometer Entfernung ausgeführten Nivellements auf

$$v = 1.197\sqrt{D}\ \text{Millimeter}$$

schätzen lässt. — *L. Grnm.*

Léon Laurent. Appareils pour contrôler les surfaces courbes sphériques ou cylindriques; objectifs, lentilles convergentes et divergentes, miroirs concaves et convexes, sphériques. J. de phys. (2) IV, 361-366; C. R. C,

903-905†; [Cim. (3) XVIII, 62; [ZS. f. Instrk. V, 322-323†; [Beibl. IX, 627-628†.

Der Apparat besteht aus einer mit einer Theilung versehenen vertikalen Säule, längs welcher sich ein mit Nonius versehener zur Aufnahme der zu untersuchenden Objekte dienender horizontaler Tisch S verschieben lässt. Am oberen Ende der Säule befindet sich ein Okular mit Diaphragma, dessen eine (linke) Hälfte frei ist, während die andere gebildet wird durch die horizontale Kathetenfläche eines rechtwinkligen totalreflektirenden Prismas, auf dessen Hypothenusenfläche das von einer seitlichen Flamme horizontal kommende Licht mittelst einer Linse concentrirt wird. Die die Hälfte des Diaphragmas bildende untere Kathetenfläche ist versilbert und mit einem Netze feiner Theilstriche versehen, welche von den Lichtstrahlen durchsetzt werden. Zur Prüfung konvergenter Systeme, Objektivlinsen, legt man auf den Tisch S einen Planspiegel und auf diesen die zu untersuchende Linse. Die von der unteren Prismenfläche kommenden Lichtstrahlen durchsetzen die Linse und werden vom Spiegel reflektirt. Man verschiebt die Linse so lange, bis das Bild der lichtgebenden Prismenfläche scharf im freien Theile des Gesichtsfeldes erscheint. Aus der Differenz der dieser Stellung des Tisches entsprechenden Ablesung des Nonius und der Lage des Nullpunktes, welche man erhält, wenn man S bis zur Berührung mit dem Diaphragma bringt, ergiebt sich alsdann der Abstand des Brennpunktes der Linse von einem ihrer Scheitel.

Um die Krümmung eines Hohlspiegels zu messen, verfährt man in derselben Weise; nur wird in die Pointirungsebene des Okulars eine feine Spitze gebracht und als Nullpunkt die Ablesung des Nonius bei der Berührung des Spiegels mit dieser Spitze gerechnet.

Zur Prüfung divergenter Systeme (Zerstreuungslinsen, Konvexspiegel) wird die Säule des Instruments um etwa 40 Centimeter verlängert und in die Mitte zwischen dem Okular O und dem Tische S ein Kollektivsystem gebracht, dessen Hauptpunkte zweiter Art beziehungsweise in die Ebenen O und S fallen.

L. Grnm.

HILGER. A spherometer. [Engineering XXXIX, 367†.

Mittelst dieses aus Aluminium hergestellten Sphärometers, bei welchem der Moment der Berührung durch einen elektrischen Kontakt angezeigt wird, soll man 1 Milliontel eines Zolls messen können. *L. Grnm.*

J. MACÉ de LÉPINAY. Méthode pour mesurer le diamètre intérieur d'un tube barométrique. Journ. Phys. (2) IV, 35-40†; [Cim. (3) XVIII, 267; [ZS. f. Instrk. VI, 105-107†, 1886; [Beibl. IX, 359-360†.

Die Methode bietet den Vortheil, bei fertigen und in Gebrauch befindlichen Barometerröhren anwendbar zu sein. Bestimmt man den Winkel 2 φ, welchen die Visirstrahlen von einem in bekannter Entfernung von der Röhrenaxe gelegenen Punkte nach den Rändern des durch Refraktion verbreiterten Bildes der Quecksilbersäule mit einander bilden, so lässt sich aus diesem bei Kenntniss des Brechungsexponenten n der Glassorte der wahre Durchmesser der Quecksilbersäule berechnen. Es sei O der Mittelpunkt der Röhre, C der in horizontaler Ebene im Abstande D von O befindliche Visirpunkt, M J C der Weg des die Quecksilbersäule in M tangirenden Lichtstrahls, der an der Austrittsstelle J des Glases nach C gebrochen wird; nennt man ferner den Winkel J C O (d. i. den scheinbaren halben Winkel, den die beiden die innere Röhrenwand tangirenden Visirstrahlen bilden) φ und φ' die Hälfte des Winkels, welchen die beiden die äusseren Röhrenwendungen tangirenden Strahlen mit einander bilden, ϱ den inneren und R den äusseren Radius der Röhre, so ergiebt sich

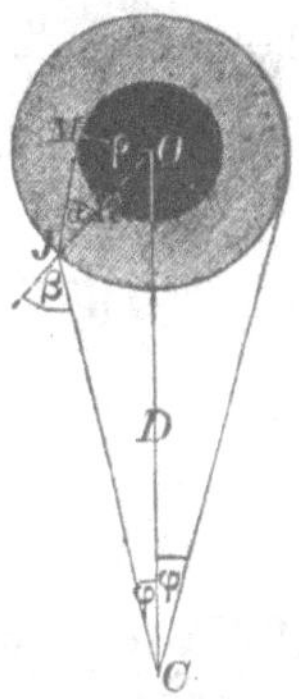

$$\varrho = \frac{D \sin \varphi}{n}, \quad R = D \sin \varphi \text{ und } \varrho = \frac{R \sin \varphi}{n \sin \varphi'}.$$

Das Verfahren ist nur für den Fall, dass φ kleiner als φ' ist, anwendbar, nämlich so lange der äussere Rand der Quecksilbersäule noch sichtbar ist. Wird $\varphi = \varphi'$, so erfährt der Lichtstrahl M J keine Brechung mehr, sondern wird total reflektirt. Um in diesem Falle den äusseren Rand der Quecksilbersäule wieder sichtbar zu machen, umgiebt man die Röhre concentrisch mit einer zweiten Glasröhre und füllt den Zwischenraum mit Wasser. Ist R_1 der Radius der äussersten Röhre, φ_1 der zugehörige Winkel, so folgt wieder

$$\varrho = \frac{R_1 \sin \varphi}{n \sin \varphi_1}.$$

Damit die Bilder der einzelnen Ränder scharf aus einander fallen, beleuchtet man das Ganze möglichst gleichmässig entweder durch ein etwas entferntes Fenster, oder durch eine Gasflamme von der Breite der äussersten Röhre.

Man bestimmt die Winkel φ und φ_1 entweder mittelst eines Fernrohrs oder Mikroskops, oder man visirt mit blossem Auge, um die scheinbaren Breiten a und b der innersten und äussersten Wandung direkt an einer horizontal am äussern Tubus tangential befestigten Millimeterskala zu schätzen. Man kann dann für $\frac{\operatorname{tg} 2\varphi}{\operatorname{tg} 2\varphi_1}$ $\frac{\varphi}{\varphi_1}$ oder $\frac{a}{b}$ setzen und erhält schliesslich

$$\varrho = \frac{R_1}{n} \frac{a}{b}.$$

L. Grnm.

J. Bastians. Tasterzirkel. D. R. P. 28608; Dingl. J. CCLV 156†; [ZS. f. Instrk. V, 73†.

Der eine Schenkel ist aus zwei durch ein Gelenk verbundenen und mittelst des Sperrhebels l festgestellten Theilen zusammengesetzt. Um den eingestellten Tasterzirkel über einen stärkeren, zwischen den Schenkeln liegenden Theil des gemessenen Gegenstandes ohne Verstellung des Zirkels zurückziehen zu können, drückt man auf den mit Feder m versehenen Winkelhebel l; dadurch öffnet sich durch Vermittelung einer Feder o der untere Theil i des Schenkels. Nach der Entfernung des Zirkels genügt ein blosser Druck auf i zur Herstellung der ursprünglichen Lage.

L. Grnm.

Ph. S. MARKS' Linientheilapparat. DINGL. J. CCLVI, 494-495†; Engineer LVIII, 262, 1884; D. R. P. 28799, 1884; [ZS. f. Instrk. V, 105†.

Das zur Eintheilung von Linien in eine beliebige Anzahl gleicher Theile dienende Instrument besteht aus zwei durch ein Zirkelgelenk mit einander verbundenen Linealen, von denen das eine mit einer Ziehkante, das andere mit einer Theilung versehen und mittelst einer Prismenführung an einer Gleitschiene verschiebbar angeordnet ist. Die Handhabung des Instruments beruht auf dem allen ähnlichen Konstruktionen zu Grunde liegenden Satze von der Proportionalität der von parallelen Geraden geschnittenen Strahlen. *L. Grnm.*

C. V. BOYS. The Slide Rule. Nature XXXII, 627-629†.

Verfasser bespricht nach einer allgemeinen, kurz gefassten Theorie der Schieberlineale mit logarithmischer Theilung eine Reihe der auf der internationalen Ausstellung von Erfindungen zu Antwerpen vorgeführten Systeme. Schieberlineale mit logarithmischen Theilungen ermöglichen die mechanische Ausführung von Multiplikationen und Divisionen. In der einfachsten Form sind Lineal und Schieber in gleicher Weise getheilt, und zwar entsprechen die Entfernungen der Zahlen vom Anfangsstrich 1 ihren Logarithmen. Sollen die Faktoren komplicirtere Formen haben, so muss das Verhältniss der Theilungen des Lineals und des Schiebers dem entsprechend gewählt sein. Um z. B. die Multiplikation oder Division einer beliebigen Zahl mit der n-fachen Potenz oder Wurzel einer anderen ausführen zu können, muss der Schieber eine n-mal grössere logarithmische Theilung besitzen, als das Lineal; um mit trigonometrischen Funktionen rechnen zu können, muss die eine Skala nach den Logarithmen trigonometrischer Funktionen getheilt sein. — Die Schieberlineale werden nicht nur in geradliniger Form, sondern häufig auch in Kreisform, Spiralform etc. ausgeführt. Bei den kreisförmigen Linealen kann der Schieber ersetzt werden durch einen Zirkel, der aus einem festen und einem beweglichen Radius des Kreises besteht. Diese Form gewährt den Vortheil, dass an

Ausdehnung der Skale gespart wird, indessen sind die Ablesungen der mittelst des Zirkels abzugreifenden Entfernungen in Folge der Parallaxe ungenauer. Auf der Ausstellung waren die mannigfaltigsten Systeme von Schieberlinealen vertreten, von denen manche ganz speciellen Zwecken dienten, z. B. zur Verwandlung der verschiedenen Münzsysteme in einander, zur Umwandlung von Sonnen- in Sternzeit, zur Procentberechnung etc. *L. Grnm.*

A. Meissner. Neuerungen an tachymetrischen Instrumenten. D. R. P. 28626, 1884; [ZS. f. Instrk. V, 38-39†.

Behufs bequemer Horizontirung ist die Bussole unter dem Fernrohrträger und die Dosenlibelle zwischen demselben angebracht. Der Theilkreis der Bussole ist auf einem vertikalen Glascylinder angeordnet, und die Spitzen der Magnetnadel sind rechtwinklig aufgebogen, so dass deren Stellung durch die Glasfassung der Bussole hindurch abgelesen werden kann. Die Drehaxen für die Stativfüsse bilden ein der Stativplatte einbeschriebenes gleichseitiges Dreieck. *L. Grnm.*

Colonel Laussedat. Les reconnaissances à grandes distances. Le télémétrographe. La Nature XIII, (2), 39-43†.

Verfasser erläutert an der Hand einiger Terrainaufnahmen die Gebrauchsanweisung seines Telemetrographen, welcher von ihm schon vor längerer Zeit für topographische Zwecke, besonders aber während des deutsch-französischen Krieges bei der Belagerung von Paris zur Beobachtung der Truppenbewegungen der Deutschen mit Vortheil angewandt worden war. Der Apparat besteht im Wesentlichen aus einer Wollaston'schen Camera lucida, vor welcher in zweckmässiger Weise ein Fernrohr angeordnet ist.

L. Grnm.

Lebasteur. Determination of the thickness of iron plates. Science V, 263.

Es handelt sich um einen Messungsprocess für Platten, denen

man nicht von der Seite beikommen und die man nicht zerschneiden kann. Zwei Platten, von denen die eine die zu untersuchende ist, während man die Dicke der anderen kennt, werden dünn mit Talg überzogen. An einer Stelle setzt man in die Talgschicht ein auf konstante Temperatur erhitztes kleines Objekt, etwa einen chirurgischen Kauter; der Talg schmilzt, und da in der dickeren Platte die Wärme schneller fortgeleitet wird, so ist der Schmelzkreis um so grösser, je dünner die Platte. Die Durchmesser der Kreise sollen der Plattendicke ziemlich umgekehrt proportional sein. *Bde.*

MACÉ DE LÉPINAY. Methode optique pour la mesure absolue des petites longueurs. C. R. C. 1377-1380†; [Phil. Mag. (5), XX, 79; [Cim. (3) XVIII, 255; [Beibl. IX, 792†; [ZS. f. Instrk. V, 325-326†.

Die Methode, welche Verfasser zur Bestimmung der Dicke einer planparallelen und parallel zur Axe geschnittenen Quarzplatte anwendet, ist ähnlich der von MOUTON (Journ. de Phys. (1) VIII, p. 393) angegebenen und beruht auf der Beobachtung der TALBOT-schen Streifen, welche man erhält, wenn man von einem auf ein Gitter fallenden Bündel Sonnenstrahlen die Hälfte durch die Quarzplatte auffängt. Ist e die Dicke der Platte, λ die einem der TALBOT'schen Streifen entsprechende Wellenlänge und n der Brechungsexponent, so besteht die Gleichung

$$2\frac{n-1}{\lambda}e = p,$$

in welcher p eine ganze ungerade Zahl bedeutet, welche die Ordnungszahl des betrachteten Streifens misst und die um zwei Einheiten wächst, wenn man von Roth nach Violet von einem Streifen zum nächst benachbarten fortschreitet. An den auf diese Weise gemessenen Dicken sind Temperaturkorrektionen anzubringen. Bei Benutzung eines BRUNNER'schen Gitters, bei welchem 500 Linien auf 1 Millimeter gingen, bestimmte Verfasser die Dicken zweier Quarzplatten von etwa 4 mm und 6 mm, indem er die Linien im dritten, nach der Seite der Platte hin abgelenkten Spektrum beobachtete, unter Zugrundelegung der aus den Beobachtungen von

Rudberg, Mascart, van der Willigen abgeleiteten Mittelwerthe für die Brechungsexponenten des Quarzes und der aus den Beobachtungen von Mascart, Ditscheiner, van der Willigen und Ångström abgeleiteten Mittelwerthe für die Wellenlängen mit einer Genauigkeit von 0,00001 resp. 0,00003 mm. Umgekehrt kann man, wenn die Dicke der Platte hinreichend genau bestimmt ist, dieselbe zur Bestimmung von Wellenlängen benutzen.

L. Grnm.

F. Kloht. Combinirtes Planimeter. ZS. f. Instrk. V, 41-53†.

Nach einer kritischen Betrachtung über das Amsler'sche Polarplanimeter und das Wetli-Hansen'sche Linearplanimeter geht der Verfasser zu einer ausführlichen Beschreibung seines combinirten Planimeters über, dessen Princip bereits im XXXIX. Jahrgang dieser Berichte, I. Abth. S. 27 vom Referenten besprochen worden ist. Verfasser entwickelt alsdann in der vorliegenden Abhandlung die Theorie seines Instruments und zeigt dessen Leistungsfähigkeit an der Hand einiger mittelst desselben ausgeführten Messungsreihen. *L. Grnm.*

B. Abdank-Abakanowicz. Les intégraphes. La courbe intégrale et ses applications. Lum. Electr. XVIII, 49-55; 110-117; 161-167, 249-255; 306-313; 393-399; 535-544; 589-595†.

D. Napoli et Abdank-Abakanowicz. Sur un nouveau modèle de l'intégraphe. C. R. CI, 592-595†.

In einer fortlaufenden Reihe von Aufsätzen beschreibt Verfasser die verschiedenen Typen von Instrumenten, welche zur Zeichnung von Integralcurven dienen. Die ganze Arbeit zerfällt in drei Abschnitte. Im ersten Abschnitte werden die verschiedenen mechanischen Integratoren behandelt, im zweiten die Integraphen, welche den wesentlichen Gegenstand der Arbeit bilden, während der dritte Abschnitt den Anwendungen der letzteren gewidmet ist.

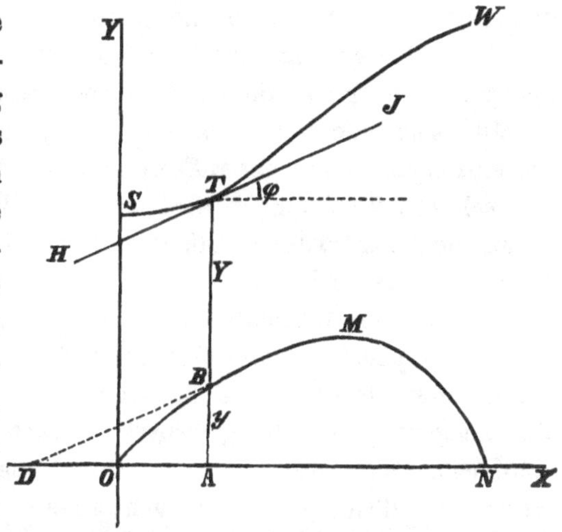

Im ersten Abschnitte beschreibt Verfasser zunächst die Einrichtung und Wirkungsweise des Linearplanimeters von WETLI-STARKE, sowie des AMSLER'schen Polarplanimeters, welche schon mehrfach in diesen Berichten ihre Besprechung gefunden haben, und geht dann dazu über, in sehr anschaulicher Weise zu zeigen, wie sich aus einer gegebenen Differentialcurve die Integralcurve ableiten lässt.

Es sei die Gleichung der gegebenen Curve O M N, welche durch den Ursprung des Coordinatensystems gehen möge,

$$y = f(x);$$

S T W sei die Integralcurve, deren Gleichung

$$Y = \int f(x)\,dx + C$$

ist, wo die Constante C die dem Werthe $x = o$ entsprechende Ordinate der Integralcurve ist. Die einem bestimmten Werthe x entsprechende Ordinate Y der Integralcurve stellt durch ihre Länge das Flächenstück dar, welches durch die x-Axe, die Differentialcurve und die jenem Werthe von x entsprechende Ordinate y der Differentialcurve gebildet wird. Durch Differenziation der Gleichung der Integralcurve folgt:

$$\frac{dY}{dx} = f(x) = y = \operatorname{tang}\varphi,$$

wo φ den Winkel bedeutet, welchen die an die Integralcurve gezogene Tangente H T J mit der x-Axe bildet. Trägt man nun vom Fusspunkte A der Ordinate y die Entfernung A D gleich der Einheit ab und verbindet D mit dem oberen Endpunkt B der Ordinate y, so erhält man in D B eine Parallele zu jener Tangente. Diese

Parallele nennt Verfasser die Directrix. Sie bietet ein Mittel, die Integralcurve angenähert zu zeichnen, indem die Elemente der Integralcurve, resp. die an dieselben gezogenen Tangenten stets parallel sind den verschiedenen Lagen, welche die Directrix für die einzelnen Punkte der Differentialcurve einnimmt. An der Hand von schönen Zeichnungen wird auf diese Weise vom Verfasser der Zusammenhang zwischen Differential- und Integralcurve dem Leser anschaulich gemacht.

Im zweiten Abschnitt werden die verschiedenen Constructionen von Integraphen — diese Bezeichnung führt Verfasser für mechanische Integratoren ein, welche aus einer gegebenen Differentialcurve die Zeichnung der Integralcurve herzustellen gestatten — beschrieben. Zum grossen Theil rühren diese Constructionen vom Verfasser selbst her, aber auch andere Apparate, nämlich der Integraph von C. M. Boys, der Integraph von Zmurko, das neue System von Napoli und Abdank-Abakanowicz, sowie der Integraph von Mestre finden ihre eingehende Besprechung. Ein näheres Eingehen hierauf würde den Rahmen der Berichte überschreiten, es muss deshalb auf die Originalabhandlungen verwiesen werden. Einzelne Apparate sind übrigens bereits in früheren Jahrgängen dieser Berichte vom Referenten besprochen worden.

Der dritte Abschnitt handelt von den mannichfachen Anwendungen, welcher der Integraph auf den verschiedenen Gebieten der Technik und Wissenschaft finden kann. Er kann mit Vortheil angewandt werden für planimetrische Zwecke, z. B. um eine gegebene Fläche durch vertikale Gerade in mehrere Theile von bestimmten Verhältnissen zu theilen, zur Integration von Differentialgleichungen, zur Auflösung numerischer Gleichungen, zur Ermittelung von statischen Momenten und Trägheitsmomenten, zu Schwerpunktsbestimmungen, zur Untersuchung der Wirkungsweise der Dynamomaschinen, zur Messung von Kraftlinien, ferner für Probleme der Festigkeitslehre, der Gewölbetheorie, des Schiffbaues, sowie für Probleme der Ballistik. An der Hand passend gewählter interessanter Beispiele wird für alle diese Gebiete die Verwendungsfähigkeit des Integraphen vom Verfasser veranschaulicht.

L. Grnm.

MOESSARD. Le cylindrographe. C. R. C, 879-881†.

F. PERRIER. Bemerkung hierzu. Ibidem 881-882†.

Der Cylindrograph ist ein neuer photographischer Apparat zur Aufnahme von Panoramen, welcher durch eine einfache Rotation des Objektivs die cylindrische Perspektive eines Terrains in einem Umkreise von etwa 170 Grad und einer Oeffnung von 20 Grad aufzunehmen gestattet. Dem Principe nach besteht er aus einer einen photographischen Kopf bildenden Linsencombination, welche auf irgend eine Art so bewegt wird, dass während der Bewegung das durch das Objectiv auf einen Schirm geworfene Bild weder Form noch Lage verändert. Um dies zu erreichen, findet die Bewegung um den festgehaltenen hinteren Knotenpunkt des Objectivs statt, welcher den Schnittpunkt der sekundären Axen oder den Gesichtspunkt der erhaltenen Perspektive bildet. Demgemäss hat der Cylindrograph folgende einfache und sinnreiche Einrichtung:

Zwei parallele horizontale Halbkreise, deren Radius gleich ist der Entfernung des Knotenpunkts vom Hauptbrennpunkt des Objektivs und welche mittelst Charniere durch einen verticalen rechteckigen Schirm verbunden sind, bilden eine Dunkelkammer in Form eines Halbcylinders. In der Mitte des Schirmes ist die verticale Rotationsaxe angeordnet, welche das Objectiv trägt, sowie rechts und links hinter demselben zwei verticale Blendschirme, um das Gesichtsfeld in horizontalem Sinne zu begrenzen und zu schräg auffallende Strahlen zurückzuhalten. Der Raum zwischen dem Objectiv und dem Schirm ist durch einen schwarzen Stoff ausgekleidet. Auf dem cylindrischen Hintergrunde der Dunkelkammer befindet sich die empfindliche photographische Platte, auf welche der gerade im Gesichtsfeld des Objektivs befindliche, durch die beiden seitlichen Blendschirme begrenzte Theil des Panoramas entworfen wird. Bei einer Bewegung des Objectivs erhält man successive von jedem Punkte des Panoramas ein der Expositionsdauer entsprechendes unbewegliches Bild.

Die Bewegung der Rotationsaxe erfolgt mittelst einer durch ein Uhrwerk getriebenen Alhidade. Bequemer ist es aber, die Bewegung mit der Hand auszuführen, weil sich so deren Schnelligkeit, resp. die Expositionsdauer je nach der Natur und der Beleuchtung der aufzunehmenden Gegenstände leichter abändern lässt.

Herr F. Perrier macht im Anschlusse an die vorangehende Beschreibung des Cylindrographen auf die Wichtigkeit des interessanten Apparates für Reisezwecke, besonders für topographische Aufnahmen, sowie zur Untersuchung der Anwendbarkeit der von der Firma Thiébault hergestellten, bei der Venus-Expedition im Jahre 1882 angewandten Gelatine-Bromsilberplatten etc. aufmerksam.

L. Grnm.

G. Oldenburger. Einige einfache mechanische Rechenapparate. ZS. f. Instrk. V, 163-165†.

Verfasser beschreibt die Einrichtung und Handhabung eines Rechenschiebers zum Multipliciren und Dividiren, eines Subtraktionstäfelchens und eines Schiebers zur Berechnung von Hohlmaassen. *L. Grnm.*

V. Jelinek. Stereometer. Casopis Bd. XV, p. 119-123. 1886. (Böhmisch).

Der Verfasser giebt die theoretische Erklärung und Beschreibung eines einfachen, von ihm construirten Apparates zur Bestimmung des Volumens von porösen, körnigen oder pulverisirten Körpern. Der Apparat besteht aus einem Gefässe zur Aufnahme des Körpers, aus 2 verticalen Glasröhren, welche mittels eines Kautschukschlauches mit einander communiciren und aus einer Scala mit willkürlicher, aber constanter Eintheilung. Das gesuchte Volumen kann an der Scala unmittelbar abgelesen werden und ist unabhängig vom Luftdrucke und dem specifischen Gewichte der verwendeten Flüssigkeit. Das Princip des Apparates basirt auf dem Mariotte'schen Gesetze. *Gs.*

Ascoli. Sopra le correzioni di calibrazione. Note II. Rendic. d. Acc. dei Lincei I, 538-540†; [Beibl. X, 3†; 1886.

Bezugnehmend auf eine frühere Mittheilung zeigt der Verfasser, dass die Anwendbarkeit der dort von ihm gegebenen Methode einer Einschränkung bedarf, wenn man die gesuchten Werthe selbst als Ordinaten einer Curve (Integralcurve) haben will.

L. Grnm.

M. Loewy. Sur l'effet des erreurs instrumentales dans la détermination du tour de vis. C. R. C, 1267-1273†.

Zur Bestimmung des Schraubenwerths eines astronomischen Instruments verfährt man gewöhnlich so, dass man durch Drehung der Schraube den Faden auf einen Stern in möglichst weit von einander entfernten Positionen desselben pointirt und aus der Differenz der Schraubenablesungen und der denselben entsprechenden Stundenwinkel den Schraubenwerth ableitet. Je nachdem man nun aber zu diesem Zwecke Polar- oder Aequatorialsterne wählt, erhält man häufig verschiedene Schraubenwerthe. Die Grösse dieser durch Nichtberücksichtigung der Instrumentalfehler bedingten Differenzen der Schraubenwerthe festzustellen ist der Zweck des vorliegenden Aufsatzes.

Es seien f_1 und f_2 die Winkelabstände im Meridian zu den Zeitepochen t_1 und t_2, α und δ die Rectascension und Deklination des betrachteten Sterns, C_p die Uhrcorrection und m, n und c die bekannten Constanten des Instruments, so gelten in voller Strenge die Gleichungen

$$\left.\begin{aligned} \sin(f_1+c) &= \cos n \cos\delta \sin(\tau_1-m) - \sin n \sin\delta, \\ \sin(f_2+c) &= \cos n \cos\delta \sin(\tau_2-m) - \sin n \sin\delta, \\ \tau_1 = t_1 + C_p - \alpha, &\quad \tau_2 = t_2 + C_p - \alpha. \end{aligned}\right\} \ldots (1)$$

In der Praxis werden die Constanten m, n, c gleich Null gesetzt und der Schraubenwerth nicht aus der Differenz $f_2 - f_1$, sondern mit Hülfe der Gleichungen

$$\left.\begin{aligned} \sin\varphi_1 &= \sin\tau_1 \cos\delta \\ \sin\varphi_2 &= \sin\tau_2 \cos\delta \end{aligned}\right\} \ldots (2)$$

aus der Differenz $\varphi_2 - \varphi_1$ abgeleitet.

Der bei der Schraubenbestimmung gemachte Fehler ist demnach

$$x = (f_2 - f_1) - (\varphi_2 - \varphi_1).$$

Durch Combination der beiden Gleichungssysteme (1) und (2) gelangt Verfasser zu folgendem Werthe für denselben:

$$(3) \ldots x =$$

$$(\varphi_2 - \varphi_1) \left[-\frac{1}{2} (\mathrm{m} \sin \delta - \mathrm{n} \cos \delta)^2 + \left(\frac{\tau_2 + \tau_1}{2}\right) \sin \delta \, (\mathrm{m} \sin \delta - \mathrm{n} \cos \delta \right] \sin^2 1'',$$

x ist unabhängig vom Collimationsfehler c und hängt nur ab von m, n, δ und den Stundenwinkeln zur Zeit der Beobachtung.

Wählt man zur Bestimmung des Schraubenwerthes Polarsterne, so ist $\delta = 90^0$ zu setzen; x wird dann unabhängig von n oder der Neigung der Axe des Instruments gegen den Aequator, hingegen kann das von m (Abweichung der Ebene des Instruments vom Meridian) abhängige Correctionsglied bedeutende Beträge erreichen, besonders wenn die conjugirten Beobachtungen nicht symmetrisch zum Meridian liegen. Wählt man Aequatorialsterne, so ist $\delta = 0$ zu setzen, dann fällt m heraus, und es kommt vor Allem auf die genaue Kenntniss von n an.

Wählt man Sterne einer beliebigen Himmelszone zur Bestimmung des Schraubenwerthes, so ist die allgemeine Formel (3) zu benutzen.

Verfasser berechnet ferner die Werthe, welche m und n im Maximum haben dürfen, falls die Bestimmung des Schraubenwerthes bis auf 0,01 Secunde genau sein soll.

Giebt man der Differenz $\varphi_2 - \varphi_1$ den bedeutenden Werth von 900 Bogensecunden, so ergiebt sich, dass m und n in den beiden ersten Fällen nicht über 1 Minute, im dritten Falle nicht über 30 Secunden hinausgehen dürfen.

Man gelangt unter dieser Bedingung zu folgenden einfachen Correctionsformeln:

1. Für Polarsterne:

$$x = \mathrm{m}^2 \sin^2 1'' (\varphi_2 - \varphi_1) \left(\frac{t_2 + t_1}{2} - \alpha\right),$$

n beliebig, $\mathrm{m} < 1$ Zeitminute.

2. Für Aequatorialsterne:

$$x = 0,$$

$\mathrm{n} < 1$ Minute, m beliebig.

3. Für Sterne von beliebiger Declination:

$$x = \frac{\tau_2 + \tau_1}{2} \sin \delta \, (\mathrm{m} \sin \delta - \mathrm{n} \cos \delta) \, (\varphi_2 - \varphi_1) \sin^2 1'',$$

m und $\mathrm{n} < 30$ Secunden.

L. Grnm.

H. MÜLLER u. F. REINECKE. Kleiner Reisetheodolit mit Boussole. ZS. f. Instrk. V, 279—283†.

Beschreibung eines für den Gebrauch auf Forschungsreisen zweckmässig construirten und bequem aufzustellenden Instruments.

L. Grnm.

F. A. MORA. Instrument zum Theilen des Umfanges von Kreisen in gleiche Theile von beliebiger Anzahl. D. R. P. 28506, 1884. [ZS. f. Instrk. V, 73-74†.

G. OLDENBURGER. MORA'S Kreis- und Winkeltheiler. ZS. f. Instrk. V, 436-438†.

Auf dem mit einem Centrirstift fest verbundenen und um letzteren drehbaren, in 25 gleiche Theile getheilten Stahllineale kann ein Schieber bewegt und festgestellt werden, der einen Indexstrich und ein mit einem spitzen Zahn versehenes Laufrädchen trägt, welches bei jeder Umdrehung auf dem untergelegten Papier mittelst dieses Zahnes einen Punkt markirt. Der Halbmesser des Laufrädchens entspricht genau einem Intervalle des Stahllineals. Ist a die Länge eines Intervalles des Stahllineals, und soll ein Kreis vom Radius na in n gleiche Theile getheilt werden, so stellt man den Indexstrich des Schlittens auf den n-ten Theilstrich des Stahllineals ein. Die Kante des Laufrädchens beschreibt alsdann beim Umlaufen auf dem untergelegten Papier einen Kreis, dessen Peripherie $2\pi na$ ist. Da der Umfang des Laufrädchens gleich $2\pi a$ ist, so wird dieser Kreis durch den Zahn des sich abwälzenden Laufrädchens in n gleiche Theile getheilt.

Das Instrument, welches auf der Weltausstellung zu Antwerpen ausgestellt war, dürfte mit Vortheil bei Geometern, ferner auf den Constructionsbureaux bei der Verzeichnung von Zahnrädern und ähnlichen zeichnerischen Aufgaben Verwendung finden.

L. Grnm.

ALEXIS WÉRY. Machine à diviser les arcs. Liège, 1885. A. Faust. 1-14†.

Beschreibung einer vom Verfasser construirten einfachen Form einer Kreistheilmaschine. *L. Grnm.*

E. H. AMAGAT. Sur un instrument analogue au sextant, permettant de prendre directement les angles projectés sur l'horizon. C. R. C, 1120-1121†. Phil. Mag. (5), XIX, 515. [ZS. f. Instrk. V, 366†.

Die vom Verfasser angegebene Modification des Spiegelsextanten hat den Zweck, bei horizontal gehaltenem Theilkreis das Bild eines im Horizonte gelegenen Objectes mit dem Bilde eines Objectes, welches nicht im Horizonte zu liegen braucht, zur Coincidenz zu bringen und am Instrumente direct die Horizontalprojection des betreffenden Winkels abzulesen. Zu diesem Zwecke ist der feste Spiegel des gewöhnlichen Sextanten ersetzt durch einen vollständig belegten Spiegel, der senkrecht zur Absehelinie angeordnet und um eine zur Theilkreisebene parallele und zur Absehelinie senkrechte Axe drehbar ist. Ferner ist das Beobachtungsfernrohr ersetzt durch einen einfachen verticalen Spalt, und endlich ist der zweite, mittelst der Alhidade bewegliche Spiegel der Art angeordnet, dass seine Drehungsaxe mit der einen seiner verticalen Kanten zusammenfällt und die Absehelinie schneidet. Hält man daher das Auge in passender Höhe hinter dem Spalt, so kann man durch Drehen der beiden Spiegel um ihre Axen die Bilder zweier in verschiedener Höhe gelegenen Punkte zur Coincidenz bringen und die Horizontalprojection ihres Winkels ablesen. Beim Gebrauch des Instruments kommt es wesentlich darauf an, dasselbe horizontal zu halten. Für grössere Winkel wird die Messung schwieriger und deren Genauigkeit geringer, indessen theilt der Verfasser mit, dass er mit einem der Akademie vorgelegten Instrumente, welches eine Länge von nur 7 Centimeter hat, Winkel bis zu 140° in wenigen Secunden mit hinreichender Genauigkeit habe messen können. *L. Grnm.*

LORD RAYLEIGH. Optical comparison of methods for observing small rotations. Phil. Mag. XX, 360-361†; [Cim. (3) XX, 269.

Zur Beobachtung kleiner Rotationen sind zwei Methoden gebräuchlich, erstens die POGGENDORFF-GAUSS'sche Spiegelmethode, zweitens ein materieller Zeiger an der drehenden Axe, dessen Spitze mit dem Mikroskop beobachtet werden kann. Verf. macht auf einen Mangel der ersten Methode aufmerksam: Ein rechtwinkliger Spiegel sei vorausgesetzt; steht seine Ebene senkrecht auf dem einfallenden Strahl, so haben die reflectirten Strahlen, welche sich in einem Bildpunkt vereinigen, gleiche Phase. Der Spiegel drehe sich nun um einen solchen Winkel, dass die eine verticale Kante um $\frac{1}{4}\lambda$ vorrückt, während die andere um ebensoviel zurückweicht; dann ist offenbar die Welle, welche von dem einen Rande kommt um $\frac{1}{2}\lambda$ beschleunigt, die andere um $\frac{1}{2}\lambda$ verzögert. Im Bildpunkt treffen also Wellen mit allen möglichen Phasen zusammen, deren Resultat Dunkelheit ist. Das Bild eines Punktes wird also verschoben um die Hälfte des Zwischenraums zwischen zwei Beugungsfransen des Spiegels. Dahingegen würde man die Verschiebung von $\frac{1}{4}\lambda$ mit den besten Mikroskopen fehlerfrei beobachten können. Der materielle Zeiger wäre also vorzuziehen, wenn nicht bei dem Gebrauch des Mikroskops oft die Schwierigkeit eintreten würde, dass er leicht durch Schwankungen aus dem Focus kommt; ausserdem ist es vielfach zweckmässig, dass der Beobachter von dem beobachteten Object entfernt bleibt.

Bde.

JANSSEN. The universel meridian. Nature XXXII, 148-151, 200-203†.

W. FOERSTER. Mittheilungen über die Ergebnisse der Conferenz zu Washington in Betreff der Weltzeit. Elektrotechn. ZS. VI, 2-4†.

Der erste Aufsatz ist eine Uebersetzung des von Herrn JANSSEN in der Geographischen Gesellschaft zu Paris gehaltenen Vortrages, welcher eine kurze historische Uebersicht über die Entwickelungsphasen giebt, welche die Frage nach der Annahme eines Anfangsmeridians von den ältesten Zeiten her bis auf die Gegenwart durchlaufen hat. Im Anschlusse an die Verhandlungen und Resolutionen der siebenten Generalconferenz der europäischen Gradmessung in Rom, über welche im vorigen Jahrgange dieser Berichte, I. Abth. S. 22—25 vom Referenten eingehender berichtet worden ist, hat die von der Regierung der Vereinigten Staaten Nordamerikas im October 1884 nach Washington berufene internationale Conferenz, an welcher nicht nur wissenschaftliche, sondern auch diplomatische Vertreter fast aller Staaten der Erde Theil nahmen, den nahezu einstimmigen Beschluss gefasst, die allgemeine Annahme des Meridians von Greenwich als Anfangsmeridian der geographischen Längenangaben zu empfehlen. Bezüglich der Festsetzung des Anfanges des Welttages oder des sogenannten Universaldatums haben aber die Berathungen der Conferenz in Washington zu einem Resultate geführt, welches Herr Foerster in seinem im Elektrotechnischen Verein zu Berlin gehaltenen Vortrage geradezu als einen Rückschritt gegenüber demjenigen der Generalconferenz zu Rom bezeichnet. Man hat nämlich in Washington der von der Conferenz zu Rom angenommenen Festsetzung des Anfanges des Welttages auf den mittleren Mittag des mit demselben Datum benannten Greenwicher Tages nicht beigestimmt, weil hierdurch gerade in Europa eine Veränderung des Weltdatums während des Geschäftstages bedingt wird, und hat aus diesem Grunde den Anfang des Welttages auf die Greenwicher Mitternacht festgesetzt. Nun ist aber das Universaldatum wesentlich dazu bestimmt, denjenigen Unsicherheiten ein Ende zu machen, welche in den Zeitangaben solcher Orte bestehen, aus deren bürgerlicher Zeit- und Datumsangabe in Verbindung mit ihrer geographischen Lage der absolute Zeitpunkt der bezüglichen Angabe nicht sicher genug zu entnehmen ist. Dies trifft aber nur diejenigen Gegenden Ost-Asiens, welche der Scheidung des von Osten und des von Westen gekommenen europäischen Datums, welche um einen Tag von einander abweichen, nahe liegen. Fast ausschliesslich für diese Gegenden der Erde, und zwar auch für ihren Geschäftsverkehr nach Aussen, ist die zweifellose Festsetzung des Universaldatums bestimmt. An allen europäischen Orten dagegen wird es bei Zeitangaben, besonders bei geschäftlichen Datirungen, einer Angabe des Weltdatums gar nicht bedürfen, da das bürgerliche europäische Datum gänzlich unzweideutig ist. Sache der öffentlichen Discussion muss es daher sein, eine Wiederaufnahme der bezüglichen Verhandlungen anzuregen, um jenen Beschluss wieder rückgängig zu machen und praktische Massregeln zu einer einheitlichen Gestaltung von Weltzeitangaben zu treffen.

L. Grnm.

— Our future clocks and watches.
Nature XXXI, 201-202†.

H. H. Clayton. Our future clocks and watches.
Ibid. 217†.

Chatel. Our future clocks and watches.
Ibid. 241-242†.

Edw. L. Garbett. Our future clocks and watches.
Ibid. 317†.

Sämmtliche Notizen knüpfen an einen im vorigen Jahrgange der Nature enthaltenen Artikel über denselben Gegenstand von Harmer an. In der ersten wird die Einrichtung eines Zifferblattes beschrieben, bestehend aus zwei einander durchdringenden Kreisringen, welche die Tagesstunden 1 bis 24 enthalten. In der zweiten Notiz schlägt Herr Clayton einige für die Einführung des 24-Stundentages wünschenswerthe Vereinfachungen im Zeiger- und Schlagwerk der Uhren vor. Er wünscht die Viertheilung des Tages. Von 1 Uhr bis 6 Uhr sollen die Uhren wie gewöhnlich schlagen; 7 Uhr soll angegeben werden durch zwei Schläge, eine Pause und einem Schlag, 8 Uhr durch zwei Schläge, eine Pause und zwei Schläge etc. Ebenso soll das dritte Viertel des Tages mit drei Schlägen vor der Pause, das letzte Viertel mit vier Schlägen vor der Pause beginnen.

Das Zifferblatt soll nur 6 Stunden enthalten; das betreffende Viertel des Tages soll durch ein kleines Rad, welches bei seiner

Umdrehung nach einander die Zahlen 1 bis 4 anzeigt, angegeben werden.

Herr Chatel wendet sich gegen die zuerst angegebene Form des Zifferblatts und schlägt vor, die Minuten und Sekunden am Rande des Zifferblattes zu verzeichnen, die Stundenzahlen in einer Oeffnung erscheinen zu lassen.

Her Garbett endlich wünscht die bei Schiffsuhren übliche Einrichtung eingeführt, wonach die Uhren halbstündlich schlagen, und die Zahlen sich nach je 4 Stunden wiederholen.

L. Grnm.

A new American Clock. Nature XXXI, 438-439†.

Une nouvelle pendule américaine. La Nature XIII, (1), 83-84.

Das Wesen dieser neuen amerikanischen Uhr besteht in einer originellen Form des Pendels. Ein gewöhnliches Uhrwerk setzt eine verticale Axe in Rotation, die einen horizontalen Arm trägt, von welchem ein durch eine Kugel beschwerter Faden herabhängt. Bei der Rotation der Axe trifft der Faden behufs Regulirung derselben auf einen feststehenden Bügel und wickelt sich an einer verticalen Säule auf; durch das Gewicht der Kugel wickelt er sich wieder ab, um dann in entgegengesetzter Richtung sich wieder auf- und abzuwickeln und sich dann frei mit der Axe weiter zu drehen. Nach einer Drehung der letzteren von 180° wiederholt sich dasselbe Spiel des Fadens an einer zweiten verticalen Säule. Die Zeit eines Umlaufes ist auf 6 Sekunden regulirt. Durch passende Wahl der Fadenlänge lässt sich ein für gewöhnliche Zwecke hinreichend genauer Gang der Uhr erreichen. Das Princip dürfte auch sonst zur bequemen Regulirung langsamer Bewegungen geeignet sein. *L. Grnm.*

The Waltham watch. Engineering XL, 15, 62—63†.

Es werden die von der grossen amerikanischen Uhrenfabrik von Waltham bei Boston auf der internationalen Ausstellung von Erfindungen zu Antwerpen vorgeführten Apparate und Maschinen zur Uhrenfabrikation besprochen; insbesondere wird eingehend dargestellt die maschinenmässige Anfertigung der Uhr-Federn und Schrauben, sowie die Art und Weise, nach welcher die Löcher in den Radkranz des Balanciers gebohrt werden. *L. Grnm.*

FÉNON's astronomische Uhr. Bull. d'encourag. XI, 405, 1884; [DINGL. J. CCLV, 537†.

Die Uhr besitzt die auf der Pariser Sternwarte erprobte, ohne Oel gehende REED'sche Hemmung mit constantem Pendelantriebe. Der Temperatureinfluss wird durch zwei mit Quecksilber gefüllte, am unteren Ende der Pendelstange angebrachte cylindrische Stahlgefässe ausgeglichen. Der Gang der Uhr soll ein so regelmässiger sein, dass nach 6 Monaten eine Abweichung von nur einigen Hunderteln einer Sekunde nachgewiesen werden konnte. Auch der elektrische Unterbrecher soll äusserst genau functioniren.

L. Grnm.

W. FORD STANLEY. On a chrono-barometer and chronothermometer.

Proc. Phys. Soc. VII, 85; Engineering XXXIX, 367†.

Die beiden Instrumente bestehen im Wesentlichen aus Uhren, deren Pendel Quecksilberbarometer sind. Bei dem Chronothermometer ist dies Barometerpendel noch in ein Luftgefäss eingeschlossen und functionirt nach Art eines Luftthermometers. Bei zunehmendem Drucke in dem einen Falle und zunehmender Temperatur im zweiten Falle steigt das Quecksilber und beschleunigt demgemäss den Gang des Pendels. *L. Grnm.*

Tachometer von SCHAEFFER und BUDENBERG.

Polyt. Notizbl. XL, 269-270†.

Das zur Ermittelung der Umdrehungsgeschwindigkeit rotirender Wellen dienende Tachometer kann horizontal, vertical oder in beliebiger Zwischenstellung angeordnet werden und ist anwendbar für 100 Touren pro Minute Anfangs- bis 1000 Touren Maximalgeschwindigkeit, oder für 200 bis 2000 Touren pro Minute. Zur Controlle von Touren unter 100 muss man eine entsprechende Riemenscheiben-Uebersetzung nehmen, also z. B. die Antriebsscheibe auf der zu controlirenden Welle doppelt so gross dimensioniren, wie die Apparatscheibe. In analoger Weise ist bei Touren über 2000 zu verfahren. Gewöhnlich wird die Antriebsscheibe mit 90 mm Durchmesser geliefert. Der Preis des Tachometers mit 200 mm Scalendurchmesser beträgt 150 Mark. Der Apparat kann auch mit einem Maximumzeiger, sowie mit elektrischer Signalvorrichtung versehen werden. *L. Grnm.*

R. Hennig. Ueber einige Fehlerquellen der Waage. ZS. f. Instrk. V, p. 161-163, 1885†; Beibl. X, 2; [Lum électr. XVI, 620-1.

1. Setzt man in den Waagekasten ein Gefäss mit einer verdunstenden Flüssigkeit, so bildet sich eine Luftströmung, welche den Nullpunkt der Waage verschiebt.

2. Durch Abwischen von gläsernen Deckplatten des Waagekastens können dieselben elektrisirt werden und die elektrostatische Anziehung verändert die Gleichgewichtslage. Verf. konnte eine Elektrisirung erzeugen, welche eine Belastung bis zu 600 mg äquilibrirte. *Rz.*

G. Rung (Kopenhagen). Neigungswaage mit gleichgetheilter gerader Scale. D. R. P. No. 31428 vom 28. X. 1884; Patent-Blatt 1885, No. 21; [ZS. f. Instrk. V, p. 255, 1885†.

Damit bei einer Neigungswaage der an einer geraden Scale abgelesene Ausschlag dem Uebergewicht proportional sei, muss die Last bei jeder Neigung des Balkens an dem gleichen Hebelarm angreifen. Dies ist dadurch erreicht, dass die Scalenkette um die Peripherie eines Kreisausschnittes gelegt ist, dessen Mittelpunkt in der Drehungsaxe des Waagebalkens liegt. Von Wichtigkeit ist diese Construction bei registrirenden Waagen, und vom Verfasser angewandt bei einem „registrirenden Regenmesser (Ombrograph) nach dem Princip der Sinuswaage". (Meteorolog. ZS. 1, p. 462; [ZS. f. Instrk. V, p. 246-247, 1885†). *Rz.*

M. STAS. Platin-Iridium for standard-kilogrammes.

J. de pharm. et de chimie (5), XII, 1. Juli 1885; [Chem. News LII, 71†.

Bericht über einen Guss von JOHNSON und MATTHEY; derselbe lieferte nach dem Schmieden einen Platin-Iridium-Stab von 2 m Länge und 44 mm Durchmesser, Ruthenium-frei und physikalisch homogen. *Bde.*

Litteratur.

Comité international des poids et mesures. Procès-verbal des séances de 1885. Paris: Gauthier-Villars, 1886, 235 pp.†

Soll im nächsten Jahrgange dieser Berichte seine Besprechung finden.

W. JORDAN. Grundzüge der astronomischen Zeit- und Ortsbestimmung. Berlin: Springer.

F. HARTNER. Handbuch der niederen Geodäsie. 6. Aufl. Bearbeitet von J. WASTLER.
Wien: L. W. Seidel & Sohn; [ZS. f. Instrk. V, 445-447†.

PERRIER. Generalbericht der Europäischen Gradmessung für das Jahr 1883. Anhang III. Berlin 1884. G. Reimer. [ZS. f. Instrk. V, 31-33†.

P. BÖRSCH. Anleitung zur Berechnung geodätischer Coordinaten 167 S. mit 2 Tafeln. Cassel: Freyschmidt. [ZS. f. Instrk. V, 36†.

F. W. WRIGHT. Vorschlag zu einem neuen Basisapparat.
Americ. Journ. of Science III, 28, S. 479; ZS. f. Instrk. V, 65-66†.
L. Grnm.

J. BOHNENBERGER. Die Berechnung der trigonometrischen Vermessungen mit Rücksicht auf die sphäroïdische Gestalt der Erde. Deutsch von E. HAMMER.
Stuttgart: Metzler. [ZS. f. Instrk. V, 293†. *L. Grnm.*

GAEDE. Beiträge zur Kenntniss von GAUSS' praktisch-geodätischen Arbeiten. Separat-Abdr. aus ZS. f. Verm.; [ZS. f. Instrk. V, 327†. *L. Grnm.*

W. H. MUNFORD. Nivellirinstrument. Scient. Amer. LII, S. 4; [ZS. f. Instrk. V, 441-442†. *L. Grnm.*

C. A. VOGLER. Grundzüge der Ausgleichungsrechnung. Braunschweig: Vieweg, 1883, [SCHLÖMILCH ZS. XXX[2] 56.

C. KOPPE. Die Ausgleichrechnung nach der Methode der kleinsten Quadrate. Nordhausen: Koppe, 1885, 222 pp.

F. G. EDGEWORTH. Observations and statistics. Cambridge Proc. V, 310-12.

C. H. KUMMEL. An artifice sometimes useful for the adjustment of conditional observations. Washingt. Bull. Phil. Soc. VIII, 41. *Bde.*

G. TH. FECHNER. Ueber die Methode der richtigen und falschen Fälle in Anwendung auf die Maassbestimmungen der Feinheit oder extensiven Empfindlichkeit des Raumsinnes. Leipzig, Hirzel. [ZS. f. Instrk. V, 69†. Titelangabe. *L. Grnm.*

A. v. WALTENHOFEN. Die internationalen absoluten Maasse. Braunschweig: Vieweg, 1885, 48 pp.

M. BECKMANN. Das absolute Maass-System in der Mechanik und in der Elektricität. Prog. Realgymn. Trier, 1885, 108 pp.; [F. d. Math. XVII, 820.

E. RIGG. On the B. A. standard gauge for small screws. Rep. Brit. Ass. 1885, 1203.

Es wird mitgetheilt, dass die Schraubentabelle der Brit. Ass. (siehe diese Ber. XL, (1), 53) bei den Telegraphen des Post office bereits angewendet wird und dass ihre weitere Einführung bevorsteht. *Bde.*

L'opposition au système métrique. La Nat. XIII, (2), 403.

Resultate der Geschäftsthätigkeit der deutschen Aichämter. Berlin: Schade, 1885, 19 pp. *Bde.*

A. ROMANOFF. Das internationale System der Einheiten. St. Petersb. 1885, 61 pp. (russ.)†. *O. Chw.*

M. CANTOR. Ueber den sogenannten Sept der ägyptischen Mathematiker. Wien: Gerold's Sohn. [ZS. f. Instrk. V, 102†. Enthält nur die Titelangabe. *L. Grnm.*

Discussion on accurate measures. Amer. Assoc. for the adv. of science. [Science VI, 215†.

Zu erwähnen ist aus dem kurzen Auszuge der Science, dass thermische Nachwirkung als Ursache von Maassstabsänderungen besprochen wird, und dass Eisen keine thermische Nachwirkung zeigen soll.

S. S. HAIGHT. On the use and value of accurate standards for surveyor's chains. Science VI, 215 (Aus Amer. Assoc).

Eine Kette aus flachem Stahldraht, mit Thermometer und Spannungsfederwaage wird besprochen.

J. B. WEBB. On the lathe as an instrument of precision. Science VI, 215 (Aus Proc. Amer. Assoc).

F. HEYDECKE. Verstellbare Nivellirlatte für directe Höhenangabe. D. R. P. 30703, 1884; [ZS. f. Instrk. V, 329.

N. v. KONKOLY. STEINHEIL's Doppelmikrometer. C.-Z. f. Opt. u. Mech. VI, 145-147.

G. STARKE. Logarithmisch-Tachymetrische Tafeln für den Gebrauch der logarithmischen Tachymeter nach Patent TICHY & STARKE. Wien, 1885, L. W. Seidel & Sohn. [ZS. f. Instrk. V, 400-405. *Bde.*

LUIGI CEREBOTANI. Instrument for ascertaining the distances of accessible and inaccessible points from the observer and from each other. Nature XXXII, 494†.

Das Princip des CEREBOTANI'schen Entfernungsmessers ist bereits im XXXVIII. Jahrgange dieser Berichte I. Abth. S. 15-16, vom Referenten besprochen worden.

R. JACOB. Messrädchen zum Messen krummer und gradliniger Entfernungen auf Karten, Plänen und Zeichnungen jeder Art und jeden Maassstabes ohne Benutzung des letzteren. Metz: Skriba. [ZS. f. Instrk. V, 369†.

Blosse Titelangabe. *L. Grnm.*

C. MAHR. Zirkel für Hohl- und Dickenmessung. D. R. P. 30700, 1884; [ZS. f. Instrk. V, 179.

B. T. GLAZEBROOK. On a Youngs Eriometer. Cambridge Proc. V, 223.

Instrument zur Dickenmessung feiner Fäden, welches im Besitz TH. YOUNG's gewesen ist.

Ph. MARKS' Linientheilapparat. DINGL. J. CCLVI, 494-495.

L'équerre-graphomètre ou le quadrant de campagne Cotiesco. La Nat. XIII (2) 355-56.

B. FISCHER's Schublehre mit Mikrometerschraube. DINGLER J. CCLVII, 13†.

G. T. Origine du télémétrographe. La Nat. XIII, (2) 42-43.

G. T. Le monitographe; guide du dessin d'après nature. La Nature XIII (1) 141.

B. ABDANK-ABAKANOWICZ. Les intégraphes, la courbe intégrale et ses applications; étude sur un nouveau système d'intégrateurs mécaniques. Paris: Gauthier-Villars, 156 pp.

Lettres de MESTRE, NAPOLI et ABDANK-ABAKANOWICZ. Lum. El. XVIII, 187-88.

Prioritätsreklamationen bezüglich des Integraphen.

MESTRE. Rapport sur une réclamation de priorité au sujet de l'intégraphe de NAPOLI et ABDANK-ABAKANOWICZ. C. R. CI. 1465-66.

B. MARINOWITCH. Sur un nouveau modèle d'intégraphe, système NAPOLI et ABDANK-ABAKANOWICZ. Lum. El. XVII, 529-31. *Bde.*

Fr. HOHMANN. Das Linear-Roll-Planimeter. (System HOHMANN-CORADI). Erlangen: A. Deichert. [ZS. f. Instrk. V, 251-252†.

Bereits in früheren Jahrgängen dieser Berichte vom Referenten besprochen. *L. Grnm.*

M. DEPREZ. Addirapparat für Indicatormessapparate. D. R. P. 29707, 1884. [ZS. f. Instrk. V, 178.

M. MAYER. Additionsmaschine. D. R. P. No. 29206, 1884. [ZS. f. Instrk. V, 143.

ERNST FISCHER. Beiträge zur Geschichte, Theorie und Praxis der Zeicheninstrumente, insbesondere der Ellipsographen. DINGLER J. CCLV, 188-199, 217-26, 261-73.

F. M. KING und J. M. PORTER. Elektrischer Flüssigkeits-Messapparat. D. R. P. 32362, 1884; [ZS. f. Instrk. V, 451.

E. HAMMER. Eine graphisch-mechanische Methode zur Auflösung numerischer Gleichungen. Civiting. XXXI, 278.

A. STEINHAUSER. Die Elemente des graphischen Rechnens. Wien: A. Hölder 1885, 130 pp.

J. EDMONDSON. Summary of a lecture on calculating machines. Phil. mag. (5) XX, 15-18.

H. S. H. SHAW. The theory of continuous calculating machines and of a mechanism of this class on a new principle. Phil. Trans. CLXXVI, 367-402.

Mechanical Integrators. Engineering XXXIX, 536-37.

C. REUSCHLE. Graphisch-mechanische Methode zur Auflösung der numerischen Gleichungen. Stuttgart: Metzler, 1884, IV+64 pp; [SCHLÖMILCH ZS. XXX [2] 29-30.

WILLIAM SUTHERLAND. Mechanical Integration of the Product of two Functions. Phil. Mag. XX, 175-178; [Chim. (3) XX, 261.

KNOTT's Ellipsograph. Engineering XXXIX, 221.

G. M. WHIPPLE. The errors of sextants as indicated by the records of the verification department of the Kew observatory, Richmond, Surrey. Rep. Brit. Ass. 1885, 936.

E. F. MACGEORGE. Kilometer-Compass oder Höhenwinkel-Messinstrument mit Ablese-Vorrichtung. D. R. P. 27589, 1883; [ZS. f. Instrk. V, 39.

Le circuli-diviseur. La Nature XIII (1) 76.

R. Schram. Mode of Reckoning Time amongst various Peoples. Nat. XXXI, 217-19.

Troilus, Wrede Lindhagen och Gyldén. Utlåtande om gemensam meridian för longituds- och tids berakningar. Ofversigt at K. Vetensk Ak Förhandl XLI, No. 3, 1, 1884.

G. M. Whipple. On the Behaviour of First-class Watches whilst undergoing tests in the Rating Department of the Kew Observatory. Rep. Brit. Ass. 1885, 937.

G. Naccari. Intorno alla formola che esprime l'andamento di un Cronometro con applicazione numerica al cronometro Frodsham N. 3545. Venezia, 1885.

R. de Carfort. La pratique des chronomètres. Paris: Imprimerie nationale 23 pp.; [ZS. f. Instrk. V, 142.

G. Cellerier. Concours national de compensation de chronomètres pour les températures. Genève 1885, Privat.

Luys. L'action des aimants sur les montres. Rev. Scient. XXXVI, 478-479, 543.

G. W. Hough. Some improvements recently introduced in the printing chronograph. [Science VI, 205 (Aus Proc. Amer. Assoc.).

Statt der früheren Kautschuktypen sind jetzt die Typen in das Metall eingravirt; der Elektromagnet schlägt direct auf das System der Typenrädchen; der Apparat ist leichter und compacter als die früheren Formen.

Victor Flamache. Le comparateur régulateur pour la vérification des chronographes balistiques. Lum. El. XVII, 583-91.

---

von Harlacher, Henneberg und Imrecker. Methode und Apparat zur directen Messung der Geschwindigkeit. Aus Techn. Bl. 1884, 1; [ZS. f. Instrk. V, 99-101.

R. Latowski. Geschwindigkeitsmesser. D. R. P. 30840, 1884; [ZS. f. Instrk. V, 179.

G. RICHARD. Les indicateurs de vitesse. Lum. Electr. XV, 258-264, 295-302.

A. SCHÜCK. Beitrag zur Kenntniss der Geschwindigkeitsmessung auf See. ZS. f. Instrk. V, 385-94.

JACKSON. Les diverses vitesses. Rev. Scient. XXXV, 253-55.

DAVID SALOMONS. Pneumatic Strephometers. Engineer. XXXIX, 17. *Bde.*

J. RADEMACHER. Verfahren zur Befestigung von Schneiden und Pfannen bei Waagen. D. R. P. 31929, 1884; [ZS. f. Instrk. VI, 295†. Blosse Notiz.

L. Grnm.

W. BOOL. Theorie und Einrichtung verschiedener Arten von Waagen. (russ.). St. Petersb. 1885, 128 pp.

O. Chw.

LISSER u. BENECKE. Demonstrationswaage. ZS. phys. Unt. II, 19-21.

B. P. MOORS. Eenvoudig middel om de balans bij elke belading onmiddelijk de groetste gevoeligkeit te geven, warvoor zij vatbaar is. Nieuw Arch. XII, 216-218.

Bde.

1c. Laboratoriumseinrichtungen.

F. NARR. Ueber eine Abänderung der JOLLY'schen Quecksilberluftpumpe. WIED. Ann. XXV, 542-544†; [Cim. (3) XIX, 177.

Bei der JOLLY'schen Quecksilberluftpumpe geschah bisher die Verbindung der Glastheile mit den Stahltheilen durch Siegellackkitt, welcher sich häufig beim Auf- und Absteigen des Quecksilbers in kleinen Partikelchen loslöste. Um diesem Uebelstande zu begegnen und die Reinigung der Pumpe zu erleichtern, hat Herr NARR dieselbe der Art modificirt, dass das Glasgefäss, in welchem das Vakuum erzeugt wird, in einen Glaswulst endigt, welcher auf die Stahlplatte des Hahnstückes aufgeschliffen ist. Diese beiden, behufs innigerer Berührung schwach eingefetteten Theile werden durch zwei in zwei Hälften getheilte Stahlringe und zwei Seitenflanschen mittelst geeigneter Verschraubungen zusammengehalten. Genau in derselben Weise ist auch die Verbindung des Glasgefässes mit dem Steigrohre, sowie die Verbindung des Quecksilberschlauches der Pumpe mit dem Quecksilberbehälter derselben hergestellt. — *L. Grnm.*

SIEMENS und HALSKE's Quecksilberluftpumpe. DINGL. J. CCLV, 245-247†.

SIEMENS und HALSKE. Neuerung an Quecksilberluftpumpen. D. R. P. 28579, 1884; [ZS. f. Instrk. V, 73†.

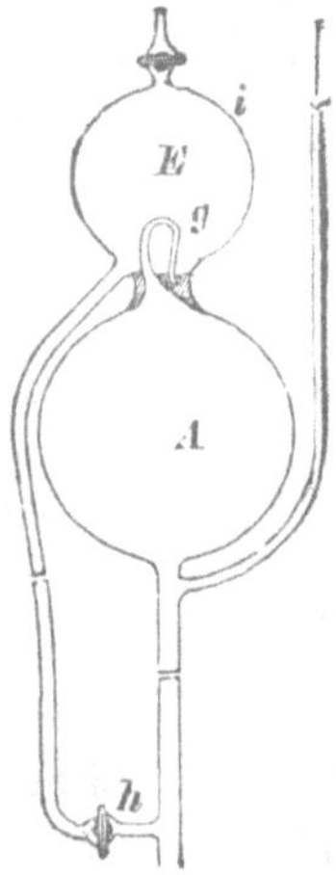

Die bei jeder Füllung des Stiefels A durch das Quecksilber verdrängte Luft wird durch das Kapillarröhrchen g unter dem Drucke des nachfliessenden Quecksilbers ausgetrieben, und zwar entweder in einen luftverdünnten Vorraum E oder in einen lufterfüllten Raum; im letztern Falle fliesst ein Theil dieses Quecksilbers in der zwischen zwei Füllungen des Stiefels verfliessenden Zeit unter der Einwirkung des Luftdruckes in den Stiefel zurück.

L. Grnm.

A. F. SUNDELL. Ueber eine Modification der Quecksilberluftpumpe. Zweite Mittheilung. 11 pp. Sep. aus Acta Sociatetis scientiarum Fennicae, XV; [Beibl. IX, 756-757†.

Fig. 1.

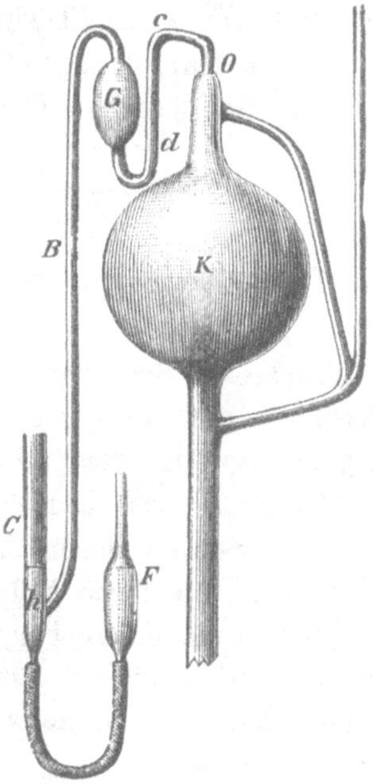

Fig. 2.

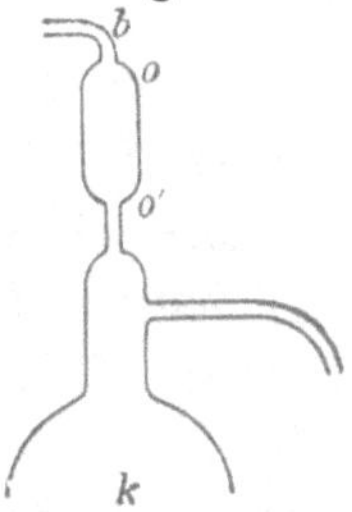

Verfasser hat die von ihm verbesserte Luftpumpe (vgl. den Bericht des Referenten im vorigen Jahrgang Abth. I, 64 und die nebenstehende Fig. 1) dahin modificirt, dass erstens der Theil bei O die Form Fig. 2 erhalten hat, wodurch besonders das bei starken Verdünnungen in Folge von Cohäsion eintretende Hinüberziehen des Quecksilbers aus G nach K durch geeignetes Heben und Senken der beweglichen Kugel verhindert werden kann. Ferner ist an dem Rohr, welches nach dem zu evacuirenden Gegenstande hinführt, eine Kugel angebracht, welche gestattet, das Emporspritzen des Quecksilbers zu vermeiden, wenn man Gas in den zu evacuirenden Raum bringen will. *L. Grnm.*

A. Kux's Neuerungen an Luftpumpen. (Unschädlichmachen des „schädlichen Raumes" bez. Rückschlagsventil.) D. R. P. 24344, 1883 und 29995, 1884; Dingl. J. CCLVIII, 299-300†.

Um den „schädlichen Raum" an Luftpumpen unschädlich zu machen, bringt A. Kux hinter den Druckventilen kleine Ejektoren an, in deren Dampfrohr je ein Ventilchen eingeschaltet ist, welche in passender Weise abwechselnd kurz vor Ende des betreffenden Kolbenhubes gehoben und gleich nach der Bewegungsumkehrung wieder geschlossen werden. Zwischen jedem Druckventil und dem

Ejektor ist ein leicht bewegliches Rückschlagsventil angeordnet, welches sich sofort schliesst, wenn die Thätigkeit des Ejektors aufhört; hierdurch wird ein Zurücksaugen durch die Druckventile, deren Schluss ja durch die Ejektoren verzögert wird, vermieden.

L. Grnm.

C. H. STEARN. Luftpumpe. D. R. P. 31023, 1884; [ZS. f. Instrk. V, 253†.

Eine hohle Spirale oder Schraube rotirt in Quecksilber oder einer anderen Flüssigkeit mit Hülfe von Kegelrädern der Art, dass die obere Mündung der Spirale während eines Theiles ihrer Umdrehung von der Flüssigkeit nicht bedeckt ist. Mit dem zu evacuirenden Gefäss ist die Spirale durch die Erweiterung A des sie umgebenden Mantels und eine darin befindliche Röhre so verbunden, dass sie bei jeder Umdrehung eine Quantität der in A enthaltenen Luft erfasst und nach Art einer Transportschnecke in eine Kammer schafft, aus welcher die Luft mittelst einer Hülfsluftpumpe abgeführt wird. — *L. Grnm.*

KÖRTING's Wasserstrahl-Luftpumpe für Laboratorien und Apotheken. Polyt. Notizbl. XL, 23-25†.

Das Wasser strömt aus der Wasserleitung in bekannter Weise in das konische Rohr E, reisst dabei Luft durch den seitlichen Stutzen L und erzeugt dadurch in dem mit L in Verbindung stehenden Raume ein Vakuum, dessen Grösse durch ein Vakuummeter bestimmt wird. Wasser und Luft fliessen durch das Abflussrohr S ab. — *L. Grnm.*

A. GEISSLER. Neuerung an GEISSLER'schen Quecksilber-Luftpumpen. D. R. P. No. 32224, 1885; [ZS. f. Instrk. V, 372†.

Die Hähne zwischen dem feststehenden Gefäss und dem Recipienten einerseits und der freien Luft andererseits sind durch automatisch wirkende Ventile ersetzt. — *L. Grnm.*

F. DE ROMILLY. Appareil à faire le vide. J. de Phys. (2) IV, 366-368†; [Cim. (3) XIX, 183; [ZS. f. Instrk. VI, 68, 1886; [Beibl. X, 77-78†, 1886.

Verfasser empfiehlt besonders für industrielle Zwecke zwei von ihm angegebene Constructionsformen von Wasser- resp. Quecksilber-Strahlluftpumpen: bei der einen bildet der wirksame, die Luft mit sich fortreissende Strahl den Mantel um einen vollen concentrischen Cylinder; bei der anderen fliesst der Strahl aus einer Reihe kleiner kreisförmiger Oeffnungen aus. —

L. Grnm.

Wasserstrahlluftpumpen. Pharm. Centralhalle XXI, 458-459, 1885; [Beibl. IX, 757-758†.

1. Rückschlagsventil von R. OTTO. Um bei Druckschwankungen oder plötzlichem Ausbleiben des Wasserzuflusses ein Zurücksaugen des Wassers in das evacuirte Gefäss zu verhüten, ist zwischen Gefäss und Pumpe ein aus einem Kautschukstück bestehendes Rückschlagsventil angeordnet. —

2. Der Aspirator von F. LUX ist bereits im XXXVI. Jahrgange dieser Berichte, I. Abth., S. 22 vom Referenten besprochen.

L. Grnm.

C. H. STEARN, A. GEISSLER, A. F. SUNDELL, bez. F. NARR. Neuerungen an Quecksilberluftpumpen. DINGL. J. CCLVIII, 218-220†.

Bereits in den vorhergehenden Referaten besprochen.

L. Grnm.

ERNST SCHULZE. Ein Nebenapparat zur Luftpumpe. ZS. f. phys. Unterr. II, 61; [Beibl. IX, 653†.

Auf dem Deckel eines Glascylinders mit abgeschliffenem unteren

Rande ist ein enger Glascylinder befestigt, dessen Deckel eine in das Innere herabhängende Spiralfeder trägt, welche durch einen schweren und grossen Körper gespannt wird. Beim Evakuiren sinkt letzterer herunter. *L. Grnm.*

G. Miller. Neuerungen an der Telchow'schen Luftpumpe zum pneumatischen Hammer.

D. R. P. 28518. 1883; [ZS. f. Instrk. V, 40†.

Zur Verhinderung des störenden Schwankens des die comprimirte Luft zum pneumatischen Hammer leitenden Schlauches ist bei der Telchow'schen Luftpumpe statt des schwingenden Cylinders ein feststehender Cylinder mit senkrechter Geradführung der Kolbenstangen angewandt. — *L. Grnm.*

H. N. Morse. Ein Apparat zur Reinigung von Quecksilber durch Destillation im Vakuum.

Amer. Chem. J. VII, 60-62; [Chem. C.-Bl. (3) XVI, 739; [Beibl. X, 61†. 1886.

An das untere Ende einer etwa 450 mm langen, ein wenig geneigten Verbrennungsröhre a ist eine etwa 830 mm lange verticale Röhre d angesetzt, die in das das zu reinigende Quecksilber enthaltende Gefäss mündet. Am anderen Ende von a ist ebenfalls eine vertical abwärts gehende etwa 1 m lange Röhre e angesetzt; d und e sind an den Enden wieder vertical (etwa 60 mm lang) nach oben gebogen. Man saugt mittelst einer an d angesetzten Pumpe Quecksilber nach a und lässt durch Anzünden einer unterhalb a passend angeordneten Flamme den Destillationsprocess vor sich gehen. *L. Grnm.*

Untersuchung des Quecksilbers auf seine metallische Reinheit.

ZS. phys. Unt. II, 70.

Ein Tropfen reinen Quecksilbers löst sich sehr langsam und ruhig in Salpetersäure, ein Tropfen unreinen Quecksilbers schnell unter Bewegung und unter erheblicher Grünfärbung der Säure. *Bde.*

L. OPLÄNDER's selbstthätig mit der abzuziehenden Flüssigkeit sich senkender Heber. D. R. P. 30662, 1884; DINGL. J. CCLVII. 38†.

Der Heber, welcher behufs gerader Führung an einem über Rollen geführten, mit Gegengewicht versehenen Seil hängt, trägt am Ende des eintauchenden Schenkels einen Schwimmer; die Ansaugeöffnung erhält zur Erzielung einer ruhigen Einströmung in der oberen Schicht, bez. zur Verhinderung des Aufrührens der Flüssigkeit, mehrere wagerecht angeordnete Zuflussröhrchen. —

L. Grnm.

G. MERLING. Wasserstandsregulator für Wasserbäder. D. R. P. 29305, 1884; [ZS. f. Instrk. V, 215†.

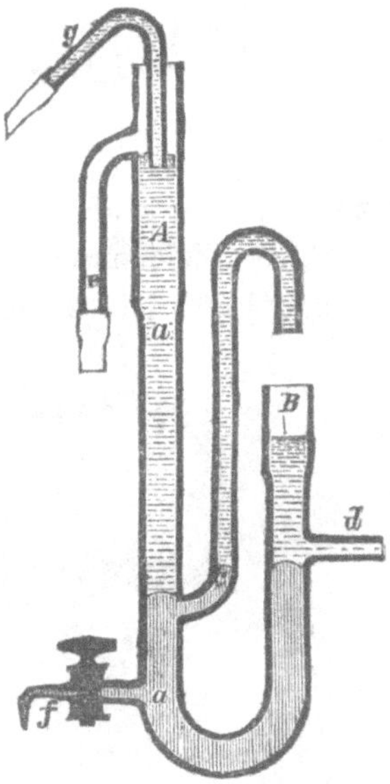

Man giesst in B so viel Quecksilber, dass dasselbe in aa etwa 1 cm über der Mündung von c steht, und lässt durch g einen dünnen continuirlichen Strahl Wasser in A fliessen. Nachdem der mit d in Verbindung stehende Wasserbadkessel mit Wasser gefüllt ist, dessen Stand in B zu erkennen ist, lässt man durch Oeffnen des Hahnes f so viel Quecksilber abfliessen, bis Wasser durch c in B zu tropfen beginnt. Das Quecksilber steht also im rechten Schenkel des Gefässes von aa unter dem Drucke des Wasserstandes im Bade und regulirt im linken Schenkel, je nach dem Sinken oder Steigen des Wasserspiegels im Bade, die Zuflussöffnung für das Rohr c.

L. Grnm.

EUG. OBACH. Umschalter für Gas- und Flüssigkeitsströme. ZS. f. anal. Chem. XXIV, 561-567†; [Beibl. X, 308†, 1886; [ZS. f. Instrk. VI, 146.

Die nach Art der Commutatoren für galvanische Ströme construirten Umschaltervorrichtungen sind dazu bestimmt, die Richtung eines in einem beliebigen Apparatensysteme circulirenden Gas- oder Flüssigkeitsstromes umzukehren, sowie Gase und Flüssig-

keiten mit einander zu vertauschen. Es werden an der Hand detaillirter Zeichnungen zweierlei Formen solcher Umschalter ausführlich beschrieben, die Cylinderform und die Scheibenform.

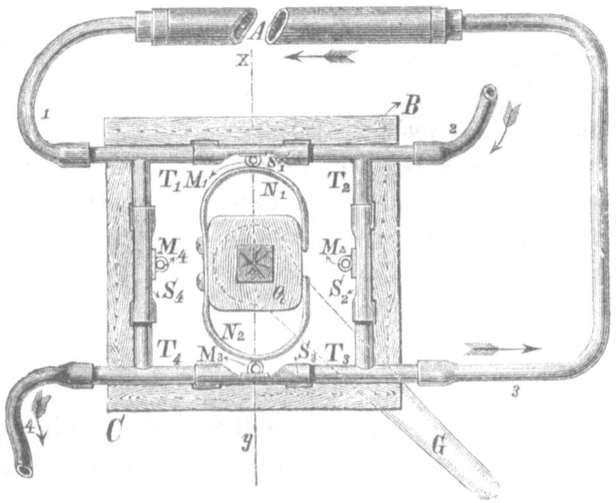

Bei der ersteren sind die durch Schlauchstücke verbundenen T-Rohre auf einem Cylindermantel, bei der zweiten innerhalb eines quadratischen Rahmens angeordnet. Durch Drehung eines elliptischen Quetschbogens können abwechselnd je zwei correspondirende Schlauchstücke abgeschlossen, resp. freigegeben werden. Die Anordnung und Wirkungsweise dürfte aus den auf der vorigen Seite befindlichen Zeichnungen ersichtlich sein. *L. Grnm.*

B. TOLLENS. Ueber Rohrverbindungen. Die landwirthschaftl. Versuchsstationen 1883, p. 362. Sep.; [Beibl. IX, 758†.

Die beschriebene Rohrverbindung ist längst bekannt. Die eine zu verbindende Röhre ist mit einem weiteren angeschmolzenen Rohre umgeben; in den ringförmigen Raum wird Quecksilber gegossen, welches beim Einsetzen der zweiten Röhre den Verschluss bildet. Vergl. diese Berichte, XXXIX, I. Abth., S. 56.

L. Grnm.

C. REINHARDT. Spirituslampen und Wasserbäder mit unveränderlichem Flüssigkeitsstande. DINGL. J. CCLVI, 402-404†; [Chem. CBl. (3) XVI, 547-548.

Die Einrichtung der Apparate beruht auf dem Princip der MARIOTTE'schen Flasche. Vergl. den Bericht des Referenten im vorigen Jahrgang dieser Berichte, I. Abth., S. 72.

L. Grnm.

R. WOLLNY. Ueber analytische Operationen und Apparate II. ZS. f. anal. Chem. XXIV, 202-216†; [ZS. f. Instrk. V, 291; Chem. CBl. (3) XVI, 406-412.

Der Autor beschreibt mehrere von ihm angegebene Constructionsarten von Apparaten, die vorwiegend chemisches Interesse haben: einen Extractionsapparat, einen Apparat zur Analyse resp. Werthbestimmung des Petroleums, ferner ein Vaporimeter, einen Exsiccator, einen Thermoregulator, einen Apparat zur Darstellung von Schwefelwasserstoff etc. — *L. Grnm.*

A. GAWALOWSKY. Saug- und Druckapparat. Chem. CBl. (3) XVI, 465-467†; [Chem. Ber. XVIII, 496.

Zwei Ballons sind durch gasdichte Metallfassungen so verbunden, dass ihre Oeffnungen einander zugekehrt sind und enthalten zusammen soviel Flüssigkeit, wie hinreicht, um einen zu zu füllen. Durch Kippen treibt man die Flüssigkeit abwechselnd von dem einen in den andern; Röhrenverbindungen mit automatischen Ventilen sorgen dafür, dass die Luft aus dem gerade unten befindlichem Gefäss stets durch ein Rohr A entweicht, während die äussere Luft durch ein zweites Rohr B angesogen wird. Der Apparat dürfte nur ein schwaches und inconstantes Ersatzmittel für die gewöhnlichen Aspiratoren sein. *Bde.*

A. GORBOFF und A. KESSLER. Apparat zur fractionirten Destillation unter vermindertem Druck. J. d. russ. phys.-chem. Ges. XVII, 85, chem. Theil, p. 134†.

Es handelt sich um eine Verbesserung des Apparates von D. KONOWALOFF (Berl. Ber. 17, 84 p., 1535). Aus der Zeichnung p. 135 ist die neue Einrichtung zu sehen. Wesentlich ist die Benutzung eines einfachen (nicht Gummi) Pfropfens a, in dessen Centrum ein durch Gummipfropfen geschlossenes Glasrohr sich befindet. *O. Chw.*

GASTON TISSANDIER. Nouvel appareil de laboratoire pour la production continue des gaz. Bull. Soc. Chim. XLIII, 233-236; [Chem. CBl. (3), XVI, 374†.

Der zur Entwickelung von Wasserstoff, Kohlensäure oder Schwefelwasserstoff dienende Apparat besteht aus einem 60 cm hohen, mit 3 seitlichen Tubulaturen versehenen Fusscylinder, dessen obere Oeffnung nach dem Füllen mit granulirtem Zink, Marmor etc. mit einer undurchlässigen Membran, z. B. mit gefirnisster Seide verschlossen wird. Von dem untersten Tubus nahe über dem Boden des Cylinders geht vertical aufwärts ein Trichterrohr, in welches die zur Entwickelung des Gases nöthige Flüssigkeit, z. B. verdünnte Schwefelsäure, aus einem grösseren Reservoir fliesst. In den in der Mitte des Cylinders befindlichen zweiten Tubus ist ein U-förmiges Wasserstandsrohr eingesetzt, in welches die Flüssigkeit abfliesst, wenn sie von unten bis über die Mitte des Cylinders nach oben gestiegen ist, und welches einen den Austritt des Gases verhütenden hydraulischen Verschluss bildet.

Der dritte am oberen Ende des Cylinders befindliche Tubus endlich enthält das Ausflussrohr, aus welchem das entwickelte Gas entweicht. *L. Grnm.*

CH. CLOËZ. Ueber eine Modification des Wasserstoffentwickelungsapparates von TISSANDIER. Chem. CBl. (3) XVI, 374-375†.

An Stelle der drei seitlichen Tuben, mit welchen der soeben beschriebene Apparat versehen ist, ist hier das obere Ende des Fusscylinders durch einen Stopfen verschlossen, der drei Durchbohrungen enthält zur Aufnahme dreier Röhren, welche der Wirksamkeit des TISSANDIER'schen Apparates entsprechen.

L. Grnm.

THEODOR WEYL. Ein Extractionsapparat für Laboratoriumszwecke. ZS. f. Instrk. V, 126-127†.

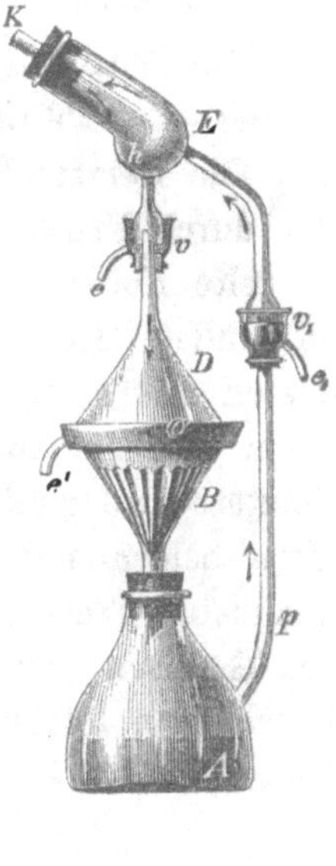

Der Kolben A ist durch einen Kork mit dem Trichter B und durch einen auf B mit Wasserglas befestigten hölzernen Ring C mit dem Trichter D verbunden, dessen Stiel den Quecksilberverschluss v trägt. In diesen passt der mit dem Rückflusskühler K verbundene Theil E, welcher durch den Quecksilberverschluss v, die Verbindung mit dem Kolben herstellt. Die Dämpfe des in A erhitzten Lösungsmittels (Aether, Benzol etc.) folgen der Richtung der Pfeile. —

L. Grnm.

L. Cailletet. Nouvel appareil pour la préparation de l'acide carbonique solide. J. de phys. (2) IV, 122-124†; [Cim. (3) XVIII, 271; Chem. Ber. XVIII, (2), 259.

Der von Ducretet in Paris angefertigte Apparat besteht aus einem unten geschlossenen Hohlcylinder, auf welchen mittelst Bajonettverschluss ein Deckel luftdicht aufgesetzt werden kann. Der Deckel ist durchsetzt von einer geneigten Röhre, die in das Innere des Cylinders bis nahe an den Boden desselben herabreicht, und durch welche die Kohlensäure einströmt. In dem Boden befindet sich ferner eine zweckmässig eingerichtete verticale Röhre, die einerseits als Griff für den Apparat, andererseits zum Entweichen der nicht condensirten Kohlensäure dient. Der Apparat ist aus Ebonit hergestellt. Aus 200 Gramm flüssiger Kohlensäure soll man bei Anwendung desselben 65 Gramm fester Kohlensäure auffangen können. Ein noch günstigeres Resultat erzielt man, wenn man als Recipient für die flüssige Kohlensäure ein kupfernes, etwa 3 bis 4 Millimeter weites, mit einem Hahne versehenes Schlangenrohr anwendet, welches von einer Kältemischung umgeben ist. *L. Grnm.*

H. u. J. F. Beins. Apparat zur Erzeugung flüssiger Kohlensäure. D. R. P. 30192, 1884; Dingl. J. CCLVI, 36-37†; [Chem. CBl. (3) XVI, 415.

— Neuerungen in der Darstellung flüssiger Kohlensäure. Polyt. Notizbl. XL, 140-141.

Die Herren Beins in Groningen stellen flüssige Kohlensäure dar durch Erhitzen von Natriumbicarbonat, so dass sich die entwickelte Kohlensäure durch eigenen Druck verflüssigt. Die hierzu verwendete Retorte besteht aus einem starkwandigen Cylinder, dessen mit einem Kühlgefäss versehener Deckel den Abführungscanal für die in der Retorte entwickelte Kohlensäure enthält. Letztere wird zunächst durch ein Kühlgefäss geleitet, um den dem Gase beigemengten, aus dem Krystallwasser der Retortenfüllung gebildeten Wasserdampf zu verflüssigen. Dann führt die Leitung das Gemisch von Kohlensäuregas und Wasser in einen Cylinder, in welchem letzteres angesammelt und durch einen Hahn abgelassen werden kann. Hierauf wird das entwässerte Kohlensäuregas zur Ausscheidung der aus den organischen Beimengungen der Retortenfüllung herrührenden Gase in ein System von mit geglühter Kohle angefüllten und in warmem Wasser stehenden Cylindern und hieraus endlich in einen mit kaltem Wasser oder Eis umgebenen Cylinder geführt, in welchem die Verflüssigung stattfindet. *L. Grnm.*

H. HERBERTS. Ueber flüssige Kohlensäure. Engin. and Min. J. XXXVIII, No. 23; Berg. u. Hüttenm. Z. XLIV, 162-164; [Chem. C. Bl. (3) XVI, 558-560†, 572-574†.

In einem interessanten Vortrage werden vom Verfasser die Herstellung der flüssigen Kohlensäure, ihre physikalischen und chemischen Eigenschaften, sowie deren mannigfache Verwendung in den verschiedenen Zweigen der Industrie auseinandergesetzt.

L. Grnm.

NOAK. Gasbrenner für einfarbiges Licht. ZS. phys. Unt. II, 67-69; Chem. CBl. (3), XVI, 497†; Fres. ZS. XXV, 540; [Beibl. IX, 739.

Ein Leuchtgasstrom wird in das Innere eines Pulverglases geleitet, welches als Wasserstoffentwickler hergerichtet ist. In der verdünnten Säure ist ein Salz des zu untersuchenden Elements aufgelöst, das Zink in Form eines Klotzes ist an einem Draht befestigt und kann durch den Gummistopfen des Apparats gehoben und gesenkt werden. Das Gemenge von Gas, Wasserstoff und mitgerissener Flüssigkeit entweicht durch ein zugespitztes Glasröhrchen, welches mitten im Stopfen steht. Dies Glasröhrchen ist umgeben von einem weiten Glasrohr, welches im Niveau der Spitze Luftlöcher hat.

Die beiden Glasröhren stellen also zusammen einen Bunsenbrenner von Glas dar. Zur Erhöhung der Flammentemperatur empfiehlt es sich, die Gasmasse an der Brenneröffnung durch ein Kreuz von Platindrähten zu theilen. Als Säure empfiehlt sich nicht Schwefel- sondern Salzsäure, welche die leicht flüchtigen

Chloride in die Flamme liefert. Für jedes Element muss man einen besonderen Brenner bauen. *Bde.*

E. LINNEMANN. Ueber ein neues Leuchtgas-Sauerstoffgebläse und das Zirkonlicht. Wien. Ber. XCII, (2), 1243-1257; [ZS. f. Instrk. VI, 179-181†, 1886; [Monatsh. f. Chemie VI, 889-908, 1885; [Beibl. X, 570†, 1886.

Um die Spectra der in der Bunsen-Flamme leichtflüchtigen Verbindungen in der Leuchtgas-Sauerstoff-Lampe näher zu untersuchen, hat Herr LINNEMANN einen neuen Brenner construirt, bei welchem der Fehler beseitigt wird, an dem die bisher angewendeten Knallgasbrenner leiden, dass nämlich bei letzteren die Verbrennung der Gase schon innerhalb der Düse stattfindet, wodurch der Nutzeffect der höchsten Temperatur ausserhalb der Brennerdüse stark beeinflusst wird. Bei dem LINNEMANN'schen Brenner verbrennt der unter erheblichem Ueberdrucke eingeführte Sauerstoff erst vor der Düse und lässt daselbst einen räumlich eng begrenzten, aber äusserst heissen Flammentheil zu Stande kommen.

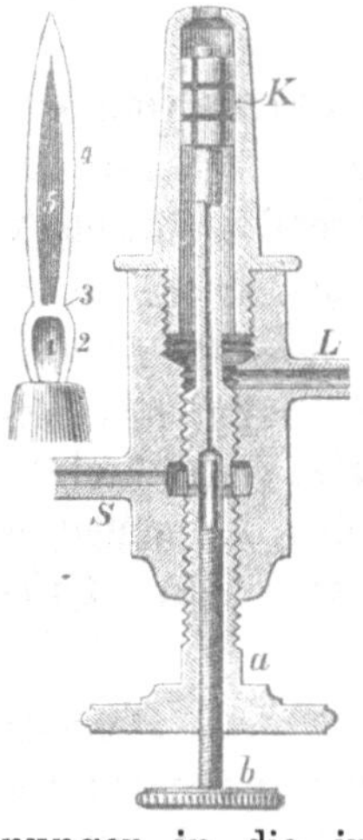

Das in das seitliche Rohr L einströmende Leuchtgas tritt, wie aus nebenanstehender Figur 1 ersichtlich ist, in den hohlen Raum der Düse und strömt nach Umkreisung des durch die Schraube a verstellbaren Cylinders aus derselben aus. Durch die Verstellung der Schraube a kann die Mündung des Rohres L mehr oder weniger verengt und dadurch die Ausflussmenge des Leuchtgases entsprechend den äusseren Druckverhältnissen regulirt werden. Der Sauerstoff tritt unter erheblich (10 bis 15 mal) höherem Druck als das Leuchtgas durch die Röhre S in eine kammerartige Aussparung um die Schraube a und durch vier radiale Oeffnungen in die innere Bohrung der letzteren ein, um dann aus der capillaren Durchbohrung des Kolbens K mit grosser Heftigkeit zu entweichen. Die Schraube b dient für die Sauerstoffregulirung.

Fig. 2 zeigt die richtig formirte, vollkommen geräuschlos brennende Flamme; der Raum 1 ist wie bei der Bunsenflamme dunkel, der Saum 2 kaum sichtbar blau, die heisseste Stelle liegt bei 3 ungefähr 1 cm vor der Düsenmündnng und leuchtet stark weissblau, der Saum 4 ist etwas intensiver blau wie Saum 2, und der Theil 5, die Verlängerung des brennenden Sauerstoffstroms, ist deutlich weisslich blau gefärbt.

Für Beleuchtungszwecke wendet Herr LINNEMANN anstatt der Kalkcylinder Plättchen aus Zirkonerde an, welche in Platin gefasst werden. Dieselben liefern, in den heissesten Theil der Flamme gebracht, ein prachtvoll weisses Licht, dessen spectrale Zerlegung ein die FRAUENHOFER'schen Linien A bis H umfassendes, durch keinerlei helle Spectrallinien unterbrochenes, continuirliches Spectrum giebt. Leider blättern sich diese Zirkonplättchen an der Oberfläche, besonders bei zu raschem Anheizen, allmählich ab. — Verfasser hat die mittelst seines Brenners erzielten Lichtstärken bei verschieden grossen Flammen zu 60 bis 200 Normalkerzen bestimmt; der Verbrauch an Sauerstoff und Leuchtgas stellt sich

für	60	Kerzen	Lichtstärke	auf 24	Lit.	Leuchtgas u. 15	Lit.	Sauerstoff
„	120	„	„	„ 37	„	„ „ 26	„	„
„	200	„	„	„ 48	„	„ „ 44	„	„

Die Herstellung des Sauerstoffs geschieht in bequemer und sicherer Weise durch Erhitzen von 2 Theilen chlorsaurem Kali und ein Theil Braunstein in einer kupfernen Retorte über einem BUNSEN'schen Brenner.

Der Apparat wird von P. BÖHME in Brünn und von FRANZ SCHMIDT und HÄNSCH in Berlin angefertigt. *L. Grnm.*

ROLLIN's Glasröhren-Abschneider. Centr. Ztg. f. Opt. u. Mech. VI, 190; [Beibl. X, 60-61†.

An dem Ende des einen Arms des zangenartigen Instruments ist ein kleines Scheibchen mit hartem, scharfen Rande beweglich angeordnet, welches beim Rollen unter leichtem Druck in das Glas einschneidet; das gegenüberstehende Armende trägt eine Lagerhülse zur Aufnahme der Glasröhre. An der eingeschnittenen Stelle lässt sich letztere leicht durchbrechen. *L. Grnm.*

Glasröhren auf elektrischem Wege zu schneiden.

La Nature auf dem Umschlag v. No. 614; Elektrot. ZS. VI, 354†; [Beibl. IX, 360; [ZS. f. anal. Chem. XXV, 97.

Man lege auf die Linie, längs welcher die Trennung geführt werden soll, einen Eisendraht von etwa 0.5 mm Durchmesser, verbinde ihn durch dicke Kupferdrähte mit einer kräftigen Stromquelle und spritze, wenn er weissglühend geworden ist, einige Wassertropfen auf die Glasröhre. *L. Grnm.*

Glasätzung. Deutsche Industr. Ztg. XXV, 488; [ZS. f. Instrk. V, 256†.

Herain in Prag stellt die auf Glas zu ätzenden Muster auf Kautschuk in der Art der Kautschukstempel her; man taucht dieselben zuerst in Aether und darauf auf einen Augenblick in die Fluorwasserstoffsäure und kann dann mit ihnen auf Glas drucken.

L. Grnm.

G. M. Whipple. On a recent improvement in the construction of instruments graduated upon glass.

Rep. Brit. Ass. 1885, 937-38.

Man unterlegt schon lange die Glasthermometer mit einem Emailstreifen; die Firma J. J. Hicks, Hatton-Garden, London, liefert jetzt auch Eudiometer, graduirte Gefässe etc. mit Hinterlage von Email. Die Deutlichkeit, mit welcher die Theilung auf denselben hervortritt, wird gerühmt. *Bde.*

Moritz Herzog. Glas- und Spiegelglasversilberung.

Techniker; D. Industr. Ztg. XXVI, 126-128; [Chem. CBl. (3), XVI, 349-351†.

Aus dem Aufsatze, der vorwiegend von technologischem Interesse ist, seien hier nur einige, zum Theil bekannte Recepte für Glasversilberung mitgetheilt:

1. Eine Auflösung von salpetersaurem Silberoxyd wird mit Ammoniak versetzt und zu der filtrirten Lösung eine Auflösung von Kassiaöl in Alkohol gesetzt. Diese Versilberungsflüssigkeit setzt bei Zusatz der reducirenden — einer Lösung von 1 Vol. Nelkenöl in 3 Vol. Alkohol — metallisches Silber in spiegelnder Fläche ab.

2. Setzt man zu einer Lösung von Schiessbaumwolle in Aetzkali etwas salpetersaures Silberoxyd und soviel Ammoniak, dass das anfänglich ausgeschiedene Silberoxyd sich wieder löst, so nimmt die Flüssigkeit in einigen Minuten eine braune Färbung an, und das Silber schlägt sich auf der Oberfläche des Glases als gleichförmiger Metallspiegel nieder. Um eine versilberte Glasplatte mit einem schützenden Metallüberzuge zu versehen, bringt man sie nach Liebig's Vorschrift in einen mit einer Kupferlösung gefüllten Kasten, stellt der versilberten Fläche der Glasplatte etwa $^1/_2$ Zoll entfernt eine gleich grosse Kupferplatte gegenüber und verbindet letztere mit dem positiven, erstere mit dem negativen Pole einer der Grösse der Glasplatte entsprechenden starken Batterie. Die anzuwendende Kupferlösung bereitet man auf folgende Art: Man löst 25 Theile schwefelsaures Kupferoxyd in 10 Theilen Wasser auf, fügt eine Lösung von 28 Theilen Seignettesalz in 100 Theilen Wasser hinzu und setzt hernach soviel kaustisches Natron, Kali oder Ammoniak zu, dass das anfänglich niedergeschlagene weinsteinsaure Kupferoxyd wieder aufgelöst wird. Die so erhaltene Flüssigkeit, welche vollkommen neutral sein muss, wird dann mit dem gleichen Volumen Wasser vermischt. Anstatt der Kupferlösung kann man auch eine alkalische Gold-Nickel-Zinnlösung anwenden, um die Silberschicht mit Gold, Nickel oder Zinn zu überziehen.

3. Zur Versilberung optischer Spiegel dient folgende Versilberungsflüssigkeit:

In einer Lösung von 10 g geschmolzenem salpetersauren Silberoxyd in 200 ccm Wasser wird soviel Salmiak hinzugesetzt, dass eine klare Lösung entsteht; diese wird nach und nach verdünnt mit 450 ccm einer Kalilauge von spec. Gew. 1,05 oder einer Natronlauge von spec. Gew. 1,035; der entstehende braune Niederschlag wird durch Zusatz von Salmiak aufgelöst. Nach dem Zusatze der Lauge, welche völlig frei von Chlormetallen sein muss, wird die Mischung bis 1450 ccm verdünnt und tropfenweise mit einer verdünnten Lösung von salpetersaurem Silberoxyd vermischt, bis ein bleibender, starker grauer Niederschlag entsteht, und schliesslich dem Ganzen so viel Wasser hinzugefügt, dass das Totalvolumen 1500 ccm beträgt. Die Flüssigkeit darf kein freies Ammoniak enthalten; dasselbe muss durch Zusatz von salpetersaurer Silberlösung entfernt werden. — Bezüglich der Anwendung mannigfacher Vorsichtsmassregeln sowie anderer Versilberungsrecepte muss auf den Originalaufsatz verwiesen werden. *L. Grnm.*

Methode zur raschen Versilberung. La Nat. auf dem Umschlage v. No. 612, 1885; [Beibl. IX, 360-361†.

Nach Ebermayer mischt man eine Lösung von 20 Gramm Silber in 60 Gramm Salpetersäure mit 20 Gramm festem, kaustischem Kali und 50 Gramm destillirtem Wasser, erwärmt die Mischung auf 22° und verdünnt sie mit destillirtem Wasser. Die zu versilbernden Gegenstände werden in einer Lösung von Kali in Salzsäure gereinigt, dann getrocknet und ein wenig erwärmt und dann unter Umrühren in obige Mischung kurze Zeit getaucht. Hierauf trocknet man die Gegenstände mit Sägespähnen und polirt sie mit blanc d'Espagne mittelst Leder. *L. Grnm.*

Lack zum Anstreichen oder durch Säuren nicht angreifbarer Leim. La Nat. auf dem Umschlage v. No. 614, 1885; [Beibl. IX, 360†.

Eine Lösung von Seevogelleim in einer Mischung von Aether, Alkohol und Chloroform giebt in dickem Zustande einen stark klebenden und durch Säuren nicht angreifbaren Leim und in dünnem Zustande einen widerstandsfähigen Lack zum Ueberziehen polirter Holzgegenstände. *L. Grnm.*

Versilberungspasta. La Nature XIII, auf dem Umschlage No. 648; [Beibl. X, 60†, 1886.

12 Theile Silbernitrat, 50 Theile Salz und 30 Theile Cremor tartari sind in einem Mörser fein zu verreiben und mit Wasser zu einer homogenen vor Licht zu schützenden Pasta anzureiben. Die sorgfältig gereinigten kupfernen oder messingnen Gegenstände werden mit der Pasta eingerieben, dann abgewaschen und hierauf mit Gemsleder stark gerieben. *L. Grnm.*

H. Westien. Mittheilungen aus dem physiologischen Institut der Universität Rostock i. M. Forts.

ZS. f. Instrk. V, 15-19†, 196-200†.

Von den vom Verfasser ausgeführten und in der Abhandlung näher beschriebenen Apparaten und Hülfsinstrumenten seien hier nur erwähnt H. Aubert's Respirationsapparat zur Herstellung einer künstlichen Respiration, welcher durch einen kleinen Motor betrieben wird und welcher Tiefe und Frequenz der Respirationen genau zu regeln gestattet, ein zweckmässig eingerichtetes Stativ zur isolirten Fixirung verschieden weiter Glasröhren, dessen Einrichtung aus neben stehendenden Figuren ersichtlich ist, eine Centrifugalmaschine nach Aubert und Westien, welche den Zweck hat, die Blutkörperchen im Blut vom Serum zu trennen, welche bei geringem Kraftaufwand eine möglichst grosse Geschwindigkeit bei ruhigem Gange zu erreichen ermöglicht, ferner eine Quecksilberbüchse mit selbstthätigem Hahnverschluss und fein auslaufender Gussspitze zum Füllen von Capillarcontacten etc., sowie ein Quecksilbermanometer für physiologische Zwecke mit einem Federhalter zur Aufzeichnung feiner Curven.

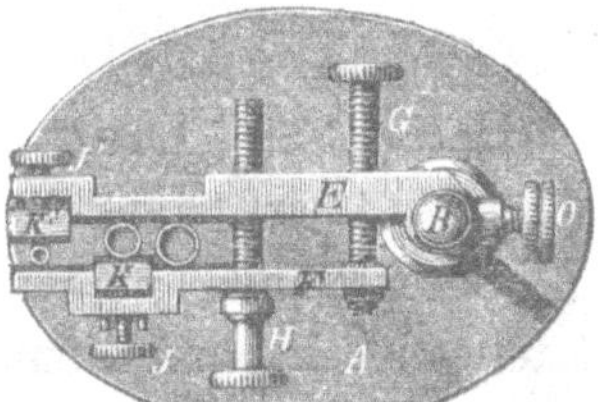

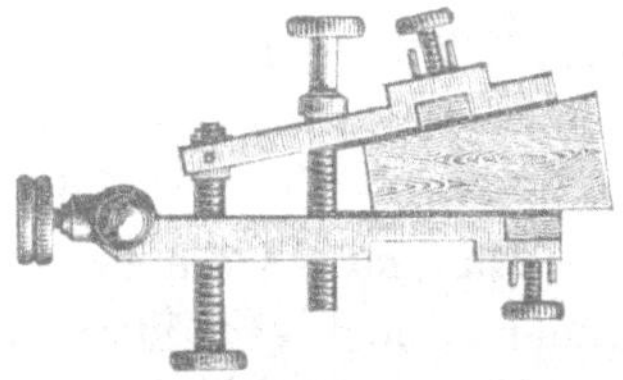

L. Grnm.

W. Elges. Quetschhahn. D. R. P. No. 28631, 1884; [ZS. f. Instrk. V, 107†.

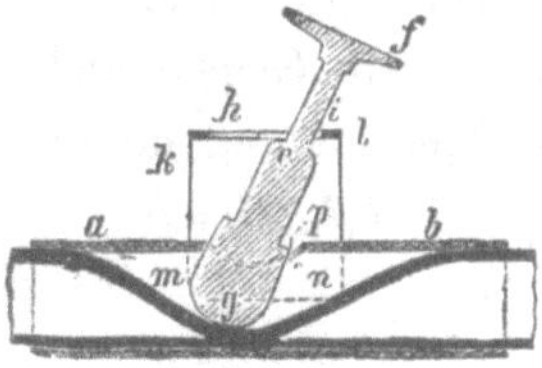

Der im Schlitze *h i* lose bewegliche und bei *p* durch das Rohr *a b* geführte Stempel *g e f* dient zur Zusammenpressung des Schlauches.

L. Grnm.

A. Benecke. Praktische Winke. ZS. phys. Unt. II, 232-237, 260-263.

Beziehen sich auf Werkzeuge und Arbeiten mit denselben.

Bde.

M. Hopkins. Drahtapparat für Laboratoriumsgebrauch. Scient. Amer. Suppl. XIX, 7863-7864, 1885; [Beibl. IX, 759†.

Beschreibung einiger durch Zusammenbiegung von Draht herzustellender Laboratoriumsapparate. *L. Grnm.*

V. Meyer's Pyrochemische Untersuchungen, bez. Ausbesserungsverfahren für beschädigte Platinapparate. Dingl. J. CCLVIII, 73-74†.

Man macht die beschädigte Stelle mit einer Gasflamme rothglühend, legt ein Platinblech auf und richtet darauf eine Knallgasflamme, bis das Blech schmilzt. Sobald das Platin anfängt Funken zu sprühen, wobei die Kugel zerfliesst und die Oeffnung bedeckt, entfernt man die Flamme. Nach der Abkühlung beseitigt man die hervorragenden Theile mit einer Schlichtfeile und glättet sie mit Schmirgelpapier. *L. Grnm.*

J. W. Pratt. Soldering and repairing platinum vessels in the laboratory. Chem. News LI, 181†; [Dingl. J. CCLVIII, 74†; [Ber. chem. Ges. XVIII, 320; [Beibl. X, 522†, 1886.

Zur Ausbesserung schadhafter Platintiegel empfiehlt Verfasser als Loth Goldchlorid, das bei Anwendung eines Glasgebläses bei hoher Temperatur in Gold und Chlor zerfällt. *L. Grnm.*

Kitt für Messing und Glas.

Aus Techniker VII, 57; [ZS. f. Instrk. V, 256†.

Nach Puscher knete man eine Harzseife, welche man durch Kochen von 1 Theil Aetznatron und 3 Teilen Colophonium in 5 Theilen Wasser erhält, mit der halben Quantität Gips oder Zinkweiss, oder Bleiweiss oder abgelöschtem Kalk zusammen; der Kitt erhärtet bald und hält die Hitze aus. — Wiederhold empfiehlt als Kitt ein flüssiges Metall aus 4 Theilen Blei, 2 Theilen Zinn und $2^1/_2$ Theilen Wismuth, welches bei 100° Cels. schmilzt.

L. Grnm.

Durchsichtiger Kitt für Porzellan.

Polyt. Notizbl. XL, 125†, 273†; [Beibl. X, 60, 1886.

Man löse in einer geschlossenen Flasche 75 Theile kleingeschnittenen Kautschuks in 60 Theilen Chloroform auf, füge 15 Theile Mastix hinzu und lasse das Gemisch solange in der Kälte stehen, bis Alles aufgelöst ist. *L. Grnm.*

Julhe. Nouveau procédé pour durcir le plâtre.

C. R. C. 797; [Chem. C. Bl. (3) XVI, 283-284†; [Chem. Ber. XVIII, (2) 320.

Zur Härtung des Gipses mengt man nach dem Verfasser 6 Theile Gips mit 1 Theil frisch gelöschtem und fein durchgesiebtem fetten Kalk und verarbeitet das Gemenge wie gewöhnlichen Gips. Nachdem die Masse gut ausgetrocknet ist, tränkt man den fertigen Gegenstand mit einer Lösung von Ferrosulfat oder Zinksulfat. Der zwischen den Poren des Gipses enthaltene Kalk zersetzt das Sulfat unter Bildung von Kalksulfat und Oxyd, welche die Poren des Gegenstandes vollständig ausfüllen. Bei Anwendung von Zinksulfat bleibt die Masse weiss, bei Anwendung von Eisensulfat (mit welchem man die härteste Masse erhält), ist sie zuerst grünlich und nimmt beim Austrocknen die Färbung des Eisenoxyds an.

L. Grnm.

Härten von Harzen.

Polyt. Notizbl. XL, 272†; [Beibl. X, 61†, 1886.

Nach C. Zimmer härtet man Harze dadurch, dass man die in ihnen enthaltenen Harzsäuren ganz oder theilweise bindet, indem man die erweichten oder geschmolzenen Harze mit etwas kaustischem Kali, Kalkhydrat oder Calciumcarbonat versetzt. Auch bei Wachs, Fetten, Oelen und bituminösen Stoffen lassen sich durch derartige Zusätze höhere Erweichungspunkte erzielen.

L. Grnm.

Universalkitt.

Deutsches Baugewerbs-Blatt, 1885, 590; [ZS. f. Instrk. V, 452†; [Beibl. X, 205†, 1886.

4 Theile Alabastergips und 1 Theil fein gepulverter Gummi arabicum werden mit einer kalt gesättigten Boraxlösung zu einem dicken Brei angerührt, welcher einen guten Kitt für Stein, Glas, Bein, Horn, Porzellan und Holz bildet; derselbe wird nach etwa 24 bis 30 Stunden marmorhart. *L. Grnm.*

Cement, um Metalltheile zu kitten.

La Nat. XIII. Auf dem Umschlage No. 650. [Beibl. X, 60†.

Man mische und mahle ganz fein 16 Theile Eisenfeilspähne, 2 Theile Salmiak und 1 Theil Schwefelblumen. Vor dem Gebrauch mischt man 1 kg Cement mit 10 bis 12 kg Eisenfeile und soviel Wasser, bis man einen steifen Brei erhält. Diesen bringt man heiss auf die Stücke, drückt sie zusammen und lässt erkalten. *L. Grnm.*

Caseïnkitt als Ersatz für arabischen Gummi.

Mitth. d. Bayer. Gew. Mus. 1885, 36; Dingl. J. CCLVI, 96†; [Beibl. IX, 758†.

Zur Herstellung des Caseïnkitts erhitzt man nach R. Kayser Milch mit etwas Weinsteinsäure, wobei sich Caseïn ausscheidet. Das so erhaltene noch feuchte Caseïn überschüttet man mit einer Lösung von 6 Theilen Borax in 100 Theilen Wasser und erwärmt gelinde unter Umrühren, wobei das Caseïn in Lösung geht. Von der Boraxlösung setzt man nur soviel zu, dass nur wenig Caseïn ungelöst zurückbleibt. Die so erhaltene klare Flüssigkeit besitzt ein sehr grosses Klebvermögen. *L. Grnm.*

Kitt zum Verstopfen eines Loches oder zur Herstellung einer Verbindung an einer gusseisernen Röhre.

La Nat. Auf dem Umschlage v. No. 614, 1885; [Beibl. IX, 544†.

Ein Gemenge von 1000 g pulverisirtem Gusseisen, 150 g Schwefelblumen und 20 g Salmiak liefert einen leicht knetbaren, für den obigen Zweck geeigneten Kitt. *L. Grnm.*

Litteratur.

H. Emsmann. Universal-Räderapparat.
ZS. phys. Unterr. II, 5-9; [Beibl. IX, 759.

Klobukow. Luftpumpenregulator für Laboratoriumszwecke. Chem. CBl. (3) XVI, 769-70; [Beibl. X, 61-62, 1886; ZS. f. anal. Chemie XXIV, 399-402; [ZS. f. Instrk. VI, 69.

A. Kalecsinszki. Neue Apparate für chemische Laboratorien. Ein einfaches Wasserluftgebläse.
Chem. CBl. (3) XVI, 546-47; [Beibl. X, 59, 1886.

R. Muencke. Eine Modification der Bunsen'schen Gaslampe. ZS. f. anal. Chem. XXIV, 419-20.

CH. CLOEZ. Sur une modification de l'appareil de Tissandier. Bull. Soc. Chim. XLIII, 102-6 (Wasserstoffentwickler).

H. LANDOLT. Einige Laboratoriumsapparate. Berl. Chem. Ber. XVIII, 56-57; [J. Chem. Soc. XLVIII, 481.

J. LÖWE. Ueber die Verwendung von Kalkwasser als Sperrflüssigkeit in Zinkgasometern. ZS. f. anal. Chem. XXIV, 221.

Gegenüber KREUSLER (diese Ber. XL, (1) 42) wird behauptet, Kalkmilch greife zwar die Gasometer an, klares Kalkwasser aber nicht.

J. WALTER. Apparate für chemische Laboratorien (Exsiccator mit Heizvorrichtung; Tropftrichter). ZS. f. pract. Chemie XXXII, 425-429.

A. KALECSINSZKI. Neue Apparate für chemische Laboratorien. Schwefelsäurebad. Chem. CBl. (3) XVI, 545-46.

M. R. SCHMITT. Verfahren, die Oberfläche von Glas mittels Chloraluminium oder Schwefelaluminium silberglänzend zu machen. (D. R. P.) D. Ind. Ztg. XXVI, 108; [Chem. CBl. (3) XVI, 349.

The Fusion and Working of iridium. Chem. News LI, 71.

NELSON W. PERRY. Ueber das Schmelzen, Giessen, Entphosphoren und Platiniren von Iridium. Chem. News LI, 1-5, 19-21.

Werthvolle Bibliographie des Iridiums.

Feiner Platindraht. Polyt. Not. XL, 223; [Chem. CBl. (3) XVI, 832.

(Alte Methode des Ausziehens in einer Silberhülle.)

Platinlöthung. Polyt. Not. XLI, 7; PRATT, Chem. News 1885.

Souldering Platinum. Engineer. XXXIX, 428.

M. DENNSTEDT. Verfahren zur Härtung von Gipsgüssen. Berl. Chem. Ber. XVIII, 3314-16.

STÜCKRATH. Verfahren zum Löthen von Aluminium. Aus Ber. d. D. Ges. f. Mech. u. Opt. 1885; [ZS. f. Instrk. V, 449.

Bde.

H. GODSATZKIJ. Apparat zum automatischen Ausspülen. Journ. d. phys.-chem. Ges. XVII, 1885, chem. Theil p. 37†.

Die beigegebene Figur erläutert den Apparat. Der Trichter F befindet sich zwischen dem unteren Ende der Röhre D und dem auszuspülenden Trichter E. Das Uebrige ist aus der Zeichnung leicht zu begreifen. *O. Chw.*

---

2. Dichtigkeit.

W. LERMONTOFF. Ueber die Bestimmung des specifischen Gewichtes. Journ. d. russ. phys.-chem. Ges. XVII, 1885, phys. Theil, p. 56†.

Es werden folgende Regeln aufgestellt, gültig für die gewöhnliche Bestimmungsweise des specifischen Gewichtes c fester Körper:

1. Wird bei der Wägung in der Luft ein Fehler von $\frac{1}{n}$ Gramm gemacht, so entsteht in der Grösse des sp. Gewichtes c ein Fehler $\frac{1}{kn}$, wo k das Volumen des Körpers in Cub.-Centimetern.

2. Ein Fehler von $\frac{1}{n}$ Gramm bei der Bestimmung des Gewichtes des verdrängten Wassers erzeugt einen Fehler in der Grösse von c, der gleich ist $-\frac{c}{nk}$. *O. Chw.*

A. HANDL. Ueber ein neues Hydrodensimeter. Wien. Ber. (2.) XCII, 433-436†; Wien. Anz. XXII, 1885, 148; [J. d. phys. (2) V, 241; [ZS. f. phys. Unterr. II, 155—158; [Beibl. X, 317, 1886.

Ein festes Gestell trägt ein U-förmiges Wassermanometer von

40—50 cm Höhe mit gleich weiten Schenkeln, dessen Stand an einer Millimeterskala abgelesen werden kann. Der Nullpunkt der Skala, bis zu welchem im Gleichgewichtszustand die manometrische Flüssigkeit reicht, ist in der Mitte der Schenkel. Bei einer Störung des Gleichgewichtes ist dann die Hebung a auf einer Seite gleich der Senkung auf der andern und die Manometerhöhe $h = 2a$. Mittelst eines T-Rohres ist der eine Manometerschenkel einmal mit einem Blasebalg am Fuss des Gestells, sodann mit einem senkrecht stehenden und in dieser Richtung verschiebbaren geraden Steigrohr verbunden. Letzteres trägt 2 eingeätzte Striche, die genau 200 mm von einander entfernt sind; der untere befindet sich in einer Entfernung von ungefähr 20 mm vom untern Ende des Steigrohres. Man taucht nun das Steigrohr bis zur untern Marke in das Gefäss, welches die zu untersuchende Flüssigkeit enthält, saugt dann mittelst der am Blasebalg angebrachten Schraube soviel Luft aus, dass die Flüssigkeit im Steigrohr bis zu der obern Marke reicht und liest die Hebung h am Manometer ab. Senkt man dann das Steigrohr soweit in die Flüssigkeit, dass das äussere Flüssigkeitsniveau immer noch bis zur unteren Marke reicht, so hat man die Beziehung

$$200\,S = hs = 2\,as,$$

wenn S das spez. Gew. der zu untersuchenden, s dasjenige der manometrischen Flüssigkeit bezeichnet. Besteht dieselbe aus Wasser, so ist $s = 1$. Die Empfindlichkeit des Instrumentes wird gesteigert, wenn man entweder die beiden Marken weiter von einander entfernt, oder als manometrische Flüssigkeit eine solche von geringerem spez. Gew. verwendet. Der Apparat vermeidet die zeitraubende Reinigung und Austrocknung des U-förmigen Rohres, weil dasselbe mit der zu untersuchenden Flüssigkeit gar nicht in Berührung kommt. *Bgr.*

ROBERT SCHIFF. Zur Bestimmung des specifischen Gewichtes von Flüssigkeiten bei höheren Temperaturen. Berl. Chem. Ber. XVIII, 1538-40†; [J. Chem. Soc. XLVIII, 950; Sill. J. (3) XXX, 380; [Beibl. IX, 601; DINGLER J. CCLVIII, 76-77; ZS. f. pract. Chem. XXV, 91-92.

Die Heizflüssigkeit befindet sich in einem Rundkölbchen, welches mit einem Stopfen verschlossen ist. In der Durchbohrung des letzteren ist ein grösseres birnförmiges Gefäss befestigt, dessen oberer flacher Boden mit zwei kleineren seitlichen und einem grösseren mittleren Tubus versehen ist. Jene dienen zur Verbindung mit einem Rückflusskühler, resp. zum Einsetzen des Thermometers. Durch den Stopfen, welcher den mittleren Tubus verschliesst, geht ein dünnes Glasrohr, welches innerhalb des birnförmigen Gefässes zu einem eigenthümlich geformten Helm ausgeblasen ist. Die Innenseite des Helmes ist luftdicht auf den konisch erweiterten, nach oben spitz zulaufenden Hals des Pyknometers aufgeschliffen. Letzteres ruht in einem eisernen Löffelchen (Phosphorlöffel), dessen Stiel ebenfalls durch den mittleren Stopfen hindurchgeht. Durch Auf- und Abwärtsbewegen des Stieles setzt man die Spitze des Pyknometers fest in den Helm ein. Beim Gebrauch läuft die Flüssigkeit solange aus der Pyknometerspitze, bis sie die Temperatur der äusseren Dämpfe erreicht hat und findet sich dann in der Helmbiegung wieder. Nach beendigter Erhitzung wird das Pyknometer mit dem Stopfen aus dem Apparat herausgenommen, die Spitze durch eine aufgeschliffene Kappe verschlossen und nach dem Erkalten gewogen. In der Abhandlung findet sich eine Skizze des Apparates. *Bgr.*

P. T. CLEVE. Untersuchungen über Didymverbindungen. Chem. News LII, 227-29, 255-6, 264-5, 278-9, 291-2†; Chem. CBl. (3) XVII, 69†.

HOOD, Bemerkung dazu. Chem. News LII, 271-2.

Von physikalischem Interesse ist hauptsächlich die Bestimmung der specifischen Gewichte für Didym- und Samariumverbindungen, welche sich in CLEVE's Arbeit findet. Eine Zusammenstellung derselben ist im Referat des Chem. C.-Bl. gegeben. Hiernach sind die spec. Gewichte der Didymverbindungen durchgängig kleiner, ihre Molecularvolumina durchgängig grösser, als die der entsprechenden Samariumverbindungen. *Bde.*

BARTOLI. Densità di un solido in cui entrano tutti i corpi semplici e suo confronto con la densità media della terra. Rend Linc I, 596-599†; [Chem. Ber. XVIII, [2] 692; [Natf. XVIII, 154; [Beibl. IX, 645.

Ein Körper, der gleiche Quantitäten aller bekannten Elemente enthielte, würde die mittlere Dichtigkeit 2.698 haben; ein solcher, der gleiche Volumina von allen enthielte, würde 7.027, und einer der gleich viel Atome von allen enthielte, würde 5.776 haben. Verfasser macht auf die nahe Uebereinstimmung der letzteren Zahl mit der mittleren Dichtigkeit der Erde aufmerksam, ohne zu berücksichtigen, dass seine Dichten bei mittlerer Temperatur und einer Atmosphäre Druck gemessen sind, während die Körper im Innern der Erde sich in weit abweichenden Zuständen befinden.

Bde.

J. G. MAC GREGOR. On the Density of Weak Aqueous Solutions of Certain Salts. Trans. Roy. Soc. Canada, 1885, 15-19†.

Mittelst geräumiger Dilatometer hat der Verfasser die Volumenzunahme bestimmt, welche eine gewisse Menge Wasser bei dem Hinzufügen von geringen Mengen wasserfreier Salze erfährt, sodass eine stark verdünnte Lösung entsteht, und daraus die Dichte dieser Lösungen berechnet. Die Versuche wurden mit $ZnSO_4$, $MgSO_4$ und $CaCl_2$ angestellt. Bei den beiden ersteren Salzeu nimmt die Dichte der Lösung proportional mit dem Procentgehalt der Lösung an Salz zu, beim Calciumchlorid wird die Zunahme der Dichte mit der Concentration geringer. Wegen der speciellen Zahlenangaben sei auf die Abhandlung verwiesen. *Bgr.*

SQUIBB. Absolute Ether. Chem. News. I, I, 66-69†; 76-78†; Pharm. Journ. and Transach. (3) 746; [Arch. Pharm. (3) XXIII, 454-155.

In dem ersten Theil der Abhandlung beschreibt der Verfasser einen von ihm construirten Apparat zur fabrikmässigen Darstellung der Aether, mittels dessen ein 4.1 % Alkohol enthaltendes Product erzielt wird. Er beschreibt dann die Methoden, deren er sich bedient hat, um diesen Aether von dem darin enthaltenen Wasser und Alkohol zu befreien und absoluten Aether zu erhalten und bespricht die verschiedenen Reactionen, welche zum Nachweis namentlich des Wassers im Aether dienen. Da dieselben nur chemisches Interesse besitzen, so sei wegen derselben auf die Abhandlung verwiesen (besonders pag. 76). Die Löslichkeit des Aethers in Wasser findet der Verfasser gleich 1 : 11.1 vol. (bei 25°). Das spec. Gew. des absoluten Aethers ist, verglichen mit Wasser von 4°, gleich 0.73128 bei 4°, und bei 15°, verglichen mit Wasser von derselben Temperatur, gleich 0.71888, sodass der Ausdehnungskoëfficient des Aethers gleich 0.00127 für 1° C sein würde. Der Verfasser hat endlich die spec. Gew. der Mischungen von Alkohol und Aether mit einem Gehalt von 70—100 Proc. an letzterem bestimmt und dieselben in einer Tabelle zusammengestellt (pag. 77), auf deren Wiedergabe hier verzichtet werden muss. *Bgr.*

A. Buchan. Absolute Ether. Chem. News LI, 94†.

Der Verfasser macht darauf aufmerksam, dass sich aus den Beobachtungen von Squibb der Ausdehnungskoëfficient des reinen Aethers gleich 0,00112 berechnet. Er selbst hat für den reinen Aether folgende Constanten bestimmt: Spec. Gew. bei 15° = 0.7197 (Wasser bei 4°), Sdp. 34.75° bei 755 mm; Dampfdichte 37.05 (H = 1). *Bgr.*

A. H. Allen. Absolute Ether. Chem. News LI, 105-106†.

Die kurze Notiz beschäftigt sich mit demselben Rechenfehler. *Bgr.*

Squibb. Absoluter Alkohol. Chem. News LI, 7-10; 21-22; 33-35†; [Chem. Ber. XVIII, [2], 103.

Durch eine ausgedehnte Experimentaluntersuchung hat der Verfasser auf's Neue das spec. Gew. des absoluten Alkohols zu bestimmen versucht. Die Einzelheiten der Methode und ihrer Ausführung sind in der Abhandlung nachzusehen. Aus der vom Verf. geübten Kritik früherer Bestimmungen ist hervorzuheben, dass nach ihm die von GAY-LUSSAC, TRALLES und STAMPFER aufgestellten Tabellen für das spec. Gew. des Alkohols von verschiedenem Procentgehalte unrichtig sind, weil eine falsche Zahl als Ausgangspunkt gewählt worden ist. Die folgende Tabelle enthält die Resultate der Bestimmungen des Verfassers. Ihnen liegt als spec. Gew. des absoluten Alkohols bei 15,6° (verglichen mit Wasser bei derselben Temperatur) die Zahl 0,79350 zu Grunde.

(Siehe die Tabelle Seite 99.)

Specifische Gewichte einiger Oele. Polyt. Not. XI, 257†.

Die Angaben beziehen sich auf die Temperatur von 15°. Der Ausdehnungskoefficient beträgt 0.00063.

Baumwollensamenöl	0.922	Olivenöl	0.914
Hanföl	0.927	Palmöl	0.905
Haselnussöl	0.928	Ricinusöl	0.910
Knochenöl	0.914	Rüböl	0.914—0.916
Kokosnussöl	0.925	Sonnenblumenöl	0.926
Lardöl	0.917	Traubenkernöl	0.920
Leinöl	0.929—0.934	Walfischthran	0.925
Mohnöl	0.924	Wallrathöl	0.881

Bgr.

W. M. B. GILES und A. SHEARER. Der Procentgehalt an schwefliger Säure in wässrigen Lösungen von verschiedenem specifischen Gewicht und über ihre Bestimmung. Pharm. J. III, 210-12; [Ber. chem. Ges. XVIII, 528-29†; [Beibl. X, 9; [DINGLER J. CCLVII, 80.

Die Verf. geben eine Tabelle für die specifischen Gewichte der schwefligsauren Lösungen, welche mit der von GAUTHIER und WARNER aufgestellten ziemlich übereinstimmt. Ist x der Procentgehalt, so ist mit grosser Annäherung $s = 1 + 0.005\,x$.

Bde.

Gewichtsprocente	Verglichen mit Wasser von 4° C. als Einheit							Verglichen mit Wasser von 15.6° als Einheit		
	gewogen bei							gewogen bei		
	4° C.	15° C.		15.6° C.		25° C.		15.6° C.	25° C.	
	Wahres spec. Gew.	Scheinbares spec. Gew.	Corrigirt wegen der Ausdehng. d. Glases	Scheinbares spec. Gew.	Corrigirt wegen der Ausdehng. d. Glases	Scheinbares spec. Gew.	Corrigirt wegen der Ausdehng. d. Glases	Wahres spec. Gew.	Scheinbares spec. Gew.	Corrigirt wegen der Ausdehng. d. Glases
100	0.80257	0.79348	0.79326	0.79301	0.79279	0.78537	0.78496	0.79350	0.78591	0.78573
99	0.80579	0.79667	0.79645	0.79618	0.79595	0.78847	0.78806	0.79669	0.78901	0.78882
98	0.80875	0.79965	0.79943	0.79893	0.79870	0.79131	0.79089	0.79967	0.79205	0.79186
96	0.81467	0.80555	0.80533	0.80509	0.80486	0.79744	0.79702	0.80558	0.79801	0.79782
92	0.82593	0.81680	0.81658	0.81631	0.81607	0.80865	0.80823	0.81684	0.80915	0.80896
88	0.83649	0.82751	0.82728	0.82699	0.82675	0.81929	0.81886	0.82755	0.81982	0.81963
84	0.84681	0.83770	0.83747	0.83719	0.83695	0.82953	0.82909	0.83775	0.83007	0.82987
80	0.85683	0.84773	0.84750	0.84718	0.84694	0.83959	0.83915	0.84779	0.84021	0.84001
76	0.86655	0.85742	0.85718	0.85699	0.85674	0.84937	0.84892	0.85749	0.84991	0.84971
72	0.87600	0.86702	0.86678	0.86649	0.86624	0.85895	0.85850	0.86711	0.85953	0.85933
68	0.88516	0.87655	0.87631	0.87607	0.87582	0.86847	0.86801	0.87665	0.86905	0.86885
64	0.89479	0.88625	0.88601	0.88578	0.88552	0.87832	0.87786	0.88636	0.87884	0.87863
60	0.90401	0.89549	0.89524	0.89556	0.89530	0.88766	0.88719	0.89561	0.88821	0.88800
56	0.91297	0.90452	0.90427	0.90405	0.90379	0.89687	0.89640	0.90465	0.89745	0.89724
52	0.92177	0.91349	0.91324	0.91309	0.91283	0.90597	0.90549	0.91365	0.90653	0.90632
48	0.93045	0.92231	0.92206	0.92187	0.92160	0.91489	0.91441	0.92247	0.91547	0.91525
44	0.93875	0.93082	0.93056	0.93045	0.93018	0.92361	0.92313	0.93101	0.92427	0.92405
40	0.94655	0.93901	0.93875	0.93865	0.93838	0.93217	0.93168	0.93923	0.93275	0.93253

Bgr.

R. Broom. On the Volume of Mixed Liquids.

Proc. Roy. Soc. Edinb. XXII, 172-74; [Beibl. X, 603, 1886.

Beim Vermischen von Wasser mit dem gleichen Volumen gesättigter Lösungen anorganischer Salze beobachtete der Verfasser stets eine Contraction. Die Grösse derselben ist verschieden, wie folgende Zusammenstellung zeigt.

	Theile des wasserfreien Salzes, die von 100 T. Wasser bei 10° gelöst waren	Contraction %
KCl	31.97	0.325
K_2SO_4	10.1	0.082
KNO_3	20.77	0.144
K_2CO_3	88.72	2.682
$NaCl$	35.75	0.490
Na_2SO_4	8.04	0.107
$NaNO_3$	84.3	0.975
Na_2CO_3	16.66	0.206
NH_4Cl	36.6	0.273
$(NH_4)_2SO_4$	—	1.302
NH_4NO_3	185.0	0.772
$CaCl_2$	63.3	1.135
$BaCl_2$	33.3	0.235
$MgSO_4$	30.5	0.677
$ZnSO_4$	48.36	0.835
$FeSO_4$	19.9	0.327
$Al_2K_2(SO_4)_4$	4.99	0.033
C_2SO_4	20.92	0.218
PbN_2O_6	48.3	0.228

Beim Vermischen einer gesättigten Lösung von NH_4OH (sp. Gew. = 0.88) mit dem gleichen Volumen Wasser findet eine Ausdehnung von 0.33 % statt. *Bgr.*

Amerikanische Eintheilung des Baumé'schen Aräometers.

[ZS. f. anal. Chem. XXIV, 74.

Nach der Amer. Chem. Revue II, 109 hat die Association of manufacturing chemists in Nordamerika beschlossen, die Baumé-

Aräometer nach der Formel $n = 145 . \left(1 - \frac{1}{a}\right)$ zu theilen, wo n der Baumégrad und a das specifische Gewicht ist. Die bestehende Verwirrung wird dadurch nur vermehrt. *Bde.*

G. AGAMENNONE. **Determinazione della densità dell' aria.** Rendic. della Acc. d. Linc. (4) I, 111-117†; [Beibl. IX, 490.

Die Dichte x eines Gases bei 0° berechnet sich aus der bekannten Formel

$$x = \frac{P' - P}{v_0} \cdot \frac{K}{H - H'},$$

in welcher P und P′ die Gewichte bezeichnen, die zum Herstellen des Gleichgewichtes erforderlich sind, wenn ein Ballon vom Inhalte v_0 bei 0° das Gas unter den Drucken H und H′ enthält, und in welcher K der normale Barometerstand an dem betreffenden Orte ist. Der Verfasser hat die Differenzen P′—P und H—H′ dadurch so gross als möglich gemacht, dass er das Gas — er untersuchte Luft — unter zwei sehr verschiedenen Drucken in den Ballon füllte. Bei der einen Versuchsreihe war H gleich dem Atmosphärendruck, bei der zweiten besass H den doppelten Werth. H′ war immer sehr klein. Die Deformation des Gefässes wurde durch Rechnung und durch den Versuch bestimmt, ebenso wurden alle andere Fehlerquellen möglichst berücksichtigt. Es ergab sich unter Zugrundelegung der Zahl 980.3862 für die Beschleunigung durch die Schwere in Rom für das Gewicht von 1 l Luft bei 0° und 760 mm Druck die Zahl 1.2931 g bei der ersten Versuchsreihe (H = 1 Atm.), 1.2954 g bei der zweiten (H = 2 Atm.). Wird bei der Berechnung berücksichtigt, dass die atmosphärische Luft dem MARIOTTE'schen Gesetz nicht genau folgt, so erhält man bei der zweiten Versuchsreihe 1.29363 oder 1.29262 g, je nachdem man der Abweichung den einen oder den andern Werth beilegt. *Bgr.*

G. AGAMENNONE. Sul grado di precisione nella determinazione della densità dei gas. Rendic. d. Acc. d. Linc. (4) I, 105-110†; [Beibl. IX, 490.

Der Verfasser bespricht die von REGNAULT ausgeführten Bestimmungen des Gewichtes von 1 l Luft, welches er aus den Angaben desselben noch einmal berechnet hat. Er findet das Gewicht von 1 l Luft gleich 1.292767 g bei einem mittleren Fehler von $\pm$ 0,000067. KOHLRAUSCH und LASCH berechnen das Gewicht zu 1.292756 g. *Bgr.*

F. LUX. Apparat zur directen Bestimmung des specifischen Gewichts oder des Druckes von Gasen und Dämpfen. D. R. P. No. 32091 vom 27. XI. 1884; [ZS. f. Instrumkde. V, p. 411, 1885†.

Zwei hohle Glaskugeln sind durch einen geraden, dünnen, mit Eintheilung versehenen Steg verbunden. Die eine der Kugeln ist theilweise mit Quecksilber gefüllt und schwimmt nach Aräometerart in einer Flüssigkeit. Die obere Kugel befindet sich in dem betreffenden Gase oder Dampfe und nach dem Archimedischen Princip erleidet dieselbe einen Gewichtsverlust gleich dem Gewichte des verdrängten Gases. Hieraus ergiebt sich die Anwendung des Apparates. *Rz.*

G. F. FITZGERALD. On some Methods of Measuring the Densities of Gazes. Dubl. Proc. IV, 481-485†; [Beibl. X, 739, 1886.

Der Verfasser beschreibt zwei Instrumente, die beide auf der Anwendung des durch ein Gas hervorgebrachten Auftriebes beruhen. Das erste besteht aus einer dünnen, verschlossenen Glaskugel, die bifilar aufgehängt ist und deren Schwingungsperiode um den vertical stehenden Durchmesser bestimmt wird. Dieselbe ist abhängig von dem Abstande der beiden Fäden, von dem Trägheitsmoment und dem Gewichte der Kugel, welch' letzteres sich mit der Dichte des Gases ändert. Zwischen der Anzahl von Schwingungen in einer Sekunde (N) und der Dichte des Gases δ besteht die Beziehung

$$N^2 = A + B\delta,$$

sodass zwei Bestimmungen in Gasen von bekannter Dichte (Luft unter gewöhnlichem Druck und Luft von bestimmter Verdünnung) genügen, um die Werthe der Constanten A und B zu bestimmen.

Der zweite Apparat ist dem Baroskop nachgebildet. Eine dünne Glasröhre ist an dem einen Ende zu einer Kugel von 1 cm Durchmesser aufgeblasen, die Glasröhre selbst zu einem dünnen Faden von 2 cm Länge ausgezogen. An dem Ende dieses Fadens ist rechtwinkelig zu demselben ein kleiner Spiegel befestigt. Zwei kleine, scharfe Glassplitter sind in der Nähe der Kugel derartig angebracht, dass der Apparat auf denselben balancirt, wenn durch aufgelegte Glassplitter das Gleichgewicht hergestellt ist. Die Gleichgewichtslage in der Luft lässt sich dann durch den Punkt einer verticalen Scala, auf welche ein vom Spiegel reflectirter Lichtstrahl fällt, bestimmen, und aus der Grösse der Verschiebung des reflectirten Strahles auf der Scala beim Ersetzen der Luft durch ein anderes Gas ist es möglich, auf die Dichte desselben zu schliessen. Am besten ist es, das Gas soweit zu verdünnen oder zu verdichten, bis der Lichtstrahl an derselben Stelle steht, wie wenn der Apparat sich in Luft von bestimmter Temperatur und bestimmtem Druck befindet, dann Temperatur und Druck zu beobachten und daraus die Dichte für andere Temperaturen und Drucke zu berechnen. *Bgr.*

C. T. HEYCOCK und F. H. NEVILLE. Ueber einen vereinfachten Apparat zur Bestimmung der Dichte des Ozons. Proc. Cambr. Phil. Soc. V, 208-211; [Beibl. IX, 368.

Die Verfasser lassen chlorhaltigen und ozonhaltigen Sauerstoff in gewöhnlichen Sauerstoff diffundiren und benutzen die Vergleichung der Diffusionsgeschwindigkeiten, um die Dichte des Ozons zu ermitteln. *Bde.*

C. v. THAN. Erweiterte Anwendung der geometrischen Methoden. Ung. Ber. III, 137-151†.

Die Untersuchung hatte den Zweck zu prüfen, ob geringe Mengen leichtflüchtiger Substanzen, im Vacuum verdunstet, sich wie Gase verhalten, und und ob demgemäss nach der BUNSEN'schen Methode ihre Zusammensetzung gasometrisch bestimmt werden kann. Die Abhandlung bietet mithin wesentlich chemisches Interesse, weshalb ein genaueres Eingehen auf den Inhalt hier nicht geboten erscheint. Die Versuche wurden mit CS_2 und Aether angestellt, deren Dampfdichte zugleich aus dem Volumen berechnet wurde, welches eine abgewogene Menge der Substanzen in dem in einem 800 mm langen Eudiometerrohr entstandenen Vacuum einnahm. Berechnete man dann aus der gefundenen Dampfdichte das Gewicht von 22.33 ccm in mg, so erhielt man Zahlen, welche mit dem Moleculargewicht der beiden Verbindungen übereinstimmten, beim Aether jedoch erst dann, als im Vacuum etwas ungesättigter Wasserdampf zurückgelassen wurde. Stehen nur geringe Mengen einer Verbindung zur Verfügung — der Verfasser verwendete höchstens 19.17 mg — so empfiehlt es sich die Analyse auf gasometrischem Wege auszuführen. *Bgr.*

C. SCHALL. Ueber eine Abänderung des PETTERSON- und ECKSTRAND'schen vereinfachten Verfahrens der Dampfdichtebestimmung nach DUMAS.

Chem. Ber. XVIII, 2068-2071†; [J. Chem. Soc. XLVIII, 1179; [Bull. soc. chim. XLVI, 208; [Beibl. X, 276, 1886.

Als Messgefässe dienen Glasfläschchen mit capillarem Halse, die man sich aus Reagenzgläsern herstellen kann; sie werden mit Substanz gefüllt und in ein Dampfbad gebracht, aus dessen Deckel die capillaren Hälse hervorragen. Wenn beim Erhitzen ein Flüssigkeitsfaden längere Zeit um eine Stelle des herausragenden Capillarhalses oscillirt, ist im Innern des Fläschchens alles verdampft. Das Tröpfchen wird dann mit einer Gasflamme aus der Capillare verflüchtigt und die letztere zugeschmolzen, dann wird das Volumen des Fläschchens volumenometrisch bestimmt, und hierauf das Fläschchen gewogen. Nachher sprengt man die Spitze des Capillarhalses ab, öffnet eine zweite Stelle des Fläschchens durch Aufblasen, wägt dann in Luft und bestimmt das Volumen des Glases im Volumenometer. Kennt man noch den Ausdehnungscoëfficienten des Glases und die Temperatur des Bades, so hat man die Daten zur Berechnung eines Versuches. *Bde.*

F. J. Yeatman. Akustische Methoden zur Bestimmung der Dampfdichten. Am. Pharm. Journ. III, 1069-1070; [Ber. d. chem. Ges. XVIII, 511-512†.

Der Verfasser bedient sich als Grundlage zur Bestimmung der Dampfdichten des Verhältnisses der Längen einer Luft- und einer Gassäule, die einer bestimmten Tonhöhe entsprechen. Die Länge des mit dem Gase gefüllten Proberohrs gilt als feststehend, das mit Luft gefüllte Rohr ist dagegen mit einem Stempel versehen, welcher die Länge der Luftsäule so lange zu verändern gestattet, bis beim Anklopfen der Röhren derselbe Ton erschallt. Ist L die Länge der Luftsäule, l diejenige der Gassäule, so ist die Dichte $D = \left(\frac{L}{l}\right)^2$. Der Verfasser gelangt übrigens zu dem Resultat, dass die akustische Methode wissenschaftlich genaue Resultate nicht ergiebt, dass sie dagegen mit Vortheil verwendbar ist, wenn es sich um die schnelle Bestimmung der Moleculargrösse einer Substanz handelt. *Bgr.*

W. la Coste. Ueber ein neues Verfahren zur Bestimmung der Dampfdichte hochsiedender Substanzen im luftverdünnten Raum.

Berl. Chem. Ber. XVIII, 2122-25†; [J. Chem. Soc. XI, VIII, 1180.

Der Apparat, dessen Einrichtung ohne die Wiedergabe der in der Abhandlung befindlichen Abbildung nicht recht verständlich ist, gestattet unter Anwendung des V. Meyer'schen Luftverdrängungsverfahrens die Dampfdichte hochsiedender Verbindungen unter vermindertem Luftdruck zu bestimmen. Controllbestimmungen wurden mit Naphtalin, Diphenyl, p-Nitrotoluol, Diphenylamin, Azobenzol, Triphenylphosphinoxyd und Phenoxydiphenylphosphin ausgeführt. In der Abhandlung ist auch eine einfache Einrichtung zum Hinabwerfen des mit der Substanz gefüllten Eimerchens beschrieben. *Bgr.*

V. Meyer und G. G. Pond. Physikalisch-chemische Untersuchungen. Berl. Chem. Ber. XVIII, 1623-28†; [Bull. soc. chim. XLV, 896; [Beibl. IX, 602; [J. Chem. Soc. XLVIII, 1033.

W. Alexeew. Ueber eine Fehlerquelle bei den Dampfdichtebestimmungen. Berl. Chem. Ber. XVIII, 2898—2900†; [Bull. soc. chim. XLVI, 313; [J. chem. Soc. XLVI, 313; [Beibl. X, 260, 1886.

Meyer und Pond haben die Einwirkung rauher Körper auf den Dissociationszustand eines Gases, auf die nach einigen Versuchen von Menschutkin und Konowalow [diese Ber. XL. 112] zu schliessen war, nicht beobachten können. Als man in dem Meyer'schen Gasdichtebestimmungsapparat Amylacetat bis zum constanten Volum verdampfen liess und sodann trockenen Sand durch einen Fallapparat auf den Boden des Gefässes brachte, zeigte sich keine Aenderung des Volums.

Alexeew sucht auf Grund eigener Versuche die von Mensshutkin und Konowalow erhaltenen Resultate damit zu erklären, dass bei ihren Versuchen eine chemische Einwirkung der Dämpfe auf die aus dem schlechten Petersburger Glase gefertigten Wände des Apparats oder darin befindlichen Glasstücke stattgefunden hätte. *Nst.*

C. Langer und V. Meyer. Ueber die Dichte des Schwefligsäuregases bei Weissglühhitze. Berl. Chem. Ber. XVIII. 1501-1504†; [J. Chem. Soc. XLVIII, 950; [Bull. soc. chim. XLV, 521; [Beibl. IX, 545.

Die Frage, ob die Gase bei hohen Temperaturen noch denselben Ausdehnungskoëfficienten besitzen, wie bei niederen, haben die Verf. bereits früher (Pyrochemische Untersuchungen; Braunschweig, Vieweg & Sohn, 1885) dadurch zu entscheiden gesucht, dass sie prüften, ob mehrere normale Gase bei derselben hohen Temperatur noch den gleichen Ausdehnungskoëfficienten besitzen. Es ergab sich, dass dies in der That für Sauerstoff, Stickstoff und Kohlendioxyd der Fall ist. Neuerdings haben die Verfasser ihre diesbezüglichen Untersuchungen auch auf das Schwefeldioxyd ausgedehnt. Dieses Gas, welches bei langdauernder intensiver Belichtung eine Zersetzung erfährt, erwies sich bei der hohen Temperatur als beständig. Genau gemessene Volume des Gases wurden nun in den mit Stickstoff gefüllten Apparat geleitet, und das verdrängte Stickstoffvolumen wurde gemessen. Eingeleitetes Gas und verdrängter Stickstoff befanden sich in fliessendem Wasser von gleicher und constanter Temperatur, sodass ihre Volume direct vergleichbar waren. Dieselben waren nahezu gleich bis auf ein geringes Deficit an Stickstoff bei den 3 ausgeführten Versuchen. Die Giltigkeit des GAY-LUSSAC'schen Ausdehnungsgesetzes für hohe Temperaturen (bis gegen 1700°) ist somit für 4 Gase erwiesen.

Bgr.

L. TROOST. Sur la densité de vapeur du chlorure de thorium et la formule de la thorine. C. R. CI, 360-61†; [J. Chem. Soc. XLVIII, 1113; [Chem. CBl. (3) XVI, 741; [Beibl. IX, 645.

Die Bestimmungen wurden nach V. MEYER's Methode im Stickstoff bei der Temperatur des siedenden Zinks ausgeführt und ergaben die Zahlen 5,90, 7,01 und 7,49. Dieselben stehen der von der Formel $ThCl_2$ geforderten Dampfdichte (6,48) näher, als der von der Formel $ThCl_4$ verlangten (12,96). Das Atomgewicht des Thoriums wäre demnach nicht, wie bisher angenommen wurde, 232,4, sondern 116,2, und die Formel der Thorerde ThO statt ThO_2.

Bgr.

N. MENSCHUTKIN und D. KONOWALOW. Ueber die Dampfdichte einiger Ester. Berl. Chem. Ber. XVIII, 3328-30†; [J. Chem. Soc. L, 299; [Beibl. X, 260.

Die Verfasser bestreiten die Richtigkeit der von A. ALEXEEW

aufgestellten Behauptung (Chem. Ber. XVIII, 3329), nach welcher die anomalen Dampfdichten des tertiären Amylacetats und tertiären Amylchlorids sich aus der Zersetzung erklären, welche diese Verbindungen im Gaszustande unter dem Einfluss der Contactwirkung der Gefässwände erfahren. Sie führen zwei Reihen von Beobachtungen über das Chloramyl an, welche den Gang der Zersetzung bei 182° angeben und mit demselben Apparat angestellt wurden. Die beiden Beobachtungsreihen zeigen eine vollständige Uebereinstimmung. *Bgr.*

Schalfejew. Die specifischen Volumina der Elemente in flüssigen und festen Körpern. J. russ. phys. chem. Ges. 1884, I, 679-686; [Chem. Ber. XVIII, (2) 96-97†; [Bull. soc. chim. XLIII, 384; [J. Chem. Soc. XLVIII, 717.

Verf. untersucht das specifische Volumen, welches Chlor, Brom und Jod in ihren organischen Verbindungen einnehmen und kommt zu dem Schlusse, dass die Halogene sowohl im freien Zustand als in Verbindungen die folgenden specifischen Volumina haben: Cl = 21 oder 24 oder 27; Br = 24 oder 27 oder 30, J = 26 oder 27. Das Volumen des Broms hat nur in einigen Verbindungen den grösseren Werth, das des Jods ist in allen Verbindungen grösser als im freien Zustande; je grösser also das Atomgewicht, desto kleiner ist die Condensationsfähigkeit des Halogens. *Bde.*

E. H. Amagat. Sur la densité limite et le volume atomique des gaz, et en particulier de l'oxygène et de l'hydrogène. C. R. C, 633-35†; Phil. Mag. (5) XIX, 313; [Cim. (3) XVIII, 58; [J. Chem. Soc. XLVIII, 631; [Natf. XVIII, 185; [Beibl. IX, 490.

Der Verfasser hat zur Prüfung des von ihm aufgestellten Gesetzes über die Compressibilität der Gase unter starkem Druck (Ann. Chim. phys. (5) XXII, diese Ber. 1881) das Verhalten des Sauerstoffs bei einem Druck von 4000 Atm. untersucht. Derselbe wurde dabei auf $^{9}/_{100}$ seines Volumens zusammengedrückt, sodass seine Dichte grösser sein musste, als die des Wassers. Beim stärksten angewandten Druck ergab sich eine Dichte von 1,25 bei der Temperatur von 17°. Dieses Resultat steht im Widerspruch mit dem bisher für die Dichte des flüssigen Sauerstoffs angenommenen Werte 1, welchen man aus der Annahme herleitete, dass das Atomvolumen des Sauerstoffs gleich demjenigen des Schwefels, Selens und Tellurs ist.

Die Dichte des flüssigen Wasserstoffs fand der Verfasser gleich 0,12. Berechnet man daraus das Atomvolumen, so liegt dasselbe in der L. MEYER'schen Curve auf der Verlängerung der Geraden, welche durch die Punkte gelegt ist, die den Maximis des Li, Na und K entspricht. Man könnte zwischen Li und H eine Periode annehmen, die der folgenden analog ist, deren Glieder aber noch nicht bekannt sind.

Der Verfasser macht darauf aufmerksam, dass bei den starken Drucken, die er anwandte, die dicken Eisencylinder für Quecksilber durchdringlich wurden. *Bgr.*

J. A. GROSHANS. The law of density numbers.

Phil. Mag. (5) XX, 19-29, 191-203†; Rec. trav. chim. IV, 236-262; [J. Chem. Soc. Z, 194.

Verf. giebt verschiedene Folgerungen aus seinem Gesetz der Densitätszahlen, von denen wir die wesentlichen hier aufzählen:

1) Für C, H und O sind die Densitätszahlen 1; daraus folgt, dass ein Körper von der Formel $C_p\ H_q\ O_r$, dessen Dichtigkeit δ ist, der Formel gehorcht

$$\frac{p+q+r}{\delta} = \text{const.}$$

Allgemein ist $\frac{B}{\delta} = \text{const.}$, wenn man unter B die Summe der Densitätszahlen für sämmtliche Componenten einer Verbindung versteht; dabei wird indessen vorausgesetzt, dass verschiedene Verbindungen unter ähnlichen Umständen verglichen werden. Als ähnliche Umstände bezeichnet GROSHANS:

a) den Gaszustand beim Siedepunkt,

b) Flüssigkeitszustand beim Siedepunkt,

c) wasserfreie Krystalle und Krystalle mit ähnlicher Hydrirung,

d) sehr verdünnte Lösungen.

Der Satz wird belegt durch 6 Salze mit 6 Aequivalent Wasser, 3 mit 12 H_2O, 5 mit 7 H_2O und 7 Doppelsulfate mit 6 H_2O.

2) Als Triaden bezeichnet Verf. Gruppen von drei Elementen wie Phosphor, Arsen, Antimon, zu denen aber jedesmal als Vorläufer noch ein viertes Element, wie Stickstoff tritt. Betrachtet man die drei Hauptelemente einer Triade, so ist die Differenz für die Densitätszahlen des ersten und des zweiten gleich dem Unterschied für das zweite und dritte.

3) Bei einem Druck von 760 mm sei T der vom absoluten Nullpunkte an gerechnete Siedepunkt eines Körpers, D die Dichtigkeit seines Dampfes bei dieser Temperatur, dann lassen sich die Gesetze von Avogadro und Gay-Lussac ausdrücken durch die Gleichung

$$D \,.\, T = a.\ \text{const.}$$

Andrerseits ist nach dem Gesetz der Densitätszahlen $\frac{D}{B} = \text{const.}$; hieraus folgt $\frac{T \,.\, B}{a} = \text{const.}$

In Verbindungen, die blos C, H und O enthalten, ist dabei wie oben, $B = p + q + r$. Der Satz wird belegt durch zwei Tabellen, von denen die eine für $\frac{T \,.\, B}{a}$ im Mittel den Werth 62,2, die andere 73,6 ergiebt. Des weiteren werden Betrachtungen über die Regeln angestellt, nach denen diese „Constanten“ sich von einer organischen Gruppe zur andern ändern.

4) Ist d die Dichtigkeit einer Flüssigkeit beim Siedepunkt, so soll $\frac{B}{d}$ eine Constante sein. Zum Beleg werden zwei Tabellen gegeben, die aber dem Referenten eher geeignet scheinen, das ganze Gesetz der Densitätszahlen in Frage zu stellen. *Bde.*

J. SPERBER. Ueber das Molekularvolum.

Chem. CBl. (3), XVI, 1-2†.

— Nachtrag dazu. Chem. CBl. (3), XVI, 33†.

Dem Verf. scheint die herkömmliche Definition des Molekularvolumens als des Quotienten aus Atom-, resp. Molekulargewicht durch das spez. Gew. (für Elemente, resp. Verbindungen) unrichtig zu sein. Er schlägt zur Definition desselben folgenden Weg ein. Ist n_1 die Anzahl der Atome im Molekül; a_1 das Atomgewicht; s_1 das spez. Gew. für irgend einen Körper, und haben die Zahlen n_2, a_2 und s_2 eine ähnliche Bedeutung für einen zweiten Körper, so sind zur Bestimmung des Verhältnisses ihrer Molekularvolume Gewichtsmengen zu nehmen, die im Verhältniss ihrer Molekulargewichte stehen (weil dann die Zahl der Moleküle beidemale dieselbe ist); also

$$P_2 : P_1 = n_2 a_2 : n_1 a_1.$$

Diese Gewichtsmengen, dividirt durch die entsprechenden spez. Gew. geben das Verhältniss der Volume gleich vieler Moleküle, oder das Molekularvolumen der betreffenden Körper an.

$$V_{m_2} : V_{m_1} = \frac{n_2 a_2}{s_2} : \frac{n_1 a_1}{s_1}.$$

Das Molekularvolumen fester und flüssiger Körper ist wie das spez. Gew. auf dasjenige des Wassers, das der Gase auf dasjenige des Wasserstoffs zu beziehen. Unter dieser Voraussetzung ist $V_{m_1} = 1$ und $s_1 = 1$, also

$$V_{m_2} = \frac{n_2 . a_2}{n_1 . a_1 . s_2}.$$

Der Mittelpunktsabstand zweier Moleküle ist alsdann

$$\lambda_2 = \sqrt[3]{\frac{n_2 a_2}{n_1 a_1 s_2}}.$$

Bgr.

W. LOSSEN. Ueber Molekular- und Atomvolume.

Tagebl. d. Naturf.-Vers. zu Strassburg 1885, 363; [Chem. CBl. (3) XVI, 817†.

Verf. hält die Versuche, die Molekularvolumina als Summen

constanter oder nahe constanter Atomvolumina darzustellen, für verfehlt und stützt diese seine Ansicht auf Reihe neuerer Beobachtungen. *Bde.*

P. DE HEEN. Détermination du coefficient de compressibilité de quelques liquides et des variations que cette quantité éprouve avec la température. Loi théorique qui régit les variations du coefficient de compressibilité avec la température. Bruxelles, Bull. (3), IX, 550-64†; [Beibl. IX, 779; [Naturf. XVIII, 385.

Der Verfasser hat mittelst eines Piezometers die Veränderung des Compressibilitätskoëfficienten mit der Erhöhung der Temperatur bei einer Anzahl von Flüssigkeiten untersucht. Das Piezometer bestand aus einem cylindrischen Gefäss aus ziemlich dickem Glas nach Art eines Thermometergefässes, an welches eine enge graduirte Röhre angeschmolzen ist. Letztere trägt oben einen horizontal liegenden kegelförmigen Schliff, mittelst dessen die Röhre durch eine zweite mit einem Reservoir comprimirter Luft verbunden werden kann, in den sich aber auch der Zapfen eines Glashahns einschieben lässt. Das obere Ende der engen Röhre ist ebenfalls mit einem Schliff zum Ansetzen eines cylindrischen Reservoirs versehen. Das Piezometer befand sich in einem eigens construirten Wasserbade, welches längere Zeit hindurch auf einer constanten Temperatur erhalten werden konnte. Bei der Berechnung der Volumenveränderungen des Gefässes durch den ausgeübten Druck wurden die Bestimmungen von PAGLIANI und VINCENTINI (s. diese Ber. 1884, (1), 90) benutzt. Der auf die Flüssigkeit ausgeübte Druck betrug 5.25 Atmosphären, die Beobachtungen wurden in der Regel bei drei Temperaturen (10°, zwischen 60 und 70°, zwischen 97 und 100°) ausgeführt (s. Tab.).

Das theoretische Gesetz, nach welchem die Veränderungen des Compressibilitätskoëfficienten erfolgen, leitet der Verf. in folgender Weise ab. Nach ZEUNER (Mech. Wärmetheorie, 2. Aufl., pag. 552) ist die spec. Wärme einer Flüssigkeit bei constantem Volumen, wenn C_p diejenige bei constantem Druck ist:

$$C_v = C_p - AT\left(\frac{dv}{dt}\right)_p\left(\frac{dp}{dt}\right)_v \qquad (1)$$

Ist μ der innere Druck (das Maass für die anziehenden molekularen Kräfte), so ist

$$C_v = C_p - A \cdot \left(\frac{dv}{dt}\right)_p \cdot \mu \qquad (2)$$

Mithin

$$\mu = \left(\frac{dp}{dt}\right)_v \cdot T. \qquad (3)$$

Der Verf. berechnet nun für Aether und Alkohol die Werthe von μ aus dieser Gleichung und ebenso die Werthe für den inneren Druck aus einer von ihm aufgestellten Gleichung, in welche die spec. Wärmen oder die Verdampfungswärmen eingehen (Ann. chim. et phys. (6), Mai 1885). Er erhält bei den genannten Flüssigkeiten sehr stark abweichende Zahlenwerthe, zu deren Erklärung er die Theorie benutzt, nach welcher die Flüssigkeiten aus einander berührenden liquidogenen Molekülen bestehen, die sich ihrerseits wieder aus von einander getrennten gasogenen Molekülen zusammensetzen. Beim Zusammendrücken findet dann eine Verkleinerung des Volumens der liquidogenen Moleküle statt. Die Dichte derselben nimmt mit der Entfernung von ihrem Mittelpunkte ab, mithin ändert sich der Werth von f im umgekehrten Verhältniss der n^e Potenz der mittleren Entfernung der gasogenen Moleküle vom Mittelpunkt des liquidogenen Moleküls. Die Kraft, welche bei einem auf die Flüssigkeit ausgeübten Druck der Annäherung der Moleküle entgegenwirkt, entspricht dann dem Druck μ, dem die auf der Oberfläche eines liquidogenen Moleküls liegenden gasogenen Moleküle ausgesetzt sind. Besitzt μ bei 0^0 und bei t^0 die Werthe bzw. μ_0 und μ und der innere Druck f bei denselben Temperaturen die Werthe f_0 und f_t, so ist

$$f_0 : f_t = \mu_0 : \mu_t$$

Wird $\mu_0 = 1$ und $T = 1$, so ist

$$1 : T\frac{dp}{dt} = V^m; \; \frac{dp}{dt} = \frac{1}{TV^m} \qquad (4)$$

Nach ZEUNER (l. c. p. 545) ist ferner

$$\left(\frac{dp}{dt}\right)_v \left(\frac{dt}{dV}\right)_p \left(\frac{dV}{dp}\right)_t = -1$$

oder

$$\left(\frac{dp}{dt}\right)_v = -\frac{\left(\frac{dV}{dt}\right)_p}{\left(\frac{dV}{dp}\right)_t}. \qquad (5)$$

Weiter ist aber

$$\left(\frac{dV}{dt}\right)_p = \alpha_0 V^m \qquad (6)$$

Mithin aus 5) und 6)

$$\left(\frac{dp}{dt}\right)_v = -\frac{\alpha_0 V^m}{\left(\frac{dV}{dp}\right)_t}$$

und mit Berücksichtigung von 4)

$$-\left(\frac{dV}{dp}\right)_t = T \alpha_0 V^{2m}.$$

Da nun der Compressibilitätskoëfficient

$$\beta = -\frac{\left(\frac{dV}{dp}\right)_t}{V}$$

ist, so folgt endlich

$$\beta = T \alpha_0 V^{2m-1} \qquad (7)$$

Integrirt man 6) nach t und setzt den Werth für V in Gleichung 7) ein, und bezeichnet mit β_t und β_0; T_t und T_0 die den Temperaturen t und 0 entsprechenden Werthe von β bzw. T, so ist

$$\frac{\beta_t}{\beta_0} = \frac{T_t}{T_0}\left[\frac{1}{1-(m-1)\alpha t}\right]^{\frac{2m-1}{m-1}} \qquad (8)$$

Für m = 2.333 erhält man

$$\frac{\beta_t}{\beta_0} = \frac{T_t}{T_0}\left[\frac{1}{1-1.333\,\alpha t}\right]^{3.666} \qquad (9)$$

und ebenso aus Gleichung 7)

$$\frac{\beta_t}{\beta_0} = \frac{T_t}{T_0} \cdot V^{3.666} \qquad (10)$$

Der Compressibilitätskoëfficient ändert sich demnach im directen Verhältniss mit der absoluten Temperatur und im directen (in den Beiblättern steht der Druckfehler im indirecten Ref.) mit der 3.666 Potenz des Volumens.

Die folgende Tabelle enthält die Resultate der Beobachtung, verglichen mit den nach diesen Formeln berechneten Werthen:

Substanz	Temperaturen	β beobachtet	β berechnet	$\frac{\beta_t}{\beta_0}$ beob.	$\frac{\beta_t}{\beta_0}$ ber.	α_0
Methylvalerat	10	0.0000911				
	63	0.0001350	0.0001367	1.48	1.49	0.001143
	100	0.0001835	0.0001794	2.01	1.97	
Aethylvalerat	10	0.0000957				
	62.5	0.0001385	0.0001406	1.45	1.47	0.001108
	100	0.0001826	0.0001818	1.91	1.90	
Butylvalerat	10	0.0000923				
	63.5	0.0001302	0.0001347	1.41	1.46	0.001042
	100	0.0001731	0.0001744	1.87	1.89	
Amylvalerat	10	0.0000882				
	62.7	0.0001217	0.0001279	1.38	1.45	0.001010
	99	0.0001559	0.0001640	1.77	1.86	
Aethylenbromür	10	0.0000558				
	64	0.0000766	0.0000803	1.37	1.44	0.000979
	100	0.0000977	0.0001032	1.75	1.85	
Aethylenchlorür	10	0.0000677				
	75	0.0001114	0.0001096	1.64	1.62	0.001112
Chlorkohlenstoff (C_2Cl_4)	10	0.0000697				
	58.5	0.0000944	0.0000976	1.35	1.40	0.001005
	98	0.0001250	0.0001282	1.79	1.84	
Butylbenzoat	10	0.0000589				
	64	0.0000802	0.0000830	1.36	1.41	0.000848
	100	0.0000986	0.0001036	1.67	1.76	
Amylbenzoat	10	0.0000573				
	65	0.0000775	0.0000807	1.35	1.41	0.000842
	100	0.0000918	0.0001006	1.60	1.76	
Xylol	10	0.0000738				
	65	0.0001062	0.0001084	1.44	1.47	0.001008
	100	0.0001325	0.0001380	1.80	1.87	
Toluol	10	0.0000790				
	66	0.0001142	0.0001193	1.45	1.51	0.001082
	100	0.0001505	0.0001516	1.91	1.92	
Methylbutyrat	10	0.0000895				
	62	0.0001341	0.0001341	1.50	1.50	0.001196
Aethylbutyrat	10	0.0000931				
	62.5	0.0001361	0.0001387	1.46	1.49	0.001184
	99	0.0001849	0.0001849	1.99	1.99	

Substanz	Temperaturen	β beobachtet	β berechnet	$\frac{\beta_t}{\beta_0}$ beob.	$\frac{\beta_t}{\beta_0}$ ber.	α_0
Butylbutyrat	10	0.0000901				
	63	0.0001297	0.0001324	1.44	1.47	0.001094
	100	0.0001702	0.0001738	1.89	1.93	
Amylbutyrat	10	0.0000857				
	63.5	0.0001224	0.0001242	1.43	1.45	0.001019
	97	0.0001572	0.0001576	1.83	1.84	

Bgr.

E. SARRAU. Sur la compressibilité des fluides. C. R. CI, 941-944†; [Beibl. X, 159, 1886.

Der Verfasser hat die Constanten der von CLAUSIUS für die Kohlensäure aufgestellten Gleichung zwischen dem Druck p, dem Volumen v und der absoluten Temperatur T

$$p = \frac{RT}{v-\alpha} - \frac{K}{T(v+\beta)^2}$$

aus den Versuchen von E. AMAGAT (s. d. Ber. 1882, 220) berechnet. Der Factor K/T der Gleichung wurde durch eine Function Θ der Temperatur ersetzt, für welche der Verfasser aus 4 Versuchen die Form $\Theta = K.\varepsilon^{-T}$ herleitet, so dass die Gleichung die Form annimmt

$$p = \frac{RT}{v-\alpha} - \frac{K\varepsilon^{-T}}{(v+\beta)^2}$$

Die Werthe der Constanten sind unter Zugrundelegung der Einheiten von AMAGAT $\alpha = 2.95$; $\beta = 3.50$; log R = 0.986 92; log K = 5.176 28; log (log ε) = 3.078 34.

Für den kritischen Punkt ist $\frac{dp}{dv} = 0$, $\frac{d^2p}{d^2v} = 0$. Man hat dann mithin 3 Gleichungen zur Berechnung von v, T und p beim kritischen Punkt. Man findet

$$v_c = \alpha + 2\gamma;\quad t_c = \tfrac{8}{27}\frac{K}{R\gamma};\quad p_c = \tfrac{1}{8}\cdot\frac{RT_c}{\gamma}$$

wenn $\gamma = \alpha + \beta$ gesetzt wird. Unter Berücksichtigung der oben für die Constanten gefundenen Werthe hat man für die Kohlensäure

$$t_c = +32.7^0; \quad p_c = 75.64 \text{ Atm.}$$ *Bgr.*

A. BATTELLI e L. PALAZZO. Sulle variazioni di volume di alcuni corpi per effetto della fusione. Studio sperimentale. Mem. R. Ac. dei Lincei. (4), I, 283-300†; [Beibl. IX, 730-732.

Unter Anwendung der hydrostatischen Waage, deren sich bereits ERMANN (Pogg. Ann. IX, 587, 1827) zu gleichem Zwecke bediente, haben die Verfasser die Volumenveränderungen einer Anzahl fester organischer Substanzen beim Erhitzen und beim Uebergang in den flüssigen Aggregatzustand bestimmt. Die Substanzen wurden, um möglichst homogenes und luftfreies Material zu erhalten, in einem Reagenzglas geschmolzen und dann durch allmähliches Eintauchen des untern Theiles vom Glas in kaltes Wasser zum Erstarren gebracht, während die oberen Schichten flüssig gehalten wurden. Eine der Abhandlung beigegebene Tafel enthält die Resultate in graphischer Darstellung. In den folgenden Tabellen sind die Zahlenangaben enthalten:

1) Paraffin (Schmelzpunkt 52.74)

I			II		
t	v_t	d_t	t	v_t	d_t
	fest			fest	
20.76°	1.1035	0.90623	42.20°	1.1491	0.87021
25.29	1.1071	0.90325	44.42	1.1546	0.86607
29.89	1.1199	0.89293	47.57	1.1642	0.85895
35.18	1.1400	0.87719	49.38	1.1790	0.84819
39.59	1.1484	0.87077	50.83	1.2017	0.83214
44.39	1.1531	0.86724	51.60	1.2271	0.81490
47.02	1.1584	0.86327		flüssig	
46.68	1.1740	0.85179	52.67	1.2799	0.78131
50.89	1.2035	0.83091	54.55	1.2823	0.77984
	flüssig		57.45	1.2851	0.77814
52.74	1.2804	0.78101	59.80	1.2877	0.77658
54.41	1.2819	0.78001			

$$v_{fl} - v_f = 0.028.$$

2) Walrat. (Schmelzp. 43.9°)

I			II		
t	v_t	d_t	t	v_t	d_t
	fest			fest	
17.46°	1.0564	0.94665	16.00°	1.0535	0.94919
27.30	1.0661	0.93803	23.45	1.0621	0.94066
32.57	1.0806	0.92537	29.22	1.0697	0.93487
37.52	1.1021	0.90733	35.08	1.0921	0.91568
40.55	1.1230	0.89044	37.80	1.1044	0.90551
42.86	1.1604	0.86174	41.08	1.1276	0.88686
	flüssig		42.82	1.1509	0.88689
44.40	1.1876	0.84206		flüssig	
48.66	1.1909	0.83969	44.23	1.1874	0.84218
49.93	1.1923	0.83871	46.72	1.1892	0.84088
52.97	1.1952	0.83664			
54.08	1.1968	0.83555			

$$v_{fl} - v_f = 0.$$

Dasselbe Verhalten zeigt nach KOPP's Untersuchungen das Wachs.

3) Naphthalin (Schmelzpunkt 79.3).

I			II					
t	v_t	d_t	t	v_t	d_t	t	v_t	d_t
	fest			fest			fest	
65.25°	0.86576	1.1551	21.40°	0.85187	1.1739	63.75°	0.86488	1.1562
69.97	0.86821	1.1518	30.92	0.85415	1.1707	68.36	0.86711	1.1532
74.87	0.87127	1.1477	37.41	0.85593	1.1683	71.47	0.86911	1.1506
77.27	0.87688	1.1404	45.27	0.85849	1.1648	74.12	0.87130	1.1477
78.65	0.88713	1.1272	51.33	0.86043	1.1622	77.87	0.88264	1.1330
	flüssig		58.12	0.86261	1.1593			
80.00	1.0215	0.97899						

III		
t	v_t	d_t
	flüssig	
79.90°	1.0212	0.97919
83.20	1.0231	0.97741
87.40	1.0265	0.97411

$$v_{fl} - v_f = 0.1225.$$

4) Nitronaphthalin (Schmelzpunkt 55.1°).

I			II			III		
t	v_t	d_t	t	v_t	d_t	t	v_t	d_t
	fest			fest			fest	
22.17°	0.73199	1.3661	26.51°	0.73100	1.3680	23.25°	0.73368	1.3630
30.34	0.73321	1.3639	34.57	0.73238	1.3654	32.00	0.73519	1.3602
40.90	0.73551	1.3596	41.92	0.73395	1.3625	42.42	0.73733	1.3562
46.68	0.73698	1.3569	48.39	0.73591	1.3589	48.23	0.73881	1.3535
50.49	0.73798	1.3550	52.44	0.73724	1.3564	51.61	0.74053	1.3504
52.44	0.73387	1.3534	54.44	0.74610	1.3403	54.93	0.75001	1.3333
54.44	0.74346	1.3451		flüssig			flüssig	
			56.09	0.81621	1.2252	55.48	0.81641	1.2249
			58.38	0.81695	1.2241	57.98	0.81774	1.2229
			61.03	0.81827	1.2221	60.18	0.81874	1.2214
						61.88	0.81951	1.2202

Das Nitronaphthalin ist, wenn auch nur ausserordentlich wenig, im Wasser löslich. Desshalb besitzen die Zahlen der vorstehenden Tabelle keine absolute Genauigkeit. Immerhin lässt sich die Differenz des Volumens der flüssigen und festen Verbindung beim Schmelzpunkte aus der graphischen Darstellung der Resultate ableiten. Es folgt

$$v_{fl} - v_f = 0.063.$$

5) Diphenylamin (Schmelzpunkt 50.9°).

t	v_t	d_t
	fest	
21.56°	0.86951	1.1501
31.31	0.87198	1.1468
40.77	0.87470	1.1432
45.84	0.88282	1.1327
48.50	0.89717	1.1146
50.30	0.91141	1.0973
	flüssig	
51.35	0.93906	1.0649
53.15	0.94029	1.0635
54.70	0.94134	1.0623

Auch diese Verbindung ist wie die beiden folgenden im Wasser ein wenig löslich. Aus der Curve folgt

$$v_{fl} - v_f = 0.015.$$

6) Naphthylamin (Schmelzpunkt 43.2°).

t	v_t	d_t
	fest	
18.86°	0.84941	1.1773
29.25	0.85513	1.1694
34.57	0.86182	1.1603
37.77	0.86838	1.1516
40.83	0.87865	1.1381
42.46	0.88694	1.1275
	flüssig	
43.77	0.90369	1.1066
46.79	0.90580	1.1040
49.14	0.90750	1.1019

$v_{fl} - v_f = 0.007.$

7) Paratoluidin (Schmelzpunkt 38.9°).

t	v_t	d_t
	fest	
16.44°	0.92793	1.0777
26.18	0.93082	1.0743
30.34	0.93282	1.0720
33.84	0.93503	1.0695
35.70	0.93746	1.0667
38.20	0.95299	1.0493
	flüssig	
39.60	1.0235	0.97705
43.02	1.0260	0.97470
46.67	1.0282	0.97256
50.23	1.0305	0.97043

$v_{fl} - v_f = 0.057.$

Die Differenz $v_{fl} - v_f$ giebt den Unterschied der spec. Vol. bei dem Schmelzpunkt der Verbindungen an. Sie ist mithin z. B. beim Paraffin = 0.028 ccm für 1 g Substanz.

Die Versuche bestätigen den bereits von Kopp (Lieb. Ann. XCIII, 129, 1855) und Spring (R. Accad. d. Lincei 1884) gefundenen Satz, dass Körper von wohl bestimmter chemischer Constitution beim Uebergang aus dem festen in den flüssigen Aggregatzustand eine plötzliche Volumenvermehrung erfahren, während bei

Körpern, welche wie Paraffin, Walrat, Wachs, Metalllegirungen u. s w. Mischungen darstellen, die Volumenvermehrung weniger plötzlich erfolgt. *Bgr.*

Litteratur.

J. L. ANDREAE. Methode pour déterminer le poids spécifique de corps solides, solubles dans l'eau. Rec. trav. chim. IV, 85-87; Siehe diese Ber. XL (1) 84.

A. BECKER. Ueber das specifische Gewicht der Quarze in verschiedenen Gesteinen. Min. Mitth. VI, 158-59,

FISCHER & STIEHL. Apparat zur fortlaufenden Bestimmung und Registrirung des specifischen Gewichtes von Flüssigkeiten. D. R. P. 27928, 1883; [ZS. f. Instrk. V, 71; [DINGLER J. CCLV, 163-164.

J. L. ANDREAE. Sur les poids spécifiques des solutions saturées aqueuses de corps solides à des températures différentes. Rec. trav. chim. IV, 81-84; Sh. diese Ber. XL (1) 457.

G. FLEURY. Density of porous bodies. J. Pharm. (5) X, 255-7; [J. Chem. soc. XLVIII, 334.

E. DOUGLAS ARCHIBALD. An Error in GANOT's Physics. Nature XXXI, 361, 505.

Bezieht sich auf einen Fehler in der Berechnung des Gewichts feuchter Luft.

PETTERSSON och NILSON. Bestämning af chlorberylliumgasens egentliga vigt. Öfversigt af K. Vetensk. Ak. Förhandl. XLI, No. 4, 3 No. 5, 2 1884; Sh. diese Ber. XL, (1) 113.

NILSON och PETTERSSON. Nouvelle méthode pour déterminer la densité de vapeur. Öfversigt af K. Vetensk. Ak. Förhandl. XLII No. 7, 2.

A. PIZZI. I pesi specifici ed i volumi degli elementi chimici. Reggio, 1885.

J. A. GROSHANS. Sur l'application de la loi des nombres de densité aux dissolutions aqueuses. Rec. trav. chim. IV, 1-29; Sh. diese Ber. XL (1) 97.

— Sur la densité de quelques substances à l'état solide et à l'état de dissolution. Rec. trav. chim. IV, 74-77; Sh. diese Ber. XL (1), 99.

— Ueber die specifischen Gewichte wasserhaltiger Krystalle, welche analoge Formeln und gleiche Moleküle Wasser besitzen. Recueil des Trav. Chim. IV, 236-47; [Chem. CBl. (3) XVI 867.

Referat blosser Titel.

TAIT. On the Effect of Temperature on the Compressibility of Water. Proc. Roy. Soc. Edinb. XIII, 120.

Titel.

— Effect of Pressure on the Temperature of Minimum Compressibility of Water. Proc. Roy. Soc. Edinb. XIII, 155.

Titel.

S. PAGLIANI. Arbeiten über Compressibilität des Wassers. Bericht der Commissare für eine Preisbewerbung in Linc. Rend. I, 426-428.

O. REYNOLDS. On the dilatancy of media composed of rigid particles in contact. Phil. Mag. (5) XX, 469-481 etc. Siehe unter Mechanik, Anziehungstheorie. *Bde.*

---

3. Physikalische Betrachtung chemischer Beziehungen; Zusammensetzung der Molekel.

LE CHATELIER. Existence d'une combinaison chimique. Bull. soc. chim. XLIII, 195-196.

Verfasser bemerkt, dass eine bestimmte Zusammensetzung und bestimmte Eigenschaften eines Products nicht immer die Gewissheit geben, dass das Product eine chemische Verbindung ist. Die Kryosalze, Salzgemische, Amalgame von bestimmter Zusammensetzung sind nach ihm in der Regel nur Gemenge. Man erkennt das, indem man derartige Producte aus zwei verschiedenartig gefärbten Componenten entstehen lässt; man kann dann die Krystalle der Componenten in der Masse unterscheiden.

Bde.

M. N. Teplow. Die Schwingungsknotentheorie der chemischen Verbindungen. Aus dem Russischen übersetzt von Jawein. Petersburger Akademiedruckerei 1885, 72 pp.†.

Anwendung der Aethertheorie des Verf., wonach der positive electrische Zustand die lebendige Kraft der Aetherschwingungen in einer Richtung, der negative die lebendige Kraft der Aetherschwingungen in zwei Richtungen sein soll, auf die chemische Wechselwirkung. *Nst.*

Studler. Contribution à une théorie mécanique de l'atomicité. Ass. franç. XIV, (1) 109.

Verf. denkt sich die Atome als Kugeln, welche einander durch statische Anziehung festhalten und zieht aus dieser Hypothese Schlüsse, die ohne nähere Begründung hingestellt sind.

Bde.

Auer von Welsbach. Die Zerlegung des Didyms in seine Elemente. Wien. Ber. XCII (2) 317-331†; Monatsh. f. Chem. VI, 477—492; [Arch. Pharm. (3) XXIII, 763; [Chem. CBl. (3) XVI, 774-75; [Wien. Anz. XXII, 137-8 [J. Chem. Soc. XLVIII, 1113; [Chem. Ber. XVIII, 605.

Es gelang durch ein neues Trennungsverfahren der fraktionirten Krystallisation der Lanthan- und Didym-Ammoniumdoppelnitrate in stark salpetersaurer Lösung, das Lanthan dem Didym vollständig zu entziehen und letzteres in seine Bestandtheile zu zerlegen; die Absorptionsspectren dieser Bestandtheile, für die der Verf. die Namen Praseodym (Pr) wegen der Grünfärbung seiner Salze und Neodym (Nd) vorschlägt, sind Theile des Didymspectrums. Vereinigt man die beiden Elemente in gewissem Procentsatz, so tritt

Farbe der Lösung wie ursprüngliches Spectrum des Didyms wieder auf. Als vorläufige Werthe für die Atomgewichte ergab sich: Pr = 143.6; Nd = 140.8, wobei dem Oxyd die Formel M_2O_3 zukommt. Die Elemente sind sich chemisch sehr ähnlich; Pr bildet grüne Salze und Lösungen, Nd rosafarbene Lösungen und amethystfarbene Salze. Der schärfste Unterschied liegt in den Oxyden. Die vorliegende Arbeit ist als eine vorläufige Mittheilung anzusehen.

Cn.

G. J. Stoney. An approximate determination of the absolute amounts of the weights of the chemical atoms. Rep. Brit. Ass. 1885, 987—88.

Nachdem eine ganze Reihe von Autoren aus der Gastheorie berechnet hat, dass 1 l Wasserstoff bei 0° C. und 760 mm Druck 10^{24} Wasserstoffmolecüle enthält, berechnet der Verf. hieraus, dass ein Wasserstoffmolecül 10^{-24}mal soviel wiegt wie 1 l Wasserstoff.

Bde.

Lothar Meyer u. K. Seubert. Ueber die Einheit der Atomgewichte. Chem. Ber. XVIII, 1089-97†; [Arch. Pharm. CCXXIII, 439; [J. Chem. Soc. XLVII, 426-33; [Ch. News LIV, 86; [ZS. f. anal. Chemie XXV, 465.

— — Das Atomgewicht des Silbers und Prout's Hypothese. Chem. Ber. XVIII, 1098-1104†; [Arch. Pharm. CCXXIII, 440; [J. Chem. Soc. XLVII, 434-39.

Die Verfasser führen in der ersten Arbeit nochmals die Gründe auf, die gegen Prout's Hypothese in ihrer ersten einfachen Form sprechen und befürworten dringend, allgemein der Berechnung von Atomgewichten H = 1, O = 15.96 zu Grunde zu legen. Es werden einige Fälle von complicirteren Kohlenwasserstoffen berechnet für O = 15.96 und C = 11.97 und andererseits für O = 16, C = 12; die Rechnungen gehen so weit auseinander in beiden Fällen, dass eine verschiedene Deutung der Analyse möglich wird.

In der zweiten Arbeit weisen die Verfasser nach, dass der Einwand DUMAS' zu Gunsten von PROUT's Hypothese, STAS habe mit sauerstoffhaltigem Silber gearbeitet und es sei an den von ihm gefundenen Werthen eine Correction anzubringen, nicht haltbar ist, da eine solche Beeinflussung der Atomgewichtsbestimmung des Silbers durch Sauerstoffgehalt nicht nachweisbar ist. Die PROUT'sche Hypothese in ihrer ursprünglichen Fassung ist nach den Verfassern als experimentell widerlegt anzusehen. *Cn.*

M. GERBER. On PROUT's Hypothesis.

Chem. News LI, 64-66†.

Theilt man die sämmtlichen Elemente in 4 Classen, characterisirt durch die vorherrschende Werthigkeit, so ergiebt sich für jede solche Classe ein gemeinsamer Theiler grösser als 1 oder sehr nahe = 1, so dass die Atomgewichte dieser Classe ganze einfache Multipla dieser Theiler sind.

1. Classe, Elemente, deren Oxyd R_2O und Chlorid RCl ist hat den Theiler d_1 . . . . 0.769
2. Classe, 2- oder 4werthig (Alkaliérdmetalle und Nichtmetalle der O- und C-Gruppe); d_2 . . . . 1.995
3. Classe 3- oder 5werthig Oxyd R_2O_5 Chlorid RCl_3 oder RCl_5; d_3 . . . . 1.559
4. Classe, Oxyd RO oder R_2O_3; d_4 . . . . 1.245

Diese Factoren sind empirisch bestimmt, lassen sich aber darstellen als Functionen von H, wenn $\frac{H}{O} = \frac{1}{16}$ angenommen wird, als

$d_1 = H \frac{10}{13}$ $d_2 = 2H$ $d_3 = H(\frac{5}{4})^2$ $d_4 = H \frac{5}{4}$. *Cn.*

T. S. HUMPIDGE. On the Atomic Weight of Glucium (Beryllium).

Proc. Lond. XXXVIII, 188-191† und Proc. Lond. XXXIX, 1-19†; [Chem. News. LI, 121; [Chem. Ber. XVIII (2) 258; [J. Chem. Soc. L, 506.

Im Anschluss an eine frühere Arbeit untersucht der Verf. die Aenderung der specifischen Wärme eines Gemisches Be 99.2, BeO 0.7, Fe 0.1 zwischen den Temperaturen 0 und 500; daraus ergiebt sich, dass die specifische Wärme des reinen Berylliums von 0.38 bei 0° wächst bis 0,62 bei 470°, wo sie ein Maximum erreicht, und dann constant zu bleiben scheint. Durch Multiplication mit 9.1 ergiebt sich die Atomwärme 5.64; danach gehört das Be zur Gruppe Kohlenstoff, Bor und Silicium, die das Dulong-Petit'sche Gesetz erst bei hohen Temperaturen befolgen; sein Atomgewicht ist 9,1, wie es von dem periodischen Gesetz verlangt wird und nicht 13.6, wie es aus der specifischen Wärme zwischen 0° und 100° früher abgeleitet war. Das Resultat wird bestätigt durch Bestimmungen der Dampfdichte von $BeCl_2$ und $BeBr_2$; für $BeCl_2$ wird bei Temperaturen über 600° 2.733 und 2.714 gefunden, während die theoretische Dichte 2.76 beträgt; für $BeBr_2$ 6.487; 6.276 und 6.245, während die theoretische Dichte 5.84 beträgt. Die Dichte von $BeBr_3$ wäre 8.76, so dass die Uebereinstimmung genügt, um die Formel $BeBr_2$ als die richtige nachzuweisen. Beide Bestimmungen fordern das Atomgewicht 9.1. *Cn.*

B. Brauner. Contributions to the Chemistry of the Cerite Metals III. J. Chem. Soc. XLVII, 879-897†; [Sill. J. (3) XXXI, 152; [Chem. Ber. XVIII, 698-699; Wien. Ber. XCII, 814; [Bull. Soc. chim. XLVI, 331, 1886.

Zahlreiche frühere Bestimmungen des Atomgewichts des Ceriums ergaben von einander abweichende Werthe; Herr Brauner giebt eine ausführliche Kritik derselben und führt die Differenzen darauf zurück, dass die zur Bestimmung benutzten Ceriumverbindungen nicht frei von Beimengungen waren. Aus 23 mit grösster Sorgfalt ausgeführten Bestimmungen des Verfassers, unter denen die grösste vorkommende Abweichung 0.4 beträgt, ergiebt sich als Mittel 140.221 für $O = 16$; die Bestimmungen sind alle nach derselben Methode ausgeführt. Der gefundene Mittelwerth ist in bester Uebereinstimmung mit dem von Robinson (Proc. Roy. Soc. XXVII, 150) gefundenen 140.2593. Während nach der früheren Bestimmung von Bührig in der Gruppe La Ce Di mit den Atomgewichten 138.2, 141.6, 142.3 die Differenzen 3.4 und 0.7 betrugen, betragen sie jetzt 2.0 und 2.1 *Cn.*

J. D. VAN DER PLAATS. Détermination de quelques poids atomiques. Rec. Rev. chim. IV, 87-97; C. R. C, 52-55†; [ZS. f. anal. Chem. XXIV, 648-51; [Bull. soc. chim. XLIII, 608; [Chem. Ber. XVIII [2], 47; [Beibl. IX, 289; [Chem. CBl. (3), XVI, 137.

Verf. hat folgende Atomgewichte bestimmt: C = 12.0028 (Mittel aus 6 Versuchen); P = 30.97 (Mittel aus den beiden Versuchen, welche er für die besten hält); Sn = 118.07 (Mittel aus 7 Versuchen), alle drei für O = 16. Ferner Zn = 65.18 für H = 1 (Mittel aus drei Versuchen). *Bde.*

E. THORPE. On the atomic Weight of Titanium. J. Chem. Soc. XLVII, 108-128, 129-132; [Sill. J. XXIX, 334; [Bull. soc. chim. XLV, 441; [Chem. News. LII, 46-47†.

Als Mittel aus 31 Bestimmungen, die mit $TiCl_4$ und $TiBr_4$ angestellt sind, ergiebt sich die Zahl 48.013 für das Atomgewicht des Titans mit dem wahrscheinlichen Fehler ± 0.0085. MENDELEEW hatte 48 angenommen. *Cn.*

Th. CARNELLEY. The Periodic Law, as illustrated by certain physical properties of Organic Compounds. Phil. Mag. XX, 259-68 u. 497-514†; [Cim. (3), XX, 265 u. 275; [J. Chem. Soc. L, 505; [Chem. Ber. XIX, (2), 5; [Rep. Br. Ass. 969†.

— Suggestions as to the Cause of the Periodic Law and the Nature of the Chemical Elements. Chem. News LIII, 157; [Rep. Br. Ass. 969†.

In der ersten Arbeit wird gezeigt, dass die physikalischen Eigenschaften folgender 4 Gruppen von Verbindungen denselben Gesetzen folgen:

1) die Halogenverbindungen der Elemente, d. h. Verbindungen von Elementen mit Elementen,
2) die Alkylverbindungen der Elemente,
3) die Halogenverbindungen der Kohlenwasserstoffradicale,

} d. h. Verb. von Elementen mit Kohlenwasserstoffradicalen

4) die Alkylverbindungen der Kohlenwasserstoffradicale, d. h. Verbindungen von Kohlenwasserstoffradicalen mit Kohlenwasserstoffradicalen.

Daran anschliessend soll gezeigt werden, dass die Elemente überhaupt den Kohlenwasserstoffradicalen analog gebildet sind. Die Alkylverbindungen zeigen in ihren physikalischen Eigenschaften dieselben Verwandtschaften wie die correspondirenden Halogenverbindungen; folglich spielen die Alkylradicale (Methyl, Aethyl etc.) dieselbe Rolle in diesen Verbindungen wie die Halogene Chlor, Brom, Jod. — Es wird der Schluss gezogen, dass die Elemente wenigstens aus zwei primären Elementen aufgebaut sind A und B, die bei ihrer Vereinigung eine Reihe von Verbindungen erzeugen (unsere jetzigen Elemente), die den Kohlenwasserstoffradicalen analog sind. Daraus würde das periodische Gesetz sich als selbstverständlich ergeben und man könnte die Elemente durch allgemeine Formeln in der Art $A_n B_{2nx+(2-x)}$ darstellen, ähnlich wie die Kohlenwasserstoffradicale durch $C_n H_{2n+(2-x)}$, wo n die Reihe und x die Gruppe bedeutet, zu der das Element oder Radical gehört.

Cn.

A. MICHAELIS und W. LA COSTE. Ueber die Valenz des Phosphors. Chem. Ber. XVIII, 2118-2122†; [J. Chem. Soc. XLVIII, 1182; [Sill. J. (3), XXX, 483; [Natf. XVIII, 423; [Beibl. X, 67, 1886.

Triphenylphosphinoxyd ist ein fester, bei 153.5° schmelzender, sehr indifferenter Körper, während das isomere Phenoxyldiphenylphosphin eine dicke, ölige Flüssigkeit von ziemlich ausgeprägten Verwandtschaften zu Sauerstoff, Brom etc. bildet. Nimmt man den Phosphor dreiwerthig an, so müssten beide Körper identisch sein. Die Verfasser schliessen daraus auf die Fünfwerthigkeit des Phosphors. *Bde.*

H. TREY. Ueber die Basicität der Unterschwefelsäure. ZS. prakt. Chem. XXXI, 223-33†; [J. Chem. Soc. XLVIII, 870;

[Chem. Ber. XVIII, (2), 359; [Chem. CBl. (3), XVI, 473; [Beibl. IX, 492.

Nach der von OSTWALD angegebenen Methode (diese Berichte XXXIX, (1), 94) wurde constatirt, dass bei der Katalyse von Methylacetat durch Unterschwefelsäure die Constante des Processes durch einen Zusatz von unterschwefelsaurem Natron erheblich in die Höhe geht. Dies ist eine Eigenschaft der einbasischen Säuren, während bei zweibasischen die Constante durch Salzzusatz herabgedrückt wird. Die Unterschwefelsäure ist somit als einbasisch anzusehen. Die Abhandlung enthält ausserdem Versuche, welche den OSTWALD'schen Satz für Chlorwasserstoffsäure und Schwefelsäure bestätigen. *Bde.*

G. STILLINGFLEET JOHNSON. On certain Indications of the Existence of an Allotropic Modification of Elementary Nitrogen, and on the Synthesis of Ammonia. London: J. and A. Churchill; [Chem. N. LII, 34†.

Lässt man reinen Stickstoff mit Wasserstoff gemischt über erhitzten Platinschwamm streichen, so bildet sich Ammoniak; wenn der Stickstoff, ehe er mit dem Wasserstoff sich mischt, durch eine heisse Röhre geleitet wird, so bildet sich gar kein Ammoniak, sondern die Bildung beginnt erst, wenn die Röhre, die den Stickstoff zuführt, beginnt sich abzukühlen. Nach dem Verf. ist dies der Beweis, dass der Stickstoff in zwei Modificationen vorkommt, von denen die eine sich durch Wärmezufuhr in die andere verwandelt, analog der Umwandlung des Ozons in gewöhnlichen Sauerstoff. Es gelang dem Verf. die directe Synthese des Ammoniaks aus atmosphärischem Stickstoff und Wasserstoff im Eudiometer.

Cn.

F. ISAMBERT. De l'action du soufre sur le phosphore rouge. C. R. C, 355-56†; [J. Chem. Soc. XLVIII, 483; [Chem. Ber. XVIII, 127-137; [Chem. CBl. (3) XVI, 436.

Rother Phosphor und Schwefel vereinigen sich plötzlich bei

180° mit grosser Wärmeentwicklung, während Ph^2+S^3 nur c. 18.4 Cal. entwickelt. Der Umstand erklärt sich aus den verschiedenen Eigenschaften des rothen Phosphors je nach seiner Herstellung, worauf schon TROOST und HAUTEFEUILLE (Ann. Chim. Phys. (5) II, 145) aufmerksam machten. Aus weissem Phosphor durch Erhitzen mit den üblichen Vorsichtsmassregeln hergestellter rother Phosphor, der dann auf 260° erhitzt ist, verbindet sich mit Schwefel nur langsam und ohne merkliche Wärmeentwicklung. Rother Phosphor ist also als Reagens erst definirt, wenn seine Vorgeschichte angegeben wird. *Cn.*

L. HENRY. The Polymerization of the Metallic Oxides.

Phil. Mag. (5) XX, 81-117†; [Chim. (3) XX, 257; [J. Chem. Soc. L, 303; [Chem. Ber. XVIII (2) 694; [Natf. XVII, 379-82.

Sauerstoff ist unvergleichlich flüchtiger als Chlor; trotzdem sind alle Metalloxyde weniger flüchtig als die Metallchloride. Der Verf. führt diesen Umstand darauf zurück, dass die Formeln der Oxyde nicht direct vergleichbar sind mit denen der Chloride; während die Formel der Chloride oft durch Bestimmung der Dampfdichte controlirt ist, ist das bei den Metalloxyden nicht möglich, und die Molekularformel giebt uns nicht die Zusammensetzung des Moleküls, sondern nur die constituirenden Gewichtsmengen. Er sagt daher, die Oxyde sind Polymere $n(RO_x)$ der wahren Oxyde RO_x, wo n eine grosse Zahl ist; und diese Polymere $n(RO_x)$ correspondiren, d. h. sind vergleichbar mit den Chloriden RCl_{2x}. Nimmt man das an, so erklärt sich die Eigenschaft einiger sogenannter oxydes cuits, wie Fe_2O_3, Cr_2O_3, die aus den Hydroxyden durch Entwässerung bei möglichst niedriger Temperatur gewonnen sind, bei höherer Temperatur plötzlich lebhaft roth zu glühen, ohne Weiteres durch die Bildung einer inneren anderen Molekulargruppirung. Bei der allmählichen Entwässerung von Metalloxyden mit Erhöhung der Temperatur wird die molekulare Zusammensetzung immer complicirter durch Anhäufung von Radikalen in den Oxyhydroxylresten, wofür eine Reihe von Beispielen angeführt wird; die verschiedenen Stadien der Entwässerung lassen sich in einigen Fällen durch chemisch gut definirte Körper darstellen, wie z. B. bei den Polysilikaten. — Es wird ferner die Dichtigkeit besprochen als Function des Molekulargewichts, die Dichtigkeit nimmt zu mit der Entwässerung eines Oxyds, wie sie in polymeren Körpern wie C_5H_8, $C_{10}H_{16}$, $C_{20}H_{32}$ zunimmt mit wachsendem Molekulargewicht. — Eine Bestimmung des Factors n im Ausdruck des Oxydmoleküls n (RO_x) ist bisher nicht auszuführen; aber es lässt sich schliessen, dass n eine sehr grosse Zahl ist und also das Molekulargewicht der Oxyde sehr erheblich ist, durch eine Vergleichung mit bekannten polymeren Verbindungen aus der organischen Chemie. Dass das Molekül der Oxyde eine so viel complicirtere Form haben kann als das der Chloride, erklärt sich durch die Divalenz des Sauerstoffatoms, die es ermöglicht, dass sich Ketten bilden. Da bei der Polymerisation, wie bei den oxydes cuits, eine erhebliche Wärmemenge entwickelt wird, so folgt, dass die gemessene Verbindungswärme eines Oxyds die Summe ist aus der Verbindungswärme der Elemente und der Polymerisationswärme, während beim Chlorid die letztere Null ist. Daraus folgt, dass wir nicht ohne Weiteres aus den Bildungswärmen der Oxyde und Chloride auf die Verwandtschaft der betreffenden Metalle zu Chlor und Sauerstoff schliessen dürfen. Nach der Einwirkung, welche die Oxyde durch Erwärmung erfahren, lassen sie sich in folgender Weise classificiren.

A. Normale Oxyde, die nicht polymer sind CO, CO_2, SO_2, N_2O, NO

B. Polymere Oxyde
- flüchtig und depolymerisirbar
  - vollständig
    - bei Siedetemperatur SO_3, $(CH_2O)_n$ etc.
    - bei Ueberhitzung des Dampfs N_2O_4, Paraldehyde
  - unvollständig As_2O_3; $C_3H_4O_2$; $(C_2H_4O)_3$
- nicht depolymerisirbar
  - unzerlegbar u. fest SiO_2, SnO_2, Al_2O_3, Cu_2O etc.
  - zerlegbar
    - vollständig As_2O_1 HgO; Hg_2O
    - partiell in niedere Oxyde Fe_3O_3; CrO_3; MnO_2.

Zum Schluss wird die bei fortschreitender Entwässerung eintretende Condensation der Moleküle ausführlich verglichen mit der directen Aetherbildung, d. h. mit der Wirkung einer Säure auf einen Alkohol. Eine ausführliche Begründung durch zahlreiche Beispiele muss in der Originalarbeit nachgesehen werden.

Cn.

CL. WINKLER. Untersuchungen über den Uebergang der arsenigen Säure aus dem amorphen in den krystallinischen Zustand. ZS. f. pract. Chem. XXXI, 247-261†; [J. Chem. Soc. XLVIII, 871; [Bull. soc. chim. XLV, 546; [Chem. Ber. XVIII (2) 401; [Natf. XVIII, 231; [Chem. C.-Bl. (3) XVI, 475; [Arch. Pharm. CCXXIII, 440; [ZS. f. Kryst. XII, 188, 1887; [Beibl. XI, 511, 1887.

Die amorphe glasige Arsensäure des Handels geht beim Aufbewahren an der Luft in eine krystallinische Modifikation über, die trübe emailartig aussieht. Herr WINKLER zeigt, dass diese Umwandlung einzig durch den Feuchtigkeitsgehalt der Atmosphäre bewirkt wird; und zwar genügen sehr geringe Mengen von Wasserdampf, wie sie sich in über Schwefelsäure und Chlorcalcium getrockneter Luft noch vorfinden, um eine Trübung herbeizuführen. Eine Bethauung der Arsensäure ist erforderlich; denn das Wasser wirkt nur in tropfbar flüssigem Zustande. Dabei ergiebt sich eine geringe Gewichtszunahme. Das specifische Gewicht wurde unter Petroleum bestimmt und für die amorphe Säure 3.6815, für die krystallinische 3.6461 gefunden. Bei der Lösung der amorphen Säure in Wasser geht sie in die krystallinische Form über, die weniger löslich ist; 100 Theile Wasser lösen bei mittlerer Temperatur etwa 3.7 Theile amorphe, 1.7 Theile krystallinische arsenige Säure; daraus erklärt sich, dass bei einer Lösung der amorphen Säure in Wasser sich kleine octaedrische Krystalle ausscheiden. Es werden auch andere Lösungsmittel wie Alkohol, Aether, Schwefelkohlenstoff in ihrer Wirkung untersucht. *Cn.*

W. HEMPEL. Ueber das Verhalten der verschiedenen Modificationen des Kohlenstoffs gegen Eisen bei hoher Temperatur. Chem. Ber. XVIII, 998-1001†; [Bull. soc. chim. XLV, 441; [Natf. XVIII, 232.

Die Versuche des Verfassers haben ergeben, dass der Diamant bei einer bedeutend niedrigeren Temperatur (etwa 1160°), als die andern Modificationen des Kohlenstoffs, das Eisen kohlt, während der feste amorphe Kohlenstoff unterhalb der Rothgluth Eisen überhaupt nicht zu kohlen vermag, wenn man das Eisen und den Kohlenstoff bei Ausschluss von Sauerstoff in einer Stickstoffatmosphäre erhitzt. Es findet sich eine Analogie zum Verhalten des weissen und amorphen Phosphors gegen Schwefelkohlenstoff (der weisse Phosphor ist darin löslich, der amorphe nicht), wobei der weisse Phosphor dem Diamanten, der amorphe dem amorphen Kohlenstoff entsprechen würde. *Cn.*

W. N. HARTLEY. The Influence of Atomic Arrangement on the Physical Properties of Compounds.

Phil. Mag. XIX, 55-57†; [Cim. (3) XVIII, 83.

Der Verf. kommt zu dem Schluss, dass keine andere molekulare Anordnung von Kohlenstoffatomen selective Absorption liefert, als die, wo jedes Kohlenstoffatom mit drei andern verbunden ist, wie beim Benzol nach LADENBURGS Form. *Cn.*

L. GATTERMANN, A. KAISER und V. MEYER. Untersuchungen über die Structurformel des Thiophens.

Chem. Ber. XVIII, 3005-12†.

Die Constitutionsformel des Thiophens 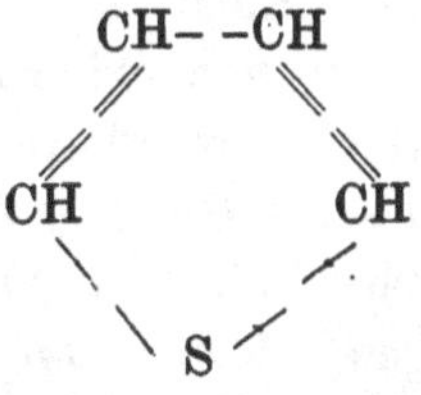

schien zweifelhaft, da sie nur 2 Reihen von Monoderivaten des Thiophens zuliess und 3 Säuren $C_4H_3S-COOH$ zu existiren schienen. Die Verfasser weisen nach, dass es nur zwei chemisch verschiedene Thiophensäuren giebt, die β-Säure, Schmelzpunkt 126°.5 und die γ-Säure, Schmelzpunkt 136°. Die α-Säure vom constanten Schmelzpunkt

118° ist mit der β-Säure chemisch identisch, also physikalisch isomer. Ebenso giebt es nur zwei Thiotolene, die β- und γ-Verbindung. Das sogenannte α-Thiotolen ist eine Mischung der β- und γ-Verbindung. Die obige Constitutionsformel erscheint also als genügend. *Cn.*

A. Claus. Ueber eine allotrope Modification des Amarins. Chem. Ber. XVIII, 1678-79†.

Die verschiedenen Angaben über den Schmelzpunkt des Amarins erklären sich durch eine allotrope Modification desselben, welche von Herrn Claus aufgefunden ist; sie wird erhalten durch wiederholtes Kochen mit Wasser und hat den Schmelzpunkt 126°. *Cn.*

A. Baeyer. Ueber Polyacetalverbindungen. Chem. Ber. XVIII, 2269-81; [Natf. XIX, 66-68; [Beibl. X, 320.

Von physikalischem Interesse sind wesentlich die Schlussbetrachtungen des Verfassers über die räumlichen Verhältnisse des Kohlenstoffatoms. Es werden zuerst die bisher bekannten allgemeinen Sätze über die Natur des Kohlenstoffatoms zusammengestellt. 1) Das C-Atom ist in der Regel 4werthig. 2) Die 4 Valenzen sind untereinander gleichwerthig. 3) Sie sind im Raum gleichmässig vertheilt und entsprechen den Ecken eines in eine Kugel eingeschriebenen Tetraeders 4) Die mit den 4 Valenzen verbundenen Atome oder Gruppen können nicht ohne Weiteres ihre Plätze unter einander austauschen. Le Bel-van't Hoff'sches Gesetz. 5) Die Kohlenstoffatome können sich unter einander mit 1, 2 oder 3 Valenzen verbinden. 6) Diese Verbindungen bilden entweder offne oder ringartig geschlossene Ketten. Dazu fügt Herr Baeyer: 7) Die 4 Valenzen wirken in den Richtungen, welche den Mittelpunkt der Kugel mit den Tetraederecken verbinden, und welche mit einander Winkel von 109° 28′ bilden. Die Richtung der Anziehung kann eine Ablenkung erfahren, die jedoch eine mit der Grösse der letzteren wachsende Spannung zur Folge hat. Anschaulich wird dieser Satz, wenn man im Kekulé'schen

Kugelmodell annimmt, dass die Drähte nach allen Richtungen hin, wie elastische Federn beweglich sind. Es werden nach dieser Anschauung die Ringe aus mehreren Methylengruppen besprochen. Beim Aethylen, das als Dimethylen aufzufassen ist, müssen die Axen am meisten aus ihrer Gleichgewichtslage abgelenkt werden, was in Uebereinstimmung damit ist, dass das Aethylen der lockerste Ring ist, der schon vom Jod gesprengt wird. Die Richtigkeit des Satzes lässt sich durch das Studium des thermischen Verhaltens der verschiedenen Methylenringe prüfen; nach diesem Satz müsste die Verbrennungswärme des Hexahydrobenzols beträchtlich kleiner sein als die des Trimethylens, während sie nach den bisherigen Anschauungen doppelt so gross sein müsste.

Bei dem Entstehen der 3fachen Bindung können wir ebenso das Eintreten von Spannungen annehmen, was an der Verbrennungswärme des Acetylens demonstrirt wird. Die schwarze Kohle entspricht offenbar einer möglichst stabilen Anordnung der Kohlenstoffatome; es werden also in ihr möglichst viele einfache Bindungen und möglichst wenig Ablenkungen der Affinitätsaxen vorkommen. Bei dem Uebergang des Acetylenkohlenstoffs in gewöhnliche Kohle wird daher die in ersterem als Spannung vorhandene potentielle Energie in kinetische umgesetzt und als Wärme oder Bewegung auftreten, wodurch sich die vom Verfasser gefundene heftige Explosion der Polyacetalverbindungen erklärt. Ein Widerspruch, der noch der Aufklärung bedarf, ist die leichte Sprengung der Diacetylendicarbonsäure durch Reductionsmittel unter Bildung von Propargylsäure. *Cn.*

R. Anschütz. Beiträge zur Kenntniss der Aepfelsäuren. Chem. Ber. XVIII, 1949-53†.

H. J. van't Hoff jr. Beiträge zur Kenntniss der Aepfelsäuren. Chem. Ber. XVIII, 2170-2172†, 2713-2714†; Bull. soc. chim. XLVI, 347, 348.

Durch Winkelmessungen an den Krystallen der Ammoniumsalze wird die Identität von auf verschiedene Weise (nach Pasteur, Kekulé, Jungfleisch, Bremer, Loyoll) dargestellten inactiven Aepfelsäuren erwiesen. *Nst.*

J. W. BREMER. Ueber die Zerlegung der Maleïnsäure, die sich aus der Fumarsäure ableitet. Rec. trav. chim. des Pays-Bas IV, 77-82; [Beibl. IX, 744.

Der Verfasser findet, wie es der Theorie von van't HOFF entspricht, dass zwischen den verschiedenen Maleïnsäuren kein Unterschied besteht. *Bde.*

L. BOLTZMANN. Ueber die von PEBAL in seiner Untersuchung des Euchlorins verwendeten unbestimmten Gleichungen. Lieb. Ann. CCXXXII, 121-124; [J. Chem. Soc. L, 418.

Verfasser giebt eine kritisch verallgemeinerte und zugleich etwas vereinfachte Behandlung der Gleichungen, welche PEBAL in seiner Untersuchung über das Euchlorin gebraucht hat. Er deducirt aus ihnen, dass das Euchlorin nicht bloss Chlor und Unterchlorsäure, sondern auch Moleküle von der Formel O_4 enthalten kann, ohne dass in der Betrachtung ein Widerspruch hervortritt. *Bde.*

BERTHELOT. Sur la neutralité chimique des sels et sur l'emploi des matières colorantes dans le dosage des acides. Ann. chim. phys. (6) VI, 506-528†; CR. C, 207-213†; [Chem. Ber. XVIII, [?] 93†; [Chem. CBl. (3) XVI, 216-219; [Beibl. IX, 289.

Die verschiedenen Farbstoffe, welche zur Acidimetrie dienen können, verhalten sich verschiedenen Säuren gegenüber verschieden. Das Verhalten des Lakmus gegen starke und schwache Säuren ist bekannt; neuerdings eingeführte Farbreagentien zeigen besondere Eigenthümlichkeiten: Helianthin A z. B. lässt die Orthoposphorsäure einbasisch erscheinen, während sie sich gegen Helianthin B mehrbasisch erweist. Die verschiedene Valenz der einzelnen Basicitäten kann also verschiedenen Reagentien gegenüber in verschiedener Weise zum Ausdruck kommen. Verf. erklärt diese Erscheinungen aus seiner Theorie, indem er auf die verschiedenen

Wärmetönungen hinweist, welche die verschiedenen Basicitäten mit der Basis des Farbstoffs liefern.

Starke Säuren oder starke Basicitäten von mehrbasischen Säuren verdrängen die Säure des Farbstoffes vollständig und färben ihn daher anders; schwache thun das nicht. Die Stärke-Verhältnisse entsprechen nach BERTHELOTS Auffassung den Wärmetönungen, welche die Basicitäten mit der Basis liefern. Wegen der Einzelheiten, die mehr chemisches Interesse haben, ist das Original nachzusehen. *Bde.*

H. LE CHATELIER. Sur les lois numériques des équilibres chimiques. C. R. CI. 1005-1008†; [J. Chem. Soc. L, 196; [Beibl. X, 137 (1886).

— — Application des lois numériques des équilibres chimiques à la dissociation de l'hydrate de chlorure. C. R. CI, 1884-87†; [J. Chem. Soc. L, 999; [Chem. Ber. XIX, 89; [Beibl. X, 67 (1886).

In der ersten Abhandlung sucht Verf. eine möglichst allgemein gehaltene Theorie der chemischen Gleichgewichtszustände zu geben, welche aber daher recht unbestimmt bleibt. Dieselbe läuft darauf hinaus, dass durch Analogieschluss in die bekannte thermodynamische Formel

$$p(v-v')\frac{dp}{p} - EQ\frac{dT}{T} = o$$

[Q Verdampfungs- oder Schmelzwärme] für das erste Glied, um den einzelnen an der Reaction sich betheiligenden Körpern Rechnung zu tragen, eine Summe von der Form

$$\alpha\frac{dA}{A} + \beta\frac{dB}{B} + \cdots$$

eingeführt wird; darin bedeuten α, β, . . unbekannte Functionen und A, B, . . die Concentrationen der reagirenden Substanzen; als Coëfficient des zweiten Gliedes der Formel erscheint ebenfalls eine unbekannte Function.

In der zweiten Abhandlung weist Verf. darauf hin, dass die wohlbekannte, von HORSTMANN u. A. abgeleitete Dissociationsformel einen speciellen Fall der obigen „allgemeinen" vorstellt, in welchem die unbekannten Functionen bestimmbar werden. Nach den Dissociationsgesetzen muss für die Spannung des festen Chlorhydrats, welchem nach ROOZEBOOM die Formel $Cl_2 8H_2O$ zukommt, bei constanter Temperatur die Beziehung $p \cdot p_1^8 = \text{const.}$ gelten, worin p den Partialdruck des Chlors und p_1 den des Wasserdampfes bedeuten; es muss also, wenn man p_1 auf irgend eine Weise ändert, p sehr bedeutenden Schwankungen unterliegen. Thatsächlich ergaben sich, als die Spannung des Chlorhydrats in Gegenwart von Chlornatrium- oder Chlorwasserstofflösungen untersucht und so der Partialdruck des Wassers herabgesetzt wurde, beträchtlich grössere Dissociationsspannungen, wie in Gegenwart von reinem Wasser; so beträgt dieselbe bei 0° im letzteren Falle 247, in Gegenwart einer Normallösung von Salzsäure jedoch 340 mm. *Nst.*

STRAUSS. Vorlesungsversuch über Dissociation. Exner. Rep. XXI, 501.

Demonstrationsversuch über den Zerfall des verdampfenden Salmiaks. In einem Verbrennungsrohr von 10—12 mm lichter Weite presst man nahe neben der Mitte Asbest zu einem Stöpsel von etwa 5 mm Dicke zusammen. Darauf legt man in die Mitte des Rohrs ein Stück Salmiak und nunmehr in jede der beiden Hälften ein Lakmuspapier; vom Asbeststöpsel aus gesehen liegt hinter dem Salmiak ein blaues und auf der andern Seite des Stöpsels ein rothes. Erhitzt man den Salmiakklumpen mit einem Bunsenbrenner, so tritt alsbald die Farbenänderung an den inneren Enden der beiden Papiere ein. Nach einiger Zeit wird sie wieder rückgängig, weshalb man den Versuch rechtzeitig abbrechen soll.

Bde.

E. u. L. NATANSON. Ueber die Dissociation des Untersalpetersäuredampfes. Wied. Ann. XXIV, 454-467†; [Cim. (3) XVIII, 177; [J. de phys. (2) V, 501-4; J. Chem. Soc. XLVIII, 862; [Berl. Ber. XVIII, 252.

Vff. haben bei verschiedenen Drucken und Temperaturen das Verhältniss der specifischen Wärmen und die Dampfdichte des

Stickstoffdioxyds gemessen. — Erstere Grösse wurde nach der KUNDT'schen Staubfigurenmethode ermittelt, wobei jedoch in die von KUNDT für ideale Gase abgeleitete Formel die bei t = const. für das Stickstoffsuperoxyd bestehende Beziehung zwischen Druck und Dichte eingeführt werden muss. Für die Fortpflanzunggeschwindigkeit des Schalles u gilt nämlich allgemein unter Beibehaltung der üblichen Bezeichnungen die Gleichung

$$\frac{u^2}{g} = -\frac{1}{\varrho_2} k \left(\frac{dp}{dv}\right);$$

die Beziehung zwischen p und v bez. d lässt sich mit genügender Genauigkeit durch die Formel

$$p = A \frac{d - \delta_1}{(2\delta_2 - d)^2}$$

ausdrücken, in der A, δ_1, δ_2 Constanten sind. Mit Hülfe obiger Gleichungen ist die KUNDT'sche Formel leicht für den vorliegenden Fall umzuformen.

Da Quecksilber vom Stickstoffsuperoxyd angegriffen wird, so benutzten Vff. zur Messung der Dampfdichte folgenden Apparat, welcher gleichzeitig zur Erzeugung der Staubfiguren diente. Der Dampf wurde in einem abgeschlossenen Glasraum entwickelt, indem nach Evacuirung desselben ein mit einer gewogenen Menge flüssiger Untersalpetersäure gefülltes pipettenartiges Glasgefäss zertrümmert wurde. Mit diesem Glasraume communicirte ein zweiter, anfänglich vom ersteren durch einen Glashahn abgeschlossener Raum, welcher mit Luft von sehr nahe dem gleichen (mit Hülfe eines Quecksilbermanometers gemessenen) Drucke erfüllt war, wie er voraussichtlich in dem ersten herrschen musste. Sodann wurde der Hahn geöffnet, worauf die geringfügige Druckdifferenz sich in dem engen Verbindungsrohre ausglich, und wiederum der Druck gemessen. Da ausserdem die Rauminhalte der Apparate bekannt waren, so lässt sich aus obigen Daten die Dampfdichte berechnen. Die Messungen wurden in der Nähe von 20° und bei Drucken, die von 40 bis 640 mm variirten, ausgeführt. Die Dampfdichte nimmt in diesem Intervall von 2.024 bis 2.762 ab, und es lässt sich die Beziehung zwischen Druck und Dampfdichte gut durch die oben angeführte, aus der Dissociationstheorie abgeleitete Formel darstellen. Das Verhältniss der specifischen Wärmen nahm bei den eben angeführten Drucken ab (von 1.274 bis 1.172), gerade entgegengesetzt, wie es nach WÜLLNER's Versuchen für CO_2, N_2O, NH_3, C_2H_4 der Fall ist, bei denen jene Grösse mit steigendem Druck zunimmt. Diese Richtung der Aenderung sowie der Umstand, dass der kleinste Werth von k dem für die fünf-, sechs- oder mehratomigen Gase, der grösste dem für die dreiatomigen Gase gefundenen Werthe nahe kommt, kann als ein neuer Beweis für die Richtigkeit der Anschauung gelten, zufolge der man die unregelmässigen Dampfdichten der Untersalpetersäure auf die chemische Dissociation der N_2O_4- in NO_2-Moleküle zurückführt. *Nst.*

G. LUNGE. Ueber die Existenz des Salpetrigsäureanhydrids im Gaszustande. Berl. Chem. Ber. XVIII, 1376-84†; [Bull. soc. chim. XLV, 882; [Arch. Pharm. CCXXIII, 508; [Chem. News LI, 235; [Chem. CBl. (3) XVI, 474.

— Ueber die Reaction zwischen Stickoxyd und Sauerstoff unter verschiedenen Versuchsbedingungen. Berl. Chem. Ber. XVIII, 1384-90†; [Arch. sc. phys. (3) XV, 83.

— Ueber die Löslichkeit des Stickoxyds in Schwefelsäure. Berl. Chem. Ber. XVIII, 1391-94†; [Arch. sc. phys. (3) XV, 83.

Entgegen den Behauptungen von RAMSAY und CUNDALL (Journal of the chem. soc. 187, 1885) hält Verfasser an der durch seine früheren Untersuchungen bekräftigten Meinung fest, dass flüssiges N_2O_3 beim Verdunsten sich zwar zum Theil dissociirt, grossentheils aber unverändert bleibt, und zwar letzteres in um so höherem Grade, je weniger Sauerstoff zugegen ist. — In Bleikammern ist nicht Stickoxyd, wie bisher allgemein angenommen, sondern Salpetrigsäureanhydrid der Sauerstoffüberträger. — Wegen der sonstigen Resultate, die vorwiegend rein chemisches Interesse bieten, siehe das Original. *Nst.*

C. Langer und V. Meyer. Pyrochemische Untersuchungen. Braunschweig, Vieweg, 1885; [ZS. f. Natw. (4) IV, 299; [Chem. Ber. XVIII, 133†; [Beibl. IX, 196-198.

Absicht der Verff. war, für das Chlor und Brom eine ähnliche Untersuchung durchzuführen, wie es für das Jod bereits geschehen ist, und so festzustellen, dass als die Ursache der anormalen Dampfdichten auch hier eine Dissociation der Moleküle in ihre beiden Atome anzusehen ist. Die Bestimmung der Dampfdichte nach dem Luftverdrängungsverfahren konnte unter Anwendung eines eigens construirten Gebläseofens bis zu Temperaturen von 1500 bis 1700° hinauf fortgesetzt werden; die Temperatur wurde luftthermometrisch ermittelt, nachdem Verff. durch besondere Versuche nachgewiesen hatten, dass Sauerstoff und Stickstoff bis zu diesen hohen Temperaturen gleiche Ausdehnungskoëfficienten besitzen, also sehr wahrscheinlich beide sich normal verhalten. Für die Untersuchung des Chlors und Broms konnten jedoch diese hohen Temperaturen keine Anwendung finden, weil von diesen Elementen auffallender Weise weissglühendes Platin angegriffen wird, während rothglühendes unverändert bleibt. Es liess sich zwar eine Abnahme der Dampfdichten auch bei niederen Temperaturen (1200—1400°) unzweifelhaft constatiren, besonders wenn die Gase mit Stickstoff sehr verdünnt waren und so unter geringerem Partialdruck standen, doch liess sich unter solchen Umständen diese Abnahme nicht, wie beim Jod auf die Hälfte treiben, d. h. völlige Dissociation erzielen.

Kohlenoxyd war bei 1200° noch unverändert, zerfiel bei 1690° jedoch partiell in Kohlensäure und Kohlenstoff. — Kohlensäure zeigte geringe, jedoch deutlich nachweisbare Spuren der Dissociation. — Stickoxydul zerfiel schon bei 900° vollständig; Stickoxyd blieb bei 1200° unverändert, zerfiel aber bei 1690° vollständig in Sauerstoff und Stickstoff. — Salzsäure erleidet bei 1700° beträchtliche Dissociation, wie daraus zu erkennen, dass der Wasserstoff durch das Platin entweicht. — Spaltung des Wasserdampfes wird auf die gleiche Weise schon bei 1200° erkennbar. Schwefelwasserstoff zerfällt im weissglühenden Apparat vollständig. — Gegen

1700° bleibt nach diesen Versuchen daher kaum irgend ein zusammengesetztes Gas unverändert. *Nst.*

G. Erkmann. Ueber Zersetzungsspannungen des Ammoniumcarbonats bei 47.25, 54.75 und 56.5°. Berl. Chem. Ber. XVIII, 1154-56†; [J. Chem. Soc. XLVIII, 859.

A. Naumann. Zur Dissociationsspannung des Ammoniumcarbonats. Berl. Chem. Ber. 1157-59†; [J. Chem. Soc. XLVIII, 859; [Bull. soc. chim. XLV, 522; [Beibl. IX, 603.

Erkmann findet unter Benutzung des Hofmann'schen Dampfdichteapparats und Anwendung siedender Flüssigkeiten als Heizmittel die Dissociationsspannung des Ammoniumcarbonats bei 47.25, 54.75, 56,5° zu bez. 361, 562.8, 632.2 mm Hg. Zum Eintritt des Gleichgewichtszustandes zwischen dem festen Salz und seinen Zersetzungsproducten bedurfte es mehrerer Stunden.

Hierzu bemerkt Naumann, dass obige Werthe mit den von ihm früher erhaltenen in leidlichem Einklange sich befinden, aber bedeutend kleiner als die von Isambert gefundenen seien. Wahrscheinlich ist diese Differenz damit zu erklären, dass bei letzterem Beobachter der Gleichgewichtzustand stets in absteigender Richtung erstrebt, aber thatsächlich nicht erreicht wurde, während Erkmann und Naumann den Gleichgewichtzustand von beiden Seiten her, d. h. sowohl nach einer Temperaturerhöhung durch vermehrte Zersetzung wie auch nach einer Temperaturerniedrigung durch vermehrte Rückbildung des Ammoniumcarbonats sich herstellen liessen. *Nst.*

J. W. Langley. On concentration produced by the differential action of chemism on certain acid radicles. Science VI, 211 (aus Proc. Amer. Assoc.).

Wird eine Kupferplatte in eine Lösung von Silbersalpeter gehängt, so theilt sich die Salpetersäure zwischen beiden Metallen nahe im Verhältniss von 1 : 3. Aehnlich Brom zwischen Zink und Kupfer. „Kupfer in Eisenchloridlösung und Zink in Kupfersulfatlösung bringen eine Concentration des Radicals gegen die Schwere hervor". *Bde.*

Ch. Tomlinson. On the Bleaching of Jodide of Starch by means of Heat. Phil. Mag. XX, 168-171†; [Cim. (3) XX, 261; [J. chem. Soc. L, 328.

Das seit lange bekannte Experiment, dass eine mit Jod blau gefärbte Stärkelösung bei Erwärmung sich entfärbt und beim Abkühlen sich wieder färbt, wird erklärt durch die Annahme einer Dissociation des Jods und der Stärke bei höherer Temperatur. Dass ein Zusatz von Chlor die fast vollständig gebleichte Flüssigkeit wieder färben kann, erklärt sich durch die Bildung einer kleinen Menge von Jodwasserstoffsäure. *Cn.*

Th. Thomsen. Untersuchungen über Gleichgewichtsverhältnisse in wässerigen Lösungen. J. pract. Chem. XXXII, 211-230†; Kopenh. Overs. 1885, 49-84; [J. Chem. Soc. L, 12; [Chem. Ber. XVIII, 591; [Natf. XVIII, 403

Zunächst theilt Verf. seine Messungen über das specifische Drehungsvermögen $[\alpha]_D$ [Quotient aus Drehungswinkel $\times$ 100 dividirt durch Röhrenlänge in Decimetern $\times$ Concentration, d. h. Anzahl Gramme in 100 cc. der Lösung] der Weinsäure bei den daneben stehenden Temperaturen und Concentrationen mit:

Procentgehalt	10°	15°	20°	25°	30°
50	5.93	6.67	7.38	8.03	8.64
40	7.58	8.26	8.91	9.51	10.07
30	9.22	9.85	10.45	10.99	11.50
20	10.87	11.44	11.98	12.47	12.93

Das specifische Drehungsvermögen nimmt also mit der Temperatur zu, mit der Concentration aber sehr beträchtlich ab; in frisch bereiteten Lösungen war es eben so gross wie in Monate lang aufbewahrten.

Messungen, bei denen zur Weinsäure ein fremder, chemisch nicht auf sie einwirkender, inactiver Körper hinzugesetzt wurde

(Citronensäure, Essigsäure, Schwefelsäure) lehrten übereinstimmend, dass infolge dieses Zusatzes das Drehungsvermögen der Weinsäure kleiner wird. Vf. erklärt dies damit, dass der fremde Stoff einen Theil des Lösungsmittels (Wassers) für sich in Anspruch nähme und somit durch den Zusatz die Weinsäure gleichsam auf erhöhte Concentration gebracht sei. Indem Vf. die Berechtigung dieser Anschauung an seinen Beobachtungen quantitativ prüfen will, nimmt er, um Uebereinstimmung zwischen Beobachtung und Rechnung zu erzielen, zu der hypothetischen Annahme seine Zuflucht, wonach die zugesetzten Körper in wässeriger Lösung als Hydrate existiren sollen. *Nst.*

J. LANG. Ueber das Gleichgewicht nach Einwirkung einerseits von Salzsäure auf Antimontrisulfid und andrerseits von Schwefelwasserstoff auf salzsaure Antimontrichloridlösung. Berl. Chem. Ber. XVIII, 2714-24†; [J. Chem. Soc. L, 20; [Bull. soc. chim. XLVI, 315; [Beibl. X, 139, 1886.

Vf. hat die Einwirkung von Salzsäure verschiedener Concentration auf Antimonsulfid und ferner das Verhalten des Schwefelwasserstoffs gegen in Salzsäure gelöstes Antimonchlorid untersucht. Diese beiden Reactionen sind reciprok und gehen nicht vollständig vor sich, sondern führen zu einem von dem Wasserverhältniss der Salzsäure, des Antimonchlorids und Schwefelwasserstoffs abhängigen Gleichgewichtszustande. Entfernt man stets den bei der Einwirkung von Salzsäure auf das Sulfid gebildeten Schwefelwasserstoff, so geht jene natürlich bis zum völligen Verbrauch der Säure vor sich; bei stetem Austreiben des Schwefelwasserstoffs durch Erhitzen setzt sich sogar reines Wasser mit dem Sulfid zum Oxyde um. *Nst.*

H. J. H. FENTON. On the limited Hydration of Ammonium Carbamate. Proc. Roy. Soc. XXXIX, 386-393†; [J. Chem. Soc. L, 501.

Ammoniumcarbamat verwandelt sich in Wasser gelöst theilweise in Ammoniumcarbonat gemäss der Gleichung

$$CO(NH_2)(NH_4O) + H_2O = CO(NH_4O)_2.$$

Wie gross der hydratisirte Bruchtheil ist, lässt sich durch Behandlung der Lösung mit Natriumhypochlorid und Natron ermitteln, indem dann das in Lösung befindliche Carbamat die Hälfte seines Stickstoffs in Freiheit setzt, die andere aber in Form von Natriumcarbamat gebunden hält. Auf diese Weise konnte Vf. sowohl die Reactionsgeschwindigkeit wie den Grenzwerth ermitteln, bis zu dem die Reaction vor sich ging. Eine Anwendung der GULDBERG-WAAGE'schen Gesetze auf den Reactionsverlauf findet sich in der Abhandlung nicht vor. Als 8.33, 4.16, 0.833 g Ammoniumcarbamat in 100 cc. gelöst wurden, war nach Eintritt des Gleichgewichtszustandes (bei 21°) bez. 0.596, 0.674, 0.855 des Carbamats hydratisirt. — Je mehr Wasser zugegen ist, um so vollständiger geht also die Reaction vor sich; auch verschiebt Erhöhung der Temperatur den Gleichgewichtszustand nach derselben Seite. Ammoniumcarbonat spaltet umgekehrt in wässeriger Lösung einen Theil seines Wassers ab, um Ammoniumcarbamat zu bilden. Vf. vermuthet, dass der schliesslich eintretende Gleichgewichtszustand derselbe sein würde, gleichgültig von welcher Seite man ihn erreicht, konnte dies aber wegen der Schwierigkeit, das neutrale Ammoniumcarbonat rein darzustellen, nicht experimentell verificiren. *Nst.*

W. MÜLLER-ERZBACH. Die Dissociation wasserhaltiger Salze und daraus abgeleitete Folgerungen über die Constitution der Salzbestandtheile. Berl. Acad. Ber. XIX, 371-378†; Wied. Ann. XXVI, 409-423; Exner Rep. XXI, 438-445; [Chem. CBl. (3) XVI, 470; [Natf. XVIII, 232, XIX, 101; [Cim. (3) XX, 160; [Chem. Ber. XIX, 3.

Vf. bestimmte in der von ihm früher beschriebenen Weise die Dampfspannungen krystallwasserhaltiger Salze durch Vergleich der Geschwindigkeiten, mit denen diese ihr Krystallwasser abgeben und reines Wasser unter den gleichen Versuchsbedingungen verdampft. Die Dissociationsspannung erweist sich im Allgemeinen als constant, doch treten häufig nach Abgabe einer bestimmten

Menge von Wassermolekülen deutliche Sprünge ein; so verliert $Na_2HPO_4 + 12H_2O$ die ersten 5 Wassermoleküle mit der constanten Dampfspannung 8.8 mm, die nächsten 5 mit der Spannung 5.8 mm, um dann den Rest unter der abermals constanten Spannung von 1.6 mm zu verlieren. Andere Salze zeigen nur zwei solche Entwässerungsstufen; einzelne wiederum geben ihr sämmtliches Wasser mit constanter Geschwindigkeit ab. Man kann daraus schliessen, dass bei den meisten Salzen nicht alles Krystallwasser gleichmässig gebunden ist, doch wird durch mehrere nicht verständliche Unregelmässigkeiten die Sicherheit obiger Schlussfolgerungen fraglich gemacht. *Nst.*

R. ENGEL. Sur la limite de combinaison du magnésium et du potassium. C. R. C, 1224-27†; [Chem. CBl. (3) XVI, 476-477; [Beibl. IX, 492.

Kaliumbicarbonat entwickelt mit Magnesiumbicarbonat Kohlensäure unter Ausscheidung eines Doppelsalzes von der Zusammensetzung $MgCO_3$, $HKCO_3 + 4H_2O$ und relativ beträchtlicher Wärmeentwickelung. Die Ausscheidung ist um so vollständiger, je mehr von dem Kaliumsalze sich in Lösung befindet, um so geringer, je grösser der Partialdruck der Kohlensäure über der letzteren ist. Vf. hat den schliesslich entstehenden Gleichgewichtszustand für eine Reihe von Concentrationen ermittelt und die Beobachtungen durch eine empirische Formel wiedergegeben.

Nst.

J. H. VAN'T HOFF. L'équilibre chimique dans les systèmes gazeux ou dissous à l'état dilué. Arch. Néerland. XX, 239-302†; K. Svenska Ak. Handl. XXI, N. 17, 58 pp.; [Chem. Ber. XIX, 48; Rec. trav. chim. IV, 424—427; [Chem. CBl. (3) XVII, 353-354.

Um die Gesetze der Thermodynamik auf die Lösungen anzuwenden, muss man zunächst die Arbeit ermitteln, die zur Trennung von Lösungsmittel und gelöstem Körper erforderlich ist. Diese Trennung kann man nun am einfachsten und anschaulichsten sich mittelst halbdurchlässiger Wände hervorgebracht denken, welche einem Körper, z. B. dem Lösungsmittel, den Durchgang gestatten, nicht aber dem andern, z. B. dem gelösten Körper. Es befinde sich etwa wässerige Zuckerlösung in einem Kolben, in welchem ein aus einer nur für das Wasser durchlässigen Wand gefertigter Stempel verschiebbar sei; drückt man den Stempel herunter und comprimirt so die Zuckerlösung, so tritt das Wasser frei hindurch, während der gelöste Körper, der Zucker, comprimirt, d. h. auf eine erhöhte Concentration gebracht wird. Hierzu bedarf es einer gewissen Arbeit und es muss daher beim Herunterschieben des Stempels ein Gegendruck auftreten; die geleistete Arbeit beträgt bei einer Compression des Zuckers um dV pdV, wobei p eben jenen Gegendruck bezeichnet. Solche halbdurchlässigen Wände sind keine blosse zur Erleichterung der Rechnung eingeführte Fiktion, sondern sie kommen einerseits in der Natur in Gestalt des lebenden Protoplasma's fertig gebildet vor, welches nur für Wasser, nicht aber für gelöste Salze durchlässig ist; andrerseits sind sie von TRAUBE und PFEFFER künstlich in Form von Niederschlagsmembranen dargestellt worden, und PFEFFER hat sogar in einer der obigen fingirten Versuchsanordnung sehr ähnlichen die absolute Grösse dieses sogenannten „osmotischen Drucks" direct in Quecksilberhöhen gemessen.

Den nun folgenden Rechnungen des Verf.'s über die Grösse des osmotischen Drucks und seine Abhängigkeit von der Temperatur ermangelt es also nicht an einer sicheren und unzweifelhaften experimentellen Unterlage; hypothetischen Charakters ist nur die Verallgemeinerung dieser experimentellen Thatsachen, dass sich nämlich für jeden in Wasser (welches als Lösungsmittel par excellence dient) gelösten Körper eine Wand herstellen lässt, welche für diesen undurchlässig ist, dem Wasser aber freien Durchgang gestattet. Giebt man dies zu, so muss den Rechnungen des Verfassers dieselbe Beweiskraft wie allen Schlussfolgerungen der mechanischen Wärmetheorie zugeschrieben werden.

Was nun die Abhängigkeit des osmotischen Drucks von der Concentration (g-Molekeln im Liter) anlangt, so ist es von vorneherein wahrscheinlich, dass zwischen beiden Grössen, wenigstens bei grossen Verdünnungen, wo die störenden Wechselwirkungen zwischen den Molekülen des gelösten Körpers fortfallen, Proportionalität stattfindet. Das Experiment bestätigt diese Vermuthung; sowohl die directen Messungen des osmotischen Drucks, welche von de Vries mittelst lebender Pflanzenzellen und von Pfeffer mittelst Niederschlagsmembranen angestellt sind, wie die unten zu beschreibenden indirecten Methoden, die zu seiner Ermittelung dienen können, führen übereinstimmend dazu, dass mit grosser Annäherung osmotischer Druck p und Volum der Lösung V einander umgekehrt proportional seien. Die Analogie mit dem Boyle'schen Gesetze für vergaste Substanzen ist evident.

Mittelst halbdurchlässiger Wände kann man nun einen in Lösung befindlichen Körper den gleichen Kreisprocessen unterwerfen, wie sie von Clapeyron für Gase ersonnen sind. Verf. gelangt auf diesem Wege zu dem Ergebniss, dass unter Voraussetzung, Boyle's Gesetz sei auch für gelöste Körper gültig, der osmotische Druck der absoluten Temperatur proportional sein muss. In der That sprechen hierfür einige der directen Messungen Pfeffer's; das von Soret untersuchte Phänomen ferner, wonach in einer verschieden temperirten anfänglich gleich concentrirten Lösung die gelöste Substanz von Orten höherer zu solchen niederer Temperatur wandert, erklärt sich qualitativ sofort aus der Thatsache, dass der osmotische Druck mit der Temperatur zunimmt.

Der Vergleich zwischen der absoluten Grösse des osmotischen Druckes und des entsprechenden Gasdrucks derselben gelösten Substanz führt zu dem überraschenden Ergebniss, dass in sehr vielen Fällen beide Grössen identisch sind, d. h. dass häufig der vom gelösten Körper auf die halbdurchlässige Wand ausgeübte Druck ebenso gross wie der manometrisch gemessene gewöhnliche Gasdruck ist, welcher entsteht, wenn das Lösungsmittel entfernt wird und der gelöste Körper den gleichen Raum im Gaszustande erfüllend zurückbleibt. Doch sind unzweifelhafte Ausnahmen vorhanden; man trägt diesen Rechnung, wenn man die Gesetze des osmotischen Druckes nicht, wie für Gase, in der Form $pV = RT$ sondern in der modificirten $pV = iRT$ zusammenfasst. R bedeutet darin die Gasconstante, d. h. den Betrag, um welche der Druck einer g-Molekel eines in einem Liter befindlichen idealen Gases für eine Temperatursteigerung von 1° zunimmt und i einen Zahlenkoëfficienten, der häufig der Einheit gleich ist und sich nie weit von ihr entfernt.

Entsprechend der Aehnlichkeit bez. Identität der für im Gaszustande und in Lösung befindlichen Substanzen gültigen Zustandsgleichungen ergeben sich die Gesetze, welche das chemische Gleichgewicht für gasförmige Systeme und Lösungen regeln, als gänzlich analoge. Wenn eine umkehrbare Reaction in einem gasförmigen Systeme nach dem Schema

$$m_1 M_1 + m_2 M_2 + m_3 M_3 + \ldots = n_1 N_1 + n_2 N_2 + n_3 N_3 + \ldots$$

verläuft, d. h. m_1 Moleküle vom Körper M_1 und m_2 Moleküle vom Körper M_2 u. s. w. zusammentreten, um n_1 Moleküle vom Körper N_1 und n_2 Moleküle vom Körper N_2 u. s. w. zu bilden (oder umgekehrt), so gilt für den Gleichgewichtszustand, der sich zwischen den Körpern M_1, M_2 etc. und N_1, N_2 etc. herstellt, die Beziehung

$$\frac{c_1^{m_1} c_2^{m_2} c_3^{m_3} \ldots}{C_1^{n_1} C_2^{n_2} C_3^{n_3} \ldots} = K$$

worin $c_1, c_2, c_3 \ldots, C_1, C_2, C_3 \ldots$ die Concentrationen der Körper $M_1, M_2, M_3 \ldots, N_1, N_2, N_3$ bedeuten und K eine Constante darstellt, die nur von der Temperatur abhängig ist. Betheiligen sich ausserdem feste Körper an der Reaction, so ist für dieselben die Molekülzahl m bez. n gleich null zu setzen. Unter der Annahme nun, dass für den osmotischen Druck auch das DALTON'sche Gesetz gültig ist, d. h. dass sich der Gesammtdruck als die Summe der Partialdrucke ergiebt, lässt sich obige Formel für in Lösung befindliche Systeme in genau der gleichen Weise herleiten, wie für die gasförmigen; nur ist zu beachten, dass die Arbeit, um eine g-Molekel eines in Lösung befindlichen Körpers bei der Temperatur T vom Druck p_1 auf den Druck p_2 zu comprimiren, nicht wie bei den Gasen $RT \ln \frac{p_1}{p_2}$ sondern $iRT \ln \frac{p_1}{p_2}$ beträgt, und dass daher in die Exponentialgrössen obiger Formel anstatt $m_1, m_2, \ldots n_1, n_2 \ldots$ das Product dieser Zahlen mit dem den Körpern M und N eigenthümlichen i-Werthen (also $m_1 i_1$ etc.) eingeht.

Dabei macht aber Vf. die Voraussetzung, dass der Coëfficient i von der Concentration unabhängig sei, weil die oben berechneten Compressionsarbeiten nur unter dieser Voraussetzung durch den angeführten Ausdruck gegeben sind. Diese Annahme hat sich inzwischen als nicht zutreffend erwiesen; der Coëfficient i, welcher neuerdings durch die Hypothese der electrolytischen Dissociation seine Erklärung gefunden hat, nimmt mit der Verdünnung oft sehr beträchtlich zu, was zwar die hier entwickelte Theorie in einigen mehr nebensächlichen Punkten modificirt, aber an ihrer grundlegenden Bedeutung nichts ändert.

Die Abhängigkeit der Grösse K von der Temperatur ist durch folgende Differentialgleichungen gegeben:

$$\frac{d \ln K}{dT} = \frac{q}{ART^2}.$$

Darin bedeutet q die bei der Umsetzung der Moleküle M in N entwickelte Wärme und A das kalorische Aequivalent der Arbeitseinheit. Die Formel gilt sowohl für Reactionen, die gasförmigen Systemen, wie für solche, die in Lösung vor sich gehen, und kann wie Verf. durch eine anschauliche mathematische Ableitung nachweist, für beide Arten von Gleichgewichtszuständen in derselben Weise aus der Betrachtung eines umkehrbaren Kreisprocesses hergeleitet werden.

Bevor die obigen Formeln auf specielle Fälle anwendbar werden, ist der Koëfficient i für die betreffenden in Reaction tretenden Substanzen zu ermitteln. Hierzu hat Vf. vier von einander unabhängige Wege ausfindig gemacht. 1) Am naheliegendsten, aber gleichzeitig experimentell am umständlichsten ist die directe Messung des vom gelösten Körper bei einer bestimmten Concentration ausgeübten osmotischen Drucks. So lehrt eine Berechnung der Versuche Pfeffer's, dass für den Rohrzucker i = 1 ist, d. h. dass dieser Körper auf die halbdurchlässige Wand den gleichen Druck ausübt, wie wenn das Lösungsmittel entfernt würde und jener als Gas mit der Molekulargrösse $C_{12}H_{22}O_{11} = 342$ zurückbliebe. Auch die von de Vries ermittelten „isotonischen Koëfficienten“ führen zur Bestimmung von i. 2) Die Betrachtung eines Kreisprocesses, bei dem ein in Lösung befindliches Gas durch eine gewöhnliche Kolben- und Stempelvorrichtung aus einer Lösung in eine zweite, anders concentrirte Lösung und mittelst einer osmotischen Kolben-Stempelvorrichtung wieder zurück transportirt wird, führt zu der fundamentalen Thatsache, dass alle Gase, welche dem HENRY'schen Absorptionsgesetze Folge leisten, den Koëfficienten $i = 1$ besitzen. 3) Sind n Moleküle eines Körpers in N Molekülen Wasser gelöst, so ist i mit der relativen Dampfdruckerniedrigung $\frac{f-f'}{f'}$, worin f den Dampfdruck des reinen Lösungsmittels und f' den der Lösung bezeichnet, durch die Gleichung $i = \frac{f'n}{(f-f')N}$ verknüpft. Dieselbe ergiebt sich unmittelbar aus der Betrachtung eines isothermen Kreisprocesses, bei dem der Lösung eine Quantität Wasser durch Verdunsten entzogen, hierauf condensirt und mittelst halbdurchlässiger Wand der Lösung wieder beigemischt wird. Da die Lösung verdünnt ist, so ist $f-f'$ klein gegen f. 4) Lösungen gleichen Gefrierpunkts müssen gleichen osmotischen Druck besitzen, weil bei diesen das Lösungsmittel in Form von Eis ohne äussere Arbeit von einer Lösung in die andere transportirt werden kann. Für Zucker, bei dem $i = 1$ gefunden wurde, beträgt die molekulare Gefrierpunktserniedrigung 18.5; man findet demnach die i-Koëfficienten für andere Körper, wenn man 18.5 in ihre molekulare Gefrierpunktserniedrigung dividiert. Vf. weist an einer Anzahl Beispielen überzeugend nach, dass die nach den beschriebenen Methoden ermittelten i-Werthe mit einander innerhalb der Beobachtungsfehler übereinstimmen.

Es folgen nun Anwendungen des für die Isotherme des chemischen Gleichgewichts abgeleiteten Ausdrucks auf eine Anzahl von früheren Beobachtern untersuchter specieller Fälle; es zeigt sich durchgehends, dass die neue Theorie des Verf., welche von der älteren GULDBERG-WAAGE'schen sich durch Einführung der i-Werthe unterscheidet, in allen Fällen die beobachteten Erscheinungen zu beschreiben besser geeignet ist. So ist von ENGEL die Einwirkung von Kohlensäure auf Magnesiumcarbonat untersucht worden; es ergab sich, dass folgende empirische Formel den Beobachtungsresultaten gerecht wird:

$$x^{0.37} = k\,y$$

Darin bedeutet x den Druck der Kohlensäure, y die Löslichkeit des Carbonats, k eine Constante. Verf. leitet aus seiner Theorie den vom obigen wenig verschiedenen Ausdruck ab:

$$c^{2.64} = K\,C, \text{ d. h. } x^{0.379} = k\,y$$

worin c und C die Concentrationen und 2.64 und 1 die nach den oben beschriebenen Methoden ermittelten i-Werthe von $Mg(CO_3H)_2$ und CO_2 bedeuten. Die GULDBERG-WAAGE'sche Theorie würde $x = k\,y$ verlangen.

Ebenso bestätigt sich die Richtigkeit der Formel, welche die Aenderung von K mit der Temperatur in Beziehung zu der bei dem betrachteten chemischen Vorgange entwickelten Wärme setzt, wiederholt in überraschender Weise an der Erfahrung. Auf den Vorgang der Auflösung fester Körper angewendet führt dieselbe (i als von der Temperatur unabhängig vorausgesetzt — eine Annahme jedoch, die häufig unzutreffend ist) zu der Beziehung

$$\frac{d \ln C}{d\,T} = \frac{q}{i\,A\,R\,T^2}$$

worin C die Concentration der gesättigten Lösung bei der Temperatur T und q die Lösungswärme des Körpers bedeuten. Sowohl bei der Anwendung dieser Gleichung auf eine grosse Anzahl Substanzen, deren Löslichkeitsverhältnisse in Wasser bei verschiedenen Temperaturen bekannt sind, wie bei der Uebertragung der allgemeinen Formel auf einige Gleichgewichtszustände, deren Verschiebung mit steigender Temperatur untersucht wurde (DITTE, OSTWALD), sprechen die Ergebnisse der Erfahrung schlagend zu Gunsten der weitgehenden theoretischen Entwickelungen des Verfassers. *Nst.*

H. LE CHATELIER. Sur la décomposition des sels par l'eau. C. R. C, 737-40†; [J. Chem. Soc. XLVIII, 630; [Chem. Ber. XVIII, 247; [Natf. XVIII, 286.

Vf. hat die Gleichgewichtszustände zwischen $SbCl_3$ und HCl sowie zwischen $HgSO_4$ und H_2SO_4 in wässeriger Lösung bei verschiedenen Temperaturen (15 und 50 bez. 15, 50, 100°)

quantitativ verfolgt. Es wird constatirt, dass in beiden Fällen folgende aus den früher (diese Ber. XL, 156) entwickelten allgemeinen Principien sich ergebende Schlussfolgerungen durch obige Messungen qualitativ bestätigt werden: 1) die Menge freier Säure, welche die Zersetzung eines gelösten Körpers durch das Wasser aufzuhalten vermag, wächst unbegrenzt mit der Menge des vorhandenen Salzes. 2) Die Zersetzung eines Salzes nimmt mit steigender Temperatur ab oder zu, je nachdem bei dem Vorgang Wärme entwickelt oder absorbiert wird. Eine mit 1) in Widerspruch befindliche frühere Bemerkung des Vf.s (diese Ber. XL, 170) wird zurückgenommen. *Nst.*

J. H. VAN'T HOFF. Ueber das Eintreten der kritischen Erscheinungen bei chemischer Zersetzung.

Berl. chem. Ber. XVIII, 2088-90†; [J. Chem. soc. XLVIII, 1181; [Natf. XVIII, 447; [Beibl. X, 73 (1886); [Rec. trav. chim. IV, 306.

Bei der tiefgehenden Analogie zwischen der Dissociation und Verdampfung war zu erwarten, dass auch dort der kritische Zustand, d. h. bei geeigneter Temperatur und Druck Identität zwischen einer Flüssigkeit und ihren Zersetzungsproducten eintreten würde. Versuche, bei denen Ammoniumcarbonat, Ammoniumsulfhydrat, Bromphosphonium in zugeschmolzenen Glasröhren erhitzt wurde, misslangen, weil die Röhren zu früh explodirten; wohl aber zeigte Chlorphosphonium, das aus seinen Dissociationsproducten HCl und PH_3 unter Anwendung von Druck hergestellt wurde, die gesuchte Erscheinung. Bei einer Temperatur von 50—51^0 und einem Druck von 80—90 Atmosphären verschwand nämlich in der That die Grenzfläche zwischen dem geschmolzenen Salze und seinem Dampfe, wonach bei Abkühlung die den kritischen Zustand kennzeichnende Nebelbildung eintrat. Ob das geschmolzene Chlorphosphonium als chemische Verbindung oder als Gemenge von Phosphorwasserstoff und Salzsäuregas aufzufassen ist, bleibt natürlich dahingestellt. *Nst.*

W. Spring. Beitrag zur Kenntniss der Massenwirkung. Berl. Chem. Ber. XVIII, 344-6†; [Bull. soc. chim. XLV, 364; [Beibl. IX, 703.

Unter diesem Titel wird der qualitative Verlauf einer Anzahl verschiedenartiger Reactionen beschrieben. *Nst.*

L. Ricciardi. Ueber die Verbindung von Sauerstoff und Wasserstoff im Dunkeln. Gazz. Chim. Ital. XIV, 20; [Chem. CBl. (3), XVI, 919†.

Mit elektrolytischem Knallgase gefüllte Ballons können, entgegen den Versuchen von Silvestri, Jahre lang im Sonnenlicht, zerstreutem Tageslicht oder Dunkeln stehen bleiben, ohne dass Wasserbildung eintritt. *Nst.*

R. Fabinyi. Versuche mit der Cailletet'schen Compressionspumpe. Ungar. math.-naturw. Ber. III, 245†; [Beibl. X, 660.

Wasserstoffknallgas kann einem Druck von 300 Atmosphären bei 50° C. ausgesetzt werden, ohne Wasser zu bilden. Flüssige Kohlensäure ist kein Electrolyt. *Bde.*

R. Threlfall. Preliminary note on the theory of explosions. Cambridge Proc. Phil. Soc. V, 309-10; [Beibl. X, 91, 1886.

Vorläufige in ihrer Kürze kaum verständliche Inhaltsangabe einer Untersuchung über Explosionen; ausführliche Mittheilung wird in Aussicht gestellt. *Bde.*

H. B. Dixon. The rate of explosion of hydrogen and oxygen. Rep. Brit. Ass. 1885, 905.

Verf. hat im Anschluss an seine früheren Untersuchungen die Fortpflanzungsgeschwindigkeit der Explosionswelle im electrolytischen Knallgas gemessen. Sie ergab sich als constant und unabhängig vom Durchmesser des Rohrs, und betrug in einem 100 m langen Rohr $2819 \pm 4 \frac{m}{sec}$. Nimmt man an, dass die gesammte producirte Hitze im Dampf bleibt, so würden die Dampfmoleküle eine Geschwindigkeit von $2831 \frac{m}{sec}$ haben. *Bde.*

H. Bereton Baker. Combustion in Dried Gases.

J. Chem. Soc. XLVII, 349-52; Engin. XXXIX, 400-401; [Bull. soc. chim. XLV, 880-881, 1886.

Herr Dixon zeigte, dass eine Mischung von getrocknetem CO und O beim Durchschlagen eines Funkens nicht explodirt. Der Verfasser untersucht, ob zur Verbrennung von Phosphor und Kohlenstoff in Sauerstoff Feuchtigkeit erforderlich ist. Es wurden in Hartglasröhren Kohlenstücke geglüht, einmal in trocknem, einmal in feuchtem Sauerstoff; in 5 von 6 Versuchen zeigte sich, dass die Verbrennung der Kohle erheblich verzögert wird durch Anwendung getrockneten Sauerstoffs. Bei Schwefel und Phosphor blieb es zweifelhaft, ob ein merklicher Einfluss der Feuchtigkeit statt hat. *Cn.*

W. Müller-Erzbach. Ueber den Einfluss des Wasserdampfs auf die Oxydation des Wasserstoffs.

Chem. Ber. XVIII, 3239-40†; [Beibl. X, 259.

Verf. macht gegenüber den Beobachtungen von Traube und Dixon darauf aufmerksam, dass er schon Pogg. Ann. CXXXVI, 153 nachgewiesen hat, dass die Reductionstemperatur des durch Füllung erhaltenen Eisenoxyds wesentlich höher liegt, wenn trockener Wasserstoff zur Reduction benutzt wird. Aehnlich wie die Entfernung von Wasserdampf scheinen Beimengungen von Sauerstoff oder Stickstoff auf das Reductionsvermögen von feuchtem Wasserstoff zu wirken. *Cn.*

F. Molnar. Ueber den Einfluss einiger Gase und Dämpfe auf die Entzündungstemperatur des Phosphors.

Ber. Ungarn II, 419-23, 1884; [Beibl. X, 681, 1886.

Die Entzündungstemperatur des Phosphors in Luft oder Sauerstoff wird durch Anwesenheit von Ozon in die Höhe getrieben, durch Wasserdämpfe erheblich erniedrigt, durch Dämpfe von Alkohol, Aether, Terpentinöl etc. ganz erheblich erhöht. In einer Luft, die bei 18° C. mit Terpentindämpfen gesättigt war, konnte reiner Phosphor bis 205° C. erhitzt werden, ohne sich zu entzünden, wenn der Apparat nicht gerüttelt wurde; beim Rütteln des geschmolzenen Phosphors aber entzündete er sich bei 45° C. Verfasser nimmt an, dass die Dämpfe von Alkohol, Terpentinöl etc., auf der Oberfläche des Phosphors chemisch oder mechanisch gebunden werden und dadurch diese Oberfläche vor Berührungen mit der Luft schützen.

Bde.

MORITZ TRAUBE. Ueber die Mitwirkung des Wassers bei der Verbrennung des Kohlenoxyds und das Auftreten von Wasserstoffhyperoxyd bei dieser Verbrennung. Berl. Chem. Ber. XVIII, 1890-93†.

Nach Versuchen von DIXON wird eine trockene Mischung von O und CO weder durch den elektrischen Funken noch durch eine glühende Platinspirale entzündet. Verf. constatirt, dass eine brennende CO-Flamme erlischt, wenn man sie in trockene Luft einführt. Die Erklärung dieser Erscheinung sucht Verf. darin, dass das Kohlenoxyd mit Wasser und Sauerstoff zur intermediären Bildung von Wasserstoffsuperoxyd Veranlassung gebe, welches durch weitere Einwirkung des CO wieder zerstört wird, dass also eine minimale, sich fortwährend regenerirende Spur von Wasser hinreiche, um die Verbrennung unbegrenzter Quantitäten von CO zu vermitteln. Diese intermediäre Bildung von H_2O_2 lässt sich dadurch nachweisen, dass man eine CO-Flamme mit kaltem Wasser in Berührung bringt, wodurch letzteres H_2O_2-haltig wird.

Nst.

D. KONOWALOW. Ueber die Rolle der Contactwirkungen bei den Erscheinungen der Dissociation. Berl. Chem. Ber. XVIII, 2808-33†; [J. Chem. Soc. L, 9; [Bull. soc. chim. XLVI, 312; [Beibl. X, 585-88, (1886).

Verf. hat die Dampfdichten von tertiärem Amylacetat und tertiärem Amylchlorid nach dem Meyer'schen Gasverdrängungsverfahren gemessen, welche sich als je nach der Beschaffenheit der Glaswände oder der Natur von im Apparate befindlicher fester Körper mehr oder weniger schnell infolge Zersetzung des Dampfes veränderlich zeigten. Eine grosse Anzahl mitgetheilter Messungen illustrirt die Geschwindigkeit der Zersetzung in ihrer Abhängigkeit von der Natur der mit dem Dampfe in Berührung befindlichen festen Körper. Wahrscheinlich ist diese eigenthümliche Contactwirkung der letzteren von grosser Allgemeinheit und ihrem Wesen nach mit der wiederholt beobachteten Erscheinung eng verwandt, wonach Sauerstoff und Wasserstoff sich in Berührung mit vielen Körpern schon unterhalb 360° zu Wasser vereinigen. *Nst.*

W. Ostwald. Studien zur chemischen Dynamik. Vierte Abhandlung. Die Inversion des Rohrzuckers.

J. f. pract. Chem. XXXI, 307-18; [Chem. Ber. XVIII, 359; [Beibl. IX, 550.

Nachdem Verf. bereits früher den weitgehenden Parallelismus zwischen der elektrischen Leitfähigkeit der Säuren und der Geschwindigkeit, mit welcher sie Rohrzucker invertiren, nachgewiesen hat, untersucht er jetzt für eine Anzahl Säuren die Aenderung der Inversionsconstante mit der Concentration und vergleicht sie mit dem molekularen Leitungsvermögen der Säuren bei der entsprechenden Concentration. Die Zuckerlösung wurde stets 10 %ig, die Säuren in den Verdünnungen 0.5, 0.1, 0.01 normal angewandt; untersucht wurden Ameisensäure, Essigsäure, Propionsäure, Buttersäure, Bernsteinsäure, Salpetersäure, Chlorwasserstoffsäure, Bromwasserstoffsäure, Schwefelsäure. Da bei den geringen Concentrationen die Beobachtungsdauer eine beträchtliche wurde, störte in den zuckerhaltigen Flüssigkeiten das Auftreten von Schimmelpilzen in hohem Grade; zur Vorbeugung dagegen wandte Verf. Zusatz von Petroleum und Campher an.

Wie zu erwarten, trat auch in der Abhängigkeit von der Verdünnung die enge Beziehung zwischen Leitvermögen und Inversionsconstante deutlich zu Tage; so betrug bei Ameisensäure für die Verdünnungen 0.5, 0.1, 0.01 normal das molekulare Leitungsvermögen 6.51, 13.96, 40.4; die specifische Inversionsgeschwindigkeit (Quotient aus den Inversionsconstanten durch die Concentration der Säure) 0.663, 1.352, 3.72 und somit das Verhältniss beider Grössen bezw. 9.8, 10.3, 10.9, also mit zunehmender Verdünnung zwar deutlich ansteigend, aber doch annähernd constant. Ganz ähnlich liegen die Verhältnisse bei den anderen schwachen Säuren, woselbst obiges Verhältniss ebenfalls zwischen den Grenzen 9.5 bis 11.5 schwankt. Etwas grösser sind die Abweichungen bei den starken Mineralsäuren, für welche das Verhältniss von Leitvermögen durch specifische Inversionsgeschwindigkeit bei der grössten angewandten Concentration auf 7—8 heruntergeht. Es ist somit der Parallelismus zwischen Inversionsgeschwindigkeit und Leitvermögen zwar ein sehr angenäherter, aber kein ganz strenger.

Nst.

H. Landolt. Ueber die Zeitdauer der Reaction zwischen Jodsäure und schwefliger Säure. Berl. Ber. XVI, 249-84†; [Chem. Ber. XIX, 130.

Jodsäure und schweflige Säure reagiren auf einander im Sinne der Gleichung $3\,SO_2 + HJO_3 = 3\,SO_3 + HJ$; wird jedoch Jodsäure im Ueberschuss zugesetzt, so wirkt die entstandene Jodwasserstoffsäure auf die überschüssige Jodsäure ein nach der Gleichung $5\,HJ + HJO_3 = 3\,H_2O + 6\,J$. In concentrirter Lösung gehen beide Reactionen momentan vor sich; nimmt man sie aber verdünnt, so bleibt die mit etwas Stärke versetzte Mischung eine gewisse, nach Minuten oder Secunden zählende Zeit klar, um sich dann plötzlich tief blau zu färben. Diese Zeit nun, welche nach Herstellung der Mischung bis zum Beginn der Jodausscheidung verfliesst, hat Vf. in der Weise gemessen, dass er aus Bechergläsern, die, um beim Ausgiessen vollständige Entleerung hervorzubringen, innen paraffinirt waren, die beiden auf genau 20° vorgewärmten Lösungen von SO_2 und HJO_3 zusammenschüttete und mittelst einer Secundenpendeluhr, welche mit einem elektrischen

Chronographen in Verbindung stand, die bis zur Blaufärbung des Reactionsgemisches erforderliche Zeit bis auf etwa $^{1}/_{100}$ sec. ermittelte. Versuche, bei denen diese Zeit über eine Minute betrug, konnten keine genauen Resultate liefern, weil bei ihnen die Blaufärbung nicht mehr so plötzlich sondern allmählich eintrat. Folgende Tabelle enthält die beobachteten Zeiten in Secunden ($t = 20^0$):

Anzahl Moleküle HJO_3 auf 3 Moleküle SO_2	Anzahl Moleküle Wasser auf 3 Mol. SO_2		
	30 000	45 000	60 000
1.2	23.30 sec.	— sec.	— sec.
1.5	17.12	58.77	—
1.8	13.12	43.54	—
2.1	—	33.83	—
2.4	8.48	27.08	55.98
2.7	—	22.66	45.40
3.0	6.23	18.95	38.28
3.3	—	—	31.74
3.6	4.82	14.15	28.36
3.9	—	—	24.44
4.2	3.88	11.03	22.23
4.5	—	9.82	20.04
4.8	—	8.94	17.80
5.1	—	—	16.16
5.4	—	7.28	14.67
6.0	—	6.16	12.24
6.6	—	—	10.50
7.2	—	4,52	9.08
7.5	—	—	8.35
7.8	—	—	8.00
8.4	—	—	7,07
9.0	—	—	6.20
9.6	—	—	5.55
10.2	—	—	5.08

A. WINKELMANN. Zu der Abhandlung des Herrn LANDOLT: „Ueber die Existenzdauer der unterschwefligen Säure in wässerigen Lösungen“. Berl. Chem. Ber. XVIII, 406-410†; [Beibl. IX, 370.

Für die Abhängigkeit der Existenzdauer der unterschwefligen Säuren von der Temperatur und Concentration hat LANDOLT einen empirischen Ausdruck von der Form

$$E_t = n\,(0.6428 - 0.02553\,t + 0.000272\,t^2)$$

aufgestellt, worin n die Gewichtstheile Wasser auf 1 Gewichtstheil $H_2\,S_2\,O_3$ und t die Temperatur bedeutet.

Indem Vf. von der Vorstellung ausgeht, dass die Geschwindigkeit des Zerfalls der Säure dem Quadrat der Geschwindigkeit der reagirenden Moleküle, letzteres wiederum der Spannkraft des gesättigten Dampfes der Lösung proportional sei, gelangt Vf. zu folgendem Ausdruck für E_t:

$$E_t = \frac{n\,A}{p_t}$$

worin p_t den Druck des gesättigten Dampfes der Lösungen, welcher bei der grossen Verdünnung der letzteren gleich dem des Wassers gesetzt werden kann, bei der Temperatur t und A eine Constante, die zu 3,85 ermittelt wird, bedeutet. Es zeigt sich, dass diese einconstantige Formel die Beobachtungen besser wiedergiebt als Landolt's Formel mit drei Constanten. *Nst.*

F. Urech. Ueber die Bedeutung von Verdünnungsmittel und die Wirkung von Ingredienzüberschuss auf die chemische Reactionsgeschwindigkeit im Hinblick auf die Theorie der chemischen Massenwirkung.

Chem. Ber. XVIII, 94-102†; [J. Chem. Soc. XLVIII, 480; [Beibl. IX, 369.

Nach der Guldberg-Waage'schen Theorie und nach Ueberlegungen von van't Hoff über bi- und multimoleculare Reactionen soll der Raum, in welchem eine Reaction vor sich geht, einen Einfluss auf die Geschwindigkeit der Reaction haben, so dass die Reaction um so mehr verlangsamt wird, je verdünnter die Lösungen sind, zwischen denen sie eintritt. Verf. hält diesen Satz für nicht richtig, wenn einmal diejenige Concentration überschritten ist, bei welcher einfache Formeln für die Reactionsgeschwindigkeit eintreten. Versuche über die Reduction von Fehling'scher Lösung mit Zucker ergaben z. B. bei 12.5° C folgende Resultate:

es ist Kupfersalz reducirt

nach 13	51	123	291 Stunden
11.24	48.37	79.88	96.93 aus Normallösung
8.63	37.94	78.84	99.42 aus 6fach verd. Lösung.

Die Zahlen der dritten Zeile gelten für 6fach verdünnte Normallösung.

Die Reaction ist also in der stark verdünnten Lösung nahe ebenso stark wie in der mässig verdünnten.

In consequenter Durchführung ihrer Grundsätze behaupten Guldberg und Waage, dass die Reactionsgeschwindigkeit vermehrt wird, wenn von zwei auf einander reagirenden Substanzen die eine in grösserer Menge vorhanden ist, während die Geschwindigkeitsgleichung der Reaction im Wesentlichen erhalten bleibt. Urech erklärt dagegen, dass der Ueberschuss eines reagirenden Körpers die ganze Geschwindigkeitsgleichung abändert. Er beweist mit Zahlen, dass bei der Reaction von Zucker auf Fehling'sche Lösung ein Ueberschuss von 2 Aequivalenten Zucker die Reactionsgeschwindigkeit auf das $3^1/_2$fache erhöht, während ein Ueberschuss von 2 Aequivalenten des alkalischen Kupfersulfat-Seignettesalzes sie nur wenig in die Höhe treibe. Ebenso ist bei der Reaction zwischen verdünnter Schwefelsäure und Zucker ein Ueberschuss von wässeriger Schwefelsäure ganz ohne Einwirkung auf die Geschwindigkeit der Inversion. Verf. ist daher der Ansicht, die Wirkung von Ueberschüssen sei nur ausnahmsweise und zufällig eine so einfache, wie sie in den Gleichungen von Guldberg-Waage, van't Hoff und Anderen zum Ausdruck kommt. Er deutet auf die innere Reibung als eine Grösse, die sich mit der Aenderung des reagirenden Systems fortwährend ändert und einen complicirenden Einfluss auf den Reactionsverlauf üben muss.

Bde.

F. Urech. Ueber die Reihenfolge einiger Biosen und Glycosen, betreffend Reactions- und Birotationsrückgangsgeschwindigkeit mit Rücksicht auf die Constitutionsformeln und den Begriff der Affinitätsgrösse. Berl. Chem. Ber. XVIII, 3047-60†; [J. Chem. Soc. L, 220; [Soc. Helv. LXVIII, 14-17.

Die Biosen werden von Säuren mit einer in der Reihenfolge Saccharabiose, Maltobiose, Lactobiose abnehmenden Geschwindigkeit invertirt. Für die Geschwindigkeit der Alkalieinwirkung auf Glycosen ergiebt sich die Reihenfolge: Lävolulose, Dextrose, Lactose, und die gleiche für die Geschwindigkeit, mit welcher diese Körper auf alkalische Kupferlösung reagiren. Der Birotationsrückgang der Dextrose ist ein wenig schneller als derjenige der Lactose; er verläuft nur annähernd der logarithmischen Formel gemäss.

Nst.

JOHN J. HOOD. On the Influence of Heat on the Rate of Chemical Change. Phil. Mag. XX, 323-328†; [Cim. (3) XX, 226; [J. de phys. (2) V, 474; [J. Chem. Soc. L, 301; [Chem. Ber. XVIII, 519; [Beibl. X, 142, (1886).

— On Retardation of Chemical Change. Phil. Mag. XX, 444-456†; [Cim. (3) XX, 273; [J. de phys. (2) V, 474; [J. Chem. Soc. L, 502; [Chem. Ber. XVIII, 653; [Beibl. X, 142 (1886).

In der ersten Abhandlung hat Vf. den Einfluss der Temperatur auf die Reactionsgeschwindigkeit untersucht, mit welcher Ferrosulfat durch Kaliumchlorat bei Gegenwart von Schwefelsäure oxydirt wird. Die Concentration war so gewählt, dass 260 cc Lösung 0,5637 g Ferrosulfat, 0,2057 Kaliumchlorat und 3,099 g freie Schwefelsäure enthielten; der Fortgang der Reaction wurde durch Titration gemessener Volume der Lösung mittelst Kaliumpermanganat bestimmt. Der Einfluss der Temperatur ist ein ausserordentlich grosser; bei 30° ist die Geschwindigkeit der Reaction nahe 6 mal so gross wie bei 10°. Setzt man die Reactionsgeschwindigkeit bei 10° gleich eins, so lässt sie sich bei der von 10° an gezählten Temperatur t den Beobachtungen, welche in dem Intervall von 10 bis 32° angestellt sind, gut entsprechend durch die Exponentialgrösse 1.093^t wiedergeben.

In der zweiten Abhandlung wird der Einfluss untersucht, welchen Zusätze von neutralen Sulfaten und Chloriden verschiedener Metalle auf die Oxydationsgeschwindigkeit von Ferrochlorid durch Kaliumchlorat bei Gegenwart von freier Salzsäure ausüben. Alle untersuchten Sulfate verzögern die Reaction. Als zu einer Lösung, die in 135 cc 0.3736 g Ferrochlorid, 0.3406 g Kaliumchlorat und 1.321 g freie Salzsäure enthielt, 1 bez. 5 g Magnesiumsulfat hinzugefügt wurde, betrug die Zeit, die nöthig war, um einen bestimmten (beliebigen) Bruchtheil des Eisens zu oxydiren, das 1.146 bez. 1.749 fache von derjenigen, in welcher die gleiche Menge Eisen ohne fremden Zusatz oxydirt wurde. Der verzögernde Einfluss des hinzugesetzten fremden Salzes ist also der Menge des letzteren sehr nahe proportional. Zusätze von je 2 g der Salze $(NH_4)_2\ SO_4$, $K_2\ SO_4$, $Na_2\ SO_4$, $Li_2\ SO_4$, $Mg\ SO_4$, $Zn\ SO_4$, $Cd\ SO_4$ zu dem obigen Reactionsgemische erhöhen die zur Oxydation eines bestimmten Bruchtheils des Eisens bei 10° erforderliche Zeit bez. auf das 1.348, 1.346, 1.342, 1,341, 1.284, 1.220, 1.140 fache. Gleiche Gewichtstheile der Sulfate der Alkalien haben also sehr nahe gleiche Wirkung; die Sulfate der Schwermetalle sind von schwächerer, von einander verschiedener Wirkung [bezogen auf gleiche Gewichtstheile; die Unterschiede werden sehr viel kleiner, wenn man, wie rationell, äquivalente Mengen mit einander vergleicht. D. Ref.] Mit steigender Temperatur nimmt die verzögernde Wirkung des $Mg\ SO_4$ ein wenig zu; auch die Oxydationsgeschwindigkeit des Eisenchlorids wächst mit zunehmender Temperatur wie die des Sulfats nach einer Exponentialformel, und zwar beinahe in derselben Weise, indem nur an Stelle des Coëfficienten 1.093 (s. o.) 1.097 und bei Gegenwart von 2 g $Mg\ SO_4$ 1.095 tritt.

Von Chloriden wurden untersucht $Na\ Cl$, $K\ Cl$, $NH_4\ Cl$, $Zn\ Cl_2$, $Mg\ Cl_2$, $Cd\ Cl_2$, und es stellte sich heraus, dass bei Zusatz von je 5 g die zur Oxydation einer bestimmten Eisenmenge erforderliche Zeit das bez. 1.008, 1.222, 1.047, 0.900, 0.823, 0.939 fache wurde, dass also Zusatz von Chloriden die Reactionsgeschwindigkeit bald erhöht, bald erniedrigt. Auch diese Zahlen, welche sich auf eine Temperatur von 10° beziehen, werden anschaulicher, wenn man anstatt gleicher Gewichtstheile, wie Verf. es thut, äquivalente Mengen der Salze vergleicht. *Nst.*

J. Spohr. Ueber den Einfluss der Neutralsalze und der Temperatur bei der Inversion des Rohrzuckers durch Säuren. ZS. d. Ver. f. Rübenz. XXXV, 791-802; J. f. pract. Chem. XXXII, 32-55†; [Beibl. IX, 647; [Ber. d. chem. Ges. XVIII, 589; [J. Chem. Soc. XLVIII, 1181.

Die älteren Versuche von Löwenthal und Lenssen wieder aufnehmend hat Verf. die Inversionsgeschwindigkeit von 18 Säuren in ihrer Abhängigkeit von der Menge zugesetzten Neutralsalzes der betreffenden Säure gemessen. Dieser Einfluss macht sich in zweierlei durchaus verschiedenen Weisen geltend; bei starken Säuren wächst in Folge des Zusatzes eines ihrer Neutralsalze die Inversionsconstante ein wenig; die schwachen hingegen erfahren dadurch eine ganz überraschend bedeutende Abnahme ihrer invertirenden Wirkung. Als zu 0.25 normaler Essigsäure z. B. eine äquivalente Menge ihres Kaliumsalzes hinzugefügt wurde, sank die Inversionsconstante von 0.067 bis auf 0.0017. Verf. gelangt zu dem Schluss, dass bei den einbasischen Säuren der Einfluss der Neutralsalze einwerthiger Basen mit diesen Säuren nur von der Inversions- oder der damit proportionalen Affinitätsconstanten abhängig ist. Complicirter liegen die Verhältnisse bei den mehrbasischen Säuren.

Mit der Temperatur ändern sich die Inversionsconstanten sehr beträchtlich; bei sämmtlichen einbasischen Säuren betragen sie bei 40° das 7.8—8.2fache, bei 55° das 48.5—50.8fache der Inversionsconstanten bei 25°; bei den zweibasischen Säuren trifft man fast genau dieselben Verhältnisse; Phosphorsäure invertirt bei 40° 7.6, bei 56° 46.4 mal so stark wie bei 25°. Dies rapide Wachsthum mit der Temperatur wird am besten durch eine Exponentialformel wiedergegeben. Mit Erhöhung der Temperatur findet ferner überall eine stufenweise Verringerung des stärkenden Einflusses der Neutralsalze bei den starken Säuren und eine ebenso fortlaufende Steigerung des schwächenden Einflusses bei den schwachen Säuren statt.

Nst.

L. Th. Reicher. Ueber die Geschwindigkeit der Verseifung. Lieb. Ann. CCXXVIII, 257-287†; Rec. trav. chim. IV, 294-305, 350-353; [J. Chem. Soc. XLVIII, 1023; [Chem. Ber. XVIII, 423; [Chem. CBl. (3) XVII, 119 (1886); [Rec. trav. chim. IV, 350; [Maandbl. Naturw. XII, 105; [Natf. XVIII, 306; [Beibl. IX, 702; Arch. Pharm. CCXXIII, 598].

Ester, z. B. essigsaure Aethyläther werden durch Basen, z. B. Natron verseift, d. h. in den entsprechenden Alkohol und das entsprechende Salz der im Ester enthaltenen Säure übergeführt:

$$C_4H_8O_2 + NaOH = C_2H_6O + C_2H_3NaO_2.$$

Wie schon WARDER fand, geht diese Reaction so langsam vor sich, dass man ihren Verlauf durch zeitweilige Ermittelung des basischen Titers der Lösung bequem messend verfolgen kann. Für diesen Vorgang gilt die Gleichung

$$\frac{dx}{dt} = k\,(a - x)\,(b - x)$$

worin a und b die zur Zeit $t = o$ vorhandenen Mengen von Basis und Ester, x die zur Zeit t umgesetzte Menge von Beiden und k die Reactionsconstante bedeuten. Die zahlreichen Messungen des Verfassers bestätigen die Gültigkeit der leicht zu integrirenden Differentialgleichung auf das Beste.

Um den Einfluss der Natur der Basis und der beiden Bestandtheile des Esters auf die Reactionsconstante zu ermitteln, hat Verf. folgende Basen und Ester aufeinander einwirken lassen:

1) Verseifung des Essigsäureäthylesters durch verschiedene Basen bei 9.4°:

	k		k
Natron	2.307	Strontian	2.204
Kali	2.298	Baryt	2.144
Kalk	2.285	Ammoniak	0.011

Als Einheiten der Zeit diente die Minute und die Concentrationen wurden in g-Aequivalenten pro Liter gerechnet; k bedeutet also z. B. die Menge Natron in g-Aequivalenten, welche sich während einer Minute umsetzen würde, wenn in einem Liter 1 g-Aequivalent Natron auf die äquivalente Estermenge reagirte und man während dieser Zeit die Concentration constant erhielte.

2) Verseifung der Essigsäureester verschiedener Alkohole durch Natron bei 9.4°:

Methylalkohol	3.493	Isobutylalkohol	1.618
Aethylalkohol	2.307	Isoamylalkohol	1.645
Propylalkohol	1.920		

3) Verseifung der Aethylester verschiedener Säuren durch Natron bei 14.4°:

Essigsäure	3.204	Isobuttersäure	1.731
Propionsäure	2.816	Isovaleriansäure	0.614
Buttersäure	1.702	Benzoesäure	0.830

Allgemeine Schlüsse lassen sich aus obigem Beobachtungsmaterial noch nicht ziehen; doch ist bemerkenswerth, dass die starken Basen nahe gleiche, und die Ester im allgemeinen eine um so geringere Reactionsgeschwindigkeit besitzen, je kleiner die Anzahl der in ihnen enthaltenen Atome ist. *Nst.*

R. Engel. Combinaison du carbonate neutre de magnésie avec le bicarbonate de potasse.

C. R. CI, 749-751†; [Beibl. X, 73, 86.

Es wird die Bildung von $CO_3Mg, CO_3HK + 4H_2O$ studirt und das Resultat gefunden:

1) Bleibt der alkalimetrische Titer des Kaliumbicarbonats derselbe, so nimmt die Reactionsgeschwindigkeit ab mit wachsender Temperatur.

2) Bei gleicher Temperatur wächst die Reactionsgeschwindigkeit mit dem Anfangsgehalt der Lösung an CO_3HK.

3) Die sich bildende Menge des Doppelsalzes ist beschränkt.

4) Die Verbindungsgrenze, gemessen durch den CO_3HK-Gehalt bei CO_3Mg im Ueberschuss, wächst mit der Temperatur.

5) Die Aenderung dieser Grenze mit der Temperatur wird durch die Interpolationsformel wiedergegeben: $y = m + nx + px^2$, wo y die Anzahl cbcm des Schwefelsäuretiters, die nöthig ist um die in Lösungen bleibenden Carbonate zu neutralisiren, x die Temperatur bedeutet, und $m = 2.5236$, $n = 0.00517$, $p = 0.003106$.

Das Doppelsalz zersetzt sich unter dem Einfluss des Wassers; der Grenzwerth der Zersetzung deckt sich aber nicht mit dem Bildungsgrenzwerth, sondern der erstere ist um einen bei fast allen Temperaturen gleichen Betrag kleiner, was durch zahlreiche Versuche verificirt wird. *Cn.*

J. Bevad. Bildungsgeschwindigkeit der alkalischen Erdcarbonate in Beziehung zu Zeit, Masse und Art des Stoffes. J. russ. chem. Ges. 1885, 89; [J. Chem. Soc. XLVIII, 480-481†.

Lösungen der Chloride von Calcium, Strontium und Baryum

wurden in Lösungen von kohlensaurem Lithium, Kalium und Natrium gegossen und zwar 40 cbcm der Chloride mit soviel Carbonatlösung, dass im ganzen 78.5 cbcm Flüssigkeit entstand. Dabei wurden äquivalente Mengen der Salze verwendet, oder die Aequivalentverhältnisse 2 : 1, 3 : 1, 4 : 1. Die Flüssigkeit wurde nach 5 Minuten oder nach 30 bis 60 Minuten oder nach 24 Stunden untersucht. Die Geschwindigkeit der Niederschlagsbildung ist am grössten in den ersten 5 Minuten und wächst innerhalb dieser 5 Minuten 1) mit der Concentration, 2) von Li zu K, 3) von Ca zu Ba.

Die Reactionsgeschwindigkeit in den späteren Perioden verhielt sich gerade umgekehrt; sie nimmt ab 1) wenn die Concentration wächst, 2) von Li zu K, 3) von Ca zu Ba. *Bde.*

A. CLERMONT. Étude de la formation des éthers trichloracétiques. Ann. chim. phys. (6) VI, 241-255†; [Chem. Ber. XIX, 54, 1886.

Einige flüchtige orientirende Versuche über die Geschwindigkeit, mit der sich aus Alkohol und Trichloressigsäure bei Gegenwart wechselnder Mengen von Alkohol, Wasser und fremder Säuren (Salzsäure, Schwefelsäure) der Ester bildet; die Bildungswärme des letzteren wird aus der Einwirkung von Trichloressigsäurechlorid auf Alkohol zu —1.70, aus der Verseifung mit Kalilauge zu —1.04 Cal. ermittelt. *Nst.*

A. POTILITZIN. Ueber das Verhältniss zwischen den Bildungswärmen der Salze und den Anfangsgeschwindigkeiten ihrer Bildung. Berl. Chem. Ber. 1522-27†; [J. Chem. Soc. L, 116; [Beibl. IX, 602.

Nach dem Verf. soll die Bildungswärme der verschiedenen Körper, z. B. der Salze, bei den doppelten Umsetzungen der Anfangsgeschwindigkeit der Reaction proportional sein. Zum Beweise des Satzes werden einige Versuche mitgetheilt, bei denen festes Chlorsilber mit äquivalenten Lösungen verschiedener Metallbromide geschüttelt und die nach bestimmter Zeit gebildete Menge von Silberbromid bestimmt wurde. *Nst.*

E. MULDER. Sur un ozonomètre à effluve et sur la vitesse de la décomposition de l'ozone. Rec. trav. chim. des Pays-Bas IV, 139-146†.

Der Verfasser bestätigt zunächst den Satz, dass die Zersetzungsgeschwindigkeit des Ozons dem Ozongehalt proportional ist und untersucht dann den Einfluss der Temperatur auf die Zersetzungsgeschwindigkeit. Nach seinen Tabellen wird unter übrigens gleichen Umständen in 24 Stunden bei 50° C. viermal so viel Ozon zersetzt, wie bei 30°. *Bde.*

W. SPRING. Réaction du sulfate de baryum et du carbonate de sodium sous l'influence de la pression. Bull. Belg. (3) X, 204-208†; Bull. soc. chim. XLIV, 166-169; [Chem. Ber. XVIII, 597-598; [Chem. CBl. (3) XVI, 897-898; [Arch. Pharm. (3) XXIII, 992.

Schmelzt man ein Gemisch von hinreichend Na_2CO_3 und $BaSO_4$, so kann man nach dem Abkühlen lösliche Salze, die sich gebildet haben, mit Wasser ausziehen und behält dann einen Rückstand, der ausschliesslich aus Baryumcarbonat besteht. Diese Umsetzung lässt sich auch zum Theil erreichen, wenn man ein inniges mechanisches Gemisch der beiden Substanzen eine Zeit lang einem hohen Druck aussetzt. Bei ca. 1 g Substanz und 6000 Atmosphären Druck war in kurzer Zeit 0.94 % von der ursprünglichen Menge $BaSO_4$ in $BaCO_3$ umgesetzt, während man bei einer Probe der Mischung, die dem Druck nicht ausgesetzt war, nur Spuren von $BaCO_3$ nachweisen konnte. Wiederholt man die Anwendung eines hohen Drucks, so wächst die Menge des sich bildenden $BaCO_3$. Lässt man mit dem Druck nach, so dauert die Bildung noch an, wie die Tabelle zeigt.

Zahl der Compressionen	nach 0	7	14	21	28 Tagen
1 bis 6000 Atm.	0.94	1.60	3.08	3.94	3.84
3	4.78	6.78	9.01	—	9.15
6	8.99	9.94	10.89	—	11.08

Erst nach 14 Tagen nimmt also die Menge des sich bildenden $BaCO_3$ nicht mehr merklich zu, während dieselbe Mischung uncomprimirt auch nach 37 Tagen nur Spuren von $BaCO_3$ erkennen liess. Die Thatsache scheint auf die Möglichkeit einer Diffusion auch im festen Aggregatzustand zu deuten. — Eine Temperaturerhöhung auf 120° wirkt einer Compression entgegen. Von zwei Proben ergab die Hälfte der einen comprimirt 9.01 %, die andre Hälfte comprimirt und erwärmt 7.07 %; bei der zweiten Probe entsprechend 10.89 % und 9.89 % $BaCO_3$. Es ist also nicht die durch das Comprimiren auftretende Temperaturerhöhung, welche die Umsetzung veranlasst, sondern die Compression. *Cn.*

R. S. DALE. Some novel phenomena of chemical action attending the efflux from a capillary tube. Manchester Proc. XXIV, 25-28.

Verf. lässt durch ein am unteren Ende nach oben gekrümmtes Capillarrohr eine Lösung in eine zweite Lösung fliessen, mit welcher die erstere einen Niederschlag giebt. In vielen Fällen baut sich dieser Niederschlag zu einer ziemlich regelmässigen Röhre auf, welche von der Mündung des Capillarrohrs aus nach oben wächst. Einzelheiten werden beschrieben. Salmiaklösung in kieselsaurem Natron scheint besonders feste Röhren zu liefern. *Bde.*

J. REMSEN. A case in which chemical action was affected by magnetic influence. Science V, 354.

Aus dem April meeting der National academy of sciences.

Zwei gleiche Eisenstreifen wurden in 2 Gefässe mit Salpetersäure gebracht, von denen das eine in einer magnetisirenden Spirale stand, das andere nicht. Das Eisen im ersten Gefäss wurde über 10% schneller angegriffen als das im zweiten. *Bde.*

CARNELLEY and J. SCHLERSCHMANN. Note on the Influence of Strain upon Chemical Action.

Chem. News LII, 6-7†; [Chem. CBl. (3) XVI, 641; [Beibl. IX, 603.

Kupfer- und Eisendrähte wurden 3 Stunden lang der Wirkung einer 10procentigen Lösung von Ammoniumchlorid, resp. verdünnter Schwefelsäure ausgesetzt und zwar einmal mit 2, das andere Mal mit 28 resp. 56 Pfund belastet. Die Belastung hatte keinen bemerkenswerthen Einfluss auf die Menge des aufgelösten Metalls. *Cn.*

JULIUS THOMSEN. Ueber das Molekulargewicht des flüssigen Wassers. Chem. Ber. XVIII, 1088†; Sill. J. (3) XXX, 158.

RAOULT folgert in seiner Abhandlung über den Gefrierpunkt von Salzlösungen, dass das Wasser im flüssigen Zustand das doppelte Molekulargewicht besitze als im gasförmigen. THOMSEN macht darauf aufmerksam, dass er in seinen thermochemischen Untersuchungen Bd. III, S. 181 aus der Bestimmung der Hydrationswärmen der wasserhaltigen Salze denselben Schluss gezogen habe. *Cn.*

C. JOHNSTONE STONEY. On Macromolecules (Molecules of Matter in the Crystalline State as distinct from the Chemical Molecules) and determinations of some of them. Rep. Br. Ass. 988†.

Da allgemein die Krystallmoleküle, wo man sie untersucht hat, sich als aus mehreren chemischen Molekülen zusammengesetzt erwiesen haben, so schlägt der Verf. für sie den Namen Makromoleküle vor. Er zeigt, dass es möglich ist in einzelnen Fällen die Gestalt des Makromoleküls aus der Zusammensetzung des chemischen Moleküls herzuleiten. *Cn.*

S. U. PICKERING. On the Molecular Weights of Liquids and Solids. Evidence deducible from the Study of Salts. Br. Ass. Rep. 989†; Ch. News LII, 239-40, 251-53; [J. Chem. Soc. L, 198; [Chem. Ber. XIX [2], 6.

W. A. TILDEN. On the Molecular Weights of Solids and Salts in Solution. Br. Ass. Rep. 990†.

Herr PICKERING kommt zu dem Schluss, es sei in der weitaus grössten Zahl von Fällen anzunehmen, dass die Zusammensetzung eines chemischen Moleküls der einfachsten Formel entspricht. Wo man durch krystalloptische und andere physikalisch-chemische Untersuchungen zu der Annahme gezwungen ist, dass die Moleküle in festen und flüssigen Körpern complicirter zusammengesetzt sind, nimmt er an, dass dieses Conglomerat nur physikalischen Kräften gegenüber sich so verhält, dass also die einzelnen Individuen derselben entweder nur durch physikalische Kräfte zusammengehalten werden oder durch so schwache chemische, dass sie in Gegenwart starker chemischer Agentien bei der Reaction unmerklich sind. Man hat also zwischen chemischen und physikalischen Molekülen zu unterscheiden.

Herr TILDEN geht weiter und schliesst, dass überhaupt in festen Körpern zwischen Molekül und Masse kein Unterschied zu machen sei, und dass die physikalische Einheit das Atom ist; danach sind feste Körper zusammengesetzt aus Atomen, die nur vertheilt sind in Moleküle, die bei dem Flüssigwerden des Körpers im Stande sind unabhängig zu existiren. Darin liegt die Hypothese, dass chemische Verbindung zwischen Atomen und die Vereinigung von Molekülen beim Festwerden eines Gases oder einer Flüssigkeit Vorgänge derselben Art sind. Dazu stimmt die anerkannte Aehnlichkeit zwischen dem Dissociations- einer- und Schmelzungs- und Verdampfungsprocess andererseits. Bei beiden ist der Uebergang allmählich und abhängig von der Temperatur, und beide sind direct in Energie oder Wärmewerthen zu messen. Ferner müssen wir danach eine begrenzte Werthigkeit auf den gasförmigen Zustand beschränken; dafür spricht u. A. die grosse Zahl von festen Doppelsalzen, für die bei Gasen nichts Analoges bekannt ist. — Nach dem Verf. bleibt bei der Lösung von Salzen in Wasser das Krystallwasser zunächst an das Molekül gebunden und dieses zerfällt erst bei höherer Temperatur, so dass überhaupt die Zusammensetzung des Salzmoleküls in der Lösung hauptsächlich abhängig ist von der Temperatur. *Cn.*

Litteratur.

OSTWALD. Lehrbuch der allgemeinen Chemie. Leipzig, Engelmann, 1885. [ZS. f. Natw. (4) IV, 303; [Beibl. IX, 485-86.

W. C. WITTWER. Grundzüge der Molekular-Physik und der mathematischen Chemie. Stuttgart, 1885, 198 pp.; [Arch. sc. phys. XIV, 285-87; [Beibl. IX, 488; [ZS. Math. Phys. XXXI [2], 29; [Verh. phys. Ges. Berlin, IV, 69-70.

BERTHELOT. Les origines de l'alchimie. Paris, G. Steinheil, 1885; [CR. C, 585-6; [Beibl. IX, 638-9.

— Théories alchimiques et théories modernes. Rev. Scient. XXXV, 273-75.

— Histoire des sciences. Les manuscrits alchimiques grecs. Rev. Scient. XXXV, 170-74.

HOLTZENDORFF. Mikroscopische Reactionen. Science VI, 356.

W. de FONVIELLE. Le monde des atomes. Paris, 1885, Hachette et Cie.

J. H. GLADSTONE. Adresse an die chemische Section der British Association in Southport. Zerlegung der Elemente: specifische Eigenschaften der Elemente. 1883. 8 pp. [Beibl. IX, 113. *Bde.*

J. C. WELLING. Annual address: The atomic Philosophy, physical and metaphysical. Wash. Bull. Phil. Soc. VII, XXIX-LIX†.

Ein historischer Ueberblick über die atomistische Philosophie.

L. DULK. Ueber Gravitation und Atomgewicht. Chem. Ber. XVIII, 432-438.

J. A. DE COMMINES DE MARSILLY. Note sur la possibilité d'expliquer les actions moléculaires par la gravitation universelle. Ass. Franç. XIV (2), 1-6.

H. DOOLITTLE. Music and the Chemical Elements.
Wash. Bull. Phil. Soc. VII, 27-29†. *Cn.*

TH. HOH. Die Stellung der Atomenlehre zur Physik des Aethers. Bamberg, 1885.

A. PIZZI. I pesi atomici degli elementi chimici.
Reggio nell'E. 1885. *Bde.*

P. T. CLÈVE. Recherches sur le samarium.
Bull. Soc. Chim. (2) XLIII, 162†; [Sill. J. XXIX, 401.

Wird gelegentlich der ausführlichen zusammenfassenden Arbeit im Jahre 1886 referirt werden. Siehe auch das Referat Seite 95 d. B.

— New Researches on the Compounds of Didymium.
Chem. News LII, 227-29, 291-92. *Cn.*

H. N. MORSE and E. H. KEISER. Apparatus to determine the equivalents of certain elements.
Amer. Chem. J. VI, 347-51; [J. Chem. Soc. XLVIII, 481.
Unterrichtsapparat. *Bde.*

O. v. D. PFORDTEN. Zur Bestimmung des Molybdäns.
Chem. Ber. XVII, 731; Fres. ZS. XXIV, 90-92†.

W. FRESENIUS. Ueber das Aequivalentgewicht des Molybdäns. Fres. ZS. XXIV, 90.
Siehe zu beiden Abh. diese Ber. XL, (1) 136.

F. W. CLARKE. The periodic law of chemical elements.
Wash. Bull. Phil. Soc. VII, 15-17†. *Cn.*

TH. CARNELLEY. Anwendung des periodischen Systems auf die Mineralogie. Min. Mag. No. 28, VI, 83-86; [ZS. f. Kryst. XI, 178.

RYDBERG. Om de kemiska grundämnenas periodiska system. Öfversigt af K. Vetensk Ak. Forhandl. XLI, No. 7, 2, 1884; Bihang K. Sv. Ak. X, No. 2, 31 pp., 1885. *Bde.*

W. M. FLINDERS PETRIE. Two generalisations.
Nat. XXXII, 597. *Cn.*

RYDBERG. Die Gesetze der Atomgewichtszahlen. Öfversigt XLII, No. 10, 2; Bihang XI, N. 13, 18 pp.

F. HUTH. Das periodische Gesetz der Atomgewichte und das natürliche System der Elemente. Berlin, Friedländer & Sohn. [ZS. f. Instrk. V, 69.

RYDBERG. Mättningskapacitet och Atomvigt. Öfversigt af K. Vetensk Ak. Forhandl. XLII, No. 7, 69. *Bde.*

S. U. PICKERING. Atomic Valency. Chem. News LII, 293-94†.

Nach dem Verf. ist die Zahl, welche die Valenz eines Atoms angiebt, nicht genau eine ganze Zahl, sondern nur angenähert.

STUDLER. Sur l'existence de quelques molécules, dans lesquelles l'azote est incomplètement saturé. Ass. Franç. XIV (1) 118. *Cn.*

Discussion on Molecularia. Nat. XXXIII, 20-22.

C. LAAR. Ueber die Möglichkeit mehrerer Strukturformeln für dieselbe chemische Verbindung. Berl. Chem. Ber. XVIII, 648-57.

H. J. VAN'T HOFF. Sur l'acide malique inactif dédoublable de M. BREMER. Rec. trav. chim. IV, 130†.

— Sur les acides maliques inactifs d'origine différente. Rec. trav. chim. IV, 418-22.

K. BENNERT. Beitrag zur Kenntniss der Isomerie von Fumar- und Maleïnsäure. Tübingen, 1885. *Bde.*

H. S. ROSCOE. On the Spontaneous Polymerisation of Volatile Hydrocarbons at the Ordinary Temperature. Chem. Soc. Trans. XLVII, 669; Rep. Br. Ass. 1885, 967. *Cn.*

R. SCHNEIDER. Ueber das Verhalten des Cyansilbers zum Schwefelchlorür. Kolbe J. XXXII, 187-210.

Von wesentlich chemischem Interesse; enthält die Beschreibung zweier Modificationen von Dreifach-Schwefelcyan.

W. RAMSAY. Ueber die Nichtexistenz des Salpetrigsäureanhydrides im gasförmigen Zustande. Chem. N. LII, 7; [Chem. CBl. (3) XVI, 641. *Bde.*

CIAMICIAN E. MAGNAGHI. Azione del calore sull acetilpirrolo e sul carbanilpirrolo. Rend. d. Acc. d. Linc. I, 555-558†; Chem. Ber. XVIII, 1828-32†; [Bull. soc. chim. XLVI, 904.

W. A. TILDEN. Sur la décomposition des terpènes par la chaleur. Ann. chim. phys. (6) V, 120-135†.

BERTHELOT. Remarques sur le mémoire précédent. Jb. 136-37†.

LWOFF. Sur les schémas généraux des réactions de double décomposition. Bull. soc. chim. Paris XLIII, 113-114†; aus soc. chim. russe 1884.

H. W. BAKHUIS ROOZEBOOM. Ueber die Dissociation der Hydrate des Schwefeldioxyds, des Chlors und des Broms. Rec. trav. chim. néerl. IV, 65-73†; [Chem. Ber. XVIII [2] 207-208; [Beibl. IX, 493-95; [J. Chem. Soc. L, 117.

— Ueber die Dissociation des Bromwasserstoffs bei verschiedenen Temperaturen und Drucken. Rec. trav. chim. IV, 102-25; [Chem. Ber. XVIII, 357-59; [Beibl. IX, 495-97; [J. Chem. Soc. L, 117.

— Dissociation der Hydrate $HBr + 2 H_2O$. Rec. trav. chim. IV, 108-124, 221 u. 331, 414-417; Chem. Ber. XIX [2] 90; [J. Chem. Soc. L, 414; [Beibl. X, 660.

— Dissociation der flüssigen Verbindungen und das Gesetz von DEBRAY und WIEDEMANN. Dissociation der Verbindung $NH_4Br + 3 NH_3$ im festen und flüssigen Zustande. Löslichkeit des Chlors in Chromoxychlorid. Löslichkeit des Stickoxyds in Brom. Rec. trav. chim. IV, 355-360, 361-378, 382-383; [Chem. Ber. XIX [2] 196; [Chem. CBl. (3) XVII, 499; [Beibl. X, 661 u. 743; [J. Chem. Soc. L, 499.

Die Resultate dieser Arbeiten, über welche Verfasser in der „Zeitschrift für physik. Chemie“ selbst im Zusammenhang berichtet hat, werden später besprochen werden. *Nst.*

MENCHOUTKIN et KONOVALOFF. Sur la décomposition et la dissociation des corps à l'état gazeux. Bull. soc. chim. Paris XLIII, 120†; aus soc. chim. russ. 1884. *Bde.*

K. JOWANNOWITSCH. Ueber den Zerfall der Weinsäure bei Gegenwart von Glycerin in höherer Temperatur. Monatsh. f. Chemie VI, 467-76†; [Ber. d. chem. Ges. XVIII, 608.

L. TROOST. Remarques sur quelques critiques de M. FRIEDEL à propos de hydrate de chloral. C. R. C, 834-37†.

FRIEDEL. Réponse aux remarques de M. TROOST à propos de l'hydrate de chloral. C. R. C, 891-92†. *Nst.*

TH. ANDREWS. The Action of Tidal Streams on Metals during Diffusion of Salt and Fresh Water. Proc. Lond. XXXVIII, 372-78; [Natf. XVIII, 478. *Cn.*

M. TRAUBE. Ueber die Entstehung von Wasserstoffhyperoxyd bei der Verbrennung des Wasserstoffs. Berl. Chem. Ber. XVIII, 1894-1900; [J. Chem. Soc. XLVIII, 1108; [Beibl. X, 69-72, 1886. *Bde.*

MALLARD und LE CHATELIER. Recherches sur la combustion des mélanges gazeux explosifs. J. Phys. (2) IV, 59-85†; Paris, Dunod 1883, 289 pp.; [Cim. (3) XVIII, 270; [Chem. Ber. XVIII, 205; [Beibl. IX, 361.

Zusammenfassung früherer Mittheilungen der Verfasser über den gleichen Gegenstand, über welche bereits (diese Ber. XXXVII, 202, 793, 834, 854; XXXVIII, 230; XXXIX, 389, 490) Bericht erstattet worden ist.

A. NAUMANN und C. PISTOR. Ueber Reduction des Kohlendioxyds durch Kohle zu Kohlenoxyd. Berl. Chem. Ber. XVIII, 1647-57†; [Beibl. IX, 646.

— — Ueber das Verhalten von Kohlendioxyd zu Wasserstoff bei hoher Temperatur. Berl. Chem. Ber. XVIII, 2724-27, 2894-97†; [Beibl. X, 75, 215, 1886; [J. Chem. Soc. L, 120; [Bull. soc. chim. XLVI, 317. *Nst.*

M. TRAUBE. Ueber die langsame Verbrennung des Kupfers bei Gegenwart verdünnter Schwefelsäure oder einer Lösung von kohlensaurem Ammon.
Berl. Chem. Ber. XVIII, 1887-90.

— Ueber die Mitwirkung des Wassers bei der langsamen Verbrennung des Zinks, Bleis, Eisens und Palladiumwasserstoffs. Berl. Chem. Ber. XVIII, 1877-87; [Beibl. X, 69-72, 1886. *Bde.*

E. E. GRAVES. On the Influence of Moisture on the Combination of Gases. [Chem. News LI, 292-3†.

Ein Referat über ältere Arbeiten, die den Gegenstand behandeln. *Cn.*

F. URECH. Berichtigung. Berl. Chem. Ber. XVIII, 346†. *Nst.*

A. V. E. YOUNG. The Normal chemical reaction between potassic hydrate and common alum. Science VI, 211.

J. MORITZ. Versuche über den Einfluss verschiedener Factoren auf die Inversion des Rohrzuckers.
ZS. d. V. f. Rübenz. XXXV, 145-55.

M. CONRAD und M. GUTHZEIT. Ueber die quantitative Zersetzung von Galactose und Arabinose mittelst verdünnter Säuren. Berl. Chem. Ber. XVIII, 2905-2907†.

Sir F. ABEL. On the condition in which carbon exists in steel. Engin. XXXIX, 150-151, 200-203.

P. GAMBERA. Alcune questioni di meccanica molecolare.
Palermo, 1885. *Bde.*

GUTHRIE. Physical Molecular Equivalents.
Chem. News LII, 232-33†; [J. Chem. Soc. L, 197. *Cn.*

TH. HART. Chemical action attending efflux from a capillary tube. Chem. News LI, 94; [Beibl. IX, 500.

Enthält keine Thatsachen.

Discussion on Molecularia. Nat. XXXIII, 20-22. *Bde.*

3a. Krystalle.

J. Krejči. Ueber gleichkantige Polyëder vom krystallographischen Standpunkte. Prag. Ber. 1885, 120-39.

Unter gleichkantigen Polyëdern versteht der Verf. solche, welche von gleichen Flächen begrenzt werden und lauter gleiche Kantenwinkel besitzen, wobei aber nicht nothwendig ist, dass die Kanten selbst alle gleichwerthig (gleich lang) sind. Der Verf. zeigt, dass die gleichkantigen Polyëder sich alle aus dem Hexaëder ableiten lassen, und dass auf Grund des Gesetzes der rationalen Indices nur folgende als einfache Krystallformen vorkommen können:

A. Mit lauter gleichen Ecken („tesseral reguläre"): das Tetraëder, Hexaëder, Oktaëder;

B. mit mehreren Arten von Ecken („tesseral symmetrische"): das Rhombendodekaëder, das Tetrakishexaëder (210), das Trigondodekaëder τ (311).

Ausserdem rechnet der Vf. hierher die Prismen, deren Querschnitt ein regelmässiges Polygon ist; von diesen sind als einfache Krystallformen nur das 3-, 4- und 6-seitige, als Combinationen das 8- und 12-seitige möglich. *F. P.*

Crum Brown. On the Hexagonal System in Crystallography. Proc. Roy. Soc. Edinb. XIII, 118-19†.

Die reguläre Krystallform kann durch Contraction oder Dilatation in der Richtung der Normalen zur Würfel- oder derjenigen zur Oktaëderfläche in eine tetragonale bezw. hexagonale Form übergeführt werden. Eine hierauf gegründete Symbolik der Flächen der beiden derart abgeleiteten Systeme empfiehlt der Verf. als geeignet zur Rechnung und leichteren Auffassung. *E. B.*

L. Wulff. Wachsen die Krystalle nur durch Juxtaposition neuer Molekeln? ZS. f. Kryst., Min. X, 374-89†; [J. chem. Soc. IV, 9; [Beibl. X, 677, 1886.

Für eine Reihe von Krystallviellingen sind einzelne Individuen fest eingeschlossen und können daher nur in beschränktem Maasse am Wachsthum theilnehmen. Der Verf. führt verschiedene Anzeichen dafür an, dass trotzdem solche Individuen an Stellen gewachsen sind, die nicht an der Mutterlauge angrenzen. Man müsste zur Erklärung entweder Umlagerung angrenzender Theile oder nachträgliche Zwischenlagerung annehmen. Wenn derartige Vorgänge auch bei einfachen Krystallen vorkommen, so könnten sie manche Anomalien der Gestaltung erklären. *E. B.*

L. Wulff. Krystallisation in Bewegung. ZS. d. Ver. f. Rübenz. XXXV, 899, 907; ZS. f. Kryst., XI, 120-32†; [Beibl. X, 332, 1886, XI, 135, 1887.

Es galt sehr allgemein für ausgemacht, dass eine Bewegung der Mutterlauge einer Bildung schöner Krystalle in hohem Grade nachträglich sei. Der Verf. setzt auseinander, welche Erscheinungen in Wirklichkeit dabei eine Rolle spielen, und dass im Gegentheil unter Umständen Bewegung sehr geeignet sei, um allseitig gut ausgebildete grössere, reine Krystalle zu erzielen. Er giebt an, namentlich mit Zucker gute Resultate erzielt zu haben und beschreibt sehr eingehend Apparate, die zu solchen Zwecken dienen können. *E. B.*

O. Lehmann. Mikrokrystallographische Untersuchungen. ZS. f. Kryst., Min. X, 1-16†; [Beibl. IX, 384.

— Mikrokrystallographische Untersuchungen. ZS. f. Kryst., Min. X, 321-345†; [Beibl. X, 153, 1886.

Die Arbeiten schliessen sich früheren desselben Verfassers eng an. Eine grosse Reihe von Beobachtungen an den verschiedensten Körpern illustriren zum Theil die Auffassung über die Polymerie und Metamerie, welche der Verf. schon (vergl. diese Ber. XXXIII, 109) ausführlich entwickelt hat. Einige ganz merkwürdige Fälle der Umwandlung einer Modification eines Körpers in eine andere wurden gefunden, bei denen der Vorgang der Formänderung sich mikroskopisch verfolgen liess und einige Aehnlichkeit mit dem Vorgang der secundären Zwillingsbildung hat. Die Arbeiten enthalten ferner eine Reihe von Beobachtungen über Wachsthums- und Auflösungserscheinungen, über Contactbewegung, Entglasung und über regelmässige Anlagerung und im Anschluss an die Beobachtungen über Contactbewegungen einen kurzen Excurs über Wirbelringe, deren Umgestaltung, Theilung und Zusammensetzung. Der Verf. giebt einige Analogien derartiger Formen an, einerseits mit chemischen Verbindungsformeln, andererseits mit Beobachtungen über Zelltheilung, Analogien, denen möglicherweise wirkliche Beziehungen zu Grunde liegen. Die zweite Arbeit beschäftigt sich vorwiegend mit den Mischkrystallen verschiedener Salze, theilweise von isomorphen Körpern (dabei fand der Verf. die auffallende Thatsache, dass die Ammoniumhaloidsalze in zwei verschiedenen regulär krystallisirenden Modificationen vorkommen), theilweise aber auch mit noch auffallenderen Mischkrystallen von Körpern, die nicht analog zusammengesetzt sind. Beiläufig beschreibt der Verf. ein Verfahren, um auch mit Niederschlägen in Gasen Brown'sche Molekularbewegungen zu beobachten. Endlich hat der Verf. auch Versuche angestellt, um zu entscheiden, ob ein Auskrystallisiren aus Flüssigkeit nur erfolgen könne, wenn der Niederschlag in der Flüssigkeit löslich war. Bei der Elektrolyse findet bekanntlich das Gegentheil statt. Bei chemischen Umsetzungen constatirte der Verf. dasselbe Verhalten, nur ist eine Entscheidung über die Principienfrage schwer, weil auch in letzterem Falle die Möglichkeit elektrolytischer Vorgänge nicht ganz auszuschliessen ist. *E. B.*

P. Curie. Sur les répétitions et la symmétrie. C. R. C. 1393-96†; ausführlicher: Bull. Soc. Min. 1884, VII, 99†; [ZS. f. Kryst. XI, 183-8†.

Die Erweiterung, welche der Verf. dem Begriff der Symmetrie geben will, besteht hauptsächlich in der Einführung eines neuen Symmetriebegriffes: der Ebene alternirender Symmetrie. Das Spiegelbild eines Körpers, der eine solche Symmetrieebene besitzt, in Bezug auf dieselbe, ist congruent mit dem Körper, deckt sich aber nicht mit demselben, sondern kann erst durch eine Drehung um die Normale zu der Ebene in die Lage des Körpers selbst übergeführt werden. Die Einführung eines derartigen Symmetriebegriffes ist von weitgehender Bedeutung; speciell für die Krystallographie ergiebt sich daraus eine Abtheilung des tetragonalen Systems, von der noch keine Vertreter unter den Krystallen gefunden worden sind. Obwohl der Verf. selbst nicht sagt, dass BRAVAIS diese Abtheilung nicht berücksichtigt habe, so ist es in der Folge von Anderen behauptet worden. Demgegenüber ist zu bemerken, dass BRAVAIS thatsächlich diese Unterabtheilung erwähnt. Allerdings ist die Art, wie BRAVAIS bei Befolgung seines Systemes die betreffende Form findet, wohl nicht einwurfsfrei, und das macht die neue Behandlung des Gegenstandes durch den Verf. in hohem Grade verdienstvoll. *E. B.*

V. v. EBNER. Die Lösungsflächen des Kalkspathes und des Aragonites. II. Die Aetzfiguren des Kalkspathes. III. Die Lösungsflächen des Aragonites. Wien. Ber. XCI, (2) 760-827†; [Beibl. IX, 774-8; [ZS. f. Kryst. XII, 298-305.

Die Arbeit ist die Fortsetzung einer Untersuchung, die speciell den Lösungsflächen des Kalkspathes galt. Das Interesse, welches den Aetzfiguren, als einem zur Erforschung der Krystallstructur geeigneten Mittel entgegengebracht wird, mag es rechtfertigen, dass das ausführliche Resumé des Verf. hier ungekürzt wiedergegeben wird.

„1) Die Aetzerscheinungen an Krystallen beruhen hauptsächlich auf der Existenz von Lösungsflächen, welche Spaltungsflächen analog sind, mit denselben im Allgemeinen jedoch nicht zusammenfallen.

2) Analog, wie man eine von Spaltungsflächen begrenzte Krystallform Spaltungsgestalt, kann man eine von Lösungsflächen begrenzte Krystallform Lösungsgestalt nennen.

3) Durch Aetzen von Krystallflächen können erhabene Ecken entstehen, welche entweder von den eigentlichen Lösungsflächen begrenzt sind oder aber von secundären Flächen, welche durch combinirtes Zusammenwirken der lösenden Substanz nach verschiedenen Flächen der Lösungsgestalt entstehen. Erstere Ecken

entsprechen der primären Lösungsgestalt; letztere kann man als secundäre Lösungsgestalten bezeichnen.

4) Nur die Flächen der primären Lösungsgestalt sind in aller Strenge krystallographisch mögliche Flächen mit einfachen rationalen Indices. Die secundären Lösungsflächen haben nicht nothwendig rationale Indices, doch kommen solche an denselben nicht selten vor. Es ist im Allgemeinen eine Tendenz nach Bildung von vielflächigen Ecken mit der Krystallsymmetrie entsprechenden Flächen vorhanden, und ausserdem liegen die hauptsächlichsten secundären Lösungsflächen in den Zonen der Kanten der primären Lösungsgestalten. Dies muss namentlich bei Krystallen des regulären Systemes die Bildung von secundären Flächen, welche sich solchen mit rationalen Indices annähern, begünstigen.

5) Wird eine Krystallfläche geätzt, welche einer Lösungsfläche entspricht, so entstehen auf derselben zwar sehr leicht Aetzfiguren, aber nur sehr selten erhabene Lösungsgestalten. Es wäre sogar möglich, dass auf ganz reinen Lösungsflächen überhaupt niemals erhabene Lösungsgestalten entstehen.

6) Die (vertieften) Aetzfiguren verdanken ihre Entstehung einem local begrenzten intensiven Lösungsprocesse. Auf amorphen, isotropen Körpern (Glas) sind die Aetzfiguren muldenförmig und von kreisförmigem Umrisse.

7) Die Aetzfiguren zerfallen in langsam sich entwickelnde (retardirte), welche erst im Laufe von einer oder mehreren Minuten ihre volle Ausbildung erlangen und in rasch sich entwickelnde (instantane), welche in wenigen Secunden ihre definitive Form und Grösse erreichen. Beiderlei Arten sind durch Uebergänge verbunden.

Die Form der Aetzfigur hängt mehr von der Geschwindigkeit ihrer Entwickelung, als von der Qualität des Aetzmittels ab, vorausgesetzt, dass bei der Variation der Aetzmittel nur solche gewählt werden, welche voraussichtlich analoge Zersetzungsprocesse hervorrufen (z. B. verschiedene Säuren beim Kalkspathe). Aetzmittel, welche wesentlich differente Zersetzungen hervorrufen, dürfen mit einander nicht verglichen werden, da diesen voraussichtlich verschiedenartige primäre Lösungsflächen zukommen werden (z. B. Flusssäure und Aetzkali bei Silicatätzungen).

9) Die Geschwindigkeit der Entwickelung der Aetzfiguren lässt sich durch Variation der Concentration und Temperatur des Aetzmittels beeinflussen.

10) Die Umrissformen der instantanen Aetzfiguren hängen in erster Linie von der chemischen Härtecurve (Löslichkeitscurve) der geätzten Krystallfläche ab; sie stehen daher in einem in gewissem Sinne analogen Zusammenhange mit den primären Lösungsflächen, wie eine mechanische Härtecurve mit den Spaltungsflächen.

11) Die Anordnung der Minima der chemischen Härtecurve einer Krystallfläche bleibt für qualitativ verschiedene, aber vergleichbare Lösungsmittel (z. B. verschiedene Säuren beim Kalkspathe) dieselbe, da die primären Lösungsflächen stets dieselben sind. Die numerischen Verhältnisse der Minima können aber nach Temperatur und Concentration eines Lösungsmittels sich wahrscheinlich ändern, wodurch sich die Mannigfaltigkeit instantaner Aetzfiguren erklären würde.

12) Ausgesprochen retardirte Aetzfiguren zeigen im Allgemeinen eine Aehnlichkeit des Umrisses mit dem Umrisse der auf die geätzte Fläche projicirt gedachten Lösungsgestalt. Das Mass dieser Aehnlichkeit hängt aber von den besonderen Umständen ab, unter welchen die Lösungsflächen auf der geätzten Fläche einschneiden. Die grösste Aehnlichkeit des Umrisses resultirt wohl, wenn vier, je paarweise gleichgeneigte Flächen in der geätzten Fläche in zwei auf einander senkrechten Linien sich durchschneiden (Rechteck oder Quadrat). Eine grosse Aehnlichkeit des Umrisses resultirt ferner, wenn drei unter nicht sehr spitzen Winkeln sich kreuzende Lösungsflächen auf der geätzten Fläche einschneiden. Ungünstiger ist dagegen der Fall, wenn vermöge der Lage der Lösungsflächen ausgesprochene singuläre, oder in zwei entgegengesetzten Richtungen einer Linie gelegene chemische Härteminima (Löslichkeitsmaxima) in der geätzten Fläche vorhanden sind. Dies kommt vor, wenn zwei gleichgeneigte, in einer Zone mit der geätzten Fläche gelegene Lösungsflächen einschneiden, welche von einer schief geneigten dritten Lösungsfläche in der geätzten Fläche senkrecht durchschnitten

werden (Spaltungsfläche des Kalkspathes) oder wenn die Richtung der Durchschnittslinie der gleichgeneigten Doppelfläche von einer oder mehreren senkrecht einschneidenden Lösungsflächen unter spitzen Winkeln gekreuzt wird (Deuteroprismenfläche des Kalkspathes, Basis und Makropinakoid des Aragonites, Dodekaëderfläche des Bleiglanzes). In allen diesen Fällen zeigt sich eine Zuspitzung der Aetzfigur in den Richtungen der voraussichtlichen Maxima der Löslichkeit der Fläche (= Minima der chemischen Härtecurve), durch welche Zuspitzung die Aehnlichkeit des Umrisses der Aetzfigur mit dem Umrisse der Projection der Lösungsgestalt aufgehoben oder wenigstens theilweise gestört wird.

13) Die Flächen der Aetzfiguren entsprechen nur in seltenen Fällen primären Lösungsflächen. Bei Aetzfiguren regulärer Krystalle folgen die Flächen zum Theil ähnlichen Gesetzen, wie die Flächen der secundären Lösungsgestalten. Viele Aetzfiguren nicht regulärer Krystalle zeigen aber stark gekrümmte Flächen und neben einspringenden auch erhabene Kanten. Dies lässt sich mit Rücksicht auf die Abhängigkeit der Aetzfiguren von der chemischen Härtecurve begreifen, schwer aber erklären, wenn man die Aetzfiguren als vertiefte Abdrücke von Krystallgestalten auffassen will.

14) Um die Thatsache zu erklären, dass die Aetzfiguren stets der Symmetrie der geätzten Fläche entsprechen, genügt die Annahme nicht, es sei ein Minimum der chemischen Cohäsion in den Normalen der Lösungsflächen vorhanden. Es muss vielmehr zur Erklärung der Aetzfiguren auf hemisymmetrischen Krystallen noch angenommen werden, dass die Bewegungsrichtung eines in der Lösungsfläche gegen eine Krystallfläche anprallenden Moleküles der lösenden Substanz einen verschiedenen Effect bedinge, je nachdem diese Bewegungsrichtung in der Lösungsfläche orientirt ist. Auch die verschiedene Löslichkeit verschiedener Krystallflächen kann nur durch diese Annahme, nicht aber dadurch erklärt werden, dass die Löslichkeit nur von den Richtungen der Combinationskanten und den Neigungen der Lösungsflächen zur geätzten Fläche abhänge.“

Einen Umstand möchte Ref. hier noch erwähnen, der wohl sehr zu Gunsten eines Theiles der Theorie des Verf., sowohl wie seiner Untersuchung spricht, nämlich, dass gerade die Aetzfiguren am Kalkspath nach den Beobachtungen früherer Forscher fast unverträglich mit Anschauungen schienen, die denen des Verfassers in manchen Beziehungen nahestehen und zu denen Ref. zum Theil auf Grund eigener Versuche gekommen war (siehe folg. Ref.).

E. B.

E. BLASIUS. Zersetzungsfiguren an Krystallen.
ZS. f. Kryst. Min. X, 221-40; Inaug.-Diss. Strassburg, Sommer 1884.

Der Verf. stellt durch wasserentziehende Mittel Figuren auf Krystallen auf, die einerseits den Verwitterungsellipsen, die früher beobachtet wurden, andererseits den Aetzfiguren nahe stehen. Versuche über Aetzfiguren führen ihn zur Annahme von Hauptätzflächen. (Vgl. voriges Ref.). *E. B.*

O. MÜGGE. Gleitflächen an Gyps, Antimonglanz, Auripigment und Cyanit. Neues Jahrb. f. Min.. Geol. etc. 1883, II, 13-20†; [ZS. f. Kryst. X, 109†.

— Künstliche Zwillingsbildung am Anhydrit. Neues Jahrb. f. Min., Geol. etc. 1883, II, 258-60†; [ZS. f. Kryst. X, 109†.

— Beiträge zur Kenntniss der Cohäsionsverhältnisse einiger Mineralien. Neues Jahrb. f. Min., Geol. etc. 1884, I. 50-62†; [ZS. f. Kryst. X, 295-96†.

— Schlagfiguren und künstliche Zwillingsbildung an Leadhillit und die Dimorphie dieser Substanz. Neues Jahrb. f. Min., Geol. etc. 1884, I, 63-68†; Nachschrift zum Leadhillit; Neues Jahrb. f. Min., Geol. etc. 1884, I, 204†; [ZS. f. Kryst. X. 296-97†.

— Bemerkungen über die Zwillingsbildung einiger Mineralien. Neues Jahrb. f. Min., Geol. 1884, I, 216-24†; [ZS. f. Kryst. X, 297-98.

— Zwillingsbildung des Kryolith. Aus Jahrb. d. wiss. Anst. Hamburg für 1883, Hamburg 1884; [ZS. f. Kryst. XI, 167-70†.

Der Verf. hat eine ganze Reihe von Mineralien namentlich auf die von REUSCH und BAUMHAUER gefundenen Erscheinungen untersucht. Die Gleitflächen können ihre Erklärung dadurch finden, dass senkrecht zu ihnen ein Cohäsionsmaximum vorhanden ist, ähnlich wie man ein Minimum senkrecht zu den Spaltflächen annimmt. Die Lage der Schlagfiguren hat scheinbar keinen ganz einfachen Zusammenhang mit den anderweitig ermittelten Cohäsionsverhältnissen. Zuweilen liegen die Strahlen der Schlagfigur parallel den Maximis der Cohäsion, zuweilen parallel den Minimis. Es werden also wohl ausser der Cohäsion auch andere Verhältnisse, beispielsweise die Elasticität, einen Einfluss auf die Gestaltung der Schlagfigur haben.

Der Leadhillit ist nach der Untersuchung des Verf. dimorph und zeigt im ganzen ein ähnliches Verhalten, wie es von Kaliumsulfat schon bekannt ist, er wird bei einer bestimmten Temperatur einaxig. (Der Ref. für ZS. f. Kryst. C. Hintze hat diese Erscheinungen ebenfalls schon beobachtet).

Manches in den obigen Arbeiten, namentlich in Bezug auf Entscheidung der Frage, ob Zwillingsbildung an Krystallen in der Natur eine ursprüngliche oder secundäre war, was sich in einigen Fällen durch die Form entscheiden lässt, ist von mehr mineralogischem Interesse. Der Verf. nimmt übrigens an, dass im Moment der Krystallbildung sehr geringe Kräfte genügen dürften, um die Zwillingsbildung hervorzurufen. *E. B.*

H. Baumhauer. Künstliche Zwillingsbildung am schwefelsauren und chromsauren Kali ($K_2 SO_4$ u. $K_2 Cr O_4$) hervorgerufen durch Temperaturerhöhung. ZS. d. d. geol. Ges. XXXV, 639†; [ZS. f. Kryst., Min. X, 405; [J. Chem. Soc. 417.

Verf. wiederholt und bestätigt die Versuche Mallards am schwefelsauren Kali und benutzt zur Untersuchung die Aetzfiguren. Sogar Platten, in denen vor dem Erwärmen gar keine Zwillingslamellen erkannt wurden, bekommen solche. Es ist also bewiesen, dass die Zwillingslamellen nicht nur vermehrt, sondern thatsächlich hervorgerufen werden. Aehnlich verhält sich auch chromsaures Kali. Die Spannungen, die bei Temperaturänderung in solch verwickelten Complexen entstehen, zeigen sich dadurch, dass die Platten zerspringen und kleine Stücke, wenn man sie in heissem

Zustande schnell auf kalte Platten bringt, gewaltsam wieder abgeschleudert werden. *E. B.*

F. BECKE. Aetzversuche an der Zinkblende. Mineral-petrograph. Mitth. v. Tschermak 1882, V, 457; [Beibl. IX, 20-21†.

Verf. ätzt die Blendekrystalle mit siedender Salzsäure an und untersucht die Aetzfiguren direct oder an Gelatineabgüssen. Im ersten Theil wird der Einfluss der Nebenumstände, wie Oberflächenbeschaffenheit des Krystalles, Concentration der Säure berücksichtigt, im zweiten der krystallographische Bau der Blende auf Grund der Aetzresultate erörtert. Es zeigt sich namentlich eine innige Beziehung zwischen den Aetzfiguren und der Tetraëdrie der Krystalle. Die Aetzfiguren sind vertiefte Grübchen auf dem positiven Tetraëder und dem Würfel, erhabene Höcker auf dem negativen Tetraëder und dem Dodekaëder. Alle Aetzflächen liegen im positiven Octanten oder doch sehr nahe an seinen Grenzen. Der Gegensatz des inneren Baues zwischen positiven und negativen Octanten kommt in der ganzen Tektonik der Krystalle sehr deutlich zum Ausdruck. *Bde.*

G. H. WILLIAMS. Cause of the apparently perfect cleavage in American Sphene (Titanite). Sill. J. (3), XXIX, 486-90†. [ZS. f. Kryst. XI.

Der Sphen von gewissen amerikanischen Fundorten besitzt scheinbar eine vollkommene Spaltbarkeit nach den Flächen -4 P (Dana), oft aber nur nach einer derselben.

Der Verf. hat nun nachgewiesen, dass hier keine eigentliche Spaltbarkeit, sondern eine Absonderung vorliegt, welche durch polysynthetische Zwillingsbildung nach -4 P verursacht wird; die sehr feinen Zwillingslamellen können im polarisirten Lichte wahrgenommen werden. Solche durch Zwillingslamellen verursachte Absonderung ist schon beim Korund, Haematit, Salit bekannt. Die Zwillingsstructur des Sphen ist nach Ansicht des Verf. wahrscheinlich durch Druck hervorgebracht, da die begleitenden Minerale (Calcit, Mikroklin etc.) ebenfalls eine solche besitzen. *F. P.*

Douglas Herman and Frank Rutley. On the Microscopic Characters of some Specimens of Devitrified Glass, with Notes on certain analogous Structures in Rocks. Proc. of the Roy. Soc. XXXVIII, 422-24, XXXIX, 87-107†; [Beibl. X, 552.

Die Verf. haben die Entglasungserscheinungen mikroskopisch untersucht, welche in Glasplatten und Glasstücken von verschiedener Form auftraten, wenn sie längere Zeit (einige Tage bis mehrere Wochen) in Sand eingebettet, in einem Ofen auf helle Rothgluth erhitzt worden waren. Zum Zwecke der mikroskopischen Beobachtung wurden Schnitte in verschiedenen Richtungen (z. B. parallel und senkrecht zu den parallelen Grenzflächen der Platten) hergestellt.

Die beobachtete Structur ist in allen Fällen charakterisirt durch Bündel sehr feiner doppeltbrechender Krystallnadeln, welche von Punkten der Oberfläche aus divergiren; die einzelnen Büschel stossen in nahezu ebenen Grenzflächen zusammen und bilden dadurch polygonale Prismen; innerhalb eines jeden Büschels sind sphärisch abgegrenzte Zonen, die den einzelnen Wachsthumsstadien entsprechen, zu unterscheiden. Hiernach scheint die Krystallisation in der Regel von einzelnen Punkten der Oberfläche ausgehend nach allen Richtungen in das Innere fortzuschreiten. Beim Beginn der Entglasung (bevor die Krystallbüschel sich treffen) bilden sich in der That Sphaerolithe an der Oberfläche der Glasstücke. — Diese Structur ist ganz ähnlich derjenigen mancher entglaster Obsidiane, wie die Verf. an Beispielen erläutern. Auf einige Fälle, wo die Entglasung auch von zahlreichen Punkten im Innern ausging, gedenken sie später zurückzukommen.

Der Abhandlung sind zahlreiche Abbildungen beigegeben, welche die an einzelnen Präparaten beobachtete Structur darstellen.

F. P.

E. Mallard et le Chatelier. Sur le dimorphisme de l'iodure d'argent. Bull. soc. min. VI, 181, 1883†; Paris. J. Phys. (2), IV, 305-11†; [ZS. f. Kryst. X, 635†; [Chem. Ber. XVIII, [2], 525; [Natf. XVIII, 364; [Beibl. X, 21.

Die Farbenänderung, die Jodsilber beim Erwärmen zeigt, deutet den Uebergang aus dem hexagonalen in das reguläre System an. Diese Aenderung ist von einer Wärmeabsorption begleitet, welche die Verf. massen und in naher Uebereinstimmung mit den Zahlen von BELLATI und ROMANESE (Proc. Roy. Soc. 34, 104, 1882) finden. Die Axenverhältnisse der hexagonalen Krystalle stehen den auf homologe Axen bezogenen festen Axenverhältnissen der regulären Krystalle ziemlich nahe, und die Ausdehnungen, welche den Uebergang bewirken würden, stimmen dem Sinne nach mit den von FIZEAU thatsächlich beobachteten überein. In der eingehenderen Arbeit (Journ. d. Phys.) beschäftigen sich die Verf. auch mit der Contraction, mit welcher die Umwandlung verbunden ist. Die Analogie mit Verwandlungen wie die von Wasser in Eis spricht sich unter Anderem darin aus, dass durch Anwendung grossen Druckes die Umwandlung bei niedriger Temperatur bewerkstelligt werden kann, nämlich bei 20° statt bei 146°. Die Contraction des Volumens ist bei der höheren Temperatur 0.11, dagegen 0.16 bei 20°.

E. B.

D. KLEIN et J. MOREL. Sur le dimorphisme de l'anhydride tellureux et sur quelques-unes de ses combinaisons. C. R. C, 1140-1143†; [Chem. Ber. XVIII, [2], 368; [Beibl. IX, 383.

Die Verf. haben festgestellt, dass der obengenannte Körper, je nachdem er auf nassem Wege hergestellt wird oder aus dem Schmelzfluss erstarrt, in tetragonalen Octaëdern (welche dem regulären O. sehr nahe stehen) oder in rhombischen Prismen krystallisirt.

F. P.

H. SJÖGREN. Ueber die Krystallform und die physikalischen Eigenschaften des Graphits. Oefvers. af Vet. Akad. Förhandl. 1884, 4, 29-35; [Beibl. X, 1886†; [Chem. Ber. XVIII, [2], 100.

Die untersuchten Eigenschaften von Graphit verschiedener Herkunft, nämlich sowohl die äussere Form, als auch die Gleit-

und Schlagfiguren, die Aetzfiguren und die Wärmeleitung sprechen für dessen Zugehörigkeit zum hexagonalen Krystallsystem.

E. B.

R. H. SOLLY. Die tetartoëdrische Ausbildung eines Turmalinkrystalls. Min. Mag. a. J. of the Min. Soc. of Gr. Br. a. Irel. 1884, No. 28, VI, 80-82; [ZS. f. Kryst. Min. XI, 177-78†.

Der Verf. stellt auf Grund seiner Beobachtungen an Krystallen von Pierrepont die Form des Turmalins als tetartoëdrisch hin.. Der Ref. C. HINTZE (ZS. f. Kryst.) misst nach seinen eigenen Beobachtungen an Krystallen dieses Fundortes wegen der regellosen Unvollzähligkeit der Flächen diesem Resultate wenig Bedeutung bei.

E. B.

L. ILOSVAY. Ueber die Bedingungen der Bildung von gediegenem Schwefel. Földtani Közlöny 1884, IV, 38, 147; [ZS. f. Kryst. Min. X, 91, 1885†; [Natf. XVIII, 154.

Aus seinen Versuchen schliesst der Verf., dass der natürlich vorkommende gediegene Schwefel grossentheils einer Wechselzersetzung von H_2S und SO_2 zu verdanken ist, welche bei gewöhnlicher Temperatur erfolgt. *E. B.*

LUEDECKE. Ueber die von Hofrath GEUTHER dargestellten Poly-Ammoniumsuperjodide. ZS. f. Natw. (4), IV, 199-202†.

Die untersuchten Substanzen krystallisiren in dünnen, theils dem rhombischen, theils dem monoklinen Systeme angehörigen Blättchen, an welchen genaue Winkelmessungen nicht ausführbar waren; sie sind aber zum Theil wegen ihres starken Pleochroismus bemerkenswerth. Dies gilt besonders vom Phenyltrimethylammonium-Pentajodid und -Heptajodid, welche den einen der beiden senkrecht zur Ebene der Blättchen hindurchgehenden Strahlen sehr stark absorbiren; die Krystalle der ersten Substanz zeigen auch Oberflächenfarben. *F. P.*

S. L. PENFIELD. Crystallized Tiemannite and Metacinnabarite. Sill. J. (3) XXIX, 449-454†; [J. Chem. Soc. L, 314.

Tiemannit (HgSe) krystallisirt regulär und zwar tetraëdrisch hemiëdrisch. Der Verf. hat an gut ausgebildeten Krystallen, welche im Habitus denen des Sphalerits ähnlich waren, die Formen beobachtet: K (111) (matt), (1$\bar{1}$1) (glänzend), (001), (511), (733), (3$\bar{1}$1), ausserdem unsicher: K (13.1.1), (13.2.2), (17.2.2). Zwillinge nach (111) sind häufig.

Die vom Verf. untersuchten Krystalle von Metacinnabarit erwiesen sich ebenfalls als regulär hemiëdrisch und denen des Tiemannit ganz ähnlich, auch in der Zwillingsbildung; beobachtet wurden die Formen; K (111), (1$\bar{1}$1), (322), (211) und ein unbestimmbares (h k l).

Der Verf. hält beide Minerale für isomorph und den Onofrit für eine isomorphe Mischung derselben. *F. P.*

Ch. BRAME. Octaèdres à base carrée de soufre, dont la base est physiquement un rhombe. C. R. CI, 533-534; [Chem. Ber. XVIII, [27, 526.

— Genèse des cristaux de soufre, en tables carrées. C. R. CI, 639-642; [J. Chem. Soc. L, 16; [Chem. Ber. XVIII, [27, 526.

Der Verf. beschreibt unter dem Mikroskop beobachtete, scheinbar quadratische, in Wahrheit aber rhombische Schwefelkrystalle, welche sich aus durch Sublimaten oder Erstarrung erhaltenen rundlichen (schon festen) Tröpfchen unter den Augen des Beobachters bildeten; das Aussehen der ursprünglichen und der krystallinisch gewordenen Aggregate wird durch Figuren veranschaulicht. *F. P.*

C. RAMMELSBERG. Beiträge zur Kenntniss der vanadinsauren und phosphorsauren Salze. Berl. Ber. 1882, 11. Janr.; Wied. Ann. XX, 928-948†, 1883; [ZS. f. Kryst. X, 286-289.

Der Verf. beschreibt die Vanadate der Alkalimetalle von zahlreichen verschiedenen Sättigungsstufen, sowie die Pyrophosphate von Na, Li, Am und Fl. Die Krystallform hat er neu bestimmt für: $Am_4 V_{10} O_{27}$ + 10 aq. (quadratisch); $Na_4 V_2 O_7$ + 18 aq. (hexagonal); $Na_4 V_6 O_{17}$ + 16 aq., $Li_6 V_8 O_{23}$ + 12 aq. und $Li_4 V_6 O_{17}$ + 15 aq. (triklin); $H_2 Na_2 P_2 O_7$ + 6 aq. (rhombisch), $Na_2 Am_2 P_2 O_7$ + 6 aq. (monoklin). *F. P.*

C. Rammelsberg. Ueber die essigsauren Doppelsalze des Urans. Berl. Ber. 1884, 24. Juli; Wied. Ann. XXIV, 293-319†; Cim. (3) XVIII, 175.

Die in der Abhandlung mitgetheilten krystallographischen Bestimmungen enthalten wenig Neues. Von den Alkalidoppelsalzen sind das K- und Ag-Salz (mit 1 aq.) sowie das wasserfreie Am-Salz quadratisch und zwar die beiden ersten isomorph; das Na-Salz (wasserfrei) ist bekanntlich regulär tetraëdrisch. Das Ba-, Sr- und Ca-Salz hält der Verf. für isomorph, obwohl das letztere rhombisch, das Sr-Salz quadratisch sein soll. Die rhombisch-krystallisirenden Salze zweiwerthiger Metalle (R), von denen Mg und Mn je 2 verschiedene bilden, ordnet der Verf. in 3 isomorphe Reihen:

1) das Mn-Salz II und Cd-Salz (mit je 1 Atom R und U und 6 aq.);
2) das Mg-Salz II, das Zn-, Ni-, Co-, Fe-Salz (mit 1 Atom R und 2 Atom U und 7 aq.);
3) das Mg-Salz I und Mn-Salz I (wie 2, aber mit 12 aq.).

F. P.

Th. Liweh. Das Krystallsystem des Antipyrins. ZS. f. Kryst. X, 268-270†.

Das Antipyrin krystallisirt monoklin; die Axenelemente sind $a : b : c = 2.4024 : 1 : 2.2727 ; \beta = 62^\circ 51'$.

Gewöhnliche Combination: (001), (100), (011), $(\bar{1}11)$.

Optische Axenebene die Symmetrieebene; die spitze Mittellinie liegt im spitzen Winkel β und bildet mit der Klinodiagonale a 19°.

Die Doppelbrechung ist negativ. Winkel der opt. Axen:

$$2V_a = 53^0 42' \text{ Li}, 54^0 20' \text{ Na}, 55^0 30' \text{ Tl.},$$

mittlerer Brechungskoëfficient β = 1.6837 Li, 1.6885 Na, 1.6960 Tl.

Durch directe Messung an 2 Prismen wurden folgende Werthe der Hauptbrechungsindices für Na-Licht gefunden:
$\alpha = 1.5697$, $\beta = 1.6918$ und 1.6952 (Mittel 1.6935), $\gamma = 1.7324$, woraus folgt

$$2V_a = 55^0 4' \text{ für Na.}$$

F. P.

Th. HIORTDAHL. Colemanit, ein krystallisirtes Kalkborat aus Californien. ZS. f. Kryst. X, 25-31†.

C. BODEWIG und G. vom RATH. Colemanit aus Californien. ZS. f. Kryst. X, 179-286†.

A. ARZRUNI. Ueber einen Colemanitkrystall. ZS. f. Kryst. X, 272-276†.

Der Colemanit krystallisirt im monoklinen System und ist sehr vollkommen spaltbar nach der Symmetrieebene, weniger gut nach einer dazu senkrechten Fläche (c), welche als Basis gewählt worden ist.

Die Axenelemente sind nach HIORTDAHL und ARZRUNI:

$$\grave{a} : \bar{b} : \grave{c} = 0.7747 : 1 : 0.5418, \quad \beta = 110^0 13',$$

nach BODEWIG und G. VOM RATH:

$$\grave{a} : \bar{b} : \grave{c} = 0.7769 : 1 : 0.5416, \quad \beta = 110^0 16\tfrac{2}{3}'.$$

Die untersuchten Krystalle waren sehr flächenreich; HIORTDAHL und ARZRUNI haben je 20 Formen beobachtet.

Die optische Axenebene ist senkrecht zur Symmetrieebene, die erste Mittellinie liegt im stumpfen Winkel β und ist gegen die Kante (001) : (010) nach HIORTDAHL unter 26° 25′, nach G. VOM RATH unter 27° 35′ geneigt (für Na-Licht). Wahrer Axenwinkel für Na-Licht : $2V_a = 55^0 21'$ bezw. 55° 20′, mittlerer Brechungskoëfficient 1.5876 nach H., 1.5910 nach G. v. R., Dispersion der optischen Axen sehr gering ($\varrho < v$ nach H., $\varrho > v$ nach G. v. R.).

Charakter der Doppelbrechung positiv; Hauptbrechungskoëfficient γ nach einer Prismenbeobachtung von Arzruni 1.5823 für Na.

F. P.

E. Kalkowsky. Ueber Olivinzwillinge in Gesteinen.

ZS. f. Kryst. X, 17-24†.

Der Verf. hat in einer Reihe von Gesteinen, besonders im Basalt vom Randen, Durchkreuzungszwillinge von Olivin nach dem schon von G. v. Rath aufgefundenen Gesetz: Zwillingsebene eine Fläche des Brachydoma (vom Winkel 60° 48′ über der Basis) beobachtet. Die Zwillinge sind mit Sicherheit zu erkennen nur einerseits an der Auslöschung von Schliffen parallel dem Makropinakoid, andererseits an der unregelmässig gekrümmten und gezackten Zwillingsnaht. Bisweilen kommt auch mehrfache Zwillingsbildung vor. *F. P.*

O. Lehmann. Ueber die Krystallisation des p-Phenylchinolins. ZS. f. Kryst. X, 1-3.

Der genannte Körper krystallisirt rhombisch und zwar hemimorph; gewöhnlich treten eine steile und eine flache Pyramide und die Basis auf. Nimmt man die erstere als Grundform, so ist das Axenverhältniss etwa 0.9 : 1 : 2.7. Häufig sind Zwillinge, wobei sich die Individuen mit denjenigen Enden, an welchen die stumpfere Pyramide ausgebildet ist, aneinanderlegen. Der Habitus ist verschieden je nach dem Lösungsmittel; der Verf. beschreibt denselben für die Krystallisation aus Alkohol, Benzol, Anilin. *F. P.*

O. Lehmann. Chinonhydrodicarbonsäureester.

ZS. f. Kryst. X, 3-6.

Der Verf. giebt zunächst die Resultate einer krystallographischen Untersuchung dieses Körpers von Arzruni an. Danach sind die Krystalle rhombisch mit dem Axenverhältniss a : b : c = 0.5345 : 1 : 0.4937; optische Axenebene (010), Axenwinkel in Oel um die c-Axe 88° (Li) bis 81 (Tl); Farbe grünlichgelb mit hellblauer Fluorescenz. Diese rhombischen Krystalle bilden sich nach den

Beobachtungen des Verf. beim Erstarren aus dem Schmelzfluss, sowie bei langsamer Krystallisation aus den Lösungen in Aether, Benzol und Anilin. Wurde aber die Lösung stark erhitzt und dann durch rasche Abkühlung in den übersättigten Zustand übergeführt, so bildeten sich ausser den rhombischen noch asymmetrische Krystalle von der Gestalt schiefer Parallelepipeda, und zwar grüne und weisse, erstere mit etwas anderen Winkeln als letztere; noch leichter bilden sich dieselben aus mit Colophonium verdickten Lösungen. Diese beiden Arten asymmetrischer Krystalle werden von den rhombischen, die etwa in ihre Nähe kommen, allmählich aufgezehrt. — Die weisse Modification wandelt sich durch Abkühlung bei einer bestimmten Temperatur in die grüne um, und diese Umwandlung, welche vollkommen umkehrbar ist, ist bemerkenswerth wegen der Plötzlichkeit, mit der sie stattfindet; die Krystalle nehmen ruckweise die neue Form an, wobei sich jedoch zuerst Lamellen bilden. Der Chinonhydrodicarbonsäureester hat also nach dem Verf. eine stabile Modification (die rhombische) und 2 labile (asymmetrische), welche letzteren im Verhältniss der Polymerie unter einander stehen. *F. P.*

O. LEHMANN. Ueber spontane, durch innere Kräfte hervorgerufene Formänderungen krystallisirter fester Körper. Wied. Ann. XXV, 173-188†; [Chem. Ber. XVIII [2] 397; [J. de phys. (2) V, 479; [Cim. (3) XIX, 168; [Natf. XVIII, 270-272.

Im Anschluss an die in den vorigen Referaten besprochenen Beobachtungen beschreibt der Verfasser zunächst die spontanen Formänderungen des Chinonhydrodicarbonsäureesters und der Protokatechusäure. Salmiak zeigt eine ähnliche Erscheinung: Aus heiss gesättigten Lösungen, die mit etwas Cadmiumchlorid verunreinigt sind, scheiden sich reguläre, aber schwach doppeltbrechende Würfel aus, deren Seitenflächen stark gewölbt und ausserdem durch intensiv ausgeprägte diagonale Linien getheilt sind. Die sich selbst überlassenen Krystalle zeigen nach einiger Zeit ein heftiges Zucken, wobei sie sogar zuweilen explosiv zerspringen. In andern Fällen bleibt die Würfelform erhalten, aber die Flächen sind nicht mehr convex, sondern eben oder sogar concav. Zugleich sind sie rauh und rissig geworden. An diese Beobachtungen knüpft der Verfasser eine Discussion über die Theorie der Isomerie, wobei er sich für die sogenannte physikalische Theorie der Isomerie entscheidet und eine Anzahl von Folgerungen aus der letzteren zieht. Wegen der letzteren müssen wir auf das Original verweisen und heben nur noch die schliessliche Annahme hervor, dass auch bei festen Körpern eine Oberflächenspannung existire. Als Beleg für diese Behauptung wird angeführt, dass sich Trichiten bei ihrer Bildung in der Regel ohne erkennbare äussere Ursache beträchtlich krümmen und verdrehen, dass sie sich aber beim Weiterwachsen plötzlich heftig gerade strecken, wobei sie nicht selten zerspringen.

Bde.

Hj. SJÖGREN. Ueber die Manganarseniate von Nordmarken in Wermland. ZS. f. Kryst. X, 113-155†; [J. Chem. Soc. XLVIII, 959.

Die Abhandlung enthält die Beschreibung von 4 neuen Mineralen.

Allaktit ($Mn_3 O_6 (As O)_2$. 4 Mn $O_2 H_2$) krystallisirt monoklin mit den Axenelementen a : b : c = 0.6127 : 1 : 0.3338, β = 84° 16.5', also isomorph mit der Vivianit- und Pharmakolithgruppe. Deutlich spaltbar nach (101), weniger nach (100). Ebene der optischen Axen die Symmetrieebene, 1) Mittellinie im spitzen Winkel (a, c) 49° 12' gegen c geneigt, negativ; halber Axenwinkel für Roth und Blau: $V_\varrho = 9^0 10'$ $V_v = 6^0 19'$; stark pleochroitisch; mittlerer Brechungsindex für Gelb: $\beta = 1.786$.

Haemafibrit ($Mn_3 O_6 (As O)_2$. 3MnO . 5$H_2 O$) ist rhombisch, isomorph mit Skorodit und Strengit, a : b : c = 0.5261 : 1 : 1.1502; deutlich spaltbar || (010). Ebene der optischen Axen (100), erste Mittellinie || c und positiv, Axenwinkel in Luft 2 E ca. 70°, $\varrho > v$.

Diadelphit ((Al, Fe, Mn)$_2$ $O_6 (AsO)_2$ + 8$H_2 O_2$ Mn). Rhomboëdrisch, a : c = 1 : 0.8885; äusserst vollkommen spaltbar || 0R. Doppelbrechung negativ; $\omega_\varrho = 1.723$, $\omega_v = 1.740$ (nach Prismenbeobachtungen). Die meisten Krystalle zeigen optische Anomalien; Platten || 0R erweisen sich in optisch 2-axige Felder mit variabeler

Lage der Axenebene und variabelem Axenwinkel getheilt; in der Mitte sind die Abweichungen von der normalen Interferenzfigur meist kleiner, als in der Nähe der Begrenzung. Oft ist Zonenstructur vorhanden.

Synadelphit ($(Al,Fe,Mn)_2 O_6 (AsO)_2 + 5 MnO_2 H_2$). Krystallsystem monoklin, a : b : c = 0.8581 : 1 : 0.9192, $\beta = 90^{\circ} 0'$, isomorph mit Lazulith und Lirokonit. — Ebene der optischen Axen normal zur Symmetrieebene, 45° gegen die Verticalaxe geneigt, Axenwinkel klein, erste positive Mittellinie die Axe b. — Der Synadelphit kommt ausserdem noch in einer amorphen Modification vor.

F. P.

J. A. Krenner. Auripigment und Realgar von Bosnien.

Földtani Közlöny 1883, XIII, 381; [ZS. f. Kryst. X, 90-91.

Die Winkelmessungen des Verf. am Auripigment weichen von den Mohs'schen merklich ab und führen auf das Axenverhältniss a : b : c = 0.924 : 1 : 1.0524. An den Krystallen von Realgar hat der Verf. 20 Formen beobachtet, darunter 3 neue, nämlich (250), ($\bar{4}34$), ($\bar{1}21$) bei Annahme der Miller'schen Stellung. *F. P.*

F. Rinne. Ueber Hyalophan aus dem Binnenthal.

N. Jahrb. f. Min. Geol. 1884 (1) 207-215; [ZS. f. Kryst. X, 298-299.

Der Verf. hat das von F. Obermayer aufgestellte Axenverhältniss a : b : c = 0.6584 : 1 : 0.5512, $\beta = 64^{\circ} 25'$ bestätigt gefunden und eine Anzahl neuer Formen beobachtet, z. B. ($\bar{3}02$) und ($\bar{1}41$). — Die optische Untersuchung ergab: Auslöschungsschiefe auf dem Klinopinakoid ca. 5° gegen die Klinoaxe im spitzen Axenwinkel (für Na), Ebene der optischen Axen senkrecht zur Symmetrieebene, erste Mittellinie in der letzteren und negativ; ferner

	für Li	Na	Tl
wahrer Axenwinkel	79° 21′	79° 3′	78° 42′
mittlerer Brechungsindex	1.5388	1.5392	1.5416.

F. P.

J. Zingel. Krystallographische Untersuchung einiger organischer Verbindungen.

Diss. Göttingen 1883; [ZS. f. Kryst. X, 414-420†.

Diese Arbeit enthält die Resultate der krystallographischen und optischen Untersuchung folgender Körper:

m-Benzoësäuretrimethylammonchlorid (monoklin),
Dimethylmetaamidobenzoësäure (triklin),
Benzolhexachlorid (monoklin),
α-Phenoldisulfonsaures Baryum (monoklin),
Dinitro-p-Toluidin (rhombisch), $C_9H_8N_4O_6$ (rhomboëdrisch),
α-Dinitrophenyl-Metanitrobenzoat (triklin).

Das Dinitro-p-Toluidin ist dadurch bemerkenswerth, dass die optische Axenebene für Roth (010), für Gelb, Grün, Blau aber (100) ist. *F. P.*

G. vom Rath. Mineralogische Mittheilungen, neue Folge. 19. Quarze aus Nord-Carolina. 20. Ueber einen ausgezeichneten Stephanitkrystall. 21. Ueber den Tridymit von Krakatau. ZS. f. Kryst. X, 156-178†.

Die Quarze von Alexander Co. in Nord-Carolina sind ausserordentlich flächenreich und mannigfach in ihrer Ausbildung. Als herrschende Eigenthümlichkeit hebt der Verf. hervor die gewöhnliche Ausbildung spitzer Rhomboëder, namentlich 3R $(30\bar{3}1)$, und das Auftreten der oft gross entwickelten oberen Trapezflächen $-\frac{3}{2}P\frac{3}{2}$ $(21\bar{3}2)$.

Auch die Trapezoëder der gewöhnlichen Zone (s, g) sind oft stark entwickelt.

Der Verf. beschreibt eingehend eine Anzahl besonders merkwürdiger Krystalle. Er hat an denselben mehrere neue positive und negative Rhomboëder und Trapezoëder gemessen; auch das zweite Prisma wurde beobachtet. Die Zwillingsverwachsungen waren immer solche zweier rechter oder zweier linker Individuen.

Der vom Verf. beschriebene Stephanitkrystall wies die neue Pyramide $\frac{11}{6}P\frac{11}{3}$ (3.11.6) auf.

Der Tridymit von Krakatau zeichnet sich dadurch aus, dass er in sehr dünnen, scheinbar einfachen sechseckigen Krystallblättchen auftritt, welche nach der Ansicht des Verf. als Doppelzwillinge (nach den Flächen $\frac{3}{4}P$ und $\frac{1}{6}P$) zu deuten sind

F. P.

H. VATER. Krystallographische Untersuchungen.

ZS. f. Kryst. 390-399†; [Beibl. X, 154, 1886.

Der Verf. berichtet zunächst über Anhydritkrystalle von Stassfurt, sowie über kleine Eisenglanzkrystalle, welche letzteren sich in den Feuerzügen einer Fabrik in Schönebeck (in Folge von Pyrit- und NaCl-Gehalt der verbrannten Braunkohlen) gebildet hatten und im Wesentlichen den natürlichen durch Sublimation entstandenen Krystallen gleichen. — Weiter enthält die Arbeit des Verf. die krystallographische und optische Beschreibung folgender Substanzen:

Ammoniumthiowolframiat. Rhombisch, a : b : c = 0.7783 : 1 : 0.5675; opt. Axenebene (100), 1. Mittellinie c.

Polymerer (?) Phenylsulfonäthyläther. Monoklin, a : b : c = 0.884 : 1 : ?, β = 72° 13′. A.-Ebene (010).

Diphenylsulfonäthylamin. Triklin.

Phenylsulfonessigsäure. Monoklin, a : b : c = 4.97 : 1 : 1.69, β = 89¾°. A.-E. (010).

Phenylsulfonessigsaures Kupfer. Triklin, a : b : c = 0.8073 : 1 : 0.8734; α = 65° 46½′, β = 121° 18′, γ = 114° 14′.

Phenylsulfonessigsäureäthylester. Monoklin, a : b : c = 1.8445 : 1 0.7625, β = 89° 8′. A.-E. (010).

Mononitrothiophen. Monoklin, a : b : c = 1.7481 : 1 : ?, β = 54° 51½′.

Dinitrothiophen. Monoklin, a : b : c = 0.7549 : 1 : 0.6607, β = 59° 28′. A.-Ebene (010).

Isomeres Dinitrothiophen. Monoklin, a : b : c = 1.6062 : 1 : 1.9075, β = 74° 21½′.

Paranitrobenzoylessigester. Monoklin, a : b : c = 1.4053 : 1 : (1.07), β = 57° 47′. A.-E. (010).

Paratolylsulfonessigsäure. Monoklin, a : b : c = 5.33 : 1 : 2.05, β = 68¾°. A.-E. (010). *F. P*

G. VOM RATH. Mineralogische Mittheilungen, neue Folge. 22. Quarze aus Burke-County, Nord-Carolina.

ZS. f. Kryst. X, 475-487†.

Diese Quarz-Krystalle sind ganz verschieden von denen aus Alexander-Co., aber ebenfalls reich an seltenen Flächen; von letzteren sind z. B. zu nennen P2, $-\frac{3}{2}$ P $\frac{3}{2}$, $\frac{4}{3}$ P $\frac{4}{3}$, ∞ P2. Der Habitus ist durch Vorherrschen von $\pm$R über die Prismenflächen ähnlich dem der sog. Eisenkiesel. Ein schaliger Aufbau, parallel den Rhomboëderflächen, erinnert an die Amethyste; zwischen den Schalen sind häufig Zwischenräume vorhanden, die mit Eisenocker erfüllt sind. Auch kommen bisweilen Hohlräume vor, die von glänzenden Flächen $\pm$R, ∞ R begrenzt werden („negative Krystalle").

Besonders bemerkenswerth sind die auf den Flächen $\pm$R auftretenden ungleichseitig dreieckigen Vertiefungen (natürliche Aetzfiguren), deren Lage erkennen lässt, welche Ecken des Krystalls durch die trigonale Pyramide s abgestumpft werden würden, während gleichzeitig die Beschaffenheit der Vertiefungen selbst auf +R anders ist, als auf —R; diese Vertiefungen ermöglichen daher die Erkennung von Zwillingen beiderlei Art.

Auch auf den Prismenflächen treten unsymmetrische Aetzfiguren auf. — An diesen Vertiefungen wurden z. B. parallel den Rhomboëderflächen eingelagerte Zwillingslamellen nachgewiesen.

Einer der vom Verf. beschriebenen Quarze bietet den sehr ungewöhnlichen Fall dar, dass das eine Ende des Krystalls Links-, das andere Rechts-Quarz ist; den Uebergang von einem zum andern bilden alternirende Lamellen. *F. P.*

F. A. GEUTHER u. G. VOM RATH. Ueber Vanadate und Jodsilber vom Lake Valley, New Mexico. ZS. f. Kryst. X, 458-475†; [J. Chem. Soc. L, 26.

Die Abhandlung enthält die Beschreibung von krystallisirten neuen Vorkommnissen der Mineralien: Vanadinit, Blei-Arsenio-Vanadat (ein neues Mineral, hexagonal krystallisirend, von den Verf. Endlichit genannt), Descloizit, dessen noch zweifelhaftes Krystallsystem G. VOM RATH als rhombisch mit a : b : c = 0.6367 : 1 : 0.8046 annimmt, und Jodsilber, woran ein neues Zwillingsgesetz (Zwillingsebene eine Fläche des Dihexaëders $\frac{3}{4}$ P) aufgefunden wurde. *F. P.*

W. C. BRÖGGER. Ueber die Feldspathgruppe. Aus: Die silurischen Etagen 2 und 3 im Kristianiagebiete und auf Eker. Kristiania, 1882, p. 302-305; [ZS. f. Kryst. X, 498-503+.

Die Ansicht des Verf. über die Feldspathgruppe ist die, dass die Silicate $K_2Al_2Si_6O_{16}$, $Na_2Al_2Si_6O_{16}$, $Ca_2(Al_2)_2Si_4O_{16}$, $Ba_2(Al_2)_2Si_4O_{16}$ einfach eine isomorphe Reihe bilden, trotz des Unterschiedes im Krystallsystem des ersten und der 3 übrigen Glieder; auf letzteren sei deshalb kein Gewicht zu legen, weil nach SOHNCKE's Definition 2 Substanzen isomorph sind, wenn sie im krystallisirten Zustande congruente oder nahezu congruente Structurformen besitzen, und weil letzteres auch für den Orthoklas im Vergleich zu den Plagioklasen zutreffe. Die jetzt übliche Annahme der Isodimorphie der Feldspathe sei daher überflüssig, ausserdem aber unwahrscheinlich, weil die beiden jedem einzelnen Gliede der Reihe zugeschriebenen Structurformen so sehr ähnlich sind, und weil die reinen Silicate für sich nur in einer dieser Formen vorkommen. Hiervon würde allerdings der Kali-Orthoklas und -Mikroklin eine Ausnahme machen; Verf. nimmt aber an, dass die geringe Abweichung der Form des Mikroklins vom monoklinen System durch eine geringe Beimischung von $Na_2Al_2Si_6O_{16}$ bedingt sei.

Die allgemeinen Ansichten des Verf. über Isomorphie und Morphotropie sind ZS. f. Kryst. X, 500-503 entwickelt. Der Verf. ist der Ansicht, dass 2 verschiedene Substanzen niemals genau dieselbe Structurform besitzen (ausgenommen höchstens regulär krystallisirende), und dass daher die Ersetzung einer Atomgruppe durch eine andere stets eine morphotropische Wirkung habe. Ist dieselbe klein, so seien die betreffenden Substanzen als homöomorph (statt isomorph) zu bezeichnen. Die Homöomorphie sei nicht von der Gleichheit des Krystallsystems abhängig; die morphotropischen Aenderungen könnten manchmal klein sein und doch das letztere ändern, in anderen Fällen gross, während das Krystallsystem dasselbe bleibt. Eine morphotropische Wirkung finde nun auch immer bei theilweiser Ersetzung einer Atomgruppe statt: morphotropische Mischungen; sind insbesondere die sich mischenden Substanzen homöomorph, so entstehen homöomorphe Mischungen.

Diese Theorie des Verf. beruht auf einer Erweiterung des von Groth eingeführten Begriffes der Morphotropie; eine weitere Ausführung derselben und Begründung durch Beispiele wird vom Verf. in Aussicht gestellt. *F. P.*

Ed. Palla. Ueber Goethit. ZS. f. Kryst. XI, 23-28†, 1886.

Der vom Verf. untersuchte Goethitkrystall besitzt Flächen, welche unter Annahme eines monoklinen Axenkreuzes (mit der Schiefe $\eta = 90^{0}\,36'\,25''$) die einfachen Indices (111), $(\overline{1}\overline{1}1)$, (212) erhalten, aber bei Beibehaltung des rhombischen Systems nur als vicinale Flächen (100.102.100), (102.100.102), (100.52.100) gedeutet werden können. (Letzteres ist wohl vorzuziehen, weil auch bei Annahme des monoklinen Systems noch vicinale Flächen übrig bleiben). Die optische Untersuchung ergab, dass die erste Mittellinie (nahezu?) senkrecht zur Spaltungsfläche (010) und der Axenwinkel für Roth fast = 0, dagegen für Blau sehr gross ist, so dass das Interferenzbild in weissem Lichte an dasjenige des Brookit erinnert. *F. P.*

K. Haushofer. Krystallographische Untersuchungen. ZS. f. Kryst. XI, 147-157†, 1886; [J. Chem. Soc. L, 341.

Die vom Verf. untersuchten Substanzen sind:

α — (Py) m — (B) — Dichinolylin ($C_{18}\,H_{12}\,N_2$), monoklin;

α — (Py) m — (B) — Dichinolylin, isomer mit vorigem, triklin;

β — Methyl — α — Chinolincarbonsäure, monoklin;

salpetersaures α — Normalpropyl — β — Aethylchinolin, monoklin;

salzsaures desgl., triklin; α — Propyl — β — Chlorzimmtsäure, triklin;

p — Nitrobenzoylessigsäure — Aethylaether, monoklin;

p — Nitrobenzoylessigsäure — Methylaether, monoklin;

Paranitrobenzoyl — Tetramethylen — Carbonsäureäthyläther, monoklin; Trimethylendicarbonsäure, triklin;

Diphenylfurfurandicarbonsäure — Diäthyläther, rhombisch;

m — Xylilenbromid, monoklin;

Oxyhexamethylendicarbonsäureäthyläther, triklin;
Diallylmalonsäure, rhombisch (Axenverhältniss sehr annähernd 1 : 1 : 1);
Malonparatoluidsäureäthyläther, rhombisch. *F. P.*

A. Cathrein. Neue Flächen am Adular.
ZS. f. Kryst. XI, 113-119†.

Der Verf. hat an Adularkrystallen von St. Gotthard die Fläche ($\bar{5}06$), an solchen von Elba die Form ($\overline{12}.10.1$), an Krystallen von Schwarzenstein (201) und 3 Formen von den Symbolen (h, h+21, l), ($\bar{h}$, 3h+21, l), (h+21, h, l) beobachtet, welche sämmtlich noch nicht bekannt oder zweifelhaft waren. *F. P.*

G. la Valle. Krystallform einiger organischer Verbindungen. Gazetta chim. ital. XIII, 344 u. 399, 1883; XIV, 32, 36, 1884; [ZS. f. Kryst. XI, 163-164.

Die Arbeit enthält die krystallographische Untersuchung von: Hydroberberin (rhombisch), Pyrrholinplatinchlorid (triklin), Bichlormaleïnimid (rhombisch), Bibrommaleïnimid (monoklin); letztere Krystalle sind sehr leicht spaltbar nach (001), haben die optische Axenebene (010), die spitze positive Mittellinie normal zu (001), $\varrho < v$ und schwache geneigte Dispersion. *F. P.*

B. Blount. On the cause of the decrepitations in samples of socalled explosive pyrites.
J. Chem. Soc. XLVII, 593-597.

Gewisse Kupferkiese und Pyrite haben die Eigenthümlichkeit, bei geringer Erwärmung (die Pyrite meist erst bei stärkerer) heftig zu decrepitiren. Der Verf. hat festgestellt, dass die dabei entwickelten Gase CO_2 und H_2O in variabelem Verhältniss sind, und schreibt daher das Explodiren stark comprimirter, wahrscheinlich flüssiger CO_2 zu, die in kleinen Hohlräumen des Minerals eingeschlossen sei. *F. P.*

L. FLETCHER. Krystallformen einiger Cumarinderivate. Journ. of the Chem. Soc. XXXIX, 446, 1881; [ZS. f. Kryst. X, 614-617†.

Die üblichen krystallographischen und optischen Angaben für eine Reihe solcher Derivate, die einstweilen zu keinen theoretischen Betrachtungen Anlass gegeben haben und wie ähnliche Messungsresultate in diesen Berichten weder geeignete Zusammenstellung noch Beachtung finden würden. *E. B.*

A. JOLY. Sur un hydrate cristallisé de l'acide phosphorique. C. R. C, 447-50†; [J. Chem. Soc. XLVIII, 482; [Bull. soc. chim. XLIII, 607; [Chem. CBl. (3) XVI, 296.

Bringt man in eine concentrirte Phosphorsäurelösung einen Krystall von $PhO_5, 3H_2O$, so wachsen solche Krystalle weiter, während die Mutterlauge die Constitution $PhO_5, 4H_2O$ annimmt und auch nach einiger Zeit auskrystallisirt, so dass das Ganze fest wird und man ein Gemisch von beiden Krystallen hat. Diese neue Modification schmilzt bei ca. 27°. Bei der Verbindung von PhO_5 mit 1.2 und $3H_2O$ wird im Mittel 4.93 Cal. entwickelt, während die Verbindung mit dem vierten H_2O nur noch den Beitrag 1.85 Cal. liefert. Das Hydrat hat Lösungswärmen, die von —0.07, bei 40 Theilen Wasser wachsen bis + 0.31 bei 850 Theilen Wasser von 13°. Löst man das Hydrat in einem an Gewicht gleichen Quantum Wasser von 16°.8 auf, so sinkt die Temperatur auf 11°.5; die Lösungswärme für ein nfaches Gewicht Wasser kann dargestellt werden durch die Formel

$$Q = \frac{n}{n + 8.46} 3.95 - 3.64.$$

Das Hydrat ist mit $AsO_5, 4H_2O$ isomorph. *Cn.*

G. GUISCARDI. Communicazione. Rend. Acc. Napoli, XXIV, 181.

Verfasser beschreibt Nephelinkrystalle vom Monte Somma, auf deren Pinakoïdflächen zahlreiche kleine abgestumpfte Kegel aufsitzen, die für das blosse Auge als kleine, flache Kreise erscheinen.

Er fasst diese Kegel als abgestutzte Bipyramiden erster oder zweiter Ordnung mit unendlich vielen Flächen auf. *Bde.*

A. DITTE. Combinaisons de l'azotate d'argent avec les azotates alcalins. C. R. CI, 878-881†; [Beibl. X, 154, 1886.

Verf. hat gefunden, dass $AgNO_6$ mit KNO_6, $RbNO_6$, NH_4NO_6 Doppelsalze (z. B. $AgNO_6, KNO_6$) bildet, welche zwar, wie die einfachen Salze, rhombisch krystallisiren, aber mit abweichendem Habitus, dass hingegen $AgNO_6$ mit $NaNO_6$ und $LiNO_6$ rhomboëdrisch krystallisirende eigentliche isomorphe Mischungen eingeht. Demnach ist $AgNO_6$ dimorph, wenn auch die rhomboëdrische Modification noch nicht für sich bekannt ist. *F. P.*

A. DE SCHULTEN. Sur la production de l'hydrate de magnésium cristallisé (brucite artificielle) et de l'hydrate de cadmium cristallisé. C. R. CI, 72-73†; [Arch. Pharm. CCXXIV, 43.

Verf. hat Magnesium- und Calciumhydrat in sehr kleinen hexagonalen Prismen künstlich dargestellt. *F. P.*

F. GONNARD. Sur un nouveau groupement réticulaire de l'orthose de Four-la-Brouque. C. R. CI, 76-77†.

Bei der vom Verf. beobachteten Verwachsung zweier Orthoklaskrystalle ist das eine Individuum aus der Parallelstellung gegen das andere um nahezu 120° um die Kante m/m gedreht (nicht um 180°, wie bei den Karlsbader Zwillingen). *F. P.*

P. CAZENEUVE et J. MOREL. Étude cristallographique sur les dérivés du camphre. Bull. soc. chim. XLIV, 161-166†; C. R. CI, 438-440; Chem. CBl. (3) XVI, 775.

α-Monochlorcampher $C_{10}H_{15}ClO$ und Monocyancampher $C_{10}H_{15}CyO$ krystallisiren rhombisch und sind isomorph; Monobromcampher ist monoklin, hat aber sehr ähnliche Winkel; Monojodcampher konnten die Verf. nicht vollständig bestimmen. Bichlorcampher

$C_{10}H_{14}Cl_2O$, Chlorbromcampher $C_{10}H_{14}ClBrO$, Chlornitrocampher $C_{10}H_{14}(NO_2)ClO$, Bromnitrocampher $C_{10}H_{14}(NO_2)BrO$, α-Dibromcampher $C_{10}H_{14}Br_2O$ und Cyanbromcampher $C_{10}H_{14}BrCyO$ krystallisiren alle **rhombisch** mit ähnlichen Winkeln, sind aber kaum noch als isomorph zu bezeichnen. *F. P.*

---

v. ZEPHAROVICH. Die Krystallformen einiger Campherderivate III. Wien. Ber. XCI [1], 107-128†.

Der Verf. hat die Krystallformen und zum Theil die optischen Eigenschaften (Orientirung der Symmetrie-Axen und scheinbaren Axenwinkel) folgender Körper festgestellt: Campholsäure $C_{10}H_{18}O_2$, monoklin; Nitrooxycampher $C_{10}H_{15}(NO_2)O_2$, monoklin; Bromnitrocampher, bei welchem er eine andere Aufstellung wählt, wie CAZENEUVE und MOREL; β-Bibromcampher, rhombisch, mit sehr ähnlichen Formen wie α-Bibromcampher, aber ganz verschiedenen optischen Eigenschaften; Bibrommononitrocampher, $C_{10}H_{13}Br_2(NO_2)O$, rhombisch; Anhydrocamphoronsäure $C_9H_{12}O_5$, rhombisch; $C_8H_{12}O_4$ desgl.; $C_8H_{11}AgO_4$, triklin; Dinitrobrommethankalium $CKBr(NO_2)_2$, triklin, meist Zwillinge nach (100). — Die Krystallformen sind auf 2 Tafeln dargestellt. *F. P.*

P. W. JEREMÉEFF. Russian Caledonite and Linarite. N. Jahrb. f. Min. 1885 (2), Ref. 9-10; [J. Chem. Soc. XLVIII, 1186†.

Das Krystallsystem des Caledonit ist nach dem Verf. monoklin, $a:b:c = 1.0896:1:1.5773$, $\beta = 90^\circ 38'$; er hat die neuen Formen $\frac{1}{6}P\bar{\infty}$ und $-\frac{1}{3}P\bar{\infty}$ beobachtet. Für Linarit hat er das monokline Axensystem $a:b:c = 1.7193:1:0.8299$, $\beta = 102^\circ 35' 30^{0}$ berechnet. *F. P.*

F. RINNE. Rutil von Imfeld. N. Jahrb. f. Min. 1885 (2), 20-24; [J. Chem. Soc. XLVIII, 1186.

Verf. hat unter 10 Formen die neue $P\frac{5}{3}$ beobachtet; er giebt überdies eine Tabelle der 25 bisher am Rutil beobachteten Formen. *F. P.*

F. SANSONI. Note crystallographique sur la chaux carbonatée de Blaton. Bruxelles, Bull. (3) IX, 287-297†.

Die flächenreichen grossen Krystalle, welche der Verf. beschreibt, weisen die neuen Formen $-2R\frac{7}{3}$ $(4\,10\,\overline{14}\,3)$, $\frac{4}{5}R3$ $(10\,5\,\overline{15}\,4)$, $\frac{15}{4}R\frac{5}{3}$ $(20\,5\,\overline{25}\,5)$ und $9R$ $(90\,\overline{9}\,1)$ auf. Der Verf. hat die sämmtlichen beobachteten Flächen in einer sphärischen Projection dargestellt. *F. P.*

H. A. MIERS. Crystallography of $CuSO_4, 2CuH_2O_2$. J. Chem. Soc. XLVII, 377-378†; [Chem. Ber. XVIII [2], 430.

Die Krystalle sind rhombisch, a : b : c = 2.0116 : 1 : 1.3842. Beobachtete Formen (010), (010), (110), (230), (101), (201), (111), (641). *F. P.*

H. A. MIERS. Crystallography of Bromostrychnine. Chem. News LI, 47; J. Chem. Soc. XLVII, 144-145†.

Krystallsystem rhombisch, a : b : c = 1.4591 : 1 : 1.1946. Beobachtet: (100), (110), (101), (102), (112). *F. P.*

O. LUEDECKE. Krystallographische Beobachtungen an organischen Verbindungen. III. Fortsetzung. ZS. f. Naturw. LVIII, 438-450†.

Die Krystallform wurde bestimmt für: Caffeïnmethyljodid, triklin; saures oxalsaures Triacetondiamin, monoklin; Sarkosinplatinchlorid, desgl.; Lupinidinplatinchlorid, rhombisch; Aethylsuccinylobernsteinsäure, desgl.; Allocaffeïn, ebenfalls rhombisch, aber von monoklinem Habitus; Atropin- und Daturinplatinchlorid, monoklin, isomorph; Hyoscyaminplatinchlorid, triklin; Amidotrimethyloxybutyronitril, rhombisch; salzsaures Amidodimethylpropionsäure-Platinchlorid, triklin; salzsaures Diacetonalkamin-Platinchlorid, monoklin; salzsaures Pseudotriacetonalkamin-Platinchlorid, rhombisch; Benzaldiacetonamin, monoklin.

Von den optischen Eigenschaften wurden meistens nur die Auslöschungsschiefen beobachtet. *F. P.*

O. LUEDECKE. Natürliche Pikromeritkrystalle von Stassfurt. ZS. f. Naturw. (4) IV, 490†.

Verf. hat die Axenelemente dieser monoklinen Krystalle zu a : b : c = 0.7425 : 1 : 0.4965, $\beta = 74^{0}\,52'$ bestimmt.

F. P.

S. L. PENFIELD. Crystals of Analcite from Phoenix Mine, Lake Superior Copper Region. Sill. J. (3) XXX, 112-113†.

Der Verf. beschreibt Ikositetraëder dieses Minerals, welche längs der Kanten schmale Rinnen zeigten und bei näherer Betrachtung aus 24 einzelnen, parallel gestellten und gegeneinander verschobenen Krystallen zusammengesetzt schienen; Verf. meint, dies sei dadurch zu erklären, dass sich die äussern Theile der Krystalle einem älteren Kernkrystall angelagert haben.

F. P.

W. E. HIDDEN. On Hanksite. Sill. J. (3) XXX, 133-35†; [J. Chem. Soc. L, 315.

Die Krystallform des Hanksit ($4\,Na_2\,SO_4 + Na_2\,CO_3$) wurde vom Verf. als hexagonal (a : c = 1 : 1.014) bestimmt; DANA fand das Mineral optisch einaxig mit negativer Doppelbrechung.

F. P.

H. L. WELLS and S. L. PENFIELD. Gerhardtite and Artificial Basic Cupric Nitrates. Sill. J. (3) XXX, 50-57†.

Gerhardtit ($4\,Cu\,N_2\,O_6 + 3\,H_2\,O$) krystallisirt rhombisch mit a : b : c = 0.9218 : 1 : 1.1562; die Krystalle zeigen viele Pyramiden (h h k).

Optische Axenebene ist (010), der Axenwinkel sehr gross, $\varrho < v$; Doppelbrechung stark, negativ. Es ist starker Pleochroismus vorhanden (Farben: blau und grün).

Dieselbe Verbindung, künstlich dargestellt, kryst. monoklin: a : b : c = 0.9190 : 1 : 1.1402, $\beta = 85^{0}\,24'$. Optische Axenebene ist (010), Doppelbrechung und Pleochroismus wie beim Gerhardtit.

F. P.

L. BOMBICCI. Sulle superficie elicoidi e paraboloidi nei romboëdri detti selliformi di dolomite e di altri carbonati anidri. Bologna, Mem. (4), VI, 307-17†.

Die Arbeit handelt von den krummen, paraboloïd-ähnlichen Begrenzungsflächen der sog. sattelförmigen Krystalle rhomboëdrischer Carbonate (Dolomit, Mesitin, Spatheisenstein). Nach der Ansicht des Verf. sind dieselben, wie alle gekrümmten Krystallflächen, Scheinflächen, d. h. sie werden in Wirklichkeit durch die Kanten oder Ecken sehr kleiner normaler rhomboëdrischer Kryställchen, welche im vorliegenden Fall nicht genau parallel gestellt sind, gebildet. Die fraglichen krummen Flächen betrachtet er vom geometrischen Standpunkte als solche Stücke hyperbolischer Paraboloïde, welche von 4 Kanten eines einem Rhomboëder eingeschriebenen Tetraëders von monokliner Symmetrie, d. h. von 2 kurzen und 2 langen Diagonalen der Rhomboëderflächen begrenzt werden. Er erläutert diese (doch wohl etwas willkürliche) Vorstellung durch mehrere Figuren. — Ausserdem sind die dem Verf. zugänglichen Exemplare sattelförmiger Krystalle beschrieben und auf einer Tafel abgebildet. *F. P.*

ED. VON FELLENBERG. Ueber ein neues Vorkommen von Bergkrystall in der Schweiz. Bern. Mitth. 1885, 99-110†.

Es wird ein Vorkommen von Quarzkrystallen (bei Rex) beschrieben, welche mit den sog. „gefensterten" Krystallen von Poretta genau übereinstimmen. *F. P.*

F. SANSONI. Sulla Barite di Vernasca. Con due tavole. Bologna, Mem. (4), VI, 471-79†.

Der Verf. hat eine sehr grosse Anzahl Barytkrystalle von jenem Fundort gemessen, hauptsächlich um die Frage nach den Winkelschwankungen bei Krystallen eines und desselben Minerales, die sich unter gleichen Umständen gebildet haben, zu entscheiden. Er hat folgende Resultate gefunden:

1) Die homologen Winkel können an einem und demselben Individuum ebenso stark variiren wie von einem Krystall zum andern.

2) Die Winkelschwankungen sind unabhängig vom Habitus der Krystalle, aber je nach der Zone verschieden gross, sie sind am kleinsten in der Zone [001 : 010], welche zu der Gesteinfläche, welcher die Krystalle aufgewachsen sind, annähernd senkrecht ist.

3) Die Pinakoïde (001) und (010) convergiren gegen das freie Ende des Krystalls hin.

Diese Abweichung der Mittel von ihren theoretischen Werthen wird nach Ansicht des Verf. durch äussere Einwirkungen während des Wachsthums der Krystalle bedingt; insbesondere schreibt er (wie DAUBER) die erwähnte Convergenz der Attraction des Gesteins zu, welchem die Krystalle aufgewachsen sind. *F. P.*

P. SABATIER. Sur la composition du persulfure d'hydrogène et sur la variété nacrée du soufre. C. R. C, 1346-48†; [Chem. Ber. XVIII, 403; [Beibl. IX, 570.

MAQUENNE. Sur le soufre provenant de la décomposition du persulfure d'hydrogène. C. R. C, 1499-1500†; [J. Chem. Soc. XLVIII, 1037; [Chem. Ber. XVIII [2]. 492; [Chem. CBl. (3), XVI, 563.

D. GERNEZ. Sur les cristaux nacrés de soufre. C. R. C, 1584-85†; [J. Chem. Soc. XLVIII, 1037; [Chem. Ber. XVIII [2], 492; [Chem. CBl. (3), XVI, 563; [Beibl. IX, 576.

P. SABATIER. Sur les propriétés du persulfure d'hydrogène. C. R. C, 1585-88†; [Chem. CBl. (3), XVI, 564.

Das von Herrn SABATIER nach dem Verfahren von THÉNARD hergestellte Wasserstoffsupersulfid ist hellgelb, klar und hat einen intensiven Geruch; der Verf. entscheidet sich nach seinen Versuchen für die Zusammensetzung HS_2. Bringt man in einem gut verschlossenen Gefäss Wasserstoffsupersulfid mit gewöhnlichem Aether zusammen, so treten beim Schütteln farblose rhombische Lamellen auf, die Anfangs irisirend scheinen. Ebenso bilden sich diese Krystalle im Essigäther, Aethyl- und Amylalkohol; die Anfangs farblose Flüssigkeit wird milchig und füllt sich mit perlmutterartigen Schwefelkrystallen. Herr SABATIER empfiehlt dies Verfahren als einfach und practisch, um sicher diese Schwefelvarietät zu erhalten.

Maquenne macht darauf aufmerksam, dass er früher schon durch Zusatz von Aether zu einer Lösung von Schwefel in Schwefelkohlenstoff ähnliche Krystalle erhalten habe (Bull. Soc. Chim. I, 238, 1884), die bei 117° schmelzen und die Dichte 2.045 haben; sie haben nach Maquenne die Gestalt eines orthorhombischen Prismas von 106° 20′, das aus einem normalen Oktaëder durch unbegrenzte Verlängerung zweier anliegenden Flächen entsteht, bilden also keine neue Krystallart.

Gernez erwiedert darauf, dass die von Maquenne dargestellten Krystalle nicht mit den perlmutterartigen identisch sind; die letzteren stellen einen Zustand labilen Gleichgewichts dar und setzen sich bei Berührung mit einem Oktaëder sofort in Oktaëder um; die Maquenne'schen Krystalle sind nach Gernez schon in dieser Weise umgewandelte Krystalle, welche, wie St. Claire Deville beobachtete, die Erscheinung von langen oktaëdrischen Nadeln bilden können. Auch der Umstand, dass Prismen, Oktaëder und perlmutterartige Krystalle gleichzeitig in derselben Lösung neben einander bestehen können und sich mit durchaus verschiedenen Geschwindigkeiten darin entwickeln, spricht dafür, dass man es mit drei wesentlich verschiedenen Krystallformen zu thun hat.

Sabatier bekennt sich zu der Ansicht Gernez's und erwähnt, dass die Maquenne'schen Krystalle zuerst von Thénard erhalten worden sind. Es werden einige weitere Einzelheiten über das chemische Verhalten von Wasserstoffsupersulfid zusammengestellt.

Cn.

D. Gernez. Sur le phénomène de la surfusion cristalline du soufre et sur la vitesse de transformation du soufre prismatique en octaédrique. C. R. C, 1343-45†; [J. Chem. Soc. XLVIII, 952; [Chem. Ber. XVIII [2], 400; [Chem. C.-Bl. (3), XVI, 498; [Beibl. X, 574.

— Sur la vitesse de transformation du soufre prismatique en octaédrique. C. R. C, 1382-85†; [Chem. Ber. XVIII [2], 400; [Chem. C.-Bl. (3), XVI, 515-16; [Natf. XVIII, 804; [Beibl. X, 375.

Der Verf. bringt pulverisirten oktaëdrischen Schwefel in 1 – 2 cm weite Glasröhren, schmilzt ihn bei einer Temperatur T, die während der Zeit τ constant gehalten wird, bringt ihn dann rasch in ein Ueberschmelzungsbad bei der Temperatur t und belässt ihn darin eine Zeit τ'. Berührt man dann die Flüssigkeit mit einem prismatischen Krystall, so entwickeln sich Prismen durch die ganze Röhre. Bringt man ihn dann in ein Bad von der Temperatur ϑ, so kann man dies Umkrystallisiren beobachten, das eintritt, wenn man einen kleinen oktaëdrischen Krystall an die Oberfläche des prismatischen Schwefels drückt.

Die Umwandlungsgeschwindigkeit des prismatischen in oktaëdrischen Schwefel, die man sich gemessen denken kann durch das Wachsthum des umgewandelten Schwefels in der Zeiteinheit, oder durch die Zeit, in der die Länge des umgewandelten Theiles um 0.01 m zunimmt, hängt von den erwähnten Grössen ab. 1) Einfluss der Temperatur der Umgebung. In der Nähe von 97° (bei 97° selbst ist sie Null) geht die Umwandlung sehr langsam vor sich, wird rascher mit sinkender Temperatur, erreicht ein Maximum zwischen 44° und 55° und nimmt dann weiter ab. 2) Einfluss der Entstehungstemperatur der Prismen: die Umwandlungsdauer ist um so kleiner, je niedriger die Entstehungstemperatur war.

Entstehungtemperatur	75.8	89.4	99.8	111.5
Umwandlungsdauer für 1 cm	5m 5s	12m	27m 16s	54m 16s

3) Lässt man die Prismen längere Zeit in dem Entstehungsbade, so nimmt die zur Umwandlung nöthige Zeit anfangs ab, dann wird sie constant.

Aufenthaltsdauer im Entstehungsbad	5m	4h 5m	5h 55m
Umwandlungsdauer für 10 mm	44m 7s	17m 20s	17m 2s

Nach ihrem Entstehen erfahren also die Prismen bei der betreffenden Temperatur noch eine Modification, die ihre Umwandlung in Oktaëder erleichtert. 4) Auch die Temperatur T, bei welcher der Schwefel geschmolzen wurde, ehe er in Prismen krystallisirte, ist von Einfluss.

Temperatur der Schmelzungsbäder	130°	154°	177°	206°	231°	265°
Dauer des Auskrystallisirens von 10 mm	11m 54s	48m	80m	133m	200m	240m

Im Schmelzungsbad verweilte der Schwefel 5 Minuten, dann

wurde er 15 Minuten auf 88°.9 gehalten und bei 51°.2 in Oktaëder verwandelt. 5) Je länger man den Schwefel in dem Schmelzungsbad auf constanter Temperatur hält, desto weiter geht die erwähnte Modification, die auch nach dem Auskrystallisiren in Prismen noch bestehen bleibt. Die Umwandlungsdauer erweist sich also als abhängig von der ganzen Vorgeschichte der Krystalle. *Cn.*

Litteratur.

P. GROTH. Physikalische Krystallographie und Einleitung in die krystallographische Kenntniss der wichtigeren Substanzen. II. Aufl. Leipzig: Engelmann, 1885; [ZS. f. Natw. (4) IV, 501-3; [ZS. f. Instrkde. V, 253; [Beibl. IX, 639-640.

H. KOPP. Sechs Tafeln mit Netzen zu Krystallmodellen zu der „Einleitung in die Krystallographie“. Braunschweig: Vieweg, 1885, [ZS. f. Natw. (4) IV, 503.

G. DE PERRODIL. Mécanique appliquée. II. Mécanique moléculaire des milieux solides homogènes cristallisées de forme quelconque. Paris: Gauthier-Villars, 1885. *Bde.*

E. FEODOROFF. Studien zur analytischen Krystallographie. Jornij Journ. (J. für Bergwesen, russ.), 1885, II, p. 87-118, 222-242. *O. Chw.*

S. FEODOROFF. Grundzüge der Lehre von den Figuren. Sapiski (Schriften) d. kais. mineral. Ges. XXI, p. I-VIII und 1-278. *O. Chw.*

J. TUTSCHEFF. Regelmässige Punktvertheilungen. Sapiski (Schriften) d. kais. mineral. Ges. XX, p. 130-184. Auch St. Petersb. 1885, 50 pp. *O. Chw.*

ALFRED EINHORN. The Force Function in Crystals. Proc. of th. R. Soc. 1885, XXXVIII; [Sill J. (3) XXXI, 69.
Vorläufiger, sehr kurzer Auszug.

WILLIAM BARLOW. A Theory of the Connection between the Crystal Form and the Atom Composition of Chemical Compounds. Rep. Brit. Ass. 1885, 983-84.

M. SCHUSTER. Studien über die Flächenbeschaffenheit und Bauweise der Danburitkrystalle vom Scopi in

Graubündten. Min. Mittb. VI, 301-514; Rep. Brit. Ass. Aberdeen, 1885, 1033.

LAVORI DI QUINTINO SELLA. Delle forme cristalline dell' Anglesite di Sardegno. Mem. Acc. dei Linc. (4) II, 199-207. Wiederabdruck von 1879.

QUINTINO SELLA. Sulla Meneghinite. Mem. Acc. dei Linc. (4) II, 197-198. Wiederabdruck von 1863.

QUINTINO SELLA. Sulla legge di connessione delle forme cristalline di una stessa sostanza. Mem. Acc. dei Linc (4), II, 45-52. Wiederabdruck von 1856.

QUINTINO SELLA. Sulle forme cristalline di alcuni sali di platino et del boro adamantino. Mem. Acc. dei Linc (4) II, 87-107. Wiederabdruck von 1856.

Q. SELLA. Sulle forme cristalline di alcuni sali derivati dall' amoniaca. Linc. Mem. (4) II, 147-196. Wiederabdruck aus 1860.

Q. SELLA. Sul boro adamantino. Linc. Mem. (4) II, 109-145. Wiederabdruck aus 1856.

O. MÜGGE. Zur Kenntniss der durch secundäre Zwillingsbildung bewirkten Flächen-Verschiebungen. Jahrb. f. Min. 1885, II, 44-58.

L. WULFF. Krystallisationsverfahren und Apparate, besonders für Zucker. D. R. P. 33190, 6, XI, 1884; [Ber. d. chem. Ges. XVIII, 728.

A. ARZRUNI und H. TRAUBE. Krystallographische Studien über einige Derivate des Chinolins und Lepidins. Aus Rec. trav. chim. IV, 61-64; [Ber. d. chem. Ges. XVIII, 282. Enthält Krystallformen des Amyllepidinjodids, des Aethylchinolinjodids und Amylchinolinjodids. *Bde.*

C. A. LOBRY de BRUYN. Krystallographische Studien. Beweis für die Identität der beiden Orthostellen im Benzolkern. Rec. des Trav. Chim. des Pays-Bas III, 383-86; [Ber. d. chem. Ges. XVIII, 148; [Chem. CBl. (3) XVI, 357; [Beibl. IX, 310.

A. W. HOFMANN. Zur Kenntniss des krystallisirten Methylvioletts. Berl. Chem. Ber. XVIII, 767-71.

M. WEBSKY. Ueber Jeremejewit und Eichwaldit vom Berge Soktay in Daurien. Berl. Ber. 1883, 14. Juni; N. Jahrb. f. Min., Geol. 1884, I, 1-17; [ZS. f. Kryst. X, 292-95.

R. H. SOLLY. Krystallform des Antimoniumkaliumchlorobromids. [J. chem. Soc. XLIII, 293, 1883; [ZS. f. Kryst. X, 619.

S. PICKERING. Crystalline basic copper sulphate. Chem. News LII, 2; [J. Chem. Soc. XLVIII, 1113.

G. GREIM. Ueber die Krystallform des Zinkoxyds. Ber. Oberh. Ges. XXIV, 59-64.

J. E. CHAPPEL. Crystals in maple sirup. Science VI, 539-40.

J. H. SEARS. Crystals in maple sirup. Science VI, 520.

H. ROSENBUSCH. Ein Beitrag zur Morphologie des Leucits. Jahrb. f. Min. 1885, II, 59-96.

A STRENG. Ueber einige mikroskopisch-chemische Reactionen. Jahrb. f. Min. 1885, I, 21-42.

H. A. MIERS. Krystallographie des Bournonit. Min. Mag. a. J. of the Min. Soc. Gr. Brit. Irel. No. 28, Dec. 1884, VI, 59-79; [ZS. f. Kryst. XI, 175-7.

G. MAGEL. Die Arsenkiese von Auerbach. Ber. Oberhess. Ges. f. Nat. und Heilkunde XXII, 297; [ZS. f. Kryst. XI, 161-62.

FR. EICHSTÄDT. Ueber die krystallographischen Constanten des Gadolinits. Bihang K. Svenska Ak. Handlingar X, No. 18, 18 pp.; [Öfversigt. XLII, No. 6, 2.

E. S. DANA and S. L. PENFIELD. Mineralogical Notes. I. A large Crystal of Hanksite. II. An artificial crystallised Lead-Silicate. Sill. J. XXX, 136-139.

J. A. KRENNER. Ueber den Antimonit aus Japan. [ZS. d. ungar. geol. Ges. 1883, XIII; [ZS. f. Kryst. XI, 159.

A. STROMANN. Die Kalkspathkrystalle der Umgegend von Giessen. Ber. Oberhess. Ges. f. Natur- und Heilkunde XXII, 284; [ZS. f. Kryst. XI, 160-61.

MORTON. Kristallografisk undersökning af jordartmetallers föreningar. Öfversigt af K. Vetensk. Ak. Förhandl. XLII, No. 6, 189, 1885.

C. HINTZE. Adular in ungewöhnlicher Verwachsung.
ZS. f. Kryst. X, 4889-90.

E. JEANNETAZ. Ein krystallisirtes Kobaltkupfersulfat.
Bull. soc. chim. VI, 2, 1883; [ZS. f. Kryst. X, 620.

DESIDER FENGES. Baryt von Péseg.
Természetrajci Füzetek 1884, VIII, 288; [ZS. f. Kryst. X, 89.

A. SCHMIDT. Die Minerale eines Andesits von der Umgegend von Málnás. ZS. Kryst. X, 210-20.

K. OELBEKE. Krystallform der Glutaminsäure.
ZS. Kryst. X, 265-66.

A. SCHMIDT. Ueber die Minerale von Pelsocz-Ardo.
ZS. Kryst. X, 202-209.

A. FRANZENAU. Anglesit von Felsö-Vissó.
Termés zetrajzi Füzetek 1884, VIII, 77, 119; [ZS. f. Kryst. X, 88.

C. BUSZ. Ueber den Baryt vom Mittelaggen.
ZS. f. Kryst. X, 32-41.

WHITMAN CROSS und W. F. HILDEBRAND. Ueber Kryolithmineralien von Colorado. Sill. J. (3), XXVI, 271; [ZS. f. Kryst. X, 303-9.

HAUTEFEUILLE. H. Sainte-Claire Deville mineralogiste.
Rev. Scient (3) IX, 513-24; [Beibl. IX, 501.

J. H. VAN'T HOFF. Sur la transformation du soufre. Reclamations de priorité de MM Reicher et Ruys, à l'occasion des Communications récentes de M. Gernez.
C. R. C. 1539-40; [J. Chem. Soc. XLVIII, 1037; [Chem. Ber. XVIII, [2], 495; [Beibl. IX, 575. Prioritätsreclamation für Reicher u. Ruys.

D. GERNEZ. Sur la transformation réciproque des deux variétés prismatique et octaédrique du soufre.
C. R. CI. 313-15; [Chem. Ber. XVIII, [2], 526; [Beibl. X, 1.
Prioritätsstreit. *Bde.*

4. Mechanik.

L. LANGE. Ueber das Beharrungsgesetz.
Ber. Leipzig, 1885, 333-351†.

— Nochmals über das Beharrungsgesetz.
Wundt, Philos. Studien II, 539-542.

Dasselbe Thema ist vom Verfasser in W. WUNDT's „Philosophischen Studien“ (1884) vorwiegend aus methodologischen Gesichtspunkten behandelt; hier geht er näher auf die mathematisch-physikalische Seite ein und formulirt das Beharrungsgesetz wie folgt:

„Definition I. „Inertialsystem“ heisst ein jedes Coordinatensystem von der Beschaffenheit, dass mit Bezug darauf drei vom selben Raumpunkte projicirte und dann sich selbst überlassene Punkte P, P', P'', welche aber nicht in einer geraden Linie liegen sollen, auf drei beliebigen in einem Punkte zusammenlaufenden Geraden G, G', G'' (z. B. auf den Coordinatenaxen) dahinschreiten.

Theorem I. Mit Bezug auf ein Inertialsystem ist die Bahn jedes beliebigen vierten sich selbst überlassenen Punktes gleichfalls geradlinig.

Definition II. „Inertialzeitscala“ heisst eine jede Zeitscala, in Bezug auf welche ein sich selbst überlassener auf ein Inertialsystem bezogener Punkt (etwa P) gleichförmig fortschreitet.

Theorem II. In Bezug auf eine Inertialzeitscala ist jeder beliebige andere sich selbst überlassene Punkt in seiner Inertialbahn gleichförmig bewegt.“

Kinematische Erwägungen über das Theorem I führen zu dem Resultate: Die geradlinige Bewegung einer Anzahl beweglicher Punkte ist Sache der Convention, so lange diese Anzahl die drei nicht übersteigt. Drei Punkte kann man auf drei vorgeschriebenen festen Geraden sich bewegen lassen, indem man das Coordinatensystem, worauf diese festen Geraden bezogen sind, den Distanzveränderungen der Punkte gleichsam anpasst.

Macht man die dynamische Voraussetzung, dass die drei Punkte P, P', P'' materiell und sich selbst überlassen seien, so beweist der Verfasser in dem Falle, dass die drei Punkte gleichzeitig von demselben Punkte fortgeschleudert und dann sich selbst überlassen werden, den Lehrsatz in der folgenden klareren Fassung: „Ein System, in Bezug worauf drei nicht in einer geraden Linie liegende materielle Punkte, welche gleichzeitig vom selben Raumpunkte fortgeschleudert und dann sich selbst überlassen wurden, drei durch einen Punkt gehende nicht zusammenfallende Geraden beschreiben, ist ein Inertialsystem, d. h. mit Bezug auf ein solches System schreitet jeder beliebige vierte sich selbst überlassene Punkt geradlinig fort".

Kritische Betrachtungen über die einschlägigen neueren Arbeiten der Herren C. Neumann, Mach, Streintz, J. Thomson bilden den Schluss der Abhandlung. *Lp.*

E. Cavalli. Le ovali di Cartesio considerate dal punto di vista cinematico. Atti di Torino, XX, 1143-1165†.

Der Verfasser betrachtet die Cartesischen Ovale als Curven, die von einem beweglichen Punkte unter der Einwirkung einer gewissen, beständig nach einem der drei Brennpunkte gerichteten Beschleunigung beschrieben werden. Indem er von der bekannten geometrischen Definition dieser Linien mit Hülfe der Entfernungen eines Punktes von zwei Brennpunkten ausgeht und Polarcoordinaten benutzt, findet er den Ausdruck jener Beschleunigung. Als Anwendung dieser Untersuchung giebt er eine Construction für den Krümmungsmittelpunkt der Ovale und die Dauer eines vollständigen Umlaufs des beweglichen Punktes. Der Verfasser prüft endlich die besonderen Fälle bezüglich der Pascal'schen Schnecke, der Kardioide und der Kegelschnitte. *Segre. (Lp.)*

G. Pennacchietti. Sugl' integrali delle equazioni del moto di un punto materiale. Battaglini G. XXIII, 158-166†.

„Wenn ein Punkt von einer Kraft mit constanter Richtung angegriffen wird, so befindet er sich bei der Bewegung immer in ein und derselben Ebene. Ferner sind der Zeit proportional: 1) die (mit der Zeit gerechneten) Abstände der auf die Coordinatenebenen projicirten, successiven Wirkungslinien der Kraft, die den successiven Lagen des beweglichen Punktes entsprechen; 2) die Abstände derselben Linien unter einander und die Projectionen dieser Abstände auf eine beliebige Ebene oder Axe. Umgekehrt, wenn die Abstände der nach einer festen Richtung durch die successiven Lagen des beweglichen Punktes gelegten Geraden auf die drei Coordinatenebenen projicirt gedacht werden, und wenn zwei dieser Projectionen, folglich auch die dritte, von der Zeit $t = 0$ an gerechnet, der Zeit proportional sind, so ist die Bahncurve des Punktes eben und die Kraft behält immer dieselbe Richtung.“ Nachdem dieser Satz bewiesen ist, erläutert der Verfasser den Zusammenhang desselben mit allgemeineren Theoremen, die er in der Arbeit veröffentlicht hat: „Sugl' integrali comuni a più problemi di dinamica“. (Annali d. R. Scuola Normale di Pisa, IV, 1877.) *Lp.*

H. DE PONT. Note sur le mouvement d'un point matériel sollicité par un centre fixe. Teixeira J. VII, 184-189†.

Der Verfasser betrachtet einen materiellen Punkt, der von einem festen Punkte angezogen wird, und auf den eine Kraft wirkt, die eine Function der Coordinaten des bewegten Punktes ist.

Teixeira. (Lp.)

L. LECORNU. Sur le mouvement d'un point dans un plan et sur le temps imaginaire. C. R. CI, 1244-46†.

L. LECORNU. Sur les forces analytiques. J. d. l'Éc. Pol. cah. LV, 253-273†.

Auf einen in der Ebene beweglichen Punkt wirke eine Kraft, deren parallel zu den rechtwinkligen Coordinaten genommene Componenten X, Y seien. Diese werden als solche Functionen der Coordinaten x, y vorausgesetzt, dass, wenn man $x + iy$ gleich der complexen Veränderlichen z setzt, $X + iY = Z$ eine analytische Function von z ist. In diesem Falle nennt der Verfasser das

System der Kräfte X, Y selber „analytisch“. Die Durchführung der Untersuchung dieses hypothetischen Falles der Bewegung eines Punktes wird durch einen Ausspruch von C. G. J. Jacobi gerechtfertigt, nach welchem solche mechanischen Probleme mit grösster Sorgfalt geprüft werden müssen, bei denen die Integration der Differentialgleichungen auf Quadraturen gebracht werden kann. Setzt man aber $Z = \frac{1}{2} F'(z)$, so erhält man

$$dt = \frac{dz}{\sqrt{F(z) + C}},$$

und eine weitere Quadratur liefert die Bewegungsgleichungen in endlicher Form. Die nähere Erforschung dieser Beziehung für den Fall, dass F(z) eine monodrome Function von z ist, bildet den Hauptgegenstand der im J. de l'Éc. Pol. erschienenen Arbeit. Diese Ergebnisse der Untersuchung werden in 17 Sätze zusammengefasst, die der Verfasser in der Note aus den C. R. zum grösseren Theile auszugsweise mittheilt, deren Wiedergabe in einem kürzeren Berichte indess nicht gut möglich ist.

Was die Einführung der imaginären Zeit und die damit verbundenen Vortheile anlangt, so genüge das Folgende. Die Bewegung des Punktes in der Ebene kann durch die Gleichung $z = \varphi(t)$ dargestellt werden, wenn t die reelle Zeit bedeutet; ersetzt man jedoch t durch $\Theta = t + it'$, wo t und t' reell sind, so stellt die Gleichung $z = \varphi(\Theta)$ ein Netz orthogonaler und isothermischer Curven dar. Jedem constanten Werth t' entspricht eine reelle Trajectorie, jedem constanten Werth von t eine die reellen Trajectorien rechtwinklig schneidende Curve. Sind v die Geschwindigkeit, ϱ der Krümmungsradius der Trajectorie, ϱ' derjenige der Orthogonalcurve, so hat man für die Componenten der Beschleunigung in der Tangente und Normale die völlig gleich gebauten Ausdrücke:

$$\frac{v^2}{\varrho} = \frac{\partial v}{\partial t'}, \quad \frac{v^2}{\varrho'} = \frac{\partial v}{\partial t}.$$

Lp.

U. Dainelli. Sopra la velocità e l'accelerazione d'un punto soggetto ad una forza centrale. Bologna Mem. (4), V. 511-522†.

Zwei freie Massenpunkte μ und M mögen in derselben Ebene je eine beliebige Bahncurve beschreiben, jeder unter der Einwirkung einer nach demselben festen Punkte O dieser Ebene gerichteten Centralkraft; der Punkt O werde als Anfangspunkt zweier rechtwinkligen Coordinatenaxen gewählt, auf welche die beiden Curven bezogen werden. Dann ist das Verhältniss der Geschwindigkeit des freien Punktes μ in einem beliebigen Punkte m seiner Bahn zur Geschwindigkeit, welche in m der Punkt besitzt, der die Centralprojection von M auf die Bahncurve von μ ist, gleich dem constanten Verhältnisse der in der Zeiteinheit von den Fahrstrahlen Oμ, OM bestrichenen Flächen, multiplicirt mit dem Quadrate einer gewissen Function f der Coordinaten von m, die das Verhältniss der Strecken OM, Om darstellt. Ferner, welches auch auf dem Fahrstrahl OM derjenige Punkt sei, von dessen Coordinaten α, β die f eine Function ist, so ist diese derartig, dass die Componenten der Geschwindigkeit von M nach der Abscissen- und Ordinaten-Axe in absolutem Werthe je bezw. der ersten partiellen Ableitung der inversen Function $\frac{1}{f}$ nach der Ordinate β und der Abscisse α proportional sind, und die Componenten der Beschleunigung von M nach der Abscissen- und Ordinaten-Axe sind in absolutem Werthe je bezw. der zweiten partiellen Ableitung von $\frac{1}{f}$ nach der Ordinate β und der Abscisse α proportional, multiplicirt mit dem Quadrate von $\frac{1}{f}$ und dividirt durch die Coordinate, der die Ableitung nicht angehört. *Lp.*

A. BASSANI. Traiettoria d'un punto sollecitato da due forze, l'una attrativa e l'altra ripulsiva, emananti da un centro d'azione fisso. Battaglini G. XXIII, 80-88†.

Ist r der Fahrstrahl vom Kraftcentrum nach dem beweglichen Punkte, so erfolgt die Beschleunigung nach der Formel $\lambda r^m - \mu r^n$, wo λ und μ zwei positive Constanten bedeuten. Mit Hülfe der aus den beiden Principien der Flächen und der Erhaltung der Kraft sofort folgenden Differentialgleichung für die Bahncurve werden über den Verlauf derselben solche allgemeinen Betrachtungen angestellt, zu denen die Kenntniss des Differentialquotienten des Fahrstrahls nach dem Polarwinkel genügt, die Integration jener Differentialgleichung jedoch nicht nöthig ist, wie z. B. über den Krümmungsradius etc. Drei Fälle werden hierbei unterschieden:

$$1)\ n+1>0,\ m+1 \gtrless 0; \quad 2)\ n+1<0,\ m+1>0;$$

$$3)\ n+1<0,\ m+1<0.$$

Lp.

P. Stäckel. Ueber die Bewegung eines Punktes auf einer Fläche. Diss. Berlin. 42 S. 8°†.

Den Ausgangspunkt der Untersuchung bilden allgemeine Betrachtungen über die Bewegung eines Punktes auf einer Fläche unter der Annahme, dass für die Bewegung eine Kräftefunction existirt, welche die Zeit nicht enthält. Dann kommt die Lösung des Problems auf die Ermittelung eines vollständigen Integrales der Hamilton-Jacobi'schen partiellen Differentialgleichung zurück. Der Verfasser macht bei dieser Gelegenheit darauf aufmerksam, dass die so erhaltenen Integralgleichungen der Bewegungsgleichungen die Lösung eines allgemeineren Problems geben, nämlich der Bewegung eines Punktes auf einer Fläche einer durch Verbiegung aus der gegebenen Fläche hervorgehenden neuen Oberflächenschar, sodass Punkte der Flächen der Schar, welche durch Verbiegung aus einander hervorgehen, auf derselben Niveaufläche liegen. Da zur Bildung der erwähnten Differentialgleichung ferner nur die Kenntniss des Linienelementes der Fläche und des Verlaufs der Kräftefunction nöthig ist, so lassen die aus diesem Umstande gezogenen Folgerungen erst die wahre Bedeutung dieser Gleichung erkennen. Alsdann wird die Kräftefunction specialisirt, indem vorausgesetzt wird, dass ihr erster Differentialparameter eine Function von ihr allein ist. Es werden charakteristische Punkte, Linien und Flächenstücke eingeführt, nämlich die Pole, Niveaulinien und Bewegungsgebiete. Die Niveaulinien kommen schon bei Somoff (Mechanik, Leipzig 1878) vor. „Wählt man auf der Fläche irgend einen Punkt zum Anfangspunkt der Bewegung und lässt den bewegten Punkt von diesem aus nach allen möglichen Richtungen und mit allen möglichen Geschwindigkeiten fortgehen, so soll die Gesammtheit der Stellen, welche der bewegte Punkt auf diese Weise erreicht, oder denen er doch beliebig nahe kommt, das zu dem gewählten Anfangspunkte gehörige Bewegungsgebiet heissen." Wenn eine Niveaulinie in einen Punkt degenerirt, so wird solcher Punkt ein Pol der Fläche genannt. Mit Hülfe dieser Begriffe wird die typische Form der Bewegung gefunden und werden ihre Ausartungen dargestellt. Als ausgezeichneter Specialfall ergiebt sich das Jacobi'sche Problem der Bewegung eines Punktes auf einer Rotationsfläche; die Untersuchungen von Jacobi werden in Kürze dargestellt und litterarische Notizen über bezügliche Arbeiten hinzugefügt. In einem besonderen Abschnitte wird sodann das Jacobi'sche Problem discutirt, indem über die Rotationsfläche und über die Kräftefunction nur ganz allgemeine Voraussetzungen gemacht werden. Als Grundtypus für die Bewegung stellt sich die Oscillation zwischen zwei festen Parallelkreisen heraus. Als Ausartungen ergeben sich asymptotische Annäherung an einen bestimmten Parallelkreis und Gehen ins Unendliche. Bei dieser Untersuchung erweist sich die Abhandlung des Herrn Weierstrass: „Ueber eine Gattung reell periodischer Functionen", von tiefgreifender Bedeutung. Der Einfluss der Anfangsbedingungen auf den Verlauf der Bewegung wird in einem weiteren Abschnitte erörtert. Den Schluss bildet der Nachweis, dass man sich in jedem einzelnen Falle von vornherein das Bewegungsgebiet des Punktes herstellen kann, sowie die Auseinandersetzung einiger Eigenschaften dieses Gebietes.

Lp.

Andoyer. Sur la réduction du problème des brachistochrones aux équations canoniques. C. R. C. 1577-78†.

Bemerkungen über die Reduction des Problems der Brachistochronen auf die kanonischen Gleichungen unter Bezugnahme auf die von Herrn Appell in C. R. XCVI, 688 (diese Ber. XXXIX, 184) angegebenen Resultate inbetreff der Gleichgewichtsbedingungen für die Fadencurven. *Lp.*

E. P. Ruffini. Del moto di un punto in una superficie data. Bologna Mem. (4) V, 211-230†.

Von der gewöhnlichen Vorstellung ausgehend, dass die bewegende Kraft in jedem Augenblicke die Resultante der äusseren Kraft und der zur Fläche normal gerichteten Reaction der Fläche ist, entwickelt der Verfasser in einer zwar durch Klarheit, jedoch durch keine neuen Ergebnisse ausgezeichneten Darstellung die ersten bekannten Sätze über die Bewegung eines materiellen Punktes auf reibungsloser Oberfläche, u. a. im § 3 die Differentialgleichungen der Brachistochrone, d. h. derjenigen Linie, welche der bewegliche Punkt zwischen zwei gegebenen Punkten A und B der Fläche durchlaufen muss, damit bei gegebener äusserer Kraft die Zeit ein Minimum werde. *Lp.*

A. de Saint-Germain. Sur une application des équations de Lagrange. J. de Math. (4) I, 129-134†.

Als einfaches Beispiel für die nicht gerade oft vorkommende Anwendung der Lagrange'schen Gleichungen zur vollständigen Lösung eines dynamischen Problems behandelt der Verfasser folgende Aufgabe: Ein Punkt M, welcher sich auf einer Kegelfläche bewegt, wird von zwei anziehenden Kräften angegriffen; die eine geht vom Scheitel O des Kegels aus, die andere hat die Richtung MN des Lothes von M auf eine feste Gerade OZ durch O; beide Kräfte sind umgekehrt proportional, die erste dem Kubus von MO, die zweite dem Kubus von MN. Die Bewegung von M zu finden. Die Lösung wird zuerst allgemein für eine beliebige Kegelfläche entwickelt, danach am Schlusse für den Kegel zweiter Ordnung specialisirt. *Lp.*

E. Collignon. Une remarque dynamique. Ass. Franç. Grenoble XIV, [1] 91-92, [2] 107-23.

Es bezeichne Ω die kugelförmig gedachte mittlere Oberfläche eines Gestirns. Befindet sich ein Auge in der Höhe H über dieser Oberfläche, so ist sein Gesichtsfeld durch einen Kreis K begrenzt. Verfasser beweist den Satz: „Die Zeit, in welcher der Kreis K von einem Punkt durchlaufen wird, dessen Geschwindigkeit gleich derjenigen Geschwindigkeit ist, die ein frei aus der Höhe H herabfallender Punkt haben würde, ist für jeden Weltkörper eine constante, von H unabhängige Grösse", nebst einigen verwandten Sätzen und giebt numerische Anwendungen auf die Körper des Sonnensystems.

Bde.

ED. COLLIGNON. Problème de géometrie. Ass. Franç. Grenoble XIV, [1] 87-88, [2] 6-23.

Ein Schiff schwimmt mit der constanten Geschwindigkeit v, während der Wind mit der constanten Geschwindigkeit V in constanter Richtung bläst. Welche Curve muss das Schiff beschreiben, wenn die Richtung eines auf ihm angebrachten Wimpels beständig durch einen festen Punkt O gehen soll? Wird O zum Fundamentalpunkt und eine in die Windrichtung fallende Gerade zur Fundamentalaxe genommen, so findet der Verfasser für die fragliche Curve die Polargleichung:

$$\frac{dr}{r} = \frac{d\vartheta \sqrt{k^2 - \sin^2\vartheta}}{\sin\vartheta},$$

in welcher k für $\frac{v}{V}$ steht. Er integrirt und discutirt sie.

Bde.

V. JELINEK. Die Schwingungsdauer. Casopis, XIV, 35-38, 1885. Böhmisch.

Der Aufsatz enthält die Ableitung der Schwingungsdauer eines Massentheilchens und eines verticalen mathematischen Pendels aus der Schwingungsdauer eines Centrifugalpendels. Nachdem die Schwingungsdauer eines Centrifugalpendels aus der Beziehung zwischen seiner Centrifugalkraft und seinem absoluten Gewichte aufgestellt ist, wird gezeigt, dass die Schwingungsdauer eines Massentheilchens derjenigen eines Centrifugalpendels mit der Amplitude des Theilchens als Bahndurchmesser und der geweckten Elasticitätskraft als Centrifugalkraft gleich ist, ferner, dass für kleine Elongationen die Schwingungsdauer des verticalen Pendels halb so gross ist, wie die Schwingungsdauer eines Centrifugalpendels, wenn beide eine gleiche Amplitude haben und die Centrifugalkraft des letzteren der bewegenden Componente des absoluten Gewichtes des ersteren gleichkommt. — *Gs.*

P. Czermak und R. Hiecke. Pendelversuche. Wien. Ber. XCI (2), 1002-1012†; [Z. f. Instr. VI, 215.

Die Verff. haben einen Apparat construirt, welcher auf graphischem Wege die Bewegung eines Raumpendels fixirt und nicht nur zur Demonstration, sondern auch zu exacten Messungen brauchbar ist. Unterhalb der Pendelkugel von 30 kg ist ein Schreibstift angebracht; derselbe zeichnet auf einem Lackcarton, der auf einer Spiegelglasplatte aufgezogen ist, unter möglichst geringer Reibung die Schwingungen auf. Der Druck der mit ausfliessender Anilintinte schreibenden Spitze ist beliebig zu ändern; ein elektrischer Strom gestattet es, die Zeichnung in jedem Augenblicke zu unterbrechen.

Folgende drei Arten von Versuchen wurden angestellt: I. Der Foucault'sche Pendelversuch. II. Lissajous'sche Figuren, deren Schwingungsverhältniss nahe bei der Einheit liegt. III. Die Drehung der grossen Axe bei elliptischen Schwingungen eines Raumpendels. Die auf den beigegebenen Tafeln copirten Figuren zeigen die grosse Sauberkeit und Genauigkeit, mit welcher der Apparat gearbeitet hat.

Bei den Versuchen ad I war die Pendellänge 13.15 m. Ein einzelner Versuch dauerte nur 15 Minuten; es wurden aber, zur Elimination der in den verschiedenen Azimuten auftretenden Störungen, in 12 Azimuten, die sich um je 15° unterschieden, die Versuche angestellt, so dass zur Anstellung eines vollständigen Versuches 5 Stunden in Anspruch genommen wurden. Als grösste Abweichung eines Versuches von der theoretischen Drehung während einer Stunde (11° 0′ 48″ für den Beobachtungsort Graz) zeigte sich 0°,7. Das Mittel aus vier vollständigen Versuchsreihen ergab 11° 0′ 37″, 5. — Bei den Versuchen ad III wurde die Pendellänge auf 2.674 m verkürzt; auch bei ihnen stimmten die erhaltenen Figuren recht gut mit der Theorie. *Lp.*

Paul Mönnich. Ueber eine neue Fallmaschine. Exner Rep. XXI, 31-38†; ZS. f. Instr. V, 288-90; CZtg. Opt. u. Mech. VI, 77; [Beibl. IX, 219. Beschrieben von J. Karnatz in ZS. f. Unterr. II, 169-73.

Ein fallendes, an einem senkrecht ausgespannten Führungsdrahte leicht und mit unmerklich geringer Reibung niedergleitendes Gewicht markirt die in gleichen, auf einander folgenden Zeitabschnitten zurückgelegten Fallräume direct auf einem zur Bewegungsrichtung parallelen weissen Papierstreifen, der mit gekochtem Jodkaliumstärkekleister bestrichen ist, indem electrische Funken von einem Randstreifen des Fallgewichtes auf die Metallunterlage des Papierstreifens überspringen und auf ihm kleine dunkle Flecke erzeugen, welche dem ganzen Auditorium sichtbar sind. Ein rotirender Unterbrecher sichert die Constanz der Zeitintervalle zwischen den einzelnen Funken. Mit Hülfe eines v. Beetz'schen Vibrationschronoskops soll der Apparat auch zur Messung der Grösse g brauchbar sein. *Lp.*

K. Weihrauch. Ueber die Abweichung eines freifallenden Körpers von der Verticalen. Met. Zeitschr. II, 27-29†.

Wenn φ die geographische Breite, h die Fallhöhe, g die Schwerkraftsconstante, T die Tageslänge bedeutet, so ist die südliche Ablenkung auf der Nordhalbkugel äusserst gering, nämlich gleich

$$\frac{8\pi^2 h^2 \sin\varphi \cos\varphi}{3 g T^2} = \frac{h^2}{2g} \sin 2\varphi \text{ num log } (0.32777-8).$$

Für den Betrag der Ostabweichung findet der Verfasser auf seine Weise die auch anderweit bekannte Grösse. Helmert leitet (a. g. O., S. 312) die fraglichen Werthe nach Gauss aus den Grundgleichungen der Dynamik ab und zeigt, dass auf der rotirenden, kugelförmigen Erde die südliche Abweichung = 0 wird, sobald man nicht mehr mit Gauss Grösse und Richtung der Schwerkraft als während der Dauer des Falles constant gelten lässt.

S. Günther (*Lp.*)

R. Hoppe. Bewegung eines senkrecht empor geworfenen Körpers. Hoppe Arch. (2) II, 274-280†.

Die Berechnung wird unter der vereinfachenden Annahme ausgeführt, dass die Erde eine homogene Kugel sei und kein Luftwiderstand stattfinde. Auf frühere Bearbeitungen desselben Problems, z. B. die Darstellung der Lösung in Schell's „Theorie der Bewegung und der Kräfte“, wird nicht Rücksicht genommen. Nach Entwickelung der nöthigen Formeln wird ein Zahlenbeispiel durchgerechnet, nämlich die Bewegung einer mit der Anfangsgeschwindigkeit 500 Meter senkrecht empor geworfenen Kugel. Für die Breite 45° wird die Entfernung vom Ausgangspunkt, in welcher das Geschoss niederfällt, zu 155 Meter bestimmt, und zwar in einer Richtung von fast 35° von West nach Süd. *Lp.*

A. Sprung. Geometrische Ableitung der Grösse des ablenkenden Einflusses der Erdrotation auf horizontale Bewegungen. Met. Zeitschr. I, 250-252†.

Der Buff-Zoeppritz'sche Beweis für die Thatsache, dass die Winkeldeviation eines horizontal bewegten Körpers von dem Azimut der Anfangsrichtung völlig unabhängig ist, sah von der Berücksichtigung der Centrifugalbeschleunigung ab. Die vorliegende Note dient zur Ausfüllung der Lücke. *S. Günther* (*Lp.*)

G. Pennacchietti. Sopra un integrale più generale di quello delle forze vive pel moto d'un sistema di punti materiali. Lomb. Ist. Rend. (2) XVIII, 242-252, 269-279†.

Ist ein freies System von m Punkten vorhanden, und setzt man $n = 3m$, so kann man sich erstens fragen, wann das Gleichungssystem

$$\frac{d^2 x_s}{dt^2} = X_s \qquad (s = 1,2,\ldots, n)$$

ein erstes Integral von der Form

$$(1) \quad \sum_{r,s=1}^{n} a_{rs} x'_r x'_s + \sum_{s=1}^{n} p_s x'_s = 2F(x_1, x_2, \ldots, x_n) + Ct + \alpha$$

besitzt, wo C, α Constanten, a_{rs}, p_s Functionen von $x_1, x_2, \ldots, x_n$ sind, und $a_{rs} = a_{sr}$. Man findet, dass, wenn ein solches Integral existirt, es in zwei demselben Probleme angehörende Integrale zerfällt, nämlich

$$(2) \quad \sum_{s=1}^{n} p_s x'_s - Ct = \text{const.},$$

$$(3) \quad \sum_{r,s=1}^{n} a_{rs} x'_r x'_s - 2F(x_1, x_2, \ldots, x_n) = \text{const.}$$

Die Existenzbedingungen des Integrals (1) sind also aus den Bedingungen für die Existenz der einzelnen Integrale (2) und (3) zu ermitteln.

Die Behandlung des Integrales (2) führt zu dem Schlusse, dass die allgemeinste mögliche Form der Koëfficienten p_s die folgende ist:

$$p_s = \sum_{r=1}^{n} a_{sr} x_r + k_s,$$

wo a_{sr}, k_s Constanten bedeuten, und $a_{rr} = 0$, $a_{rs} = -a_{sr}$ ist. Das Integral (2) nimmt also die Form an:

$$\sum_{s=1}^{n} k_s x'_s + \sum_{r,s=1}^{n} a_{rs} (x_s x'_r - x_r x'_s) - Ct = \text{const.};$$

es gehört zu allen denjenigen Problemen, bei welchen

$$\sum_{s=1}^{n} k_s X_s + \sum_{r,s=1}^{n} a_{rs} (x_s X_r - x_r X_s) - C = 0.$$

Was das Integral (3) betrifft, so findet man, dass die a_{rs} quadratische Functionen von $x_1, x_2, \ldots, x_n$ sein müssen, die gewissen Bedingungen unterworfen sind. Die nothwendige und hinreichende Bedingung für die Existenz des Integrales (3) ist, dass der Ausdruck

$$\sum_{r=1}^{n} \left(\sum_{h=1}^{n} a_{rh} X_h \right) dx_r$$

das vollständige Differential der Function $F(x_1, x_2, \ldots, x_n)$ sei. Dasselbe gilt auch, wenn Verbindungen von der Form

$$f(x_1, x_2, \ldots, x_n, t) = 0$$

die Beweglichkeit des betrachteten Punktsystems beschränken. Setzt man

$$\Sigma a_{rs} x'_r x'_s = U,$$

so ist, wenn die Functionen f von t unabhängig sind,

$$\tfrac{1}{2} U - \tfrac{1}{2} U_0 = F - F_0,$$

also ist die Aenderung des Werthes von U bloss von den Anfangs- und Endcoordinaten des beweglichen Punktsystems abhängig.

Sind die Coëfficienten a_{rs} constant, so gelangt man zu einem kanonischen System von Bewegungsgleichungen, das mit dem Hamilton'schen Gleichungssysteme der Form nach ganz identisch ist.

Vivanti (Lp.)

E. B. Elliott. On small motions of systems with a single degree of freedom. Mess. XV, 38-40.

Bei einem Systeme, für das eine Energie-Gleichung besteht:

$$2T = f(x)\dot{x}^2 = 2\varphi(x) + c,$$

welche die Zeit nicht explicit einschliesst, werden die Fälle betrachtet, bei denen $\varphi'(a) = 0$ und $\varphi''(a) = 0$ die ersten Annäherungsfälle neutralen Gleichgewichts geben. Setzt man $x = a + \zeta$, so ist die Gleichung für kleine Bewegungen:

$$f(a)\ddot{\zeta} = \varphi^{(n)}(a)\frac{\zeta^{n-1}}{(n-1)!},$$

wo $\varphi^{(n)}(x)$ die erste Ableitung ist, die für $x = a$ nicht verschwindet. Drei Fälle treten ein: α) Wenn n ungerade ist $(= 2p + 1)$, so folgt einer Verschiebung auf der einen Seite ein Rückgang, indem die Zeit hierfür aus der Verschiebung h sich nach der Formel ergiebt:

$$\left(\frac{1}{h^2}\right)^{\frac{1}{2}p} \frac{\Gamma\left(\frac{1}{2p+1}\right)}{\Gamma\left(\frac{1}{2p+1} + \frac{1}{2}\right)} \left\{ - \frac{\Gamma(2p+1) f(a) \pi h}{2(2p+1)\varphi^{(2p+1)}(a)} \right\}^{\frac{1}{2}}.$$

β) Wenn n gerade und $\varphi^{(n)}(a) : f(a)$ negativ ist, so findet vollständige Instabilität statt. γ) Wenn n gerade ist $(= 2p)$, so findet vollständige Stabilität statt, und die Zeit einer Viertelschwingung ist

$$\frac{1}{h^{p-1}} \frac{\Gamma\left(\frac{1}{2p}\right)}{\Gamma\left(\frac{1}{2p}+\frac{1}{2}\right)} \left\{ -\frac{\Gamma(2p)\, f(a)\, \pi}{4p\, \varphi^{(2p)}(a)} \right\}^{\frac{1}{2}}.$$

Glaisher (Lp.)

G. KAINZ. Hamilton's Theorie und ihre Anwendung auf Probleme der Statik und Dynamik. Pr. Studienanstalt Münnerstadt, 64 S. u. V Taf. 8°.

Zweck dieser kleinen Schrift ist, HAMILTON's Lehre in einfacher klarer Form vorzuführen, ihre Anwendbarkeit auf Probleme der Statik, namentlich auf Fadencurven nachzuweisen und durch Beispiele zu beleuchten.

Erste Abtheilung: Die Theorie. I. und II. Ableitung der bekannten Gleichungen. III. Erweiterung der HAMILTON'schen Methode. Die Zulässigkeit ihrer Anwendung auf Probleme der Statik (Fadencurven). Aufstellung der Gleichgewichtsbedingungen unelastischer Fäden.

Zweite Abtheilung: Anwendungen. I. Bewegung eines schweren Punktes auf der Oberfläche eines verticalen Kreiscylinders, dargestellt in HAMILTON's kanonischer Gleichungsform. II. Bewegung eines materiellen Punktes auf einem Rotationsparaboloid unter dem Einfluss der Schwerkraft. III. Der unelastische Faden auf einem verticalen Kreiscylinder unter dem Einfluss der Schwere. Die Hauptgleichungen für die Probleme II. und III. werden aus dem „Princip der variirenden Wirkung" abgeleitet.

Die Schrift citirt nur HAMILTON's Publicationen für die allgemeine Theorie und ältere Werke über die behandelten specielleren Themata. Es bleibt sogar unklar, ob der Verfasser die klassische Darstellung der HAMILTON'schen Theorie durch C. G. J. JACOBI gekannt hat, die in den „Vorlesungen über Dynamik" gegeben ist. Denn nur einmal kommt S. 38 der Name JACOBI's in unbestimmter Beziehung vor. Bei JACOBI findet man ausser einer klareren und erschöpfenden Erörterung aller Gesichtspunkte auch mehr und tiefer liegende Probleme nach der HAMILTON'schen Theorie behandelt als die Aufgaben unter I. und III. der zweiten Abtheilung, deren

Lösung auf der Hand liegt. Dass die Aufgabe unter II. schon anderweitig vollständig gelöst, das Resultat anschaulich gedeutet ist (von Herrn Züge in Hoppe Arch. LXX, 58-74, cf. diese Ber. XXXIX (1), 200), wird ebenso wenig erwähnt, wie bei den Fadencurven die vielen neueren Arbeiten, insbesondere die von Herrn Padelletti: „Sulla teoria dei poligoni e delle curve funicolari“ in Battaglini G. XIV, (1876), wo zu dem Hamilton'schen Princip für die Bewegung eines Punktes das Analogon für das Gleichgewicht eines Fadens aufgestellt worden ist, und die Note von Herrn Appell: „Réduction à la forme canonique des équations d'équilibre d'un fil flexible et inextensible“ in C. R. XCVI, 688 (diese Ber. XXXIX (1), 184).

Lp.

A. Voss. Ueber die Differentialgleichungen der Mechanik. Math. Ann. XXV, 258-286†.

Der Verfasser erweitert die üblichen Annahmen über die Natur der Bedingungen eines unfreien Systems dahin, dass er an Stelle der dynamischen Differentialgleichungen:

$$m_i \frac{d^2 x_i}{dt^2} = X_i + \sum_1^r {}_s \nu_s \frac{\partial \varphi_s}{\partial x_i}, \ (i = 1, \ldots, n); \ \varphi_s = 0, \ (s = 1, \ldots, r)$$

die allgemeineren setzt:

$$m_i \frac{d^2 x_i}{dt^2} = X_i + \sum_1^r {}_s \mu_s p_{si}; \quad \sum_1^n {}_i p_{si}\, dx_i = 0,$$
$$(i = 1, \ldots, n), \qquad (s = 1, \ldots, r).$$

Ohne selbstverständlich die hervorragende Wichtigkeit der üblichen Annahme von in den Coordinaten der Systempunkte expliciten Gleichungen $\varphi_s = 0$ bestreiten zu wollen, bezweckt er mit den in vorliegender Abhandlung von ihm angestellten Untersuchungen über das allgemeinere System, darauf hinzuweisen, dass kein principieller Grund vorliegt, durch die übliche analytische Fassung jede andere erweiterte Fragestellung als undenkbar auszuschliessen, sondern dass vielmehr auch Bedingungen allgemeinerer Art gar wohl einen dynamisch vollkommen vorstellbaren Inhalt haben können; wenigstens aber sollen diese Untersuchungen „zur Erläuterung der analytischen Processe beitragen, welche bei den dynamischen Differentialgleichungen zur Verwendung kommen".

Toeplitz (*Lp.*)

L. Boltzmann. Ueber einige Fälle, wo die lebendige Kraft nicht integrirender Nenner des Differentials der zugeführten Energie ist. Wien. Ber. (2), XCII, 853-875†; Exner. Rep. XXII, 135-154; [Wien. Anz. XXII, 185.

Einige specielle mechanische Beispiele werden hauptsächlich desshalb ausführlicher behandelt, weil sie nach des Verfassers Ansicht einiges Licht auf die mechanischen Analogien des zweiten Hauptsatzes der mechanischen Wärmetheorie werfen. Die Beispiele sind lediglich zu dem Zwecke erfunden, dass sie eine gute Uebersicht gestatten und die Rechnung sich einfach gestaltet. Sie erläutern als die einfachsten Fälle, wo lebendige Kraft, ähnlich wie in der Wärmetheorie, in Arbeit verwandelt wird, die allgemeinen Gesetze dieser Verwandlung. Namentlich geht aus ihnen hervor, dass im Widerspruch mit einem Satze des Herrn H. v. Helmholtz (Berl. Ber. 1884, S. 1192-1201, diese Ber. XL (1), S. 291) isokinetische Systeme vorkommen, bei denen die lebendige Kraft L nicht integrirender Nenner ist. Der Verf. sucht den Grund in folgender Ueberlegung: „Wie in der von mir ... entwickelten Gleichung $dQ = 2T_1 \delta \log \int T\,dt$ scheint mir auch in der Helmholtz'schen Gleichung $dQ = 2L\,d\log(Lt)$ die Grösse unter dem Logarithmenzeichen nicht bloss vom augenblicklichen Zustande, sondern auch von der Art und Weise abzuhängen, wie das System in diesen Zustand gerieth; wesshalb aus dieser Gleichung nicht geschlossen werden kann, dass L integrirender Nenner von dQ ist".

Lp.

Lord Rayleigh. A Theorem relating to the Time-moduli of Dissipative Systems. Rep. Brit. Ass. Aberdeen 1885, 911-12†.

In den Proceedings der Mathematical Society vom Juni 1873 hat der Verfasser gezeigt, dass die Schwingungszeiten eines conservativen Systems einer stationären Bedingung genügen, so dass die Zeit einer Normalschwingung unverändert bleibt, selbst wenn die Schwingungsart des ganzen Systems zwangsweise ein wenig abgeändert wird. Hier stellt er einen ähnlichen Satz für nicht conservative Systeme auf, deren mechanische Eigenschaften von zwei Functionen abhängen; eine von diesen ist die Dissipationsfunction F, die andere entweder die kinetische Energie T oder das Potential V. Er betrachtet den Fall, dass T die zweite Function sei. Die quadratischen Functionen T und F lassen sich durch passende Transformationen als Quadratsummen darstellen von der Form:

$$T = \tfrac{1}{2} a_1 \varphi_1{}^2 + \tfrac{1}{2} a_2 \varphi_2{}^2 + \ldots$$
$$F = \tfrac{1}{2} b_1 \varphi_1{}^2 + \tfrac{1}{2} b_2 \varphi_2{}^2 + \ldots$$

Die Grössen φ heissen dann normale Coordinaten, und die normalen Schwingungen des Systems werden repräsentirt durch Differentialgleichungen von der Form

$$s_a . \frac{d^2 \varphi_s}{dt^2} + s_b . \frac{d \varphi_s}{dt} = 0.$$

Diese liefern Lösungen von der Form

$$\varphi_s = P . e^{-pt},$$

wo p zur Abkürzung für $s_b : s_a$ steht. p^{-1} ist die Zeit, in welcher die Bewegung im Verhältniss von e : 1 abnimmt, und heisst der Zeitmodulus des Systems. Wird nun durch passenden Zwang dem System eine vorgeschriebene Bewegung auferlegt, so dass $\varphi_1 = A_1 . \vartheta$, $\varphi_2 = A_2 . \vartheta, \ldots$ wird, so hat man:

$$T = (\tfrac{1}{2} a_1 . A_1{}^2 + \tfrac{1}{2} a_2 . A_2{}^2 + \ldots) \left(\frac{d\vartheta}{dt}\right)^2$$

$$F = (\tfrac{1}{2} b_1 . A_1{}^2 + \tfrac{1}{2} b_2 . A_2{}^2 + \ldots) \left(\frac{d\vartheta}{dt}\right)^2.$$

Die Gleichung der Bewegung wird dann

$$\frac{d}{dt} \cdot \left(\frac{\partial T}{\partial \frac{d\vartheta}{dt}} \right) + \frac{\partial F}{\partial \frac{d\vartheta}{dt}} = 0$$

und giebt als Lösung: ϑ ist proportional mit e^{-pt}.

Daraus folgt

$$p = \frac{b_1 . A_1{}^2 + b_2 . A_2{}^2 + \ldots}{a_1 . A_1{}^2 + a_2 . A_2{}^2 + \ldots};$$

folglich ist p und damit auch der Zeitmodulus stationär, wenn von den A nur eins von Null verschieden ist, d. h. wenn der Schwingungstypus einer von den natürlichen des Systemes ist. *Bde.*

E. WOLSTENHOLME, D. EDWARDES, B. H. RAU. Solution of question 7514. Ed. Times XLII, 90-91†.

Die Coordinaten des Schwerpunktes für den Bogen der Curve $\left(\frac{x}{a}\right)^{\frac{2}{3}} + \left(\frac{y}{b}\right)^{\frac{2}{3}} = 1$ sind durch die elementaren Functionen leicht ausdrückbar, wenn man die Coordinaten in der Form $x = a \sin^3 \varphi$, $y = b \cos^3 \varphi$ durch den Parameter φ darstellt. *Lp.*

BOCK. Apparat zur Demonstration der verschiedenen Lagen des Schwerpunktes eines Massensystemes, je nachdem die Theile fest oder lose mit einander verbunden sind. ZS. phys. Unt. II, 33-34†; [Beibl. X, 6, 1886.

Ein horizontaler Balken steht auf einem spitzen Kegel; von seinen beiden Enden hängen zwei schwere, starre Pendel herab. Werden dieselben durch Klemmschrauben unbeweglich gemacht, so ist das ganze System starr und der Schwerpunkt liegt unter der Kegelspitze; werden die Schrauben gelockert, so schlägt der Balken um. *Bde.*

A. DEL RE. Sulle funzioni di forza. Batt. G. XXIII, 332-344†.

Es handelt sich um die Aufstellung der Form einer Kräftefunction für ein starres System, wenn gewisse Bedingungen erfüllt sind, z. B. wenn das Kräftesystem sich so ändert, dass es sich in jedem Augenblicke auf eine Dyname in Bezug auf eine Axe eines bestimmten Axoids der fünften oder der vierten Ordnung reducirt; oder wenn das Kräftesystem, welches die Punkte des starren Körpers angreift, so beschaffen ist, dass die Elementararbeit bezüglich einer bestimmten Torsion Null ist. Nach einigen Entwickelungen allgemeiner Natur gelangen die angedeuteten Fragen zur Erledigung. *Lp.*

E. Betti. Lehrbuch der Potentialtheorie und ihrer Anwendungen auf Electrostatik und Magnetismus. Deutsche Ausgabe von W. F. Meyer. Stuttgart, Kohlhammer, XV u. 434 S†.

Das bisher in Deutschland wenig bekannte Betti'sche Lehrbuch zeichnet sich einerseits durch systematische Anordnung des Stoffes und Strenge der Beweise aus, andrerseits durch die Reichhaltigkeit der Anwendungen, endlich durch die Benutzung besonderer, zum Theil neuer Methoden. Das Buch ist daher nicht nur als Lehrbuch zur Einführung in die Theorie, sondern auch für Vorgeschrittenere empfehlenswerth. Aus dem Inhalt des ersten Capitels, welches die eigentliche Potentialtheorie enthält, erwähnen wir als eigenthümlich die ausführliche Behandlung des Green'schen Satzes, ferner die Ableitung der charakteristischen Eigenschaften der Potentialfunction von Doppelschichten, die Bestimmung des Potentials eines Ellipsoids durch Zerlegung in Niveauschichten, die Ableitung der Potentialfunction für ebene homogene Flächen, für Polyeder und für homogene gerade Cylinder etc. Das Dirichlet'sche Princip ist, da die Grenzen seiner Gültigkeit noch nicht festgestellt sind, nicht benutzt.

Unter den Anwendungen auf Electrostatik (zweites Capitel) seien die folgenden Probleme hervorgehoben: Vertheilung der Electricität auf zwei getrennten oder sich berührenden leitenden Kugeln, auf einem von zwei Kugelcalotten begrenzten Conductor, auf einer leitenden Kugelcalotte, auf einem Ellipsoid und einer elliptischen Scheibe, auf unbegrenzten Cylindern. Das Capitel schliesst mit der Entwickelung der Theorie der Condensatoren.

Im dritten Capitel (Theorie des Magnetismus) wird u. a. der Nachweis geführt, dass die Zahl der auf der Oberfläche eines magnetischen Körpers vorhandenen Pole stets eine gerade sein muss, falls die Fläche einfach zusammenhängend ist. Die von Thomson aufgestellten Kriterien für solenoidale und lamellare Vertheilung der magnetischen Axen und Momente werden hier auf anderm

Wege gefunden, und hinsichtlich einer beliebigen solchen Vertheilung werden zwei neue Sätze aufgestellt. Mit ihrer Hülfe und durch zweckmässige Wahl der Fläche, welche den inducirten Punkt eines Magneten von der übrigen Masse abschliesst, gelingt es, die Widersprüche, die Maxwell in der Poisson'schen Theorie der Induction gefunden hat, zu beseitigen. Zum Schluss wird die für den Magnetismus benutzte Methode auch auf die Theorie der Dielectrica angewandt und davon, dem Vorgang von Clausius gemäss, in der Theorie des Condensators Gebrauch gemacht.

Erwähnt werden mag noch, dass die Theorie der Kugelfunctionen nirgends benutzt wird, dass ferner der Uebersetzung des italienischen Textes mehrere Zusätze des Herausgebers der deutschen Ausgabe hinzugefügt sind, die eine Erweiterung des Dirichlet'schen Verfahrens zur Transformation des Ausdrucks ΔV, den Hölder'schen Beweis des Satzes $\Delta V = -4\pi k$, sowie einige Sätze der Functionentheorie betreffen. *Wn.*

P. Paci. Sopra le discontinuità delle derivate seconde della funzione potenziale di una superficie. Lomb. Ist. Rend. (2) XVIII, 505-507†.

Es wird gezeigt, dass die von Herrn Horn aufgestellten Sätze (diese Ber. XXXVII (1), 147) sich in einfacher Weise aus gewissen Entwickelungen von Herrn Beltrami ableiten lassen (diese Ber. XXXVI (1), 115). *Bruns (Lp.)*

U. Masoni. Sulle derivate di ordine qualunque della funzione potenziale quando l'attrazione è proporzionale all' inverso della n^{ma} potenza della distanza. Nap. Rend. XXIII, 106-108, 1884†.

Ausführung der Differentiationen einer beliebigen Ordnung an einem Potential in einem ebenen Raume von n Dimensionen.

Bruns (Lp.)

F. G. Mehler. Beiträge zur Potentialtheorie. Pr. Elbing, A. Riedel†.

Stellt man die Coordinaten X, Y, Z eines Punktes im Raume durch die Variablen x, y, φ in der Form

$$X = x, \quad Y = y \cos \varphi, \quad Z = y \sin \varphi$$

dar, so lässt sich die reciproke Distanz zweier Punkte trigonometrisch nach dem Winkel φ entwickeln und die Coëfficienten ergeben sich durch den Fourier'schen Satz als bestimmte Integrale. Die Integrale werden für mehrere Fälle durch eine complexe Substitution in bemerkenswerther Weise so umgeformt, dass die zu den beiden Punkten gehörigen Variabeln x, y getrennt auftreten. Die behandelten Fälle sind folgende: Lage der beiden Punkte in zwei zu einander parallelen Ebenen, auf zwei coaxialen Kreiscylindern, auf concentrischen Kugeln, auf concentrischen und coaxialen Kreiskegeln, auf Kugelkalotten mit gemeinsamem Rande, auf zwei Ringflächen. Hieran schliessen sich Betrachtungen über die Benutzung der gefundenen Transformationen zur Darstellung der Potentiale von symmetrisch um eine Axe vertheilten Massen und die Behandlung der elektrischen Vertheilung auf einer kreisförmigen Scheibe mit ringförmigem Rande. *Bruns* (*Lp.*)

O. Callandreau. Énergie potentielle de deux ellipsoïdes qui s'attirent. C. R. CI, 1476-1478†.

Kurze Andeutung über die Berechnung des gegenseitigen Potentiales zweier homogenen Ellipsoïde durch Reihenentwickelung nach den Potenzen der Excentricitäten der Hauptschnitte.

Bruns (*Lp.*)

F. Mertens. Eine einfache Bestimmung des Potentials eines homogenen Ellipsoids. Wien. Ber. XCII, 524-527†.

Der Kunstgriff besteht darin, dass das Raumintegral durch Hinzufügung eines Integralfactors zunächst in ein vierfaches Integral verwandelt wird, in welchem sich durch eine passende Transformation die Variabeln trennen lassen. *Bruns* (*Lp.*)

F. Grube. Bestimmung des Potentials eines homogenen Ellipsoids. Kronecker J. XCVIII, 126-131†.

Das Ellipsoïd wird in unendlich dünne concentrische, ähnliche und ähnlich liegende Schalen zerlegt und auf das Potential dieser eine bereits früher von dem Verfasser benutzte Umformung angewandt (F. d. M. I, 1868, 313). *Bruns* (*Lp.*)

KUMMELL. Can the attraction of a finite mass be infinite? Wash. Bull. VIII, 58-63†.

Die Frage ist nur für das NEWTON'sche Anziehungsgesetz gestellt und durch eine Angabe in PRICE's Calculus Bd. III, Art. 201 veranlasst, nach der die Anziehung einer rechteckigen Scheibe auf einen Massenpunkt ausserhalb derselben, aber in ihrer eigenen Ebene, unendlich gross werden soll. Herr KUMMELL zeigt, dass das Resultat zwar einen Factor enthält, der unendlich wird, dass jedoch, da die Dicke der Scheibe unendlich klein sei, ein anderer Factor des Resultats als unendlich klein in Rechnung gesetzt werden muss und das Resultat endlich bleibt. Völlige Klarheit hierüber erhält man, indem man, von einem rechtwinkligen Parallelepiped ausgehend, die eine Kante verschwinden lässt. Es sei ja an sich absurd, dass ein unendlich kleines Element eines Körpers, der auf einen Punkt eine Anziehung von endlicher Grösse ausübe, denselben Punkt mit unendlicher Kraft anziehen soll. Aehnliches findet bei einer Kreisscheibe statt. *Lp.*

W. KÖPPEN. Das Barometer als Schweremesser. Met. Zeitschr. I, 323-325†.

Der Stand des Aneroidbarometers hängt, wenn m die das Instrument belastende Luft-Masse, g den doppelten Fallraum in der ersten Sekunde bedeutet, von der Grösse mg, der Stand des Quecksilberbarometers dagegen hängt ausschliesslich von m ab. Aendert sich somit g, so müssen auch die gleichzeitig am nämlichen Orte aufgezeichneten Stände beider Gattungen von Luftschweremessern eine verschieden grosse Differenz aufweisen, und diese Differenz würde theoretisch, d. h. wenn nicht die das Resultat trübenden Fehlerquellen allzu beträchtlich wären, dazu dienen, Schwerkraftsänderungen anzuzeigen und bei Untersuchungen über die Krümmung des Geoids eine gewisse Rolle zu spielen. v. Wüllerstorf und neuerdings Zöppritz sind denn auch mit präcisen Vorschlägen für die Anstellung solcher vergleichenden Beobachtungen hervorgetreten, doch erwartet Herr Köppen sich mehr von Mascart's Idee, als Vergleichskraft sich der Ausdehnungskraft eines fixen, abgeschlossenen Gasvolumens zu bedienen. *S. Günther* (*Lp.*)

O. Reynolds. On the dilatancy of media composed of rigid particles in contact. With experimental illustrations. Philos. Mag. (5) XX, 469-481†; Rep. Brit. Ass. 896-98; Nature XXXII, 535-36; [Cim. (3) XX. 274; [Sillim. J. (3) XXXI, 216; [Beibl. X, 261; [Naturf. XVIII, 439-40.

Der Aufsatz wurde zuerst in Aberdeen vor der Section A, danach auf Verlangen auch vor der Section B der British Association vorgelesen.

Media aus angenähert starren körnigen Bestandtheilen können in der Form von Sand, Getreidekörnern, Schrotkugeln vorgestellt werden. Die Eigenschaft der Dilatanz (dilatancy) solcher Medien besteht in einer bestimmten Aenderung der Ausdehnung in Folge einer gewissen Aenderung der Gestalt oder Deformation. „So lange die Körner durch Spannungen, welche sich in der Masse fortpflanzen, in wechselseitigem Gleichgewicht gehalten werden, ist jede Aenderung der relativen Lage der Körner von einer sich anschliessenden Aenderung des Volumens begleitet; und wenn das Volumen irgendwie festgehalten wird, so ist jede Aenderung der Gestalt damit verhindert.“ In der Theorie werden die Theilchen des Mittels als reibungslos und in solcher gegenseitigen Lage angenommen, dass ein Theilchen fixirt ist, sobald die benachbarten es sind (z. B. Kugelhaufen in Tetraeder- oder in Würfelform). Ueber solche Mittel hat der Verfasser eine Reihe von Versuchen angestellt, über welche er summarisch berichtet und die nach seiner Ansicht eine sichere Grundlage für die Theorie des Erddrucks geben sollen. Säcke aus nicht nachgiebigem Stoffe oder aus Gummi wurden z. B. mit Schrotkugeln angefüllt; die Unveränderlichkeit der Gestalt wurde in vielen Fällen beobachtet, bei Gummisäcken die Aenderung des Volumens durch ein- oder ausfliessendes Wasser gemessen.

Der eigentliche Endzweck der Versuche ist jedoch die Construction eines Mediums, welches eine statische Anziehungskraft zwischen zwei Körpern aus der Ferne erzeugen könnte. Solche Anziehung würde aber durch körnige Mittel in Folge ihrer Dilatanz und Spannung entstehen. Die vom Verfasser entwickelte Theorie zeigt, dass die Wirkung der Dilatanz die ist, Kräfte zwischen den Körpern zu erzeugen, welche mit den zur Erklärung der Gravitation und der Cohäsion angenommenen übereinstimmen. Die zur Bestätigung der Theorie dienenden Rechnungen werden nicht mitgetheilt, sondern nur die allgemeinen Vorstellungen, welche sich der Verfasser über die Vorgänge gebildet hat. Dabei geht er von der Annahme aus, eins der Körner des Mediums beginne zu wachsen und bilde sich zu einer grösseren Kugel aus. Die Wirkung des Wachsthums werde sein, dass sich concentrische Wellen von grösster und kleinster Dichte bilden, die sich nach aussen bewegen. Der Abstand der Wechsel von Maximum zu Minimum nehme schnell ab, wenn man sich der Kugel nähere. Bei zwei Kugeln sei die resultirende „Dilation" in einem Punkte kleiner als die Summe der einzelnen Dilationen; die so entstehende Differenz stelle einen Arbeitsbetrag dar, welcher von den Körpern im Medium geleistet werde, und die zwischen den beiden Körpern auftretende Kraft, welche dem Arbeitsbetrage entspreche, folge also dem Gesetze jener Dilation. Die Durchführung der Betrachtungen bleibt späteren Veröffentlichungen vorbehalten. *Lp.*

Alfred M. Mayer. Methods of determining the density of the Earth. Nature XXXI, 408-409†.

Der Verfasser schlägt vor, dass die Herren A. König und Richarz bei ihren geplanten Versuchen statt des Bleies lieber, wie Cornu, Quecksilber verwenden sollen. *Lp.*

F. Wittenbauer. Die Ebene als bewegtes Element. Schlömilch Z. XXX, 216-233†. Wien. Anz. XXII, 16-19†.

Herr Wittenbauer hat in seiner Schrift „Kinematik des Strahls“, über welche in F. d. M. XV. 1883, 770 berichtet worden ist, die Bewegung der Geraden in der Ebene behandelt. In der vorliegenden Arbeit betrachtet er die Bewegung einer Ebene, die er nicht als Inbegriff aller ihrer Punkte, sondern als geometrisches Element für sich auffasst. Jede Ortsveränderung im Raume kann als eine Drehung um eine in der Ebene gelegene Gerade, die Drehaxe, angesehen werden. Bei Voraussetzung einer allgemeinen Bewegung wird in jedem Zeitelemente eine andere Gerade der Ebene als Drehaxe auftreten. Die Drehaxen bilden eine abwickelbare Fläche, ihre Wendecurve kann als Bahn der Ebenen gelten, insofern sie die aufeinander folgenden Lagen der Ebene unzweideutig bestimmt.

Wird mit $d\sigma$ eine elementare Drehung um eine Drehaxe bezeichnet, so ist $V = \frac{d\sigma}{dt}$ die Drehgeschwindigkeit der Ebene. Die darauf folgende Drehung erfolgt um eine Drehaxe, welche jene schneidet; die Drehgeschwindigkeit um diese zweite Axe sei mit V' bezeichnet. Trägt man auf den Drehaxen von ihrem Schnittpunkt aus die Grössen V und V' in Grösse und Richtung auf, so lässt sich die Differenz von V' und V in geometrischem Sinne bestimmen; es ist dies die Seite des Parallelogramms, für welches V' Diagonale und V die andere Parallelogrammseite ist. Wird die construirte Länge durch Γdt bezeichnet, so ist Γ die Drehbeschleunigung. Wie nun die Componenten der Beschleunigung eines Punktes in Verbindung mit einem bestimmten anfänglichen Bewegungszustande die Art der Bewegung eines Punktes vollkommen beschreiben, so können die Componenten der Beschleunigung Γ nach Richtung dreier Axen nebst einem bestimmten anfänglichen Bewegungszustande der Ebene die Form der Bewegung dieser Ebene kennzeichnen. Zunächst wird entsprechend der Bewegung eines Punktes in der Ebene die Bewegung einer Ebene durch einen festen Punkt O des Raumes behandelt.

Wird die bewegliche Ebene auf drei senkrechte Coordinatenaxen durch O, welche fest zu denken sind, bezogen, so lässt sich die Lage der Ebene, welche mit den Coordinatenaxen bezüglich die Winkel λ, μ, ν bilden mag, durch die Ebenencoordinaten $\xi = \sin\lambda$, $\eta = \sin\mu$, $\zeta = \sin\nu$ beschreiben. Die Coordinaten sind durch die Gleichung $\xi^2 + \eta^2 + \zeta^2 = 1$ gebunden. Für V^2 findet alsdann Herr WITTENBAUER die Form $\left(\frac{d\xi}{dt}\right)^2 + \left(\frac{d\eta}{dt}\right)^2 + \left(\frac{d\zeta}{dt}\right)^2$, und die Componenten der Drehgeschwindigkeit werden angegeben durch

$$V_\xi = -\eta\frac{d\zeta}{dt} + \zeta\frac{d\eta}{dt}, \quad V_\eta = -\zeta\frac{d\xi}{dt} + \xi\frac{d\zeta}{dt},$$
$$V_\zeta = -\xi\frac{d\eta}{dt} + \eta\frac{d\xi}{dt},$$

die Drehbeschleunigung aber durch

$$\Gamma_\xi = -\eta\frac{d^2\zeta}{dt^2} + \zeta\frac{d^2\eta}{dt^2}, \quad \Gamma_\eta = -\zeta\frac{d^2\xi}{dt^2} + \xi\frac{d^2\zeta}{dt^2},$$
$$\Gamma_\zeta = -\xi\frac{d^2\eta}{dt^2} + \eta\frac{d^2\xi}{dt^2}.$$

Sind die Drehbeschleunigungen gegeben, so ist die Bestimmung von V auf eine einfache Quadratur zurückführbar durch die Gleichung

$$V^2 = 2\int\{(\eta\Gamma_\zeta - \zeta\Gamma_\eta)d\xi + (\zeta\Gamma_\xi - \xi\Gamma_\zeta)d\eta + (\xi\Gamma_\eta - \eta\Gamma_\xi)d\zeta\}.$$

Es hat also die Relation eine ähnliche Wichtigkeit für die Bewegungsprobleme der Ebene, wie die Gleichung der lebendigen Kräfte für die Bewegung eines Punktes.

Ist die Bewegung der Ebene nicht an einen festen Punkt gebunden, sondern ganz allgemeiner Natur, so lässt sich durch einen festen Punkt O im Raum stets eine Parallele mit der bewegten Ebene denken. Auf diese parallele Ebene lässt sich in jedem Moment die Drehgeschwindigkeit und Drehbeschleunigung ungeändert übertragen, so dass sich diese Ebene hinsichtlich ihrer Richtung genau so bewegt, wie die Ebene im Raum. Die so hervorgerufene Bewegung der Ebene durch O wird die nach O reducirte Bewegung der Ebene im Raume genannt. Jede Bewegung einer Ebene lässt sich nun in eine nach O reducirte Bewegung und in eine Translationsbewegung zerlegen. Ist ϱ der Abstand der Ebene im Raume von O, so wird die Translationsgeschwindigkeit durch $\mathfrak{V} = \frac{d\varrho}{dt}$, die Translationsbeschleunigung durch $\mathfrak{T} = \frac{d^2\varrho}{dt^2} + \varrho V^2$ gegeben. Specielle Beispiele erläutern die aufgestellte Theorie.

Schn.

DEWULF. Théorèmes de Géométrie et de Cinématique. Nouv. Ann. (3) IV, 79-80†.

Die Verschiebung einer Ebene in sich selbst sei gegeben durch das augenblickliche Drehungscentrum O und den Kreis der Centren (C). Die Punkte irgend einer Curve G der Ebene beschreiben bei der Bewegung Trajectorien; ihre Krümmungscentren bilden die Curve Γ. Diese Curve Γ kann erzeugt werden durch die Projection des Durchschnitts zweier Kegel auf die Ebene. Der eine Kegel hat zur Basis den Kreis (C) und zur Spitze irgend einen Punkt S des Lothes, welches in O zur beweglichen Ebene errichtet ist, der andere hat zur Spitze den Punkt O und zur Basis die Projection (G′) der Curve G auf eine Ebene, welche durch S parallel mit der beweglichen Ebene geführt ist. Es folgen Anwendungen dieses Theorems auf specielle Fälle.

Schn.

C. FORMENTI. Sul movimento geometrico dei sistemi invariabili. Lomb. Ist. Rend. XVIII, 195-200, 238-242, 418-431†.

Diese drei Artikel bilden die Fortsetzungen und den Schluss der analytischen Behandlung für die Kinematik eines starren Systems, über deren Anfang in diesen Ber. XL (1), 1884, S. 223 berichtet ist. Die erste Note beschäftigt sich mit der Transformation der vom Verfasser eingeführten und im vorjährigen Berichte erklärten kinematischen Coordinaten, nämlich Verwandlung der orthogonalen und der tedraedrischen in kinematische und umgekehrt, der kinematischen in andere kinematische, der kinematischen bezüglich eines Tetraeders in tetraedrische bezüglich eines anderen, u. s. w. In der zweiten Notiz werden mit Hülfe der entwickelten Formeln die Eigenschaften der Ebenen in Bezug auf ihre Mittelpunkte abgeleitet. Darauf wird der Begriff des „Momentes eines Punktes bezüglich eines anderen" definirt als das Moment der Strecke, welche den ersten mit dem zweiten verbindet. Ein Punkt und eine Ebene heissen „entsprechend", wenn der Punkt dasselbe Moment bezüglich aller Punkte der Ebene hat. Zwei Gerade, die so beschaffen sind, dass jeder Punkt der einen dasselbe Moment bezüglich jedes Punktes der andern hat, heissen „entsprechende Gerade". Die Beziehungen dieser entsprechenden Gebilde werden näher untersucht. Die letzte umfangreichste Abhandlung stellt zunächst den Begriff der „zugeordneten Punkte" (punti congiunti) zweier gegebenen Ebenen und Geraden auf: Zieht man vom Mittelpunkte p der einen Ebene eine Parallele zu ihrer Centralaxe, so schneidet dieselbe im allgemeinen die andere Ebene in einem Punkte β, der dasselbe Moment bezüglich aller Punkte der ersten Ebene hat; ähnlich entsteht der Punkt α der ersten Ebene. Beide Punkte α, β heissen die zugeordneten Punkte der Ebenen. Moment zweier Ebenen heisst das Moment ihrer zugeordneten Punkte. Ebenso giebt es auf zwei Geraden im allgemeinen je einen Punkt von demselben Momente in Bezug auf jeden Punkt der anderen. Alle diese Eigenschaften werden analytisch begründet, über sie zahlreiche Aufgaben gelöst.

Lp.

A. Schönflies. Zur Theorie der Bewegung räumlicher Systeme. Kronecker J. XCVIII, 265-280†.

Wenn ein starres System Σ in eine andere Lage Σ_1 und aus dieser in Σ_2 übergeführt wird, so geht irgend ein Punkt P in die Lage P_1 und aus dieser in die Lage P_2 über. Denkt man in der Mitte in der Geraden $\overline{PP_1}$ je eine Normalebene π^ν errichtet, so stehen diese, welche das System Σ^ν bilden mögen, mit den Punkten P des Systems Σ in reciproker Verwandtschaft. Ebenso entspringt aus den Punkten P_1 und P_2 ein System $\Sigma^\nu{}_1$, welches mit dem System Σ_1 reciprok ist. Da aber Σ und Σ_1 congruent sind, so sind Σ^ν und $\Sigma^\nu{}_1$ collinear. Je zwei entsprechende Normalebenen π^ν und $\pi^\nu{}_1$ schneiden sich in einer Geraden $\varkappa$; durch Drehung um diese kann P in P_1 und in P_2 übergeführt werden. Diese

Gerade wird Mittelpunktsaxe genannt, und die den Punkten P zugehörigen Mittelpunktsaxen $\varkappa$ bilden einen allgemeinen tetraedralen Strahlencomplex.

Die Beziehungen der Punkte P des Systems Σ zu den Elementen jenes Strahlencomplexes führen den Verfasser zu folgenden interessanten Ergebnissen:

Alle Punkte des starren Systems, für welche drei aufeinander folgende Lagen in derselben Geraden liegen, bilden im allgemeinen eine Raumcurve i^3 dritter Ordnung. Dieselbe geht durch die unendlich fernen Punkte der beiden Geraden des Systems, um welche die beiden Schraubenbewegungen, die dasselbe erleidet, stattfinden. Sind diese Axen, um welche die beiden Schraubenbewegungen stattfinden, einander parallel, so zerfällt i^3, und es giebt stets eine Gerade, deren sämmtliche Punkte die Eigenschaft haben, dass die drei Lagen P, P_1, P_2 in einer Geraden enthalten sind. Existirt umgekehrt eine solche Gerade, so sind die beiden Axen der Schraubenbewegung einander parallel.

Sind $\Sigma, \Sigma_1, \Sigma_2, \Sigma_3$ vier verschiedene Lagen eines starren Systems und P, P_1, P_2, P_3 homologe Punkte in diesen vier Lagen, so giebt es einen Punkt P^c, welcher von jenen vier Punkten gleiche Entfernung hat. Das System der Punkte P^c steht mit dem System der Punkte P in eindeutiger Verwandtschaft. Aus der Untersuchung dieser Verwandtschaft wird folgendes Theorem gewonnen:

Es giebt in dem räumlichen System Σ unendlich viele Punkte P von der Eigenschaft, dass die vier Lagen P, P_1, P_2, P_3 in einer einzigen Ebene liegen. Die Gesammtheit derselben bildet im allgemeinen eine Fläche dritter Ordnung F^3. Auf derselben liegt auch die oben erwähnte Raumcurve i^3.

So wie die Fläche F^3 zu den Lagen $\Sigma, \Sigma_1, \Sigma_2, \Sigma_3$ des starren Systems gehört, so giebt es auch eine Fläche F_1^3, die zu den Lagen $\Sigma_1, \Sigma_2, \Sigma_3, \Sigma_4$ gehört, und die Curve i_1^3 enthält. Beide Flächen schneiden sich in einer Raumcurve neunter Ordnung, welche aber in die Curve i_1^3 und in eine Curve C^6 sechster Ordnung zerfällt. Diese Curve C^6 enthält diejenigen Punkte des starren Systems Σ, für welche fünf Lagen P, P_1, P_2, P_3, P_4 derselben Ebene angehören. Die Bedingung endlich, dass sechs auf einander folgende

Lagen $P, P_1, \ldots, P_5$ derselben Ebene angehören, erfüllen neun Punkte des starren Systems.

Auf der Fläche F^3 giebt es noch eine andere Curve sechster Ordnung k^6, welche diejenigen Punkte des starren Systems enthält, welche bei vier auf einander folgenden Lagen demselben Kreise angehören.

Die Punkte des starren Systems, welche bei fünf auf einander folgenden Lagen einer Kugel angehören, bilden eine Fläche vierter Ordnung F^4, die Punkte, welche während sechs auf einander folgender Lagen auf einer Kugel bleiben, eine Raumcurve zehnter Ordnung; endlich haben 16 Punkte die Eigenschaft, während sieben auf einander folgender Lagen auf derselben Kugel zu bleiben.

Setzt man bei obigen Relationen unendlich nahe Verschiebungen voraus, so gehen die Sätze in Theoreme über die Krümmung der Bahncurven über, welche von den Punkten des starren Systems beschrieben werden. *Schn.*

A. SCHÖNFLIES. Sur une loi de réciprocité dans la théorie du déplacement d'un corps solide. C. R. CI. 150-153†.

Wenn zwei starre Systeme Σ und Σ' ihre gegenseitige Lage im Raum ändern, so lässt sich entweder Σ' fest denken, so dass sich Σ gegen Σ' bewegt, oder es lässt sich Σ als festes System betrachten, gegen welches Σ' seine Bewegung ausführt. Diese Bewegung wird im Gegensatz zur ersten als indirecte Bewegung bezeichnet.

Während der Bewegung beschreibt jeder Punkt P des Systems Σ eine Bahn im System Σ' und umgekehrt jeder Punkt Q' des Systems Σ' eine Bahn im System Σ. Für die Bahnen der Punkte P des Systems Σ und die der Punkte Q' im System Σ' stellt der Verfasser gewisse Gesetze der Reciprocität auf.

Liegt Q' in einer Normalebene der Bahn, welche P beschreibt, so liegt auch P in der Normalebene der Bahn, welche Q' bei der indirecten Bewegung macht.

Liegt Q' auf der Krümmungsaxe der Bahn von P, so liegt P auf der Krümmungsaxe der Bahn von Q'.

Ist P' das Centrum der osculirenden Kugel für die Bahn von P, so ist für die indirecte Bewegung P das Centrum der osculirenden Kugel für die Bahn von P'.

In Kronecker J. XCVIII, p. 277 hat Herr SCHÖNFLIES bewiesen, dass die Punkte eines Systems Σ, deren Bahnen fünfpunktig durch eine Kugel osculirt werden, auf einer Fläche F^4 vierten Grades enthalten sind. Die Mittelpunkte dieser Kugeln beschreiben bei der indirecten Bewegung Bahnen, welche gleichfalls fünfpunktig osculirt werden; sie liegen also auf einer Fläche $F^{4\prime}$ vierter Ordnung. Beide Flächen F^4 und $F^{4\prime}$ haben für beide Bewegungsformen vollständig reciproke Beziehung.

Andere reciproke Beziehungen finden statt für die Krümmungsaxen der Bahnen von P im System Σ und der Bahnen von Q' im System Σ' bei der indirecten Bewegung, doch mögen obige Bemerkungen zur Charakterisirung der Arbeit ausreichen.

Schn.

G. SCHOUTEN. De eindige verplaatsing van een vast lichaam. Nieuw Arch. XII, 188-203.

Rein analytischer Beweis für den Satz, dass jede endliche Aenderung der Lage eines festen Körpers zurückgeführt werden kann auf eine Translation längs einer Axe und eine Rotation um diese Axe. In dem bekannten Lehrbuch der Mechanik von Duhamel ist ein solcher Beweis gegeben; doch findet man in der vorliegenden Schrift eine andere Methode befolgt, bei welcher alle Formeln eine geometrische Bedeutung zulassen. Von den Transformationsformeln für ein rechtwinkliges System im Raume ausgehend, behandelt Verfasser zuerst den besondern Fall, dass der Ursprung fest ist, und sodann den allgemeinen Fall, wobei keine Voraussetzung gemacht ist. Schliesslich werden die Gleichungen der Rotations- und Translationsaxe aufgestellt, es wird der feste Punkt bestimmt, durch welchen sie geht, und die Grösse der Rotation und der Translation abgeleitet. *van Geer* (*Lp.*)

F. P. Ruffini. Della costruzione geometrica dell' asse centrale di un dato sistema di forze e di alcune proprietà delle rette che nel sistema dato sono caratteristiche di piani. Mem. Bologna (4) VI, 83-94.

Der Verf. stellt eine Anzahl von Sätzen über die Charakteristiken bez. die Pole von Ebenen auf und gründet darauf eine Art, nach den Methoden der graphischen Statik die Centralaxe eines Kraftsystems durch Constructionen in der Ebene zu ermitteln.

Bde.

---

de Tilly. Sur l'axe central et l'axe instantané glissant. Mathesis V, 145-152†.

Die Note ist eine verbesserte und vervollständigte Bearbeitung einiger Theile dreier früheren Noten (Belg. Bull 1873 (2) XXXV, 24-30; Nouv. Corresp. Math. 1875, I, 36-41; Belg. Bull. (3) V, 401-403). Sie enthält eine gründliche Untersuchung über die Existenz der im Titel genannten Axen. *Mansion (Lp.)*

W. J. C. Miller, A. Mukhopădhyăy, N. Sarkar. Solution of questions 4865, 6880, 7212. Ed. Times XLIII, 56-57†.

Eine ebene Curve rollt ohne zu gleiten auf einer Geraden; ein fest mit ihr verbundener Punkt *O* beschreibt dabei eine Curve. Diese Curve ist zuerst allgemein, sodann in folgenden Fällen zu bestimmen: 1) Parabel mit *O* als Brennpunkt (Kettenlinie), 2) Kreis mit *O* auf der Peripherie (Cykloide), 3) gleichseitige Hyperbel (Cykloide), 4) Lemniskate, 5) Kardioide, 6) $r^m = a^m \cos m\Theta$. Ist s_1 der Umfang einer Schleife von 6), s_2 derjenige der zugehörigen Ortscurve von *O*, so ist

$$s_1 s_2 = 2\left(\frac{1}{m}+1\right)\pi a^2.$$

Lp.

A. Mannheim. Représentation plane relative aux déplacements d'une figure de forme invariable assujettie à quatre conditions. C. R. C, 268-271†.

Wenn man in den Centralpunkten der Elementarflächen eines Strahlenbündels Normalen zu diesen Elementarflächen errichtet, so sind diese Geraden Erzeugende eines Plücker'schen Conoids oder, wie Herr A. Cayley diese Fläche genannt hat, eines Cylindroids. Durch diesen Satz, den Herr Mannheim entwickelt, ist mit einem Strahlenbündel eine derartige Plücker'sche Fläche in Verbindung gebracht. Für die Verrückung eines starren Körpers, dessen Bewegung vier Bedingungen unterworfen ist, stellt das Plücker'sche Conoid den Ort der Axen dar, um welche in Form von Schraubenbewegungen die möglichen Verrückungen des Körpers erzeugt werden können. Durch die Beziehung, welche dieses Conoid zu einem Strahlenbündel gewinnt, welches von einer Geraden bei den möglichen Verrückungen erzeugt wird, kann die graphische Darstellung des Strahlenbündels (vgl. F. d. M. IV. 1872. 287) auch die Verschiebungen kennzeichnen, welche unter vier Bedingungen für einen Körper möglich sind. Der darstellende Kreis des Strahlenbündels charakterisirt also die möglichen Verschiebungen. Damit ist die Darstellung gewonnen, welche Herr R. S. Ball 1883 der Kgl. Akad. von Irland unter dem Titel „On a plane representation of certain dynamical problems in the theory of a rigid body" vorgelegt hat.
Schn.

H. Resal. Sur le roulement des surfaces. C. R. C, 260-263†.

Es sei S_1 eine feste und S eine darauf bewegliche Fläche, welche sich momentan in einem Punkte O berühren. Geht im nächstfolgenden Moment ein dem Punkte O unendlich naher Punkt O_1 der Fläche S in einen Punkt O'_1 der Fläche S_1 in der Art über, dass auch die Tangentialebenen in O_1 und O'_1 zur Deckung kommen, so rollt die Fläche S auf der Fläche S_1. Auf Grund dieser Begriffsbestimmung des Rollens der Fläche S auf der Fläche S_1 giebt Herr Resal eine Analyse des Bewegungsvorganges.
Schn.

E. Engelbrecht. Ueber eine Kurbelbewegung allgemeinerer Art. Pr. Brieg. 16 S†.

Eine Gerade wird so geleitet, dass einer ihrer Punkte sich in einem Kreise bewegt, während sie selbst als Tangente auf einem mit dem Kreise concentrischen Kegelschnitt gleitet. Die Polbahnen des so bestimmten kinematischen Systems bilden den Gegenstand der vorliegenden Untersuchung. *Schn.*

A. Mannheim. Sur la polhodie. C. R. C, 938-940†.

A. Mannheim. Sur l'herpolhodie. C. R. C, 963-966†.

Bekanntlich hat Poinsot in seiner Schrift „Une théorie nouvelle de la rotation des corps“ die Begriffe der Polodie und der Herpolodie eingeführt. Wird die Bewegung eines Körpers um einen festen Punkt auf die Bewegung des Centralellipsoids zurückgeführt, welches ohne zu gleiten auf einer festen Ebene rollt, so bildet der Ort der successiven Berührungspunkte auf dem Centralellipsoid die Polodie, der Ort aber der successiven Berührungspunkte auf der festen Ebene die Herpolodie. Der Kegel, welcher durch die Polodie und das feste Centrum bestimmt ist, ist ein Kegel zweiten Grades, und dieser rollt während der Bewegung des Körpers auf dem Kegel, der durch das feste Centrum und die Herpolodie gekennzeichnet ist. Neuerdings hat Herr de Sparre darauf aufmerksam gemacht, dass die Herpolodie keineswegs die Gestalt hat, die Poinsot ihr zugeschrieben. Sie ist nicht wellenartig gebogen, wie Poinsot irrthümlich angenommen hat, sondern sie besitzt überhaupt keine Wendepunkte. Auch Rückkehrpunkte treten in ihr nicht auf. Herr W. Hess hat sowohl diese Eigenschaften als auch die für allgemeine Flächen zweiter Ordnung schon 1880 in seiner Dissertation behandelt (F. d. M. XII. 1880. 649, XVI. 1884. 768).

Herr Mannheim beleuchtet den Gegenstand durch kinematische Betrachtungen. Er lässt ein beliebig gestaltetes Ellipsoid sich um seinen Mittelpunkt derartig bewegen, dass dasselbe auf einer fest gedachten Tangentialebene rollt ohne zu gleiten, und untersucht die beiden Curven, die Polodie (s) und die Herpolodie (σ), welche bei dieser Bewegungsform erzeugt werden.

Schlägt man mit dem Abstande h der festen Tangentialebene

um das Centrum o des Ellipsoids (E) eine Kugel (S), so bestimmen (E) und (S) durch die gemeinsamen Tangentenebenen eine abwickelbare Fläche, und die Berührungspunkte mit (E) bilden die Polodie. Polarisirt man die Gebilde in Bezug auf E, so erkennt man, dass die Polodie der Durchschnitt zweier concentrischen Ellipsoide ist, deren Axen in dieselbe Richtung fallen, und folgert daraus, dass der Kegel, welchen die Polodie (s) bestimmt, vom zweiten Grade ist. Die Projectionen von (s) auf die Hauptebenen von (E) bilden Kegelschnitte; es kann daher die Polodie weder den Krümmungsradius Null noch einen unendlich grossen Krümmungsradius besitzen.

Herr Mannheim construirt nunmehr die Normalenfläche für (E) (la normalie) längs der Leitcurve (s). Ist m ein Punkt von (s) und p der Fusspunkt des Lothes h, so ist die Normalebene für (E) längs der Geraden pm eine Centralebene der Normalenfläche und berührt die Normalenfläche im Centralpunkte e. Ein Durchmesser des Ellipsoides, welcher durch e geführt wird, trifft die Gerade pm in einem Punkte r, und die Polarebene von r in Bezug auf (E) giebt die Osculationsebene im Punkte m der Polodie. Endlich bestimmt Herr Mannheim die Centraldistanz me. Zieht man in dem Ellipsoide (E) zwei Durchmesser parallel mp und mt, wo mt die Richtung der Tangente von (s) angeben mag, und fällt von dem Endpunkt des letzteren Durchmessers ein Lot l auf den ersten, so wird die Centraldistanz me durch den Ausdruck $\frac{l^2}{h}$ gemessen.

In der zweiten Note wird die Herpolodie (σ) analysirt. Es findet sich das merkwürdige Resultat, dass die Krümmungsaxen der Polodie und der Herpolodie für den Punkt m sich in einem Punkte der Tangentialebene treffen, welche längs om die beiden durch (s) und (σ) bestimmten Kegel berührt. Daraus folgt die Construction des Krümmungscentrums der Herpolodie aus dem Krümmungscentrum der Polodie, und man schliesst, dass, da die Polodie keinen Krümmungsradius Null hat, ein solcher auch in der Herpolodie nicht vorkommt. Ein entsprechender Schluss auf das Fehlen der Wendepunkte der Herpolodie ist in einem besonderen

Fall nicht zulässig. Dieser Fall tritt ein, wenn die Osculationsebene der Herpolodie normal zur gemeinsamen Tangentialebene beider Kegel längs om steht. Indem Herr Mannheim diesen Fall näher prüft, kommt er zu dem Ergebniss, dass man immer ein solches Ellipsoid construiren kann, für das der Punkt m ein Wendepunkt der Herpolodie ist. Dieser Fall kann aber nicht eintreten bei dem Centralellipsoid. Denn wenn a, b, c die nach den Grössen geordneten Halbaxen sind, also $a > b > c$ ist, so ist seine Gestalt an die Bedingung geknüpft $\frac{1}{c^2} < \frac{1}{b^2} + \frac{1}{a^2}$, und diese Bedingung schliesst, wie sich ergiebt, die obige Möglichkeit aus. So wird das Resultat gefunden, dass auf der Herpolodie keine Wendepunkte enthalten sind. *Schn.*

H. Resal. Note sur la courbure de l'herpolhodie.

J. d. l'Éc. Pol. Cah. LV, 275-285†.

Um den von Herrn W. Hess 1880 gefundenen Satz zu beweisen, dass die Herpolodie (für welche der neue Name Gyropolodie vorgeschlagen wird) keine Wendepunkte und Spitzen besitzen kann, rechnet Herr Resal einen Ausdruck für den Krümmungshalbmesser R dieser Curve aus. Es seien a, b, c die drei Halbaxen des Trägheits-Ellipsoids; h der Abstand seines Mittelpunktes von der festen Ebene, auf welcher es rollt; ϱ der Fahrstrahl vom Fusspunkte des Lotes h nach einem beliebigen Punkte der Curve; U der Winkel zwischen ϱ und R. Man setze ferner:

$$\frac{(h^2-b^2)(h^2-c^2)}{h^2} = m, \quad \frac{(h^2-c^2)(h^2-a^2)}{h^2} = n,$$

$$\frac{(h^2-a^2)(h^2-b^2)}{h^2} = p,$$

$$\Delta = (h^2-a^2)(h^2-b^2)(h^2-c^2), \quad T = (\varrho^2+m)(\varrho^2+n)(\varrho^2+p).$$

Der Winkel U wird aus der Formel gefunden:

$$\operatorname{tang} U = \frac{1}{\sqrt{-T}}\left(h\varrho^2 + \frac{\Delta}{h^3}\right),$$

endlich R aus der Gleichung:

$$\frac{h^3(-T)^{\frac{3}{2}}}{\varrho^3 R \cos^3 U} = h^2\varrho^2\{-2a^2b^2c^2 + h^2(a^2b^2 + b^2c^2 + c^2a^2)\}$$
$$+ \Delta(a^2b^2 + b^2c^2 + c^2a^2).$$

Die Discussion dieses Ausdruckes zeigt, dass R weder Null noch unendlich werden kann, wodurch der Satz bewiesen ist. Zum Schlusse berechnet der Verfasser noch zur Ergänzung seines Aufsatzes: Développements sur la théorie de la rotation des corps solides (J. de l'Éc. Pol. Cah. LIII, 17-31; F. d. M. XIV, 821) das Bogenelement ds der Herpolodie und das Zeitdifferential dt als Functionen von ϱ. *Lp.*

A. DE SAINT-GERMAIN. Sur l'herpolhodie. C. R. C, 1126-1128.

Herr DE SPARRE hatte aus den Eigenschaften elliptischer Functionen den HESS'schen Satz hergeleitet, dass die Herpolodie von Poinsot weder Rückkehrpunkte noch Wendepunkte besitzt, dass sie also stetig convex gekrümmt sei. Hierfür giebt Herr DE SAINT-GERMAIN einen kurzen Beweis, der seine Elemente aus den bekanntesten Sätzen der Dynamik entnimmt. *Schn.*

J. N. FRANKE. Sur la courbure de l'herpolhodie. C. R. C, 1573-1576.

G. DARBOUX. Remarque. C. R. C, 1576-1577.

Um das Theorem, dass die Herpolodie POINSOT's weder Wendepunkte noch Rückkehrpunkte besitzt, zu beweisen, geht Herr FRANKE von dem Ausdruck aus, welcher den Krümmungsradius R der Herpolodie in Polarcoordinaten darstellt; als Anfangspunkt des Coordinatensystems wird dabei die Projection des festen Centrums des Ellipsoids auf die feste Tangentialebene gewählt. Indem er nunmehr den Richtstrahl und seinen Polarwinkel nebst den Derivirten dieser Grössen als Functionen von p, q, r, den Componenten der augenblicklichen Rotation, darstellt, gewinnt er für R eine Form, aus der er das Theorem des Herrn DE SPARRE herausliest.

Im Anschluss daran weist Herr DARBOUX auf eine andere

Ableitung jenes Theorems hin, die zu folgendem Ergebniss führt: Sind a, b, c die Quadrate der Axen einer beliebigen Mittelpunktsfläche zweiten Grades, welche im POINSOT'schen Sinne sich bewegt, und zwar nach der Grösse geordnet, und bedeuten h und l^2 die Constanten der lebendigen Kräfte und der Flächen, so ist, wenn $P = \frac{2abc}{ab+bc+ca}$ gesetzt wird, nothwendige und hinreichende Bedingung dafür, dass in der Herpolodie Wendepunkte auftreten, folgende: Es müssen die Werthe a, b, c, P, $\frac{h}{l^2}$ entweder die Anordnung a, $\frac{h}{l^2}$ b, P, c oder a, P, b, $\frac{h}{l^2}$, c, nach ihrer Grösse geordnet, darbieten. Liegt P für eine Fläche nicht zwischen a und c, so können keine Wendepunkte in der Herpolodie vorhanden sein. Dieser Fall tritt beim Trägheitsellipsoid auf. *Schn.*

BARBARIN. Note sur l'herpolhodie. Nouv. Ann. (3), IV, 538-556.

Die POINSOT'sche Herpolodie wird durch ihre Differentialgleichung in Polarcoordinaten zur Darstellung gebracht. Als Anfangspunkt des Coordinatensystems dient die Projection P des Mittelpunktes des Ellipsoids auf die feste Ebene. Bedeutet ϱ den Richtstrahl und ω seinen Richtungswinkel, so heisst diese Differentialgleichung

$$d\omega = \delta \frac{\left(\varrho^2 + \frac{u}{\delta^4}\right)d\varrho}{\varrho\sqrt{-(\varrho^2+r_1)(\varrho^2+r_2)(\varrho^2+r_3)}}.$$

Hierin bedeuten δ, u, r_1, r_2, r_3 gewisse durch das Problem bedingte constante Grössen, und zwar, wenn a, b, c die nach der Grösse geordneten Halbaxen des Ellipsoids und δ den Abstand seines Mittelpunktes von der festen Ebene angeben, ist

$$u = (\delta^2-a^2)(\delta^2-b^2)(\delta^2-c^2), \quad r_1 = \frac{u}{\delta^2(\delta^2-a^2)},$$

$$r_2 = \frac{u}{\delta^2(\delta^2-b^2)}, \quad r_3 = \frac{u}{\delta^2(\delta^2-c^2)}.$$

Die Discussion der Differentialgleichung führt zu folgenden Ergebnissen. Ist $c < \delta < b$, so ist u positiv, r_1 und r_2 negativ, und r_3 positiv, es verschwindet also der Wurzelausdruck nur für zwei verschiedene Werthe von ϱ, nämlich für $\varrho_1 = \sqrt{-r_1}$ und $\varrho_2 = \sqrt{-r_2}$, und zwar ist $\varrho_2 > \varrho_1$. Damit der Wurzelausdruck reell sei, darf sich ϱ nur zwischen diesen Grenzwerthen ϱ_1 und ϱ_2 bewegen; die Herpolodie verläuft also zwischen zwei concentrischen Kreisen C_1 und C_2, welche die Radien ϱ_1 und ϱ_2 haben. Da für diese Grenzwerthe $\frac{d\varrho}{d\omega} = 0$ ist, so berührt die Herpolodie diese Kreise. Sind M_1 und M_2 diese Berührungspunkte, so ist die Herpolodie gegen die Richtstrahlen PM_1 resp. PM_2 symmetrisch gebildet; denn sind μ und μ' zwei Punkte der Herpolodie, auf verschiedenen Seiten von M_2 gelegen, welche denselben Werthen ϱ entsprechen, so ergeben sich für die Winkel $\mu \widehat{P} M_2 = \omega$ und $M_2 \widehat{P} \mu' = \omega'$ zwei Integrale von gleichem absolutem Werthe, aber entgegengesetztem Zeichen. Die Punkte, welche den Punkten M_1 und M_2 auf der Polodie entsprechen, gehören den Hauptebenen des Ellipsoides an.

Liegt δ zwischen a und b, umgiebt also die Polodie den Scheitel der grössten Axe, so bestimmen die Grenzwerthe $\varrho_2 = \sqrt{-r_2}$ und $\varrho_3 = \sqrt{-r_3}$ zwei Kreise C_2 und C_3 um den Punkt P, zwischen welchen die Herpolodie in derselben Form verläuft, wie im vorigen Fall. Sie bildet also eine Folge von gleichen Schleifen, welche C_2 und C_3 abwechselnd berühren, und die Richtstrahlen nach den Berührungspunkten sind für sie Symmetrieaxen.

Die Arbeit schliesst mit einer Analyse der Geschwindigkeit, mit der der Berührungspunkt der Polodie auf der Herpolodie fortschreitet.

Endlich mag auch hier die Bemerkung Platz finden, dass Herr Barbarin seine Analyse der Herpolodie bereits im Jahre 1882 der Redaction der Nouv. Ann. eingereicht hat, dass er also keine Kenntniss von der Bemerkung des Herrn de Sparre hatte, welche in den C. R. 1884 veröffentlicht worden ist. Von den weiter gehenden Untersuchungen des Herrn W. Hess aus dem Jahre 1880 hatten beide Forscher nichts erfahren. *Schn.*

G. Darboux. Sur la théorie de Poinsot et sur deux mouvements correspondant à la même polhodie. C. R. C, 1555-1561†.

Eine allgemeinere als die von Poinsot betrachtete Bewegungsform besteht darin, dass man nicht ein Ellipsoid, dessen Axen bestimmten Bedingungen der Ungleichheit unterworfen sind, auf einer festen Ebene mit einer Geschwindigkeit, proportional dem Richtstrahl vom Centrum nach dem Berührungspunkt, rollen lässt, sondern eine beliebige Mittelpunktsfläche zweiten Grades. Eine derartige Bewegung ist bestimmt durch die Gleichungen:

$$(1)\quad \begin{cases} \dfrac{dp}{dt} = \dfrac{a(c-b)}{bc}\,qr, \quad \dfrac{dq}{dt} = \dfrac{b(a-b)}{ca}\,rp, \\ \dfrac{dr}{dt} = \dfrac{c(b-a)}{ab}\,pq. \end{cases}$$

Hierin bedeuten a, b, c die Quadrate der Halbaxen der Fläche, welche auf der festen Ebene rollt.

Würde man an Stelle obiger Gleichungen die folgenden drei wählen:

$$(2)\quad \frac{dp}{dt} = \alpha_1\,qr, \quad \frac{dq}{dt} = \beta_1\,rp, \quad \frac{dr}{dt} = \gamma_1\,pq,$$

so würde dadurch eine allgemeinere Bewegungsform gekennzeichnet sein. Sie würde dem ersten System von Gleichungen entsprechen, wenn als Bedingung hinzutritt

$$(3)\quad \alpha_1 + \beta_1 + \gamma_1 + \alpha_1\beta_1\gamma_1 = 0.$$

Die Bewegung, welche durch das Gleichungssystem (1) gegeben ist, wird kurzweg als Poinsot'sche Bewegung bezeichnet. Sind p, q, r Rotationen, welche (1) genügen, so werden, wenn α', β', γ' constante Zahlen bedeuten, die Grössen

$$p' = \alpha' p, \quad q' = \beta' q, \quad r' = \gamma' r$$

dem Gleichungssystem (2) genügen, falls

$$\alpha_1 = \frac{a(c-b)}{bc}\cdot\frac{\alpha'}{\beta'\gamma'}, \quad \beta_1 = \frac{b(a-c)}{ca}\cdot\frac{\beta'}{\gamma'\alpha'},$$

$$\gamma_1 = \frac{c(b-a)}{ab}\cdot\frac{\gamma'}{\alpha'\beta'}$$

gesetzt wird, die Bedingung (3) aber führt zu der Relation

$$a^2(c-b)(\alpha'^2-1)+b^2(a-c)(\beta'^2-1)+c^2(b-a)(\gamma'^2-1)=0.$$

Dieser Bedingung müssen also die Constanten α', β', γ' genügen, wenn die Rotationen p', q', r' eine Bewegungsform vom Charakter von (1) darstellen sollen. Zwei der Grössen α', β', γ' bleiben, wie man bemerken mag, willkürlich. Es giebt demnach eine ganze Reihe von Bewegungsformen, welche mit der bestimmten Bewegungsform von (1) verknüpft sind.

In der vorliegenden Arbeit wird die besondere Bewegung betrachtet, welche durch $\alpha'=-1$, $\beta'=-1$, $\gamma'=-1$ bestimmt ist, für welche also $p'=-p$, $q'=-q$, $r'=-r$ ist. Wird die durch (1) beschriebene Bewegung durch (E) bezeichnet, so wird bei dieser Bewegung (E') die Rotation gleich aber entgegengesetzt der von (E) sein. Der zweiten Bewegung gehören Grössen a', b', c', h' in demselben Sinne an, wie die Grössen a, b, c, h der Bewegung (E); h aber bedeutet in dieser die durch das Integral der lebendigen Kräfte $\frac{p^2}{a}+\frac{q^2}{b}+\frac{r^2}{c}=h$ eingehende Constante. Die Grössen a', b', c', h' werden in ihrer Abhängigkeit von a, b, c, h dargestellt und dadurch auch in dieser Form die Reciprocität beider Bewegungen zum Ausdruck gebracht.

Der Vergleich beider Bewegungen führt zu dem Ergebniss, dass für beide Bewegungen die Polodie (P) übereinstimmt. Ist (C) der durch sie und das feste Centrum bestimmte Kegel, so rollt bei der ersten Bewegung (E) dieser Kegel auf einem festen Kegel (A), welcher zur Basis eine Herpolodie (H) hat; bei der zweiten Bewegung rollt derselbe Kegel (C) auf einem festen Kegel (B), welcher zur Basis eine Herpolodie (H') hat; bei beiden Bewegungen aber ist jeden Moment dieselbe Kante des Kegels (C) in Berührung mit den festen Kegeln. Denkt man daher (C) fest und lässt gegen (C) sich (A) und (B) bewegen, so erkennt man, dass die Bewegung von (B) gegen (A) relativ so aufgefasst werden darf, als rolle (B) auf (A).

An diese Betrachtung schliesst endlich der Verfasser das Theorem an: „Die Schnittcurve zweier concentrischen Flächen zweiten Grades, welche dieselben Axenrichtungen haben, kann, und zwar auf zwei verschiedene Weisen, als Polodie betrachtet werden." *Schn.*

G. DARBOUX. Sur diverses propositions relatives au mouvement d'un corps solide autour d'un point fixe. C. R. CI, 199-205†.

Fortsetzung der Betrachtungen, welche in der Mittheilung veröffentlicht wurden, über die soeben berichtet ist. Nach dem Drucke jener Note hatte der Verfasser bemerkt, dass DE LA GOURNERIE in seinen Recherches sur les surfaces réglées tétraédrales symétriques manche interessanten, die Polodie betreffenden Sätze bewiesen hat, ohne jedoch auf die kinematische Seite der Frage einzugehen. Unter Benutzung der geometrischen Ergebnisse des Werkes von DE LA GOURNERIE vervollständigt Herr DARBOUX den geometrischen Theil seiner Untersuchung. Von den sechs Theoremen, die er ausspricht, möge nur das letzte angeführt werden, welches in seiner Arbeit „Sur le mouvement d'un corps pesant etc." (vgl. diesen Band unten S. 271) in veränderter Fassung wiederkehrt: „Deformirt man das (einschalige) Hyperboloid (K), sodass eine seiner Erzeugenden (g) fest bleibt, so beschreibt jeder Punkt der mit (g) parallelen Erzeugenden (g_1) eine zu g senkrechte Ebene. Alle anderen Punkte des Hyperboloids beschreiben Kugeln mit Mittelpunkten auf (g). Zwingt man einen Punkt von (g_1), eine zum Hyperboloid (K) in diesem Punkte senkrechte Curve zu beschreiben, so ist diese Curve eine Herpolodie". *Lp.*

DE SPARRE. Sur l'herpolhodie dans le cas d'une surface du second degré quelconque. C. R. CI, 370-373†.

Eine Mittelpunktsfläche zweiten Grades bewegt sich um ihr Centrum derart, dass sie auf einer festen Tangentialebene ohne zu gleiten rollt. Die augenblickliche Drehungsgeschwindigkeit ist proportional dem Richtstrahl, welcher das feste Centrum mit dem augenblicklichen Berührungspunkt verbindet. Unter dieser Voraussetzung entsteht eine Herpolodie auf der festen Tangentialebene. Die Bedingungen werden aufgestellt, unter denen die Herpolodie

Wendepunkte besitzt, erstens wenn die rotirende Fläche ein Ellipsoid, dann wenn sie ein Hyperboloid mit einer oder mit zwei Schalen ist. *Schn.*

A. Mannheim. Sur une droite qui se déplace de façon que trois de ses points restent sur les faces d'un trièdre trirectangle. Darb. Bull. (2), IX, 137-140†.

Eine Anwendung der von Herrn Mannheim ausgebildeten Methoden der kinematischen Geometrie auf die Entwickelung eines Theorems des Herrn Darboux. Derselbe hat dargethan, dass eine Gerade D, welche mit drei Punkten in drei senkrecht aufeinander stehenden Ebenen gleitet, ein Normalensystem einer Fläche (S) erzeugt. Herr Mannheim entwickelt auf sehr durchsichtige Weise diesen Satz, giebt eine Construction der Hauptkrümmungscentren und der Ebenen der Hauptschnitte der Fläche (S), und beweist die von Herrn Darboux gegebene Ergänzung des Theorems, dass diese Fläche (S) der Ort der Mittelpunkte der Segmente ist, welche auf jeder Geraden D bestimmt werden durch den Punkt, wo D eine Ebene des Dreikants trifft, und die senkrechte Projection der Spitze des Dreikants. *Schn.*

M. Gebbia. Su due proprietà della rotazione spontanea dei corpi. Mem. Lincei (4), I, 326-333†.

Der Verf. beweist für einen Körper, der ohne Einwirkung äusserer Kräfte um einen festen Punkt rotirt, die beiden folgenden Sätze:

1) Jede im Körper feste Fläche zweiter Ordnung, die mit dem Trägheitsellipsoid des festen Punktes homocyklisch ist, rollt, ohne zu gleiten, auf einer Revolutionsfläche zweiten Grades, deren Mittelpunkt in den festen Punkt fällt und deren Axe mit der Axe der Bewegungsmenge übereinstimmt. Die festen Flächen bilden für sich eine homocyklische Schaar.

2) Jede Fläche zweiten Grades, die mit dem reciproken Ellipsoid confocal ist, gleitet ohne zu rollen auf einer festen Fläche zweiten Grades, die dieselben Eigenschaften hat, wie die vorige.

Nur bilden diese festen Flächen eine confocale Schaar. Die Worte „gleitet ohne zu rollen" sollen so verstanden werden, dass die Momentanaxe der Bewegung jederzeit senkrecht auf der gemeinschaftlichen Berührungsebene beider Flächen steht, ohne durch den Berührungspunkt zu gehen.

Das POINSOT'sche Rollen des Trägheitsellipsoids auf der invariablen Ebene ist ein Specialfall des ersten Satzes. *Bde.*

K. VON OTT. Grundzüge der graphischen Statik. Vierte erweiterte Auflage. II. Abtheilung. Prag. J. G. Calve (Ottomar Beyer). 268 S. 8° u. 1 Taf.

Auch unter dem Titel:

K. VON OTT. Das graphische Rechnen und die graphische Statik. Zweiter Theil: Die graphische Statik. II. Abtheilung. (Schluss.)†

Die Schlussabtheilung enthält die Elemente der Festigkeitslehre, sowie die Statik der continuirlichen Träger, der Bogenfachwerke, der Kuppel- und Zeltdächer, ferner die Bestimmung des Erddruckes, die Stabilität der Stützmauern und Gewölbe. Der Verfasser hat natürlich die neueren Arbeiten über den von ihm wiederholt und unter vielseitiger Anerkennung bearbeiteten Gegenstand berücksichtigt, soweit dies in dem von ihm gewählten Rahmen anging. *Lp.*

R. D'EMILIO. Gli assoidi nella statica e nella cinematica. Nota su la teoria delle dinami (Theory of screws). Ven. Ist. Atti (6), III, 1135-1154†.

Analytische Aufstellung der elementarsten Eigenschaften der Axensysteme (= screw complexes = assoidi) der verschiedenen Stufen. *Vivanti (Lp.)*

L. CROCCHI. Un' osservazione intorno alle coppie per un sistema di forze parallele. Batt. G. XXIII, 89-94†.

Die Punkte eines materiellen Systems mögen von den parallelen Kräften P_1, P_2, P_3, ... angegriffen werden. Durch die Verlegung einer jeden Kraft P nach einem Reductionspunkte entsteht ein Kräftepaar, dessen Quadrat P^2r^2 ist, wo r den Abstand des Angriffspunktes der Kraft von derjenigen Geraden bedeutet, die durch den Reductionspunkt parallel zur gemeinsamen Richtung der Kräfte geht. Daher ist die Summe der Quadrate dieser Kräftepaare gleich dem Trägheitsmomente eines materiellen Systems, dessen Punkte die Massen P_1^2, P_2^2, P_3^2, ... besitzen, bezüglich der eben erwähnten Geraden. Die Durchführung der Analogie zwischen der Summe der Quadrate der Kräftepaare und dem Trägheitsmomente des beschriebenen Systems bildet das Thema des Artikels. Z. B.: „Verlegt man die Kräfte des Systems in einen zum Anfangspunkte der Coordinaten gewählten Reductionspunkt, so wird die Summe der Quadrate der einzelnen Kräftepaare, die sich in Bezug auf verschiedene Richtungen der parallelen Kräfte bilden lassen, durch das umgekehrte Quadrat des zu der jeweiligen Richtung parallelen Halbmessers eines mit dem Anfangspunkt als Centrum bestimmten Ellipsoids geliefert". Dieses Ellipsoid wird „Ellipsoid der Kräftepaare" genannt; u. s. w. *Lp.*

E. CESARO. Sur le coefficient de stabilité des massifs. Nouv. Ann. (3), IV, 196-200†.

Es sei P die Resultante der äusseren, auf einen Körper vom Gewichte Q einwirkenden Kräfte; die Unterstützungsfläche sei eine horizontale Ebene. Man betrachte den Schnitt des Körpers durch die Ebene PQ. Die Unterstützungsebene möge in der Schnittebene durch die Kräfte Q, P und ihre Resultante in den Punkten O, V, T bezw. getroffen werden; endlich sei A der äussere Punkt des Körpers, um welchen dieser letztere unter der Einwirkung von P sich zu drehen strebt. Dann findet der Satz statt: Der Ueberschuss der Coëfficienten der Standfestigkeit über die Einheit ist gleich dem Doppelverhältniss der Punkte O, T, A, V. Einige Folgerungen dieses Satzes werden angedeutet. *Lp.*

PIETZGER. Ueber Druckvertheilung. ZS. phys. Unt. II, 84-87; [Beibl. X, 78, 1886.

Apparat zur empirischen Messung des Druckes, den jeder von drei Unterstützungspunkten einer belasteten Scheibe erfährt. Die drei Unterstützungspunkte liegen auf drei Wagebalken, deren entgegengesetzte Enden äquilibrirende Gewichte tragen. *Bde.*

A. MORGHEN. Variazioni che sono prodotte nel valore del momento d'inerzia di un corpo dall' ineguale distribuzione della materia in esso. Rom. Acc. L. Rend. (4) I, 469-475, 616-621†.

Bei der experimentellen Bestimmung des Trägheitsmomentes eines unregelmässig gestalteten Magneten bedient man sich angehängter Ringe oder cylindrischer Stäbe, bei denen eine genaue geometrische Form und eine homogene Masse vorausgesetzt wird. Um den Einfluss zu beurtheilen, den eine Abweichung von diesen angenommenen Eigenschaften ausübt, berechnet der Verfasser unter Voraussetzung gewisser gesetzmässiger Unregelmässigkeiten den dem Trägheitsmoment hinzuzufügenden Correctionsfactor und prüft die Rechnungsergebnisse experimentell. Es ergiebt sich, dass der durch die erwähnten Abweichungen erzeugte Fehler bei Ringen bedeutend kleiner ist als bei Cylindern, jene also vorzuziehen sind. *Lp.*

G. BARDELLI. Alcune formule sui momenti d'inerzia dei poligoni piani. Lomb. Ist. Rend. (2) XVIII, 463-473†.

Die Trägheitsmomente N_x, N_y und das Deviationsmoment N_{xy} für den Flächeninhalt und den Umfang eines homogenen ebenen geradlinigen Vielecks in Bezug auf zwei beliebige Axen werden zunächst als Functionen der Coordinaten der Ecken des Vielecks ausgedrückt. Danach werden die Grössen $H = N_x + N_y$ und $K = N_x N_y - N^2_{xy}$, von denen die beiden Hauptträgheitsmomente durch die quadratische Gleichung $z^2 - Hz + K = 0$ abhängen, in isotrope Functionen umgerechnet, d. h. nach RANKINE in solche, welche die Coordinaten nicht mehr explicite enthalten. *Lp.*

W. RITTER. Das Trägheitsmoment eines Liniensystems. Wolf Z. XXIX, 305-317. (1884.)†

Anknüpfend an den Begriff des Trägheitsmomentes eines ebenen Punktsystems in Bezug auf eine Gerade definirt Herr RITTER als Trägheitsmoment eines ebenen Systems von Linien mit den Gewichten $p_1, p_2, \ldots, p_n$ in Bezug auf einen Punkt O, von welchem dieselben die Abstände $r_1, r_2, \ldots, r_n$ haben, einen Begriff, welcher in einem gewissen Sinne dem erstgenannten dual gegenüber steht, nämlich den Ausdruck

$$J_0 = z_0^2 \Sigma p = \Sigma(p\, r^2).$$

Es sei O der Anfangspunkt eines rechtwinkligen Coordinatensystems, mit dessen x-Axe die Linien des Systems die Winkel $\alpha_1, \alpha_2, \ldots, \alpha_n$ bilden. In Bezug auf den Punkt $A(x, y)$ ist dann das Trägheitsmoment

$$\begin{aligned} J_a = z^2 \Sigma p &= \Sigma[p(r + x \sin\alpha - y\cos\alpha)^2] \\ &= J_0 + x^2 \Sigma p \sin^2\alpha - 2xy\, \Sigma p \sin\alpha\cos\alpha + y^2 \Sigma p \cos^2\alpha \\ &\quad + 2x\, \Sigma pr \sin\alpha - 2y\, \Sigma pr\cos\alpha. \end{aligned}$$

Trägt man nun in jedem Punkte (x, y) senkrecht zu der betrachteten Ebene die betreffenden Werthe $\pm z$ ab, so erhält man eine bequeme Darstellung des eingeführten Begriffs, welche sich auch vortheilhaft erweist für die Bestimmung des Centrifugalmomentes in Bezug auf zwei Punkte

$$C = \Sigma p r' r''.$$

Den Schluss der Abhandlung bildet die Darlegung graphischer Methoden zur Bestimmung der beiden eingeführten Begriffe.

F. K.

P. FEIGE. Einfache Formel zur Bestimmung des Trägheitsmomentes flacher Wellbleche. Dtsche. Bauztg. XIX, 544†.

Es wird angenommen, dass eine zur Axe verticale Ebene das Wellblech in einer aus congruenten Parabelstücken zusammengesetzten Wellenlinie schneidet; die gesuchte Grösse ergiebt sich dann durch eine einfache Rechnung, welche kein Interesse darbietet. *F. K.*

D. Kreichgauer. Zur Bestimmung von Trägheitsmomenten durch Schwingungsversuche. Wiedemann Ann. (2) XXV, 273-308†.

Nach einer kurzen Besprechung der bekannten älteren Methoden und Versuche werden die Störungsursachen erörtert. Eine derselben, die von Beling untersucht ist (Zur Theorie der Bifilaraufhängung. Breslau 1881), rührt von den selbständigen Schwingungen der Hülfsgewichte her, und es kann ihr nach der von diesem Autor gegebenen Formel Rechnung getragen werden. Von zwei anderen ist die eine, wie bei Beling, in der Befestigung der Gewichte, die andere in der Aufhängung des Systems begründet. Die erstere wird auf mathematischem Wege berücksichtigt, indem nach den über Schwingungen combinirter Pendel vorliegenden Arbeiten passende Formeln aufgestellt werden; die letztere wird dagegen auf praktischem Wege beseitigt. *Lp.*

F. Tisserand. Sur les moments d'inertie principaux de la Terre. C. R. CI, 400-415†.

Die Trägheitsmomente für die Hauptträgheitsaxen der Erde, nach aufsteigender Grösse geordnet seien A, B, C. In der Abhandlung „Sur le mouvement de rotation de la Terre" (Resal J. (3) II, 33-68, 161-164; F. d. M. VII, 1876, 743) behauptet Herr É. Mathieu, die wahre Methode zur Berechnung des Verhältnisses (B—A) : C beruhe auf der Theorie der Rotations-Bewegung der Erde, und unter der Annahme, dass die Breite eines Ortes der Erde innerhalb eines Zeitraumes von etwa 153 Tagen nicht um zwei Secunden schwanken kann, erhält er den Werth von (B—A) : C kleiner als ein Dreimilliontel. Herr Tisserand findet dagegen aus den von ihm mitgetheilten Rechnungen, die nur wenig von denen seines Vorgängers abweichen, dass das Verhältniss (B—A) : C einen merklichen, z. B. mit (C—A) : C vergleichbaren Werth haben kann, ohne dass darum die Breite eines Ortes der Erdoberfläche sich in wahrnehmbarer Weise ändere, dass man also auf diesem Wege zu einer oberen Grenze für das gesuchte Verhältniss nicht gelangen könne. *Lp.*

J. Kreuter. Neues Verfahren zur Bestimmung der Trägheitsmomente ebener Figuren. Z. dtsch. Ing. XXIX. 570-571†.

Die von Herrn Kreuter im Verein mit Herrn Pressel erfundene Methode beruht im wesentlichen darauf, dass man die Figur, nachdem ihr Schwerpunkt und Flächeninhalt bestimmt sind, um eine zu der betreffenden Schwerpunktsaxe parallele Linie schwingen lässt. Aus der beobachteten Schwingungsdauer lässt sich die gesuchte Grösse in einfacher Weise ableiten. *F. K.*

Ph. Gilbert. Sur le théorème de Koenig, relatif à la force vive d'un système. C. R. CI, 1054-1055†.

Ph. Gilbert. Remarque relative à une précédente communication sur le théorème de Koenig. C. R. CI, 1140†.

H. Resal. Observation. C. R. CI, 1140†.

In der ersten Note beweist Herr Gilbert folgenden, von ihm für neu gehaltenen Satz: „Beschreibt man in einem beliebigen Augenblicke der Bewegung eines festen Körpers einen geraden Kreiscylinder, dessen Erzeugende zur Mozzi'schen Axe (Rotations- und Gleitaxe) parallel ist, und dessen senkrechter Querschnitt das vom Schwerpunkte auf die Mozzi'sche Axe gefällte Loth zum Durchmesser hat, so besitzt jeder Punkt A dieser Cylinderfläche die im König'schen Theorem ausgesagte Eigenschaft, d. h. die gesammte lebendige Kraft des Körpers im betrachteten Augenblicke ist die Summe aus der lebendigen Kraft, welche der Punkt A hätte, wenn die ganze Masse in ihm vereinigt wäre, und aus der lebendigen Kraft des Körpers bei seiner Drehung um den Punkt A. Es giebt keine anderen Punkte des Körpers mit dieser Eigenschaft."

In der zweiten Note wird mitgetheilt, dass dieser Satz von

Cauchy im Bande II. der Anciens Exercices p. 104 für starre Punktsysteme aufgestellt ist, und dass Herr O. Bonnet denselben Satz aus einem auf jedes Massensystem anwendbaren allgemeineren Satze abgeleitet hat. *Lp.*

U. Masoni. Alcune considerazioni sulla diname sollecitante e la torsione generata nel moto di un sistema rigido. Nap. Rend. XXIV, 85-89†.

„Setzt man voraus, dass die Coordinaten der das System S angreifenden Dyname als Functionen der Coordinaten der erzeugten Torsion gegeben sind, und dass die ersteren gewissen Beziehungen von gegebener Natur genügen, so bestimmt sich die Natur derjenigen Beziehungen, denen die letzteren in entsprechender Weise genügen müssen. Danach werden die Bedingungen dafür aufgesucht, dass eine „Dynamen-Function" existire, d. h. eine solche Function, dass ihre partiellen Ableitungen nach den Coordinaten des Systemes S die Coordinaten der angreifenden Dyname darstellen. Zum Schlusse werden einige Analogien hervorgehoben, welche die Theorie der Bewegung eines starren Systems in einigen besonderen Fällen mit der Theorie der permanenten und der Stoss-Axen aufweist". (Bericht des Herrn Padelletti über diese Arbeit a. a. O. p. 84.) *Lp.*

H. Bruns. Ueber die Rotation eines starren Körpers. Leipz. Ber. 55-59†.

„Bei der Behandlung der Rotation eines starren Körpers um einen festen Punkt ist bisher fast durchgängig zur Integration der Bewegungsgleichungen von der Vereinfachung Gebrauch gemacht worden, welche die Wahl der invariabelen Ebene als Fundamentalebene einzuführen gestattet. Diese Specialisirung ist indessen zur Durchführung einer directen Integration der Differentialgleichungen nicht erforderlich; überdies ist dieselbe ohne Vortheil im Falle der Astronomie, wenn es sich, wie bei Erde und Mond, darum handelt, die durch kleine störende Kräfte erzeugte Modification des Vorganges der freien Rotation aufzusuchen. Es ist desshalb von

Interesse, kurz eine Transformation der Bewegungsgleichungen anzugeben, welche nicht nur für den Fall der Astronomie zu zweckmässigen Formeln führt, sondern auch erkennen lässt, warum man bei der allgemeinen Integration der Rotationsgleichungen, abgesehen von den beiden bekannten und längst erledigten, einfachsten Fällen, auf bis jetzt nicht überwundene Schwierigkeiten gestossen ist."

Die Mittheilung der Transformation ist nicht gut möglich ohne einen fast vollständigen Abdruck des an sich sehr knapp gehaltenen Artikels. *Lp.*

HENRY. Les pôles du gyroscope et des solides de révolution. C. R. C, 627-630†.

„Wenn ein Umdrehungskörper um seine Axe rotirt, so reduciren sich die aus seiner Rotation und der täglichen Bewegung entstandenen CORIOLIS'schen Kräfte auf zwei gleich grosse, parallele und in entgegengesetztem Sinne gerichtete, die an zwei festen, nur von der Gestalt des Körpers abhängigen Polen der Axe angebracht sind. Nennt man diese beiden Pole N und S, indem man als S-Pol denjenigen erklärt, von dem aus die Rotation im Sinne der Uhrzeigerdrehung zu erfolgen scheint, so kann man sagen, dass diese Kräfte für alle Stellungen des Körpers zur Erdaxe parallel sind; sie drängen die beiden Körperpole nach den gleichnamigen Himmelspolen hin. Ihre der Geschwindigkeit des rotirenden Körpers proportionale Intensität hängt nur von der Gestalt desselben ab." Nach dem Beweise dieses Satzes bemerkt der Verfasser: „Dieses neue Theorem führt in die analytische Mechanik Polarkräfte ein ähnlich wie in der Theorie des Magnetismus und der Electricität. Die Axe eines im Gleichgewicht befindlichen Kreisels muss in der Meridianebene leicht geneigt sein; nach Norden bei Rechtsdrehung, nach Süden im entgegengesetzten Falle; daher muss der Kreisel nicht von West nach Ost, wie FOUCAULT glaubte, fortschreiten, sondern von Ost nach West." *Lp.*

J. M. Rodrigues. Movimento do solido livre. Lisboa, Typ. da Ac. Real das Sciencias. 30 S. 8°†.

Die Differentialgleichungen für die Bewegung eines starren, freien Körpers sind erst in zwei Fällen integrirt, nämlich 1) wenn derselbe nur der Einwirkung der Schwerkraft unterworfen ist, 2) wenn er eine concentrisch homogen geschichtete Kugel ist, die von einem oder mehreren festen Punkten im umgekehrten Verhältnisse des Quadrates der Entfernungen angezogen wird. Der Verfasser beweist die Existenz eines neuen Falles der Integrabilität, welcher eine Bedingung über die Form des Körpers und eine zweite über die Natur der äusseren Kräfte als erfüllt voraussetzt: „Die Gleichungen sind integrirbar, wenn der Körper ein Umdrehungskörper ist und die Resultante der äusseren Kräfte in der Ebene der Bewegung liegt, welche durch die Axe des Körpers und durch die Tangente zur Bahncurve bestimmt ist, und wenn dieselbe gemäss einer gegebenen Function ihrer Neigung sich ändert.“ Oder kürzer: „Wenn ein völlig freier Umdrehungskörper nur der Einwirkung von Kräften unterworfen ist, die mit der Neigung der Körperaxe sich ändern, so sind die Differentialgleichungen der Bewegung integrirbar.“ In diesem Falle ist die Rotation unabhängig von der Translation, weil die Differentialgleichungen für die erstere für sich integrirbar sind. Dagegen hängt die Translation von der Rotation ab, weil die Integration der zugehörigen Gleichungen unmittelbar vom ersten Integrale der Euler'schen Gleichungen abhängig ist. Die Aufgabe wird auf Quadraturen zurückgeführt.

Die Abhandlung zerfällt in zwei Theile, die Theorie der Rotations- und die der Translationsbewegung; in jedem Theile werden zuerst die Differentialgleichungen für den behandelten Fall aufgestellt und dann integrirt. Ausser dem oben citirten Satze möge auch noch der folgende hergesetzt werden: „Die Quadraturen reduciren sich auf elliptische Functionen in den Fällen:

1) wenn das aus der Reduction der äusseren Kräfte auf den Schwerpunkt resultirende Kräftepaar ein Moment hat, das dem Sinus der Neigung seiner Axe proportional ist (konisches Pendel);

2) wenn es dem Producte aus dem Sinus und dem Cosinus der Neigung proportional ist.“ *Lp.*

DE SPARRE. Sur le mouvement d'un solide autour d'un point fixe et sur le pendule conique. Brux. S sc. IX, B. 49-94†.

Mit Hülfe der elliptischen Functionen durchgeführte Darstellung der Hauptergebnisse, zu denen man hinsichtlich dieser Fragen gelangt ist. Zur Behandlung der ersten Aufgabe war der Verfasser durch die einschlägigen schönen Arbeiten von Herrn HERMITE angeregt, er macht jedoch seine Entwickelung unabhängig von der LAMÉ'schen Gleichung. Der Verfasser beweist unter anderem, dass die POINSOT'sche Herpolodie keine Wendepunkte besitzt und folglich nicht die Form besitzt, die man ihr gewöhnlich beilegt. Bei der zweiten Frage giebt Herr DE SPARRE eine einfachere Darstellung der in seiner Inauguraldissertation angewandten Methode.

Mansion (*Lp.*)

G. H. HALPHEN. Sur le mouvement d'un corps grave de révolution suspendu par un point de son axe. C. R. C, 1065-1068†.

Der in einem nachgelassenen Bruchstücke von JACOBI (Ges. Werke II, 480) stehende bezügliche Satz lautet: La rotation d'un corps grave de révolution, autour d'un point de son axe, peut être remplacée par le mouvement relatif de deux corps sur lesquels n'agit aucune force accélératrice. Der Herausgeber dieses Fragments, Herr LOTTNER, hat (ibid. p. 510) aus den JACOBI'schen Formeln den Beweis des Satzes hergestellt; danach hat Herr PADOVA ihn von neuem bewiesen (Torino Atti XIX, 1007, diese Ber. XL (1), 1884, S. 262). Herr HALPHEN spricht den Satz zunächst kinematisch verallgemeinert aus, indem er die bekannte Rollbewegung des Centralellipsoids auf der unveränderlichen Ebene auf beliebige Mittelpunktsflächen (E) zweiter Ordnung ausdehnt und den Sinn des Satzes genau feststellt. Sodann macht er darauf aufmerksam, dass die zwei Bewegungen $\dot{E}$, E_1, um die es sich handelt, von acht Constanten abhängen, während die Bewegung M eines schweren Körpers nur von fünf Constanten abhänge. Zwischen den Elementen von E und E_1 müssen also drei Beziehungen stattfinden. Es werden daher die drei Fragen beantwortet: 1) Welches sind diese drei Beziehungen? 2) Die Constanten von M zu bestimmen, wenn E und E_1 gegeben sind. 3) E und E_1 zu finden, wenn M gegeben ist. *Lp.*

G. Darboux. Sur le mouvement d'un corps pesant de révolution, fixé par un point de son axe. C. R. CI, 11-17, 115-119; Jordan J. (4), I, 403-430†.

Die beiden ersten in den C. R. veröffentlichten Noten sind Auszüge aus der ausführlichen Arbeit in Jordan J. Herr Darboux behandelt denselben Jacobi'schen Satz, der das Thema der oben besprochenen Halphen'schen Mittheilung bildet, und stellt sich besonders die Aufgabe, die in dieser letzteren ohne Beweis ausgesprochenen Ergebnisse zu begründen. Die Untersuchung knüpft an die Formeln an, welche für die Lösung der Aufgabe von Lagrange in der ersten Ausgabe der Mécanique analytique (1788) und von Poisson in einer Abhandlung aus dem Cahier XVI des J. de l'Éc. Pol. (1813) aufgestellt sind, welche letztere Schrift oft irrthümlich als die erste Lösung enthaltend angesehen ist. Der zu beweisende Satz wird zunächst nach dem Vorgange von Herrn Halphen in folgender Fassung gegeben: „Wenn man die Bewegung des schweren, im Punkte O befestigten Umdrehungskörpers (P) betrachtet, so kann man in jedem Augenblicke ein System (C) von solchen um den Punkt O beweglichen Axen Ox_1, Oy_1, Oz_1 bestimmen, dass die absolute Bewegung von (C) und die Bewegung von (C) in Bezug auf den Körper (P) beide mit der Bewegung eines festen Körpers identisch sind, der im Punkte O befestigt und keiner beschleunigenden Kraft unterworfen ist. Die unveränderliche Ebene ist im ersten Falle die horizontale Ebene, im zweiten die zur Körperaxe senkrechte Ebene".

Ausserdem wird bemerkt, dass nach einer von Herrn Sylvester gegebenen Theorie derartige Bewegungen immer auf das Rollen eines Trägheitsellipsoides zurückgeführt werden können, das von einer constanten Rotation um das Loth zur unveränderlichen Ebene begleitet ist. Diese Ueberlegung stelle das Band zwischen den Fassungen des Satzes bei JACOBI und HALPHEN her. Im Verlaufe der Rechnung, welche zuerst die absolute, dann die relative Bewegung von (C) in Angriff nimmt und ausführlich bei der Bestimmung der in Betracht kommenden Functionen verweilt, ergeben sich dann die vom Verfasser in den C. R. mitgetheilten allgemeinen Resultate:

„Wird der Umdrehungskörper (P) gegeben, welcher der Einwirkung der Schwere bei beliebigen Anfangsbedingungen unterworfen ist, so betrachte man einen Hülfskörper (P′), der in Bezug auf den vorigen eine constante Rotations-Geschwindigkeit (C — A)n : A um die Umdrehungsaxe besitzt, wo C, A, n vorgängig definirte Constanten bedeuten; dann kann die Bewegung des Körpers (P′), als das Rollen eines Kegels (Γ') dargestellt werden, der mit diesem Körper unveränderlich verbunden ist und zur Basis eine Herpolodie (H′) besitzt, auf einem festen Kegel (Γ), der eine andere Herpolodie (H) zur Basis hat. Die eine der Herpolodien rollt auf der anderen, und die Rotation des Körpers (P′) ist in jedem Augenblicke das Doppelte des Fahrstrahls, der vom festen Punkte nach ihrem Berührungspunkte geht“.

Es folgen weitere Sätze, welche die Bewegung der Anschauung näher bringen. Zum Schlusse führen wir noch folgenden merkwürdigen Satz an: „Wenn von drei Punkten einer unveränderlichen Geraden die beiden ersten auf zwei verschiedenen Kugeln, der dritte auf einer zur Centrale der Kugeln senkrechten Ebene zu bleiben gezwungen werden, wenn ferner die Gerade so ihre Lage ändert, dass sie zur Trajectorie eines ihrer Punkte senkrecht bleibt (was von einer gegebenen Lage aus ihre Bewegung vollständig bestimmt), so beschreibt der auf der Ebene zu bleiben genöthigte Punkt eine Herpolodie, alle anderen dagegen sphärische Curven, welche für die Bewegung eines schweren Umdrehungskörpers die Wege des Poles im Raume sind“.

Ein interessanter kinematischer Satz, der sich an den mitgetheilten anschliesst, und die Beschreibung einer Ebene vermittelst eines gegliederten Systems von vier Stäben ermöglicht, bildet den Beschluss der reichhaltigen Abhandlung. *Lp.*

C. LEUDESDORF, T. C. SIMMONS. Solution of question 5636. Ed. Times XLII, 51†.

Eine homogene materielle spiegelnde Gerade wird zuerst horizontal gehalten; darauf lässt man sie um ihr eines festes Ende A eine Pendelbewegung ausführen, bis sie die Richtung der Verticale erreicht; in diesem Augenblicke lässt man auch das Ende A frei. Der Ort für das Spiegelbild des festen Punktes A während der Bewegung der Geraden hat die Polargleichung $r = (1 + \frac{1}{3}\Theta^2) a \sin\Theta$, wenn A der Pol, die Horizontale durch A die Polaraxe, a die Länge der Geraden ist. *Lp.*

C. NEUMANN. Ueber die rollende Bewegung eines Körpers auf einer gegebenen Horizontal-Ebene unter dem Einfluss der Schwere. Leipz. Ber. 352-378; Math. Ann. XXVII, 478-501†.

Der Verfasser bedient sich des HAMILTON'schen Princips:

$$\delta \int (T + U)\, dt = 0.$$

Sind ebenso wie in der bekannten GAUSS'schen Abhandlung (circa superficies curvas) p und q die Coordinaten eines Punktes auf der Oberfläche des gegebenen Körpers, so ergeben sich für die lebendige Kraft T des Körpers und für die von der Schwere herrührende Kräftefunction U Ausdrücke von folgender Form:

$$T = T\left(p,\ q,\ \frac{dp}{dt},\ \frac{dq}{dt},\ \frac{d\Phi}{dt}\right),$$

$$U = U(p,\ q).$$

Dabei bezeichnen p und q die Coordinaten des augenblicklichen Berührungspunktes, während $\frac{d\Phi}{dt}$ die augenblickliche Winkelgeschwindigkeit des Körpers um die durch den Berührungspunkt gehende Verticale repräsentirt.

Gewisse Schwierigkeiten bereitet der Umstand, dass $d\Phi$ ein unvollständiges Differential, dass mithin $\delta d\Phi$ nicht $= d\delta\Phi$ ist. Die genauere Untersuchung zeigt, dass die Relation stattfindet:

$$\delta d\Phi = d\delta\Phi + S(\delta p\, dq - dp\, \delta q),$$

wo S eine bestimmte Function von p, q vorstellt. Solches constatirt, ergeben sich alsdann aus dem schon erwähnten HAMILTON-schen Princip für das in Rede stehende mechanische Problem folgende Differentialgleichungen:

$$\frac{\partial T}{\partial \Phi'} = C,$$

$$\frac{d}{dt}\frac{\partial T}{\partial p'} - \frac{\partial(T+U)}{\partial p} = +CSq',$$

$$\frac{d}{dt}\frac{\partial T}{\partial q'} - \frac{\partial(T+U)}{\partial q} = -CSp',$$

wo p', q', Φ' für $\frac{dp}{dt}$, $\frac{dq}{dt}$, $\frac{d\Phi}{dt}$ stehen, und wo C eine durch den Anfangszustand sich bestimmende Constante vorstellt. Diese Differentialgleichungen werden vom Verfasser weiter discutirt. Und hierbei gelangt derselbe z. B. zu einem Theorem, welches eine Art Aehnlichkeit mit dem Flächensatz darbietet, und folgendermassen lautet:

Rollt der gegebene Körper unter dem Einfluss der Schwere auf einer festen Horizontalebene, und bezeichnet man die augenblicklichen Coordinaten und Geschwindigkeits-Componenten der einzelnen Körpermoleküle m mit x, y, z und u, v, w, ferner die augenblicklichen Coordinaten des Contactpunktes mit x_A, y_A, z_A, so wird die über alle Körpermoleküle ausgedehnte Summe

$$\Sigma m[(y-y_A)w-(z-z_A)v]$$

constant sein, d. h. ein und denselben Werth haben für alle Augenblicke der betrachteten Bewegung.

Dabei ist das zu Grunde gelegte feste Axensystem x, y, z derart zu denken, dass seine yz-Ebene identisch ist mit der gegebenen Horizontalebene. (Mithin ist z. B. x_A stets gleich $= 0$.)

C. Neumann (Lp.)

E. LAMPE. Ueber die Bewegung eines Kreiskegels, der auf einer schiefen Ebene rollt ohne zu gleiten.

Berl. phys. Ges. Verh. 41-44†.

Auf einer schiefen Ebene vom Neigungswinkel ν gegen den Horizont rollt ein schwerer, homogener Kreiskegel vom Grundradius r, der Seitenkante s und der Höhe $h = s \sin\beta$, und zwar so, dass die gleitende Reibung eine gleitende Bewegung verhindert, die rollende Reibung dagegen ebenso wie der Luftwiderstand unmerklich ist. Dann muss der Scheitel des Kegels ruhen, dagegen beschreibt der Schwerpunkt S in einer zur gegebenen parallelen Ebene eine kreisförmige Bahn, deren Mittelpunkt O′ senkrecht über dem Scheitel des Kegels liegt. Das Abhängigkeitsverhältniss der Geschwindigkeit, mit welcher der Kegel um seine Berührungslinie mit der schiefen Ebene rotirt, ergiebt sich aus dem Gesetz von der Constanz der Energie; denn in jedem Augenblick ruhen gerade diejenigen Punkte, in welchen die Reibung zur Wirksamkeit gelangt. Hieraus ergiebt sich dann ferner, dass die Linie O′S und damit auch die ihr in jedem Augenblick parallele Berührungslinie sich wie ein mathematisches Pendel bewegen, dessen Länge ist:

$$\mathfrak{l} = \frac{s}{5} \frac{1 + 5\sin^2\beta}{\sin\nu}.$$

F. K.

C. B. WARRING. An empirical study of gyrating bodies. Ausführlicher Separatabdruck aus Vassar Brothers Institute, scientific section, 25. Febr. 1885, 106 S. u. 4 Taf., 8°†; [Beibl. X, 593, 1886.

Die Schrift ist auch noch mit dem besonderen Titel versehen, der eine Inhaltsangabe vertritt: Gyrating bodies. Gyroscope, Gyrostat, Top, Gyrocycle, Bohnenberger's Machine, the Earth, Precession, Nutation, Gyrostatic Balance, Gyrostatic Compass, Gyroscopic Pendulum. An empirical study, illustrated by upwards of fifty figures „from life“.

Mit den ihm zugänglichen Beschreibungen und Erklärungen der betreffenden Versuche unzufrieden, hat der Verf. den Gegenstand in einer Reihe von Experimenten durchgearbeitet. Da er nur amerikanische und einige englische Werke über den Gegenstand kennt, ältere deutsche und französische aber nicht, ferner von den neueren offenbar gar nichts gehört hat, so hat er nicht gerade etwas Neues beigebracht.

Für die Anstellung mancher hierher gehörigen Experimente

ist vielleicht einiges aus der Arbeit brauchbar. Die von ihm aus den Versuchen abstrahirte Theorie kommt ungefähr auf dasselbe hinaus, was POGGENDORFF im XC. Bande der Annalen kürzer und klarer darüber geschrieben hat. Von der Schwierigkeit der mathematischen Behandlung solcher Dinge hat der Verf. offenbar kein Bewusstsein; der Versuch einer Berechnung mit elementaren Mitteln musste natürlich durchaus scheitern. Die Unrichtigkeiten der umfangreichen Arbeit hervorzuheben, ist hier nicht der Raum.

Lp.

H. FARQUHAR. Empirical formulae for the diminution of amplitude of a freely-oscillating pendulum. Washington Bull. Phil. Soc. VII, 89-92†; [Beibl. IX, 607.

Wegen der Unsicherheit der theoretisch zu berücksichtigenden Constanten schlägt der Verf. vor, zwischen der Zeit t und der Amplitude φ die Gleichung anzunehmen

$$(\varphi + b)(t - e) = a$$

und nach den Beobachtungen die Constanten $a + be$, e und $-b$ durch die Methode der kleinsten Quadrate zu berechnen. Die Hinzufügung eines Gliedes $-c(t-e)^2$ kann dazu dienen, eine noch grössere Uebereinstimmung der Formel mit der Beobachtung zu erzielen. Eine zweite Formel, in der ebenfalls drei Constanten zur Verfügung stehen, ist

$$\varphi^n (t - e) = a.$$

Der Verf. hat sich von der Brauchbarkeit dieser Formeln durch Anwendung derselben auf längere Beobachtungsreihen überzeugt.

Lp.

P. KUHLBERG. Ueber die Anwendung eines leichten Pendels zur Bestimmung der Correction für das Mitschwingen des Stativs der Russischen Academischen Reversionspendel. Astron. Nachr. No. 2689, CXIII, 1-4†; [Beibl. X, 146.

Das leichte Pendel hat 559.1 mm Schneidendistanz und wiegt 1530.97 Gr.; das Gewicht der beiden schwereren ist (I) 3023.56 Gr. und (II) 3019.45 Gr. Pendel (I) schwang an 3 Tagen, darauf das leichte an 6, endlich (II) an 3 Tagen. Als Correction für das

Mitschwingen des Stativs ergab sich für (I) und (II) 0.0665 Par. Lin., für das leichte Pendel 0.0337 Par. Lin. Im Jahre 1881 hatte der Verf. für (I) und (II) durch Schwingen an einer festen Wand die Correction 0.0650 Par. Lin. erhalten. Die Länge des Secundenpendels für Tiflis, wo die Versuche ausgeführt wurden, folgt aus den Versuchen mit (I) und (II) 440.1788, aus denen mit dem leichten Pendel 440.2116 Par. Lin. bei 13° R. (Vgl. diese Ber. XXXVII, 1881, S. 161.) *Lp.*

N. Delonay. Ueber die Bedeutung des Gyrations-Ellipsoids und der Wellenfläche des Lichtes für die Theorie des Stosses. Journ d. russ. phys.-chem. Ges. XVII, phys. Theil, 136-142†.

Ein Körper von der Masse M erleidet in dem Punkt L einen Stoss; auf die Normale in L wird aus dem Schwerpunkt G eine Senkrechte gefällt, welche die Normale im Stosscentrum O trifft. G O L bestimmt die Stossebene; es sei $GO = h$. Wird auf der Stossebene in G eine Senkrechte errichtet und $GH = GO$ gemacht, so ist H der Stosspol. Um G wird das Gyrationsellipsoid construirt und zu demselben eine Tangentialebene parallel der Stossebene. Der Berührungspunkt S habe die Entfernung ϱ von G und ξ' von der Stossebene. Setzen wir noch $R^2 = \frac{1}{M\xi'^2}$ und $k = \frac{R^2}{h}$ und sei δ die Projection von ϱ auf die Stossebene.

Es gelten dann folgende Sätze:

I. Durch den Stoss entstehen 2 Rotationen des Körpers; die Axe der ersten ist senkrecht zur Stossebene, liegt in der Ebene HGO und befindet sich in der Entfernung K von G; diese Drehung hat die Geschwindigkeit $Ph\xi'^2$, wo P die Stärke des Stosses. Die zweite Drehung geschieht um δ als Axe mit der Geschwindigkeit $Ph\xi'\delta$.

II. Die Kraft P ist ebenso gross, als wäre in dem Punkte L eine Masse

$$m = \frac{R^2}{R^2 + h^2} M$$

concentrirt.

Ein Stoss, für den $m = \frac{1}{2} M$, werde Halbstoss genannt.

III. Das Gyrationsellipsoid ist der geometrische Ort der Pole aller Halbstösse.

Ein permanenter Stoss wird erhalten, wenn die oben erwähnten beiden Drehungsaxen sich treffen.

IV. Der geometrische Ort der Centra aller permanenten Halbstösse ist eine FRESNEL'sche Wellenfläche.

Zum Schluss werden folgende Aufgaben gelöst:

Auf der Oberfläche eines Körpers soll der geometrische Ort aller Punkte L gefunden werden, für welche m ein und denselben Werth hat. Die Curven wurden für einen elliptischen Cylinder und ein rhombisches Prisma aufgesucht.

Der geometrische Ort der Punkte, welche einem permanenten Stosse entsprechen, wird gefunden.

Ein dreiaxiges Ellipsoid ist nur in 6 Punkten fähig, permanente Stösse zu erleiden, während in einem Rotationsellipsoid alle Oberflächenpunkte diese Eigenschaft besitzen. *O. Chw.*

N. SCHILLER. Ueber den Stoss absolut harter Körper.

Journ. d. russ.phys.-chem. Ges. XVII, phys. Theil, 5-12 u. 200-214†.

N. SHUKOFFSKY. Dasselbe. Ibidem p. 47-51.

Herr N. SHUKOFFSKY hat behauptet, dass es unmöglich sei, die Unveränderlichkeit der kinetischen Energie beim Stoss absolut harter Körper zu beweisen, wenn man nur von den geometrischen Bedingungen der Unveränderlichkeit des Systemes ausgeht.

Herr N. SCHILLER betrachtet das unveränderliche System als Grenzfall eines gewissen veränderlichen. Es sei ein System von n materiellen Punkten gegeben und seien S_x, S_y, S_z die Componenten des Kraftimpulses für einen Punkt, dessen Masse m und dessen Geschwindigkeitscomponenten vor dem Stoss u, v, w, nach dem Stoss u', v', w'; δx, δy, δz die virtuellen Bewegungen im Moment des Stosses. Das D'ALEMBERT'sche Princip giebt

$$\Sigma\left\{\left[S_x - m(u'-u)\right]\delta x + \left[S_y - m(v'-v)\right]\delta y + \left[S_z - m(w'-w)\right]\delta_z\right\} \leqq 0. \qquad (1)$$

Die 3n Grössen δx, δy, δz sind durch Gleichungen oder Ungleichungen von der Form

$$f_1 = 0, \quad f_2 = 0, \ldots, \quad f_i \mathrel{\overline{\overline{<}}} 0 \qquad (2)$$

verbunden, wo die f homogene lineare Functionen sind. Sind λ_1, $\lambda_2, \ldots$ unbestimmte Factoren, so geben (1) und (2) die Gleichung

$$\Sigma\left\{\left[S_x - m(u'-u)\right]\delta x + \ldots\ldots\right\} + \lambda_1 f_1 + \lambda_2 f_2 + \ldots = 0. \qquad (3)$$

Die Bedingungen (2) verwandeln sich während des Stosses in Gleichungen, welche durch die wirklichen Bewegungen dx, dy, dz,... der Punkte erfüllt werden.

Herr N. SCHILLER setzt

$$dx = \frac{u'+u}{2}\,dt, \quad dy = \frac{v'+v}{2}\,dt \text{ u. s. w.} \qquad (4)$$

und führt dies in (3) statt der dx, dy u. s. w. ein und erhält so die Gleichung der lebendigen Kräfte, da alle f_i durch die factischen Bewegungen in Null verwandelt werden:

$$\Sigma\left\{S_x \frac{u'+u}{2} + S_y \frac{v'+v}{2} + S_z \frac{w'+w}{2}\right\} = \tfrac{1}{2}\Sigma m(u'^2 + v'^2 + w'^2) - \tfrac{1}{2}\Sigma m(u^2 + v^2 + w^2) \quad (5).$$

Herr N. SHUKOFFSKY kritisirt diese Entwickelung, indem er auf die Willkürlichkeit der Annahme (4) hinweist, bei welcher die Bewegungen dx, dy, dz als unabhängig von dem Gesetz angenommen werden, nach welchem die Geschwindigkeiten während des Stosses sich ändern. Zwar ist die Grösse des Impulses und die Arbeit desselben $\left(\int_0^\tau m \frac{dv}{dt}\,dt \text{ und } \int_0^\tau m \frac{dv}{dt}\,v\,dt\right)$ von jenem Gesetz unabhängig; die Grösse der wirklichen Bewegung $\int_0^\tau v\,dt$ wird aber nicht in jedem Falle die gleiche sein, so dass also nicht $\int_0^\tau v\,dt = \frac{v+v'}{2}\tau$ gesetzt werden kann. In seiner Erwiderung sucht Herr SCHILLER zu beweisen, dass, wenn man die Unveränderlichkeits-Bedingungen als Grenzfall betrachtet, man ein bestimmtes Gesetz für die Veränderlichkeit von v (mit der Zeit) erhält. Es seien

$$\varphi = 0, \quad \varphi' = 0, \quad \varphi'' = 0, \ldots \qquad (6)$$

die Bedingungen, welchen die Coordinaten der Punkte zu genügen haben. Die φ seien solche Functionen der Zeit, dass ihre Differentialquotienten nach den Coordinaten von der Zeit unabhängig werden. Es lassen sich dann folgende 3n Gleichungen ableiten

$$S_x - m(u_1 - u_0) + \lambda \frac{\partial \varphi}{\partial x} + \lambda' \frac{\partial \varphi'}{\partial x} + \ldots = 0 \text{ u. s. w.} \qquad (7)$$

Multiplicirt man die (7) mit $u_1 + u_0$, $v_1 + v_0$ u. s. w. und addirt sie, so erhält man bei Berücksichtigung von (6):

$$\Sigma\left\{S_x(u_1 + u_0) + S_y(v_1 + v_0) + S_z(w_1 + w_0)\right\} - \Sigma m(u_1^2 + v_1^2 + w_1^2)$$

$$+ \Sigma m(u_0^2 + v_0^2 + w_0^2) - \lambda\left(\frac{\partial \varphi_1}{\partial t} + \frac{\partial \varphi_0}{\partial t}\right) - \lambda'\left(\frac{\partial \varphi'_1}{\partial t} + \frac{\partial \varphi'_0}{\partial t}\right) - \text{etc.} = 0$$

wo die $({}_0)$ dem Anfange, die $({}_1)$ dem Ende des Stosses entsprechen. Diese Functionen und ihre Differentialquotienten müssen stetige Functionen sein, da $\int \frac{\partial u}{\partial t} dt = u_1 - u_0$ ist. Damit das unveränderliche System als Grenzfall eines veränderlichen betrachtet werden könne, müssen wir die φ als Functionen von t so wählen, dass

$$\varphi_1 = \varphi_0, \; \varphi'_1 = \varphi'_0 \text{ u. s. w.} \qquad (9)$$

sei und zwar für jede beliebige Stossdauer τ. Die Stetigkeit dieser Functionen giebt

$$2(\varphi_1 - \varphi_0) = \left(\frac{\partial \varphi_1}{\partial t} + \frac{\partial \varphi_0}{\partial t}\right)\tau + \left(\frac{\partial^2 \varphi_1}{\partial t^2} + \frac{\partial^2 \varphi_0}{\partial t^2}\right)\frac{\tau^2}{2}$$

$$+ \left(\frac{\partial^3 \varphi_1}{\partial t^3} + \frac{\partial^3 \varphi_0}{\partial t^3}\right)\frac{\tau^3}{6} + \ldots \qquad (10)$$

Gleichung (9) und die Unbestimmtheit von τ ergeben

$$\frac{\partial \varphi_1}{\partial t} + \frac{\partial \varphi_0}{\partial t} = 0; \; \frac{\partial^2 \varphi_1}{\partial t^2} + \frac{\partial^2 \varphi_0}{\partial t^2} = 0 \text{ u. s. w.}$$

In Folge dessen fallen in (8) die Glieder mit λ weg, und man erhält die Gleichung der lebendigen Kräfte für den Stoss unveränderlicher Systeme. *O. Chw.*

KEFERSTEIN. Beitrag zur Theorie des Billardspiels.

Mitth. Hamb. Mathem. Ges. I, 113, 1884/85.

Verf. entwickelt die Bedingungen dafür, dass das obere Erschütterungscentrum der Billardkugel in der Stossrichtung des Queue's weiter geht. Ist f der Reibungscoëfficient von Kugel und

Queue, i der Winkel, welchen die Längsaxe des Queue's mit ihrer Horizontalprojection bildet, ϑ der Winkel zwischen der Längsaxe des Queue's und dem Radius des Berührungspunktes, so lautet dieselbe

$$f = \frac{\sin\vartheta}{\cos\vartheta + \sin i},$$

also bei Stoss mit horizontalem Queue $f = \operatorname{tg}\vartheta$. *Bde.*

R. H. Smith. A new graphic analysis of the kinematics of mechanisms. Edinb. Trans. XXXII, 507-517†.

Ein Mechanismus wird definirt als eine Coordination von Platten, Stäben oder biegsamen Gliedern, die mit einander derartig verbunden sind, dass, während die Theile sich relativ zu einander bewegen können, die relativen Stellungen aller der verschiedenen Theile für jede gegebene relative Stellung irgend zweier Theile bestimmt sind. Daraus folgt, dass die gleichzeitigen relativen Verrückungen, Geschwindigkeiten und Beschleunigungen aller Theile ebenfals durchaus bestimmt sind.

Diese Bestimmung durch genaue graphische Mittel bildet den Gegenstand der Schrift. In ihr werden nur jene Mechanismen betrachtet, die aus starren Gliedern bestehen, deren Bewegungen alle stets zu einer Ebene parallel sind; die Constanz der Ebene wird in Bezug auf eins der Glieder des Mechanismus selbst definirt.

Cayley (Lp.)

G. Jung. Di alcune proprietà geometriche, statiche e cinematiche dei poligoni articolati. Lomb. Ist. Rend. (2), XVII, 337-348†.

Zunächst werden drei neue Theoreme über das Gleichgewicht und die Elementarbewegungen der Gelenkpolygone aufgestellt. Die durch dieselben ausgesprochenen Eigenschaften nebst denen, die in der Abhandlung enthalten sind: „Sopra una classe di configurazioni d'indice 3" (Referat F. d. M. XVII, 589) gestatten nicht nur die Bestimmung der Configuration, welche einer beliebigen Elementarbewegung eines Gelenkpolygons von m Ecken entspricht und eine polyedrale F_{m+1} ist, sondern führen auch direct zu der Wechselbeziehung zwischen einer gegebenen Elementarbewegung eines Gelenkpolygons und dem Gleichgewicht desselben vermöge eines gewissen associirten Kräftesystems. Hieraus folgt, dass im Falle des Gleichgewichts auch noch eine zweite polyedrale Configuration gleicher Ordnung, jedoch vom Typus f_{m+1} bestimmt ist. Ferner ergeben sich zu Folge des engen Zusammenhanges zwischen den Seilpolygonen und Gelenkvielecken neue Eigenschaften des Seilpolygons, welches ein ebenes im Gleichgewicht befindliches Kräftesystem verknüpft. Schliesslich werden als Anwendungen der allgemeinen Sätze zuletzt die Configurationen angegeben, welche den Elementarbewegungen der Gelenk-Vierecke, Fünfecke und Sechsecke entsprechen. *Lp.*

O. DE LACOLONGE. Théorie du parallélogramme de Watt. Bord. Mém. (3), II, 101-127†; auch sep. bei Gounouilhou.

Man denke sich zwei sich schneidende congruente Kreise vom Radius r, deren Mittelpunkte den Abstand 2c haben, also $r > c$. Eine Strecke von der Länge 2m gleite mit ihren Endpunkten auf den Peripherien beider Kreise. Wählt man die Centrale als X-Axe, die in ihrer Mitte O zu ihr errichtete Senkrechte als Y-Axe, so beschreibt der Halbirungspunkt der Strecke 2m die Curve sechster Ordnung:

$$(y^2+x^2)^3-2B^2(y^2+x^2)^2+(B^4+4c^2y^2)(y^2+x^2)-4c^2r^2y^2=0,$$

wo $B^2=c^2+r^2-m^2$ gesetzt ist; in Polarcoordinaten ϱ, ω verwandelt:

$$\varrho^4-2(B^2-2c^2\sin^2\omega)\varrho^2+B^4-4c^2r^2\sin^2\omega=0.$$

Diese letztere Form dient zur Discussion der courbe à longue inflexion oder der Schleifencurve, besonders auch zur Besprechung der von WATT offenbar durch Versuche gefundenen höchst zweckmässigen Längenverhältnisse.

Nach den mitgetheilten historischen Documenten kann die Theorie des ursprünglichen WATT'schen Parallelogramms auf die Zusammenstellung zweier gleichen Arme gebracht werden, die durch einen Bügel verbunden sind, an dessen Mitte der Endpunkt der

Kolbenstange befestigt ist. Dieser Umstand bedingt die übrigens auch früher schon bemerkte Vereinfachung in der Gleichung der Curve. Die höchst wichtigen und interessanten Untersuchungen der Herren ROBERTS und CAYLEY „On three-bar motion" in den L. M. S. Proc. VII, (1875-76), welche den allgemeinen Fall erledigt haben, sind nämlich dem Verfasser entgangen, wie aus dem Litteraturverzeichniss erhellt, das am Eingange der Arbeit sich befindet.

Die besprochene Schleifencurve sechster Ordnung hat ausser im Doppelpunkte noch auf jedem der vier Zweige einen Wendepunkt. Dass sie keine BERNOULLI'sche Lemniskate ist, brauchte nicht betont zu werden, da diese bloss von der vierten Ordnung ist. Uebrigens findet sich am Schlusse der Abhandlung ein Irrthum, der auch in HOÜEL's „Cours de calcul infinitésimal" T. II, p. 264, Ex. 6 vorkommt: Die Curve $y^2 = x^2 - x^4$, obschon vom Lemniskaten-Typus, ist nicht eine BERNOULLI'sche Lemniskate. *Lp.*

E. CATALAN. Sur la courbe de Watt. Mathesis V, 154-155, 222-223†.

Ein Viereck ABCD, dessen Basis AB fest ist, und in welchem die Seiten AB, CD gleich sind, besitzt Gelenke in A, B, C, D. Gleichung des von der Mitte M der Seite BC beschriebenen Ortes (WATT'sche Curve). Verschiedene Folgerungen. *Mansion* (*Lp.*)

GUIEYSSE. Régulateur isochrone parabolique J. de l'Éc. Pol. LIV, 137-142†.

Eine Gerade MQ, bei der M einen Punkt in der XY-Ebene, Q in der XZ-Ebene bezeichne, bewege sich so, dass ihre Projection MP (P Projection von Q) auf die XY-Ebene stets einen festen Kreis um den Nullpunkt als Centrum in dieser letzteren Ebene und zwar im Punkte M berührt, während die Aenderung von MQ zur Aenderung von PQ ein constantes Verhältniss hat; dann ist der Ort von Q eine Parabel. Dieser Satz wird vom Verfasser zu einem Mechanismus benutzt, der die Mittelpunkte der Kugeln eines Regulators zwingt, sich auf einer Parabel zu bewegen. Dies ist aber die hinreichende Bedingung für die Erzielung der mit dem Namen Isochronismus bezeichneten Eigenschaft der Regulatoren (vgl. Resal, Traité de mécanique générale, T. III, p. 201 ff.). Die Darstellung ist an manchen Stellen nicht klar, verweist auch dieserhalb auf das Modell in der École Pol. Am Schlusse erklärt der Verfasser seinen Regulator für zu zart zum Gebrauch an Maschinen; doch könnte derselbe bei den Apparaten der Sternwarten Verwendung finden. *Lp.*

(Hele Shaw.) Sphere and roller mechanism. Engineering XL, 509-510†.

Der Artikel enthält einen Bericht über die Arbeiten des Herrn Hele Shaw in Betreff des von ihm ersonnenen neuen Mechanismus. Die Originalarbeiten stehen in den Proc. der Royal Society XXXVII, 189-191 (The theory of continuous calculating machines and of a mechanism on a new principle for this and other purposes, 1884) und in den Phil. Trans. CLXXVI, 367-402 (The theory of continuous calculating machines and of a mechanism of this class on a new principle, 1885).

In dem ausgeführten Mechanismus, der in Grund- und Aufriss abgebildet ist, wird eine Kugel durch acht (konische) Rollen getragen, nämlich vier Rollen A, A′, B, B′, die in einem festen Rahmen I stecken und die Kugel an Punkten im Aequator berühren, und vier Rollen C, C′, D, D′, die in einem beweglichen Rahmen F stecken und die Kugeln an Punkten in einem veränderlichen Meridian berühren. Die Kugel hat somit keine materielle Axe, sondern sie rotirt um eine ideelle Gerade, einen veränderlichen Durchmesser der Aequatorebene. In Bezug auf die Kugel findet also bloss rollende Berührung statt, und die Reibung ist so weit beseitigt, dass nach Meinung des Verfassers die geringsten Kräfte durch den Mechanismus wiedergegeben werden. Auf zwei Ausstellungen ist der Mechanismus mit einer goldenen Medaille prämiirt worden. *Lp.*

(Mac Cord.) Transformation du mouvement circulaire uniforme en mouvement circulaire alternatif et à vitesse variable. La Nature XIII, (2), 191-192†.

Der kurze anonyme Artikel, welcher sich auf die Chronique industrielle als Quelle bezieht, aber auch aus dem Scientific American die Figuren entlehnt, berichtet über eine Erfindung des Herrn MAC CORD in Amerika, die allerdings erst in einem Modelle verwirklicht ist. Der im Titel angegebene Zweck wird durch eine Zusammenstellung von verzahnten Rädern mit elliptischem und kreisförmigem Umfange erreicht, deren Wirkungsweise in dem Artikel nachzulesen ist. *Lp.*

BUCCHIA. Proposta di una regula precisa per determinare la forma e le dimensioni necessarie alla fermezza durabile degli argini di terra, ordinati a contenere alte piene di gran fiumi reali. Ven. Ist. Atti (6) III, 1707-1738.

Es wird die Bestimmung der Form und der Dimensionen stabiler Erddämme, die auf einer Seite Wasserdruck auszuhalten haben, behandelt, wobei nicht, wie sonst üblich, von dem Reibungswiderstand der Erdtheilchen auf einander ausgegangen ist, sondern eine feste, zusammenhängende Erdmasse vorausgesetzt wird, die nur dadurch zerstört werden kann, dass die Cohäsion derselben in irgend einer Fläche überwunden wird. Ist AB mit dem Neigungswinkel α gegen die Verticale der Böschungsquerschnitt einer Erdmasse, die nach oben im Querschnitt durch die Horizontale BC begrenzt wird, und diese Neigung für das Gleichgewicht ungenügend, so wird die Masse durch irgend eine Bruchfläche AC getrennt werden. Die Kraft, welche das Prisma ABC, dessen Länge gleich der Maasseinheit angenommen werden soll, herabzubewegen sucht, ist die zu AC parallele Gewichtscomponente, hingegen die Kraft, welche es zurückzuhalten strebt, die Cohäsion in der Bruchfläche AC. Bezeichnet p das Gewicht der Volumeneinheit Erde, γ die Cohäsionskraft für die Bruchflächeneinheit, φ den Winkel, den die Bruchfläche AC mit der Verticalen bildet und h die Höhe der Erdmasse, so ist das Gewicht des herabgleitenden Erdprismas ABC:

$$\tfrac{1}{2}\,\mathrm{ph}^2\,(\mathrm{tg}\,\varphi - \mathrm{tg}\,\alpha)$$

und seine zu AC parallele Componente:

$$\tfrac{1}{2}\,\mathrm{ph}^2\,(\mathrm{tg}\,\varphi - \mathrm{tg}\,\alpha)\cos\varphi.$$

Andererseits ist der durch die Cohäsion dieser Bewegung entgegengesetzte Widerstand:

$$\gamma \,.\, AC = \frac{\gamma h}{\cos \varphi}.$$

Das Verhältniss der angreifenden Kraft zur widerstehenden ist sonach:

$$\frac{ph}{2\gamma}\cos^2\varphi\,(\mathrm{tg}\,\varphi - \mathrm{tg}\,\alpha) = \frac{ph}{4\gamma}(\sin(2\varphi - \alpha)\sqrt{1 + \mathrm{tg}^2\alpha} - \mathrm{tg}\,\alpha).$$

Es ist nun einleuchtend, dass der Bruch dort eintritt, wo dieses Verhältniss am grössten ist. Aus anderen Untersuchungen ist bekannt, dass dieser besondere Werth für $\varphi = 45^0 + \frac{1}{2}\alpha$ ist. Es wird dann $\sin(2\varphi - \alpha) = 1$, und das angegebene Verhältniss geht über in:

$$\frac{ph}{4\gamma}(\sqrt{1 + \mathrm{tg}^2\alpha} - \mathrm{tg}\,\alpha).$$

Für den Fall des Gleichgewichts muss der letzte Werth gleich 1 sein, woraus man erhält:

$$\mathrm{tg}\,\alpha = \frac{(ph + 4\gamma)(ph - 4\gamma)}{8\gamma\, ph}.$$

Entspricht die Höhe h′ dem Werthe $\alpha = 0$, so hat man

$$\text{(a)} \qquad \gamma = \tfrac{1}{4}\,ph'.$$

Kennt man also durch Versuche die Höhe h′, bei welcher sich eine verticale Erdwand im Gleichgewicht hält, so liefert die Gleichung (a) den Werth für die Cohäsion pro Flächeneinheit. Wird dieser Werth von γ in den für $\mathrm{tg}\,\alpha$ eingesetzt, so entsteht:

$$\text{(b)} \qquad \mathrm{tg}\,\alpha = \frac{(h + h')(h - h')}{2hh'},$$

welche Gleichung zeigt, dass der Neigungswinkel α mit der Höhe zunimmt.

Hiernach wird die Aufgabe behandelt: Es ist die Höhe eines Erddammes, der auf der einen Seite dem Wasserdrucke zu widerstehen hat, seine Kronenbreite und die Neigung der inneren (auf der Wasserseite befindlichen) Böschung gegeben; gesucht wird die Neigung der äusseren Böschung.

Es sei ABCE der trapezförmige Querschnitt des Dammes, dessen Länge gleich der Maasseinheit angenommen werden soll; h seine Höhe; a die Kronenbreite BC; α die trigonometrische Tangente des Neigungswinkels α der inneren Böschung CE; n die trigonometrische Tangente des gesuchten Neigungswinkels n der äusseren Böschung AB; p das specifische Gewicht der Erde in Bezug auf das des Wassers als Einheit.

Wird angenommen, dass in der Fläche AD, die mit der Basis AE den Winkel Θ bildet, der Bruch eintritt, und die Höhe des Punktes D über AE mit x bezeichnet, so sind die Kräfte, die den Körper ABCD herabzuschieben suchen: die zu AD parallele Componente des Wasserdruckes und die ebenfalls zu AD parallele Componente des Gewichts P des Erdprismas ABCD, also:

$$\frac{\frac{1}{2}(h-x)^2\cos(\Theta-\alpha)}{\cos\alpha}=\tfrac{1}{2}(h-x)^2(\cos\Theta+\alpha\sin\Theta)$$

und

$$P\sin\Theta.$$

Diesen Kräften entgegen wirkt die Cohäsionskraft $\frac{1}{4}ph'.AD$ in der Fläche AD. Wird das Verhältniss der widerstehenden Kraft zur Summe der angreifenden Kräfte mit R bezeichnet, so ist dessen Werth:

$$R=\frac{\frac{1}{4}ph'.AD}{P\sin\Theta+\frac{1}{2}(h-x)^2.(\cos\Theta+\alpha\sin\Theta)}$$
$$=\frac{\frac{1}{4}ph'[x^2+(a+h(\alpha+n)-\alpha x)^2]}{Px+\frac{1}{2}(h-x)^2.(a+h(\alpha+n))}.$$

Wenn der Kürze wegen $\frac{a}{h}+\alpha+n=m$ gesetzt wird, hat man:

$$R=\frac{\frac{1}{4}ph'[x^2+(mh-\alpha x)^2]}{Px+\frac{1}{2}mh(h-x)^2}$$
$$=\frac{ph'}{2h}\left[\frac{m^2h^2-2\alpha mhx+(1+\alpha^2)x^2}{mh^2+hx(2m(p-1)-p(\alpha+n))-m(p-1)x^2}\right].$$

Wird weiter der Kürze wegen $2m(p-1)-p(\alpha+n)$ mit β bezeichnet, so entsteht:

$$R=\frac{ph'}{2h}\left[\frac{m^2h^2-2\alpha mhx+(1+\alpha^2)x^2}{mh^2+\beta hx-m(p-1)x^2}\right].$$

Es wird nun der Dammbruch an der Stelle eintreten, wo der Widerstand am geringsten oder für welche das Verhältniss R ein Minimum ist. Damit der Werth von x das Verhältniss R zu einem

Minimum macht, muss $\frac{dR}{dx} = 0$ sein. Diese Bedingung ergiebt eine quadratische Gleichung für x, aus welcher, wenn man

$$\beta + 2\alpha = \delta,$$
$$m^2(p-1) + \alpha^2 + 1 = \varepsilon,$$
$$2am^2(p-1) - \beta(1+\alpha^2) = \mu$$

setzt, erhalten wird:

$$\frac{x}{mh} = \left(\frac{\varepsilon}{\mu} - \sqrt{\frac{\varepsilon^2}{\mu^2} - \frac{\delta}{\mu}}\right).$$

Dieser Werth genügt auch der Bedingung $\frac{d^2R}{dx^2} > 0$. Die rechte Seite der letzten Gleichung werde mit φ bezeichnet; dann wird R für diesen Werth von x:

$$(1) \qquad R = \frac{pmh'}{h}\left(\frac{\alpha - \varphi(1+\alpha^2)}{2m^2\varphi(p-1) - \beta}\right).$$

Wird zur weiteren Lösung der gestellten Aufgabe der Wurzelwerth in dem Ausdrucke für φ in eine Reihe entwickelt, so folgt angenähert $\varphi = \frac{\delta}{2\varepsilon}$.

Nun wird in Formel (1) n als Unbekannte angenommen und zur Einfachheit $\frac{a}{h} = r$, $\frac{Rh}{ph'} = c$ gesetzt; dadurch geht (1) nach Ersetzung von β, δ, ε, φ durch ihre Werthe über in:

$$m^3 - m^2\left(2c \frac{(2-p)(\alpha^2+1)}{2\alpha(p-1)}\right)$$
$$-m\left(\frac{c(2-p)(\alpha^2+1)}{\alpha(p-1)} + \frac{pr(\alpha^2+1)}{2\alpha(p-1)}\right) + \frac{cpr(\alpha^2+1)}{\alpha(p-1)} = 0,$$

woraus m, nach Elimination des quadratischen Gliedes, trigonometrisch berechnet werden kann. Die trigonometrische Tangente des gesuchten Böschungswinkels ist dann:

$$n = m + (r + \alpha).$$

Hierauf folgt die Erörterung einiger besonderer Fälle und schliesslich die Anwendung der Theorie auf 6 praktische Zahlenbeispiele. *Petzold* (*Lp.*)

P. W. Almquist. Zur älteren Theorie des Erddrucks. Civiling. XXXI, 69-78†.

Bekanntlich beruhen die älteren Theorien des Erddrucks auf der Annahme einer ebenen Gleitfläche; sie stimmen ferner darin überein, dass der Angriffspunkt des Erddrucks mit dem oberen Endpunkt des unteren Drittels der Mauer identisch sei, unterscheiden sich jedoch durch die Annahme über die Richtung des Erddrucks. Die Grösse des Erddrucks und die Lage der Gleitfläche lässt sich dann auf Grund eines im Princip von Poncelet gegebenen Verfahrens graphisch bestimmen. Im Jahre 1878 hat J. Weyrauch einen etwas anderen Weg eingeschlagen, indem er es unterliess, eine Annahme über die Richtung des Erddrucks zu machen, und statt dessen die Hypothese an die Spitze stellte: Parallele Flächenelemente erleiden auch parallelen Druck.

Eine unmittelbare Folge dieser Annahme ist, dass sowohl die Mauer als auch die Gleitfläche durch den Angriffspunkt des betreffenden Druckes nach dem Verhältniss 2 : 1 getheilt werden. Als Ersatz für die fehlende Annahme über die Erddruckrichtung erhält man dann eine Gleichung zu ihrer Bestimmung, nämlich die Momentengleichung für das Druckprisma. Weyrauch hat durch Rechnung Richtung und Grösse des Erddrucks aus seinen Annahmen abgeleitet; hier wird ein graphisches Verfahren zur Ermittelung der fraglichen Grössen aus der angegebenen Hypothese angewandt.

F. K.

E. Winkler. Ueber Erddruck auf gebrochene und gekrümmte Wandflächen. Centralbl. d. Bauverw. V, 73-76†.

Auf Grund der bekannten Principien des Herrn Verfassers wird unter Voraussetzung ebener Gleitflächen und unter der Annahme, dass der Erddruck mit den Normalen der einzelnen Mauerelemente den Reibungswinkel von Sand auf Mauerwerk einschliesst, ein graphisches Verfahren entwickelt, welches zur successiven Bestimmung der Gleitflächen und des Erddrucks für gebrochene und gekrümmte Mauern dient. *F. K.*

N. Hesehus. Dynamometer zu Vorlesungsversuchen. J. d. russ. phys.-chem. Ges. XVII, 1885, phys. Theil, 59-61†.

Die pag. 59 gegebene Zeichnung zeigt die Einrichtung des Dynamometers. Der pfeilartige Zeiger dreht sich um eine Axe; etwas oberhalb dieser Axe geht durch den Zeiger ein Draht, welcher die Enden einer bogenförmigen starken Stahlfeder verbindet. Die zu messende Kraft wirkt an den rechts abgebildeten Haken.

O. Chw.

J. W. Giltay. Apparat zur Prüfung von Federmanometern. ZS. f. Instrumkde. V, 395-399, 1885†; [Beibl. X, 80, 1886.

Zur bequemen und sicheren Vergleichung von Federmanometern mit Quecksilbermanometern hat Verf. 2 Apparate construirt. Bei beiden wird der Druck allmählich gesteigert. In dem einen markiren electrische Signale den Moment, in welchem der Druck bestimmte Werthe erreicht. Bei dem anderen ist das Steigrohr des Quecksilbermanometers in Abständen knieförmig gebogen, und wenn das Quecksilber sich in einem horizontalen Zweig bewegt, tritt keine Drucksteigerung ein: der Zeiger des Federmanometers bleibt für kurze Zeit stehen. Diese Stellen werden markirt.

Rz.

M. E. Cooley. A method of testing indicator-springs. Science VI, 215 (Aus Proc. Amer. Association).

Der Indicator wird auf eine Wagschale gesetzt, seine Feder von oben comprimirt und gleichzeitig mit der Deformation der Feder der Druck auf die Wagschale gemessen. Erwärmung einer Indicatorfeder auf 210° liess den elastischen Widerstand um etwa $^1/_{60}$ sinken. *Bde.*

W. Neu. Neue Apparate zu messenden Versuchen über das Parallelogramm der Kräfte und die sogenannten einfachen Maschinen. ZS. phys. Unt. II, 73-83, 97-110, 133-137†; [Beibl. X, 5, 1886.

Das Bezeichnende an den pädagogisch werthvollen Apparaten besteht darin, dass die Kräfte dynamometrisch gemessen werden. Als Dynamometer dienen Hosenträgerdrähte, die nach Angabe des Verf. innerhalb der zu wählenden Belastungsgrenzen Fehler von nur 1 % geben. Wegen der Einzelheiten und ihrer pädagogischen Verwerthung muss auf das Original verwiesen werden. *Bde.*

P. SOMOFF. Ueber einen Satz von Burmester. Schlömilch Z. XXX, 248-250†.

Der betreffende Satz bezieht sich auf die Bewegung ebener veränderlicher Systeme und lautet: „Die Curve, welche von den Bahnen der Punkte einer Systemcurve umhüllt wird, ist zugleich die Enveloppe verschiedener Phasen derselben Systemcurve". Dieser Satz lässt sich in einem bestimmten Sinne auch auf ein räumliches continuirlich-veränderliches System ausdehnen. Ein Beweis dafür wird in analytischer Form geführt. *Schn.*

P. SOMOFF. Ueber die Bewegung ähnlich veränderlicher ebener Systeme. Diss. Petersbg. 1885, 193 pp.; Schlömilch Z. XXX, 193-209†.

Nach einer analytischen Darstellung der Bewegung ähnlich veränderlicher ebener Systeme unterwirft der Verfasser die Punkte einer Ebene der gleichzeitigen Bewegung zweier ähnlichen Systeme, setzt die daraus resultirende Bewegungsform zusammen, betrachtet die relative Bewegung des einen Systems gegen das andere und entwickelt aus der relativen Bewegung und der Führungsbewegung die Elemente der absoluten Bewegung. Dabei ergeben sich gewisse Analogien mit der Bewegung starrer Systeme. *Schn.*

BOBYLEW. Ueber die relative Bewegung eines Punktes in einem in continuirlicher Deformation begriffenen Medium. Schlömilch Z. XXX, 326-334†.

Ein Medium sei in continuirlicher Deformation begriffen, und ein Punkt M durchschreite dasselbe. Der bewegliche Punkt fällt mit dem Fortschreiten der Zeit mit einer Reihe von Punkten des Mediums zusammen, und diese Punktreihe bildet die relative Bahn des Punktes M im Medium. Die Bewegung durch diese Punktreihe führt zu dem Begriff der relativen Geschwindigkeit und Beschleunigung in Rücksicht auf das Medium. Aber jeder Punkt der Punktreihe hat noch eine Führungsbewegung, welche durch die Deformation des Mediums bedingt ist, und auch dieser Bewegung gehört eine Geschwindigkeit und Beschleunigung zu. Aus beiden Bewegungen resultirt die absolute Bewegung. Diese Gedanken werden in analytische Form gebracht, und alsdann die absolute Bewegung in ihrer Beziehung zur relativen Bewegung und zur Führungsbewegung discutirt. *Schn.*

E. Padova. Ricerche sull' equilibrio delle superficie flessibili ed inestendibili. Nota I. Rom. Acc. L. Rend. (4) I, 269-274. Nota II. Rom. Acc. L. Rend. (4) I, 306-309†.

I. Auf jeder im Gleichgewicht befindlichen biegsamen unausdehnbaren Fläche giebt es zwei Schaaren von orthogonalen Curven, welche nur Normalspannung erleiden. Indem der Herr Verfasser die Parameter dieser Curven als Coordinaten benutzt, giebt er den Beziehungen zwischen den äusseren Kräften und den Spannungen eine möglichst einfache und übersichtliche Form. Aus derselben lassen sich viele Specialfälle des Gleichgewichts, so z. B. die von Beltrami untersuchten, unmittelbar ableiten. Auch Beziehungen des in Frage stehenden Problems zum Kettenlinienproblem ergeben sich in einfacher und leichter Weise. Von den neuen Specialfällen erscheint dem Referenten besonders einer interessant, in welchem die Spannung für alle durch einen Punkt gehenden Elemente denselben Werth hat. Die Fläche, um welche es sich handelt, hat die Eigenschaft, dass die Linien constanter mittlerer Krümmung zugleich geodätische Parallelen sind. Die Richtung der äusseren Kraft steht in jedem Punkte der Fläche auf der betreffenden geodätischen Parallelen senkrecht, während ihre Grösse und der Winkel, welchen sie mit der geodätischen Linie einschliesst, nur von dem Parameter der ersterwähnten Curve in gewisser Weise abhängt.

II. Ein Punkt der im Gleichgewicht befindlichen Oberfläche S', welche dadurch entstanden ist, dass man auf den Normalen einer zweiten Fläche S eine variable Strecke l abgetragen hat, wird durch die Parameter der Hauptkrümmungslinien des zugehörigen Punktes auf S bestimmt. In diesen Coordinaten nehmen zwar die Gleichgewichtsbedingungen für die Fläche S' eine etwas complicirte Gestalt an, führen aber trotzdem für jede Oberfläche auf die Bestimmung zusammengehöriger Werthsysteme der Spannungen und äusseren Kräfte. Dieselben sind in sofern interessant, als die Richtungen der äusseren Kraft für alle Punkte von S' durch einen festen Punkt C gehen. Das Resultat wird gewonnen, indem als Fläche S eine Kugel mit dem Mittelpunkt C gewählt wird. *F. K.*

V. VOLTERRA. Sulla deformazione delle superficie flessibili ed inestendibili. Atti dell' Acc. dei Lincei. Rendiconti. Serie IV, Vol. I, p. 274-78.

Der Verfasser geht von einem System partieller Differentialgleichungen aus, welche er in zwei früheren Aufsätzen (Atti dell' Acc. dei Lincei. Transunti. Serie III, Vol. VIII, p. 214 u. 244) aufgestellt hat und von welchen das Problem der Untersuchung der unendlich kleinen Verrückungen einer biegsamen und unausdehnbaren Fläche abhängt. Ist nämlich die Gleichung der Fläche $z = z(x, y)$ und hat man eine particuläre Lösung w_1, ω_1 des Systems

$$\frac{\partial w}{\partial x} = -\frac{\partial \omega}{\partial q}, \frac{\partial w}{\partial y} = \frac{\partial \omega}{\partial p} \qquad (1)$$

gefunden, so erhält man w aus der Differentialgleichung

$$\frac{\partial^2 w}{\partial w_1^2} + \frac{\partial \left[(vt-s^2)\frac{\partial w}{\partial \omega_1}\right]}{\partial \omega_1} = 0 \qquad (2)$$

(wo p, q, r, s, t die gewöhnlichen GAUSS'schen Grössen sind).

Nach der Berechnung der conjugirten Function ω erhält man die allgemeinsten Verrückungscomponenten aus

$$\delta x = \int (wdp + \omega dy), \delta y = \int (wdq - \omega dx), \quad \delta z = w.$$

Es wird nun gezeigt, wie die Integration der Gl. (2), nachdem man eine zweckmässige particuläre Lösung des Systems (1) bestimmt hat, sich leicht ausführen lässt für folgende Flächen: 1) Flächen vom zweiten Grade, 2) Pseudokugel, 3) DINI'sche Helicoiden mit constanter Krümmung, 4) conoidische Flächen.

A. S.

P. APPELL. Sur la chaînette sphérique. S. M. F. Bull. XIII, 65-71†.

Die Arbeit beginnt mit den Worten: „Herr HERMITE hat gezeigt (BORCHARDT J. LXXXV), dass die rechtwinkligen Coordinaten für den Endpunkt eines sphärischen Pendels als eindeutige Function der Zeit mit Hülfe der Θ-Functionen ausgedrückt werden können. Ich habe bemerkt, dass eine Methode, ähnlich wie die des Herrn HERMITE, auf die sphärische Kettenlinie angewandt werden kann.“ Es bleibt danach zweifelhaft, ob der Verfasser die Dissertation von W. BIERMANN gekannt hat: „Problemata quaedam mechanica functionum ellipticarum ope soluta“. Berolini, 1865, in welcher das Problem vollständig gelöst ist (Catenaria sphaerica, § 5-7, pag. 13-19). Vielleicht ist es ihm nur um die von ihm angewandte Methode zu thun.

Herr BIERMANN arbeitet mit der WEIERSTRASS'schen Function $\wp(u)$ und mit den Sigmafunctionen; erst zuletzt (l. c. pag. 19) setzt er die JACOBI'schen Thetareihen ein. Herr APPELL dagegen weist zuerst nach, dass, wenn die z-Axe vertical ist, $z = \varphi(u)$ wird, wo $\varphi(u)$ eine doppeltperiodische Funktion zweiter Ordnung ist. Sodann drückt er $x + yi$ und $x - yi$ sowie den Bogen s der Curve durch H-Functionen aus; gerade so finden sich bei BIERMANN zuletzt Formeln für dieselben Grössen. Zum Schlusse kündet Herr APPELL an, er wolle in einer späteren Mittheilung die Function $\varphi(u)$ bestimmen, die Elemente der Curve in reellen Grössen ausdrücken und die mechanische Aufgabe erörtern.

Lp.

A. LEGOUX. Équations canoniques. Application à la recherche de l'équilibre des fils flexibles et des courbes brachistochrones. Toul. Mém. (8) VII_2, 159-184†.

Zuerst wird der JACOBI'sche Satz mit den Bezeichnungen aus den „Vorlesungen über Dynamik" p. 141 ff. entwickelt. Am Schlusse dieses allgemeinen Theiles der Arbeit spricht sich der Verfasser über den Zweck derselben wie folgt aus: „Das JACOBI'sche Theorem steht in dieser Theorie an der Spitze. Es ermöglicht nämlich die unmittelbare Niederschreibung der Integrale für eine Aufgabe der Dynamik, ohne dass man andere Operationen als einfache Differentiationen auszuführen brauchte, sobald irgend ein vollständiges Integral der partiellen Differentialgleichung $H = h$ bekannt ist. In der Folge werden wir sehen, dass man in einer grossen Anzahl von Fällen unmittelbar ein vollständiges Integral dieser Gleichung finden und also, wie BOUR geistvoll zu sagen pflegte, die Gleichungen des Problems à vue integriren kann. Um die partielle Differentialgleichung, von der die Lösung abhängt, niederzuschreiben, braucht nur die Kräftefunction U und die lebendige Kraft T als Function der auf die kleinste Anzahl gebrachten Veränderlichen q und ihrer nach der Zeit genommenen Ableitungen bekannt zu sein. Statt der Veränderlichen q' führt man in T die neuen Veränderlichen p ein, definirt durch $p_i = \frac{\partial T}{\partial q'_i}$, und schliesslich setzt man $\frac{\partial V}{\partial q_1}, \frac{\partial V}{\partial q_2}, \dots$ statt $p_1, p_2, \dots$ in der Gleichung $U - T = h$."

Die Anwendung auf die Fadencurven geschieht mit Hülfe der von Herrn APPELL (C. R. XCVI, 688, diese Ber. XXXIX (1), 184) aufgestellten kanonischen Formen der Differentialgleichungen, deren Reduction in etwas modificirter Form dargestellt wird. Die somit skizzirte allgemeine Methode wird dann auf die Gleichgewichtslage eines Fadens angewandt, der sich auf einer reibungslosen Oberfläche befindet. Der Fall einer Kugel bei allgemein gelassener Kraft mit dem Unterfall, dass die Schwere allein einwirkt, wird schnell erledigt, ebenso die Frage, welchen Werth die in jedem Punkt zum Meridian tangentiale Kraft haben muss, damit der Faden auf der

Fläche die Form einer Loxodromie annehme. Endlich wird das Gleichgewicht eines Fadens auf Umdrehungsflächen und auf einer beliebigen geradlinigen Schraubenfläche untersucht.

Der letzte Theil enthält die Anwendung der Jacobi'schen Methode auf die Untersuchung von Brachistochronen auf gegebener Oberfläche, indem mit dieser Fläche eine zweite derartig verknüpft wird, dass den Brachistochronen der ersteren die geodätischen Linien der letzteren entsprechen. Das Problem der kürzesten Linie ist ja aber von Jacobi selbst unter diesem Gesichtspunkte behandelt. Auch hier werden die Umdrehungsflächen hervorgehoben. Zuletzt wird die Anwendung der Jacobi'schen Methode auf den Fall angedeutet, dass die Brachistochrone absolut ist, d. h. nicht auf einer gegebenen Oberfläche liegt. *Lp.*

Clifford, A. Mukhopâdhyây. Solution of question 7838. Ed. Times XLII, 101-102†.

Wird ein Faden von einem in ihm gelegenen Punkte nach einem Elementargesetze abgestossen, das umgekehrt proportional dem Kubus der Entfernung ist, so ist die Kreisform des Fadens die Gleichgewichtslage; erfolgt die Abstossung umgekehrt proportional der μ^{ten} Potenz, so ist die Polargleichung für die Gleichgewichtsform

$$\left(\frac{\mathrm{d}}{\mathrm{r}}\right)^{\mu-2} = \cos(\mu-2)\,\Theta,$$

wo d eine Constante. *Lp.*

E. Padova. Sul problema delle piccole oscillazioni che un filo flessibile ed inestendibile compie attorno ad una configurazione d'equilibrio. Batt. G. XXIII, 235-243†.

Herr Maggi hat in Batt. G. XIX (diese Ber. XXXVII (1), 227) über dasselbe Thema die Abhandlung veröffentlicht: „Sul moto di un filo flessibile ed inestendibile che si sposta pochissimo dalla sua posizione d'equilibrio." Durch ein genaues Studium dieser Arbeit hat Herr Padova erkannt, dass die in ihr discutirten Gleichungen auch noch in anderen ähnlichen Problemen auftreten, die damals vom Verfasser nicht angegeben sind. Der Zweck der Note ist es, unter diesem Gesichtspunkte die Abhandlung des Herrn MAGGI zu vervollständigen. Zuerst werden auf einem directeren Wege als in der citirten Schrift die Formeln aufgestellt, welche die Bewegungsgleichungen eines beliebigen Punktes P des Fadens darstellen, wenn derselbe bei seiner Schwingung um die Gleichgewichtslage auf drei von Punkt zu Punkt variable Axen bezogen wird, die Tangente, die Hauptnormale und die Normale in der Osculationsebene der Gleichgewichtscurve. Sodann ergiebt eine Discussion der Bedingungen, unter welchen diese Gleichungen gelten, die verschiedenen Möglichkeiten in der Annahme der einwirkenden Kräfte oder der Anfangslagen, deren Aufzählung zu weit führen würde. *Lp.*

E. SANG. On the problem of the lathe band and on problems therewith connected. Edinb. Proc. XII, 294-393†.

Die Aufgabe besteht darin, die verschiedenen Durchmesser auf dem Flügelrade und Kegelrade des Treibriemens so anzuordnen, dass dasselbe Band unter allen Umständen passen kann. Die Lösung wird in zwei zu einander gehörigen Schritten vollzogen, erstens die Länge des Bandes für gegebene Durchmesser zu berechnen, zweitens neue Durchmesser zu berechnen, die für die so gefundene Länge passen. *Cayley* (*Lp.*)

L. HENNEBERG. Zur Theorie der gleitenden Reibung. Civiling. XXXI, 189-206†.

Es sei gegeben ein Körper auf einer ebenen Unterlage E, M das Drehungsmoment der auf den Körper wirkenden äusseren Kräfte in Bezug auf eine Axe, welche E in einem Punkte O unter rechtem Winkel schneidet, $\overline{Z}df$ die Normalcomponente des Drucks, welchen ein von O um die Strecke r entferntes Element df der Unterlage von Seiten des Körpers erleidet, μ die Reibungsconstante. Dann gilt die Gleichung

$$M + \varepsilon\mu \int \overline{Z} r df = 0,$$

wo ε eine in den Grenzen + 1 und — 1 liegende Grösse bedeutet. Der Ausdruck $V = \int \overline{Z} r df$ heist, als Function der Coordinaten ξ, η des Punktes O betrachtet, die Reibungsfunction. Entweder ist nun M constant, und dann darf es höchstens gleich dem Maximum von μV sein, oder es hat die Form $P((a-\xi)\sin\alpha-(b-\eta)\cos\alpha)$, und dann darf P höchstens gleich dem Maximum der Function

$$\frac{\mu V}{(a-\xi)\sin\alpha-(b-\eta)\cos\alpha}$$

von ξ und η sein.

Dieses wird weiter ausgeführt und an speciellen Beispielen erläutert. Den Schluss der Abhandlung bildet eine Untersuchung der Reibung des Kolbens an Cylinderwänden. *F. K.*

J. BARTL. Zur Theorie der Bremsen der Eisenbahnwagen. Civiling. XXXI, 311-356†.

Vielfach schon sind Versuche darüber angestellt, bei welcher Art der Räderbewegung ein Eisenbahnwagen am besten gebremst werden kann, d. h. bei welchem Verhältniss der rollenden und gleitenden Bewegung der Räder der Wagen nach Beginn des Bremsens eine möglichst kurze Strecke zurücklegt. In der vorliegenden Abhandlung wird die Frage vom theoretischen Gesichtspunkt aus betrachtet. Es werden nach einander behandelt die Bewegung eines einzelnen Wagens auf horizontaler, gerader Strecke, diejenige auf geneigter Bahn, endlich die Bewegung eines Zuges auf horizontaler gerader Strecke. Den Schluss bildet eine Untersuchung über den Einfluss der federnden Stützung des Wagenkastens auf die Bremswirkung. *F. K.*

Litteratur.

J. CH. WALBERER. Anfangsgründe der Mechanik fester Körper mit vielen Uebungsaufgaben zum Schulgebrauche an Gymnasien und verwandten Lehranstalten.

Fünfte durchgesehene Auflage. München: Th. Ackermann, VI u. 166 Seiten; [F. d. M. XVII, 812.

J. WEISBACH. Lehrbuch der Ingenieur- und Maschinenmechanik. 5. Auflage bearbeitet von G. HERRMANN. Braunschweig: F. Vieweg & Sohn. (Drei Bände), [Beibl. X, 210.

O. VON SALLWÜRK. Beiträge zu einer elementaren Dynamik. Pr. Gymn. Konstanz. 21 S. u. 4 Taf. 4°. [F. d. M. XVII, 823.

W. KILLING. Die Mechanik in den nichteuklidischen Raumformen. Kronecker J. XCVIII, 1-49. [F. d. Math. XVII, 814.

M. RÜHLMANN. Vorträge über Geschichte der technischen Mechanik und der damit in Zusammenhang stehenden mathematischen Wissenschaften. Leipzig, 1885, Baumgärtner; [Beibl. X, 213. *Bde.*

F. GRASHOF. Theorie der Kraftmaschinen. Leipzig: L. Voss. 1. Lieferung, S. 1-160; [F. d. M. XVII, 932.

MACH. L'histoire de la mécanique. Rev. Scient. XXXVI, 629-630.

VAN DER VLIET. Grundlagen der Mechanik für Studirende der Naturwissenschaft und Mediciner. St. Petersb. 85, 216 pp. (russ.)†. *O. Chw.*

G. A. MINCHIN. A treatise on statics with applications to physics. 3rd ed. vol. II. Clarendon Press, Oxon. VI u. 512 S.; [Nature XXXIV, 165.

O. J. LODGE. Elementary mechanics including hydrostatics and pneumatics. London and Edinburgh. W. and R. Chambers. 208 S. 8°. [Nat. XXXIII, 28, 80; [Phil. Mag. XX, 545.

B. WILLIAMSON, F. A. TARLETON. An elementary treatise on dynamics. London, Longmans and Co. [Nat. XXXI, 384-386; [Phil. Mag. (5) XIX, 510-511.

W. PAICE. Energy and motion: a text book of elementary mechanics. London, Cassel 1885, 114 pp. [Elektrot. ZS. VI, 35; [Phil. Mag. (5) XIX, 511.

R. TUCKER. The Late Prof. Clifford's Kinetics. Nature XXXII, 147.

H. FARQUHAR. Review of the theoretical discussion in P. G. Tait's „Encyclopaedia Britannica" article on mechanics. Washington Bull. Phil. Soc. VII, 29-31.

G. S. CARR. A synopsis of elementary results in pure mathematics containing propositions, formulae, and methods of analysis, with abridged demonstrations. London, Fr. Hodgson, Cambridge, Macmillan and Bowes 1886, XXXVI u. 936 S. mit 20 Taf. gr. 8°; [F. d. M. XVII, 1154.

W. NYSTROM. Pocket Book of mechanics and engineering, 18. Aufl. Philadelphia, Lippincott 1885, 672 pp.

BRESSE. Cours de mécanique et machines professé à l'École Polytechnique. T. I. Cinématique. Dynamique d'un point matériel. Statique. T. II. Dynamique des systèmes matériels en général. Mécanique spéciale des fluides. Études des machines à l'état de mouvement. Paris: Gauthier-Villars; [F. d. M. XVII, 812.

E. COLLIGNON. Traité de mécanique. Paris 1885, Hachette et Cie.

DESPEYROUS. Cours de mécanique, avec des notes par M. G. Darboux. II. Paris 1885, A. Hermann. [Rev. scient. XXXV, 439-440.

E. VILLIÉ. Compositions d'analyse et de mécanique données depuis 1869 à la Sorbonne pour la licence ès sciences mathématiques, suivies d'exercices sur les variables imaginaires. Paris, Gauthier-Villars 1885.

J. J. WEYRAUCH. Das Princip von der Erhaltung der Energie seit Robert Mayer. Vortrag. Leipzig, Teubner 1885, 48 pp.; [ZS. f. Ing. XXIX, 938; [Schlömilch ZS. XXX [2] 143; WEYRAUCH dagegen ib., 278-80.

J. DERUYTS. Bemerkungen über einige Punkte der Dynamik. Mém. de la Soc. de Liege (2) X, 1885, 8 pp., Sep.; [Beibl. IX, 704-705.

E. L. de L'ECLUSE. Die Einheit der Arbeit. Mon. industr. 1885. [Cim. (3) XVIII, 283.

TAIT. Note on a Singular Passage in the Principia. Proc. Roy. Soc. Edinb. XIII, 72-78. Historisch; [F. d. M. XVII, 11.

E PADOVA. Ueber die mehreren dynamischen Problemen gemeinsamen Integrale. Atti R. Ist. Ven. (6) I, 1005-1020, 1882-83; [Beibl. IX, 218. Sh. diese Ber. XL, (1) 252.

E. BELTRAMI. Sull' uso delle coordinate curvilinee nelle teorie del potenziale e dell' elasticità. Cim. (3) XVIII, 190-192, 228-246; Bologna Mem. (4) VI, 401-448; [F. d M. XVIII, 934.

O. OHNESORGE. Zur Integration der Gleichung

$$\frac{d^2u}{dx^2}+\frac{d^2u}{dy^2}=0.$$

Hoppe Arch. (2) II, 53. Fortschritte der Math. XVII, 347.

G. BATTAGLINI (relatore), L. MENABREA, E. BETTI, U. DINI. Relazione sul concorso al premio Reale per la Matematica nell' anno 1883. Rom. Acc. L. Rend. (4) I, 410-419.

PLINY EARLE CHASE. Some Principles and Results of Harmonic Motion. Phil. Mag. (5) XIX, 190-196.

NEESEN. Besprechung über das Wort „Gewicht“ Verh. phys. Ges. Berlin IV, 14-15.

W. BOSSE. Kraft, Bewegung, Gravitation. Ausland, 1885, 1021-23.

E. DREHER. Ueber den Begriff der Kraft mit Berücksichtigung des Gesetzes von der Erhaltung der Kraft. Berlin: Dümmler.

J. HENRICI. Die Erforschung der Schwere durch Galilei, Huyghens, Newton. Prog. G. Heidelberg 1885, 40 pp.; [ZS. f. Math. u. Phys. XXXI [2] 38; [F. d. M. XVII, 34.

J. THOMSON. On the law of inertia, the principle of chronometry and the principle of absolute clinural rest, and of absolute rotation. Edinb. Proc. XII, 568-578.

J. THOMSON. A problem of point-motions for which a reference-frame can so exist as to have the motions of the points relative to it rectilinear and mutually proportional. Edinb. Proc. XII, 730-742.

P. G. TAIT. Note on reference-frames. Edinb. Proc. XII, 743-745. S. diese Ber. XL, (1), 250, 251.

W. BARLOW. New theories of matter and of force. London 1885, Sampson Low.

A recent discussion of the axioms of mechanics. Science V, 201-202.

E. ALDERED WILLIAMS. Force and Tension. Engineering XL, 311.

HIRN. La notion de force dans la science moderne. Rev. scient (3) XXXVI, 129-141.

SCHULZE. Apparat zur Demonstration des Beharrungsvermögens. Katalog von Lisser und Benecke. [Beibl. IX, 218.

E. WOHLWILL. Die Entdeckung des Beharrungsgesetzes. Gaea XXI, 165-175.

J. SCHLESINGER. Die mathematische Formulirung des Gesetzes der Erhaltung der Kraft ist unrichtig. Wien. Anz. XXII, 54-56.

— Ueber die Nothwendigkeit der Aufstellung eines neuen Kraftbegriffs. Wien. Anz. XXII, 10-13. [F. d. Math. XVII, 815.

O. BRINKMANN. Ueber die Bewegung eines materiellen Punktes auf einem Rotations-Paraboloid, wenn derselbe von einem auf der Rotationsaxe gelegenen festen Centrum nach dem Newton'schen Gesetze angezogen wird. Jena 1885.

WEISS. Entwickelungen zum Lagrange'schen Reversionstheorem und Anwendung derselben auf die Lösung der Keppler'schen Gleichung. Wien. Denkschr. IL [1], 133-170.

v. LANG. Ueber einen mechanischen Beweis des geometrischen Satzes, dass die Normale an die Ellipse den Winkel der beiden Radienvectoren halbirt. Exner. Prot. XXI, 355-356.

v. OPPOLZER. Ueber die Auflösung des Keppler'schen Problems. Wien. Denkschr. L. [1], 185-243.

D. EDWARDES, A. H. CURTIS. Solution of question 7662. Ed. Times XLII, 60-61 [F. d. Math. XVII, 881.

Speed and Velocity. Nature XXXII, 29, 78.

GEBR. JUNGHANS. Rotationspendel mit Verstellvorrichtung zur Veränderung des Trägheitsmomentes. D. R. P. 31922, 1884. [ZS. f. Instrk. V, 371.

C. J. REED. Apparatus for class-room demonstration of the laws of falling bodies. Science VI, 108 (Titel aus Amer. Assoc.).

W. BAILY. An instrument to illustrate the condition of equilibrium of three forces acting at a point. Chem. News LI, 58. Engin. XXXIX, 124.

E. v. GOTHARD. Einfacher Apparat zur Demonstration des Foucault'schen Pendelversuches. ZS. f. Instrk. V, 19-21. [Beibl. IX, 220.

A. GENOCCHI. Sur quelques écrits touchant les déviations du pendule et l'expérience de Foucault. Aus Bullet. di Bibliografia etc. p. da B. Boncompagni XV, 631, 1882. [J. de Phys. (2) IV, 147-48.

FR. ROTH. Ueber den mathematischen Ausdruck der Ablenkungskraft, welche durch die Umdrehung der Erde um ihre Axe hervorgebracht wird. Exner Rep. XXI, 506-515.

H. GYLDÈN. Intermediära banor, som vid en gifven tidpunkt ansluta sig till de verkliga med en kontakt af tredje ordningen. Stockh. Öfv. XLII, 17-36. [F. d. Math. XVII, 884.

GYLDÈN. Om ett fall af trekroppars-problemet med exact lösning. Öfversigt af K. Vetensk. Ak. Förhandl. XLI, No. 1, 3, No. 2, 2 1884.

HARZER. Un cas spécial du problème des trois corps. Öfversigt af K. Vetensk. Ak. Förhandl. XLII, No. 10, 1, 1885.
GYLDÈN Referat darüber ibid. *Bde.*

A. SEYDLER. Ueber das Drei- und Vierkörperproblem. (Sitzungsber. der k. böhm. Ges. d. W. 1885, 269-275. Böhmisch.) *Gr.*

E. PADOVA. Ein Theorem der Mechanik. Att. R. Ist. Ven. (6) I, 913-17, 1882/83; [Beibl. IX, 217-18. Sh. diese Ber. XL, (1) 251.

A. HANDL. Zur Lehre von den Drehungsmomenten. ZS. f. Realsch. Wien XI; ZS. phys. Unterr. II, 271-75; [Beibl. X, 546, 1886.

WRONSKY. Fragen und Aufgaben über die Schwungkraft. ZS. phys. Unterr. II, 275-78; [Beibl. X, 594.

A. HANDL. Vorrichtung zum Nachweise der Sätze über das Drehungsmoment. ZS. phys. Unterr. II, 207-210; [Beibl. X, 324, 1886.

T. CALZECCHI-ONESTI. Di un' esperienza che illustra il 3° principio della meccanica. Cim. (3) XVII, 139-140.

Centrifugalmaschinen für Fussbetrieb (Phys.-techn. Instit.) ZS. phys. Unterr. II, 54; [Beibl. IX, 652.

TAYLOR. A slight modification of the Newtonian formula of gravitation. Wash. Bull. VIII, 39-41.

A. MAURER. Ueber die Anziehung homogener Polyeder, wenn die Elementaranziehung einer beliebigen Potenz der Entfernung umgekehrt proportional ist. Marburg, 1885.

R. REGENER. Beitrag zur Theorie der Anziehung der Ellipsoide. Halle, 1885.

A. SEYDLER. Potentialtheorie. Prag, 1885. (Böhmisch). [F. d. M. XVII, 937.

G. A. de Penning. A paper on the nature of gravity. Calcutta 1885, W. Newman and Co.

J. Beglinger. Das Weltgesetz oder neue Theorie der allgemeinen Schwere. Zürich 1885, Meyer und Zeller; [ZS. f. Instrk. V, 252.

H. Januschke. Ueber die dynamische Massenwirkung in die Ferne. ZS. Realsch. X, 335-346.

M. Kuhn. Bemerkungen zu der voranstehenden Abhandlung. ZS. Realsch. X, 346-348. Ref. über Beides in F. d. Math. XVII, 940.

A. König u. F. Richarz. Eine neue Methode zur Bestimmung der Gravitationsconstante. Wied. Ann. XXIV, 664-668; [Cim. (3) XVIII, 181; Exner Rep. XXI, 208-210. Sh. diese Ber. XL (1) 298.

R. von Sterneck. Untersuchungen über die Schwere auf der Erde. Mittheil. d. K. K. Militär. Geogr. Inst. IV, 1884; [Arch. sc. phys. XIII, 140-143.

A. Schönflies. Sur la courbure des lignes décrites par les points d'un solide invariable en mouvement. Liège Mém. (2) XI, 9 p. Hierzu ein Rapport von le Paige ibid.

— Sur la courbure des trajectoires des points d'un système solide dont le mouvement est le plus général possible. Liège Mém. (2) XI, 15 p. Ref. zu beid. vorst. Abhdl. F. d. Math. XVII, 830-831.

R. de Boaventura. La rotation et le mouvement curviligne. Lisbonne 1885, Elzevirienne.

E. Padova. Die statischen Axen des invariablen Systems. Atti R. Ist. Ven. (6) I 1243-50, 1882/83; [Beibl. IX, 218.

de Sparre. Sur l'herpolodie dans le cas d'une surface du second degré quelconque. Brux. Soc. sc. IX, B. 249-258. [F. d. Math. XVII, 889.

J. M. Rodrigues. Theoria da rotação. Teixeira J. VII, 81-90; [F. d. Math. XVII, 888.

N. LINDSKOG. Ueber die Drehung eines starren Körpers, auf den keine Kräfte wirken, um einen festen Punkt. Ups. N. t. (3) XII, 24 S.; [F. d. Math. XVII, 888-889.

G. BARDELLI. Alcune formuli sui momenti d'inerzia di poligoni piani Milano 1885.

GEBR. JUNGHANS. Verstellvorrichtung zur Veränderung des Trägheitsmomentes an Rotationspendeln. Dingler J. CCLVII, 506-507.

L. CREMONA. Les figures réciproques en statique graphique. Traduit par L. BOSSUT. Paris: Gauthier-Villars.

A. FAVARO. Leçons de statique graphique traduites par P. TERRIER. II. Calcul graphique, avec appendices et notes du traducteur. Paris, 1885, Gauthier-Villars.

S. CAPPA. Ueber das Gleichgewicht eines Systems von vier Kräften im Raume. Atti della R. Acc. di Torino XVIII, 1883, 10 pp. Sep. [Beibl. IX, 291.

GANTZER. Apparat zur Demonstration der drei Gleichgewichtslagen. ZS. phys. Unterr. II, 52-53.

G. LORENZONI. Dimostrazione delle formule di precessione e nutazione. Venezia, 1885.

Toton à force centrifuge. La Nat. XIII, (2) 288. Sehr kleiner Kreisel, hohl, aus Glas, enthält eine Flüssigkeit.

L. SONNENBURG. Analyt. Untersuch. über ein Problem d. Dynamik. Bonn, Inaug.-Dissert. 1884; [ZS. f. Math. u. Phys. XXXI, [2], 14. Sh. diese Ber. XL, (1), 258.

Creeping of rails. Science V, 344-45.

F. RICHARZ. Ueber Mitschwingen der an Fäden befestigten Cylinder zur Bestimmung von Trägheitsmomenten. Berl. phys. Ges. Verh. 1885, 75-78.

Ballistik, siehe Aërodynamik, unter Luftwiderstand.

JOHANN ENDLWEBER. Zur Theorie der Brückenwaagen. Exner, Rep. XXI, 637-670.

H. S. HELE SHAW. The Sphere and Roller Friction Gear. Rep. Brit. Ass. 1193-94. Vergl. Seite 284.

M. GRÜBLER. Allgemeine Eigenschaften der zwangläufigen ebenen kinematischen Ketten. Verh. d. V. f. Gewerbfl. LXIV, 179-223, 1885.

F. DINGELDEY. Ueber die Erzeugung von Curven vierter Ordnung durch Bewegungsmechanismen. Diss. Leipzig, B. G. Teubner, VIII u. 64 S.

S. CAPPA. Ueber die Uebertragung der Bewegung um zwei beliebige Axen. Atti della R. Acc. di Torino XVIII, 1883, 10 pp.; [Beibl. IX, 291-293.

A. CONSIDÈRE. Efforts dynamiques produits par le passage des roues des locomotives et des wagons, aux joints des rails. C. R. CI. 992-94.

Sur la puissance mécanique nécessaire pour faire marcher une montre. La Nat. XIII (2) 398. 0,000 28 Grammmeter per Secunde.

A. KAISER. Neuerung an Schalträdern. D. R. P. 30460, 1884; [ZS. f. Instrk. V, 214.

F. A. GHEASON und J. H. SCHWARZ. Neuerung zu Dynamometern. D. R. P. 29812, 1884, (1885 No. 6); [ZS. f. Instrk. V, 111.

G. RICHARD. Dynamomètres totaliseurs et compteurs. Lum. El. XVI, 366-73.

A. WILKE's Arbeitsmesser, sog. Transmissions-Dynamometer. Dingler J. CCLVI, 337-338.

CH. BEER. Bremsdynometer mit selbstthätiger Regulirung. Dingler J. CCLV, 185-186.

R. H. THURSTON. Description of a large Prony-brake. [Science VI, 216†. (Aus Amer. Assoc.).

H. S. H. SHAW. On a self recording stress and strain indicator. Chem. News LI, 236.

G. KRANTZ. Ueber O. GUTTMANN's Kraftmesser für direct

und indirect explodirbare Sprengstoffe. Dingler J. CCLVII, 295-297.

TELPHERAGE. (Illustrated). Nature XXXIII, 12-15.

B. TOWER und W. R. BROWNE. Ueber neuere Versuche zur Bestimmung der Zapfenreibung. Dingler J. CCLV, 129-139.

THURSTON's Friction and lost work. Science VI, 275-76.

The Laws of Friction (M. DEPREZ). Engineer. XXXIX, 118.

G. A. HIRN. Notice sur les lois du frottement. Paris: Gauthier-Villars. [La Nat. XIII, (2) 215.

G. F. BECKER. Impact Friction and Faulting. Sill. J. (3) XXX, 116-128, 194-209. Wesentlich geologisch. *Bde.*

---

5. Hydromechanik.

CLIFFORD, A. H. CURTIS. Solution of question 7706. Ed. Times XLII, 21-22.

A. H. CURTIS, T. C. SIMMONS, B. H. RAU. Solution of question 7785. Ed. Times XLIII, 42-43.

Es ist zu bestimmen, welche Bedingungen erfüllt sein müssen, damit der Mittelpunkt des Druckes einer Flüssigkeit gegen eine Dreiecksfläche, die vollständig untergetaucht ist, mit einem der merkwürdigen geometrischen Punkte des Dreiecks zusammenfällt. Herr CURTIS weist darauf hin, dass diese Aufgabe im Messenger of Mathematics (2), XII, 1872 gelöst ist für den Fall, dass der Druckmittelpunkt fällt in 1) den Schwerpunkt, 2) das Inkreiscentrum, 3) das Umkreiscentrum, 4) den Höhenschnitt, 5) Mittelpunkt eines eingeschriebenen Quadrates, 6) Mittelpunkt des FEUERBACH'schen Kreises. Diesen Punkten fügt er jetzt noch den GREBE'schen (LEMOINE'schen) Punkt hinzu. *Lp.*

H. POINCARÉ. Sur l'équilibre d'une masse fluide animée d'un mouvement de rotation. C. R. C, 346-348, 1068-1070, CI, 307-349; Acta Math. VII, 259-380; [Beibl. IX, 607, X, 326.

Die Theorie der Gleichgewichtsfiguren homogener rotirender Flüssigkeiten, deren Theilchen sich nach dem NEWTON'schen Gesetze anziehen, erfährt durch die umfangreiche Arbeit des Herrn POINCARÉ in den Acta Mathematica (die Noten in den C. R. sind nur Auszüge derselben) eine erhebliche Förderung. Insbesondere wird die Existenz einer Reihe von neuen Gleichgewichtsfiguren abgeleitet und die Frage nach der Stabilität der einzelnen Figuren erledigt. Dabei ergeben sich verschiedene Sätze, die von THOMSON und TAIT in der zweiten Auflage ihres „Treatise on natural philosophy" ohne Ableitung mitgetheilt sind (cf. F. d. M. XV, 1883, 801, XVI, 1884, 793-795). Die hauptsächlichsten Resultate der vorliegenden Arbeit sind indessen völlig neu.

Herr POINCARÉ beginnt mit der Betrachtung eines beliebigen Massensystems, dessen Lage durch n Grössen $x_1, x_2, \ldots, x_n$ definirt ist. Die auf das System wirkenden Kräfte mögen eine Kräftefunction F besitzen, die ausser den Grössen $x_1, \ldots, x_n$ noch einen variabeln Parameter y enthält. Die Gleichgewichtsbedingungen

$$(1) \qquad \frac{\partial F}{\partial x_1} = \frac{\partial F}{\partial x_2} = \ldots = \frac{\partial F}{\partial x_n} = 0$$

mögen k verschiedene Wurzelsysteme für $x_1, \ldots, x_n$ ergeben oder, wie Herr POINCARÉ mit Rücksicht darauf, dass F und damit die einzelnen Wurzelsysteme von y abhängen, sich ausdrückt, k lineare Reihen von Wurzeln und damit k lineare Reihen verschiedener Gleichgewichtslagen. Es kann nun der Fall eintreten, dass für einen speciellen Werth $y = \alpha$ zwei oder mehr Wurzelreihen und damit verschiedenartige Gleichgewichtslagen zusammenfallen. Eine solche Gleichgewichtslage wird als „Bifurcationsform" bezeichnet; das Charakteristische derselben besteht darin, dass jede unendlich kleine Aenderung von y statt der einen zwei neue, unter einander unendlich wenig verschiedene Gleichgewichtslagen giebt. Andrerseits kann auch der Fall eintreten, dass bei Variation von y für den speciellen Werth $y = \alpha$ zwei Wurzelreihen zusammenfallen, dass beide Reihen aber bei weiterer Variation von y imaginär werden; die dem $y = \alpha$ entsprechende Gleichgewichtslage wird dann „Grenzform" genannt. In beiden Fällen nimmt die aus den zweiten Differentialquotienten der Funktion F nach den Grössen $x_1, x_2, \ldots, x_n$ gebildete Determinante Δ, wenn man darin mittels der Gleichungen (1) die $x_1, x_2, \ldots, x_n$ durch y ausdrückt, für $y = \alpha$ den Werth Null an. Wenn Δ für irgend einen Werth von y nicht verschwindet, so muss eine unendlich kleine Aenderung von y eine einzige neue Gleichgewichtslage ergeben.

Es wird weiter die zweite Variation von F betrachtet und so umgeformt gedacht, dass nur die Quadrate der Variabeln vorkommen; die Coëfficienten derselben werden als „Stabilitätscoëfficienten" bezeichnet. Da Δ jetzt das Product der Stabilitätscoëfficienten ist, so muss sowohl für eine Grenzform, als für eine Bifurcationsform einer dieser Coëfficienten verschwinden. Für eine Bifurcationsform ist ferner erforderlich, dass für den betreffenden Werth $y = \alpha$ einer der Stabilitätscoëfficienten und damit Δ sein Vorzeichen wechselt. Dies muss für jede der beiden Wurzelreihen, die in der Bifurcationsform zusammenfallen, stattfinden. Wenn daher für eine dieser Reihen stabiles, für die zweite instabiles Gleichgewicht bestand, so wechselt die Art des Gleichgewichts bei Ueberschreitung des Werthes $y = \alpha$.

Die bisher aufgestellten Begriffe und Sätze lassen sich, wie an einem speciellen Beispiel gezeigt wird, auf den Fall übertragen, in dem die Anzahl der Variabeln $x_1, \ldots, x_n$, welche die Lage des Systems bestimmen, unendlich gross ist, und damit ist die Grundlage für die Behandlung von Flüssigkeitsmassen, die beliebigen Kräften unterworfen sind, gegeben. Herr Poincaré sagt von den Schlüssen, die zur Ausdehnung auf unendlich viele Variable führen, dieselben seien zwar nicht absolut einwandsfrei; aber man könne in der Mechanik hinsichtlich des Unendlichen nicht dieselbe Strenge verlangen wie in der reinen Analysis. Keinesfalls unterliegt das folgende, auf die besagte Art abgeleitete Princip einem Zweifel: Wenn auf irgend ein mechanisches System, welches unter der Wirkung gewisser Kräfte im stabilen Gleichgewicht ist, unendlich kleine störende Kräfte wirken, so nimmt das System unter der Einwirkung dieser neuen Kräfte eine neue, von der vorigen unendlich wenig verschiedene stabile Gleichgewichtslage an; insbesondere gilt dies für Flüssigkeitsmassen.

Die wichtigsten Resultate seiner Arbeit gewinnt Herr POINCARÉ durch Anwendung der vorstehenden Betrachtungen auf die ellipsoidischen Gleichgewichtsfiguren, für welche die Rotationsgeschwindigkeit ω die Rolle des variabeln Parameters spielt. Die hinsichtlich dieser Gleichgewichtsfiguren bekannten Resultate kann man folgendermassen zusammenfassen: die Ellipsoide bilden, falls ω^2 zwischen 0 und $4\pi.0.093$ variirt, vier lineare Reihen derart, dass zu jedem ω zwei Rotationsellipsoide und zwei JACOBI'sche Ellipsoide (beide mit denselben Axen, aber das eine gegen das andere um 90 Grad gedreht) gehören; bei $\omega^2 = 4\pi.0.093$ fallen die beiden JACOBI'schen mit einem der Rotationsellipsoide zusammen, und dieses ist gleichzeitig eine Grenzform und eine Bifurcationsform. Von $\omega^2 = 4\pi.0.093$ an existiren nur noch zwei Reihen, deren jede aus Rotationsellipsoiden besteht; $\omega^2 = 4\pi.0.112$ endlich ist eine Grenzform, weil von hier ab überhaupt keine ellipsoidische Gleichgewichtsfigur mehr existirt. Es fragt sich nun, ob es unter den Ellipsoiden noch weitere Bifurcationsformen giebt, von denen man zu neuen Reihen von Gleichgewichtsfiguren gelangen kann. Um diese Frage zu beantworten, ist es nöthig, die Stabilitätscoëfficienten eines Ellipsoids zu berechnen und zu untersuchen, unter welchen Umständen dieselben verschwinden; die Stabilitätscoëfficienten aber sind die Factoren in der zweiten Variation der potentiellen Energie der ganzen Flüssigkeitsmasse. Eine beliebige Variation der Flüssigkeitsmasse ergiebt sich dadurch, dass jeder Punkt der Oberfläche des Ellipsoids längs seiner Normale eine unendlich kleine Verschiebung ζ, die theils positiv, theils negativ sein kann, erfährt. Für die potentielle Energie W der deformirten Flüssigkeit wird zunächst durch einfache Betrachtungen die Gleichung gefunden:

$$(2) \qquad W = W_0 - \tfrac{1}{2}\int g\zeta^2 d\omega + \tfrac{1}{2}\iint \frac{d\omega\, d\omega' \zeta\zeta'}{E}.$$

Hier ist W_0 der Werth von W vor der Deformation, g die Resultante aus der Anziehung der Flüssigkeitstheilchen unter einander und der Centrifugalkraft, $d\omega$ und $d\omega'$ Oberflächenelemente des ursprünglichen Ellipsoids, E die Entfernung der Elemente $d\omega$ und $d\omega'$. Für einen Punkt der Oberfläche des Ellipsoids ist ferner, falls man die Anziehung des durch die Deformation entstandenen Wulstes gegenüber der Anziehung des Ellipsoids vernachlässigt, die Kraft g umgekehrt proportional der Grösse

$$l = \frac{P}{\varrho\sqrt{\varrho^2-b^2}\sqrt{\varrho^2-c^2}},$$

wo P das vom Mittelpunkt auf die Tangentialebene des betreffenden Punktes gefällte Loth, ϱ, $\sqrt{\varrho^2-b^2}$, $\sqrt{\varrho^2-c^2}$ $(b < c)$ die Halbaxen des Ellipsoids bezeichnen; die Rotation erfolgt um die kürzeste Axe $\sqrt{\varrho^2-c^2}$. Der Proportionalitätsfactor für g ergiebt sich leicht durch Anwendung auf die Endpunkte der Axe $\sqrt{\varrho^2-c^2}$, und es wird

$$g \cdot l = \tfrac{4}{3}\pi R_1 S_1.$$

Darin ist $R_1 = \sqrt{\varrho^2-c^2}$ und S_1 die zu R_1 conjugirte Lamé'sche Function, d. h. S_1 ist das zweite Integral derjenigen Lamé'schen Differentialgleichung, deren erstes Integral R_1 ist. Sind ferner ϱ, μ, ν die elliptischen Coordinaten eines Punktes des Raumes, also μ, ν die elliptischen Coordinaten eines Punktes der betrachteten Ellipsoidfläche, so kann man die willkürliche Function $\frac{\zeta}{l}$ in eine convergente, nach Lamé'schen Functionen von μ und ν fortschreitende Reihe entwickelt denken

$$\frac{\zeta}{l} = \Sigma A_i M_i(\mu) . N_i(\nu).$$

Setzt man diese Reihe sowie den Ausdruck für g in (2) ein, so ergiebt sich durch Anwendung gewisser schon von Liouville gefundener Integralsätze, welche die Lamé'schen Functionen betreffen, als schliesslicher Ausdruck

$$(3) \qquad W = W_0 - \frac{4\pi}{2} \Sigma A_i^2 \int \left(\frac{R_1 S_1}{3} - \frac{R_i S_i}{2n+1}\right) l M_i^2 N_i^2 d\omega.$$

Hier sind R_i und S_i wieder Lamé'sche Functionen erster und zweiter Art von ϱ, und zwar von der Ordnung n. Damit ist die Variation der potentiellen Energie gefunden $= W - W_0$. Da die variirte Fläche durch die A_i bestimmt ist und die Producte dieser Grössen in $W - W_0$ nicht vorkommen, so sind die Factoren der einzelnen

A_i^2 der obigen Reihe die gesuchten Stabilitätscoëfficienten. Soll eines der betrachteten Ellipsoide eine Bifurcationsform sein, so muss einer dieser Coëfficienten verschwinden, also ϱ der transcendenten Gleichung genügen

$$(4) \qquad \frac{R_1 S_1}{3} - \frac{R_i S_i}{2n+1} = 0.$$

Von dieser Gleichung, die für $i = n = 1$ identisch erfüllt wird, wird nun gezeigt, dass sie, falls $n > 1$ und R_i nicht durch $\sqrt{\varrho^2 - c^2}$ theilbar ist, stets eine reelle Wurzel ϱ hat, die $> c$, dagegen keine solche Wurzel, falls R_i den Factor $\sqrt{\varrho^2 - c^2}$ hat, wie es bei einem Theil der LAMÉ'schen Functionen erster Art stattfindet. Der Fall $n = 1$ und R_i nicht durch $\sqrt{\varrho^2 - c^2}$ theilbar giebt ebenfalls keine Wurzel.

Wenn nun für irgend ein i (resp. n) Gleichung (4) erfüllt ist und damit einer der Stabilitätscoëfficienten verschwindet, so weiss man, dass das Ellipsoid, das bei constantem b und c durch den betreffenden Wurzelwerth ϱ bestimmt ist, eine Bifurcationsform bildet. Ist ω_n der zu diesem ϱ gehörige Werth der Winkelgeschwindigkeit, so gehören zu der Winkelgeschwindigkeit $\omega_n + \varepsilon$ zwei mögliche Gleichgewichtsfiguren, ein Ellipsoid und eine Fläche Φ, die sich von dem Ellipsoid nur unendlich wenig unterscheidet. Ihre Gleichung in elliptischen Coordinaten ist

$$(5) \qquad \zeta = \Theta l M N.$$

Dabei ist Θ eine unendlich kleine von ε abhängende Constante, ζ ist der senkrechte Abstand eines Punktes der neuen Fläche von dem vorher betrachteten Ellipsoid, M resp. N sind gewisse LAMÉ'sche Functionen der elliptischen Coordinaten μ resp. ν, und zwar von beliebiger Ordnung; l endlich hat dieselbe Bedeutung wie oben. Ist die Ordnung n der LAMÉ'schen Functionen ungerade, so hat die betreffende Figur, die für $n = 3$ näher discutirt wird, zwei Symmetrieebenen; für eine gerade Ordnungszahl dagegen bestehen drei Symmetrieebenen. Die aus (5) für $n = 2$ sich ergebende Deformation stellt nur eine Drehung des Ellipsoids um einen unendlich kleinen Winkel dar; da eine solche Drehung das Gleichgewicht nicht ändern kann, so muss der betreffende Stabilitätscoëfficient nothwendig verschwinden, d. h. es muss

$$(6) \qquad \frac{R_1 S_1}{3} - \frac{R_2 S_2}{5} = 0$$

sein. Für eine Bifurcationsform aber muss ϱ ausserdem noch der Gleichung (4) genügen. Beides ist gleichzeitig möglich, falls man b variiren lässt. Falls man nämlich nur c als gegeben annimmt, kann man $\varrho > c$ und $b < c$ so bestimmen, dass den beiden Gleichungen (4) und (6) genügt wird. Man kann also nicht das eine Axenverhältniss eines Bifurcationsellipsoids beliebig annehmen, sondern für ein solches sind durch (4) und (6) beide Axenverhältnisse bestimmt. Die Ableitung der neuen Gleichgewichtsfigur, die durch (5) bestimmt ist, ändert sich damit nicht.

Vor der Discussion für die dreiaxigen Ellipsoide wird die für die Rotationsellipsoide durchgeführt. Hier ist $b = 0$, und die Gleichung (5) geht damit in folgende über

$$(7) \qquad \zeta = \Theta l \cos(j\varphi - \lambda) . M.$$

Darin ist φ der Winkel einer Meridianebene mit einer festen Meridianebene, M ist eine Kugelfunction der elliptischen Coordinate, durch welche die Lage eines Punktes auf dem Meridian bestimmt wird, j ist eine ganze Zahl $<$ oder $=$ der Ordnungszahl der Kugelfunction M, λ eine beliebige Constante. Die Gleichung (7) stellt keineswegs in allen Fällen eine Rotationsfläche dar, sondern nur eine Fläche mit gewissen Symmetrieebenen, resp. -axen. Diese Symmetrien bleiben noch bestehen, wenn zu der angenäherten Flächengleichung (7) die Glieder höherer Ordnung hinzugefügt werden. Bemerkenswerth ist noch folgendes Resultat: Wenn man für Rotationsellipsoide ($b = 0$) bei constantem c, ϱ von ∞ an allmählich abnehmen, das Ellipsoid also von der Kugelform aus sich abplatten lässt (wobei natürlich die Winkelgeschwindigkeit ω sich ändert), so ist der erste der Stabilitätscoëfficienten, der verschwindet, der zu $n = 2$, $j = 2$ gehörige. Die betreffende Form gehört gleichzeitig zu den Jacobi'schen Ellipsoiden, ist also diejenige Bifurcationsform, bei der die Rotationsellipsoide in dreiaxige übergehen.

Hinsichtlich der Stabilität der verschiedenen Gleichgewichtsfiguren findet Herr Poincaré durch Discussion des Vorzeichens der

Stabilitätscoëfficienten folgende Resultate. Rotationsellipsoide sind stabile Gleichgewichtsfiguren, wenn sie weniger abgeplattet sind als dasjenige Rotationsellipsoid E, das zugleich ein JACOBI'sches Ellipsoid ist. Die dreiaxigen Ellipsoide sind stabil, wenn sie wenig länglich sind. In beiden Fällen bleibt die Stabilität bestehen, wenn die Flüssigkeit eine reibende ist. Rotationsellipsoide, deren Abplattung grösser als die des obigen E ist, aber doch unterhalb einer gewissen Grenze bleibt, sind stabil, falls die Flüssigkeit völlig reibungslos ist, instabil für reibende Flüssigkeiten. Aehnlich verhalten sich wahrscheinlich dreiaxige Ellipsoide von grösserer Länge. Von den hier neu abgeleiteten Gleichgewichtsfiguren verhalten sich alle aus Rotationsellipsoiden abgeleiteten wie stark abgeplattete Rotationsellipsoide, ebenso die aus den dreiaxigen Ellipsoiden abgeleiteten mit Ausnahme des Falls $n = 3$. Gleichung (5) giebt also für $n = 3$ eine neue stabile Gleichgewichtsfigur. Ob es noch andere stabile Gleichgewichtsfiguren giebt, die nicht einem Ellipsoid sehr nahe kommen, sondern erheblich davon abweichen, bleibt unentschieden.

Hiermit sind die wichtigsten Resultate des Herrn POINCARÉ skizzirt, der Inhalt der Arbeit aber damit keineswegs erschöpft. Von den sonst behandelten Fragen sind folgende zu nennen: Bestimmung der Elemente einer ringförmigen Gleichgewichtsfigur (ohne Stabilitätsbetrachtungen), Aufhellung einer dunklen Stelle in LAPLACE's Mécanique céleste (Livre III, No. 27, 28) durch den Begriff der Bifurcationsform, Bedingungen für die Stabilität des relativen Gleichgewichts, ausführliche Behandlung kleiner Deformationsschwingungen des flüssigen Ellipsoids, endlich neue Beweise für einige bekannte Sätze über LAMÉ'sche Functionen. Hinsichtlich dieser Fragen sowie hinsichtlich mancher sonstigen Einzelheiten muss auf die Arbeit selbst verwiesen werden. *Wn.*

POSKE. Verfahren zur Uebereinanderschichtung verschieden schwerer, aber mischbarer Flüssigkeiten.

ZS. phys. Unt. II, 70.

Auf die schwerere Flüssigkeit legt man eine dünne Holzscheibe in deren Mitte ein verticaler Stift eingefügt ist; an diesem wird die leichtere Flüssigkeit entlang gegossen. *Bde.*

A. Handl. **Demonstration des Gesetzes vom hydraulischen Bodendruck.** ZS. phys. Unt. II, 12-14.

Verf. beschreibt folgenden Demonstrationsapparat. Ein cylindrischer blasebalgartig gefalteter Sack aus dünnem Kautschuck, 7 cm hoch und 9—10 cm im Durchmesser ist zwischen zwei kreisrunde Metallplatten gekittet, deren obere einen 3 cm hohen und 0.8 cm weiten Ansatz trägt. In diesen Ansatz ist ein Glas- oder besser Kautschuckrohr eingesetzt, das Gefässe von verschiedenem Querschnitt trägt, die in verschiedener Höhe eingestellt werden können. Die obere Metallplatte wird von einem starken Stativ festgehalten, die untere ruht auf einer Wagschaale; die Wage misst den Bodendruck. *Bde.*

W. Voigt. **Zur Theorie der Flüssigkeitsstrahlen.** Gött. Nachr. 1885, 285-305; [Beibl. X, 76, 1886.

Herr Voigt wendet in der vorliegenden Arbeit die Helmholtz-Kirchhoff'sche Theorie freier Flüssigkeitsstrahlen auf den Zusammenstoss beliebig vieler Strahlen an und vermehrt damit die geringe Zahl der Beispiele, auf die jene Theorie bisher angewandt werden konnte, um eine neue Klasse von Problemen. Zuerst zeigt er, dass, wenn die Strahlen, die sämmtlich aus dem Unendlichen kommen und die aus verschiedenen Flüssigkeiten bestehen können, im Unendlichen gleiche lebendige Kräfte der Volumeneinheit besitzen, diese Gleichheit auch für alle Punkte der singulären Stromcurven, d. h. der Curven, in denen die Strahlen sich nach dem Zusammenstoss berühren, stattfinden muss. Daraus ergiebt sich weiter, dass man die Bewegung in den einzelnen Strahlen durch ein gemeinsames (reducirtes) Geschwindigkeitspotential Φ umfassen kann, aus dem sich die Geschwindigkeitspotentiale der einzelnen Strahlen durch Division mit $\sqrt{\varepsilon}$ (ε ist die Dichtigkeit des betreffenden Strahls) ergeben. Da Φ denselben Bedingungen zu genügen hat, als wäre nur eine Flüssigkeit vorhanden, so schliesst sich die weitere Behandlung eng an das KIRCHHOFF'sche Verfahren (cf. KIRCHHOFF Mechanik, Vorlesung 22) an. Es ist $\Omega = \Phi + i\Psi$ eine Function von $z = x + iy$; man setze mit KIRCHHOFF

$$\frac{dz}{d\Omega} = \zeta = \xi + i\eta = \varrho(\cos\vartheta + i\sin\vartheta),$$

so ist die Aufgabe zu lösen, die Ebene Ω auf der Ebene ζ conform abzubilden, woraus sich dann z durch blosse Quadratur ergiebt. Die Besonderheit des hier behandelten Problems liegt nun darin, dass bei n zusammenstossenden Strahlen das abzubildende Stück der Ebene Ω aus n übereinander liegenden und mit einander längs gewisser, den singulären Stromcurven entsprechender Linien zusammenhängenden Streifen besteht, deren jeder durch zwei Parallele zur Axe Φ begrenzt wird. Ebenso ist die ζ-Ebene, auf der jener n-fache Streifen abzubilden ist, (n – 1)-blättrig. Die in Rede stehende Abbildung wird dadurch vermittelt, dass der oben genannte n-fache Streifen zunächst auf das Innere eines Kreises vom beliebigen Radius R′ einer einblättrigen ζ'-Ebene abgebildet wird; und zwar müssen dabei den Werthen $\Phi = \pm\infty$ in den n Blättern 2n auf einander folgende Punkte jenes Kreises entsprechen. Der Kreis in der einblättrigen ζ'-Ebene wird dann in einer (n — 1)-blättrigen ζ''-Ebene auf einem Kreise vom Radius R″ so abgebildet, dass die Punkte des ersteren, welche den Verzweigungspunkten der Ω-Ebene entsprechen, im letzteren über einander, und zwar in den Mittelpunkt fallen. (Die Verzweigungspunkte der Ω-Ebene sind diejenigen Punkte, in denen sich die den singulären Stromcurven entsprechenden Linien verzweigen; ihre Anzahl ist n — 1; die betreffenden Punkte der Strahlen werden als Stosscentra bezeichnet). Schliesslich wird durch die Substitution $\zeta'' = \frac{1}{\zeta}$ der Kreis vom Radius R″ in der (n — 1)-blättrigen ζ''-Ebene auf der Umgebung des Kreises $R = \frac{1}{R''}$ in der gleichfalls (n—1)-blättrigen ζ-Ebene so abgebildet, dass das Bild des Centrums ins Unendliche fällt. Dann ist zugleich der n-fache Streifen der Ω-Ebene auf der Ebene ζ so abgebildet, dass die Bilder seiner Verzweigungspunkte, d. h. der Stosscentren, im Unendlichen, die seiner Grenzen auf der Peripherie des Kreises R liegen. Die Grösse von R wird dadurch bestimmt, dass $R'' = G$, falls $\frac{G}{\sqrt{\varepsilon}}$ die Geschwindigkeit eines Strahls im Unendlichen ist. Besonders einfach gestaltet sich die Lösung in dem immer noch sehr allgemeinen Falle, wo alle $(n-1)$ Stosscentra zusammenfallen. Die Bilder der Verzweigungspunkte in der Ebene ζ' müssen dann ebenfalls in einen Punkt fallen. Soll dies der Anfangspunkt sein, so muss die Gleichung

$$\frac{d\Omega}{d\zeta'} = 0$$

eine $(n-1)$-fache Wurzel $\zeta' = 0$ besitzen; daraus folgen $2n-2$ Relationen zwischen den in der Abbildungsfunction enthaltenen Constanten.

Für $n = 2$ ist die ζ-Ebene einblättrig; die Ebenen ζ' und ζ'' werden jetzt identisch, und als Abbildungsfunction ergiebt sich die folgende:

$$\Omega = \frac{1}{\pi}\left\{(a_1 + b_1)\log\left(1 - \frac{Re^{-i\alpha_1}}{\zeta}\right) - (b_1 + a_2)\log\left(1 - \frac{Re^{-i\beta_1}}{\zeta}\right)\right.$$
$$\left. + (a_2 + b_2)\log\left(1 - \frac{Re^{-i\alpha_2}}{\zeta}\right) - (b_2 + a_1)\log\left(1 - \frac{R}{\zeta}\right)\right\}.$$

Die hier vorkommenden Constanten haben folgende Bedeutung: Die Grenzen der Stromcurven, die in der Ebene Ω Parallele zur Axe Φ werden, sind $\Psi = + a_1$ und $\Psi = - b_1$ für den einen, $\Psi = + a_2$ und $\Psi = - b_2$ für den zweiten Strahl; und es muss

$$a_1 > - b_1,\quad a_2 > - b_2,\quad a_2 > - b_1,\quad a_1 > - b_2$$

sein, damit die Strahlen sich treffen und damit die beiden Streifen der Ebene Ω zusammenhängen. Ferner entsprechen den Werthen $\Phi = \pm \infty$ im ersten Streifen der Ω-Ebene die Punkte $\zeta' = R'$, resp. $\zeta' = R'e^{i\alpha_1}$; denselben im zweiten Blatt hingegen die Punkte $\varrho' = R'e^{i\beta_1}$; resp. $\zeta' = R'e^{i\alpha_2}$, wobei $0 > \alpha_1 > \beta_1 > \alpha_2 > 2\pi$ ist. Das Coordinatensystem der Ebene Ω ist so gewählt, dass $\Omega = 0$ der Verzweigungspunkt (das Stosscentrum) wird; fiele der Verzweigungspunkt nicht in $\Omega = 0$, so käme zu dem obigen Ausdruck noch eine Constante hinzu.

Zwischen den sieben Constanten a_1, b_1, a_2, b_2, α_1, β_1, α_2 finden drei Gleichungen statt, die ausdrücken, dass $\Omega = 0$ der Verzweigungspunkt der Ebene Ω ist, und dass das Bild dieses Punktes in den Punkt $\zeta' = 0$ fällt; endlich ist $\zeta' = \frac{1}{\zeta}$. Da ferner $z = \int \zeta d\Omega$, so kann man mit Hülfe des obigen Ausdrucks von Ω auch z als Function von ζ darstellen. Es ist damit, wenn $\zeta = \varrho e^{i\vartheta}$ gesetzt wird, der Zusammenhang zwischen Φ und Ψ einerseits, x und y andererseits dadurch vermittelt, dass jede dieser vier Grössen durch die Hülfsvariabeln ϱ, ϑ ausgedrückt ist. Weiter werden die oben erwähnten Constanten durch die Richtungen und Breiten der Strahlen ausgedrückt und einige specielle Fälle eingehend discutirt. Die hier gefundenen Resultate lassen sich ohne Zeichnung nicht wiedergeben. *Wn.*

E. F. FOURNIER. Théorème nouveau sur la dynamique des fluides. C. R. C. 47-50; [Beibl. IX, 292.

Der Verfasser leitet zuerst eine Beziehung zwischen Druck und Geschwindigkeit einer tropfbaren oder elastischen Flüssigkeit ab, die sich rein horizontal bewegt. Diese Beziehung ist aber keineswegs neu, sondern ergiebt sich sofort aus den allgemeinen hydrodynamischen Gleichungen, sobald man die Existenz eines Geschwindigkeitspotentials annimmt. Der hier mitgetheilte directe Beweis der genannten Formel ist weniger streng, da die Bedingungen der Gültigkeit nicht gehörig präcisirt sind. Die Anwendung der Formel auf die Theorie der Cyklone scheint dem Referenten nicht gerechtfertigt zu sein, da von der Bewegung in vertikaler Richtung völlig abstrahirt wird. Ausserdem wird für diese Anwendung noch die specielle Annahme gemacht, die Bahnen der einzelnen Flüssigkeitstheilchen seien logarithmische Spiralen. *Wn.*

J. M. Hill. The differential equations of cylindrical and annular vortices. Lond. Math. Soc. Proc. XVI, 171-183.

Ist die Bewegung einer Flüssigkeit überall parallel der xy-Ebene und unabhängig von z, sind u und v die Geschwindigkeitscomponenten, ζ die Drehungsgeschwindigkeit des Punktes x, y um die z-Axe, so gelten, wenn

$$u = \frac{\partial \Lambda}{\partial y}, \quad v = -\frac{\partial \Lambda}{\partial x}$$

gesetzt, und wenn von äusseren Kräften abstrahirt wird, bekanntlich die Gleichungen:

$$(1) \quad \zeta = \frac{\partial^2 \Lambda}{\partial x^2} + \frac{\partial^2 \Lambda}{\partial y^2},$$

$$(2) \quad \frac{\partial \zeta}{\partial t} + \frac{\partial \Lambda}{\partial y}\frac{\partial \zeta}{\partial x} - \frac{\partial \Lambda}{\partial x}\frac{\partial \zeta}{\partial y} = 0.$$

Um aus diesen Gleichungen Λ zu eliminiren, integrirt der Verfasser die partielle Gleichung (2). Von dem zugehörigen System gewöhnlicher Differentialgleichungen ist ein Integral $\zeta =$ const.; das andere ergiebt sich leicht, wenn man die Gleichung $\zeta =$ const. nach y aufgelöst, also y durch ζ, x und t ausgedrückt denkt. Die Substitution des hieraus sich ergebenden allgemeinen Integrals für Λ in (1) liefert eine Differentialgleichung, in der nur ζ allein als Unbekannte auftritt. Doch dürfte die so gewonnene Form der Differentialgleichung zur Bestimmung von ζ kaum brauchbar sein. Für den Fall, dass die Linien $\zeta =$ const. während der Bewegung ihre Form nicht ändern, nimmt die eben erwähnte Differentialgleichung die Form an:

$$(3) \quad \frac{\partial^2 f}{\partial x^2} + \frac{\partial^2 f}{\partial y^2} = \zeta + 2\omega,$$

wo f eine willkürliche Function von ζ und t, ω die Winkelgeschwindigkeit der Linien $\zeta =$ const. ist.

Die für geradlinige Wirbelfäden durchgeführte Transformation lässt sich auch auf ringförmige Wirbelfäden übertragen. Das der Gleichung (3) entsprechende Resultat ist hier folgendes: Ist $\lambda =$ const. die Oberfläche eines Wirbelrings, r der Abstand eines Punktes von der z-Axe, der Axe der einzelnen Ringe, so gilt unter der Voraussetzung, dass die Gestalt der Wirbelringe sich während der

Bewegung nicht ändert, die Differentialgleichung

$$(4)\qquad \frac{\partial^2 f}{\partial z^2}+\frac{\partial^2 f}{\partial r^2}-\frac{1}{r}\,\frac{\partial f}{\partial r}=r^2.\lambda,$$

wobei f eine willkürliche Function von λ und t ist.

Ausserdem enthält die Arbeit eine Transformation der Continuitätsgleichung der Flüssigkeiten. Sind λ = const., μ = const., ν = const. drei Flächen, die stets dieselben Flüssigkeitstheilchen enthalten, so lautet die Continuitätsgleichung

$$\frac{\delta}{\delta\lambda}\left(\frac{1}{\varDelta}\lambda_t\right)+\frac{\delta}{\delta\mu}\left(\frac{1}{\varDelta}\mu_t\right)+\frac{\delta}{\delta\nu}\left(\frac{1}{\varDelta}\nu_t\right)=0.$$

Darin sind diejenigen Differentialquotienten, für welche x, y, z, t die unabhängigen Variabeln sind, durch angehängte Suffixe, diejenigen, bei denen die Parameter λ, μ, ν neben t als unabhängige Variable auftreten, durch vorgesetzte δ bezeichnet, endlich ist $\varDelta$ die Functionaldeterminante der Grössen λ, μ, ν nach x, y, z.

Wn.

W. M. HICKS. Researches on the Theory of Vortex Rings. Phil. Trans. II, 1885, 725-780†; [Proc. of the Roy. Soc. XXXVIII, 447-449†.

Nachdem der Herr Verfasser früher die Wirbelbewegung um einen ringförmigen Hohlraum untersucht und wird jetzt das Problem für den Fall behandelt, dass der Wirbelkern eine von der übrigen Flüssigkeit abweichende Dichtigkeit und ausserdem im Innern eine Höhlung hat, und dass zu den von den Wirbelfäden herrührenden andere Circulationen hinzutreten. Die Untersuchung des so verallgemeinerten Problems hält der Herr Verfasser insofern für wichtig, als es bei der Erklärung der Constitution der Materie durch Wirbelatome möglicherweise nothwendig ist, wegen des Massenunterschiedes der Elemente dichte Kerne vorauszusetzen.

Der Einfachheit halber wird die Vorticität als gleichmässig vorausgesetzt. Der Ring wird als hohl vorausgesetzt, mit einer hinzutretenden Circulation um die Höhlung herum, und mit einer anderen Circulation um die äussere Grenze des Kernes. Es ist evident, dass das Vorhandensein der ersteren die Höhlung aufrecht erhält, während die zweite erforderlich ist, um die Gestalt des Ringes stabil zu machen, falls die Dichtigkeit des Kernes grösser ist als diejenige der umgebenden Flüssigkeit.

Auch die vorliegende Arbeit zerfällt, wie die frühere in drei Theile. Im ersten Abschnitt werden die erforderlichen Functionen und ihre Näherungswerthe mitgetheilt. Der zweite Abschnitt behandelt die stationäre Bewegung; hier ist die Genauigkeit bis zu Gliedern zweiter Ordnung getrieben. Der dritte Abschnitt discutirt geriefelte Schwingungen, Pulsationen und die Stabilität.

Bei stationärer Bewegung liegt das Querschnittscentrum der Höhlung ausserhalb des Kerncentrums. Ist C_1 die Stellung desselben (bei festgehaltener äusserer Begrenzung) für eine sehr grosse innere Zusatzcirculation, C_2 die Stellung falls diese Zusatzcirculation gleich Null ist, so erhält man die allgemeine Lage C dieses Centrums durch eine einfache Schwerpunktsconstruction, indem man sich die Zusatzcirculation als Masse in C_1, die von dem Kerne selbst herrührende Circulation in C_2 angebracht denkt. Ist die Höhlung gerade gleich Null, so steht die Entfernung des Punktes C_2 von dem Querschnittscentrum des Kernes zu dem Radius r des Querschnittes in dem Verhältniss 5r/8a, wo a der Radius des Ringes ist. An dieser Stelle beginnt also die Höhlung sich zu bilden, wenn die Energie hinlänglich gross ist. Wird bei festgehaltener äusserer Begrenzung die Masse des Kerns verringert, so bewegt sich C_2 nach innen und fällt schliesslich mit dem Centrum des äusseren Randes zusammen. Die Lage von C_1 ändert sich in derselben Weise.

Bezeichnet man mit m das Volumen des Ringes, mit Π den Druck im unendlichen, mit μ die Circulation, falls keine Zusatzcirculationen vorhanden sind, mit d und d′ die Dichtigkeiten, so tritt die Bildung des Hohlraums ein, falls der Radius des Ringes $= 4\,m\,\Pi/\mu^2\,(d + d')$ ist. So lange der Kern einfach zusammenhängend bleibt, ist sein Volumen constant, und der Querschnittsradius umgekehrt proportional der Quadratwurzel aus dem Ringradius. Hat sich eine Höhlung gebildet, so nimmt der Querschnittsradius langsamer mit wachsendem Ringradius ab, und hinzutretende Circulationen vermehren diese Tendenz.

Die Ausdehnungsfähigkeit des Ringes in Folge einer Höhlung

ist insofern von Einfluss, als die Variationen der Fortschreitungsgeschwindigkeit bei wachsender Ringöffnung dadurch verringert werden.

Die geriefelten Schwingungen bestehen aus zwei Reihen von je zwei in entgegengesetzter Richtung um den Kern laufenden Schwingungen, welche durch die Zahl der Riefen näher bestimmt sind. Für einen einfach zusammenhängenden Kern sind zwei Reihen vorhanden, bei einem Hohlkern ohne innere Zusatzcirculation hingegen drei Reihen mit einer stehenden Welle; für zwei Zusatzcirculationen haben wir vier Reihen, deren Schwingungsdauer durch eine biquadratische Gleichung bestimmt ist. Ohne Kern ist die Bewegung immer stabil; für einen zusammenhängenden Kern, dessen Dichtigkeit im Vergleich zur äusseren Flüssigkeit gleich σ ist, muss bei fehlender innerer Circulation, das Verhältniss der äusseren Circulation zu der vom Kern herrührenden

$$>\sqrt{\frac{\sigma(2+\sigma)}{2(1+\sigma)}}$$

sein. Wenn keine Zusatzcirculation stattfindet, kann der Ring nur dann stabil sein, falls $\sigma < \sqrt{2}$ ist. Nachdem sich eine Höhlung gebildet hat, ist, falls keine innere Zusatzcirculation vorhanden ist, der gewöhnlich betrachtete einfache Ring noch stabil. Aber wenn der Kern dichter als die umgebende Flüssigkeit, ist der Ring nur dann noch stabil, falls die äussere Zusatzcirculation grösser als ein gewisser kritischer Werth ist, welcher von den Dichtigkeiten abhängt. Ist das oben erwähnte Dichtigkeitsverhältniss σ sehr gross, so steht dieser kritische Werth zu der Eigencirculation des Kernes in dem Verhältniss

$$\sqrt{\frac{3}{2}}\,\sqrt[3]{\sigma}.$$

Man bezeichne mit

μ' die von den Wirbelfäden herrührende Circulation,

μ_1 die innere Zusatzcirculation,

μ_2 die ganze äussere Circulation,

$\varrho = \frac{1}{\sigma}$ die Dichtigkeit der äusseren Flüssigkeit im Vergleich zur Dichtigkeit des Kernes,

m das Volumen des Kernes,

r den äusseren Radius des Querschnittes,

r' den inneren Radius des Querschnittes,

x den Werth $\left(\frac{r'}{r}\right)^2$,

a den Radius des Ringes,

a_1 den Ringradius bei Beginn der Höhlung,

r_1 den Querschnittsradius bei Beginn der Höhlung,

r_0 den Werth von r für $a = \infty$,

V die Fortschreitungsgeschwindigkeit,

mit e_1 und e_2 die Entfernung der Punkte C_1 und C_2 von dem Querschnittscentrum.

Dann gelten folgende Gleichungen:

$$\frac{e_1}{r} = \frac{r}{4a}\left(1 - x + \log x^{-1}\right), \frac{e_2}{r} = \frac{r}{4a}\left(\frac{5}{2} - \frac{3}{2}x + \frac{x}{1-x}\lg x\right)$$

$$a\, r^2(1 - x) = \frac{m}{2\pi^2}, \frac{a_1}{a}(1 + \varrho) = (1-x)\varrho + (1 + x) + \frac{2x}{1-x}\lg x$$

$$\frac{r^2}{r_0^2}\mu_2^2\varrho = \mu_2^2\varrho - (\mu_1 + \mu')^2 + \frac{\mu_1^2}{x} + 2\mu'^2\frac{1-x+x\log x}{(1-x)^2}$$

$$-2\mu_1\mu'\frac{\log x}{(1-x)}.$$

Für V erhält man die Formeln:

1) Ohne Kern $V = \frac{\mu_2}{4\pi a}\left(\log\frac{8a}{r} + \frac{1}{2}\right)$

2) Zusammenhängender Kern

$$V = \frac{\mu}{4\pi a}\left(\log\frac{8a}{r} + \frac{5}{8}\right) + \frac{11}{32a}\,\frac{\mu'^2}{\mu_2\varrho}$$

3) Gewöhnlicher Ring $V = \frac{\mu}{4\pi a}\left(\log\frac{8a}{r} - \frac{1}{4}\right)$

4) Beim Vorhandensein einer Höhlung ohne Zusatzcirculationen

$$V = \frac{\mu}{8\pi a}\left[\log\frac{64a^2}{r^2} + \frac{1+x^2}{(1-x)^2}\log x\right]$$

F. K.

W. THOMSON. On the motion of a liquid within an ellipsoidal hollow. Edinb. Proc. XIII, 370-378; [Beibl. XI, 203-206, 1887.

Der Verfasser stellt fest, dass er erst neuerdings die Sätze bemerkt hat, welche die Bewegung einer Flüssigkeit in einem ellipsoidischen Hohlraume betreffen; diese bilden den Gegenstand seiner Mittheilung. Obschon auf der Hand liegend und äusserst interessant, scheinen sie früher noch nicht entdeckt zu sein.

Cailey (*Lp.*)

HUGONIOT. Sur la propagation du mouvement dans un fluide indéfini. C. R. CI, 1118-1120, 1229-1232.

Der Verfasser zeigt, dass man den analytischen Ausdruck für die Fortpflanzungsgeschwindigkeit einer Bewegung in einer Flüssigkeit direct aus den hydrodynamischen Gleichungen ableiten kann, ohne dass man die Form der Integrale dieser Gleichungen zu kennen braucht. Er gelangt zu diesem Resultat durch folgende Argumentation. Zur Zeit t sei in der Flüssigkeit eine Fläche S vorhanden derart, dass auf einer Seite dieser Fläche die Geschwindigkeitscomponenten, Druck und Dichtigkeit u_1, v_1, w_1, p_1, ϱ_1 sind, auf der andern Seite dagegen u_2, v_2, w_2, p_2, ϱ_2. Die Grössen u_1, v_1, etc. sowohl, als auch u_2, v_2,... genügen den EULER'schen hydrodynamischen Gleichungen, und zwar mögen diese Grössen zwei verschiedene Systeme von Integralen bilden. Eine Fortpflanzung der Bewegung findet nun statt, wenn zur Zeit $t+dt$ die Bewegung der gesammten Flüssigkeitsmasse noch durch dieselben Systeme von Integralen dargestellt wird, nur dass die Fläche S eine andre Gestalt und Lage (S_1) hat. Ist dn das zwischen S und S_1 liegende Stück der Normale von S, so ist $\frac{dn}{dt}$ die Fortpflanzungsgeschwindigkeit. Wegen der Continuität der Flüssigkeitsbewegung müssen sowohl an S, als an S_1 die Grössen

$$U = u_1 - u_2,\quad V = v_1 - v_2,\quad W = w_1 - w_2,\quad P = p_1 - p_2$$

verschwinden. Daraus folgt, falls λ, μ, ν die Richtungscosinus der Normale von S sind:

$$\lambda : \mu : \nu = \frac{\partial U}{\partial x} : \frac{\partial U}{\partial y} : \frac{\partial U}{\partial z},$$

$$\frac{\partial U}{\partial t} + \frac{dn}{dt}\left(\lambda \frac{\partial U}{\partial x} + \mu \frac{\partial U}{\partial y} + \nu \frac{\partial U}{\partial z}\right) = 0;$$

und ganz analoge Gleichungen gelten für V, W, P. Fügt man zu diesen Gleichungen diejenigen hinzu, die sich aus der Anwendung der hydrodynamischen Gleichungen auf Punkte der Fläche S ergeben, so kann man die sämmtlichen partiellen Ableitungen der Grössen U, V, W, P eliminiren und erhält dadurch für die Fortpflanzungsgeschwindigkeit $\frac{dn}{dt}$ den Ausdruck:

$$\frac{dn}{dt} = \lambda u + \mu v + \nu w \pm \sqrt{\frac{1}{F'(p)}}.$$

Hierin sind u, v, w die Geschwindigkeitscomponenten an der Fläche S, und die Function F giebt die Beziehung zwischen Druck und Dichtigkeit an, $\varrho = F(p)$. Die Grösse $\lambda u + \mu v + \nu w$ ist die Geschwindigkeit, mit der die Flüssigkeit sich längs der Normale von S bewegt. Die Fortpflanzungsgeschwindigkeit in Bezug auf die ruhende Flüssigkeit ist daher

$$\sqrt{\frac{1}{F'(p)}} = \sqrt{\frac{dp}{d\varrho}}.$$

Die obige Beweisführung enthält die Annahme, dass die Relation $\varrho = F(p)$ für alle Punkte der Flüssigkeit dieselbe ist. Um sich von der hierin liegenden Beschränkung frei zu machen, fügt der Verfasser in einem zweiten Aufsatz eine andere Ableitung hinzu, die von der Lagrange'schen Form der hydrodynamischen Gleichungen ausgeht, im übrigen aber auf ähnlichen Schlüssen beruht, wie die vorher mitgetheilte. *Wn.*

---

de Saint-Venant. Mouvements des molécules de l'onde dite solitaire, propagée à la surface de l'eau d'un canal. C. R. CI, 1101-1105, 1215-1218, 1445-1447; [Beibl. XI, 7, 1887.

Die sogenannte Einzelwelle (onde solitaire), die in einem Kanal mit stagnirendem Wasser durch den plötzlichen Zufluss eines kleinen Wasserquantums entsteht, zeichnet sich durch ihre regelmässige Gestalt und gleichförmige Fortbewegung aus. Die Theorie dieser Welle ist zwar von BOUSSINESQ in seinem Essai sur la théorie des eaux courantes (1872) entwickelt; aber sie ergiebt sich dort nur als Folgerung aus allgemeineren Betrachtungen über Flüssigkeitsbewegungen. Eine directe Ableitung aus den hydrodynamischen Gleichungen, wie sie die vorliegende Arbeit enthält, ist daher nicht ohne Interesse. Zunächst werden für die in Rede stehende Bewegung die folgenden angenäherten Gleichungen abgeleitet:

$$\frac{\partial \zeta}{\partial t} + H \frac{\partial U}{\partial x} + \frac{\partial (U\zeta)}{\partial x} = 0,$$

$$\frac{\partial U}{\partial t} + U \frac{\partial U}{\partial x} + g \frac{\partial \zeta}{\partial x} + \frac{H}{3} \frac{\partial^3 \zeta}{\partial t^2 \partial x} = 0.$$

Hierin bedeutet H die ursprüngliche (constante) Tiefe des Kanals, dessen Boden horizontal ist. $H + \zeta$ ist die Ordinate der Oberfläche beim Durchgang der Welle; die Axe z ist vertical, x parallel der Länge des Kanals. U ist das Mittel der horizontalen Geschwindigkeitscomponenten längs einer Verticallinie; endlich wird die Bewegung als von der Coordinate y unabhängig und als ohne Reibung stattfindend angesehen. Die Ableitung der obigen angenäherten Gleichungen aus den allgemeinen hydrodynamischen Gleichungen geschieht durch ganz analoge Betrachtungen, wie sie bei einer ähnlichen Untersuchung von BOUSSINESQ angewandt sind (cf. F. d. M. XV, 1883, 850-852). Sollen nun diese Gleichungen eine Bewegung ergeben, die sich ohne Aenderung der Gestalt mit der constanten Geschwindigkeit ω fortpflanzt, so müssen ζ und U Functionen von $x - \omega t$ sein. Man kann daher die partiellen Ableitungen dieser Grössen nach t durch solche nach x ersetzen, und beide Gleichungen lassen sich dann einmal integriren. Dadurch ergiebt sich, wenn man noch

$$\omega^2 = g(H + h)$$

setzt und beachtet, dass U und ζ für $x = \infty$ verschwinden, wenn man endlich die Quadrate von $\frac{\zeta}{H}$ und $\frac{h}{H}$ gegen 1 vernachlässigt, für ζ die Gleichung

$$\frac{\partial^2 \zeta}{\partial x^2} = \frac{3}{2H^2}(2h\zeta - 3\zeta^2).$$

Aus der Integration dieser Gleichung folgt unmittelbar die Gestalt der Welle. Eine eingehende Discussion dieser Gestalt, sowie der Bahnen der einzelnen Wassertheilchen bildet den Schluss der Arbeit. *Wn.*

S. OPPENHEIM. Ueber die Rotation und Präcession eines flüssigen Sphäroids. Wien. Ber. XCII, 528-574; [Beibl. X, 546, 1886; Astron. Nachr. CIII, 209-224; [Wien. Anz. XXII, 167.

Weder die Annahme einer absoluten Starrheit der Erde, die bisher dem Problem der Präcessionsbewegung stets zu Grunde gelegt ist, noch die in der vorliegenden Arbeit gemachte Voraussetzung, dass die Erde vollkommen flüssig sei, entspricht den thatsächlichen Verhältnissen. Vielmehr sind beide Fälle als Grenzfälle zu betrachten, innerhalb deren der wahre Zustand liegt. Der zweite Grenzfall nun, der bisher einer Behandlung noch nicht unterzogen ist, und bei dem die Erde als homogene Flüssigkeit angesehen wird, führt auf die folgenden beiden Aufgaben. 1) Es ist zu ermitteln, in wie fern die Gestalt der Erde und damit die Grösse ihrer Trägheitsmomente mit der Zeit veränderlich ist. 2) Es sind die Differentialgleichungen für die rotirende Bewegung eines Körpers von veränderlicher Form aufzustellen und zu integriren.

Bei der ersten der erwähnten Aufgaben wird die Erde als ein sehr wenig von einer Kugel abweichendes Sphäroid angenommen, dessen Gleichung in räumlichen Polarcoordinaten

$$r = a(1 + S)$$

ist. Die kleine Abweichung S von der mittleren Kugel wird nach Kugelfunctionen entwickelt, wobei die Kugelfunctionen der nullten und ersten Ordnung bekanntlich fortfallen, wenn der Anfangspunkt in den Schwerpunkt fällt und das Volumen des Sphäroids gleich dem der mittleren Kugel ist. Von der übrig bleibenden Reihe wird nur das erste Glied (die Kugelfunction zweiter Ordnung) beibehalten. Es sind somit in S fünf unbekannte Coëfficienten enthalten, zu deren Bestimmung die Bedingung dient, dass das

Sphäroid unter der Wirkung der Anziehung der Theilchen unter einander, der Centrifugalkraft und eines störenden Körpers eine Niveaufläche ist, dass also, unter U, P, V die Kräftefunctionen der genannten drei Kräfte in Bezug auf einen Punkt der Oberfläche des Sphäroids verstanden,

$$U + P + V = \text{const.}$$

ist. Was die Grössen U, P, V betrifft, so enthält P von vorn herein nur Kugelfunctionen nullter und zweiter Ordnung, für U und V werden die von Laplace aufgestellten Entwickelungen benutzt und bei den Kugelfunctionen zweiter Ordnung abgebrochen. Der störende Körper, dessen Kräftefunction V ist, ist der Mond, von dem angenommen wird, dass er sich in der Ebene der Ekliptik in einer Kreisbahn bewege. V hängt daher von der Zeit ab, und dasselbe gilt somit von den fünf Coëfficienten der einzigen noch in S vorkommenden Kugelfunction. Sind diese Coëfficienten aus der oben erwähnten Bedingung bestimmt, so folgen die Trägheitsmomente und die Trägheitsproducte des (mit der Zeit veränderlichen) Sphäroids durch einfache Integration.

Die so behandelte Aufgabe wird noch nach mehrfacher Richtung hin erweitert. Es wird nämlich gezeigt, wie die Entwickelungen sich modificiren, wenn die Flüssigkeit nicht homogen ist, sondern sich in concentrischen Schichten von gegen die Oberfläche hin abnehmender Dichte lagert. Ferner wird der Einfluss untersucht, den die Trägheit der Molecüle auf die Gestalt der Oberfläche ausübt. Es geschieht dies, indem in die durch Fortlassung des Quadrats der Geschwindigkeiten vereinfachten hydrodynamischen Gleichungen (ohne Reibung) die wirkenden Kräfte eingeführt werden und daraus die radiale Geschwindigkeit berechnet wird, die an der Oberfläche $= a \frac{dS}{dt}$ sein muss. Letztere Beziehung liefert die zu bestimmenden Coëfficienten von S. Eine dritte Erweiterung endlich ist rein empirischer Art. Es werden nämlich in den berechneten Ausdrücken der oben erwähnten fünf Coëfficienten neun willkürlich zu wählende Constanten hinzugefügt. Durch diese Hinzufügung soll gewissen Anomalien, wie sie z. B. die Ebbe- und Fluthbewegung auf der Erde aufweist, Rechnung getragen werden.

Was die zweite der zu behandelnden Aufgaben betrifft, so sind die Differentialgleichungen für die Rotation eines Körpers von veränderlicher Gestalt bereits von LIOUVILLE aufgestellt (LIOUVILLE J. (2) III, 1858). Hier werden die Gleichungen von neuem abgeleitet und in folgende einfache Form gebracht. Es seien A, B, C die Trägheitsmomente, D, E, F die Trägheitsproducte, bezogen auf drei durch den Schwerpunkt gehende senkrechte Axen; es seien p, q, r die Winkelgeschwindigkeiten für diese Axen; es sei endlich

$$\alpha = \iiint \left(y \frac{dz}{dt} - z \frac{dy}{dt} \right) dm$$

und analog β und γ für die anderen Axen; dann ist die lebendige Kraft T des Körpers:

$$2T = Ap^2 + Bq^2 + Cr^2 - 2Dqr - 2Erp - 2Fpq$$
$$+ 2p\alpha + 2q\beta + 2r\gamma + \iiint \left[\left(\frac{dx}{dt} \right)^2 + \left(\frac{dy}{dt} \right)^2 + \left(\frac{dz}{dt} \right)^2 \right] dm.$$

Die Differentialgleichungen für die Rotation des Körpers werden ferner

$$\frac{d}{dt} \left(\frac{\partial T}{\partial p} \right) - r \frac{\partial T}{\partial q} + p \frac{\partial T}{\partial r} = L \text{ etc.},$$

wobei L, M, N die Drehungsmomente der äusseren Kräfte sind. Nachdem für A, B, C, D, E, F die in der ersten Aufgabe berechneten Werthe eingesetzt, auch die Grössen L, M, N für die hier in Frage kommenden Kräfte entwickelt sind, werden die obigen Gleichungen für die Rotation des veränderlichen Sphäroids durch Weglassung von Gliedern höherer Ordnung sowie durch Substituirung von neuen Variabeln vereinfacht und dann näherungsweise integrirt unter der Annahme, dass p und q gegen r sehr klein seien. Diese wenig übersichtliche Rechnung ergiebt folgendes Resultat:

Die Präcessionsconstanten eines flüssigen Sphäroids unterscheiden sich von denjenigen eines starren nur um Grössen, die fast unmerklich sind. Insbesondere ist auch bei jenem die Schiefe der Ekliptik nur periodisch veränderlich; die Rotationsgeschwindigkeit ist nicht mehr, wie bei dem starren Körper constant, sondern einer periodischen Variation unterworfen, deren Periode von dem

Umlauf des störenden Körpers abhängt. Das Resultat wird ein anderes, wenn man die bei der ersten Aufgabe gefundenen Formeln durch Hinzufügung empirischer Constanten erweitert (cf. oben). Dann ist die Rotationsgeschwindigkeit des veränderlichen Sphäroids ausser der periodischen noch einer säcularen Aenderung unterworfen; und ebenso die Schiefe der Ekliptik. Diese Aenderung der Rotationsgeschwindigkeit verursacht eine scheinbare Acceleration des Mondes im Maximum von 2,36″ in einem Jahrhundert. Merkwürdig ist diese allein durch die Variation der Trägheitsmomente der Erde bedingte Acceleration immerhin; freilich ist die Zulässigkeit der Grundlage der speciellen zu diesem Resultate führenden Rechnung nicht über jeden Zweifel erhaben. *Wn.*

FONTÈS. Rôle de la rotation de la terre, dans la déviation des cours d'eau à la surface du globe. C. R. CI, 1141-1143.

Zieht man bei der Bewegung des Wassers neben der Schwere die durch die Erdrotation hervorgerufene sogenannte zusammengesetzte Centrifugalkraft in Rechnung, so ergiebt sich für beide Ufer eines mit der Geschwindigkeit V fliessenden Stromes von der Breite l eine Niveaudifferenz

$$z' = \frac{2 l \omega V \sin\lambda}{g},$$

wenn ω die Winkelgeschwindigkeit der Erde, λ die geographische Breite bezeichnet. Diese Niveaudifferenz ist, wie an einem numerischen Beispiel gezeigt wird, nicht verschwindend klein gegenüber der Niveaudifferenz, welche von der Krümmung des Flusslaufes herrührt. (Ueber letztere vergl. BRESSE, Mécanique appliquée, §§ 16, 17). Man darf daher nach des Verfassers Meinung bei hydrodynamischen Aufgaben im Allgemeinen nicht von der Rotation der Erde abstrahiren. *Wn.*

SC. CAPPA. Sulle forze interne che si svolgono nei liquidi in movimento. Torino Atti XX, 896-916.

Der Verfasser bestimmt den Druck p und die Grösse der

Reibung für Punkte einer homogenen Flüssigkeit, die derart um eine verticale Axe rotirt, dass die Rotationsgeschwindigkeit ω sich mit dem Abstand r von der Axe ändert, für constantes r aber constant ist. Durch Untersuchung der auf ein Volumenelement wirkenden Kräfte ergiebt sich

$$dp = \mu\omega^2 . r\,dr,$$

falls μ die Dichtigkeit der Flüssigkeit ist. Zur weiteren Behandlung des Problems, insbesondere zur Bestimmung von ω als Function von r sind die weitläufigen Betrachtungen des Verfassers nicht ausreichend; Referent kann denselben daher einen erheblichen Werth nicht beimessen.

In der Einleitung wird durch Betrachtungen ähnlicher Art die in einem Flächenelement eines festen Hohlcylinders stattfindende Spannung berechnet für den Fall, dass auf die beiden Cylinderflächen constante tangentiale Kräfte wirken, die einander das Gleichgewicht halten. *Wn.*

J. Boussinesq. Sur la résistance qu'oppose un liquide indéfini en repos, sans pesanteur, au mouvement varié d'une sphère solide qu'il mouille sur toute sa surface, quand les vitesses restent bien continues et assez faibles pour que leurs carrés et produits soient négligeables. C. R. C., 935-937; [Beibl. X, 264, 1886.

J. Boussinesq. Résistance qu'éprouve un cylindre circulaire indéfini plongé dans un fluide, à se mouvoir pendulairement suivant une direction perpendiculaire à son axe. C. R. C, 974-977; [Beibl. X, 267, 1886.

Um den Druck zu bestimmen, den eine unbegrenzte Flüssigkeit auf eine in ihr sich bewegende Kugel ausübt, legt der Verfasser ein Axensystem zu Grunde, dessen Anfangspunkt der Kugelmittelpunkt ist, während die x-Axe mit der als geradlinig angenommenen Bewegungsrichtung zusammenfällt. Bei einer Näherung, welche die Quadrate der Geschwindigkeiten vernachlässigt (und auf eine solche geht der Verfasser nur aus), werden die hydrodynamischen Gleichungen dieselben, als wären sie auf ein festes statt auf das obige bewegliche Coordinatensystem bezogen. Zur Lösung dieser Gleichungen, in denen äussere Kräfte nicht vorkommen, wohl aber die die Reibung darstellenden Glieder beibehalten sind, wird gesetzt:

$$u = \Delta_2 \varphi - \frac{\partial^2 \varphi}{\partial x^2}, \quad v = -\frac{\partial^2 \varphi}{\partial x \partial y}, \quad w = -\frac{\partial^2 \varphi}{\partial x \partial z},$$

$$p = \varepsilon \frac{\partial}{\partial x}\left(\frac{\varrho}{\varepsilon}\frac{\partial \varphi}{\partial t} - \Delta_2 \varphi\right),$$

wobei ϱ die Dichtigkeit, ε die Reibungsconstante, Δ_2 das bekannte Symbol bezeichnet. Weiter wird φ aus der Gleichung bestimmt

$$\text{(a)} \quad \Delta_2\left(\frac{\varrho}{\varepsilon}\frac{\partial \varphi}{\partial t} - \Delta_2 \varphi\right) = 0,$$

wozu folgende Grenzbedingungen kommen:

1) für $r = R$ ist $u = F'(t) = V, \quad v = 0, \quad w = 0,$

2) für $r = \infty$ ist $u = v = w = p = 0;$

dabei ist r der Abstand eines beliebigen Punktes vom Kugelmittelpunkt, $V = F'(t)$ die Geschwindigkeit des Kugelmittelpunktes, R der Kugelradius.

Die Lösung der Gleichung (a) lässt sich, falls φ nur von r und t abhängt, mittels einfacher bestimmter Integrale darstellen, und zwar wird der Werth φ_0, den φ an der Oberfläche der Kugel annimmt,

$$\varphi_0 = -\frac{R^2}{2} V - \frac{3R}{\sqrt{2\pi}} \int_0^\infty F'\left(t - \frac{\varrho}{\varepsilon}\frac{\alpha^2}{2}\right) d\alpha.$$

Für den Gesammtdruck der Flüssigkeit auf die Kugelfläche ergiebt sich ferner

$$6\pi\varepsilon R\left(V - \tfrac{2}{3}\frac{\varrho}{\varepsilon}\frac{\partial \varphi_0}{\partial t}\right) - \tfrac{4}{3}\pi\varrho R^3 \frac{dV}{dt}.$$

Ist $F'(t) = \cos(kt)$, so lässt sich das in φ_0 vorkommende Integral ausführen, und es folgt für den Gesammtdruck, den die Kugel erleidet, der folgende, auf einem andern Wege schon 1851 von STOKES (Cambridge Trans. IX) abgeleitete Ausdruck:

$$6\pi\varepsilon R V\left(1 + R\sqrt{\frac{\varrho k}{2\varepsilon}}\right) + \tfrac{2}{3}\pi\varrho R^3 \frac{dV}{dt}\left(1 + \frac{9}{2R}\sqrt{\frac{2\varepsilon}{\varrho k}}\right).$$

Die für die Kugel gefundenen Resultate lassen sich leicht auf einen unendlich langen Cylinder vom Radius R übertragen, wenn man nur von der Coordinate z und der Geschwindigkeitscomponente w abstrahirt. Haben V und k für den Cylinder dieselbe Bedeutung wie vorher für die Kugel, so ist der auf den Cylinder ausgeübte Flüssigkeitsdruck, bezogen auf die Masseneinheit der verdrängten Flüssigkeit:

$$4AkV + (1 + 4B)\frac{dV}{dt}.$$

Die Coëfficienten A und B hängen von gewissen bestimmten Integralen ab, die auch für den Fall $V = \cos(kt)$ nicht ausführbar sind. Ihre Bestimmung kann man aber, wie der Verfasser weiter zeigt, auf die Integration eines Systems zweier nicht linearer Differentialgleichungen erster Ordnung zurückführen; und aus diesem ergeben sich die Näherungswerthe

$$A = \frac{e^{-\nu}}{\sqrt{2}}\left(1 + \frac{e^{-\nu}}{\sqrt{2}} - \frac{e^{-2\nu}}{8}\right), \quad B = \frac{e^{-\nu}}{\sqrt{2}}\left(1 + \frac{e^{-2\nu}}{8}\right),$$

wobei

$$e^{-\nu} = \frac{1}{R}\sqrt{\frac{\varepsilon}{\varrho k}}.$$

ist. *Wn.*

A. V. BÄCKLUND. Ueber die Bewegung von Körpern mit variablem Volumen, die von einer unzusammendrückbaren Flüssigkeit umgeben sind. Lund Arsskr. XXI, 55 p.

Die Aufgabe, diejenige Flüssigkeitsbewegung zu bestimmen, welche entsteht, wenn mehrere in der Flüssigkeit vorhandene Körper gegebene Volumenänderungen erfahren, ist für den Fall von Kugeln zuerst von Herrn BJERKNES behandelt. In wesentlich andrer Art hat Herr BÄCKLUND die Aufgabe für beliebige Körper in einer im Jahre 1879 veröffentlichten Arbeit angegriffen (cf. F. d. M. XI, 1879, 670). Er zerlegte nämlich die Bewegung der Flüssigkeit in jedem Zeitmoment in eine Bewegung, die an den momentanen Oberflächen aller Körper senkrecht gegen diese Flächen gerichtet ist, und in eine zweite, die so stattfindet, als wären die Körper starr. Der wesentliche Unterschied dieser Betrachtung gegen die von Bjerknes besteht darin, dass die Aenderungen der Gestalten der Körper nicht mehr als gegeben angesehen werden können, sondern durch die entstehende Flüssigkeitsbewegung bedingt sind. Uebrigens stimmten die Resultate des Herrn Bäcklund mit denen von Bjerknes bei gewissen Vernachlässigungen überein.

In der vorliegenden Arbeit nun entwickelt Herr Bäcklund zunächst von neuem die Gleichungen für die Bewegung beliebiger, in einer Flüssigkeit befindlicher Körper. Aus der Annahme, dass die Flüssigkeit anfänglich in Ruhe war, und dass auf dieselbe keine äusseren Kräfte wirken, während die in der Flüssigkeit schwimmenden Körper unter der Wirkung innerer und äusserer Kräfte stehen, folgt die Existenz eines Geschwindigkeitspotentials, das eindeutig ist, falls jeder der schwimmenden Körper einen einfach zusammenhängenden Raum erfüllt. Die lebendige Kraft der Flüssigkeit ist dann durch ein Integral dargestellt, das, falls man das Geschwindigkeitspotential als Potential elektrischer Belegungen deutet, nach dem Dirichlet'schen Princip ein Minimum sein muss. Daraus folgt, dass die auf die Körper wirkenden Kräfte, gemessen durch ihre Arbeit, den Partikeln der Körper die grösstmögliche Bewegung ertheilen, falls sie so wirken, dass die Flüssigkeit senkrecht zu den Oberflächen der Körper strömt. Dies Resultat giebt Anlass zu der oben erwähnten Zerlegung der Bewegung. Bei der ersten Art der Bewegung, bei der die Flüssigkeit stets senkrecht zu den momentanen Oberflächen der Körper sich bewegt, ist das Geschwindigkeitspotential φ an den Oberflächen der einzelnen Körper constant. $\frac{\partial \varphi}{n}$ ist an jenen Flächen gleich der Bewegung der Oberfläche in normaler Richtung. Aus den Werthen von φ und $\frac{\partial \varphi}{\partial n}$ an jenen Oberflächen aber ergiebt sich nach dem Green'schen Satze unmittelbar der Werth von φ für jeden Punkt der Flüssigkeit. Weiter werden in bekannter Art die Gleichungen für die Bewegung der in der Flüssigkeit schwimmenden Körper abgeleitet. Es sind dieselben, als wären die Körper im leeren Raum und als wirkten neben den vorhandenen Kräften auf sie anziehende Kräfte, gleich und entgegengesetzt den Abstossungen, welche gewisse elektrische Belegungen der Körperoberflächen hervorbringen würden.

Die durch die genannten Gleichungen bestimmte Bewegung der Körper aber bringt ihrerseits, falls zwischen den Körpern nur innere Kräfte wirken, eine von der supponirten verschiedene Bewegung der Flüssigkeit hervor. Man kann sich daher, falls nicht äussere Kräfte von besonderer Art hinzugefügt werden, nicht auf die Betrachtung der obigen Flüssigkeitsbewegung, deren Geschwindigkeitspotential φ war, beschränken, sondern muss noch die zweite Art der Bewegung, die so stattfindet, als wären die einzelnen Körper in jedem Moment starr, hinzufügen. Hinsichtlich der Bestimmung des Geschwindigkeitspotentials $\Phi = \varphi + \varphi_0$ der resultirenden Flüssigkeitsbewegung verweist Herr Bäcklund auf seine frühere Arbeit. Diese Bestimmung beruht auf Folgendem. Man weiss, dass an der Oberfläche der einzelnen Körper in jedem Moment $\frac{\partial \Phi}{\partial n}$ gleich der normalen Geschwindigkeitscomponente des betreffenden Oberflächenpunktes ist. Nimmt man nun zunächst Φ als constant an den einzelnen Oberflächen an, so erhält man mittels des Green'schen Satzes einen Näherungswerth für Φ; setzt man dann diesen Näherungswerth in den Green'schen Satz ein, so ergiebt sich ein zweiter Näherungswerth etc., so dass schliesslich Φ durch eine unendliche Reihe dargestellt ist. Die Bewegungsgleichungen der einzelnen Körper ergeben sich aus dem Obigen sofort, wenn man Φ an Stelle von φ setzt.

Im zweiten Theil seiner Arbeit wendet der Verfasser die im ersten Theil abgeleiteten allgemeinen Gleichungen auf den Fall an, dass in der Flüssigkeit nur zwei Körper vorhanden sind, die während der ganzen Bewegung nahezu kugelförmig bleiben. Die Oberfläche jedes der Körper ist durch eine Gleichung von der Form

$$r = a(1 + R)$$

dargestellt, wo r der Abstand eines Punktes der Oberfläche vom Mittelpunkt ist, a eine Constante, R eine nach Kugelfunctionen fortschreitende Reihe, die mit der Kugelfunction zweiter Ordnung beginnt. Das Geschwindigkeitspotential φ der Flüssigkeit, das nur von normaler Bewegung der Oberflächen herrührt, wird in eine nach fallenden Potenzen des Abstandes Δ der beiden Kugelmittelpunkte fortschreitende Reihe entwickelt, und zwar bis zu den Gliedern von der Ordnung $\frac{1}{\Delta^7}$ einschliesslich. Die scheinbare Kraft, welche die Kugelmittelpunkte auf einander ausüben, ergiebt sich daraus bis auf Glieder von der Ordnung $\frac{1}{\Delta^8}$ genau. Die Reihenentwickelung ist damit viel weiter geführt, als bei BJERKNES. Die Betrachtung der Formänderung der Körper ergiebt, dass in der obigen Reihe R der Coëfficient der Kugelfunction i^{ter} Ordnung proportional mit $\frac{1}{\Delta^{i+1}}$ ist. Nachdem weiter auch für das Geschwindigkeitspotential φ_0, das zu φ hinzuzufügen ist, eine nach fallenden Potenzen von Δ fortschreitende Reihe aufgestellt ist, wird die durch die Flüssigkeitsbewegung hervorgebrachte Bewegung der Körper eingehend discutirt. Dabei wird zunächst die Annahme gemacht, dass die Körper, abgesehen von den unendlich kleinen Oscillationen der Oberflächen keine Anfangsgeschwindigkeit besitzen. Besitzen die Körper von Anfang an eine Rotationsbewegung, so muss man, damit die Grundgleichungen anwendbar bleiben, die weitere Annahme hinzufügen, dass die ursprüngliche Gestalt rein kugelförmig ist. Die einzelnen so gewonnenen Resultate lassen sich nicht in Kürze wiedergeben.

Zum Schluss wird die Bewegung mehrerer sehr kleiner Körper in einer Flüssigkeit behandelt. Indem von der Abweichung von der Kugelgestalt abstrahirt wird und nur die Glieder niedrigster Ordnung in den Entwickelungen beibehalten werden, ergiebt sich, dass die zwischen den kleinen Körpern wirkenden scheinbaren Kräfte annähernd das NEWTON'sche Gesetz befolgen. *Wn.*

C. RAZZABONI. Del moto oscillatorio dell' acqua in due vas prismatici communicanti per mezzo di un terzo tenendo conto della viscosità del liquido. Bologna Mem. (4) V, 387-400.

Der Verfasser behandelt den Ausfluss von tropfbaren Flüssigkeiten aus Gefässen unter Voraussetzung des Parallelismus der Schichten. Seine Darstellung unterscheidet sich von der üblichen, wie sie sich z. B. in den Lehrbüchern von Poisson und Duhamel findet, nur dadurch, dass neben der Schwere eine dem Quadrat der Geschwindigkeit proportionale Reibungskraft als wirkend angenommen wird. Durch diese Hinzufügung der Reibung ändern die zu behandelnden Gleichungen, falls das Niveau constant bleibt, ihre Form gar nicht; es erhalten nur die Coëfficienten derselben eine andere Bedeutung. Weiter wird auch der Ausfluss bei variablem Niveau betrachtet, endlich die Bewegung des Wassers in zwei communicirenden Gefässen. Die für alle diese Fälle abgeleiteten Formeln bieten wesentlich nur ein praktisches Interesse dar. Von ihrer Mittheilung kann hier um so eher Abstand genommen werden, da sich gegen die grundlegende Annahme, wonach die Reibung dem Quadrat der absoluten Geschwindigkeit proportional gesetzt wird, sowie namentlich gegen die Verträglichkeit dieser Annahme mit der des Parallelismus der Schichten erhebliche Bedenken geltend machen lassen. *Wn.*

A. de Caligny. Recherches théoriques et expérimentales sur les oscillations de l'eau et les machines hydrauliques à colonnes liquides oscillantes. Paris et Liège. J. Baudry. VI u. 964 S. 8^{0}. 1883.

Der auf dem Gebiete der Hydraulik seit fünfzig Jahren thätige und noch immer schaffensfreudige Verfasser hat die Ergebnisse seiner Forschungen zu einem grösseren Werke vereinigt, das in zwei Theilen ausgegeben, aber fortlaufend paginirt ist. Obschon die Arbeiten hauptsächlich technische Zwecke verfolgt haben, so darf doch das umfangreiche Buch hier nicht unerwähnt bleiben; denn die theoretischen Schwierigkeiten, welche bei vielen hier auftretenden Fragen vorhanden sind, widerstreben einer rein mathematischen Behandlung, und daher sehen wir denn auch, dass Männer wie Poncelet und Coriolis dem damals noch jungen Forscher ihre freundliche Theilnahme geschenkt haben.

Der erste Theil (Oscillations dans les tuyaux, ondes liquides, phénomènes de succion, fontaines intermittentes, etc.) liefert im wesentlichen einen Abdruck früherer Abhandlungen des Verfassers über Fragen nach der Bewegung fliessenden Wassers und seiner Wellen, über die dabei auftretenden Erscheinungen der Reibung in Röhren, des Ansaugens von Strömungen und der Rückströmung, über Oscillationen und Seitendruck, über die Einwirkung solcher Flüssigkeitsbewegungen auf das Bett in Kanälen und Flussläufen, über die Widderstösse des wogenden Meeres u. s. w. Die ersten unter diesen Schriften datiren aus der zweiten Hälfte der dreissiger Jahre unseres Jahrhunderts und sind vorzugsweise in LIOUVILLE's Journal erschienen; manche unter ihnen haben andere Gelehrte zu besonderen Untersuchungen veranlasst; z. B. hat die Arbeit über die Theorie des Seitendruckes in oscillirenden Flüssigkeiten im LIOUVILLE J. VIII, (1843) eine mathematische Untersuchung von COMBES über denselben Gegenstand hervorgerufen. Später hat Herr DE CALIGNY meistens die Comptes Rendus der Pariser Akademie gewählt, um seine Erfindungen und Ideen bekannt zu machen. Dort sind besonders in den siebziger Jahren viele seiner Artikel abgedruckt, und auch nach der Ausgabe des vorliegenden Werkes fährt er in seinen Mittheilungen über seine Arbeiten und Pläne an dieser Centralstelle für die Veröffentlichungen französischer Gelehrter fort. Es sind indess in den ersten Theil auch manche Sachen aufgenommen worden, die bisher ungedruckt waren, so ein Abschnitt aus einer Abhandlung über Schwingungen von Wasser in Röhren, die 1837 der Akademie vorgelegt war. Von anderen Aufsätzen, welche in der Société Philomathique vorgetragen wurden, waren bisher nur kurze Auszüge vorhanden. Endlich sind auch einige Resultate, die in den ersten Theil gehören, aber erst nach dem schon 1880 beendigten Drucke desselben gewonnen sind, in den zweiten Theil eingefügt worden.

Dieser zweite Theil (écluses de navigation, moteurs hydrauliques, machines élévatoires, machines d'épuisement, machines soufflantes et à comprimer l'air, pompes, etc.) ist den hydraulischen Anwendungen gewidmet; daher sind nach den in der Praxis gemachten Erfahrungen die hier zur Reproduction kommenden älteren Abhandlungen einer eingreifenden Ueberarbeitung unterzogen, oft völlig neu redigirt worden. Einen grossen Raum beansprucht die Beschreibung der nach den Plänen des Verfassers ausgeführten Schleuse von l'Aubois, bei der durch das zur Anwendung gebrachte Princip der grössere Theil des durchgelassenen Wassers wieder gewonnen wird. Es liegt keine Veranlassung vor, an diesem Orte auf die technischen Einzelheiten der in diesem Theile beschriebenen Apparate und Einrichtungen einzugehen, besonders da über die einzelnen Gegenstände zu ihrer Zeit in den Fortschritten der Physik regelmässig berichtet ist. Die vom Verfasser jetzt vorgenommenen Abänderungen betreffen mehr einzelne praktische Verbesserungen, als dass sie den Grundgedanken berührten. *Lp.*

H. Léauté. Mémoire sur les oscillations à longues périodes dans les machines actionnées par des moteurs hydrauliques et sur les moyens de prévenir ces oscillations. J. de l'Éc. Pol. cah. LV, 1-126.

Philipps. Rapport darüber. C. R. C, 726-729.

Den Gegenstand dieser Untersuchung bilden die Schwankungen der Geschwindigkeit, welche durch plötzliche Aenderungen des Arbeitswiderstandes in dem Gange von Maschinen und zwar speciell von hydraulischen Maschinen hervorgerufen werden. Die für die vorliegende Untersuchung wesentliche Eigenschaft dieser Maschinen ist die, dass der Regulator nicht direct auf die Grösse der Zuflussöffnung wirkt, sondern durch einen Zwischenapparat den Zufluss des Wassers regulirt, welcher von der Maschine selbst getrieben und von dem Regulator nur zu geeigneter Zeit in Thätigkeit versetzt wird. Bekanntlich ist bei den Regulatoren directer Wirksamkeit die Grösse des Zuflusses durch die Stellung der Zwinge bedingt, und je nachdem sich dieselbe aufwärts oder abwärts bewegt, tritt eine Verkleinerung oder Vergrösserung dieses Zuflusses ein. Anders bei den Regulatoren indirecter Wirksamkeit; hier entscheidet nicht mehr der Sinn, in welchem sich die Zwinge bewegt, darüber ob eine Verminderung oder Vergrösserung des Zuflusses stattfindet; sondern ersteres tritt nur ein, wenn die Zwinge sich oberhalb einer gewissen Stelle, letzteres, wenn die Zwinge sich unterhalb einer zweiten Stelle befindet. Sind nun V und v die theoretischen Gleichgewichtsgeschwindigkeiten des Regulators für die beiden Stellen, so erkennt man, dass in Folge der Reibung eine Verkleinerung der Zuflussöffnung erst dann beginnen kann, wenn die Geschwindigkeit einen Werth V_1 ($> V$) überschritten hat, und dass dieselbe, wenn sie einmal stattfindet, erst aufhören kann, nachdem die Geschwindigkeit unter eine gewisse Grenze V_2 ($< V$) gesunken ist. Umgekehrt kann das Oeffnen erst beginnen, nachdem die Geschwindigkeit den Werth v_2 ($< v$) erreicht hat, und wieder aufhören, nachdem sie grösser als v_1 ($> v$) geworden ist.

Der Verfasser stellt nun die Zustände der Maschine durch die Punkte einer Ebene dar, indem er als Abscissen die Grösse des Zuflusses, als Ordinaten die Rotationsgeschwindigkeiten des Regulators benutzt. Die Maschine möge für einen gewissen Arbeitswiderstand einen Zustand gleichmässiger Bewegung erreicht haben, welchem der Punkt A entspricht. Es ist klar, dass bei einem gleichen Arbeitswiderstand die Geschwindigkeit um so grösser ist, je grösser die Zuflussöffnung ist; alle für einen solchen Widerstand möglichen Zustände gleichmässiger Bewegung werden also einer Curve CD entsprechen, deren Ordinaten mit den Abscissen wachsen, und zwar um so stärker wachsen, je geringer der Arbeitswiderstand ist. Wird nun der Arbeitswiderstand so vermindert, dass den bei dem verkleinerten Arbeitswiderstande möglichen Zuständen gleichmässiger Bewegung eine Curve C′ D′ entspricht, welche nach dem Gesagten oberhalb A liegen muss, so wird die Maschine das Bestreben zeigen, in einen Zustand überzugehen, welcher durch einen Punkt der Curve C′ D′ dargestellt wird.

Zunächst wird die Geschwindigkeit wachsen, ohne dass eine Aenderung der Oeffnung eintritt; der Punkt, welcher den Zustand der Maschine darstellt, beschreibt also zunächst eine Parallele zur Ordinatenaxe. Sobald aber die Geschwindigkeit den Werth V_1 erreicht hat (Punkt 1), wird eine Verringerung der Oeffnung stattfinden, und gleichzeitig wird die Geschwindigkeit fortfahren zuzunehmen, da der wirklich stattfindende Widerstand für eine gleichmässige Bewegung noch immer zu klein ist. Das dauert so lange, bis wir im Punkte 2 die Curve C′ D′ erreichen. Von da ab nimmt die Oeffnung weiter ab, und weil in Folge dessen der Widerstand für eine gleichmässige Bewegung zu gross wird, nimmt nun auch die Geschwindigkeit ab. Im Punkte 3 möge dieselbe gleich V_2 werden; dort hört das Schliessen der Oeffnung auf. Die Maschine bewegt sich von da ab also bei constanter Oeffnung mit abnehmender Geschwindigkeit, bis sie im Punkte 4 gleich v_2 wird. Nun beginnt die Oeffnung sich zu vergrössern, und die Geschwindigkeit nimmt weiter ab, bis im Punkte 5 wieder die Curve C′ D′ passirt wird; von da ab wächst die Geschwindigkeit bei wachsender Oeffnung, bis im Punkte 6 die Geschwindigkeit v_1 erreicht ist. Von da ab steigt die Geschwindigkeit bei constanter Oeffnung, bis sie im Punkte 7 wieder den Werth V_1 annimmt. Von nun an wiederholen sich dieselben Phasen der Bewegung, wie wir sie im ersten Cyklus beschrieben haben, und das dauert so lange, bis einer der verticalen Theile die Linie C′ D′ schneidet. Aber dieser für die Praxis wünschenswerthe Fall tritt nicht immer ein; es kann kommen, dass die Cyklen, anstatt sich asymptotisch einem Punkte der Curve C′ D′ zu nähern, nur einem gewissen Grenzcyklus zustreben, der unter Umständen grösser als der erste Cyklus sein kann und dessen Endpunkt mit seinem Anfangspunkt zusammenfällt; man kann ihn wegen dieser Eigenschaft einen geschlossenen Cyklus nennen (cycle fermé).

Davon ausgehend, dass bei einer Maschine die Lage und Geschwindigkeit aller Theile bestimmt sind, sobald man diese Grössen für einen Theil kennt, und dass das in einem Zeitelement disponible Arbeitsvermögen gleich dem Zuwachs der lebendigen Kraft plus der geleisteten Arbeit sein müsse, entwickelt der Herr Verfasser eine verhältnissmässig einfache Differentialgleichung erster Ordnung für den Gang der Maschine, in welcher die Rotationsgeschwindigkeit des Regulators die abhängige, der Winkel, um welchen sich derselbe dreht, die unabhängige Veränderliche ist. Indem er dieselbe für die vier beschriebenen Phasen der Bewegung specialisirt, gelangt er dazu, die Gestalt der noch fehlenden Theile eines Cyklus, die Dauer ihrer Wirksamkeit und ihren Effect, d. h.

die durch sie bewirkte Annäherung an die Curve C′ D′, zu bestimmen. Aus diesen Entwicklungen folgen die Bedingungen, welche zu erfüllen sind, damit geschlossene Cyklen nicht auftreten, und andere Regeln für die Beurtheilung des Ganges der in Frage stehenden Maschinen bei plötzlich auftretenden Aenderungen des Arbeitswiderstandes.

Bezüglich dieser technischen Ergebnisse sowie der Einzelheiten der mathematischen Grundlage verweisen wir auf die interessante Arbeit. *F. K.*

A. B. Basset. Ueber das Potential einer electrischen Kugelcalotte und über das Geschwindigkeitspotential einer unbegrenzten, um eine solche Calotte sich bewegenden Flüssigkeit. Proc. Lond. Math. Soc. XVI, 286-306; [Beibt. X, 362†.

Nachdem das Potential und die Dichtigkeit für einen unbegrenzten Schirm mit kreisförmiger Oeffnung gefunden ist, wird die entsprechende Aufgabe für eine Calotte nach der Methode der Inversion gelöst. Im zweiten Theil wird das Geschwindigkeitspotential für eine in Richtung der Achse ab- oder zuströmende Flüssigkeit bestimmt. *F. K.*

N. Shukoffsky. Ueber die Bewegung eines festen Körpers, welcher mit homogener Flüssigkeit angefüllte Höhlungen besitzt. Journ. d. russ. phys.-chem. Ges. XVII, phys. Theil, p. 81-113, 145-199, 231-280†.

Es wird der folgende Satz bewiesen, welcher für den Fall gilt, dass die Höhlungen einfach zusammenhängende Räume sind: die Bewegungen des festen Körpers bleiben unverändert, wenn die flüssigen Massen durch „äquivalente“ feste Massen ersetzt werden. Hierbei ist die Masse des „äquivalenten“ Körpers gleich der Masse der Flüssigkeit; sein Schwerpunkt fällt zusammen mit dem der Flüssigkeit; das Trägheitsmoment desselben in Bezug auf jede durch den Schwerpunkt gehende Axe ist das k-fache des entsprechenden Momentes für die Flüssigkeit, wo k ein echter Bruch.

Die Grösse k wird für verschiedene Formen der Höhlungen bestimmt.

Für eine Höhlung von der Form eines elliptischen Cylinders mit den Halbaxen a und b ist in Bezug auf die Axe des Cylinders

$$k = \left(\frac{a^2 - b^2}{a^2 + b^2}\right)^2.$$

Befindet sich zwischen den Brennlinien eine Scheidewand, so wird

$$k = \frac{(a^2 - b^2)^2}{a^2 (a^2 + b^2)}.$$

Höhlung von der Form eines gleichseitigen dreieckigen Prisma's in Bezug auf die Axe desselben

$$k = \tfrac{2}{5}.$$

Quadratisches Prisma (Axe desselben)

$$k = 0.156.$$

Kreiscylinder mit diametraler Querwand (Axe desselben)

$$k = 0.621.$$

Kreiscylinder in Bezug auf eine der Basis parallele Axe

$$k = 0.163.$$

Kegel, wenn das Verhältniss der Höhe zum Radius der Basis gleich $\frac{\sqrt{11}}{2}$ ist, in Bezug auf eine der Basis parallele Axe

$$k = \frac{215}{567}.$$

Halbkugel in Bezug auf eine der Basis parallele Axe

$$k = 0.597.$$

Ellipsoid mit den Halbaxen a, b, c; das Trägheits-Ellipsoid hat die Gleichung

$$\frac{(b^2 - c^2)^2}{b^2 + c^2} x^2 + \frac{(c^2 - a^2)^2}{c^2 + a^2} y^2 + \frac{(a^2 - b^2)^2}{a^2 + b^2} z^2 = \frac{5}{M},$$

wo M die Masse der Flüssigkeit.

Für den Fall mehrfach zusammenhängender Räume kann die Flüssigkeit ebenfalls durch eine äquivalente Masse ersetzt werden, wenn sie keine anfängliche Bewegung besitzt.

Ist Letzteres der Fall, so kann die Wirkung der Flüssigkeit

auf die Bewegung des Körpers ersetzt werden durch die Wirkung eines festen äquivalenten Körpers und noch eines rotirenden Gyroscopes.

Die allgemeine Theorie wird auf den Fall der Bewegung geschlossener Röhren angewandt und an einem Apparat geprüft.

Für den Fall einer zähen Flüssigkeit wird folgender Satz bewiesen: bei jeder anfänglichen Geschwindigkeit eines Systemes, welches aus einem festen Körper besteht, in dessen Höhlungen sich zähe Flüssigkeiten befinden, wird das System dahin streben, eine gleichförmige Drehung in Bezug auf eine seiner durch den Schwerpunkt gehenden Hauptträgheitsaxen anzunehmen. Der Herr Verf. vermuthet, es sei hierin die Ursache davon zu suchen, dass die Planeten sich um ihre Trägheitsaxen drehen. *O. Chw.*

A. Ledieu. Sur la resistance des carènes. C. R. C, 420-424.

Die Ausführungen des Verfassers gipfeln in dem Gedanken, dass alle Formeln zur Vorausberechnung des Schiffswiderstandes unzuverlässige Resultate liefern, und dass man daher, um den letzteren wenigstens annähernd schätzen zu können, seine Zuflucht zu Vergleichen mit ähnlichen Typen nehmen muss. *F. K.*

Oliver Lodge. The Stream-lines of moving vortex-rings. Phil. Mag. XX, 67-70†; [Cim. (3) XX, 176; Chem. News LII. 22; Engineer XL, 43.

Der Verfasser bringt Zeichnungen für die Stromlinien bei Wirbelringen und begleitet dieselben durch erläuternde Bemerkungen. Blatt 1 und 2 stellen die Stromlinien für eine ideale Flüssigkeit dar, in welcher sich der Wirbelring senkrecht zu seiner Ebene bewegt, Blatt 3 giebt ein Bild des Verlaufes für zähe Flüssigkeiten; endlich die vierte Figur giebt ein Bild der Stromlinien für die schiefe Bewegung eines Wirbelringes. *F. K.*

O. LÜGER. Ueber die Steighöhe springender Wasserstrahlen. Dingler J. CCLV, 352†.

Nach Versuchen von LÜGER wird bei einer Druckhöhe von 47.7 m die grösste Steighöhe mit einem Mundstück von 2 cm lichter Weite erreicht, was mit Angaben von BACH (Construction der Feuerspritzen 1828, S. 128) in guter Uebereinstimmung ist.

F. K.

BAZIN. Expériences sur la propagation des ondes le long d'un cours d'eau torrentueux, et confirmation par ces expériences des formules données par M. Boussinesq dans sa théorie du mouvement graduellement varié des fluides. C. R. C, 1492-1494†.

Für die Fortpflanzungsgeschwindigkeit einer Einzelwelle auf der Oberfläche eines Wasserlaufes hatte der Verfasser früher die empirische Formel

$$v = U \pm \sqrt{gH}$$

angegeben, wo U die mittlere Geschwindigkeit des Wasserlaufes, H seine Tiefe bedeutet; und zwar ist das positive oder negative Zeichen zu nehmen, je nachdem ob die Welle sich abwärts oder aufwärts bewegt.

Um einzelnen Unregelmässigkeiten Rechnung zu tragen, hatte Herr BOUSSINESQ an Stelle dieser Formel die folgende gesetzt

$$v = \frac{1+\alpha''}{2} U + \sqrt{\frac{gH}{1+2\eta} + \left[\left(\frac{1+\alpha''}{2}\right)^2 - \frac{\alpha'}{1+2\eta}\right] U^2},$$

in welcher α', α'' und η gewisse Coëfficienten sind. Meistens stimmen die Resultate beider Formeln gut mit einander und der Beobachtung überein. Unter Umständen liefert jedoch die erstere Formel unzuverlässige Resultate, während die zweite sich der Erfahrung anpassen lässt, wenn man, unter V die grösste Geschwindigkeit verstehend,

$$\eta = \tfrac{4}{5}\left(\frac{V}{U} - 1\right)^2, \qquad \alpha = 1 + 3\eta - \tfrac{2}{7}\eta\sqrt{5\eta}$$

$$\alpha' = 2\alpha - (1+\eta) \qquad \alpha'' = \frac{1 + 3(\alpha - 1 - \eta)}{1 + 2\eta}$$

setzt. Vernachlässigt man $\frac{2}{7}\eta\sqrt{5\eta}$ und setzt man $U:\sqrt{gH}=\lambda$, so erhält man

$$V = U + \sqrt{gH}\,\frac{2\eta\lambda \pm \sqrt{1+2\eta+\eta(1+6\eta)\lambda^2}}{1+2\eta}.$$

F. K.

G. KÖTSCHAU. Studien über Flüssigkeitsbewegungen. Wied. Ann. XXVI, 530-546†; Diss. Halle a./S. 1885; [Rundschau I, 171.

Die von Herrn KÖTSCHAU angestellten Versuche schliessen sich eng an die von OBERBECK über discontinuirliche Flüssigkeitsbewegung. Auch der Apparat war im Princip derselbe wie derjenige, welcher dem letztgenannten Autor diente; er bestand aus einem oben offenen parallelepipedischen Gefäss von 60 cm Höhe, 30 cm Breite und 30 cm Tiefe. Zwei gegenüberliegende Wände waren aus Glas angefertigt. In der Mitte des Bodens befand sich eine kreisförmige Oeffnung von 1.5 cm Durchmesser, in welche der eine Schenkel einer U-förmig gebogenen Messingröhre einmündete. Der Durchmesser der letzteren erweiterte sich allmählich zu 5 cm und der zweite Schenkel ragte über das Gefäss empor.

Die Röhre konnte durch einen unter der Oeffnung des Gefässes befindlichen Hahn gegen das letztere abgeschlossen werden. In dem Kasten befindet sich reines Wasser, während in der Röhre sich rothgefärbte Flüssigkeit befindet. Ist nun das Niveau in der Röhre höher gewählt, als in dem Kasten, so steigt nach Oeffnung des Hahnes ein rother Strahl in der reinen Flüssigkeit empor. Indem man die U-förmige Röhre durch einen Heber mit einem breiten Gefäss in Verbindung setzt, kann man den Strom ziemlich constant erhalten.

Um die Form der Einflussöffnung nicht zu nahe an die untere Wand zu verlegen, wurde auf die Mitte des Kastenbodens ein Ansatzrohr von 8 cm Länge und 2 cm Durchmesser gesetzt; auf diesem konnten dann die verschiedenartig gestalteten Oeffnungen befestigt werden.

Besonders interessant waren die Deformationen, welche der

rothe Strahl durch gegenüberstehende feste Wände erfuhr. Zunächst befremdlich ist die Erscheinung, dass der Strahl, nachdem er sich an der festen Wand ausgebreitet hat, nicht immer auch über die Wand hinaus in horizontaler Richtung fortschreitet. Das ist nur dann der Fall, wenn die Flüssigkeit mit hinreichender Geschwindigkeit einströmt. Ist hingegen die Geschwindigkeit kleiner, so steigt die rothe Flüssigkeit schräg nach oben, zunächst eine convex nach unten gekrümmte Fläche bildend, allmählich jedoch in eine concav nach unten gekrümmte Fläche übergehend.

Hat die dem Strome entgegengestellte Scheibe Ecken, so erhebt sich die Flüssigkeit über den Seiten schneller als über den Ecken; an den Stellen grösster Erhebung entstehen durch den Einfluss der Reibung die charakteristischen Wirbelflächen.

Wurde dem Strahle ein dünner Kupferdraht entgegengehalten, so theilte sich derselbe und an beiden Enden bildeten sich dann die Wirbelköpfe, welche sich nicht vereinigten, wie nahe sie auch immer einander kommen mochten.

Bei concaven Flächen geringer Krümmung war das Verhalten des Strahles ein entsprechendes, wie bei ebenen Platten; anders bei stark gekrümmten Platten, dort entstanden je nach den begleitenden Verhältnissen Verwirrungen der Figuren durch Wolkenbildungen, oder aber die unterhalb der festen Fläche befindliche helle Flüssigkeit übernimmt die Rolle eines festen Körpers.

Auch die gegenseitige Beeinflussung von Strahlen untersuchte der Herr Verfasser von neuem, und zwar unter den verschiedensten Verhältnissen; die verschiedenen Umstände, welche von Einfluss sind, z. B. Unterschiede des Durchmessers, der Richtung u. s. w., werden eingehend berücksichtigt. Zwei gleich starke, unter einem Winkel von 180° central auf einander stossende Strahlen geben eine an den Rändern stark verdickte Scheibe, deren Inneres sehr schwach gefärbt ist, so dass die Scheibe den Eindruck eines Kreisringes macht. Bei einem kleineren Winkel (120°—130°) entsteht zwar auch noch ein Kreisring, derselbe hat aber nicht mehr den Treffpunkt beider Strahlen zum Mittelpunkt. Die Figur ändert aber durch Bildung von Wirbelköpfen sehr bald ihre Gestalt und gewinnt ein lyraförmiges Aussehen.

Bei Strahlen ungleicher Stärke wölbt sich die Scheibe mit ihrer concaven Seite um den schwächeren Strahl, analog den von MAGNUS beobachteten Erscheinungen.

Auch hier wird der Einfluss untersucht, den eine Verschiedenheit der Strahlenmittelpunkte hat. *F. K.*

J. J. THOMSON and H. F. NEWALL. On the formation of vortex rings bei drops falling into liquids and some allied Phenomena. Proc. of the Roy. Soc. XXXIV, 417-436†.

Lässt man Tropfen einer passend gewählten Flüssigkeit in eine andere fallen — z. B. hypermangansaures Kali in Wasser — so verwandeln sich diese Tropfen, indem sie weiter in die flüssige Masse eindringen, in Ringe. Die Verfasser haben die Bedingungen des Zustandekommens dieser Ringe experimentell an einer grossen Reihe von Flüssigkeiten untersucht. Sie theilen in der vorliegenden Abhandlung einerseits die Ergebnisse ihrer Untersuchungen mit und geben andererseits einen bemerkenswerthen Erklärungsversuch dieser interessanten Erscheinung.

Zunächst schreitet der Tropfen in der ihn umgebenden Flüssigkeit wie ein fester Körper fort, wird dabei jedoch allmählich mehr und mehr scheibenförmig. Während dessen ist in Folge des Geschwindigkeitsunterschiedes beider Theile des Systems in dem Tropfen eine Wirbelbewegung zu Stande gekommen und diese veranlasst ein Aufbrechen der Scheibe, so dass das labile Arrangement in ein stabiles Arrangement der Wirbelbewegung übergeht. Wesentlich abhängig ist der beschriebene Verlauf der Erscheinung von dem Grade der Viscosität. Ist die letztere zu klein, so hat die Wirbelbewegung sich nicht hinreichend in dem Tropfen ausgebreitet, während der letztere die Form einer Scheibe angenommen hat, und der letztere wird daher in dünnen Schichten weiter sinken, ohne die Form eines Ringes angenommen zu haben. Bei zu grosser Viscosität wird dagegen die Wirbelbewegung vernichtet sein, bevor noch der Tropfen die Form einer Scheibe erlangt hat.

Die Verfasser beobachteten die Erscheinung auf eine hier nicht näher zu beschreibende Weise im Lichte des elektrischen Funkens. Die besten Resultate gaben ihnen Tropfen von schwacher Höllensteinlösung, die in schwache Kochsalzlösung fielen, wenn letzterer zur Vernichtung des Niederschlages einige Tropfen Ammoniak zugesetzt waren.

Die Beobachtung der verschiedensten Flüssigkeiten, welche in Wasser, Paraffin-Oel und Alkohol fielen, ergab, dass nur dann Ringe entstanden, wenn die beiden Flüssigkeiten sich mit einander vermischen können, wenn also die Oberflächenspannung zwischen beiden Flüssigkeiten gering ist. Den schlagendsten Beweis indessen, dass nicht die Oberflächenspannung die Ursache der Ringbildung ist, bildet die Thatsache, dass die Ringe auch dann zu Stande kommen, wenn die Tropfen und die Flüssigkeitssäule von der gleichen Substanz sind. Die Untersuchung ergab, dass die Bildung der Ringe unter sonst gleichen Umständen von dem kinematischen Reibungscoëfficienten $\frac{\mu}{\varrho}$ der Flüssigkeit (Dimension $L^2 T^{-1}$) abhing. Die der Abhandlung beigefügte Tabelle lässt auch erkennen, welchen Einfluss die Höhe hat, aus der ein Tropfen in eine Flüssigkeitssäule fällt.

Noch eine Erscheinung ist bei der Bildung der Ringe von höchstem Interesse. Nachdem der Ring eine Weile gefallen ist, krümmt er sich auch in verticaler Richtung, so dass höchste und niedrigste Stellen zu unterscheiden sind. An diesen letzteren sammelt sich die Flüssigkeit zu Tropfen, die dann durch aufrecht stehende dünnere Bögen mit einander verbunden sind. Nach einiger Zeit verwandeln sich diese Tropfen wieder in Ringe, und es tritt dann womöglich noch eine weitere Spaltung ein, so dass eine äusserst hübsche und merkwürdige Figur entsteht.

Findet zwischen den Flüssigkeiten Oberflächenspannung statt, so ist das Verhalten ein wesentlich anderes. Bewegt sich ein Tropfen einer Lösung von Natriumsulfat durch Paraffin-Oel, so wird zunächst die untere Seite desselben flacher und flacher und selbst hohl; im weiteren Verlaufe jedoch krümmt sich die untere Seite wieder und die obere wird flacher. Nun gehen von der

Kante feine Fäden aus, die sich aber unmittelbar in kleine Kügelchen der Substanz auflösen. *F. K.*

A. Bérard. Résultats d'expériences entreprises à la Poudrerie nationale du Pont-de-Buis sur les appareils de régulation de deux turbines, dans le but de contrôler les conclusions du travail de M. Léauté, relatif aux oscillations à longues périodes. C. R. C, 1211-1213†.

Die eine Turbine hat 50, die andere 10 Pferdekräfte. Die Beobachtungen ergaben eine gute Uebereinstimmung mit der Theorie des Herrn Léauté, vergl. oben p. 340. *Lp.*

P. Parize. Expérience d'Hydrodynamique. Journ. de Phys. (2), IV, 87-88†; Lum. Élect. XVI, 89-91; [Cim. (3), XXIII, 270; [Beibl. 1, 469, 1886.

An einem Wehre, über welches Wasser gewöhnlich der festen Wand folgend fast vertical abwärts floss, beobachtete der Verfasser, dass ein abwärts geworfener Stein oder selbst ein Tropfen Wasser eine eigenthümliche Modification der freien Oberfläche bewirkte.

An der getroffenen Stelle schwoll das Wasser plötzlich an, während die ganze Oberfläche sich beträchtlich von der Verticalen entfernte. Die Erklärung ist in der mitgerissenen Luft zu suchen, welche die adhärirende Wirkung der Wand an der betreffenden Stelle aufhebt. *F. K.*

H. Frank Newall. On colliding Water jets. Phil. Mag. XX, 31-34†; [Cim. (3), XX, 74; [Beibl. X, 7.

Lord Rayleigh hat beobachtet, dass zwei Wasserstrahlen, welche sich unter einem sehr kleinen Winkel treffen, nicht mit einander verschmelzen, sondern durch eine dünne Schicht in elektrischer Beziehung von einander isolirt sind. Bringt man aber die beiden Gefässe, aus denen die Strahlen fliessen, mit den Polen einer Kette in Verbindung, so vereinigen sich dieselben, was Lord Rayleigh so zu erklären sucht, dass durch die elektrische Anziehung eine Vermehrung des Druckes bewirkt werde. Diese Erklärung sucht der Verfasser durch folgende Beobachtung zu widerlegen.

Der Herr Verfasser beobachtete an der dünnen Trennungsschicht (Luft, wie er annimmt) NEWTON'sche Farbenringe; Herr NEWALL brachte nun die beiden Gefässe in Verbindung mit verschiedenen Punkten des sehr dünn gewählten Schliessungsdrahtes einer Chromsäurekette; so lange die Spannung unterhalb einer gewissen Grenze blieb, war keine Aenderung der Farben zu beobachten. Beim Ueberschreiten der besagten Grenze trat die Vereinigung der Strahlen ein, und die Farben verschwanden plötzlich.

F. K.

W. VON BEZOLD. Ueber Strömungsfiguren in Flüssigkeiten. Stzber. Bayr. Akad. Math. phys. Classe 1884, H. 4; Wied. Ann., XXIV, 569-593†; [Cim. (3), XVIII, 179.

Bringt man einen Tropfen hektographischer Tinte in ein Gefäss mit Wasser, so entstehen eigenthümliche Figuren, welche, wie der Herr Verfasser hervorhebt, ein Bild der in dem Gefässe stattfindenden Strömungen liefern, und welche der Herr Verfasser daher in dieser Abhandlung Strömungsfiguren nennt, während er ihnen früher, dem Vorgange von TOMLINSON folgend, den Namen Cohäsionsfiguren gegeben hatte. Nachdem der Herr Verfasser einige Vorsichtsmassregeln angegeben hat, welche zur Erreichung guter Figuren erforderlich, den Einfluss einiger Beimischungen, sowie der Adhäsion geschildert hat, wendet er sich seiner eigentlichen Aufgabe zu, nämlich der Beschreibung der Strömungsfiguren, wie sie namentlich durch Temperaturdifferenzen hervorgerufen werden.

Bringt man eine geringe Menge der Farbe auf Wasser, dessen Temperatur geringer ist als die der umgebenden Luft, so bildet sich unter dem runden Fleck ein quastenartiges Gebilde, welches durch eine Einschnürung mit dem Flecke in Verbindung steht. Im Laufe der Zeit (etwa 5/4 Stunden) bildet sich die Quaste zu einem abwärts steigenden Stamme aus, der in Folge der fast stets vorhandenen ungleichmässigen Erwärmung nach einer Seite abbiegt. Dabei sinkt der Kopf des Stammes tiefer und tiefer und steht schliesslich nur noch durch einen ganz dünnen Faden mit der inzwischen stark zusammengeschmolzenen Scheibe in Verbindung. Nachdem nun die Probeflüssigkeit in Fäden den Boden des Gefässes überschritten hat, steigt sie an den Gefässwänden als dünne cylindrische Haut, oder, wenn die Temperaturverhältnisse nicht sehr gleichmässige sind, in einseitig gelagerten Fäden in die Höhe. Allmählich rücken nun die Köpfe dieser Fäden der Achse zu, so dass eine auf der Oberfläche ruhende und eine unterhalb schwebende Schicht entsteht, welche beide wieder durch eine Einschnürung verbunden sind. Nachdem die letztere vollendet ist, beginnt das oben beschriebene Spiel gewissermassen von Neuem. Die untere Schicht verdickt sich, die Einschnürung schwindet zu einem dünnen Faden zusammen und man hat wieder ein quastenartiges Gebilde u. s. w. Es ist aber hervorzuheben, dass von nun an die Figur nicht leicht mehr symmetrisch bleiben wird. Nach 5 Stunden hatte man eine Figur, die im Princip mit dem Beginn des ersten und zweiten Kreislaufes Aehnlichkeit hatte. Die ganze Erscheinung wird nun aber complicirter und diffuser, die Stromlinien immer schwerer erkennbar.

Die Figur giebt in ihrem Verlaufe ein getreues Bild der Strömungen, in der kälteren Mitte steigt ein Strom abwärts, an den wärmeren Seitenwänden jedoch aufwärts.

Als auffällig wird hervorgehoben, dass bei geringeren Temperaturdifferenzen der Verlauf von Anfang an unsymmetrisch ist, und alle Vorgänge sich schneller abspielen als bei grösserem Temperaturunterschiede.

Der Einfluss einer seitlichen Erwärmung tritt augenfällig zu Tage, wenn man einen Argand'schen Brenner, dessen Cylinder zur Hälfte durch Russ geschwärzt, und zur Hälfte mit dünnem Platinblech überzogen ist, mitten zwischen zwei mit Wasser gefüllte Gefässe bringt. Während in dem Glase auf der mit Platin überzogenen Seite der Stamm nur unbedeutend abgelenkt wird, kommt in dem andern Gefässe gar kein Stamm mehr zu Stande, sondern die Farbe sinkt auf der dem Brenner abgewendeten Seite in Form eines mit Franzen besetzten Tuches hinab.

Im Folgenden wendet sich der Herr Verfasser den Erscheinungen zu, welche eintreten, wenn die Temperatur in verticaler Richtung verschieden ist. Es wird zunächst hervorgehoben, dass unterhalb des Maximums der Dichtigkeit Erwärmung und Abkühlung in ihren Wirkungen offenbar die Rolle vertauschen müssen, und dass man also offenbar zu jedem derartigen Versuch, wo Temperaturen unter 4° ins Spiel kommen, einen Analogie-Versuch machen kann, indem man an den Stellen, wo vorher die Temperatur unter 4° herrschte, Erwärmung und Abkühlung mit einander vertauscht. Von derartigen Versuchen soll hier einer beschrieben werden: In ein Gefäss mit Brunnenwasser gewöhnlicher Temperatur wird ein Reagenzglas mit heissem Wasser gebracht. In Folge der Erwärmung steigt der Strom an den Wänden des Reagenzglases empor, biegt an der Oberfläche um, sinkt an der Gefässwandung abwärts. Das erreicht aber bald ein Ende, da der fragliche Strom einem vom Boden des Gefässes aufsteigenden Strome begegnet, beide biegen nun um und bilden einen centripetal gerichteten Strom. Dem entsprechend erhält man zwei radiale Anordnungen der Farbe, die eine in der Oberfläche, eine kreisringförmige Scheibe bildend, und darunter einen Stern mit radialer Streifung. Will man den Analogie-Versuch in Wasser unter 4° anstellen, so hat man in das Reagenzglas statt des heissen Wassers eine Kältemischung zu thun.

Die Umkehrung des obigen Versuchs erhält man dadurch, dass man das Gefäss in ein niedrigeres Gefäss stellt, dessen Füllung kälter ist. Dann sind die Richtungen der beiden Strömungen oben und unten gerade entgegengesetzt wie vorher. Oben sinkt das Wasser in der kälteren Mitte und steigt an den wärmeren Wänden empor. In dem unteren Theil ist jedoch die Mitte wärmer als die Wandung, und also steigt der Strom innen aufwärts und aussen abwärts. Die farbige Figur giebt ein genaues Bild dieser Vorgänge; es bildet sich zunächst auch jene Quaste wie bei dem ersten Versuch, von welcher Franzen herabhängen; diese hängen anfangs vertical abwärts und werden dann mehr und mehr divergent. Allmählich bildet sich die Figur zu einer nach unten concaven Glocke aus, von deren Rande einzelne Fäden herabhängen, die an den Wänden des Gefässes abwärts steigen und am Boden fast rechtwinklig umbiegen; in der Mitte biegen sie noch einmal um, steigen in die Höhe, um dann noch eine Biegung nach auswärts zu erfahren. Eine interessante Modification des Versuchs erhält man, wenn das Wasser in dem äusseren Gefäss durch Eis ersetzt wird. Dann sind nämlich drei Zonen zu unterscheiden, weil die untere Schicht sich in zwei Theile zerlegt, von denen die obere eine Temperatur oberhalb 4° hat, während die untere kälter ist. In dieser untersten Schicht muss dann nach dem oben Gesagten eine Strömung herrschen, die gerade entgegengesetzt dem gewöhnlichen Verlaufe ist. In der farbigen Figur kommt das dadurch zum Ausdruck, dass die vom Rande der Glocke herabhängenden Fäden sich jetzt fast horizontal nach dem Innern ziehen.

Ein zweiter Abschnitt behandelt die Strömungen in geschichteten Flüssigkeiten, welche in Bezug auf die Beurtheilung der Diffusionserscheinungen von wesentlicher Bedeutung sind. Ein Becherglas wurde einige Centimeter hoch mit concentrirter Kochsalzlösung gefüllt, darauf ein leichtes Brettchen gelegt, dann in bekannter Weise mit einer Pipette Wasser aufgegeben, und schliesslich die Probeflüssigkeit. Nicht erst in der Nähe der Uebergangsschicht von Wasser zu Salzlösung trat eine Modification der Strömungsfigur ein, sondern schon dicht unter der Oberfläche. Von der Quaste kam nur der oberste Theil zu Stande, während die einzelnen Fäden sehr rasch seitlich abbogen und an den Wänden des Gefässes wieder emporstiegen, so dass die Farbe nur an der Strömung der obersten Schicht theilnahm, und fast nichts in tiefere Schichten eindrang. Wird nun noch ein Tropfen der Probeflüssigkeit aufgegeben, so breitet sich derselbe nicht auf der Oberfläche aus, sondern sinkt vertical abwärts, einen violetten Faden hinter sich herziehend. Dieser Faden erfuhr eine Anzahl Knickungen; eine genaue Untersuchung ergab, dass die Anzahl wesentlich durch die Zahl der Füllungen bedingt war. Im Laufe der Zeit wurden jedoch von dem Probefaden Anhängsel abgetrennt, die deutlich zeigten, dass die Knickungen einzelnen Schichten der Flüssigkeit angehörten, in deren jeder ein eigener Kreislauf vor sich ging. Nachdem der Herr Verfasser hervorgehoben hat, dass die Dichtigkeitsunterschiede der Flüssigkeit ausserordentlich gering seien, und diese Thatsache durch die Schilderung eines weiteren Versuchs evident gemacht hat, zieht er aus seinen Versuchsergebnissen den Schluss, dass selbst bei den minimalsten Unterschieden in der Dichtigkeit Schichtenbildung eintritt, und dass dann die kleinsten Temperaturunterschiede hinreichen, um in jeder Schicht einen besonderen Kreislauf hervorzurufen, ein Umstand, der bei Untersuchungen über Diffusion nicht unberücksichtigt bleiben darf. *F. K.*

W. von Bezold. Nachträgliche Bemerkung zu der Abhandlung „Ueber Strömungsfiguren in Flüssigkeiten".

Wied. Ann. XXVI, 407-408†; [Cim. (3), XVIII, 179.

Hinweis auf die Arbeiten des Herrn Martini und deren Beziehungen zu den Untersuchungen des Herrn Verfassers. Die Uebereinstimmung beider Untersuchungen besteht allein in dem Umstande, dass beide Male Diffusionsvorgänge in Flüssigkeiten durch passende Färbung der einen Flüssigkeit erkennbar gemacht werden. Herr Martini untersucht aber lediglich die Diffusion, nicht die durch Temperaturdifferenzen hervorgerufenen Strömungen.

Herr von Bezold theilt dann noch einen lehrreichen Vorlesungsversuch zur Demonstration des Satzes mit, dass Körper, welche Strahlen lebhafter absorbiren, sich auch leichter erwärmen als andere, welche bei sonst gleichen Eigenschaften ein geringeres Absorptionsvermögen besitzen.

„Man sende mit Hülfe eines Heliostaten Sonnenlicht in horizontaler Richtung in einen Raum und concentrire die Strahlen durch eine Sammellinse in der Art, dass die Spitze des Strahlenkegels etwa in halber Höhe in das Innere eines mit kaltem Wasser gefüllten Glases fällt. Giebt man alsdann Probeflüssigkeiten in der Weise auf, dass einer der absteigenden Aeste sich dem Brennpunkte nähert, so verwandelt sich die absteigende Bewegung in eine aufsteigende, sowie die farbige Flüssigkeit in den Strahlenkegel eintritt".

Dies zeigt, dass die Erwärmung der klaren ungefärbten Flüssigkeit nicht hinreicht, um der im allgemeinen herrschenden Strömung entgegen zu wirken, während das bei der dunkel gefärbten Masse der Fall ist. *F. K.*

W. König. Bestimmung einiger Reibungscoëfficienten und Versuche über den Einfluss der Magnetisirung und Elektrisirung auf die Reibung der Flüssigkeiten.
Wiedem. Ann. XXV, 618-626†; [Phil. Mag. (5), XX, 387; [Cim. (3) XIX, 181; [J. d. Phys. (2) V, 486; [Naturf. XVIII, 385.

Herr König hat die Reibungscoëfficienten einer Reihe von Flüssigkeiten, sowohl nach der Ausflussmethode, als nach derjenigen der schwingenden Scheiben bestimmt. Bei den untersuchten Flüssigkeiten (destillirtes Wasser, Schwefelkohlenstoff, Aethyläther, leichtes Benzol, schweres Benzol, Terpentinöl) ergaben sich stets für kleinere Scheiben grössere Reibungscoëfficienten, als für grössere. Ebenso führten kürzere Röhren zu grösseren Werthen für η als längere.

Die Untersuchungen bezüglich des Einflusses der Elektrisirung und Magnetisirung hatten ein negatives Ergebniss. Es wurde zur Untersuchung des Einflusses magnetischer Kräfte eine concentrirte Lösung von Mangansulfat benutzt.

Der capillare Theil des Ausflussapparates wurde zwischen die auf ca. 7 mm genäherten Polflächen des Magnetes gebracht, welcher durch 3 oder 6 Bunsen'sche Elemente erregt wurde. Die Unterschiede der Ausflusszeiten waren sehr gering, und konnten hinlänglich durch die Temperaturunterschiede erklärt werden.

Die Einwirkung der elektrischen Kräfte sollte zunächst derart untersucht werden, dass die schwingende Scheibe als die eine zur Erde abzuleitende Platte eines Condensators benutzt wurde, indem man ihr eine andere auf ein gewisses Potential geladene Platte gegenüberstellte. Es erwies sich jedoch dieser Plan als nicht ausführbar, so dass man auch hier die Ausflussmethode benutzen musste, indem man die Capillare zwischen die Platten eines Condensators brachte.

Mit Ausnahme einer als fehlerhaft anzusehenden Beobachtung ergaben sich so geringe Unterschiede des Reibungscoëfficienten, dass dieselben den Beobachtungsfehlern zugeschrieben werden können.

F. K.

S. Pagliani e A. Battelli. Sull' attrito interno nei liquidi. Atti Torino XX, 607-634, 845-861†; [Natf. XVIII, 355, 422; [Beibl. IX, 378.

Die Verfasser haben die Methode des Ausflusses aus capillaren Röhren angewendet, um die Reibungscoëfficienten von Wasser, Alkoholen, Gemischen derselben und von Wasserlösungen verschiedener Gase zu bestimmen. Sie geben ihre Zahlenresultate noch nicht für definitiv aus, ziehen aber aus denselben vorläufig folgende Schlüsse:

1) Sie bestätigen das Ergebniss von Graham, Rellstab, Gérout, Pribram und Handl, dass der Reibungscoëfficient in homologen Reihen mit dem Moleculargewicht steigt. 2) Die Wasserlösungen sämmtlicher Alkohole geben bei gewisser Concentration ein Maximum des Reibungscoëfficienten. 3) Die Concentration, bei der dieses Maximum eintritt, sinkt, wenn die Temperatur steigt. 4) Es scheint eine allgemeine Beziehung zwischen der inneren Reibung der Gemische und ihrer Dampfspannung zu bestehen und zwar ist die Reibung um so kleiner, je höher die Dampfspannung. Eine Formel für diese Beziehung ist nicht gegeben. 5) Schon kleine Mengen absorbirten Gases afficiren den Coëfficienten der inneren Reibung beträchtlich; 2 pro Mille Kohlensäure erhöhen den des Wassers um mehr als 4 pCt. 6) Mit der Menge des absorbirten Gases wächst der Coëfficient im Allgemeinen, Ammoniaklösung aber zeigt ein Maximum, welches jedenfalls unter 40 pCt. liegt. 7) Der Reibungscoëfficient der Gaslösungen nimmt bei steigender Temperatur ab. 8) Die Vermehrung, welche der Reibungscoëfficient des Wassers durch Aufnahme von 1 pCt. Gas erleidet, ist um so grösser, je grösser der Reibungscoëfficient ist, den das absorbirte Gas in freiem Zustande zeigt. Die Verfasser machen schliesslich noch darauf aufmerksam, dass die Ammoniaklösung, wie ein Maximum des Reibungscoëfficienten, so auch ein Maximum der Dichtigkeit hat, während bei den anderen untersuchten Gemischen beide Maxima gleichmässig fehlen. *Bde.*

Beauchamp Tower. Friction Experiments. Second report on friction experiments. Engin. XXXIX, 150†.

(B. TOWER, bez. M. DEPREZ). Versuche über Druckvertheilung in einer Lagerschale. Dingler J. CCLVI, 377-379†.

Fortsetzung der Arbeiten, über deren Beginn in diesen Ber. XXXIX (1883), S. 214 referirt ist. Es handelt sich diesmal darum, den Flüssigkeitsdruck, welchen das Oel in einem Lager an irgend einer Stelle erleidet, zu messen. Wir führen die Zahlen aus Dingler J. an, wo sie aus dem englischen Maasssystem in das metrische umgerechnet sind. Der Gesammtdruck betrug 3632 kg, d. h. 24.05 kg pro qc Zapfenquerschnittsfläche; der Zapfen lief dabei mit 150 Umdrehungen in der Minute (Anfangsgeschwindigkeit 0.807 m/sec., Temperatur 32°). Die Oelpressungen waren (kg/qc):

	Vorn	Im Scheitel	Hinten
Querschnitt in der Mitte . . .	26.0	43.9	35.2
„ No. 1	25.0	43.2	34.1
„ No. 2	21.8	39.7	30.2

Für den Reibungscoëfficienten eines Zapfens von 102 mm Durchmesser, 152.4 mm Länge bei 20 Umdrehungen in der Minute, Schmierung durch Erdölbad, wurde ermittelt:

Belastung	31.1 kg/qc;	23.4 ;	14.8 ;	6.3
Reibungscoëfficient .	0.00132;	0.00168;	0.00247;	0.00440.

Ueber die Versuche von MARCEL DEPREZ vergl. man diese Berichte XL, (1) 271. *Lp.*

E. LOMMEL. Projection der Interferenz der Flüssigkeitswellen. Wiedemann Ann. XXVI, 156-157†; [Cim. (3) XX, 71; [J. Chem. Soc. L, 5; [Phil. Mag. (5) XX, 547; [Sill. 7 (3), XXXI, 150.

Zwei gleiche Wellensysteme werden durch Drähte, welche an den Zinken einer Stimmgabel befestigt sind, auf Quecksilber hervorgerufen, das sich in einer flachen Schale befindet.

Das vom Heliostaten oder der elektrischen Lampe kommende Licht wird durch eine Linse auf den Rand einer verticalen Kreisscheibe projicirt, welche um eine horizontale Achse drehbar und am Rande in einer Anzahl gleichmässig vertheilter Löcher durchbort ist. Der durch eines dieser Löcher austretende Lichtkegel wird von einem Spiegel auf die Quecksilberoberfläche reflectirt und so ein reelles vergrössertes Bild der letzteren auf einem Schirme entworfen. Steht die Scheibe still, so bemerkt man nur abwechselnd hellere und dunklere confocale Hyperbeln, in denen sich die Wellen verstärken oder aufheben. Wählt man jedoch für die Lochscheibe eine passend gewählte Geschwindigkeit, so bemerkt man auch scheinbar stehende Ellipsen, welche die Wellenringe darstellen. *F. K.*

C. Decharme. Hydrodiapasons, imitant les appareils électrophysiologiques et les électrodiapasons. La Lum. électr. XV, 10-13†.

— Nouvelles analogies entre les phénomènes électriques et les effets hydrodynamiques. La Lum. électr. XVII, 289-295, 345-347, 439-444, 533-537†; [Beibl. X. 53, 1886.

Ausführliche, durch interessante Abbildungen erläuterte Darlegung der Ideen des Verfassers über die Analogieen elektrischer und hydrodynamischer Erscheinungen und der nach dieser Richtung angestellten hydrodynamischen Versuche. Die wesentlichen Grundzüge derselben sind schon im vorhergehenden Bande dieser Berichte S. 356-359 besprochen worden. *F. K.*

Ch. Soret. Dispositif pour maintenir constant un faible courant d'eau. Arch. de Gen. (3) XIII, 67-70†; [Beibl. IX, 358.

Der Apparat besteht aus einer weiteren Röhre b, in welche das Wasser zunächst eintritt, in diese Röhre ragt eine zu einer Spitze ausgezogene engere Röhre a hinein; die Grösse der Oeffnung an der Spitze ist bedingt durch die Grösse des gewünschten Abflusses. *F. K.*

H. de la Goupillière. Théorèmes relatifs à l'actinométrie des plaques mobiles. C. R. C, 953-958.

Der Verfasser legt sich die Frage vor, wie die Regenmenge, die in ein Gefäss fällt, durch Bewegung des Gefässes modificirt wird. Nimmt man statt des Gefässes eine Platte, so ergiebt sich unter gewissen vereinfachenden Annahmen für die in der Zeit dt auf die Platte fallende Menge irgend einer Flüssigkeit

$$dq = Q \, . \, dt \, . \sin \alpha,$$

wobei Q die auf den Flächeninhalt der ruhenden horizontalen Platte fallende Menge ist und α der Neigungswinkel, den in dem betrachteten Moment die Tangente der Bahn des Schwerpunkts mit der Horizontalebene bildet. Durch Integration des obigen Ausdrucks folgt die Menge q, welche auf die Platte trifft, wenn ihr Schwerpunkt unter dem Einfluss der Schwere eine gegebene Curve durchläuft. Die behandelte Frage wird weiter dahin ausgedehnt, dass der Schwerpunkt sich unter dem Einfluss einer beliebigen Centralkraft statt unter dem der Schwere bewegt, und dass zugleich Q von der Entfernung vom Kraftcentrum abhängt. Endlich wird statt eines Kraftcentrums eine Reihe solcher angenommen. In allen Fällen ergiebt sich die auf die Platte fallende Menge als allein abhängig von den Niveauflächen, die durch die Anfangs- und Endlage des Schwerpunktes gehen. *Wn.*

G. ZAHIKJANZ. Kinetische Analyse der Actionsturbinen mit freiem Strahl. Civiling. (2) XXXI, 423-470.

Unter den im Titel genannten Turbinen versteht man bekanntlich solche, bei denen in der Spalte zwischen Leitrad und Laufrad kein Ueberdruck stattfindet, und bei denen das Wasser sich im Laufrade mit einer freien Seitenfläche bewegt. Es wird zunächst die Arbeit bestimmt, welche das Wasser leistet, indem es durch eine derartige Turbine fliesst. Der zweite Abschnitt giebt eine Lösung der von Herrn GRASHOF gestellten Preisaufgabe: Die Krümmungsverhältnisse der Schaufeln von Druckturbinen sollen gemäss der Forderung untersucht werden, dass das entlang fliessende Wasser überall den gleichen Druck ausübt.

F. K.

G. MOROSINI. Teoria meccanica delle scrematrici. Lomb. Ist. Rend. (2) XVIII, 584-598†.

Die Arbeit entwickelt, von den Bewegungsgesetzen fester und flüssiger Körper ausgehend, die Theorie derjenigen Centrifugen, welche in neuerer Zeit zur beschleunigten Trennung des Rahms von der Milch in Anwendung gekommen sind, und stellt auf Grund dieser theoretischen Erörterungen und unter Berücksichtigung der an vorhandenen Maschinen ausgeführten Experimente eine Reihe allgemeiner Sätze für die Construction solcher Maschinen auf. Im ersten Theile werden die Bedingungen erörtert, welche die Trennung des Rahms von der Milch begünstigen. Der zweite Theil handelt von der Kraft, die bei der Bewegung der Centrifugen nöthig ist; der dritte von dem Drucke gegen die Gefässwandung. Die Maschine von LAVAL und die von BURMEISTER und WAIN werden näher besprochen. *Lp.*

Litteratur.

Sir W. DAWSON. Hydromechanics. [Nat. XXXII, 164-165.

JOHN MURPHY. Key to Magnus Class-Book of Hydrostatics and Pneumatics. (London Science Class-Books) 67 pp. London: Longmans Green and Co. 1885. [Nat. XXXI, 314.

Verfahren zur Uebereinanderschichtung verschieden dichter Flüssigkeiten. ZS. phys. Unterr. II, 22.

POSKE. Ueber die Vorrichtung zum Nachweis des Bodendruckgesetzes. ZS. phys. Unterr. II, 69-70.

JOSEPH DUCRUE. Apparat zum TORRICELLI'schen Grundversuche mit Variirung des Druckes auf das untere Niveau. ZS. phys. Unterr. II, 32-33.

STOLZENBURG. Wo bleibt der Gewichtsverlust eingetauchter Körper? ZS. phys. Unt. II, 111-112.

H. EMSMANN. Gewichtsverlust der Körper in Flüssigkeiten. ZS. phys. Unterr. II, 226-29; [Beibl. X, 595.

A. BENECKE. Hydraulische Presse. ZS. phys. Unterr. II, 58-61; [Beibl. IX, 758.

G. K. GILBERT. A concrete problem in hydrostatics. Washington Bull. Phil. Soc. VII, 92.

A. BAULE. La theorie du navire. Brux. S. sc. IX, 259-85.

JOHN H. HECK. The Stability of Vessels. Engineering XXXIX, 377-78.

E. REED. The forms of ships. Science VI, 52-53.

Sir E. J. REED. The stability of Ships. Nature XXXI, 238-40, 285-87.

The Load-lines of Ships. Nat. XXXIII, 169-70. *Bde.*

A. LJAPUNOFF. Ueber die Stabilität von flüssigen Ellipsoiden. Dissert. St. Petersb. 1885, 124 pp. (russ.).†

Ausführlich referirt im Bull. astronom. 1885 und Fortschr. d. Mathem. 1888. *O. Chw.*

CH. CHREE. On the form in polar coordinates of certain expressions occurring in elastic solids and in hydrodynamics. Edinb. M. S. Proc. III, 109-114.

C. RAZZABONI. Del moto lineare dei liquidi tenendo conto della loro viscosità con applicazione ad alcuni casi d'efflusso. Bologna Mem. (4) IV, 689-706, 1884.

BOCK. Ueber Hydrodynamik nach dem HAMILTON'schen Princip. Mitt. Hamb. Mat. Ges. I, 108, 1884/5.

E. BENDER. Ueber stehende Schwingungen einer Flüssigkeit, welche auf einer festen Kugel ausgebreitet ist. Kiel, 1885.

CONRAD W. COOKE. The Hydrodynamic Researches of Prof. BIERKNES. Engineering XXXIX, 304-306, 357-358, 413-414, 543.

G. G. STOKES. Ueber die höchste Welle von gleichförmiger Fortpflanzung. Proc. Cambr. Phil. Soc. IV, 361-65, 1883. Vorläufige Mittheilung. [Beibl. IX, 221-23.

O. GUSINDE. Beiträge zum Thema: Ueber den Ausfluss

von Wasser durch kleine kreisförmige Oeffnungen. Diss., Breslau, Kohler. [ZS. f. Instrk. V, 369; [Beibl. IX, 608-610. *Rz.*

KUNKEL. Ueber Beeinflussung des Flüssigkeitsstromes in Röhren durch verengernde Diaphragmen. Würzburg. Ber. 30. Vorläufige Notiz.

WRONSKY. Ein Versuch über die Elasticität des Wassers. ZS. f. phys. Unt. II, 15-16.

STOLZENBURG. Bemerkung dazu. ibid., 118.

A. STARKOFF. Die Oberfläche des geringsten Widerstandes in Flüssigkeiten. Sapiski (Schriften) der math. Abth. der neuruss. Naturf. Ges. (Odessa), IV, p. 49-137. *O. Chw.*

VERGUE. Pièces relatives à l'hélice cannelée. Dijon, 1885.

DUROY DE BRUIGNAC. Recherches sur la construction théorique des hélices propulsives. Remarques sur l'effet d'une force. Paris, 1885. Capiomont et Renault.

A. LEDIEU. Sur la comparaison des navires entres eux, au point de vue propulsif. C. R. C. 837-41.

O. HULT. Hydroaërostatisk Log. D. R. P. No. 31819, 1884. [ZS. f. Instrk. V, 329. *Bde.*

N. PETROFF. Apparate zur Untersuchung der inneren Reibung von Flüssigkeiten. St. Petersb. 1885 (russ.). *O. Chw.*

RUDELOFF. Woodbury's Verfahren und Apparat zur Untersuchung des Reibungscoëfficienten von Schmierölen. ZS. d. Ing. XXIX, 450-54.

Ermittelung der Schmierfähigkeit von Schmiermaterialien. Polyt. Not. XL, 144.

S. LAMANSKY. Untersuchung über Schmieröle. Dingler J. CCLVI, 176-189.

H. ROB. THURSTON. A treatise on friction and lost work in machinery and mill work: containing an explanation

of the theory of various experimenters to deduce the laws of friction and lubricated surfaces, etc.
New York: J. Wiley & Sons, 1885.

T. MARTINI. Sur les figures d'écoulement des liquides.
J. de Phys. (2) IV, 339. Prioritätsreclamation, sh. v. Bezold.

C. DECHARME. Experiences hydrodynamiques.
Ann. chim. phys. (6) VI, 329-342. Nachahmung electrolytischer Ringe etc.

Automatic Springlers. Engin. XXXIX, 20-22, 71-72, 151-153, 572.

C. J. H. WOODBURY. On the coefficient of efflux of automatic sprinklers. Science VI, 215. (Aus Proc. Amer. Assoc.). Technisch; im Referat der Science sind keine Ausflusscoëfficienten angegeben.

WERNER SIEMENS bez. GERLACH. Ueber eine neue Methode der Wasserhebung. Dingler J. CCLVI, 284-285.

D. P. TODD. On a universal form of pressure motor.
Science VI, 214-215. (Aus Amer. Assoc.). Kurze, nicht ausziehbare Notiz, wesentlich technisch.

Pompe universelle à clapets mobiles. La Nat. XIII (2) 332.

A. RIBAUCOURT. Sur deux phénomènes d'hydrodynamique observés au bassin de Saint-Christophe. Grenoble, Ass. Franç. XIV (2) 252-55.

A. DE CALIGNY. Expériences sur des phénomènes du mouvement de l'eau dans un appareil employé à élever de l'eau au moyen d'une chute motrice.
C. R. C. 419-20.

Shocks in Water-Pipes. Engin. XXXIX, 20.

Pompe sans pistons ou pompe chinoise.
La Nature XIII (1), 111-112.

Hydromoteur JAGN: L. POILLON. La Nature XIII (1) 113-15.

F. GUIDI. Sul modo più utile di convertere in forza locomotrice l'energia di forze idrauliche.
Atti Acc. Pont. dei Lincei XXXVIII, 106-113, 1884/85.

GUST. HERRMANN. Die graphische Theorie der Turbinen. Dingler J. CCLV, 351-352. Aus Verh. d. Vereins zur Beförderung des Gewerbefleisses 1884, 307-79, 521-80.

An attempt to propel a vessel by the recoil from explosions. Science VI, 374.

A. ZIMMERMANN. Zur GODLEWSKI'schen Theorie der Wasserbewegung in den Pflanzen. Ber. d. bot. Ges. III, 290-93, 1885.

F. TISSERAND. Sur le mouvement de rotation de la Terre autour de son centre de gravité. C. R. CI. 195-99.

---

6. Aëromechanik.

Metronomische Beiträge No. 4. Barometrische Untersuchungen. Herausgegeben von der Kaiserl. Normal-Aichungs-Commission. Berlin. Dümmler's Verlagsbuchhdlg. 1885. 43 Seiten. 4°.

Die vierte Nummer der Metronomischen Beiträge enthält folgende zwei Abhandlungen:

1) Absolute barometrische Bestimmungen unter Controle des Vacuums durch elektrische Lichterscheinungen von Dr. L. GRUNMACH.

2) Das Heberbarometer N von H. F. WIEBE.

In der ersten Abhandlung theilt Herr GRUNMACH in eingehender Weise die Messungen mit, welche er zur Prüfung des bei den thermometrischen Fundamentalversuchen (vergl. diese Berichte XXXVII, 722-725) benutzten Heberbarometers ausgeführt. Die von ihm angewandte Methode beruht auf den elektrischen Entladungserscheinungen in einer an dem sogenannten Vacuum einer Barometerröhre angeschmolzenen GEISSLER'schen Röhre; diese Entladungserscheinungen gewähren uns noch über die höchsten Grade der Verdünnung, zu deren Bestimmung selbst die besten der für die Druckmessung von Gasen üblichen Instrumente nicht mehr hinreichen, genügenden Aufschluss. Wenn auch für geringe Drucke bestimmte quantitative Beziehungen zwischen den Aenderungen der Entladungserscheinungen in GEISSLER'schen Röhren und den Aenderungen der Drucke der in ihnen eingeschlossenen Gase noch nicht festgestellt sind, so kann doch das Auftreten gewisser Erscheinungen (z. B. das nur noch vereinzelte Hindurchgehen der Elektricität bei verhältnissmässig starken Inductionsströmen, oder das vollständige Fluoresciren der Röhre) als ein Maass für ein Barometervacuum angesehen werden, da bei weiter fortgesetztem Evakuiren trotz der Mannigfaltigkeit in den dabei eintretenden optischen Veränderungen der Entladungserscheinungen, welche offenbar als eine Folge einer weiteren Druckabnahme zu betrachten ist, kathetometrisch mit den uns zu Gebote stehenden Messinstrumenten diese Druckabnahme in keiner Weise mehr constatirt werden konnte. Diese aus den optischen Veränderungen allein gefolgerte Druckabnahme muss desshalb unterhalb der Genauigkeitsgrenze, mit welcher wir die verticalen Längen der Quecksilbersäulen bestimmen können, liegen und demgemäss auch unterhalb der Genauigkeitsgrenze, welche wir bei den barometrischen Messungen zur Zeit erreichen.

Die mit einer GEISSLER'schen Röhre versehene Normalheberbarometerröhre von 12 mm innerem Durchmesser, deren beide Schenkel zur Erzielung weiter, von den Capillaritätswirkungen möglichst befreiter Quecksilberoberflächen in einem dem mittleren Atmosphärendrucke entsprechenden Höhenabstande zu gleich grossen cylindrischen Gefässen von 30 mm innerem Durchmesser erweitert sind, war mittelst eines Schliffstückes an das Trockengefäss einer GEISSLER'schen Luftpumpe befestigt. Der freie Schenkel der Röhre ist rechtwinklig umgebogen und an seinem Ende mit einem in eine sehr feine, lange, hohle Spitze ausgezogenen Hahn versehen. Die Füllung der Barometerröhre wurde in folgender Weise bewerkstelligt. Nachdem die Austrocknung beendigt und die Verdünnung soweit getrieben war, dass die GEISSLER'sche Röhre, wenn sie durch einen stärkeren Inductionsstrom erregt wurde, ihrer ganzen Länge nach fluorescirte, wurde der vorhin erwähnte Hahn, während die Spitze sich unter dem zuvor sorgfältig gereinigten, erwärmten Quecksilber befand, vorsichtig ein wenig geöffnet, so dass sich durch den äusseren Luftdruck zunächst die hohle Spitze mit Quecksilber füllte; darauf wurde der Hahn geschlossen und die durch das aufsteigende Quecksilber aus der Spitze in die Barometerröhre getriebene kleine Luftmenge vollständig evacuirt; dann wurde der Hahn wieder geöffnet, so dass der äussere Luftdruck das Quecksilber in ganz kleinen Tröpfchen in die Barometerröhre so lange trieb, bis diese mit der erforderlichen Menge gefüllt war. Während dieses Vorganges wurde beständig evacuirt und der elektrische Strom durch die Geissler'sche Röhre geschickt. Man erhält so ein mit trockenem und luftfreiem Quecksilber gefülltes Normalheberbarometer. Zur Bestimmung der Temperatur dienten drei sorgfältig bestimmte Quecksilberthermometer, welche in mit Quecksilber gefüllten Glasröhren in verschiedenen Höhen neben der Normalheberbarometerröhre sich befanden. Neben der letzteren war in einem justirbaren Stative ein in Millimeter getheilter, genau untersuchter Messingsmaasstab und ebenfalls in einem justirbaren Stative das zu prüfende Heberbarometer N aufgehängt. Die Messungen erfolgten mit Hülfe des Bamberg'schen Kathetometers in dem mit Präcisionstemperirung versehenen grossen Comparatorsaale. Es gelang mittelst der geschilderten Methode aus zwei grösseren Beobachtungsreihen, über deren Discussion und Berechnung auf die Originalabhandlung verwiesen werden muss, das Vorhandensein einer kleinen Luftmenge im sogenannten Vacuum des Heberbarometers mit Sicherheit nachzuweisen und den Depressionscoëfficienten numerisch zu bestimmen. —

In der zweiten Abhandlung giebt Herr Wiebe zunächst eine Beschreibung und die Geschichte des soeben erwähnten Heberbarometers N, welches in den Jahren 1870—1882 bei der Normal-Aichungs-Commission, ausser zu thermometrischen Untersuchungen und feineren Gewichtsbestimmungen, vorzugsweise dazu gedient hat, die bei letzterer von wissenschaftlichen Instituten, Behörden etc. eingereichten Barometer zu prüfen. Diese Prüfungen, bei denen zugleich die Fehlerquellen untersucht worden sind, welche aus

Anomalien der Capillaritätserscheinungen hinsichtlich der Kuppenbildung, aus den Veränderungen von Form und Krümmung der Quecksilberkuppen sich ergeben, werden in extenso mitgetheilt und discutirt.

Eine weitere Vergleichung des Heberbarometers N mit einem von FUESS construirten Gefässheberbarometer und einem ebenfalls von FUESS construirten Normalbarometer ersten Ranges hat ergeben, dass die von Herrn GRUNMACH nach der elektrischen Prüfungsmethode abgeleitete Correctionsformel für die Luftspannung im sogenannten Vacuum des Barometers N bis zuletzt in voller Geltung geblieben ist. *L. Grnm.*

CLEMENS WINKLER. Ueber einen Apparat zur raschen Reduction der Gasvolumina auf den Normalzustand. Dingler J. CCLVIII, 505-506; Chem. Ber. XVIII, 2533-2535†; ZS. f. Instr. VI, 32.

Der Apparat besteht aus einem Quecksilbermanometer, dessen Schenkel durch einen Gummischlauch verbunden sind. Ein Schenkel endigt in eine mit einem Hahn versehene Kugel von 100 cm^3 und ist mit einer Theilung versehen, der andere ist offen. Füllt man in den geschlossenen Schenkel die Menge von mit Wasserdampf gesättigter Luft, welche unter normalen Umständen 100 cm^3 einnehmen würde, so kann man jederzeit den Reductionsfactor bestimmen und für ein über Wasser aufgefangenes und an der in cm^3 getheilten Röhre abgelesenes Volumen Gas dessen Normalvolumen berechnen. *Pt.*

PILLET. Sur un ludion barométrique. Ass. Franç. Grenoble XIV, [1] 104, [2] 246-248.

Ein Gefässbarometer mit geradem Rohr erhält an seinem oberen Ende einen geradlinigen, senkrechten, dünncylindrischen Aufsatz (Draht oder Glasstäbchen resp. Glasröhrchen). An diesem Aufsatz ist ein Nullpunkt markirt und derselbe skalenartig getheilt. In der Mitte ist das Rohr des Barometers mit einem Glasmantel umgeben, der ihm als Schwimmer dient, und das ganze Instrument wird wie ein Araeometer in einen grossen Glascylinder voll Wasser versenkt. Dabei ist der Schwimmer so ajustirt, dass bei normalem Luftdruck der Nullpunkt der Skale gerade die Wasseroberfläche berührt. Steigt nun der Luftdruck, so sinkt das Quecksilber im Gefäss und eine entsprechende Menge Wasser wird in das Gefäss gepresst. Das Araeometer wird also entsprechend schwerer und sinkt tiefer ein. Die Tiefe des Einsinkens hängt offenbar von der Dicke des Aufsatzes ab. Der Apparat kann also ein äusserst empfindliches Barometer darstellen. Verf. hat seine grosse Empfindlichkeit durch Versuche constatirt, erklärt aber, dass er ihn mehr als ein Curiosum betrachte. Als einen Nachtheil desselben sieht er an 1) dass alle Röhren etc. genau calibrirt sein müssten (dies scheint dem Ref. nicht richtig, vielmehr würde eine empirische Calibrirung des Aufsatzes offenbar genügen), 2) seine schwer zu beherrschende Empfindlichkeit gegen Temperatureinflüsse. Das Versuchsinstrument des Verfassers gab an einem Tage Niveauänderungen von 8—10 cm. *Bde.*

ADNET. Manometer mit freier Luft zur Messung schwacher Spannungen. Dingler J. CCLV, 471-472†.

Eine U-förmig gebogene beiderseits offene Manometer-Röhre wird geneigt, um den Längen-Unterschied der beiden auf dem Rohr selbst gemessenen Flüssigkeitssäulen zu vergrössern.

Pt.

STOLZENBURG.*) Der kartesianische Taucher. ZS. f. physik. Unterr. II, 10; [Beibl. IX, 652.

A. HANDL. Bemerkungen zu STOLZENBURG's Abhandlung über den kartesianischen Taucher. ZS. f. phys. Unterr. II, 46.

STOLZENBURG. Erwiderung. ZS. f. phys. Unterr. II, 118.

H EMSMANN. Der kartesianische Taucher — kein Spielzeug. ZS. f. phys. Unterr. II, 55-57; [Beibl. IX, 705.

---

*) Im Original steht STOLZENBERG, das obige scheint die richtige Lesart zu sein.

STOLZENBURG benutzt folgende Form des Tauchers. Eine etwa 3 mm weite und 60 mm lange oben geschlossene Glasröhre erweitert sich unten zu einer Kugel von 10 mm Durchmesser, die unten noch ein kurzes Röhrchen mit feiner Oeffnung trägt. Der Apparat wird bis über die Kugel gefüllt, so dass man das Wasser in ihm bequem steigen sieht. Aequilibrirt wird er mittels einer über das obere Rohr geschobenen Korkscheibe, die man nach Bedürfniss zuchneidet.

HANDL will die Korkscheibe durch eine mit Luft gefüllte Glaskugel ersetzen.

STOLZENBURG hält den Kork für besser, weil man das specifische Gewicht des Tauchers dabei sehr leicht variiren kann, z. B. auch so, dass der Taucher auf dem Boden des Gefässes liegen bleibt. EMSMANN verweist auf die pädagogische Bedeutung der mit dem Taucher anzustellenden Versuche und schlägt dabei gelegentlich vor, für passives Schwimmen das deutsche Wort „flotten“ zu gebrauchen. *Bde.*

HUGONIOT. Sur la propagation du mouvement dans les corps, et specialement dans les gaz parfaits.

— Sur la propagation du mouvement dans un fluide indéfini (première et deuxième partie). C. R. CI, 794-796, 1118-1120, 1229-1232†; [Beibl. X, 219-221.

Bezeichnet u die Verschiebung in der Richtung x, ϱ_0 und p_0 die anfängliche Dichte und den anfänglichen Druck einer zur Richtung x senkrechten Flüssigkeitsschicht, m das Verhältniss der spec. Wärmen, so besteht die Gleichung

$$\frac{\partial u^2}{\partial t^2} = F\left(\frac{\partial u}{\partial t}\right)\frac{\partial^2 u}{\partial x^2}$$

oder im besonderen für vollkommene Gase

$$\varrho_0 \frac{\partial^2 u}{\partial t^2} = m p_0 \left(1 + \frac{\partial u}{\partial x}\right)^{-m-1} \frac{\partial^2 u}{\partial x^2}.$$

Diese Gleichungen hören auf gültig zu sein, wenn Discontinuitäten eintreten, in welchem Falle der Herr Verfasser die Bewegung darstellt durch die Gleichung

$$\varrho_0 \frac{\partial^2 u}{\partial x^2} = -\frac{\partial}{\partial x}\left[f(x)\left(1+\frac{\partial u}{\partial x}\right)^{-m}\right]$$

wo f(x) eine willkürliche Function bezeichnet.*)

Die weiteren Betrachtungen über die Ausbreitung der Bewegung stellt der Herr Verfasser vom geometrischen Gesichtspunkte an, indem er die zwei Bewegungen darstellt durch Integral-Flächen, deren Coordinaten x, t und u sind. Die Horizontalprojection ihrer Schnittcurve giebt ein Bild der Ausbreitung, aus deren Krümmung die Zustände der Bewegung geometrisch abgeleitet werden können.

In der weiteren Behandlung der Flüssigkeiten geht der Verfasser zunächst aus von den Euler'schen Bewegungsgleichungen. Bezeichnen dann u, v, w die Geschwindigkeitscomponenten, p den Druck der Flüssigkeit, u die Normale der Fläche, nach welcher die Ausbreitung geschieht, λ, μ, ν die Richtungscosinus der Normalen, so erhält er für die Geschwindigkeit der Ausbreitung der einen Bewegung in die andere den Ausdruck

$$\frac{du}{dt} = \lambda u + \mu v + \nu w \pm \sqrt{\frac{1}{F'(p)}}$$

woraus die Geschwindigkeit der Ausbreitung, bezogen auf die Flüssigkeit, gleich $\pm \sqrt{\frac{1}{F'(p)}}$ folgt, indem $\varrho = F(p)$ die Beziehung zwischen Dichte und Druck darstellt. Hierbei ist angenommen, dass diese Relation $\varrho = F(p)$ für alle Punkte der Flüssigkeit gelte. Um von dieser Beschränkung frei zu werden, tritt der Herr Verfasser in neue Betrachtungen ein, und findet auf Grund der Lagrange-schen Bewegungsgleichungen einen neuen Ausdruck für die Geschwindigkeit

$$\left(\frac{du}{dt}\right)^2 = \frac{1}{\Theta^2 F'(p)}\,[A^2 + B^2 + C^2]$$

*) Für vollkommene Gase zieht der Verfasser aus seinen Gleichungen eine überraschende Folgerung: Wenn die Dichte einer Schicht plötzlich geändert wird, so liegt das Verhältniss der Anfangs- zur End-Dichte zwischen $\frac{m-1}{m+1}$ und $\frac{m+1}{m-1}$.

$$\text{wo } \Theta = \begin{vmatrix} \frac{\partial u}{\partial x} & \frac{\partial v}{\partial x} & \frac{\partial w}{\partial x} \\ \frac{\partial u}{\partial y} & \frac{\partial v}{\partial y} & \frac{\partial w}{\partial y} \\ \frac{\partial u}{\partial z} & \frac{\partial v}{\partial z} & \frac{\partial w}{\partial z} \end{vmatrix}$$

und

$$A = \lambda \frac{\partial \Theta}{\partial \frac{\partial u}{\partial x}} + \mu \frac{\partial \Theta}{\partial \frac{\partial u}{\partial y}} + \nu \frac{\partial \Theta}{\partial \frac{\partial u}{\partial z}},$$

B und C analoge Ausdrücke bedeuten.

Aus diesem Werthe ergiebt sich der gleiche Werth für die Geschwindigkeit der Ausbreitung, wie aus den EULER'schen Gleichungen, doch ist derselbe nun von der oben ausgesprochenen Beschränkung frei. *Pt.*

H. WILDE. On the velocity with which air rushes into a vacuum, and on some phenomena attending the discharge of atmospheres of higher into atmospheres of lower density. Phil. Mag. XX, 531-544†; [Cim. (3) XX, 276; [J. de phys. (2) V, 474; [Beibl. X, 749.

Der Apparat des Verfassers bestand aus zwei starken Eisencylindern von 573 bez. 8459 Kubik-Zoll Inhalt, in denen die Luft bis zu 15 Atmosphären zusammengedrückt werden konnte. Es wurde stets die Zeit beobachtet, in welcher der Druck des (kleineren) Ausflussgefässes um 1/n Atmosphären [n = 3 für Taf. I, IV, V; n = 15 für Taf. II, III, VI] sank und wegen der Temperaturänderung eine Correction zugefügt. Die Ausflussöffnung war ein kreisförmiges Loch von 0.02 Zoll Durchmesser in einer Platte von 0.01 Zoll Dicke. Zur Berechnung der Ausflussgeschwindigkeiten wurde infolge der „vena contracta" nur 0.62 der Oeffnung in Rechnung gezogen. In Tafel I wird die Geschwindigkeit für Drucke zwischen 9 und 2/3 Atmosphären einerseits und 1/25 Atmosphäre andrerseits gegeben, sie fällt dabei von 1215 auf 720 $\frac{\text{Fuss}}{\text{sec.}}$. Tafel II enthält das Intervall 1 Atmosphäre bis 2/15 Atmosphäre gegen ein Vacuum von 4/150 Atmosphäre. Die erhaltenen Geschwindigkeiten fallen von 1021 auf 679 $\frac{\text{Fuss}}{\text{sec.}}$. Ganz anders gestaltete sich der Gang der Geschwindigkeiten, wenn man nicht in einen nahezu evacuirten Raum, sondern in einen solchen von einer oder mehreren Atmosphären ausströmen liess. In Tafel 3 sind dieselben für Ueberdrucke zwischen 1 bis 2/15 Atmosphäre gegen 1 Atmosphäre gegeben. Sie steigen von 2043 auf 4219 $\frac{\text{Fuss}}{\text{sec.}}$. Tafel IV entspricht wieder der ersten Tafel, nur ist statt des Vacuums eine Atmosphäre äusserer Druck genommen.

Zwischen 9 und 7/3 Atmosphäre Ueberdruck bleibt die Ausströmungsgeschwindigkeit fast constant (1350—1400), wächst dann aber rasch und erreicht bei 2/3 Atmosphäre Ueberdruck 2114 $\frac{\text{Fuss}}{\text{sec.}}$.

Der Verfasser schliesst daraus, dass die Atmosphäre für alle Ueberdrucke grösser als eine Atmosphäre wie ein Vacuum wirkt und der ausströmenden Luft keinen Widerstand entgegensetzt.

Der Verfasser verallgemeinerte obiges Resultat noch, indem er Luft auch in Räume von stufenweise höherem Druck mit verschieden grossem Ueberdruck ausströmen liess. Folgende Tafeln enthalten die gewonnenen Resultate:

Absol. Atmosph.	0	1	2	3	4	5	6	7	8
	Secunden								
9	7.5	7.5	7.5	7.5	7.5	7.5	7.5	9.0	11.0
8	8.5	8.5	8.5	8.5	8.5	8.5	10.0	13.5	
7	10.0	10.0	10.0	10.0	10.0	11.0	14.5		
6	12.0	12.0	12.0	12.0	12.5	16.0			
5	15.0	15.0	15.0	15.5	20.5				
4	20.0	20.0	20.0	25.5					
3	27.0	27.0	31.0						
2	43.0	43.0							
1	97.0								

In der ersten Verticalreihe stehen, wie in der folgenden Tafel, die Drucke im Ausströmungsgefäss, in der ersten Horizontalreihe die äusseren Drucke.

Pf. per Quadr.-Zoll	0	1	2	4	6	8	10	12	14
15	16.0	16.0	16.0	16.0	16.0	16.5	18.0	21.5	35.5
14	17.5	17.5	17.5	17.5	17.5	18.5	20.5	26.5	
12	21.0	21.0	21.0	21.0	21.0	22.5	30.0		
10	25.5	25.5	25.5	25.5	26.5	33.5			
8	32.5	32.5	32.5	32.5	38.0				
6	45.0	45.0	45.0	47.5					
4	70.0	70.0	72.0						
2	180.0	190.0							

Pt.

E. Dorn. Einige Vorlesungsversuche. III. Einen Wirbelring durch einen anderen hindurch zu treiben. Wied. Ann. XXVI, 331-334; [Cim. (3) XX, 155-156.

Als Apparat zur Erzeugung der Wirbel dient der bekannte W. Thomson'sche Kasten. Die beiden fraglichen Ringe sollen so rasch nach einander erzeugt werden, wie die Hand dies nur auszuführen vermag. Der zweite Schlag muss etwas kräftiger sein als der erste. *Bde.*

J. B. Baille. Propagation d'un ébranlement dans un cylindre. Ass. Franç. Grenoble XIV, [1] 104-105.

Pflanzt sich der Schall in einer Luftmasse fort, die in einem Rohre eingeschlossen ist, so wird die Luft ihre vorübergehenden Temperaturänderungen umsomehr mit den Wänden des Rohrs ausgleichen, je enger das Rohr ist. In engen Röhren wird also an Stelle der adiabatischen Schallfortpflanzung mehr und mehr die isothermische treten, d. h. der Laplace'sche Coëfficient wird sich immer weniger geltend machen und die Schallgeschwindigkeit wird in langen, engen Röhren nicht den Laplace'schen Werth von 330 $\frac{m}{sec}$ erreichen, sondern sich dem uncorrigirten Newton'schen Werth von 280 $\frac{m}{sec}$ nähern. Verfasser hat in der That in einem 300 m langem, 6 cm weiten Kupferrohr eine Schallgeschwindigkeit von nur 310 $\frac{m}{sec}$ gefunden. *Bde.*

Ein Heber. Cosmos XXXIV, 317; [Beibl. IX, 705†.

Um die Bewegung der Flüssigkeit in einem Heber sichtbar zu machen, ist das obere Ende einer doppelt gekrümmten Glasröhre schräg abgeschnitten und taucht nur mit halber Schnittöffnung in Wasser, während das untere Ende in eine Spitze ausgezogen ist. Beim Ansaugen tritt Bewegung einer von Luftblasen unterbrochenen Wassersäule ein. *L. Grnm.*

Th. F. Jewell. On the apparent resistance of a body of air to a change of shape. Science VI, 207.

Aus Am. Assoc. Scheiben von Schiessbaumwolle, die auf der Unterseite eine (vertiefte) Stempelung trugen, wurden auf einer Metallplatte zur Explosion gebracht. Nachher waren die Stempelzeichen auf der Metallplatte abgezeichnet, als ob die Luft aus den Vertiefungen in das Metall getrieben worden wäre. *Bde.*

Duroy de Bruignac. Ueber den Einfluss der Gestalt der Körper auf den Bewegungswiderstand im widerstehenden Mittel, insbesondere in der Luft. Dingler J. CCLVI, 93-94†; Genie civil VI, 269; Mém. de la soc. des ing. civ. 1884, 111.

Der Luftwiderstand ist der Grösse der vom Luftstrom getroffenen Fläche und der dritten Potenz des Sinus des Winkels zwischen Fläche und Windrichtnng proportional. Der Mittelpunkt des Druckes entfernt sich vom Schwerpunkt der Fläche in dem Maasse, wie der Sinus des oben genannten Winkels wächst. In Anwendung dieser Resultate auf den Luftwiderstand von Ballons findet der Verfasser, dass dieser Widerstand im Verhältniss 38 : 1 abnimmt, wenn bei gleichem Volumen das Verhältniss Länge zu

Breite 10 mal grösser wird. Auf Grund seiner Ermittelungen glaubt DUROY DE BRUIGNAC annehmen zu müssen, dass das Luftschiff von RENARD und KREBS unter sonst gleichen Umständen eine Geschwindigkeit von etwa 10 m erreichen würde, wenn dasselbe mit dem schlankeren Ende voranginge, während es jetzt nur eine Geschwindigkeit von 5.5 erreicht. *Pt.*

M. THIESEN. Ueber die Gesetze des Luftwiderstandes nach Versuchen mit dem SCHELLBACH'schen Rotations-Apparat. Wied. Ann. XXVI, 309-328†; [Cim. (3) XX, 154-155; [J. de phys. (2) V, 485.

Die Arbeit enthält eine Bearbeitung älterer, von den Herren SCHELLBACH,*) BRUNS, NETTO, GIESE, POSKE und HEYNE ausgeführten Beobachtungen, sowie eine Reihe neuer ergänzender Versuche des Verfassers über den Widerstand cylindrischer Stäbe, welche um eine zu ihrer eigenen senkrechte Axe rotiren Da hauptsächlich jener Widerstand von unmittelbarem theoretischen wie praktischen Interesse ist, den ein geradlinig und mit gleichförmiger Geschwindigkeit bewegter Körper in der unbegrenzten ruhenden Luft erfährt, so mussten besondere Betrachtungen angestellt werden, um von dem Falle der rotirenden auf den Fall der geradlinigen Bewegung überzugehen. Zunächst wird untersucht, wie der Widerstand von der Natur des Mediums und von der Geschwindigkeit der Bewegung bei cylindrischen Stäben von 0.330, 0.380, 0.430, 0.630 und 1.002 m Länge und 0.275 cm Dicke abhängt.

Der Zusammenhang zwischen der Umlaufszeit t und dem durch den Apparat gemessenen Moment G der Widerstandskraft liess sich durch die Formel darstellen:

$$\text{I)} \qquad G t^2 = A_1 t + A_2$$

wo A_1 und A_2 Constante sind.

Es zeigte sich ferner, dass wenn L die Länge bedeutet, die Grössen $\frac{A_1}{L^3}$ wie $\frac{A_2}{L^4}$ annähernd constant waren, was schon nach der Theorie erwartet werden konnte.

---

*) Sh. SCHELLBACH, Pogg. Ann. CCXLIII, p. 1, 1871.

Es sei nämlich P der Druck gegen einen Stab von der Länge Eins, welcher mit der Geschwindigkeit v senkrecht zur Axe bewegt wird, gegeben durch:

$$\text{II)} \quad P = B_1 v + B_2 v^2 + B_3 v^3,$$

es sei ferner vorausgesetzt, dass der Druck auf jedes Theilchen dx in der Entfernung x von der Rotationsaxe eines rotirenden Stabes durch die obige Beziehung dargestellt wird, dann erhält man das Moment des Druckes für den ganzen Stab, da v durch $2\pi x/t$ ersetzt werden kann:

$$\text{III)} \quad 2\int_0^{\frac{1}{2}L} Px\,dx = \frac{\pi}{6} B_1 \frac{L^3}{t} + \frac{\pi^2}{8} B_2 \frac{L^4}{t^2} + \frac{\pi^3}{10} B_3 \frac{L^5}{t^3} + \ldots$$

Wie die oben angeführten Versuche beweisen, entsprechen die bei der Bildung von (III) gemachten Voraussetzungen sehr nahe der Wirklichkeit.

Gt^2 lässt sich jetzt auch unter die Form bringen

$$\text{IV)} \quad Gt^2 = C_2 L^4 + C_1 L^3 t \quad .$$

wo C_2 und C_1 nur noch von der Dicke der Stäbe abhängen.

Nachdem so ein gemeinschaftlicher Gesichtspunkt gefunden war, konnten auch die Correctionen wegen Temperatur und Luftdruck zweckmässiger angebracht und eventuelle Verbesserungen der Formel (IV) abgeleitet werden. Auf dieser Basis wäre die Vergleichung sämmtlicher Beobachtungen möglich gewesen, wenn nicht manche Stäbe eine von den bisher behandelten verschiedene Dicke gehabt hätten. In Folge dieses Umstandes musste die Abhängigkeit von der Dicke erst speciell untersucht werden. Einen theoretischen Zusammenhang liefert der aus den hydrodynamischen Gleichungen gefolgerte Ausdruck für den gegen einen Körper ausgeübten Druck,

$$\text{V)} \quad P = \varepsilon v^2 l^2 \mathfrak{f}\left(\frac{k\,vl}{\varepsilon\, v^2 l^2}\right)$$

worin k den Reibungscoëfficienten v die Geschwindigkeit, l eine den linearen Dimensionen proportionale Grösse und $\mathfrak{f}(\,)$ eine Function bezeichnet, welche nur von der Figur des Körpers und seiner Lage in dem Flüssigkeitsstrome abhängt. Berücksichtigt man, dass der Druck proportional der Stablänge gefunden wurde, so folgt aus

(V), dass der Druck in dem mit v multiplicirten Gliede von der Dicke unabhängig, in dem mit v^2 proportionalen der Dicke proportional sein muss.

Zur Prüfung des ersten Satzes wurden neue Versuche angestellt, bei denen über die Stäbe des Apparates je 2 Rohrpaare von der doppelten und der u-fachen Stabdicke aufgeschoben waren. Es ergab sich, dass in dem Ausdruck für Gt^2 noch ein mit 1/t proportionales Glied zugefügt werden muss, was auch schon in den Versuchen mit den dünnen Stäben angedeutet war.

Aus der gewonnenen dreigliedrigen Formel

$$\text{VI)} \qquad Gt^2 = D_1 L^3 t + D_2 d L^4 + D_3 d^2 L^5 \frac{1}{t}$$

wurden die als absolute Constanten vorausgesetzten Grössen D_1, D_2, D_3 abgeleitet. d ist der Dicke der Stäbe proportional.

Zum Schluss werden die gewonnenen Resultate in absolutes Maass übergeführt.

Der Herr Verfasser findet schliesslich das Moment des Luftdruckes gegen einen cylindrischen Stab von der Länge L und der Dicke d, welcher mit der Umlaufszeit t gleichmässig um seine Mitte rotirt

$$\text{VII)} \frac{H\varrho}{g} = 10^{-6} \left\{ 3.80 \frac{L^3}{t} + 0.599 \frac{L^4 d}{t^2} + 0.000216 \frac{L^5 d^2}{t^3} \right\} [\text{cm, g, sec}]$$

Hieraus folgt als Luftdruck gegen einen cylindrischen Stab, der sich senkrecht zu seiner Axe mit der Geschwindigkeit v bewegt:

$$\text{VIII)} \ \frac{H}{g} = 10^{-6} L \left\{ 7.25 v + 0.486 d v^2 + 0.000\,069\,8 d^2 v^3 \right\} [\text{cm, g, sec}]$$

Die Coëfficienten der Formel (VIII) sind aus denen der vorhergehenden durch Multiplication mit $6/\pi$, $8/\pi^2$, $10/\pi^3$ zu erhalten, wie durch Vergleichung von (II) mit (III) hervorgeht. Die Gültigkeit von (VIII) erstreckt sich auf Werthe d, v, welche zwischen 50 und 500 liegen. Zur Ueberführung der letzten Formel auf absolutes Maass muss die rechte Seite mit der Schwere-Constanten multiplicirt werden. Um (VIII) auch noch auf beliebige Flüssigkeiten auszudehnen, sind statt der in den Constanten der Formel enthaltenen Dichte ($\varepsilon = 0.001\,200$) und Reibung ($\eta = 0.000\,190$)

der Luft diese beiden Factoren auf Grund von (V) als Variable einzuführen, wodurch man erhält

$$H = 37.4\, \eta v L + 0.3972\, \varepsilon v^2 d L + 0.00000904 \frac{\varepsilon^2}{\eta} v^3 d^2 L. \text{ [cm, g, sec]}$$

Pt.

J. PILLET. Equilibre du cerf-volant. Ass. Franç. Grenoble XIV, [2], 101-107.

Ist v die Geschwindigkeit des Windes in $\frac{m}{sec}$, ω eine in Quadratmetern ausgedrückte ebene Fläche, α der Winkel, den die Fläche mit der Windrichtung macht, so nimmt der Verfasser an, der Normaldruck des Windes auf die Fläche ω wirke auf den geometrischen Schwerpunkt derselben und habe in Kilogrammen den Betrag $N = 0.113 \,.\, \Omega \,.\, v^2 \sin^2 \alpha$. Von dieser Grundlage ausgehend giebt er die Gleichgewichtsbedingung für einen Drachen, die Winkel, welche der Drache mit der Windrichtung und mit dem Faden macht, die Spannung des Fadens und die vortheilhafteste Art der Anknüpfung. Die guten Eigenschaften des Drachens hängen hauptsächlich von der Anknüpfung ab und zwar soll nach dem Verfasser der Abstand des Schwerpunktes von der Insertionsstelle des Fadens dreimal so gross sein wie der Abstand dieses Insertionspunktes vom Mittelpunkte des Winddruckes. *Bde.*

J. M. INGALLS. Exterior ballistics in the plane of fire. New-York. D. van Nostrand, 128 S.; Ref. Nature XXXIV, 493-494.

Nach der Anzeige dieses Buches in der Rev. d'Art. (XXVI, 191-194) enthält es die Vorlesungen des Verfassers in der Artillerieschule des Fort Monroe (Virginien). Im ersten Theile wird der Luftwiderstand erörtert, im zweiten die Bewegung der Geschosse.

Lp.

E. VALLIER. Étude sur les lois de la résistance de l'air. Rev. d'Art. XXVI, 226-235, 324-347†.

Diese Arbeit ist eine Fortsetzung der im J. de math. (3) IX, 147 veröffentlichten (diese Ber. XXXIX, 207, 270). Indem der Verfasser hier noch einmal auf die Formel eingeht, welche nach seinen früheren Untersuchungen geeignet ist, den Luftwiderstand darzustellen, bleibt er für Geschwindigkeiten zwischen 600 und 350 m bei der Form S (p′—p″) stehen, wo S den senkrechten Querschnitt des Geschosses, p′ den vorderen, p″ den hinteren Luftdruck bezeichnet und ausserdem p′ und p″ durch

$$p' = p_0 e^{b' v^2}, \quad p'' = p_0 e^{a - b'' v^2}$$

ausgedrückt werden. Für Geschwindigkeiten über 600 m ist p″ gleich Null zu setzen. Unter Annahme dieses Widerstandsgesetzes werden nun die ballistischen Formeln entwickelt. Bei der Integration werden einige Male Factoren, welche die Ausführung der Rechnung in geschlossener Form unmöglich machen, in Gestalt eines Mittelwerthes ausserhalb des Integralzeichens gesetzt, und dadurch gelingt es dem Verfasser, Endformeln für die geforderten Grössen zu finden, in denen hyperbolische Functionen und der Integrallogarithmus neben den Kreis- und Exponentialfunctionen vorkommen. Die Prüfung der Formeln wird an einer Reihe von Beispielen vollzogen und ergiebt recht gut stimmende Resultate. Zwischen den Grenzen 600 und 350 m scheint danach der Ausdruck

$$R = p_0 S (e^{b' v^2} - e^{a - b'' v^2})$$

den Luftwiderstand gut darzustellen. Für höhere Geschwindigkeiten, die artilleristisch nicht gebräuchlich sind, fehlt noch die genügende Anzahl von Versuchen. Für kleinere Geschwindigkeiten als 350 m erleidet das Widerstandsgesetz in der Nähe der Schallgeschwindigkeit plötzliche Aenderungen. Zur genaueren Erkenntniss dieses Verhaltens schlägt der Verfasser die Vornahme von Versuchen vor, bei denen die Geschwindigkeit innerhalb enger Grenzen geändert wird. *Lp.*

K. Cranz. Zur Bewegung der Geschosse. Civiling. XXXI, 103-126.†

I. Es ist eine bekannte Erscheinung, dass die Aufpflanzung des Seitengewehres eine Linksabweichung des Geschosses bewirkt. Dieselbe ist, wie nach Mittheilung des Herrn Verfassers schon Herr P. du Bois-Reymond bemerkt hat, eine Folge der durch das

Bajonett bewirkten Verlegung des Schwerpunktes nach rechts. Eine genauere Bestimmung dieses Einflusses hat grosse Schwierigkeiten. So lässt sich z. B. der Einfluss des schiessenden Soldaten auf das Gewehr wohl gar nicht schätzen; der Herr Verfasser betrachtet ihn als einen Zwang, der das Gewehr in einer horizontalen Ebene frei beweglich erhält. Ferner kennen wir so gut wie gar nicht die Entwickelung der Kraft, welche in der Richtung des Laufes auf das Geschoss wirkt, d. h. die Differenz D von Pulverkraft und Reibung an dem Laufe; hier wird angenommen, dieselbe sei constant. Die mechanische Aufgabe, auf welche das Problem durch die erste Annahme reducirt ist, hätte sich, wie Referent an anderm Orte gezeigt hat, ohne die zweifelhafte zweite Voraussetzung lösen lassen. Der Herr Verfasser benutzt jedoch neben den richtigen Bewegungsgleichungen für Gewehr und Geschoss die Gleichung

$$m \frac{d^2\zeta}{dt^2} = D,$$

in welcher m die Masse des Geschosses, ζ seinen Abstand von der zum Lauf senkrechten Schwerpunktsebene des Gewehres für die Zeit t bedeutet; D ist oben definirt. Die Richtigkeit dieser Gleichung und damit die des abgeleiteten Resultates wird durch den Umstand hinfällig, dass auch das Gewehr beweglich ist.

II. Es wird eine Formel für die Abhängigkeit der Anfangsgeschwindigkeit des Geschosses von dem Drall des gezogenen Gewehrs ermittelt; nach Angabe verschiedener Gesetze für die Entwickelung der Pulverkraft wird bei der Rechnung Constanz der letzteren zu Grunde gelegt. Der Herr Verfasser gelangt zu der Formel:

$$V = \sqrt{\frac{2PR^2\pi L}{M}} \frac{1}{\sqrt{1 + \frac{k^2}{R^2} \operatorname{tg}\alpha \frac{\operatorname{tg}\alpha + f}{1 - f\operatorname{tg}\alpha}}},$$

(M Masse, R Radius, Mk^2 Trägheitsmoment des Geschosses, P Pulverkraft für die Flächeneinheit, L Länge des Laufes, α der Drallwinkel, f Reibungsconstante von Blei auf Stahl).

Ein kurzer Anhang handelt vom Rückstoss. *F. K.*

F. SIACCI. Sur l'établissement des tables du tir vertical. Rev. d'Art. XXVI, 431-445†.

F. POUCHELON. Tables balistiques. Rev. d'Art. XXVI, 467-476†.

Der erste Artikel ist ein Auszug aus einer Arbeit, die Herr SIACCI in der Rivista di Artiglieria e Genio veröffentlicht hat; er hat darin den OTTO'schen „Tafeln für den Bombenwurf" (Berlin, 1842) eine neue Form gegeben. Die beigedruckten Tafeln schreiten von 30° bis 75° um je 5° fort und geben für wachsenden Luftwiderstand die Schussweite, Anfangs- und End-Geschwindigkeit, den Aufschlagswinkel, die Flugzeit und den Pfeil der Bahnlinie.

Der zweite Artikel geht auf Formeln zurück, die ebenfalls von Herrn SIACCI aufgestellt und in der Rev. d'Art. XVII, 45 (1880) abgedruckt sind. Sie unterscheiden sich von denen des ersten Artikels darin, dass sie nach der Anfangsgeschwindigkeit v von 700 m an um je 5 m absteigend bis 100 m geordnet sind, und dass sie die Werthe der Function T(v) geben, die zur Berechnung der Flugzeit dient. *Lp.*

E. MACH und J. WENTZEL. Ein Beitrag zur Mechanik der Explosionen. Wien. Ber. XCII (2), 625-638†; Wied. Ann. XXVI, 628-640; [J. de phys. (2) V, 477; [Cim. (3) XX, 169; [Naturf. XIX, 49.

Im Anfang wird die noch unaufgeklärte Explosion von Dynamit, Knallsilber, Jodstickstoff etc. durch Influenz erwähnt, die eintritt, wenn in der Nähe dieser Stoffe eine andere, erregende Explosion statt hat. Darauf sind Versuche mit Knallsilber beschrieben, das meistens frei auf einer horizontalen Visitenkarte zwischen zwei aufgeklebten zugespitzten Stanniolstreifen lag und durch den Funken einer Leydener Flasche angezündet wurde. Dabei schlugen die Explosionsgase stets, auch im luftleeren Raum, ein Loch von der ungefähren Grösse des verwendeten Knallsilberstückchens durch die Karte, wenn diese frei eingeklemmt war, sie verursachten eine durch den Rückstoss bedingte, nach oben convexe, blasige Erhebung, wenn die Karte auf einem Tische lag. Dass dieses Durchschlagen bei andern Explosivstoffen, wie Pulver, nicht eintritt, kann nur durch den Unterschied in der Dauer der Explosion erklärt werden. Um die Geschwindigkeit derselben zu bestimmen, vertheilten die Verfasser Knallsilber möglichst gleichmässig auf zwei parallelen Linien, zwischen denen eine berusste Glasplatte lag. Lässt man die Explosion gleichzeitig auf beiden Linien beginnen, so dass die Richtung des Abbrennens verschieden ist, dann entsteht auf dem berussten Glase ein schief liegender Interferenzstreifen, aus dessen Winkel gegen die Parallelen sich die Fortpflanzungsgeschwindigkeit der Explosion (1700—2000 $\frac{m}{sec}$) berechnen lässt, wenn die Geschwindigkeit des begleitenden Luftstosses als bekannt vorausgesetzt werden darf. In Folge der hohen Geschwindigkeit der fortgeschleuderten Gase, deren Dichte im ersten Momente noch nicht bedeutend von jener des festen Knallsilbers abweicht, wirkt die Kraft der Explosion nur auf einen sehr kurzen Weg gegen die durchbohrte Unterlage, so dass die hierbei auf die ganze Karte übertragene Energie gering sein muss, was an einer Art von ballistischem Pendel nachgewiesen wird. Mit diesem letzteren wurde auch die Geschwindigkeit der Explosionsgase bestimmt. Es bestand aus einem sehr leichten Wagebalken mit halbkugligen Schalen an den Enden, über welchen das Knallsilber abgebrannt wurde. Die Geschwindigkeit bestimmten die Verfasser zu 3500 bis1750 $\frac{m}{sec}$. Zum Schluss sind einige Versuche beschrieben, die als Vorversuche zur Photographie der von Geschossen mitgerissenen Luftmassen dienen sollen. Eine Pistolenkugel schliesst, während sie vor dem Objectiv eines photographischen Apparates vorübergeht, eine Leydener Batterie, wird dadurch während eines Augenblickes beleuchtet und photographirt. *Pt.*

S. W. Holman. On the effect of temperature on the viscosity of gases. Proc. Amer. Acad. Arts. and Sc. XXI, 1—44†; Phil. Mag. (5) XXI, 199—222; [Beibl. X, 556—558†.

In dieser zweiten Publication (S. ib. XII, 41-50, 1876) veröffentlicht der Verfasser die Resultate von 250 unabhängigen Bestimmungen der Reibungscoëfficienten der Luft in einem Temperatur-Intervall von 0° bis 140° und von 140 Beobachtungen mit Kohlensäure zwischen 0° und 225°, die er nach der Transpirationsmethode angestellt hatte. Der Apparat war ähnlich dem früher benutzten. Das getrocknete Gas strömte nach einander durch zwei Glas-Capillaren von etwa 30″ Länge aus einem Raum von gemessenem constanten Druck in einen andern, aus dem dasselbe beständig ausgepumpt wurde, so dass der Druck ebenfalls bekannt und constant war. Der Druck des Gases wurde im Zwischenraum ebenfalls gemessen. Von den möglichst gleichen Capillaren befand sich die eine im Eise, die andere in einem Oelbade, dessen Temperatur selbst bei 222° noch auf $\pm 0.5°$ constant zu halten gelang. Die Luft war durch concentrirte Schwefelsäure, Chlorcalcium und Phosphorsäure getrocknet, die Kohlensäure mittelst Salzsäure und Marmor entwickelt, gewaschen, getrocknet und durch Kupfersulfat-Anhydrid von Schwefelsäurespuren befreit worden. Aus dem Sammelgefässe wurden die Gase mittelst concentrirter Schwefelsäure verdrängt und durch die Capillaren gepresst. Das Verhältniss der Reibungscoëfficienten bei den Temperaturen 0° und t° berechnet sich mittelst der Gleichung:

$$\frac{\eta_t}{\eta_0} = \frac{R_2^4 \lambda_1}{R_1^4 \lambda_2} \cdot \frac{p_2^2 - p_3^2}{p_1^2 - p_2^2} \cdot \frac{1 + 3At}{1 + \alpha t}$$

wenn η_t und η_0 die Reibungs-Coëfficienten bei den Temperaturen t und 0°, R_1 und R_2 die Radien und λ_1 und λ_2 die Längen der beiden Capillaren, p_1 p_2 p_3 den Druck beim Eintritt, bezw. Austritt aus den Capillaren bedeuten. A ist der lineare Ausdehnungscoëfficient des Glases und α derjenige des Gases zwischen 0 und t°.

Durch partielle Differentiation wurde ermittelt, wie gross der Fehler jeder einzelnen Variablen sein dürfe, um das Resultat um 1 ‰ zu beeinflussen, und mit den möglichen Beobachtungsfehlern verglichen. Der Herr Verfasser glaubt auf Grund dieser Rechnung die Richtigkeit seiner Resultate selbst bei den höchsten Temperaturen auf ein Zweihundertel des Werthes verbürgen zu können, und hält in Folge der guten Uebereinstimmung der zu verschiedenen Zeiten mit verschiedenen Apparaten erhaltenen Resultate constante Fehler für ausgeschlossen.

Die erste Reihe ergab für Luft $\frac{\eta_{100}}{\eta_0} = 1.270 \pm 0.005$, die zweite und dritte Reihe, bei welchen die eine Capillare schraubenförmig gewunden war, lieferten unsichere Resultate. Gute Beobachtungen waren die 50 letzten der vierten Reihe (Oct. bis Dez. 1878), aus denen der Verfasser nach der Methode der kleinsten Quadrate ableitet:

$$\frac{\eta_t}{\eta_0} = 1 + 0.002\,821\ t - 0.000\,001\,49\ t^2$$

und

$$\frac{\eta_{100}}{\eta_0} = 1.267$$

Die besten Resultate lieferte die 5. Reihe (April 1885):

No.	$p_1 - p_2$ mm	$p_1 + p_2$ mm	$p_2 - p_3$ mm	$p_2 + p_3$ mm	t_2 °	η_2/η_1 beobachtet	berechnet	Diff.
1—3	92.2	1418	113.3	1212	13.95	1.0377	1.0383	—0.0006
4—8	83.9	1423	122.2	1217	42.97	1.1180	1.1176	+0.0004
10—12	77.4	1425	128.8	1219	67.81	1.1850	1.1850	0
13—16	72.3	1430	133.5	1224	88.77	1.2411	1.2415	— 0.0004
17—22	70.1	1441	136.3	1234	99.21	1.2698	1.2696	+0.0002
23—27	65.0	1447	141.1	1240	124.4	1.3306	1.3368	—0.0062

Nach der Methode der kleinsten Quadrate folgt aus No. 1—25 zwischen 0 und 100°:

$$\frac{\eta_t}{\eta_0} = 1 + 0.002\,751\ t - 0.000\,000\,34\ t^2$$

Die mittlere Abweichung der Beobachtungen von den berechneten Werthen ist 0.0012 oder ungefähr ein Tausendstel.

Um die mit Kohlensäure gemachten Beobachtungen zwischen 0° und 224° darstellen zu können, war eine 3gliedrige Formel nothwendig:

$$\frac{\eta_t}{\eta_0} = 1 + 0.003\,725\ t - 0.000\,002\,64\ t^2 + 0.000\,000\,004\,17\ t^3$$

Nach Maxwell sollte das Verhältniss $\frac{\eta_t}{\eta_0}$ proportional der absoluten Temperatur T sein, dies ist aber nicht der Fall; noch ist $\frac{\eta_t}{\eta_0} = c\,T^n$, ebensowenig genügen die Formeln: $\eta_t = \eta_0\,(1 + b\,t)$, oder $\eta_t = \eta_0\,(1 + a\,t)^n$, (wenn t in Centesimalgraden ausgedrückt wird), wie auch aus den Resultaten von E. WIEDEMANN und v. OBERMAYER hervorgeht. Der Verfasser stellte daher seine Beobachtungen durch eine nach steigenden Potenzen der Temperatur fortschreitende Reihe dar, und findet, dass für Kohlensäure seine Zahlen von denen von OBERMAYER bei 100° um 0.7 % und bei 200° um 1 % abweichen.

Die Unabhängigkeit des Reibungscoëfficienten vom Druck wird in Uebereinstimmung mit den Arbeiten anderer bestätigt.

Pt.

H. SCHNEEBELI. La valeur absolue du coefficient de frottement de l'air. Arch. Sc. Phys. Nat. (3) XIV, 197-202†; J. de phys. (2) V, 290; Beibl. IX, 770-771.

Der Verfasser construirte zu Uebungszwecken folgenden einfachen Apparat zur Bestimmung des Reibungscoëfficienten der Luft nach der Transpirationsmethode. An einen graduirten, unten trichterförmig verengten Cylinder A ist mittels eines Kautschukschlauches ein Glasrohr C angesetzt, dessen Länge je nach dem Drucke, den man ausüben will, zwischen 0.5 und 1.3 m variirt wird. Dieses Rohr taucht in ein zweites cylindrisches Gefäss B, welches unten mit einem Hahn versehen ist. A ist oben durch einen mit 2 Hähnen versehenen Deckel hermetisch geschlossen. Der eine Hahn communicirt mit einer Pumpe, mittels deren Wasser aus dem Gefässe B angesaugt werden kann. Der andere Hahn wird mit der Capillaren verbunden. Neben den beiden Cylindern befindet sich ein einfacher Stangenzirkel, der sich in einem Träger verschieben lässt. Nachdem die Gefässe mit Wasser gefüllt sind, öffnet man den nach der Pumpe führenden Hahn.

Die aus der Capillaren in den oberen Raum strömende Luft verdrängt nach und nach das Wasser aus dem oberen Gefässe und mittelst des Stangenzirkels versichert man sich, dass der Niveau-Unterschied in beiden Gefässen constant bleibt. Man beobachtet nun die Zeiten, zu denen das obere Niveau die Theilstriche 100, 200, 300 passirt, deren entsprechende Volumina vorher durch Auswägen bestimmt worden sind.

Die Beobachtungen wurden berechnet nach der Formel

$$\mu = \frac{\Delta g \pi (h_1^2 - h_2^2) R^4 z}{16 l v h_2^1} \frac{T}{T_1}$$

in welcher Δ die Dichte des Quecksilbers, g die Beschleunigung durch die Schwere, h_1 und h_2 die Drucke an den Enden der Capillaren, R den Radius und z die Zeit bedeutet, welche ein Volum Luft braucht, um in das obige Gefäss einzuströmen. h_2^1 ist gleich dem Drucke h_2 weniger der Spannung des Wasserdampfes. T ist die absolute Temperatur der Capillare; T_1 diejenige des Gefässes A.

Zur Reduction auf 0° wurde die Formel

$$\mu_0 = \frac{\mu}{1 + 0.0027\,t}$$

benutzt.

Die einzelnen Rohre ergaben

No.		l (cm)	R (mm)
II	$\mu_0 = 0.000\,1712$	l = 38.95	R = 0.1236
III	1690	85.06	0.1625
IIIa	1698	24.95	0.1625
IIIb	1703	60.11	0.1625
IV	1734	43.61	0.1090
Mittel	0.000 1707		

v. Obermayer fand (Carl Rep. XII und XIII) nach einer ähnlichen Methode:

1) für variablen Druck-Unterschied an den Enden der Capillaren

$$\mu_0 = 0.000\,1706,$$

2) für constanten Druckunterschied

$$\mu_0 = 0.000\,1675.$$

Den Unterschied schreibt Schneebeli dem Umstande zu, dass v. Obermayer der Spannkraft des Wasserdampfes im oberen Gefässe nicht Rechnung getragen hat. *Pt.*

H. Schiff. Ein Gasdruckregulator ohne Metalltheile.

Berl. Chem. Ber. XVIII, 2833-2841†; Beibl. X, 219.

Der Regulator ist nach dem Clegg'schen Princip von Crafts mit ganz einfachen Hülfsmitteln, wie sie in jedem chemischen Laboratorium stets zur Hand sind, hergestellt. Eine unten geschlossene Röhre A, an welche nahe dem unteren geschlossenen Ende zwei einander gegenüberstehende kurze Seitenröhren d angeschmolzen sind, ruht in senkrechter Stellung auf einem Holzfuss, der zugleich den ganzen Apparat trägt. Ueber dieses Rohr ist eine Flasche B mit abgesprengtem Boden von ca. 1 Liter Inhalt, mit dem Hals nach unten, mittelst eines durchbohrten Pfropfens geschoben und dann mit phenolhaltigem Wasser gefüllt, doch so, dass das Wasser nicht in das Rohr A laufen kann. Eine Kochflasche C mit nach Bedarf abgeschnittenem Hals ist wieder über das Rohr A gestürzt und functionirt wie ein gewöhnliches Gasometer. Ueber der Höhlung im Boden der Kochflasche steht ein horizontaler Stift, welcher durch eine Kautschuk-Membran in das Innere eines kleinen geschlossenen Ballons reicht, und die dort befindliche Einströmungs-Oeffnung des Gases, je nach dem Gasdrucke, bez. nach der dadurch bedingten Höhe der Kochflasche, mehr oder weniger schliesst. Die durch den Hebel absperrbare Oeffnung ist das Ende eines Glasrohres, das mit einer der beiden oben erwähnten Seitenröhren d des Rohres A in Verbindung steht. Die zweite Seitenröhre d wird bis auf einen kleinen Spalt abgeschlossen und führt zum Brenner. Der ganze Apparat functionirte mehrere Jahre zur vollen Zufriedenheit des Verfassers.

Es wird dann ein von Giroud construirter Regulator beschrieben, der recht gute Dienste leisten soll, wenn nicht sehr grosse Constanz des Druckes verlangt wird. Ein kleines Gasometer steht in einem etwas weiteren und höheren Cylinder, welch' letzterer in der Mitte des Deckels das Gasableitungsrohr G trägt. Die Gasometerglocke ist mit einem kleinen Loch versehen, welches stets Gas mit ungefähr gleicher Geschwindigkeit ausströmen lässt. Ausserdem kann auch noch das Gas mittelst eines verschliessbaren Rohres durch den Boden des kleinen Gasometers in den äusseren Cylinder gelangen. Wird der Gasdruck zu stark, so hebt sich die Gasometerglocke und verschliesst theilweise mit einem oben aufsitzenden Conus das Gasableitungsrohr G. *Pt.*

K. Antolik. Ueber eine ringförmige Quecksilberluftpumpe. Ung. Ber. III, 40-43†.

Eine Glasröhre von 15 mm innerer und 23 mm äusserer Weite ist zu einem Ringe von etwa 1.1 Meter Durchmesser gebogen. Die beiden Enden kommen oben in einem Hahn mit doppelter Bohrung zusammen, der sie gegeneinander abschliesst, aber abwechselnd den einen Theil mit dem Recipienten, den andern mit der Atmosphäre in Verbindung zu setzen gestattet. Der innere Raum des Glasringes ist zu einem Drittel mit Quecksilber gefüllt, und man kann durch Drehung des Apparates um seinen Mittelpunkt den einen oder den andern Schenkel bis zum offenen Hahn mit Quecksilber füllen, um dann durch Rückwärtsdrehen bei geschlossenem Hahn das entstehende Vacuum zu benutzen.

Pt.

F. Windhausen. Rotirende Luftpumpe. Dingler Journ. CCLVI, 16-17†.

Die Maschine ist nach dem Princip des Wassertrommelgebläses gebaut. Das Wasser wird durch Rotation eines horizontalen Schaufelrades innerhalb eines geschlossenen Gefässes in Bewegung gesetzt, es bildet an der äusseren Wand in Folge der Centrifugalkraft einen Flüssigkeitsring, welcher an einer Stelle durch ein ganz wie bei der Wasserluftpumpe geformtes Rohr strömen muss. Im Innern des Ringes wird die Luft verdichtet und kann durch eine Oeffnung nahe der Axe entweichen. *Pt.*

H. Phillips. Experiments with currents of air. Engin. XL, 170.

Th. Moy. Experiments with currents of air. Engin. XL, 186.

H. PHILLIPS. Experiments with air currents.
Engin. XL, 200-201.

TH. MOY. Experiments with air currents.
Engin. XL, 237.

H. PHILLIPS. Experiments with air currents.
Engin. XL, 253.

Es wird zum Zwecke der Construction von Ballons und Flugmaschinen der horizontale Widerstand und der Auftrieb von verschiedenen Flächen gemessen, wenn dieselben in einen Strom von 27—60 m Geschwindigkeit gebracht werden. Für ebene Flächen fand sich ein Winkel von 15° als der günstigste. Die Resultate der Versuche mit den krummen Flächen können hier nicht gegeben werden, da deren Form nur durch beigegebene Zeichnungen angedeutet wird. Alle haben im vorderen Drittel die stärkste Krümmung, die wieder oben und unten verschieden ist.

Die übrigen Mittheilungen sind gegenseitige Berichtigungen und Erklärungen. *Pt.*

K. PRYTZ. Vondstandsmaaling ved Maaling af Lufttryk og et dertil construeret Compensationsmanometer.*)
Tidsskrift for Physik og Chemi 1885, S. 129-137.

Eine mit einem Manometer verbundene Röhre wird nach einem festen Punkte unter dem Wasserspiegel geführt. Man sendet einen sehr langsamen Luftstrom durch die Röhre ins Wasser, dessen Druck an der Röhrenmündung und somit auch die Wasserhöhe durch das Manometer gemessen wird. Für den Fall, dass man das Manometer, um selbstthätige Registrirung zu erhalten, an einem Wagebalken befestigt, hat der Verf. ein Manometer construirt, durch dessen Anwendung die Aenderungen im specifischen Gewichte des Wassers auf das Gleichgewicht des Wagebalkens ohne erkennbaren Einfluss bleiben. Man führt zu diesem Zweck zwei Röhren ins Wasser, die in verschiedenen Höhen ausmünden; durch jede

*) Wassermessen durch das Messen von Luftdruck und ein dazu construirtes Compensationsmanometer.

der Röhren wird ein Luftstrom gesandt. Das eiserne Manometer hat drei communicirende Schenkel, der eine vertikal und oben offen, die zwei anderen schräg gegen einander gestellt und oben mit je einer der beiden Röhren verbunden. Die Bewegung des Quecksilbers zwischen den beiden letztgenannten Schenkeln hängt nur von dem specifischen Gewicht des Wassers ab und kann, wie vom Verf. theoretisch und practisch gezeigt wird, zur selbstthätigen Correction für die Aenderungen des specifischen Gewichtes benützt werden. *K. P.*

F. UHLIG. **Flüssigkeitszerstäuber.** ZS. phys. Unt. II, 185-186†; [Beibl. X, 269, 1886.

Beim gewöhnlichen Zerstäuben bedarf man eines starken Luftstroms im Blasrohr, um den erforderlichen negativen Druck im Steigrohr hervorzubringen. Verf. setzt deshalb neben das Blasrohr ein zweites Röhrchen, welches in das Innere der Flasche führt, so dass ein Theil des Blasedruckes dazu verwendet wird, die Flüssigkeit im Steigrohr hydrostatisch in die Höhe zu treiben.

Bde.

Litteratur.

K. KRAJEWITSCH. **Ueber das Verhältniss zwischen Elasticität und Dichtigkeit der Luft in verdünntem Zustande.** Journ. d. russ. phys.-chem. Ges. XVII, 85 p., 335-397†.

Enthält eine ausführliche Beschreibung der Versuche, deren Resultate schon früher (T. XVI, No. 5) veröffentlicht waren. Den grösseren Theil bildet eine ausführliche Kritik aller auf die Geschwindigkeit des Schalles und die Gültigkeit des Mariotte'schen Gesetzes bezüglichen Arbeiten. *O. Chw.*

CH. BOHR. **Om Iltens Afvigelse fra den Boyle-Mariotteske low ved lave Tryk.** Mem. de l'Ac. de Copenhagen (6) II, 403-417; ist in Wiedem. Annalen 1886 erschienen und wird dort berücksichtigt. *K. P.*

M. LANGLOIS. **Écoulement des Gaz; lignes adiabatiques.** CR. CI, 993-1000, [Cim. (3) XIX, 77.

H. EMSMANN. Der Aneroidring. ZS. phys. Unterr. II, 62-64.

A. BENECKE. Bemerkungen zu EMSMANN's Abhandlung über eine einfache Vorrichtung zur Veranschaulichung des Princips des Aneroidbarometers. ZS. phys. Unterr. II, 278-279.

R. FUESS. Apparat zur Prüfung von Aneroiden. ZS. f. Instrkde. V, 997-999.

H. EMSMANN. Zum Experimentiren bezüglich der Gesetze des Hebers. ZS. phys. Unterr. II, 173-176; [Beibl. X, 269, 1886.

Ludion. La Nat. XIII, (2) 288.

DUCRUE. Selbst registrirendes Barometer. Ein Schulversuch. ZS. phys. Unt. II, 119; [Beibl. X, 268, 1886.

E. SCHULZE. Die Magdeburger Halbkugeln. ZS. phys. Unterr. II, 138-139.

L. ERKMANN. Quecksilberregen unter der Luftpumpe. Centralzt. f. Optik u. Mech. VI, 70; [Beibl. IX, 653.

G. SCOTT's Luftverdichtungspumpe für hohe Pressungen. Dingler J. CCLVIII, 390-391.

GEBHARD. Ueber Luftpumpen. ZS. d. Ing. XXIX, 365-366. *Bde.*

LENOIR. Determination of friction with gases flowing through pipes. Chem. News. LI, 229; [Beibl. IX, 566.

G. MILLER. Neuerungen an der TELCHOW'schen Luftpumpe zum pneumatischen Hammer. ZS. f. Instrkde. V, 40.

SIEMENS und HALSKE. Neuerung an Quecksilberluftpumpen. ZS. f. Instrk. V, 73.

W. DABNEY und B. v. HERFF. Quecksilberluftpumpe für Stickstoffbestimmungen nach DUMAS. ZS. f. Instrk. V, 324; Chem. News LI, 244.

A. F. GOWER. Important experiments in aerial navigation. Nature XXXII, 133.

W. F Bell. Flying machines. Engineering XL, 575-576.

Th. Moy. Flying machines. Engineering XL, 600.

C. H. Stearn. Luftpumpe. ZS. f. Instrk. V, 253; Pat. No. 31023.

Quecksilberpumpe auf dem Princip der archimedischen Schraube beruhend. *Pt.*

Anonimo. a) Sulla misurazione delle botti. — b) Barovolumenometro. — c) Un nuovo barometro. Rendic: d. Acc. d. Line I, 424.

Titel nebst abfälliger Kritik der Commission.

J. Brik. Graphische Darstellung des Winddrucks auf cylindrische Flächen. Centralbl. d. Bauverw. V, 60.

Der Winddruck auf ein unter dem Winkel α getroffenes Element wird gleich $w \sin \alpha$ angenommen.

H. Lehmann. Ueber das Messen von Geschossgeschwindigkeiten. Z. dtsch. Ing. XXIX, 484-488.

Bezieht sich auf den Apparat von Le Boulangé.

C. de la Fresnaye. Mémoire sur un procédé de repérage applicable au tir de campagne. Rev. d'Art. XXV, 481-511.

Danion. Propositions relatives à des procédés de repérage en direction dans le tir des bouches à feu de place. Rev. d'Art. XXVI, 69-82.

R. Roblin. Note sur un procédé de repérage en direction applicable aux pièces de campagne et aux pièces de siège. Rev. d'Art. XXVI, 133-146.

F. Pouchelon. Tables balistiques. Rev. d'Art. XXVI, 467-476; [F. d. Math. XVII, 901-902.

Maus et Montigny. Rapport sur trois communications (déposées aux archives) relatives à l'amélioration des aérostats par Gerard, Van Weddingen et Jacquet 79, 85. Bull. de Belg. (3) IX, 79-85, 85-110.

CH. RENARD. Sur les nouvelles expériences exécutées en 1885 au moyen du ballon dirigeable La France. C. R. CI, 1111-13.

— Nouvelles expériences avec un aérostat dirigeable. Rev. Scient. XXXVI, 692-694.

Navigable Balloons (RENARD). Engineering XL, 547-548.

G. TISSANDIER. Sur les mouvements des aérostats. C. R. CI, 715.

— La locomotion aérienne avant les Montgolfier. Rev. Scient. XXXV, 769-776.

— Le centenaire de BLANCHARD et de sa prémière traversée de la Manche, en ballon, avec le Dr. JEFFRIES. La Nat. XIII (1) 401-404.

La Direction des aérostats jugée en France et à l'étranger. La Nature XIII (1) 99.

L'aérostat dirigeable de Chalais-Meudon. La Nat. XIII (2) 222-223.

Death ot LOUIS GODARD. Nature XXXI, 394.

GUSTAVE DUGAT. Les précurseurs arabes de l'aéronautique. Rev. Scient. XXXVI, 59.

G. T. Une montgolfière. La Nat. XIII (1) 272.

Kleiner Ballon von trocknem Seidenpapier, steigt in die Höhe, wenn das Papier des Ballons von oben herab angezündet wird.

F. GUIDI. Recettore idraulico animato dall' aria compressa. Atti Acc. Pont. dei Lincei XXXVIII, 136-138, 1884/85.

KARL MÜLLENHOF. Die Grösse der Flugbarkeit. Pflüg. Arch. XXXVI, 548-572.

Un oiseau mécanique en papier. La Nat. XIII (1) 336.

Bde.

7a. Elasticität und Festigkeit.

W. Hess. Ueber die Biegung und Drillung eines unendlich dünnen elastischen Stabes mit zwei gleichen Widerständen, auf dessen freies Ende eine Kraft und ein um die Hauptaxe ungleichen Widerstandes drehendes Kräftepaar einwirkt. Math. Ann. XXV, 1-38†; [Beibl. IX, 225-227†.

Fortsetzung der in diesen Berichten Bd. XL (1), 399 erwähnten Abhandlung. Nach Kirchhoff sind die Differentialgleichungen eines sehr dünnen, elastischen Stabes, dessen eines Ende von einem Kräftepaar angegriffen wird, von derselben Form, wie die eines starren Körpers, der ohne Kräfte um einen festen Punkt rotirt. Fügt man zu dem Kräftepaar am Stabende noch eine ziehende Einzelkraft hinzu, so werden seine Gleichungen analog denjenigen eines rotirenden Körpers, welcher der Schwere unterliegt. Wie die letzteren sich nur für den Fall zweier gleichen Trägheitsmomente integriren lassen, so lässt sich das Elasticitätsproblem nur dann vollständig behandeln, wenn zwei von den Hauptwiderständen des Stabes gegen Deformation einander gleich sind. Dies ist das von Hess behandelte Problem: Er nimmt an, dass der Stab zwei gleiche Hauptwiderstände habe, und dass das Kräftepaar um die Hauptaxe ungleichen Widerstandes drehe. Es sind dann noch zwei Hauptfälle zu unterscheiden: Entweder sind die beiden Hauptbiegungswiderstände einander gleich, oder einer von ihnen ist gleich dem Widerstand gegen Drillung um die Längsaxe. Jeder von diesen beiden Fällen liefert eine für sich abgeschlossene Untersuchung.

I. Fall. Die beiden Biegungswiderstände sind gleich. Der Querschnitt ist ein Kreis oder ein reguläres Polygon. Der Stab wird dann gleichförmig gedrillt, d. h. je zwei Querschnitte, die den gleichen Bogenabstand von einander haben, sind um den gleichen Winkel gegen einander verdreht. Die Biegung ist dabei periodisch,

d. h. die Axe des Stabes zerfällt in congruente Theile, welche durch Wendepunkte markirt sind. Die Krümmung der Curve hat in der Mitte eines solchen Bogenstücks ein Maximum und ist gleich gross an allen Stellen, welche gleichweit von einem Wendepunkt abliegen. Für die Wendepunkte fallen die Axen der Spannung und der Krümmung mit der Axe der Torsion zusammen; für die Punkte grösster Biegung liegen die drei Axen mit der Richtung der am Ende angreifenden Einzelkraft in derselben Ebene. Die Gestalt der Centrallinie hängt nun von den Hauptwiderständen, sowie von der Stellung der Einzelkraft ab und variirt bei Veränderung derselben in sehr mannigfacher Weise; Verfasser beschreibt und zeichnet nicht weniger als 9 verschiedene Typen derselben. Lässt man das angreifende Kräftepaar zu Null werden und blos die Einzelkraft übrig, so erhält man Formeln, welche die BERNOULLI-EULER'sche elastische Curve charakterisiren. Bei der gewöhnlichen Berechnung der letzteren wird bekanntlich die Annahme zu Grunde gelegt, das elastische Moment der Curve sei an jeder Stelle der Krümmung proportional; dies involvirt eben die Voraussetzung, dass die beiden Hauptwiderstände der Curve gegen Biegung einander gleich seien.

II. Damit der Drillungswiderstand einem Biegungswiderstande gleich sei, muss eine gewisse Bedingung erfüllt werden, welche verwickelter ist, als die des regulären Querschnitts. Es wird gezeigt, dass dieselbe unter andern für einen Stab von elliptischem Querschnitt immer erfüllbar ist. Das Kräftepaar greift um die Hauptaxe des ungleichen Biegungswiderstandes an und die Biegung um diese Hauptaxe ist für alle Punkte der Centrallinie constant. Der Stab erhält keine Wendepunkte und wird auch nicht periodisch gebogen. Seine Gestalt ähnelt vielmehr derjenigen einer Schraubenlinie, welche um einen allmählich verjüngten Kreiscylinder gelegt wird. Drei Specialfälle werden besonders erwähnt. In den Hauptfällen werden die Coordinaten der Punkte der Gleichgewichtscurve durch doppelt unendliche Reihen ausgedrückt.

Bde.

J. Boussinesq. Anwendungen des Potentiales auf das Studium des Gleichgewichtes und der Bewegung elastischer fester Körper mit ausführlichen Bemerkungen über verschiedene Punkte der mathematischen Physik und der Analyse. Paris, Gauthier-Villars 1885, 722 pp.; [Beibl. IX, 480-482.

Das vorliegende Werk ist eine zusammenfassende Darstellung und Vervollständigung einer Reihe von Untersuchungen, die der Verfasser zuvor in einzelnen Abhandlungen der C. R. veröffentlicht hat. Es behandelt die Integration gewisser Gattungen von Differentialgleichungen mit Hülfe von Functionen, welche der Verfasser allgemeine „Potentiale“ nennt und welche aus dem Newton'schen Potential einer räumlichen oder flächenhaften Massenvertheilung durch Integrationen und Differentiationen abgeleitet werden können. Das Hauptziel ist die Lösung der beiden Probleme der Deformation eines unendlichen isotropen elastischen Mediums, welches durch eine Ebene begrenzt ist, in Folge von Einwirkungen, die auf letztere ausgeübt werden, und der Deformation eines überall unbegrenzten Mediums, welche in Folge von auf innere Punkte wirkenden Kräften eintritt. Specielle Fälle werden mit grosser Ausführlichkeit bezüglich der stattfindenden Verrückungen, Deformationen und Spannungen discutirt und hiervon rührt besonders der bedeutende Umfang des Buches her. Die Auswahl und Anordnung des Stoffes ist folgende.

Eine Einleitung setzt die Ziele der Hauptuntersuchung auseinander; am Schluss derselben wird bewiesen, dass die „Differentialparameter“

$$\Delta_2 \varphi = \frac{\partial^2 \varphi}{\partial x^2} + \frac{\partial^2 \varphi}{\partial y^2} + \frac{\partial^2 \varphi}{\partial z^2}$$

und

$$\Delta_1 \varphi = \sqrt{\left(\frac{\partial \varphi}{\partial x}\right)^2 + \left(\frac{\partial \varphi}{\partial y}\right)^2 + \left(\frac{\partial \varphi}{\partial z}\right)^2}$$

bis auf einen Zahlenfactor identisch sind mit den mittleren Werthen der Differentialquotienten $\partial^2\varphi/\partial s^2$ und $\partial\varphi/\partial s$, wenn man der willkürlichen Richtung s von dem betrachteten Punkt aus successive alle möglichen Richtungen ertheilt. Der Inhalt der einzelnen §§ mag kurz angedeutet werden.

§ I. Aufstellung der elastischen Gleichungen für den Halbraum und Nachweis, dass sie nur eine Lösung zulassen.

§ II. Integration durch Functionen, welche aus dem Newton-schen Potential einer Oberflächenbelegung abgeleitet werden. Der allgemeinen Lösung werden specielle Fälle vorausgeschickt, welche sich, falls man die XY-Ebene zur Grenze wählt und u, v, w die Verrückungen, p_x, p_y, p_z die Drucke parallel den Coordinatenaxen nennt, so formuliren lassen:

1) p_z gegeben, $u = v = 0$;

2) $p_z = 0, \quad \frac{\partial p_x}{\partial x} + \frac{\partial p_y}{\partial y} = 0$;

3) p_z gegeben, $p_x = p_y = 0$.

Durch Superposition ergiebt sich die allgemeine Lösung.

§ III. Discussion der Werthe der Verrückungen, Deformationen und Spannungen für den Fall, dass die Potentiale sich auf diejenigen eines einzelnen Punktes reduciren; insbesondere, wenn die äussere Einwirkung in einem normalen Druck gegen ein Flächenelement besteht.

§ IV. Beliebig vertheilte Normaldrucke gegen die Grenzebene, insbesondere solche, die gleichförmig über Kreislinien oder Kreisflächen vertheilt sind, oder innerhalb der Kreisfläche Functionen zweiten Grades des Radius sind, oder die gedrückte Fläche eben belassen. Gegebene Tangentialdrucke.

Am Ende dieses § fasst Verfasser die erhaltenen Resultate in folgenden Satz zusammen:

„Wenn ein elastischer, homogener und isotroper Körper, begrenzt auf einer Seite durch eine Ebene $z = 0$ und unbegrenzt in allen übrigen Richtungen, in seiner Grenzebene verschiedenen Kräften ausgesetzt ist oder daselbst bekannte Verrückungen erleidet, während seine unendlich entfernten Theile fest bleiben, so sind seine unendlich kleinen Verrückungen gegeben durch die Formeln

$$u = -\frac{\partial z \Phi}{\partial x} + \alpha, \quad v = -\frac{\partial z \Phi}{\partial y} + \beta, \quad w = -\frac{\partial z \Phi}{\partial z} + \gamma,$$

in welchem α, β, γ, Φ sich ausdrücken mit Hülfe der Potentiale von Massen-Belegungen der Ebene $z = 0$, deren Dichtigkeiten je nach Fassung der Aufgabe proportional sind entweder mit den Componenten der gegebenen äusseren Drucke oder der gegebenen Verrückungen in der Oberfläche".

„Die Potentiale, um welche es sich dabei handelt, sind

1) die gewöhnlichen von der Form $\int dm/r$ wenn die Verrückungen in der Oberfläche gegeben sind,

2) logarithmisch von der Form $\int dm\, l\,(z + r)$ wenn dasselbe von den äussern Normaldrucken p_z gilt,

3) logarithmisch von der Form $\int dm\,(z\, l\,(z + r) - r)$ wenn die äussern Tangentialdrucke p_x und p_y gegeben sind".

Dies Resultat ist der Sache nach schon von V. Cerruti gegeben (Ac. d. Lincei XIII, 1881/2, Fortschritte der Ph. XXXIX, p. 291, 1889.)

§ V. Wirkung des Druckes eines starren Körpers mit ebener Grundfläche. Hier leitet Verf. p. 225 u. A. den eleganten Satz ab:

„Wenn eine starre ebene Platte von beliebiger Umgrenzung auf die Begrenzungsebene des unendlichen elastischen Mediums gelegt und beliebig, jedoch so belastet ist, dass sie horizontal bleibt, so vertheilt sich die ganze Belastung auf die Theile der Grundfläche nach demselben Gesetz, wie es eine elektrische Ladung auf der isolirten leitenden Platte thun würde".

Druck beliebig, aber convex gestalteter starrer Körper; dabei findet sich p. 230 der Satz, „dass die Berührungsfläche eine Ellipse ist und innerhalb derselben die Drucke variiren wie die Ordinaten des Halbellipsoides mit verticaler Axe, welches jene Ellipse zur Basis hat".

§ VI. Untersuchung der Potentiale räumlich ausgedehnter Massen auf innere Punkte.

§ VII. Benutzung dieser Functionen zur Bestimmung der Einwirkung von Kräften auf das Innere eines unendlichen elastischen Körpers.

Sind X_1, Y_1, Z_1 die auf die Volumeneinheit bezogenen Kräfte an der Stelle x_1, y_1, z_1 des Raumelementes dk, so findet sich die

Verrückung u parallel der X-Axe an der Stelle x, y, z

$$u = \frac{1}{4\pi\mu}\int X_1 \frac{dk}{r}$$

$$- \frac{\lambda+\mu}{8\pi\mu(2\mu+\lambda)}\int\frac{\partial}{\partial x}\left(X_1\frac{\partial r}{\partial x} + Y_1\frac{\partial r}{\partial y} + Z_1\frac{\partial r}{\partial z}\right)dk;$$

ebenso v und w; hierin ist

$$r^2 = (x-x_1)^2 + (y-y_1)^2 + (z-z_1)^2$$

und sind λ und μ die Elasticitätsconstanten des Mediums.

Anwendung auf den Fall, dass nur ein einzelner Punkt die Einwirkung von Kräften erleidet. —

§ VII. Locale Störungen in einem elastischen Körper, speciell solche, die durch zwei entgegengesetzt gleiche Kräfte hervorgerufen werden; Vergleichung des Resultates mit dem analogen für eine elastische Platte gültigen.

Diesem Haupttheile des Werkes hat der Verfasser drei Noten beigefügt, die an Umfang jenen erheblich überragen und mit ihm theilweise nur lose zusammenhängen.

Die I. Note behandelt ein „Potential mit vier Variabeln" nämlich das Integral

$$\varphi = \int \varrho \frac{d\sigma}{r}$$

genommen über eine Kugel σ vom willkürlichen Radius r um den Punkt x, y, z während im Raum eine Masse mit der beliebigen Dichte ϱ vertheilt ist.

Dies Potential erfüllt die Gleichung

$$\frac{\partial^2\varphi}{\partial r^2} = \Delta_2\,\varphi$$

und ist daher zur Lösung gewisser Bewegungsprobleme der Elasticität und Hydrodynamik geeignet.

Die II. (höchst umfängliche) Note beschäftigt sich mit der Integration von partiellen Differentialgleichungen von der Form

$$(\Delta_2)^n\,\varphi + A\,\frac{\partial^n\varphi}{\partial\sigma^n} = 0,$$

worin das Symbol Δ_2 für beliebig viele Unabhängige x, y, z ... gilt, durch Ausdrücke von der Form

$$\varphi = \int_0^\infty f\left(\frac{\alpha^\nu}{2}\right) \cdot \psi\left(\frac{r^2}{2\alpha^\nu}\right) d\alpha', \quad \text{worin } r^2 = x^2 + y^2 + z^2 + \dots$$

und f und ψ zwei willkürliche Functionen sind, deren eine σ als Parameter enthält.

Die Untersuchung der Eigenschaften dieser Integrale bildet den Inhalt von § I, ihre Anwendung auf Probleme der Wärmeleitung und der inneren Reibung der Flüssigkeiten den von § II; in § III werden sie für die Theorie der transversalen Schwingungen und des transversalen Stosses von Stäben und Platten, in § IV für die Theorie der Wellen einer schweren Flüssigkeit benutzt.

In der III. Note werden die in dem Haupttheil des Buches abgeleiteten Gesetze erweitert auf solche anisotrope Medien, für welche die elastischen Gleichungen durch eine Coordinatentransformation in die Form überführbar sind, welche für isotrope Medien gilt. Es sind dies Medien, welche durch eine homogene Deformation aus isotropen entstanden sind; ihre Symmetrie ist diejenige rhombischer Krystalle, aber zwischen ihren neun Constanten c_{hk} bestehen die Relationen

$$c_{11} : c_{22} : c_{33} = \frac{1}{c_{23}{}^2} : \frac{1}{c_{31}{}^2} : \frac{1}{c_{12}{}^2} = \frac{1}{c_{44}{}^2} : \frac{1}{c_{55}{}^2} : \frac{1}{c_{66}{}^2}.$$

Hieran schliesst sich die Untersuchung der Schwingungen in einem solchen Medium, speciell der Frage der seitlichen Begrenzung von Wellen.

Endlich enthält das Buch zwei kleine selbstständige Abhandlungen:

„Ueber die asymptotischen Integrale der Differentialgleichungen“,

„Ueber die durch successive Annäherung bewirkte Integration der partiellen Differentialgleichung, von welcher die innern Drucke einer Sandmasse an der Grenze der Stabilität abhängen“.

W. V.

C. Chree. Two or more distinct elastic solid media in contact separated by parallel planes, exposed to purely surface forces specially when normal. Complete solution of an elastic solid continuously varying with the depth but of constant rigidity. J. Mathem. XXI, 107-129†; 1886.

Der Verf. berechnet die Deformationen, Spannungen und Zerreissungstendenz für eine Reihe verschiedener Medien, welche in parallelen Ebenen (senkrecht zur X-Axe) aneinandergrenzen, unter der Annahme, dass auf die freie ebene Oberfläche ($x = 0$) des ersten normale Druckkräfte wirken, welche durch $\Pi \sin \frac{2\pi y}{a}$, also ein Glied einer FOURIER'schen Reihe, dargestellt werden (— unter Π und a Constanten verstanden —); das letzte Medium setzt der Verf. zunächst als unendlich voraus. Er denkt bei dieser Aufgabestellung offenbar an das unter specielleren Voraussetzungen von G. H. DARWIN behandelte Problem der Spannungen, welche der Druck von Gebirgsketten in der Erdrinde erzeugt.

Aus den allgemeinen Gleichgewichtsgleichungen der Elasticität folgt für die cubische Dilatation δ die partielle Differentialgleichung

$$\frac{\partial^2 \delta}{\partial x^2} + \frac{\partial^2 \delta}{\partial y^2} + \frac{\partial^2 \delta}{\partial z^2} = 0.$$

Derselben sucht man im vorliegenden Falle durch Particularlösungen von der Form

$$\delta = \sin \frac{2\pi y}{a} \left\{ A e^{\frac{2\pi x}{a}} + B e^{-\frac{2\pi x}{a}} \right\}$$

zu genügen, aus welcher für die Verrückungen α, β parallel der X- und Y-Axe folgende Ausdrücke abgeleitet werden, in denen m und n die Elasticitätsconstanten bezeichnen.

$$\alpha = \sin \frac{2\pi y}{a} \left\{ -\frac{mx}{2n} \left(A e^{\frac{2\pi x}{a}} + B e^{-\frac{2\pi x}{a}} \right) + C e^{\frac{2\pi x}{a}} + D e^{-\frac{2\pi x}{a}} \right\},$$

$$\beta = -\cos \frac{2\pi y}{a} \left\{ \frac{a}{2\pi} \left(1 + \frac{m}{2n} \right) \left(A e^{\frac{2\pi x}{a}} + B e^{-\frac{2\pi x}{a}} \right) + \frac{mx}{2n} \left(A e^{\frac{2\pi x}{a}} - B e^{-\frac{2\pi x}{a}} \right) - \left(C e^{\frac{2\pi x}{a}} - D e^{-\frac{2\pi x}{a}} \right) \right\}.$$

In den Ausdrücken für das letzte Medium müssen die Glieder

mit $e^{\frac{2\pi x}{a}}$ fehlen, weil α und β sonst für $x = \infty$ unendlich gross würden; es kommen dann also nur 2 willkürliche Constanten vor, während man sonst für jede Schicht deren 4 hat. Zur Bestimmung dieser Constanten hat man an jeder Grenzfläche zweier Schichten 4 Bedingungen, nämlich die Gleichheit der Kräfte $P\,(X_x)$ und $U\,(Y_x)$, sowie der Verrückungen α und β auf beiden Seiten, zu erfüllen, und für die Oberfläche $x = 0$ schliesslich die 2 Gleichungen

$$X_x = \Pi \sin \frac{2\pi y}{a}, \quad Y_x = 0.$$

Der Verf. behandelt zuerst ausführlich den Fall zweier Medien. Nach der allgemeinen Berechnung der 6 Constanten wird die Specialisirung gemacht, dass die Dicke d der oberen Schicht sehr klein sei gegen a, so dass $\left(\frac{d}{a}\right)^2$ gegen 1 vernachlässigt werden kann, was eine grosse Vereinfachung der Lösung zur Folge hat. — Die Zerreissungstendenz an einer bestimmten Stelle betrachtet der Verf. nach G. H. Darwin als gegeben durch die Differenz Δ der grössten und kleinsten dort vorhandenen elastischen Hauptdruckkraft oder, was auf dasselbe hinauskommt, durch die grösste schiebende oder „scheerende“ Kraft. Diese Differenz Δ ist, wenn man

$$\sqrt{(P-Q)^2 + 4U^2} \;(= \sqrt{(X_x - Y_y)^2 + 4X_y{}^2}) = S$$

setzt, gegeben durch S, falls $(\frac{1}{2}S)^2 > (n\delta)^2$, dagegen durch $\frac{1}{2}S + n\delta$ oder $\frac{1}{2}S - n\delta$ (je nachdem δ positiv oder negativ ist), falls $(\frac{1}{2}S)^2 < (n\delta)^2$.

Um Δ zu berechnen, ist daher erst zu untersuchen, welcher dieser Fälle vorliegt. Der Verf. bestimmt zu diesem Zwecke für das obere Medium eine Fläche, auf welcher $(\frac{1}{2}S)^2 = (n\delta)^2$ ist, und welche diejenigen Gebiete trennt, wo Δ durch S oder $\frac{1}{2}S \pm n\delta$ gegeben ist.

Bei sehr kleinem $\frac{d}{a}$ ist diese Fläche nahezu eine Ebene $x =$ Const., die meist ausserhalb der Oberflächenschicht zu liegen käme; es ist dann in der ganzen Schicht $\Delta = S$. Der Verf. erörtert, wie in diesem Falle Δ von den Elasticitätsconstanten abhängt.

Für das zweite, bis $x = \infty$ ausgedehnte Medium findet der Verf., dass S von y ganz unabhängig und $\frac{Q-P}{2U} = \operatorname{tg} \frac{2\pi y}{a}$ ist, welche letztere Gleichung besagt, dass die Hauptdruckaxen beim Fortschreiten parallel der Y-Axe gleichförmig rotiren. Dies gilt auch noch, wenn die Elasticität der dünnen Oberflächenschicht mit der Tiefe beliebig variirt.

Wäre keine Oberflächenschicht da, so würde Δ in der Tiefe $x = \frac{a}{2\pi}$ ein Maximum $= 2\Pi$ erreichen; durch das Vorhandensein der ersteren wird dieses Maximum einfach um

$$2d \cdot \frac{m_1 - m}{m_1} \cdot \frac{n}{m+n}$$

nach unten verschoben. (m_1 ist die eine Elasticitätsconstante des zweiten Mediums).

Der Verf. behandelt sodann dasselbe Problem für mehrere übereinandergelagerte Schichten, wobei er n (also den Torsionswiderstand) als allen gemeinsam annimmt. In der so erhaltenen Lösung macht er den Grenzübergang zu dem Falle, dass die Elasticitätsconstante m continuirlich mit der Tiefe variirt, also $= f(x)$ gegeben ist. Die früheren Constanten B, C, D werden dann Functionen von x, von denen sich B ohne Integration $\left(= \frac{B_0}{n + f(x)}\right)$, C und D durch Quadraturen berechnen lassen; A ist $= 0$ wegen der unendlichen Ausdehnung des Mediums. Die 2 Integrationsconstanten bestimmen sich durch die Bedingungen für die Oberfläche $x = 0$, d. h. aus den dort gegebenen Druckkräften, welche nicht nothwendig normal zu sein brauchen, aber wie $\sin \frac{2\pi y}{a}$ von y abhängen müssen. Ganz in derselben Weise löst der Verf. auch das analoge Problem für eine inhomogene Platte von endlicher Dicke; A ist dann nicht $= 0$, sondern $= \frac{A_0}{n + f(x)}$, und die 4 Constanten A_0, B_0, C_0, D_0 sind aus den Bedingungen für die beiden Grenzflächen zu berechnen. — Anwendungen von den erhaltenen Resultaten macht der Verfasser nicht. *F. P.*

J. Thomae. Ueber eine einfache Aufgabe aus der Theorie der Elasticität. Ber. d. sächs. Ges. d. Wiss. XXXVII, 399-418; [Beibl. X, 470, 1886.

Die Aufgabe betrifft die Bestimmung der Deformation eines homogenen isotropen Kreiscylinders, der, mit seiner Axe vertical gestellt, der gleichzeitigen Einwirkung der Schwere und des verticalen Druckes zweier horizontaler starrer Platten gegen seine Grundflächen unterliegt.

Die Lösung geschieht mit Hülfe Bessel'scher Functionen und hat wesentlich mathematisches Interesse. *W. V.*

C. Decharme. Sur les formes vibratoires des plaques carrées. C. R. C, 984-985; [Cim. (3) XVIII, 65.

Verfasser hat mit drei quadratischen Platten von 20, 30 und 40 cm Seite Beobachtungen über Klangfiguren angestellt und theilt einige empirische Gesetze über die Schwingungszahlen mit, welche gewissen Figuren entsprechen. Statt der Anhäufung feinen Sandes benutzt er zum Markiren der Knotenlinien die Bewegungsform einer dünnen, auf die Platten gebrachten Wasserschicht, ein Verfahren, das vielleicht bedenklich ist. *W. V.*

M. Westphal. Durchbiegung einer ebenen beliebig gekrümmten Feder. ZS. dtsch. Ing. XXIX. 726.

Als Mass der Verlängerung resp. Verkürzung einer gekrümmten Feder constanten Querschnittes, welche durch eine an den Enden wirkende Zug- oder Druckkraft beeinflusst wird, ergiebt sich

$$\delta = \frac{P}{EJ} T,$$

und zwar ist P die ziehende Kraft, E der Elasticitätsmodul, J das Trägheitsmoment des Federquerschnittes und endlich T das über die Länge der Feder erstreckte Integral $\int x^2 ds$, wo x den Abstand des Elementes ds von der Kraftrichtung bezeichnet.

F. K.

M. KOENEN. Der auf Wirbeldrehung beanspruchte Ring. Centralbl. d. Bauverw. V, 370-371.

Es werden die Deformationen und elastischen Kräfte bestimmt, welche in einem Kreisringe beliebigen Querschnittes durch äussere, der Länge des Ringes nach gleichmässig vertheilte Kräfte, die unter einander im Gleichgewicht sind, hervorgerufen werden.

Die entwickelten Formeln werden auf ein der Praxis entnommenes Beispiel angewandt. *F. K.*

P. TAIT. Note on a plane strain. Edinburgh M. S. Proc. III, 42-45.

In SAINT-VENANT's Theorie der Prismenbiegung kommen Deformationen von der Form

$$\xi = \frac{xy}{D}, \quad \eta = \frac{x^2 - y^2}{D}$$

vor. In der vorliegenden Abhandlung wird diese Deformation auf alle Punkte der Ebene ausgedehnt. *Bde.*

R. HOPPE. Ueber die Grenze der Stabilität eines longitudinal comprimirten graden elastischen Stabes. Grun. Arch. (2) II, 108-110; [Beibl. IX, 296-297.

Der Verf. wendet sich gegen die hier und da vertretene Ansicht, dass ein grader elastischer Stab schon bei der geringsten Longitudinalcompression sich zu biegen anfängt. Dies Resultat ergiebt sich in der That in dem Falle, dass man in den Differentialgleichungen des Problems höhere Potenzen der Transversalverschiebungen des Stabes vernachlässigt. Wie aber der Verf. schon im Jahre 1857 (Pogg. Ann. CII, p. 227-245) nachgewiesen hat, lassen sich jene Differentialgleichungen ohne die genannten Vernachlässigungen integriren und ergeben dann das Resultat, dass Biegung erst dann eintritt, wenn die Longitudinalcompression eine bestimmte endliche Grenze überschreitet.

Dasselbe Resultat findet sich bei GRASSHOF, Festigkeitslehre, 1866 und bei CLEBSCH, Theorie der Elasticität fester Körper 1862, p. 221. *Dr.*

RAYLEIGH. On waves propagated along the plane surface of an elastic solid. London Math. Soc. Proc. XVII, 4-11; [Beibl. X, 579, 1886.

Verfasser untersucht das Verhalten von Wellen auf der freien Oberfläche eines unbegrenzten, isotropen, elastischen Körpers unter der Voraussetzung, dass die gestörte Oberflächenstelle an Dicke mit der Wellenlänge vergleichbar sei. Es ist nicht unwahrscheinlich, dass derartige Wellen beim Stoss elastischer Körper und namentlich bei den Erdbeben eine Rolle spielen. Die freie Oberfläche wird zur Ebene der x y genommen und für die Dilatation der Betrag

$$\vartheta = . e^{ipt} . e^{ifx} . e^{igy} . e^{-rz}$$

angenommen, wobei die Verrückungen sich wie $e^{ipt} . e^{ifx} . e^{igy}$ ändern. Durch Specialisirung der hieraus enthaltenen Gleichungen ergiebt sich, dass die Verticalbewegung in keiner Tiefe verschwindet, die Horizontalbewegung dagegen in einer Tiefe von 0.1378 Wellenlängen. In der Oberfläche beschreiben die Theilchen Ellipsen, deren verticale Axen nahe doppelt so gross sind, wie die horizontalen. Auch für stationäre Schwingungen werden die Formeln aufgestellt. *Bde.*

J. LOSCHMIDT. Schwingungszahlen einer elastischen Hohlkugel. Wien. Ber. XCIII (2), 434-446; [Beibl. XI, 145, 1887.

Zum Zweck eines Beitrages zur Erforschung der Gesetzmässigkeiten in den Spectrallinien untersucht der Verf. die Schwingungszahlen einer elastischen Hohlkugel und zwar für die 3 Fälle rein longitudinaler, in Richtung des Radius stattfindenden Schwingungen, transversaler, d. h. senkrecht zum Radius stattfindender Schwingungen, und endlich coexistirender Schwingungen beider Art. Die möglichen Schwingungszahlen hängen von transcendenten Gleichungen ab.

Dr.

M. BRILLOUIN. Sur la torsion des prismes. C. R. CI, 739-742; [Beibl. X, 327, 1886.

Ein isotroper gerader Cylinder wird an einer seiner Grundflächen befestigt, und die andere Grundfläche wird einem Kräftepaar C ausgesetzt, welches die Torsion ϑ hervorbringt.

Bei passender Vertheilung der Kräfte in den beiden Grundflächen hat man nach DE SAINT-VENANT $C = K \cdot \frac{\mu\vartheta}{L}$, wo

$$K = \iint (x^2 + y^2)\, dx\, dy + \iint \left(x \frac{\partial w}{\partial y} - y \frac{\partial w}{\partial x} \right) dx\, dy.$$

Verf. beweist den Satz: „Der Torsionscoëfficient K ist immer kleiner als das Trägheitsmoment der Grundfläche in Bezug auf ihren Schwerpunkt“, und giebt ferner eine Methode an, die Grösse K durch Annäherung von oben zu bestimmen. *Bde.*

V. CERRUTI. Sur la déformation d'une sphère homogène, isotrope. Ass. Franç. Grenoble XIV, [1], 89; [2], 68-79.

Nach einer Methode, die er in Linc. Mem. (3) XIII, 81-122 auseinandergesetzt hat, untersucht der Verfasser die Deformation einer homogenen und isotropen Kugel, wenn die Verschiebungen bekannt sind, welche die Punkte ihrer Oberfläche erleiden. Eine zweite Untersuchung für den Fall, dass die auf die Oberfläche wirkenden Kräfte gegeben sind, wird demnächst für die Acten der Lincei in Aussicht gestellt. *Bde.*

K. PEARSON, A. B. KENNEDY, W. J. IBBETSON, B. W. KENNEDY, R. E. BAYNES. Ueber die Terminologie der Elasticitätslehre. Nat. XXXI, 456-457, 504-505, XXXII, 76-77, 269-270, 316.

Fünf Zuschriften an die „Nature“. In der ersten spricht Prof. Pearson das Bedürfniss und den Wunsch aus, eine verbesserte Nomenclatur in der (englischen) Elasticitätstheorie zu besitzen. Die anderen Autoren betheiligen sich an der Discussion. Es kommt aber kein eigentlich registrirbares Resultat heraus und zwar augenscheinlich deshalb, weil die Schwierigkeiten der Nomenclatur wesentlich an den Stellen auftreten, wo elastische Nachwirkung und Ductilität einsetzen. Dort aber liegen sie in der Sache selbst, insofern das Verhalten der elastischen Materialien noch nicht genügend auf die Bestimmung einzelner Constanten zurückgeführt ist. Wegen der Einzelheiten muss deshalb auf das Original verwiesen werden. *Bde.*

W. J. Ibbetson. Note on Mr. Ibbetson's paper: „On the free small normal vibrations of a thin homogeneous and isotropic elastic schell bounded by two confocal spheroids“. Cambridge Proc. Phil. Soc. V, 312-314.

In seiner vorjährigen Abhandlung hat Verf. die Dicke einer von zwei confocalen Ellipsoiden begrenzten Schicht mit derjenigen einer zwischen zwei ähnlichen Ellipsoiden enthaltenen verwechselt; der Fehler wird hier berücksichtigt und die Umrechnung führt zu einfacheren Schlussformeln. *Bde.*

V. Hausmaninger. Versuche über den Stoss von Kautschukcylindern. Wien. Ber. LXXXVIII [2], 768-781, 1884.

Voigt hat gegen die Stossversuche Boltzmann's (Wien. Ber. [2], Dec. 1881) den Einwurf erhoben, dass bei ihnen das Verhältniss der Querdimensionen gegen die Länge zu gross gewesen sei. Darauf hat der Verfasser Stossversuche mit Kautschukstäben angestellt, bei denen sich der Durchmesser zur Länge verhielt wie 1 : 10 und 1 : 28.5. Die Stäbe waren aus frischem, weichem Kautschuk, an den Stossflächen mit planconvexen Beinplättchen versehen, deren convexe Flächen sich beim Stoss berührten, und um Durchbiegungen zu vermeiden, an vier Paar Zwirnsfäden aufgehängt. Der stossende Stab wurde um die gemessene Hubhöhe H aus seiner Ruhelage entfernt, und der Ausschlag des gestossenen durch die Verschiebungen gemessen, welche er einem sehr leichten, frei auf horizontaler Fläche beweglichen Papiersteg ertheilte. So konnte die Aufmerksamkeit speciell auf das Zurückprallen resp. Nachgehen des stossenden Stabes gerichtet werden; dieses wurde mit dem Fernrohr beobachtet. Die stossenden Stäbe hatten stets sehr nahe die gleiche Masse.

Die in Tabellen aufgeführten Versuchsergebnisse zeigen sehr deutlich, dass der gestossene Stab bei ungleicher Länge eine geringere Geschwindigkeit erhält als bei gleicher Länge. Der Unterschied ist aber immer noch erheblich kleiner, als ihn die St. VENANT'sche Theorie verlangt. Der stossende Stab ging ferner dem gestossenen stets nach und zwar um Beträge, die in einzelnen Fällen nicht weit unter ein Viertel vom Ausschlag des Letzteren bleiben. Das Nachgehen war bedeutender bei ungleichen, als bei gleichen Stäben.

Da in der VOIGT'schen Theorie die Dauer des Stosses eine wesentliche Rolle spielt, hat Verf. auch die Stossdauer für seine Stäbe bestimmt und zwar nach einer POUILLET'schen Methode aus dem Verhältniss des stationären und des Momentanausschlags einer Galvanometernadel. Die Stossdauern sind bei gleichen Stäben 0.0068, bei ungleichen im Mittel 0.0111 Sec., wobei eine Vergrösserung der Hubhöhe H von 60 auf 100 mm kaum einen merklichen Unterschied im Gefolge hatte. Als Stossdauer ist dabei die Zeit angesehen, während deren der Strom durch die Contactfläche geht, wenn die oben erwähnten Beinplättchen durch polirte Platinplättchen ersetzt werden. Zum Schluss giebt der Verf. einige theoretische Formeln von BOLTZMANN, wegen deren auf das Original verwiesen werden muss.

Endlich giebt der Verf. in einem Nachtrag noch die Stosszeiten für Glasstäbe. Dieselben sind, wie zu erwarten, erheblich kleiner, als die für Kautschukstäbe; die Stossdauer wird um so kleiner, je grösser die Hubhöhe ist; sie scheint bei ungleich langen Glasstäben merklich kleiner zu sein als bei gleich langen, und etwas grösser, wenn der längere auf den kürzeren Stab stösst, als wenn der kürzere auf den längeren prallt. Folgendes sind die mittleren Ergebnisse:

Glasstab	Gewicht	Länge	Durchmesser
A′	43.97 g	135 mm	13 mm
B′	44.00 „	272 „	9 „
B	44.00 „	272 „	9 „

Hubhöhe H	100 mm	50 mm	30 mm
B auf B′	0.000 25 sec.	0.000 45 sec.	0.000 69 sec.
A′ auf B′	0.000 19 „	0.000 33 „	0.000 45 „
B′ auf A′	0.000 22 „	0.000 44 „	0.000 62 „

Zur definitiven Erledigung des Stossproblems müsste man nach einem Boltzmann'schen Vorschlag auf einer rotirenden Glasscheibe Curven photographiren, deren Abscissen die Zeiten, und deren Ordinaten die Wege der Stäbe während des Stosses selbst sind. Die vom Verfasser gefundenen Stosszeiten lassen das Verfahren nicht als aussichtslos erscheinen. *Bde.*

V. Hausmaninger. Zur Theorie des longitudinalen Stosses cylindrischer Körper. Berl. Ber. 1885, 49-62; Wied. Ann. XXV, 189-202.

Stossversuche mit elastischen Cylindern haben bekanntlich eine Abweichung von der älteren Newton'schen Theorie ergeben, die aber kleiner ist, als die von der späteren Saint-Venant'schen Theorie verlangte. Den Grund dieser Minderabweichung findet Hertz in der Krümmung der stossenden Flächen, Voigt in der Annahme einer Zwischenschicht, welche die stossenden Stäbe von einander trennt. Diese Zwischenschicht enthält Elemente von anderer Beschaffenheit als das Innere der Stäbe; Krümmung, Unebenheiten und namentlich condensirte Gasschichten begründen die Existenz derselben. Voigt und Hertz haben die Theorie soweit durchgeführt, dass sie zeigten, wie ihre Theorie in den Resultaten mit der Newton'schen übereinstimmt, wenn die erzeugte Longitudinalwelle die beiden Stäbe während der Stossdauer sehr oft durchläuft. Der Verfasser prüft nun die Voigt'sche Theorie für den Fall, wo der Weg λ, den die Longitudinalwelle während der Stossdauer zurücklegt, nicht viel grösser ist, als die doppelte Länge des längeren Stabes. Er untersucht drei Fälle: 1) Zwei Stäbe von gleicher Länge und gleichem Querschnitt, 2) zwei Stäbe von gleichem Querschnitt, deren einer doppelt so lang ist wie der andere, 3) Stäbe, von denen der eine die doppelte Länge und den halben Querschnitt des anderen besitzt. In allen drei Fällen ergiebt sich, dass mit wachsendem λ nach der Voigt'schen Theorie sehr schnell ein Grenzzustand erreicht wird, wo der Unterschied zwischen den Voigt'schen Resultaten und denen der alten Newton'schen Theorie kleiner wird, als die unvermeidlichen Beobachtungsfehler. Im ersten Fall dürften jene Abweichungen die Grenze der Beobachtungsfehler überhaupt nicht überschreiten, in den beiden anderen Fällen nur dann, wenn λ kleiner ist als die dreifache Länge des (im zweiten und dritten Falle des längern) Stabes. *Bde.*

B. Kirsch. Ueber die Anwendung der analytisch-mechanischen Principe in der Baumechanik. ZS. dtsch. Ing. XXIX, 46.

Mit Rücksicht auf die Gleichheit von lebendiger Kraft und geleisteter Arbeit: T = U, erhält der Herr Verfasser aus dem Princip Hamilton's

$$\delta \int_{t_0}^{t_1} (T + U)\, dt = 0$$

einerseits das Princip der kleinsten Wirkung

$$\delta \int_{t_0}^{t_1} T\, dt = 0$$

andererseits eine Gleichung

$$\delta \int_{t_0}^{t_1} U\, dt = 0,$$

welche als Princip der kleinsten Gesammtarbeit bezeichnet wird. Dieser Name ist nicht glücklich gewählt, da er, wie die vorliegende Arbeit selbst zeigt, leicht zu Irrungen Veranlassung giebt. Aus dem an und für sich richtigen Satze, dass bei einem Uebergange aus einer Ruhelage in eine andere keine Arbeit geleistet werde, folgert der Herr Verfasser für solche Vorgänge die Gleichung

$$\int_{t_0}^{t_1} U\, dt = 0$$

Die Ausgangsgleichung U = T genügt, um die Unrichtigkeit dieser Gleichung zu zeigen. Denn da ein solcher Uebergang nicht ohne Bewegung zu denken ist, so kann $\int_{t_0}^{t_1} T\,dt$ und daher auch $\int_{t_0}^{t_1} U\,dt$ nicht verschwinden.

Des weiteren wird von elastischen Systemen behauptet: „Es müssen die inneren Spannungen nach jeder Elementardeformation in der Grösse entstanden sein, dass von da ab Gleichgewicht herrschen würde, falls nicht die Aussenkräfte sich weiter änderten".

Das ist in dieser Allgemeinheit nicht richtig; in dem Falle, wo der wahre Sachverhalt dieser Behauptung entspricht, ist dann allerdings auch die Arbeit der inneren Kräfte gleich und entgegengesetzt derjenigen der äusseren. Den Schluss jedoch: „Da nun die Summe dieser beiden Arbeiten, über den ganzen Verlauf der Deformation erstreckt, ein Minimum ist, so muss, weil die Functionen stetig sind, jede für sich ein Minimum sein", vermag Referent nicht einzusehen.

Die mitgetheilten Proben werden zur Kennzeichnung der Arbeit genügen. *F. K.*

O. Littmann. Das Verhältniss der Längsdilatation zur Quercontraction metallischer Cylinder. Diss. Breslau 1885, 48 pp.†; [Beibl. IX, 611; [Natf. XVIII, 478.

Verf. hat das genannte Verhältniss zuerst nach der Methode von Cagniard-Latour bestimmt, indem er einen Draht durch ein mit Wasser gefülltes Glasrohr zog (die Enden sind mit durchbohrten Kautschukplatten verschlossen) und dessen Volumenverminderung bei der Dehnung an einem capillaren seitlichen Ausläufer des Rohres mass. Hierbei musste eine Correction wegen Durchbiegung der unteren Kautschukplatte angebracht werden, welche die Sicherheit des Verfahrens wohl in etwa beeinträchtigen dürfte. Darauf wurde das Verhältniss für dieselben Drähte aus dem Elasticitätsmndul und dem Torsionscoëfficienten bestimmt. Er fand nach der ersten Methode für Messing 0.2387, für Eisen

0.2360, nach der zweiten für Messing 0,2260, für Eisen 0.2429. Sämmtliche Zahlen sind auffallend klein. *Bde.*

A. KÖNIG. Ueber eine neue Methode zur Bestimmung des Elasticitätsmoduls. Verh. physik. Ges. Berlin 1885, 59-62†.

Die Methode ist eine Modification derjenigen von PSCHEIDL (d. Ber. XXXIX, (1), 303). Der zu untersuchende Stab wird auf zwei Schneiden aufgelegt und der Tangentenwinkel seiner Enden bestimmt. Zu diesem Zweck sind auf die beiden Enden zwei Hülsen aufgeschoben, die zwei nahe verticale Spiegel P_1 und P_2 tragen. Man visirt mit dem Fernrohr nach dem Spiegel P_1 und sieht in diesem das von P_2 reflectirte Bild einer Scale S. Ist D die Entfernung zwischen der Scale S und dem Spiegel P_2, d die Entfernung zwischen beiden Spiegeln, v die in Folge der Durchbiegung durch das Gewicht Q beobachtete Scalenverschiebung, l der Abstand der beiden Schneiden, a die Höhe und b die Breite des Stabes, so ergiebt sich für den E. M. die Formel

$$E = \frac{3}{2} \frac{Q l^2 (2D + d)}{v a^3 b}.$$

Versuche, welche im Berliner Institut angestellt wurden, ergaben eine sehr befriedigende Genauigkeit. *Bde.*

LEMAN. Sur la recherche des moments fléchissants et des efforts tranchants qui se produisent das une poutre appuyée à ses extrémités et fléchie sous l'action d'une surchage mobile. Belg. Bull. (3) IX, 574-586.

DE TILLY. Rapport. Belg. Bull. (3) IX, 529-530.

Lösung mittels der graphischen Statik, indem ein fester Körper betrachtet wird, dessen Schnitte die Diagramme sind, die jeder Lage der Belastung entsprechen. *Mansion (Lp.)*

J. ŠOLÍN. Zur Theorie des continuirlichen Trägers veränderlichen Querschnittes. Civiling. (2) XXXI, 209-244.

Eine ausführliche Untersuchung des im Titel genannten Gegenstandes. Unter Bezugnahme auf MOHR's geometrische Behandlung der continuirlichen Träger constanten Querschnitts wird die Construction und Berechnung der Linien, Punkte und Grössen ausgeführt, welche für die Kenntniss der fraglichen Träger wichtig sind, und zwar für ruhende und bewegte, gleichmässig vertheilte und Einzelbelastung. *F. K.*

R. KROHN. Theoretische Begründung der SCHWARZ'schen Knickfestigkeitsformel. Centralbl. der Bauverw. V, 400-401.

Ist für einen auf Zug beanspruchten Stab der grösste Werth von P : F (P Zugkraft, F Querschnitt) gleich k, so ist der grösste zulässige Druck bestimmt durch die Gleichung:

$$\frac{P_1}{F} = \frac{k}{1 + \frac{1}{8}\frac{k}{E}\frac{l^2}{r^2}},$$

(E Elasticitätsmodul, l Länge, r Trägheitsradius). *F. K.*

H. S—H. Durchbiegung eines Balkens mit sprungweise sich ändernden Querschnitten. Centralbl. d. Bauverw. V, 140.

Die durch den Titel hinreichend gekennzeichnete Aufgabe wird auf dem Wege, welcher durch die Principien der Festigkeitslehre vorgeschrieben ist, in richtiger Weise gelöst. *F. K.*

L. HOFFMANN. Ungünstigste Stellung eines Lastzuges auf einem Balken von gegebener Spannweite. Wien. Allg. Bauztg. L, 22-23.

Wenn auf einem Balken von der Länge l mehrere Lasten $P_1, P_2, \ldots, P_{n+1}$ in den constanten Abständen $a_1, a_2, a_3, \ldots, a_n$ von links nach rechts auf einander folgen, so sind die Biegungsmomente $M_1, M_2, \ldots, M_{n+1}$ in den Ruhepunkten der Lasten ganze rationale Functionen zweiten Grades des Abstandes x der Last P_1 vom linken Ende des Balkens. Es seien jetzt $x_1, x_2, \ldots, x_{n+1}$ diejenigen Werthe von x, für welche einer der Ausdrücke M_1, $M_2, \ldots, M_{n+1}$ seinen Maximalwerth erreicht; dann bestimmt dasjenige x_μ, für welches das zugehörige M_μ grösser ist als jeder der übrigen Maximalwerthe, die ungünstigste Stellung des Lastzuges. Die Abhandlung giebt Regeln für die Bestimmung von x_μ.

F. K.

J. SCHLOTKE. Neue geometrische Bestimmung der Maximalmomente. Civiling. (2) XXXI, 501-510.

Behandelt in anschaulicher, graphischer Weise das Problem, welches L. HOFFMANN in der Wiener Bauztg. (vgl. das voranstehende Referat) auf dem Wege der Rechnung gelöst hat, und giebt eine äusserst einfache geometrische Construction des Trägerpunktes, welchem bei bewegter Last das Maximalmoment zukommt.

F. K.

A. HEITMANN. Ueber den Einfluss der Massenveränderung auf die Schwingungen quadratischer Platten. Diss. 1886, Marburg, 36 pp; [Beibl. X, 671; [Rundsch. I, 382.

Der Verfasser untersucht, wie sich die Schwingungszahlen der Töne einer quadratischen Messingplatte ändern, wenn sie an regelmässig vertheilten Stellen durchbohrt oder durch aufgekittete Bleikugeln belastet wird.

In beiden Fällen waren die Schwingungszahlen kleiner als die der ursprünglichen Platte, ein Verhalten, welches im letzteren Falle von vornherein zu erwarten war, da durch die aufgekitteten Bleikugeln lediglich die Masse der Platte vermehrt wird, während man aus dem Verhalten im ersteren Falle schliessen muss, dass durch die Löcher die Elasticität der Platten in stärkerem Masse verringert wird, als ihre Masse.

Bei den Versuchen mit belasteter Platte wurden nur diejenigen beiden Schwingungsformen benutzt, bei denen sich als Knotenlinien das Kreuz der Transversalen, bezw. das der Diagonalen bildet. Bei der Belastung wurden immer 8 gleiche Kugeln in 8 zu jenen 4 Linien symmetrischen Stellen aufgekittet. Der Einfluss der Kugeln, d. h. die Erniedrigung der Schwingungszahl, ist um so bedeutender, je näher die Befestigungsstellen zu den Stellen grösster Elongation liegen. Wenn man die Stellen gleicher Wirksamkeit aufsucht, so müssen dieselben Stellen gleicher Elongation entsprechen. Erstere liegen auf einer Curve, welche der Verfasser „Belastungscurve" nennt, letztere liegen auf den wie üblich genannten „Niveaucurven". Letztere hat der Verfasser nach Rayleigh's Theorie des Schalles berechnet in dem Falle, dass das Diagonalkreuz als Klangfigur auftritt. In der Nähe des Schwingungsmaximums verlaufen in der That diese berechneten Niveaucurven mit den Belastungscurven parallel, an anderen Stellen der Platte weichen sie mehr von einander ab.

Wenn man sich diejenigen Niveaucurven auf der Platte construirt denkt, für welche die Niveaudifferenz ein und dieselbe constante Grösse ist, so ergiebt sich aus den Versuchen mit Annäherung, dass durch Verschiebung der Belastung von einer beliebigen Niveaucurve auf die benachbarte die Schwingungszahl um eine constante Grösse sich ändert.

Die Wirkung (Erniedrigung der Schwingungszahl) nimmt mit zunehmender Belastung zu. Das Wachsthum der Wirkung ist aber nicht einfach proportional demjenigen der Belastung, sondern bleibt hinter dem der letzteren zurück, und zwar um so mehr, je grösser die Belastung wird. *Dr.*

Kick. Versuche über die Dauer von Stössen und die Beziehungen von Druck und Stoss. Dingler J. CCLVII, 261-270†.

Der Artikel ist ein Auszug aus dem „Technischen Wörterbuch" von Karmarsch und Heeren, 3. Aufl. von Kick und Gintl, Bd. VIII, S. 566 über „Stoss" und berichtet u. a. über Versuche, welche vom Verf. in der Schrift beschrieben sind: „Das Gesetz der proportionalen Widerstände" (Leipzig, 1885). Die Methode der Messung der Stossdauer ist die von Sabine (diese Ber. XXXII, 229). Bei 8 Versuchen berechnete sich die Schlagdauer zu 0.000 045 bis 0.000 054 Secunden (Hammer gegen Metallblock). Zur Ermittelung der Arbeit, welche bei Schlägen oder Stössen zu Formänderungen verbraucht wird, führt der Verfasser zunächst Betrachtungen aus seinem oben citirten Werke an. Danach beschreibt er Versuche mit einem Apparate, der dem ballistischen Pendel nachgebildet ist. „Der Vergleich der Ergebnisse mit dem ballistischen Schlagwerke vom Ambossgewichte 103.69 kg und Hammergewichte 52.34 kg mit den Endzahlen der Druckprobe ergab: Von der gesammten Schlagarbeit oder der lebendigen Kraft des Hammers wurden durchschnittlich 32 % zum Hube des Ambosses verwendet, 68 % scheinen zur Formänderung des Werkstückes verbraucht.... Da die bei ruhigem Drucke aufzuwendende Arbeitsgrösse 46 % des Arbeitswerthes der Stösse betrug, verbleiben nur 22 % der aufgewendeten Arbeit als scheinbar verloren". Andere ähnliche Zahlenangaben übergehen wir, doch wollen wir anführen, dass die bei diesen Versuchen beobachtete Zeitdauer bedeutend grösser, als oben angegeben, war (über 0.005 Sec.), jedoch nicht mehr genau gemessen ist.

„Aus all den Versuchen scheint zu folgen, dass bei vielen homogenen Materialien der Widerstand jedes Theilchens gegen Verschiebung unter übereinstimmenden Verhältnissen stets ein bestimmter ist und für grössere Geschwindigkeiten zur Beschleunigung des Theilchens zwar stärkere Kräfte erforderlich sind, deren Beschleunigung aber schliesslich als Wärme zum Ausdrucke kommt, dass aber die hierzu thatsächlich verbrauchte Arbeit gegen die Gesammtarbeit zur Formänderung nur einen kleinen Theil ausmacht". *Lp.*

G. AGAMEMNONE E F. BONETTI. Sulla deformazione prodotta in vasi di vetro da pressioni interne. Nota I. Rend. Acc. Linc. (4) I, 665-670†, 699-701; [Beibl. X, 158, 1886.

Die Verfasser haben genaue Versuche angestellt, um die Vergrösserung von Glasgefässen, in denen die Zusammendrückbarkeit von Gasen gemessen werden sollte, durch inneren Druck zu bestimmen. Zu diesem Behufe wurde das sorgfältig calibrirte Glasgefäss mit Wasser angefüllt und auf dieses ein in Quecksilberhöhen gemessener Druck ausgeübt. Die Vergrösserung der Volumeinheit des Gefässinhaltes bei einer Druckerhöhung von 1 Atmosphäre ergab sich unter Berücksichtigung der Zusammendrückbarkeit des Wassers (0.0000462 nach Pagliani und Vicentini) bei dem ersten Gefässe von 396.050 cm^3 zu 0.0000524 (bei 12.°5), bei dem zweiten zu späteren Experimenten bestimmten Gefässe von 912.110 cm^3 Inhalt zu 0.0000481, Zahlen deren wahrscheinliche Fehler die sechste Decimale kaum berühren. *Lp.*

G. J. Michaelis. Sur la théorie de la rotation des molécules dans un corps solide. Arch. Neerl. XX, 20-35†.

Es seien O und O′ die Anfangspunkte zweier Coordinatensysteme, welche durch zwei homologe Punkte zweier gleichen Molecüle gelegt sind, R der Abstand OO′, r der Abstand zwischen irgend zwei Punkten der Molecüle. Nimmt man an, irgend zwei Punkte üben auf einander ein Potential, welches eine Function der Entfernung ist, so lässt sich dieses Potential darstellen in der Form

$$F(r) = F(R) + (x'_1 - x_1)\frac{\partial F}{\partial x} + \tfrac{1}{2}(x'_1 - x_1)^2 \frac{\partial^2 F}{\partial x^2} + \text{etc.}$$

Die x'_1, y'_1 u. s. w. lassen sich nun mittelst der üblichen Transformationsformeln als Functionen der neun Richtungscosinus ausdrücken, welche die Lage des einen Coordinatensystems gegen das andere bestimmen. Durch Ausführung dieser Operation und Summirung gelangt der Verfasser zu einer Formel, welche das Potential der in einer Wirkungssphäre enthaltenen Molecüle auf sich selbst in seiner Abhängigkeit von den Richtungen dieser Molecüle darstellt. Er vereinfacht sie durch Symmetrieannahmen und unterscheidet nun kleine Elemente von grossen Elementen. Ein kleines Element ist ein Volumen von solcher Kleinheit, dass man annehmen kann, alle in ihm enthaltenen Molecüle seien denselben Kräften unterworfen. Die Molecüle liegen dann merklich parallel. Ihre Vertheilung braucht aber nicht isotrop zu sein. Die Dimensionen eines grossen Elements sind immer noch sehr klein gegen experimentelle Distanzen, aber schon so gross, dass die Molecüle in ihm alle möglichen Richtungen haben und dass die Anisotropien der Vertheilung sich in ihm ausgleichen. Nimmt man nun an, die Wirkung des einzelnen Molecüls erstrecke sich nur über ein kleines Element, so erhält man für die Spannungsänderung, welche eine Drehung der Molecüle in den Flächen eines Elementarwürfels hervorbringt, aus der Potentialformel des Verfassers die Gleichung

$$\tau_{11}' - \tau_{11} = \tfrac{1}{2}A\,(k \sin^2 2\varphi_1 - \tfrac{3}{2}k^2 \cos 2\varphi_1 \sin^2 2\varphi_1),$$

in welcher φ_1 den Winkel bezeichnet, welchen die Axen der x der Molecüle mit einer festen Richtung bilden. Nimmt man an, die Wirkung des einzelnen Molecüls erstrecke sich über ein grosses Element, so findet sich

$$\tau_{11}' - \tau_{11} = A\,(\tfrac{4}{15}k + \tfrac{2}{35}k^2).$$

Diese letzte Grösse giebt nach dem Verfasser die elastische Nachwirkung, insofern sie durch Drehung der Molecüle hervorgebracht wird. Zum Vergleich mit der Erfahrung wird nur ein Torsionsversuch von F. KOHLRAUSCH herangezogen, wonach die elastische Nachwirkung eines Silberdrahts der vorangegangenen Deformation ungefähr proportional ist, aber etwas schneller wächst als diese. Das abweichende Verhalten des Kautschuks wird darauf zurückgeführt, dass dieser Stoff keine genauen Ergebnisse liefert. Der Rest der Abhandlung beschäftigt sich mit den magnetischen Wirkungen der Molecüldrehung. *Bde.*

H. TOMLINSON. The influence of stress and strain on the physical properties of matter. Part I. Moduli of Elasticity, continued. Relations between moduli of elasticity, normal capacity and other constants.

Proc. Roy. Soc. XXXVIII, 488-500; [Beibl. X, 79, 1886.

In einer vorangehenden Abhandlung (s. d. Ber. XL, [1], 119) hatte der Verf. zwischen dem Elasticitätsmodulus e und der specifischen Wärme für die Volumeneinheit C_v die Relation aufgestellt $e = a . C_v^{\frac{7}{3}}$, wo a eine Constante. Die vorliegende Abhandlung enthält wesentlich Versuche zur Verification dieser Formel. Drähte von verschiedenem Stoff wurden zu kleinen Spiralen gewickelt, in eine Messinghülse geschoben und so ihre Wärmecapacität bestimmt, dann wurden sie abgewickelt und dienten zur Ermittelung des Elasticitätsmoduls. Die Werthe von $e : C_v^{\frac{7}{3}}$, welche sich aus den Versuchen ergeben, sind im folgenden zusammengestellt:

Eisen	Kupfer	Neusilber	Platin	Zink	Platinsilber
2941	2001	2060	3521	2067	3397

Silber	Aluminium	Zinn	Blei	Cadmium	Glas	Gold
2674	2414	2489	2038	3017	2819	2330

Messing	Palladium	Clavierdraht	Nickel
1714	2747	2801	2755

Sämmtliche Zahlen sind mit 10^6 zu multipliciren. Verf. bemerkt, dass seine neueren, sehr sorgfältigen Untersuchungen über den Elasticitätsmodulus die Werthe für Kupfer, Zinn und Messing wahrscheinlich dem Mittel nähern würden, nicht aber den für Platin. Er macht darauf aufmerksam, dass Platin, welches hier besonders weit vom Mittel nach oben abweicht, ein ungewöhnlich kleines Verhältniss der Quercontraction zur Längendilatation besitzt.

Bde.

A. Miller. Bemerkungen zu einer Abhandlung von Herbert Tomlinson: Ueber den Einfluss von Spannung und Deformation auf die Wirkung der physikalischen Kräfte. Wied. Ann. XXV, 450-456; [Cim. (3), XIX, 175.

Verfasser erhebt Einwände gegen die Genauigkeit der Tomlinson'schen Untersuchungen (s. d. vorsteh. Ref. nebst anderen über die verschiedenen Theile derselben Versuchsreihe). Tomlinson hat zwar den Einfluss der Temperatur auf die Fehler seiner Längenmessung in sinnreicher Weise beseitigt, aber nirgends den Einfluss der Temperatur auf die von ihm untersuchten Constanten selbst berücksichtigt. Zugleich ignorirt er die elastische Nachwirkung (die grade von der Temperatur stark beeinflusst wird), und den Unterschied zwischen Dehnung durch Belastung und Contraction durch Entlastung oder das, was Miller selbst als Aenderungen der Elasticität während der Dehnung bezeichnet (vergl. die folgenden Ref.).

Bde.

A. MILLER. Ein Beitrag zur Kenntniss der Molecularkräfte. Münchn. Ber. 1885, 9-92; [Natf. XVIII, 262-263; [Beibl. IX, 498.

Der Aufsatz enthält Untersuchungen über elastische Nachwirkung im Anschluss an die Untersuchungen, über welche in diesen Berichten Band XXXIX, S. 307 referirt wurde. Es handelt sich dabei um Längsdehnungen von Drähten aus Silber, Platin, Kupfer, Eisen, Blei, Zink, Messing, Neusilber, Fischbein und Kautschuk. Verf. fasst die sogenannte elastische Nachwirkung auf als eine durch Verlängerung oder Verkürzung eintretende Aenderung des Elasticitätsmoduls. Wird ein Draht mit einer Anfangsbelastung π_1 während längerer Zeit gespannt, dann die Belastung vorübergehend auf $\pi_1 + \pi_2$ gebracht und hierauf wieder auf π_1 zurückgeführt, so sinkt der E. M. während dieser Operation. Lässt man hierauf die ursprüngliche Belastung π_1 eine Zeit lang bestehen, so hebt sich der E. M. wieder, aber er erreicht nicht ganz seinen ursprünglichen Betrag (Fischbein ausgeschlossen); setzt man dann dieselbe Mehrbelastung π_2 vorübergehend wieder zu, so ist die auftretende Senkung des E. M. gleich der eben berührten Hebung.

Diese Hebung, sowie die nachfolgende Senkung wird durch die Dauer der Pausen und Versuche wenig afficirt. Die Hebung bleibt auch dann hinter der Senkung zurück, wenn man die Anfangsspannung π_1 mässig vermindert. Dagegen ist die Hebung grösser als die Senkung, wenn man π_1 vermehrt. Der E. M. nähert sich bei wiederholten Deformationen durch Mehrbelastung einer festen Grenze λ, die bei jedem Stoff von der Zeit der Dehnung und Verkürzung unabhängig zu sein scheint, jedoch bestimmt von Anfangsbelastung π_1 abhängt. Mit zunehmender Anfangsbelastung wächst der Grenzwerth λ und nähert sich dabei alsbald selbst einer Grenze. Besonders ist hervorzuheben, dass schon diejenige Anfangsbelastung, deren man sich zum Geradehalten des Drahtes bedient, einen wesentlichen Einfluss auf den E. M. hat. In Uebereinstimmung mit F. KOHLRAUSCH kann desshalb der Verfasser dem E. M. eine bestimmte Bedeutung nur dann zuschreiben, wenn man ihn auf einen bestimmten Zustand des Körpers bezieht und die in diesem Zustande gegebene Nachwirkung bei der Beschreibung des Zustandes berücksichtigt. Verf. versucht schliesslich, die von ihm wahrgenommenen Erscheinungen mit Hülfe der von F. Kohlrausch, Pogg. Ann. CXXVIII, S. 413, gegebenen Hypothese zu erklären. *Bde.*

K. Koch. Beiträge zur Kenntniss der Elasticität des Eises. Wied. Ann. XXV, 438-450; [Cim. (3) XIX, 174; [J. de phys. (2), V, 484; [Natf. XVIII, 303; [Dingler CCLVIII, 45.

Verf. hat erst in Labrador, dann in Freiburg, die Elasticität von Eisstäben aus Durchbiegungsversuchen bestimmt. Zur Messung des Pfeiles diente ein auf einem Tischchen vertical aufgestellter Spiegel, welches Tischchen auf drei Spitzen ruhte. Zwei von den Spitzen sind fest aufgestellt und bestimmen die Drehungsaxe, die dritte ruht auf dem Eisstab; wenn sie sinkt, dreht sich der Spiegel und der letztere wird mit Scale und Fernrohr beobachtet. Als beste in Labrador erhaltene Zahl für den Elasticitätsmodul giebt Verf. 696 $\frac{kg}{mm^2}$, als Freiburger Mittel 641 $\frac{kg}{mm^2}$. Schwer zu eliminirende Fehlerquellen sind 1) die auch bei grosser Kälte noch merkliche Verdunstung des Eises, welche die Dimensionen des Stabes während der Messung verkleinert, 2) die Plasticität und 3) die elastische Nachwirkung. Die letztere ist sehr bedeutend. Dem entsprechend fand sich durch Schwingungsbeobachtungen für E ein erheblich grösserer Werth als nach der statischen Methode.

Verf. verglich nach der von Warburg (Pogg. Ann. CXXXVI, 285) angegebenen Methode die Schallgeschwindigkeit in einem Eisstabe mit der in einem Messingstabe und fand hieraus $E = 884 \frac{kg}{mm^2}$. Es folgen noch einige directe Versuche über elastische Nachwirkungen und Plasticität beim Eise. Ein Eiscylinder von 1 cm Höhe und 1 cm Radius wurde mit 15 kg belastet. Seine Höhe nahm ab in der Stunde

bei	—5.7°	—2.5°	—0.9°
um	0.0009	0.017	0.126 mm

Bde.

BELTRAMI. Sulle condizioni di resistenza dei corpi elastici. Cim. (3) XVIII, 145-155; Rendiconti del R. Instituto Combardo (2) XXIII, p. 704; [Beibl. IX, 555.

Der Verf. wendet sich gegen die zwei gewöhnlichen Annahmen, dass die Grenze der Festigkeit eines Körpers bei einer gewissen Maximal-Spannung resp. -Dilatation liegt und schlägt ein neues Criterium vor, wobei man für die Festigkeit nicht eine Maximal-Dilatation oder -Spannung als massgebend betrachtet, sondern gewissermassen die Gesammtheit der um einen Punkt herrschenden Spannungen oder Dilatationen. Dem elastischen Potential, welches eine quadratische definite positive Form ist, und die Energie in der Umgebung des betreffenden Punktes darstellt, soll nach dem Verfasser ein gewisser Maximalwerth beigelegt werden, den man nicht überschreiten darf, ohne den Körper zum Bruche zu bringen. Berechnet wird hiernach die Festigkeitsgrenze für gewisse einfache Fälle, welche von ST. VENANT vom Gesichtspunkt der zweiten Annahme discutirt worden sind.

Schliesslich wird gelegenlich gezeigt, wie man die elastischen Spannungen vollständig bestimmen kann bei einem cylindrischen Körper mit elliptischen Querschnitt, auch wenn derselbe 3 Elasticitätsaxen parallel den geometrischen Axen besitzt. *Dr.*

P. J. ISBERG. Versuche zur Bestimmung der Elasticitätsgrenze und der absoluten Festigkeit von Eisendrähten mit Hülfe des Galvanometers. Öfversigt af K. Vet. akad. Förhandlingar 1885, No. 7, p. 143.

Wenn man einen Metalldraht ausdehnt, kühlt er sich bekanntlich ab und erwärmt sich wieder eben so viel, wenn die Dehnung, d. i. die elastische Verlängerung, aufhört, dies aber nur, wenn eine permanente Verlängerung durch die Dehnung nicht eintritt. Dieses Phänomen, von WEBER entdeckt und von W. THOMSON mathematisch behandelt, wurde von EDLUND näher untersucht. Er fand, dass die Abkühlung der dehnenden Kraft proportional war; tritt aber eine permanente Verlängerung ein, so werden die Verhältnisse verwickelter, indem die permanente Verlängerung mit einer Wärmeentwickelung verbunden ist.

Dieser Verhältnisse hat sich Isberg bedient, um die Elasticitätsgrenze zu bestimmen. Die genaue Bestimmung derselben bietet, wie bekannt, grosse Schwierigkeiten dar und hat zu der ziemlich unbefriedigenden Definition von Wertheim geführt. Der Verf. benutzt hauptsächlich dieselben Vorrichtungen, welche Edlund bei seinen oben erwähnten Untersuchungen gebraucht hat. Die Drähte wurden in eine Spannungsvorrichtung eingeschaltet und durch verschiedene Kräfte gedehnt, die Abkühlung, bezw. die Erwärmung, wurde durch ein Thermoelement, das gegen den Draht gedrückt war und mit einem Galvanometer in Verbindung stand, beobachtet. Gleichzeitig wurde auch die Verlängerung des Drahtes beobachtet. Der Verf. hat ca. 150 Drähte von Eisen und Stahl, die meisten von verschiedenen Eisenwerken in Schweden, untersucht.

Wenn man die Drähte mehr und mehr belastet, werden im Anfang die Ablenkungen des Galvanometers grösser, bei einer gewissen Belastung werden dieselben wieder kleiner, um bei einer noch grösseren Spannung Null zu werden. Der Verf. zeigt, dass der erste Punkt nicht weit von der Wertheim'schen Elasticitätsgrenze liegt, während der andere der Bruchgrenze nahe steht. Als Resultat seiner Untersuchung findet also der Verf., dass die elastische und permanente Verlängerung durch Studium der Wärmeentwickelung bei Spannung bestimmt werden kann. Die grösste Belastung der Flächeneinheit, für welche die Abkühlung des Drahtes der Belastung proportional ist, betrachtet der Verf. als die natürliche Grenze der Elasticität, und die Belastung, für welche die Abkühlung durch die Erwärmung compensirt wird, giebt ein Mass der Festigkeit an. *K. Å.*

C. Bach's Versuche über zulässige Belastung von Blei gegenüber Druckbeanspruchung. [Dingler J. CCLVIII, 377.

Gewöhnliches Gussblei in Würfelform verträgt 50 $\frac{\text{kg}}{\text{qc}}$, während es bei 72 $\frac{kg}{qc}$ deutlich fliesst. Breite Scheiben vertragen das doppelte, Hartblei das 5fache. *Bde.*

A. FRÜHLING. Ueber die Festigkeit des Eises. ZS. d. Ver. deutsch. Ing. 1885, 357-359; [Dingler CCLVII, 481.

Querschnitt der Probekörper 5 qc; Temperatur — 5° C. Die Reissbelastung schwankt zwischen 10 und 15.7 $\frac{kg}{qc}$, im Mittel beträgt sie 13 $\frac{kg}{qc}$. Die Biegungsfestigkeit des Eises betrug bei einer Lufttemperatur zwischen + 1 und + 4° C. 7.1 bis 9.4 $\frac{kg}{qc}$, zwischen — 1 und — 2° aber 11 bis 28 $\frac{kg}{qc}$. Der Elasticitätsmodul lag im ersten Falle zwischen 4300 und 12600, im zweiten zwischen 8560 und 25000 $\frac{kg}{qc}$. *Bde.*

E. L. MORGAN. Some Experiments on the Viscosity of Ice. Nature XXXII, 16-17; [J. de phys. (2) VI, 49; [Naturf. XVIII, 295; [Beibl. IX, 617.

Die Versuche wurden in der Refrigeratorkammer einer Chocoladenfabrik angestellt, deren Temperatur zwischen — 12° und — 30° C. schwankte. Das Eis zeigte dabei keine von den bekannten Viscositätserscheinungen, welche es in der Nähe des Schmelzpunktes darbietet: Stark belastete Drähte schnitten nicht in einen Eisblock ein, und belastete Eisstäbe bogen sich nicht, selbst innerhalb mehrerer Tage. *Bde.*

A. JAROLIMEK. Ueber den Einfluss der Anlasstemperatur auf die Festigkeit und Constitution des Stahles. Dingler J. CCLV, 1-9, 56-60.

Wesentlich für technische Zwecke geführte Untersuchung, aus der hauptsächlich folgender Satz von Interesse ist: Wird ein Stahldraht einer Formänderung durch Spannung unterworfen, so kann seine Elasticitätsgrenze (welche durch die Formänderung schon gesteigert ist) durch eine nachfolgende Erwärmung noch weiter gesteigert werden. Doch tritt diese Steigerung durch Wärme nicht ein, wenn die Elasticitätsgrenze vorher schon durch Belastung bis zu dem höchsten erzielbaren Betrag emporgetrieben war, und es bleibt noch zu untersuchen, ob sie bloss nach kurzen oder auch nach lange dauernden Anspannungen des Drahts statt hat.

Bde.

Osmond und Werth. Die innere Structur des Stahls. J. Pharm. et Chim. 1885, (2) 29; C. R. C, 450-452†; [Arch. Pharm. (3) XXIII, 686†; [J. Chem. Soc. XLVIII, 485.

Durch mikroskopische Untersuchung von mit verdünnter Salpetersäure behandelten Dünnschliffen ergiebt sich, dass der Kohlenstoff nicht gleichmässig durch die Masse des Gussstahls vertheilt ist, sondern dass eine Art Zellgewebe vorhanden ist, in dem weiches Eisen die Zellkammer und Kohlenstoffeisen die Zellwandungen bildet.

Cn.

E. Geoghegan, C. K. Busche. Friction and Molecular Structure. Nature XXXIII, 154 u. 199.

Beide Autoren beschäftigen sich mit der bekannten Thatsache, dass Lampencylinder häufig springen an den Stellen, wo sie selbst mit anscheinend weichem Material gerieben worden sind. Kein Ergebniss.

Bde.

B. Schwalbe. Mittheilung über einen eigenthümlichen Glasbruch. Verh. physik. Ges. Berlin. IV, 26; [Beibl. IX, 556.

Ein Piëzometer zerdrückte sich bei weniger als 10 Atmosphären und das Glas theilte sich dabei in auffallend regelmässige nahezu parallelflächige Streifen.

Bde.

H. Schulze. Ueber das Verhalten von seleniger zu schwefliger Säure. J. pract. Chem. (2) XXXII, 390-407; [Natf. XVIII, 477; [Chem. Ber. XVIII, 654-656.

Selenige Säure wird durch schweflige Säure zu Selen reducirt. Früher glaubte man, die Reaction finde nur in Gegenwart von Chlorwasserstoffsäure statt. Verf. zeigt, dass sie zwischen den reinen wässerigen Lösungen von schwefliger und seleniger Säure eintritt, wenn die Mengenverhältnisse passend gewählt werden; am vollständigsten ist die Reduction, wenn 2 Mol. SO_2 auf 1 Mol. SeO_2 kommen. Die Mischung färbt sich wachsgelb, rothgelb, gelbroth, blutroth und wird binnen 2 Minuten trübe und undurchsichtig; nach 24 Stunden hat sich in der wieder gelbroth gewordenen Flüssigkeit reichlich Selen abgeschieden. Die gelbrothe Flüssigkeit enthält noch gelöstes Selen und der colloidale Niederschlag ist in Wasser löslich. Er löst sich bei reichlichem Wasserzusatz zu einer vollkommen klaren rothen Flüssigkeit, geht aber mit der Zeit unter allen Umständen wieder in den unlöslichen Zustand über. Licht beschleunigt diesen Uebergang. Im Dunkeln erzeugtes und im Dunkeln unter der Flüssigkeit aufbewahrtes Selen bleibt bis zu 24 Stunden löslich. Die Lösungen setzen im Licht an den Glaswänden des Gefässes rothdurchsichtige Selenhäutchen ab. Sie lassen sich durch Dialyse vom Säuregehalt befreien und fluoresciren rothbraun. 1 Theil Selen färbt 10000 Theile Wasser noch deutlich rothgelb.

Selen ist das erste Element, welches in colloid-löslicher Form erhalten wurde. Der Verf. deutet an, dass auch Platin und Wolfram, sowie Schwefel, sich in vermuthlich ähnlichen Zuständen beobachten lassen. *Bde.*

W. M. Ord. Erosion of Glass. Nat. XXXI, 360.

W. R. H. Dasselbe. Ibid. 388.

1882 wurde bemerkt, dass der Schmutz aus einem Termitenhaufen Glas anätzte. Ord erinnert dabei an (anscheinend ungedruckte) Versuche seines Lehrers G. Rainey, folgenden Inhalts: Kugelige Concretionen von kohlensaurem Kalk wurden auf einer

Glasfläche deponirt, die mit einer starken Gummilösung überzogen war; jedesmal da, wo eine Kalkkugel das Glas berührte, zeigte sich eine Erosion des letzteren. Ord stellte darauf folgenden Versuch an. Eine starke reine Gummilösung wurde in zwei Theile getheilt, die eine mit ein wenig Chlorcalcium, die andere mit kohlensaurem Kalium versetzt. Dann wurden die beiden Lösungen in einer weithalsigen Flasche über einander geschichtet und eine mit Paraffin überzogene Glasplatte hineingehängt. In das Paraffin waren die drei Buchstaben A, N, T eingeritzt und der Verfasser erwartete, die etwaige Aetzung würde sich auf diese Buchstaben beschränken. Nach einem Jahre aber fand sich, dass das Paraffin vollständig abgehoben und die Platte namentlich an der Grenze der beiden Flüssigkeiten mit kohlensaurem Kalk überzogen war. Unter dem Kalk war die Platte angeätzt, wie von Flusssäuredämpfen. Ord nimmt an, dass die Mitwirkung des Gummi bei dieser Aetzwirkung wesentlich sei. W. R. H. erinnert in seiner Zuschrift zunächst daran, dass auch alkalische Substanzen das Glas anätzen können, ferner an die bekannte Thatsache, dass colloide Substanzen, die an einem Glasstück festgeklebt sind, wenn man sie abreisst, die Glasoberfläche leicht mitnehmen. *Bde.*

C. Trotter. On the molecular theory of viscous solids. Proc. Camb. V, 256-279; [Beibl. X, 86, 1886.

Verf. wünscht, eine etwas bestimmtere Vorstellung vom molecularen Zustande zähflüssiger Körper zu entwickeln; er nimmt an, ein solcher bestehe aus einem Netzwerk von festerer Substanz, dessen Hohlräume mit einer mehr flüssigen Substanz derselben chemischen Zusammensetzung gefüllt sind. Die individuellen Theilchen, aus denen das festere Netzwerk in einem gegebenen Augenblicke besteht, bleiben nicht immer Angehörige des festen Theils, sondern werden von Zeit zu Zeit verflüssigt, während flüssige Antheile in den festeren Zustand übergehen. Dieser moleculare Austausch giebt auch schwächeren äusseren Kräften Gelegenheit, bei langer Wirkung starke Deformationen an dem Körper hervorzubringen. Die Geschwindigkeit, mit welcher solche Deformationen eintreten, ist um so grösser, je schwächer das Netzwerk und je lebhafter der moleculare Austausch ist; sie wird infolgedessen durch Temperaturerhöhung gesteigert. *Bde.*

EGLESTON. The fatigue of metals. Engin. XL, 31-32.

Verf. hat neue Instrumente construirt, mit denen er Messungen über die Ermüdung der Metalle erst anstellen will. Nach seiner Ansicht besteht die Ermüdung darin, dass der Kohlenstoff aus bloss physikalischer Vereinigung in chemische Verbindung mit dem Metall übergeht. *Bde.*

BARTOLI. Rasch abgekühlte Harze. L'Orosi VIII, 218; [Arch. Pharm. (3) XXIII, 812; [Naturf. XVIII, 422†.

Verf. nimmt an, dass in einem rasch gekühltem Harz von der mittleren Temperatur T zwischen den Temperaturen seiner einzelnen Theilchen erhebliche Differenzen vorhanden sind, so dass einzelne Partieen des Harzes die Temperatur T + x, andere die Temperatur T — x haben, wo der Werth x vielleicht zwischen ziemlich weit aus einander liegenden Grenzen schwanken kann. Ist nun die Plasticität und die elektrische Leitungsfähigkeit keine lineare Function der Temperatur, so liegt auf der Hand, dass die mittlere Plasticität oder die mittlere Leitungsfähigkeit bei endlichen Werthen von x eine andere Grösse hat, als wenn x verschwindet. Letzteres würde eintreten, wenn die Masse sich so langsam abkühlt, dass ihre einzelnen Theile sich vollständig gegen einander ausgleichen, ersteres bei schneller Abkühlung. *Bde.*

Litteratur.

F. NEUMANN. Vorlesungen über die Theorie der Elasticität der festen Körper und des Lichtäthers. Herausgegeben von O. E. MEYER. Leipzig, Teubner. XIV u. 374 S. gr. 8°; [G. d. Math. XVII, 948.

J. J. WEYRAUCH. Aufgaben zur Theorie elastischer

Körper. Leipzig, Teubner 1885, X u. 350 pp.; [Schlömilch ZS. XXX, 142-143; [Beibl. IX, 643-644.

KURZ. Ueber Herrn Professor WEYRAUCH's „Theorie der elastischen Körper etc. ZS. f. Math. u. Phys. XXXII, 28-29.

DUGUET. Un vocabulaire de l'élasticité. Rev. Scient. XXXVI, 122-123.

E. BELTRAMI. Sulle equazioni generali dell' elasticità. Cim. (3) XX, 186-192.

Die Fortsetzungen dieser wesentlich mathematischen Abhandlung reichen bis in das Jahr 1887, sodass die eventuelle Besprechung bis dahin verschoben werden muss.

W. GOSIEWSKI. Ueber die mittleren Componenten der Deformation fester elastischer homogener und insbesondere isotroper Körper. Krak. Ber. XIII (Polnisch).

A. H. LEAHY. On the mutual action of oscillatory twists in a vibrating medium. (Titel.) Cambridge. Proc Phil. Ser. V, 330.

Erscheint in den Transactions.

E. SUNDBERG. Transversalvängningarne hos en tunn kristallinisk skifva med trenne symmetriplan och af elliptisk begränsning. Stockholm Öfv. XLII, No. 5, 77-94.

Verfasser wendet die von KIRCHHOFF in seinen Vorlesungen gegebene Methode an, um die Transversalsschwingungen einer dünnen, elliptisch begrenzten Krystallplatte mit drei Symmetrieebenen zu behandeln.

H. KRETZ. Réflexion sans frottement sur un plan des déplacements élastiques dans un corps de forme et de contexture quelconques. C. R. CI, 366; [Beibl. X, 8.

P. LAURENT. Equilibre élastique des surfaces coniques, application à la volée des bouches à feu. Nancy et Paris: BERGER-LEVRAULT et Co. 64 S. mit Fig. 8°.

Sep.-Abdr. aus Revue d'artillerie mai, juin, juillet et septembre 1885. *Bdt.*

P. JAERISCH. Ueber das Gleichgewicht des elastischen Kreiscylinders. Mitt. Hamb. Nat. Ges. I, 167, 1885/6.

— Ueber das Gleichgewicht einer elastischen Kugel. Mitt. Hamb. Mat. Ges. I, 155, 1885/6.

M. Hamburger. Untersuchungen über die Zeitdauer des Stosses elastischer cylindrischer Stäbe. Breslau, Köhler.

Lindskog. Om elastiska skifvors bögningar. Öfversigt af K. Vetensk. Ak. Förhandl. XLI, No. 4, 61, 1884.

J. Beckenkamp. Zur Bestimmung der Elasticitätsconstanten von Krystallen. Leipzig, 1885.

J. Thoulet. Untersuchungen über die Elasticität der Mineralien und Gesteine. C. R. XCVI, 1373, 1883; [ZS. f. Kryst. X, 611.

Karl Pearson. History of Elasticity. Nat. XXXIII, 53.
Persönliche Angelegenheit des Verfassers.

C. Sigalas, A. Chapel, A. Longuet. Ueber einen Versuch betreffend die Elasticität der Körper. La Nature XIII, No. 626 (Umschlag), No. 629, 630; [Beibl. X, 7.

G. T. Physique sans appareils. La Nature XIII (1), 80; [Beibl. IX, 377.

1) Anzündung der aus angebranntem Papier entwickelten Gase.
2) Elasticität eines Klümpchens von gekneteter Brodkrume.

G. Lanza. Applied mechanics and resistance of materials: showing the strains of beams as determined by the testing machines of Watertown Arsenal, and at the Massachusetts Institute of Technology: practical and theoretical. New-York, J. Wiley & Sons. 1885. 5 Doll.

F. Grashof. Ueber die Formen des zu technischen Arbeitszwecken verwendeten natürlichen Arbeitsvermögens. ZS. dtsch. Ing. XXIX, 161; [F. d. Math. XVII, 979.

J. Šolín. Theorie der äusseren Kräfte gerader Träger. Prag, 1885 (Böhmisch); [F. d. Math. XVII, 966.

H. Marcuse. Zur Berechnung der Widerstandsmomente von Trägern. Centralbl. d. Bauverw. V, 383.

H. Zimmermann. Zur Bestimmung der Widerstandsmomente von Trägern. Centralbl. d. Bauverw. V, 396; [Beides ref. F. d. Math. XVII. 967.

— Tabellen der Trägheitsmomente, Widerstandsmomente und Gewichte. Mit Berücksichtigung der Nietverschwächung berechnet und übersichtlich zusammengestellt. Berlin, Ernst und Korn, 1885; [Centralbl. d. Bauverw. V, 124.

E. Winkler. Materialmenge der Träger. Dtsche. Bauztg. XIX, 133; [F. d. Math. XVII, 970.

M. Könen. Theorie gekrümmter Erker- und Balkonträger. Dtsche. Bauztg. XIX, 607-609; [F. d. Math. XVII, 975.

L. Haase. Zur Theorie der parabolischen und elliptischen Bögen. Wien. Allg. Bauztg. L; [F. d. Math. XVII, 975.

J. Hofmann. Berechnung des zweigelenkigen Bogens. Centralbl. d. Bauverw. V, 463-464; [F. d. Math. XVII, 977.

Backhausen. Auftragung von Einflusslinien für Bogen. Hannov. ZS. XXXI, 159-176; [F. d. Math. XVII, 976.

Hüppner. Zur Ermittelung der Druckvertheilung in Mauerquerschnitten. Civiling. (2) XXXI, 39-50; [F. d. Math. XVII, 977-978.

E. Bagge. Ueber die Berechnung von Kettenhaken. ZS. dtsch. Ing. 1885, 11-13.

Ph. Bredt. Berechnung der Kettenhaken. ZS. dtsch. Ing. XXIX, 283-285.

Th. Landsberg. Ebene Fachwerke mit festen Knotenpunkten und das Princip der Deformationsarbeit. Centralbl. d. Bauverw. V, 165-168; [F. d. Math. XVII, 973-974.

TH. LANDSBERG. Beitrag zur Theorie der Fachwerke. Hannov. ZS. XXXI, 361-372; [F. d. Math. XVII, 973.

MOHR. Beitrag zur Theorie des Fachwerks. Civiling. (2) XXXI, 289-356; [F. d. Math. XVII, 970-971.

H. MÜLLER-BRESLAU. Zur Theorie des Fachwerks. Hannov. ZS. XXXI, 418-430; [F. d. Math. XVII, 971.

— Zur Theorie der Biegungsspannungen in Fachwerkträgern. Wien. Allg. Bauztg. L, 85-89, 97-101; [F. d. Math. XVII, 972.

SEIPP. Ueber Beanspruchung von Dachpfetten und ähnlich beanspruchten Holzbalken. Dtsche. Bauztg. XIX. [F. d. Math. XVII, 974.

A. CONSIDÈRE. Efforts dynamiques produits par le passage des roues des locomotives et des wagons aux joints des rails. C. R. CI, 992-994; [F. d. Math. XVII, 969.

H. LÉAUTÉ. Théorie du frein à lame. J. de l'Éc. Pol. H. LIV, 117-136; [F. d. Math. XVII, 978.

HUREL. Traité de la mécanique et de la forme de la charpente ovoïde, et ses applications dans la navigation aquatique et aérienne etc. Rouen, 1885, Alexandre.

FAIRBANK. Maschine zur Prüfung der Metalle auf Zugfestigkeit mit elektrischem Dehnungszeichner. Dingler J. CCLV, 65-69.

G. LAUBOECK. Ueber die Festigkeit des Ailanthus- (Götterbaum-) Holzes. Dingler J. CCLVII, 433.

Vergleichende Festigkeitsversuche mit brasilianischen, zum Eisenbahnwagenbaue verwendbaren Hölzern. Dingler. J. CCLVII, 336-337.

W. HERSBERG. Ueber Papierprüfung. Ber. d. Ver. f. Gewerbefleiss 1885, Sep.-Abdr.; [Chem. CBl. (3) XVI, 316-318.

A. MARTENS. Ueber Einfluss der Länge und Breite der Probestreifen auf die Ergebnisse der Festigkeitsuntersuchungen von Papier. Dingler J. CCLVIII, 289-294.

E. Hartig. Sulfit-Zellstoffpapier, seine Festigkeitseigenschaften und deren zeitliche Veränderung.
Dingler J. CCLVI, 436-438.

D. Meyer. Ergebnisse von Zerreissungsversuchen an Förderseilen aus Stahldraht. Dingler J. CCLVIII, 44.

Erosion of the bore of big guns. Science VI, 392.

E. Rivals. Des effets du tir des pièces rayées sur le matériel. Toulouse Mém. (8) VII, 341-352; [F. d. Math. XVII, 978.

L. Weiller. Études électriques et mécaniques sur les corps solides. Paris, 1885. Gauthier-Villars.

L. S. Randolph. On the strength of stay-bolts in boilers. Science VI, 214. (Aus Americ. Assoc.)

F. Falangola. Esperimenti sulla resistenza dei laterizî allo schiacciamento. Roma, 1885.

V. Galippe. Recherches sur les propriétés physiques et la constitution chimique des dents.
Paris, G. Masson, sans date.

Isberg. Bestämning af jerntrådars elasticitetsgräns och absoluta hallfasthet. Öfversigt af K. Vetensk. Ak. Forhandl. XLII, No. 7, 143.

Ch. Duguet. Déformation des corps solides. Limite d'élasticité et de résistance à la rupture. 2e partie (Statique générale), chapitre VII: Déformation et résistance des cylindres creux.
Paris, Berger-Levrault, sans date.

F. Pfaff. Untersuchungen über die absolute Härte der Mineralien. Ber. München, 1883, 55; [ZS. f. Kryst. X, 528-531; [J. chem. Soc. L, 20. Siehe diese Ber. XXXIX, (1), 314.

E. Solvay. Le disque de Reese.

Un Abonné. Dasselbe.
La Nat. XIII (2), 14 und auf dem Umschlag von No. 630.

Als Reese'sche Scheibe wird eine (meist nach Colladon benannte) schnell rotirende Scheibe bezeichnet, die mit ihrem Rand in härteres Material einschneidet.

F. SIEMENS. Ueber die Fabrikation des Hartglases und dessen Eigenschaften. Dtsche. Ind.-Ztg. XXVI, 236; Chem. CBl. (3), XVI, 670-671.

Besprechungen desselben Gegenstandes in Engin. XXIX, 245, Nat. XXXI, 413-414; Science VI, 293.

P. PARIZE. Les explosions spontanées du verre trempé. Rev. scient. (3) XXXV, 93-94.

WATREMEZ. Explosions spontanées du verre ordinaire. Rev. scient. (3) XXXV, 158.

BRAUNE. Gefügeveränderungen im Eisen und Stahl. Ind.-Bl. XXII, 138-139; [Chem. CBl. (3), XVI, 574-575.

Referirender Vortrag von technischem Interesse.

FR. LERCHE. Ueber das Schmelzen und Giessen des Eisens, Klarlegung der Bildung der Porosität desselben, der Drusen etc., unter Nachweis praktischer Gegenmittel. Maschinenbau. D. Ind.-Ztg. XXV, 395-396; [Chem. CBl. (3) XVI, 14-16.

H. C. SORBY. Das mikroskopische Gefüge von Eisen und Stahl. ZS. d. Ing. XXIX, 630-633.

H. WEDDING. Die Eigenschaften des schmiedbaren Eisens, abgeleitet aus der mikroskopischen Untersuchung des Gefüges. ZS. d. Ing. XXIX, 572-575.

TH. TURNER. Influence of silicon on the properties of cast iron. J. Chem. Soc. XLVII, 577, 902; [Natf. XVIII, 356.

P. ZETZSCHE. Ueber die ungleichmässige Zusammensetzung gegossener Stahlblöcke. Dingler J. CCLVII, 21-23.

Tempering of metals by cold flow. Eugin. XXXIX, 400.

W. E. WARD. The Flow of Metals. Engineering XXXIX, 660.

Historische Uebersicht.

G. T. Physique sans appareils. La porosité et la perméabilité des corps. La Nat. XIII (1), 272.

ED. GRIMAUX. Les substances colloïdales et la coagulation. Rev. Scient. XXXV, 493-500.

Eine populäre Darstellung der Arbeiten Grahams und des Verfassers, über welch letztere in diesen Berichten 1884 referirt worden ist.

A new theory of cohesion. Science VI, 274-275.

P. GAMBERA. Alcune questioni di meccanica moleculare. Palermo, 1885.

L. C. E. VIAL. La chaleur et le froid; 3e supplement: Attraction moléculaire. Paris, 1885. Chaix.

GUTHRIE. Physical molecular Equivalents. Chem. News. LII, 232-233†; [J. chem. soc. L, 197.

Discussion on Molecularia. Nat. XXXIII. 20-22. *Bde.*

7b. Capillarität.

V. A. JULIUS. Bydrage tot de theorie der capillaire verschijnselen.*) Natuurkundige verhandelingen der Akademie van Wetenschappen te Amsterdam XXIV, p. 1-63†; [Beibl. X, 384; [ZS. f. Istrkde. V, 952; [F. d. Math. XVII, 879-980.

Der Verfasser entwickelt die Theorie der Capillaritätserschei-

*) Beitrag zur Theorie der Capillaritätserscheinungen.

nungen unter der Annahme, dass in der Grenzschicht einer Flüssigkeit die Dichtigkeit sich mit der Tiefe unter der Oberfläche ändert. Er legt dabei nach dem Beispiele von GAUSS das Princip der virtuellen Geschwindigkeiten zu Grunde. Nach einer Discussion über die Zulässigkeit dieser Methode wird für ein System, welches neben einem festen Körper zwei Flüssigkeiten oder eine Flüssigkeit und ein Gas enthält, die Grösse entwickelt, welche im Gleichgewichtszustande ein Maximum sein soll. Die Betrachtung der Variationen derselben zeigt, dass die übliche Erklärung der Erscheinungen keine wesentliche Aenderung erleidet; eine Oberflächenspannung besteht immer, wie dick auch die Schicht sei, in welcher die Dichtigkeit von Punkt zu Punkt variirt. Dagegen fand RAYLEIGH, indem er direct die auf ein Flüssigkeitselement wirkende Kraft berechnete, für die Capillaritätscontante einen um so kleineren Werth, je dicker die Grenzschicht ist. Der Verfasser weist nach, dass hier kein Widerspruch besteht, dass vielmehr die Vereinigung seiner Theorie mit der RAYLEIGH'schen, welche er weiter entwickelt, einen Schluss über die in Frage stehendeDicke ermöglicht. Dieselbe muss von gleicher Grössenordnung sein, wie der Radius der Wirkungssphäre.

Es werden schliesslich noch die Anwendung auf die Theorie von VAN DER WAALS und in einem Zusatze die Capillaritätserscheinungen bei einer Flüssigkeit, in welcher Diffusion stattfindet, besprochen. *Lz.*

P. DUHEM. Applications de la thermodynamique aux phénomènes capillaires. Ann. Ec. Norm. Sup. Paris, (3), II, 207-254†; [Beibl. X, 330, 1886; [Fortschr. d. Mathem. XVII, 981-983; [Phil. Mag. (5) XXII, 330, 1886.

Will man die Capillaritätstheorie auf dem Boden der reinen Mechanik aufführen (Princip der virtuellen Geschwindigkeit, Berechnung der Arbeit aus der Aenderung des Potentials), so muss man, wie es LAPLACE und GAUSS thaten, von denjenigen Dichtigkeitsänderungen (bezw. Zustandsänderungen) der Flüssigkeit in der Nachbarschaft ihrer Begrenzungsflächen absehen, welche POISSON einführte; andernfalls geht man von keinem rein mechanischen

Princip aus, wie die Theorien, welche, wie die von Th. Young, an den Begriff der Oberflächenspannung anknüpfen.

Duhem legt nach dem Vorgang von W. Gibbs der Behandlung der Capillaritätstheorie den Ausdruck für das thermodynamische Potential pro Masseneinheit zu Grunde, welcher sich auf Zustandsänderungen bei constantem Druck und bei constanter Temperatur bezieht:

$$\Phi = E\,(U - T\,S) + P\,V$$

(E mechanisches Wärmeäquivalent, U Energie, S Entropie, T absolute Temperatur, P Druck auf Oberfläche, V Volumen). Unter Rücksicht auf die besondere Beschaffenheit der Oberflächentheile hat man den Ausdruck für das thermodynamische Potential eines Systems aufzustellen für eine dünne Oberflächenschale, innerhalb deren die Dichtigkeitsänderungen liegen und für den übrig bleibenden Theil der Systeme. Eine einfache Transformation liefert ohne Einwirkung der Schwere das thermodynamische Potential des Systems:

$$\Phi = \Sigma_p^{1,\,n} \Big\} M_p \Big[E\,(u_p - T s_p) + P\,\sigma_p \Big] + \Sigma_q A_{pq}\,\Theta_{pq} \Big\{$$
$$q = 0, 1, 2, \ldots p-1,\ p+1 \ldots n$$

(M_p die Masse des Körpers p, σ_p das specifische Volumen, Θ_{pq} die gemeinsame Berührungsfläche der Körper p u. q, A_{pq} die unter dem Namen Oberflächenspannung bekannte Capillaritätsconstante).

Der für die Capillaritätstheorie wesentliche Bestandtheil ist der von der Grösse der Oberfläche abhängige Term $\Sigma_q A_{pq}\,\Theta_{pq}$. Im Falle die Schwere in der Richtung der z-Axe wirkt, tritt noch der Term $+\,g\,S_p\,z\,d\,M_p$ hinzu. Bedingung des Gleichgewichts ist, dass das thermodynamische Potential ein Minimum ist.

Es wird nun zunächst eine Anwendung auf die gewöhnlichen Capillaritätserscheinungen gemacht, dann die bei Aenderung der capillaren Oberfläche auftretetende Wärmeentwicklung berechnet:

$$\frac{1}{E}\,T\,d\left(\Sigma_p^{1,\,n}\,\Sigma_q\,\Theta_{pq}\,\frac{\partial A_{pq}}{\partial T}\right)$$

das ist der zuerst von van der Mensbrugghe aufgestellte Ausdruck, während der von Sir W. Thomson gegebene

$$\frac{1}{E}\,T\,\Sigma_p^{1,\,n}\,\Sigma_q\,\frac{\partial A_{pq}}{\partial T}\,d\,\Theta_{pq}$$

nicht ganz vollständig ist. Endlich werden behandelt die Erscheinungen der Verdampfung in ihrer Abhängigkeit von der Krümmung der Oberfläche, des Siedeverzuges, der Ueberschmelzung (surfusion) und der Uebersättigung von Lösungen.

Das Interesse der Arbeit liegt nicht in den Resultaten, welche bekannt sind, sondern in der Behandlungsweise. Der Verf. hat schon sonst nach dem Vorgang von W. GIBBS die verschiedensten physikalischen Gebiete unter Zugrundelegung des thermodynamischen Potentials behandelt, die vorliegende Arbeit reiht die Capillaritätstheorie in diese theoretisch einheitliche Behandlungsweise ein.

P. V.

A. CHERVET. Sur les constantes capillaires des solutions salines. C. R. CI, 235-238†; [Cim. (3) XVIII, 260; [Fortschr. d. Mathem. XVII, 980-981†.

Eine Substanz (1) löst sich in einem Lösungsmittel (2), wenn die Adhäsion von (1) und (2) den arithmetischen Mittelwerth der einzelnen Cohäsionswerthe von (1) und (2) übertrifft. Eine Salzlösung wird nun als ein mechanisches Gemenge aus wasserfreiem Salz und Wasser betrachtet und die Mischungsformel von POISSON aus der Capillaritätstheorie darauf angewendet. Indem weiter wasserfreies Salz und eine Salzlösung als Bestandtheile der Mischung aufgefasst werden, gelingt es für eine gegebene Temperatur eine Gleichung für den Grenzwerth der Lösbarkeit einer Substanz aufzustellen. Beobachtungen werden nicht mitgetheilt.

Es sei gestattet zu bemerken, dass sich der erste Theil der Note mit eigenen Untersuchungen des Referenten deckt (Wied. Ann. XVII, 1882). *P. V.*

P. CASAMAJOR. Note on Camphor Motions. Chem. News. LI, 109-110†, Bemerkung dazu Seite 129, LII, 23, LII, 46; [Beibl. IX, 303.

THOMAS HART. Note on the Motions of Camphor Particles on the surface of Water. Chem. News LI, 277-278; [J. Chem. Soc. XLVIII, 951; [Beibl. IX, 653.

Charles Tomlinson. On the Motions of Camphor on the surface of Water. Chem. News. LII, 50; [J. Chem. Soc. XLVIII, 1180; [Beibl. IX, 653.

Die vorliegenden Noten finden ihre Erledigung in der Bemerkung von Tomlinson, dass die Bewegung von Campherstücken auf Wasseroberflächen schon längst ihre Erklärung gefunden haben. Schon 1869 hatte van der Mensbrugghe den Satz aufgestellt: Wenn wir auf die Oberfläche einer Flüssigkeit A ein kleines Stück eines festen Körpers B bringen, welcher mehr oder weniger in A löslich ist, womit Aenderungen der Oberflächenspannung verbunden sind, oder welcher auf der Oberfläche verdampft, so treten Bewegungserscheinungen auf, wenn die Lösung oder Verdampfung unsymmetrisch zu B stattfindet.

Die Bemerkungen von Casamajor und Hart enthalten die Beschreibung bekannter Erscheinungen und eine unrichtige Erklärung derselben. *P. V.*

J. R. Bartlett. Some recent experiments with oil in stopping breakers. Science V, 56-57†.

Es wird über eine Reihe neuerer Erfahrungen, das bewegte Meer durch Oel zu beruhigen, berichtet mit besonderer Rücksicht auf die praktische Schifffahrt. *P. V.*

A. W. Rücker. Liquid Films. Nature XXXII, 210-212†.

Die Oberflächenschicht einer Flüssigkeit weist manche physikalische Eigenschaften auf; hervorzuheben ist die grosse Zähigkeit der Oberflächenschicht im Gegensatz zu inneren Theilen (besonders auffallend ist eine Saponinlösung). Die Versuche von Plateau, die Dicke dieser Schicht aus dem Druck verschieden dicker Seifenblasen (Glycerinflüssigkeit) zu bestimmen, sind in hohem Grade durch die Temperatur und den Feuchtigkeitsgehalt der umgebenden Luft bedingt.

Bei den Versuchen von Reinold und Rücker ist darauf besonders Rücksicht genommen und der Einfluss von Temperatur und Feuchtigkeit nachgewiesen. Die Dicke wurde einmal aus den

NEWTON'schen Farben abgeleitet; es ergab sich weiter, dass man berechtigt ist, aus Widerstandsbestimmungen von Flüssigkeitsmassen und dünnen Flüssigkeitslamellen gleichfalls auf die Dicke zu schliessen.

Einer besonderen Untersuchung wurden die schwarzen Flecke auf Seifenblasen unterworfen, ihre Dicke ergab sich übereinstimmend aus optischen und elektrischen Widerstandsbestimmungen, je nach der Constitution der Lösung zu $7{,}2.10^{-6}$ bis $14{,}2.10^{-6}$ mm. Sir W. THOMSON hat die Durchmesser der Molecüle auf $2{,}10^{-6}$ bis $0{,}01.10^{-6}$, VAN DER WAATS auf $0{,}28.10^{-6}$ angenommen. Es würden danach auf eine Dicke von $7{,}2.10^{-6}$ mm 4,720 bezw. 26 Molecüle kommen können.

Es wird noch die Bemerkung gemacht, welche sich gelegentlich der elektrischen Widerstandsbestimmungen aufdrängte, dass ein elektrischer Strom die Tendenz hat, die materiellen Theile einer Lamelle scheinbar mit sich zu führen. *P. V.*

A. KURZ. Anziehung und Abstossung durch Capillarität.

Exner Rep. XXI, 518-520†; [Beibl. X, 8.

Die theoretische Behandlung der Anziehung zweier nahe an einander hängender paralleler Platten, wenn beide benetzt und wenn beide nicht benetzt werden, und ihre Abstossung, wenn eine benetzt, die andere nicht benetzt wird, will nichts Neues beanspruchen, nur auf die fehlerhafte Behandlung des Gegenstandes durch selbst grössere physikalische Lehrbücher hinweisen.

P. V.

A. M. WORTHINGTON. Note on a point in the theory of pendent drops.

Phil. Mag. XIX, 46-48†; Proc. Phys. Soc. VII, 355-356; [Cim. (3) XVIII, 83; [J. de phys. 466-467; [Beibl. IX, 155.

Die Oberflächenspannung T eines hängenden Tropfens ergiebt sich aus zwei Gleichungen, welche durch Betrachtung der verticalen Druckkräfte auf einen horizontalen Querschnitt und der horizontalen Druckkräfte auf einen verticalen Querschnitt erhalten werden. Das Bild des Tropfens kann photographisch aufgenommen werden, und daraus können die nöthigen Daten zur Berechnung von T entnommen werden. *P. V.*

A. M. Worthington. On the error involved in Professor Quincke's Method of calculating surface-tensions from the dimensions of flat drops and bubbles.

Phil. Mag. XX, 51-66†; Proc. Phys. Soc. VII, 145-161; [Chem. News. LI, 309; [Engineer XXXIX, 675; [Cim. (3) XX, 175; [J. d. phys. (2) V, 231-236; [Beibl. IX, 710-712.

Quincke hatte an Blasen bezw. Tropfen und Steighöhen in Capillarröhren Oberflächenspannungen beobachtet und unter einander verglichen. Die zu kleinen Werthe aus Beobachtungen an Capillarröhren deutete er im Sinne endlicher Randwinkel, zumal sich ihm solche derselben Grössenordnung auch aus Blasen und Tropfen ergeben hatten. Zur Berechnung der Blasen- bezw. Tropfenbeobachtungen bediente sich Quincke gewisser Formeln, deren näherungsweise Gültigkeit er zwar kannte aber nach Worthington in ihrer Näherung überschätzte. Er vernachlässigt nämlich wie bei unendlich grossen Tropfen die Krümmung im tiefsten bezw. höchsten Punkt.

Worthington stellt eine Correctionsformel für die Berechnung der Quincke'schen Beobachtungen auf, welche gestattet, eine Reihe von Quincke'schen Werthen umzurechnen.

Eine in Maxwell's Wärme aufgestellte Tabelle der Oberflächenspannung (in Grammgewicht per Meter) bei 20° C. ändert sich daher folgendermassen:

Flüssigkeit	Specif. Gewicht	Spannung der Trennungsfläche zwischen der Flüssigkeit und		
		Luft	Wasser	Quecksilber
Wasser	1.0	7.35 [8.25]	0	38.44 [42.58]
Quecksilber . .	13.5432	50.28 [55.03]	38.44 [42.58]	0
Schwefelkohlenst.	1.2687	2.99 [3.27]	4.09 [4.26]	[37.97]
Chloroform . .	1.4878	[3.12]	2.63 [3.01]	[40.71]

Flüssigkeit	Specif. Gewicht	Spannung der Trennungsfläche zwischen der Flüssigkeit und		
		Luft	Wasser	Quecksilber
Alkohol . . .	0.7906	2.36 [2.60]	—	35.69 [40.71]
Olivenöl . . .	0.9136	3.39 [3.76]	1.82 [2.10]	31.07 [34.19]
Terpentin . . .	0.8867	2.82 [3.03]	1.13 [1.18]	23.60 [25.54]
Petroleum . . .	0.7977	2.91 [3.23]	[2.83]	26.53 [28.94]
Chlorwasserstoffsäure . . .	1.1	[7.15]	—	[38.41]
Lösung von unterschwefelsaurem Natron . . .	1.1248	6.85 [7.90]	—	42.08 [45.11]

Die eingeklammerten Werthe sind die Quincke'schen uncorrigirten Werthe. *P. V.*

W. F. Magie. Ueber Capillaritätsconstanten. Dissertation 1885, Berlin, 38 pp.†; Wied. Ann. XXV, 421-438; [Cim. (3) XIX, 174.

Der Verf. stellt neue Beobachtungen an, welche den Vorzug haben, ganz unabhängig von der Frage zu bleiben, ob endliche oder unendlich kleine Randwinkel vorliegen. Es misst durch eine Methode, welche man wohl kurz als eine ophthalmometrische bezeichnen kann, direct die Krümmung in dem Schnittpunkt einer capillaren Rotationsfläche mit ihrer Axe. Die einzelne Beobachtung fällt nicht sehr genau aus; so ergaben in einer Reihe die einzelnen Beobachtungen für die Capillaritätsconstante a^2 des Quecksilbers

6.58 6.88 6.53 6.70 6.71 6.48 Mittel: 6.65

des Wassers bei 19.25° C.:

14.26 14.97 14.54 14.54 14.06 14.76 13.62 15.23 14.10

Mittel: 14.45;

indess lassen sich doch die Beobachtungen gegen die Auffassung Quincke's deuten, z. B. im Sinne eines verschwindenden Randwinkels von Wasser gegen Glas. Eine Umrechnung Quincke'scher Werthe nach einer Poisson'schen Formel bestätigt diese Deutung. Sämmtliche Quincke'schen Werthe sind zu gross. *P. V.*

P. VOLKMANN. Bemerkungen zu den Arbeiten des Herrn R. SCHIFF „Ueber die Capillaritätsconstanten der Flüssigkeiten bei ihrem Siedepunkt". Lieb. Ann. CCXXVIII, 96-111†; [Chem. Ber. XVIII (2), 253; [Beibl. IX, 564.

R. SCHIFF. Notiz zu Herrn PAUL VOLKMANN's Bemerkungen. Lieb. Ann. CCXXIX, 199-203†; [Beibl. IX, 564.

J. TRAUBE. Einfluss der Temperatur auf den capillaren Randwinkel. ZS. f. pract. Chem. XXI, 514-527†; [J. Chem. Soc. XLVIII, 1033; [Beibl. IX, 565.

SCHIFF hatte bei Gelegenheit seiner mit engen Röhren angestellten Capillaritätsbeobachtungen im Widerspruch mit der Theorie die Behauptung aufgestellt, dass bei benetzenden Flüssigkeiten der Meniscus keine Halbkugel zu sein brauche und demgemäss die für benetzende Flüssigkeiten sich theoretisch ergebende Formel:

$$a^2 = rh\left(1 + \tfrac{1}{3}\frac{r}{h}\right) \text{ in } a^2 = rh\left(1 + \tfrac{1}{6}\frac{r+f}{h}\right)$$

corrigiren zu müssen geglaubt, wobei f die Höhe des Flüssigkeitsmeniscus bedeutet.

VOLKMANN hält dieses Verfahren für willkürlich. Fällt die an und für sich sehr schwierig zu messende Meniscushöhe kleiner als der Radius bei engen Röhren aus, so folgt, dass die Flüssigkeit überhaupt nicht benetzt, also ein endlicher Randwinkel vorliegt. Die von der Theorie für diesen Fall aufgestellten Formeln hängen wesentlich von der Grösse dieses Randwinkels ab. Die Berechnung der SCHIFF'schen Beobachtungen nach diesen Formeln führt theilweise zu sehr abweichenden Werthen und würden die von SCHIFF aufgestellten Gesetzmässigkeiten theilweise verloren gehen.

In seiner Entgegnung scheint SCHIFF seine Correctionsformel zurückzuziehen. Er schildert die Unsicherheit in der Beobachtung der Meniscushöhen, nimmt aber in Anspruch, Benetzbarkeit erreicht zu haben.

VOLKMANN hatte die Vermuthung ausgesprochen, dass Beobachtungen derselben Flüssigkeit an ganz verschiedenen Tagen im Falle grosser Randwinkel sehr verschiedene Steighöhen liefern würden. Die von SCHIFF im Zeitraume von 2 Jahren an verschiedenen Apparaten angestellten Beobachtungen weisen dagegen bei einer Reihe angeführter Flüssigkeiten dieselben Steighöhen auf.

Traube tritt für die ursprüngliche Schiff'sche Wahrnehmung ein, wonach der Meniscus in engen Röhren nicht eine Halbkugel, sondern flach gewesen wäre, ohne dass er allerdings sich klar macht, dass die Theorie in dem einen wie dem andern Falle die Berechnungsweise der Capillaritätsconstanten vorschreibt; die Definition der Benetzbarkeit ist davon gänzlich unabhängig.

Dem Referenten scheint die Uebereinstimmung wiederholter Beobachtungen von Schiff für eine Benetzbarkeit im Sinne eines verschwindenden Randwinkels zu sprechen; möglich, dass die Betrachtung des Meniscus durch das Glasrohr denselben optisch flach verzerrte.

Die Notiz von Herrn Traube gipfelt in dem Satz: „Es giebt für jede Flüssigkeit nur eine einzige von der Natur der Flüssigkeit und der Wand abhängende Temperatur, bei welcher der Meniscus eine Halbkugel ist, oberhalb welcher der Randwinkel endlich ist und stetig wächst".

Der Ref. kann diese Formulirung gerade nicht präcise nennen — wie verhält es sich z. B. unterhalb der erwähnten Temperatur? — er erlaubt sich auf seine Darstellungsweise (Wied. Ann. XVI, pag. 326-327, 1882) zu verweisen. *P. V.*

C. Schall. Ueber die bei Erwärmung stattfindende allgemeine Relation der Abnahme der Steighöhe in Capillaren und der Trennungsgewichte von Adhäsionsplatten zu der gleichzeitigen Abnahme der specifischen Gewichte. Berl. Chem. Ber. XVIII, 2032-2041†; [J. Chem. Soc. XLVIII, 1180; [Beibl. X, 84, 1886.

Der Verf. leitet aus seinen Beobachtungen für eine Reihe von Substanzen das Gesetz ab, dass bei Zunahme der Temperatur die Capillarconstanten a^2 wie die 8/3 Potenz der specifischen Dichte s, und daher die Capillarconstante $\gamma = \frac{a^2}{2}$ s wie die 11/3 Potenz der specifischen Dichte abnehme. Andere Substanzen wieder, wie Wasser, befolgen dieses Gesetz nicht. *P. V.*

C. SCHALL. Beziehungen zwischen den Capillarconstanten der Glieder homologer Reihen in Bezug auf das specifische Gewicht. Berl. Chem. Ber. XVIII, 2042-2052†; [Beibl. X, 83, 1886.

Bezeichnet man nach SCHIFF die von der Längeneinheit des Umfangs der Contactlinie zwischen Flüssigkeit und fester Wand innerhalb einer Capillare getragene Anzahl Molekeln als Capillarconstante und setzt dieselbe:

$$N = 1000 \frac{a^2 s}{2m} = 1000 \frac{a^2}{2v}$$

(a^2 die gewöhnliche Capillaritätsconstante, s das specifische Gewicht, m das Moleculargewicht, v das Molecularvolumen), so wird für die Glieder einer chemisch homologen Reihe die Formel:

$$\frac{N_1}{N_2} = \left(\frac{s_1}{s_2}\right)^{\frac{2}{3}} \frac{v_2}{v_1}$$

untersucht und gewisse gesetzmässige Abweichungen davon constatirt. *P. V.*

J. TRAUBE. Ueber die Bestimmung der Capillaritätsconstanten einiger wässriger und alkoholischer Lösungen durch Beobachtung der Steighöhen im capillaren Rohre. J. f. pract. Chem., n. F. XXXI, 177-218†; [J. Chem. Soc. XLVIII, 866; [Chem. Ber. XVIII (2), 359; [Natf. XVIII, 275; [Beibl. IX, 613-616.

Der Zweck der Arbeit ist, Beziehungen zwischen der chemischen Constitution von Lösungen und ihren Capillaritätsconstanten zu gewinnen. Wie der Titel besagt, ist die Methode der Steighöhe im capillaren Rohr angewandt. Zuerst werden Lösungen organischer Flüssigkeiten in Wasser und verdünnten Alkoholen, dann Salzlösungen und Lösungen fester organischer Stoffe untersucht.

Der Verf. glaubt den Standpunkt gewinnen zu können, dass zwischen beiden Classen von Lösungen kein wirklicher Unterschied besteht. Er erklärt sich von diesem Standpunkt gegen die physikalische Bedeutung der von QUINCKE und Anderen experimentell begründeten Sätze, nach denen äquivalente Mengen von Salzen einer Gruppe in derselben Menge Wasser gelöst, Salzlösungen von nahezu gleicher Cohäsion oder Oberflächenspannung geben, nach denen weiter die wirkliche Cohäsion der Salzlösungen nahezu proportional dem Salzgehalt der Lösung wächst, da nach einem vom Verfasser bestätigten Satz von DUCLAUX für die Lösungen verwandter und homologer organischer Flüssigkeiten keine einfache Beziehung zwischen Concentration und Aequivalentgewicht besteht.

Der Verf. stellt für Salzlösungen in wässrigem Alkohol folgende Sätze auf:

1) Es giebt für Salze (und andere Stoffe) eine Concentration von wässrigem Alkohol, in welcher die Cohäsion der Salzlösung stets constant und gleich derjenigen des Weingeistes ist, oder in welcher die Steighöhe der Lösung stets umgekehrt proportional ist dem specifischen Gewicht derselben.

2) Für Salze einer Gruppe ist diese Concentration gleich oder nahezu gleich. *P. V.*

GOLDSTEIN et DAMSKY. Sur la hauteur à laquelle une solution saline s'élève dans les tubes capillaires.
Bull soc. chim. Paris XLIII, 251-252†; Journal de la soc. chim. russe 1884.

Eine vorläufige Mittheilung, nach der sich bei gleicher Molecularconcentration die Steighöhe einer KBr-Lösung aus dem arithmetischen Mittel der Steighöhe einer KCl- und KJ-Lösung ergiebt, ebenso wie das Moleculargewicht von KBr das Mittel von KCl und KJ ist. *P. V.*

J. U. LLOYD. On Separation by Capillary Attraction.
Chem. News. LI, 51-54 u. 141†; [J. Chem. Soc. XLVIII, 477; [Beibl. IX, 235; [ZS. f. anal. Chem. XXV, 89.

Es handelt sich um Versuche, die schon 1862 von SCHÖNLEIN und F. GOPPELSRÖDER (Pogg. Ann. 115) angestellt sind, dem Verfasser aber unbekannt zu sein scheinen. Danach kann man durch capillares Aufsaugen von Lösungen in Fliesspapierstreifen die gelöste Substanz vom Lösungsmittel trennen, indem beide verschieden hoch steigen. Die Färbung des Papiers zeigt deutlich die Trennungsstelle. Der Verf. beschreibt Versuche, welche sich auf Lösungen von Ferrosulfat und Kuprisulfat und deren Mischung beziehen. *P. V.*

R. S. Dale. Some novel phenomena of chemical action attending the Efflux from a Capillary Tube. Chem. News. LI, 58-60†; Proc. of the Manch. Litter. and Phil. soc. XXIV, 25-28; [Beibl. IX, 235.

Die Arbeit ist rein chemischen Inhalts und betrifft eine Methode, chemische Reactionen sichtbar zu machen. *P. V,*

A. Zimmermann. Ueber die Jamin'sche Kette. Ber. d. deutsch. bot. Ges. I, 384-385; [Beibl. IX, 377.

Jamin'sche Kette nennen die Pflanzenphysiologen ein System von abwechselnden Flüssigkeitstropfen und Luftblasen, welche in einer Röhre eingeschlossen sind. Bekanntlich setzt ein solches, wenn die Tropfen aus Wasser bestehen, der Fortbewegung einen ziemlich erheblichen Widerstand entgegen. Der Verf. findet 1) dass dieser Widerstand fast verschwindet, wenn das System einmal in Bewegung ist, 2) dass er, wenn die Tropfen sich in Ruhe befinden, eine Stunde lang fortwährend wächst, bis der Druck, der erforderlich ist, um eine der Wassersäulen zu bewegen, etwa $^1/_4$ oder $^1/_6$ des capillaren Steigdrucks beträgt; 3) dass gewisse Flüssigkeiten, wie Schwefelsäure, Weinsäure, Ammoniak sich wie Wasser verhalten, während andere, wie Alkohol und Terpentinöl, in der Jamin-schen Kette keinen Widerstand gegen die Bewegung zeigen. Die Flüssigkeiten der ersten Art sind diejenigen, deren Viscosität an der Oberfläche grösser ist als im Innern, während bei denen der zweiten Art das Gegentheil statt hat. Die Versuche bestätigen also die Theorie Nägeli's, wonach die Viscosität der Oberflächen hauptsächlich den Widerstand der Jamin'schen Kette bedingt.

Bde.

E. WOLLNY. Researches on the Capillary Conduction of Water. Biedermann's CBl. f. Agricult.-Chem. XIV, Part 4; [Chem. News. LII, 286.

Eine Untersuchung zur Bodenphysik, die wesentlich auf die physikalische Thatsache hinausläuft, dass das Wasser in einem gegebenem Boden capillar um so höher steigt, je feiner dessen Textur und je kleiner seine Hohlräume sind. *Bde.*

G. PIRIE. On the surface tension of water which contains a Gas dissolved in it. Rep. Brit. Ass. Aberdeen 1885, 898; [Nature XXXII, 536.

— On calculating the surface tension of liquids by means of cylindrical drops or bubbles. Rep. Brit. Ass. Aberdeen 1885, 898; [Nature XXXII, 536.

Aus den übermässig kurzen Notizen des Report ist nur folgendes zu entnehmen: 1) Verf. findet, dass die Messungen der Dimensionen von cylindrischen Tropfen sich besser als die von runden zur Bestimmung von Oberflächenspannung eignen; 2) die Oberflächenspannung des Wassers wird nicht merklich verändert durch Gase, die in so geringer Menge absorbirt werden, dass sie das specifische Gewicht nicht erheblich afficiren. *Bde.*

Litteratur.

A. M. WORTHINGTON. Détermination de la tension superficielle au moyen des gouttes d'eau liquides suspendues; par A. Leduc. Phil. Mag. (5) XIX, 46-48†; [J. de phys. (2) IV, 466-467.

Es wird gezeigt, wie man aus dem photographischen Bilde eines hängenden Tropfen die Oberflächenspannung berechnen kann. *P. V.*

— A Capillary Multiplier. Phil. Mag. XIX, 43-36†; [Cim. (3) XVIII, 82; [J. de phys. (2) IV, 464; [Bull. IX, 156. Siehe dies. Ber. XL, 425.

W. v. BEZOLD. Ueber eine neue Art von Cohäsionsfiguren. Wied. Ann. XXIV, 27-37†; [Cim. (3) XVIII, 166. Siehe dies. Ber. XL, 439-440. *P. V.*

O. REYNOLDS. Ueber Oberflächenspannung und Capillarwirkungen. Vortrag vor Brit. Assoc. 1882; [Natf. XVIII, 266; [Beibl. IX, 227-229.

T. O'CONNOR SLOANE. Vorlesung über Seifenblasen. Scient. Amer. Supplem. XIX, No. 495; [Beibl. IX, 768.

A. BENECKE. Apparate zur Anstellung des Plateau'schen Versuches, eine in alkoholischer Flüssigkeit schwebende Oelkugel durch Rotation abzuplatten. ZS. phys. Unterr. II, 238-239.

A. KURZ. Anziehung und Abstossung durch Capillarität. Exner, Rep. XXI, 518-520; [Beibl. X, 8.

Oil on water again. Science V, 392.

Berichtet über einen weiteren Erfolg des Oelausgiessens bei schwerer See. *Bde.*

7c. Lösung.

H. LE CHATELIER. Sur les lois de la dissolution. C. R. C, 50-52†; [Chem. CBl. (3) XVI, 131; [Beibl. IX, 515.

— Sur les lois de la dissolution. C. R. C, 441-444†; [J. Chem. Soc. XLVIII, 473; [Chem. CBl. (3), XVI, 322-323; [Natf. XVIII, 140-142.

Die erste der Abhandlungen giebt die Ableitung der Differentialgleichung für die Aenderung des Löslichkeitscoëfficienten mit der Temperatur, die zweite enthält die Folgerungen, welche sich aus derselben für das Experiment ziehen lassen.

Bedeutet π bezw. p den Sättigungsdruck des Wasserdampfes über reinem Wasser und über einer Salzlösung bei der absoluten

Temperatur T, x den Coëfficienten der Löslichkeit, welcher angiebt, wie viel Aequivalente des wasserfreien Salzes in 1 Aequivalent Wasser gelöst sind, m die Anzahl der Aequivalente Wasser, welche 1 Aequivalent krystallisirtes Salz bei der Lösung verlassen und Q die Lösungswärme von 1 Aequivalent krystallisirten Salzes bei der Sättigung, so bestehen die Gleichungen:

$$\frac{d\pi}{dt} = \frac{E \cdot \lambda}{T(u'-u)}$$

$$\frac{dp}{dt} = \frac{E\left(\frac{xQ}{1-mx} + \lambda\right)}{T(u_1'-u_1)};$$

hierin ist E das mechanische Wärmeäquivalent, λ die Verdampfungswärme und u', u und u_1', u_1 das Dampf- und Flüssigkeitsvolumen der Gewichtseinheit bezw. des Wassers und der Lösung.

Aus diesen Gleichungen folgt unter Berücksichtigung des MARIOTTE'schen und WÜLLNER'schen Gesetzes:

$$\frac{\delta(1-mx)}{(1-\delta x)} \frac{dx}{x} = kQ\frac{dt}{T^2}$$

oder angenähert

$$\frac{dx}{x} = \frac{k}{\delta} Q \frac{dt}{T^2};$$

hierin ist k die Constante in der Gleichung der Dämpfe und δ eine von der Natur des Salzes abhängige Constante.

Aus dieser Gleichung folgert der Verfasser das Gesetz: Die Veränderung des Löslichkeitscoëfficienten hat dasselbe Vorzeichen wie die Lösungswärme Q. Die Löslichkeit wächst also mit der Temperatur für solche Körper, welche bei der Lösung Wärme verbrauchen, sie nimmt ab für solche, bei deren Lösung Wärme frei wird, und bleibt endlich unverändert, wenn die Lösungswärme gleich Null ist. — Dieses Gesetz hat sich bei dem Experimente sowohl für feste Körper, als auch für flüssige und gasförmige bestätigt gefunden. — Die Lösungen von Flüssigkeiten bieten insofern eine interessante Eigenthümlichkeit, als beide vorhandenen Körper A und B als Lösungsmittel angesehen werden können. Sei $\frac{b}{a}$ der Löslichkeitscoëfficient von B in A, $\frac{a'}{b'}$ derjenige von A in B, so erhält man bei der Mischung eine homogene ungesättigte Flüssigkeit, wenn B und A in einem Verhältniss gemischt werden, welches unter $\frac{b}{a}$ oder über $\frac{b'}{a'}$ liegt. Für die zwischenliegenden Verhältnisse erhält man zwei gesättigte Flüssigkeiten, angeordnet nach ihrer verschiedenen Dichtigkeit.

Verändert man die Temperatur, so ändern sich die beiden Löslichkeitscoëfficienten. Für den Fall, dass bei der Lösung Wärme frei wird, nimmt die Löslichkeit mit abnehmender Temperatur zu. Bei derjenigen Temperatur, bei welcher der eine Coëfficient gleich dem Umgekehrten des andern geworden ist, und bei den tieferen Temperaturen können nicht mehr zwei getrennte, gesättigte Lösungen bestehen, sondern die Flüssigkeiten mischen sich, welches auch das Mischungsverhältniss sein möge. Aus diesem Grunde mischen sich Nicotin und Wasser bei gewöhnlicher Temperatur in jedem Verhältniss, sie scheiden sich in zwei getrennte Flüssigkeiten bei ungefähr 100°. — Wird bei der Lösung der Flüssigkeiten Wärme gebunden, so tritt die Zunahme der Löslichkeit und daher die gleichförmige Mischung bei Erhöhung der Temperatur ein.

O. Kch.

LE CHATELIER. Sur la loi générale de la solubilité.

Bull. soc. chim. Paris XLIV, 97-98†; [Beibl. IX, 771.

Anknüpfend an die letzte Gleichung des vorigen Referates fügt der Verfasser einige Bemerkungen über die Löslichkeitscurve hinzu. Jeder plötzlichen Veränderung in Folge einer Aenderung der Hydratation, einer dimorphen Aenderung oder einer Aenderung des Aggregatzustandes entspricht eine plötzliche Richtungsänderung der Curve. Die als geradlinig angenommenen Curven sind nur Curven mit sehr grossem Krümmungsradius in der Nähe eines Inflexionspunktes.

Die Bestimmungsgleichung eines Inflexionspunktes ist

$$\frac{d^2x}{dT^2}\,dT = \frac{dx}{dT}\left[\left(\frac{k}{\delta}\,\frac{Q}{T} - 2\right)\frac{dT}{T} + \frac{dQ}{Q}\right] = 0$$

Der Klammerausdruck kann nur für kleine Werthe von Q verschwinden. — Diese Resultate stimmen mit dem Ergebniss des Experimentes überein. *O. Kch.*

FR. RÜDORFF. Ueber die Löslichkeit von Salzgemischen. Berl. Ber. 355-370†; [Chem. CBl. (3) XVI, 468; [Natf. XVIII, 200; Chem. Ber. XVIII, 1159-1162†; [J. Chem. Soc. XLVIII, 865; [Bull. soc. chim. XLV, 524; [Arch. Pharm. CCXIII, 507; Wied. Ann. XXV, 626-643†; [Cim. (3) XIX, 180; [J. d. phys. (2) V, 487.

Die Versuche schliessen sich an eine frühere Arbeit (Pogg. Ann. CXLVIII) des Verfassers an. Ein Resultat derselben war, dass es Mischungen gewisser Salze giebt, von welchen sich eine gesättigte Lösung herstellen lässt, wenn man nur einen Ueberschuss beider Salze anwendet, gleichgültig, in welchem Mengenverhältniss man im Uebrigen diese Salze dem Wasser zum Lösen darbietet. Bei anderen Salzen ist es in Beziehung auf die Zusammensetzung der resultirenden Lösung von Einfluss, in welchem Verhältniss man beide Salze der zu ihrer Lösung unzureichenden Menge Wasser darbietet. Ein Ueberschuss des einen Salzes verdrängt eine gewisse Menge des anderen, sodass man von dem Gemisch dieser Salze keine gesättigte, d. h. keine Lösung herstellen kann, auf welche das eine, wie das andere Salz ohne Einfluss ist. — Die neu angestellten Versuche beziehen sich auf weitere Salzgemische, bei welchen keine chemische Umsetzung eintreten kann. Es wurden z. B. die folgenden 3 Lösungen hergestellt:

I. Gesättigte Lösung von Ammonium-Aluminium-Alaun,

II. 20 ccm der Lösung I und 6 g krystallisirtes Aluminiumsulfat.

III. 20 ccm der Lösung I und 4 g Ammoniumsulfat.

100 Theile der auf 18.5° abgekühlten Lösungen enthielten:

I.	1.42	$(NH_4)_2SO_4$ und	3.69	$Al_2 3SO_4$
II.	0.45	„ „	16.00	„
III.	20.81	„ „	0.29	„

Es findet also eine schon starke gegenseitige Verdrängung der Salze statt. Ein ganz ähnliches Resultat hatten die Versuche mit Ammonium- und Kupfersulfat, Ammonium- und Kupferchlorid,

Ammonium- und Kadmiumsulfat und anderen derartigen Salzpaaren; ebenso die mit einer Mischung isomorpher Salze wie Magnesium- und Zinnsulfat, Kupfer- und Eisensulfat u. a. angestellten Versuche. Dagegen zeigt sich, dass von Salzgemischen wie Baryum- und Natriumchlorid, Blei- und Natriumnitrat, Natriumsulfat und Natriumphosphat u. a. sich Lösungen herstellen lassen, auf welche weder der eine noch der andere Bestandtheil einwirkt.

Z. B. sind die Versuchszahlen für Chlorbaryum und Chlornatrium:

I. 35 g krystallisirtes Chlorbaryum und 30 g Chlornatrium werden mit 50 g Wasser längere Zeit erwärmt,
II. 20 ccm der Lösung I und 4 g krystallisirtes Chlorbaryum,
III. 20 ccm der Lösung I und 4 g Chlornatrium.

In 100 Theilen der auf 19.4° abgekühlten Lösungen fand sich:

I.	2.9	$BaCl_2$ und	24.9	NaCl,
II.	2.6	„ „	25.1	„
III.	2.9	„ „	24.8	„

Der Verfasser stellt den Satz auf, den er durch eine Reihe von weiteren Beispielen belegt, dass diejenigen Salze, welche entweder unter einander Doppelsalze oder Krystalle isomerischer Mischungen bilden, also bei ihrem Ausscheiden aus einer gemeinsamen Lösung eine moleculare Attraction auf einander ausüben, sich gegenseitig aus der Lösung verdrängen, während dies bei den Salzen, welche nicht zusammen krystallisiren, nicht der Fall ist.

O. Kch.

FR. RÜDORFF. Ein Vorlesungsversuch. Chem. Ber. XVIII, 1162†; [J. Chem. Soc. XLVIII, 869; [Bull. soc. chim. XLV, 523; [Wied. Ann. XXVI, 335-336; [Cim. (3) XX, 157.

Um die Verdrängung des einen Salzes durch ein anderes aus seiner Lösung als Vorlesungsversuch zu zeigen, füllt der Verfasser 2 Reagircylinder zu ⅔ mit einer gesättigten Lösung des Doppelsalzes Ammonium-Kupfersulfat. Fügt er zu der einen Lösung etwas fein gepulvertes Ammoniumsulfat, so wird dieselbe, 1 bis 2

Minuten lang geschüttelt, nach einigen Augenblicken der Ruhe viel weniger gefärbt sein, als die ursprüngliche Lösung.

O. Kch.

R. ENGEL. Sur la dissolution du carbonate de magnésie par l'acide carbonique· C. R. C, 352-355†; [J. Chem. Soc. XLVIII, 484; [Chem. Ber. XVIII, [2], 137; [Beibl. IX, 309.

Die Angaben, welche verschiedene Beobachter über die Löslichkeit des Magnesiumcarbonates in kohlensäurehaltigem Wasser gemacht haben, weichen sehr von einander ab. Nach den Untersuchungen von SCHLOESING über die Löslichkeit des Calcium- und Baryumcarbonates besteht das Gesetz: Die Werte des gelösten Bicarbonates und der entsprechenden Spannung der Kohlensäure bilden zwei geometrische Reihen mit verschiedenen Exponenten. Dieses Gesetz folgt auch aus den theoretischen Betrachtungen von LEMOINE, und es bestätigte sich nach den Versuchen des Verfassers bei Magnesiumcarbonat für Drucke von 1 bis 9 Atmosphären. Bezeichnet in der Gleichung

$$x^m = ky$$

x die Spannung, y die Menge des Carbonates, endlich m und k zwei Constanten, so ergaben die Versuche für m und k die Werthe

$$m = 0.362, \quad k = 0.0398.$$

Die Ursache davon, dass die Angaben anderer Forscher sich nicht unter dieses Gesetz fassen lassen und von denen des Verfassers wesentlich abweichen, liegt darin, dass die Ersteren Magnesiumhydrocarbonat benutzt haben, welches sich viel langsamer löst als Magnesiumcarbonat. In Folge dessen bildet sich in der Lösung des Hydrocarbonates erst nach sehr langer Zeit ein Grenzzustand aus, welcher bei letzterem schon nach 1 bis 2 Stunden eintritt.

O. Kch.

R. ENGEL. Sur la dissolution du carbonate de magnésie par l'acide carbonique. Deuxième note. C. R. C, 444-447†; [J. Chem. Soc. XLVIII, 484; [Beibl. IX, 381.

Die im vorigen Referate erwähnten Versuche über die Löslichkeit des Magnesiumcarbonates in kohlensäurehaltigem Wasser bei verschiedenem Druck sind innerhalb des Intervalles von 1 bis 6 Atmosphären wiederholt worden. Setzt man in der dort angeführten Gleichung $x^m = ky$ die Constante $m = 0.370$ und $k = 0.03814$, so betragen die Unterschiede zwischen den beobachteten und berechneten Mengen gelöster Substanz im Maximum 2 %.

Der Werth $m = 0.370$ nähert sich den von SCHLOESING für Calcium- und Baryumcarbonat gefundenen Werthen 0.378 und 0.380.

In erster Näherung genügt für Magnesiumcarbonat der Werth $m = 0.333$, aus welchem sich $y = \frac{1}{k} \sqrt[3]{x}$ ergiebt.

Blieb der Druck gleich dem einer Atmosphäre, wurde jedoch die Temperatur geändert, so ergab sich, dass die Menge des gelösten Magnesiumcarbonates dem Löslichkeitscoëfficienten der Kohlensäure für die betreffende Temperatur proportional ist.

O. Kch.

R. ENGEL. Sur la loi de Schloesing relative à la solubilité du carbonate de chaux par l'acide carbonique. C. R. CI, 949-951†; [J. Chem. Soc. L, 120; [Chem. CBl. (3) XVII, 4, 1886; [Beibl. X, 141, 1886.

Entsprechend den in den vorigen Referaten angeführten Versuchen mit Magnesiumcarbonat hat der Verfasser auch für Calciumcarbonat den Zusammenhang der Löslichkeit in kohlensäurehaltigem Wasser mit dem Druck untersucht. Während SCHLOESING nur bei Drucken unterhalb einer Atmosphäre beobachtete, hat der Verfasser Drucke zwischen 1 und 6 Atmosphären benutzt und fand abweichend von CARO (Arch. pharm. (3) IV, p. 145) das Gesetz von SCHLOESING bestätigt. Der Grenzzustand in der Lösung trat erst nach ungefähr 12 Stunden ein. Die angenäherte Formel

$$y = \frac{1}{k} \sqrt[3]{x}$$

liefert ebenso wie bei dem Magnesiumcarbonat hinreichend genaue

Werthe. — Für das Baryumcarbonat erwies sich das Gesetz bei höherem Drucke ebenfalls als richtig. *O. Kch.*

G. Chancel et F. Parmentier. Sur la solubilité du sulfure de carbone et sur celle du chloroforme. C. R. C, 773-776†; [J. Chem. Soc. XLVIII, 630-631; [Chem. Ber. XVIII, [2] 314; [Beibl. IX, 654.

Die Löslichkeit des Schwefelkohlenstoffs in Wasser vermindert sich bei zunehmender Temperatur, und zwar nimmt sie von 0° bis 49° ab von 2.04 g auf das Liter bis zu 0.14 g. Der Schwefelkohlenstoff verhält sich in dieser Hinsicht wie ein Gas, welches auf das Lösungsmittel keinen chemischen Einfluss ausübt. — Die Löslichkeit des Chloroforms in Wasser nimmt von 0° bis 29.4° ab von 9.87 g auf das Liter bis 7.05 g und steigt wieder bei weiter wachsender Temperatur. Mit dem Löslichkeitsminimum stimmt es überein, dass die gesättigten Lösungen für die Temperatur 30° ein Dichtigkeitsminimum besitzen. – Eine bei 4° gesättigte wässerige Lösung von Chloroform trübt sich beim Erwärmen, eine bei 59° gesättigte beim Abkühlen, eine bei 30° gesättigte weder beim Erwärmen noch beim Abkühlen. *O. Kch.*

E. Mathieu-Plessy. Sur la dissolution acétique des hyposulfites alcalins. C. R. CI, 59†.

Der Verfasser untersucht bei verschiedenen Temperaturen die Lösungen der Hyposulfite der Alkalimetalle in Essigsäure. Sowohl in dieser wie in ihrem Hydrat zeigen die Hyposulfite eine Stabilität, welche sie den Sulfaten an die Seite zu stellen gestattet. Der Verfasser ist daher der Ansicht, dass $S_2\,O_3\,H_2$ als eine substituirte Schwefelsäure aufgefasst werden kann. *O. Kch.*

G. A. Raupenstrauch. Ueber die Bestimmung der Löslichkeit einiger Salze in Wasser bei verschiedenen Temperaturen. Monatsh. f. Chem. VI, 563-591†; Wien. Ber. XCII (2) 463-491; [Wien. Anz. XXII, 164; [Chem. Ber. XVIII,

[2] 598; [Chem. CBl. (3) XVI, 850; [J. Chem. Soc. XLVIII, 1181; [Dingler J. CCLVIII, 93-94; [Beibl. X, 84-85, 1886.

Um auch bei schwer löslichen Salzen in kurzer Zeit zu einer genau gesättigten Lösung zu gelangen, liess der Verfasser das fein gepulverte Salz mit dem Lösungsmittel durch einen Gasmotor beständig schütteln. Er untersuchte nach zwei Methoden. Bei der „Erwärmungsmethode“ wurde das Lösungsmittel mit einem Ueberschuss des Salzes bei niederer Temperatur zusammengebracht, in einem Luftbade auf die gewünschte höhere Temperatur erwärmt und geschüttelt. Bei der „Abkühlungsmethode“ wurde die Lösung bei höherer Temperatur gesättigt, auf die gewünschte abgekühlt und geschüttelt. Nach ein- bis anderthalbstündigem Schütteln ergab sich nach beiden Methoden die gleiche Löslichkeitszahl. Unter derselben ist die Zahl der Gewichtstheile Salz verstanden, welche mit 100 Gewichtstheilen des Lösungsmittels eine gesättigte Lösung bilden. — Die Salze wurden krystallwasserfrei in Rechnung gezogen.

Aus seinen Messungen hat der Verfasser Interpolationsformeln zur Berechnung der Löslichkeitszahl S abgeleitet; die mit ihrer Hilfe berechneten Werthe stimmen mit den beobachteten gut überein. Untersucht wurde:

Chlornatrium (zwischen 0.5° und 69.2°)

$$S = 35.575 + 0.008\,858\,8\,(t - 0.5) + 0.000\,279\,55\,(t - 0.5)^2.$$

Calciumsulfat (zwischen 0.6° und 86°.8°) : von 0° bis 32° ist

$$S = 0.177\,1 + 0.001\,871\,62\,(t - 0.8) - 0.000\,024\,7095\,(t - 0.8)^2$$

von etwa 38° an:

$$S = 0.211\,7 - 0.000\,192\,371\,(t - 38.8) - 0.000\,010\,002\,9\,(t - 38.8)^2.$$

Sowohl bei Chlornatrium wie bei Gyps sind die Löslichkeiten des künstlichen und natürlich vorkommenden gleich. Gebrannter Gyps ist löslicher als krystallwasserhaltiger. Je höher die Temperatur war, bei welcher er gebrannt wurde, um so längere Zeit ist erforderlich, bis die Lösung auf den normalen Gehalt herabgeht.

Silberacetat (zwischen 0.6° und 78.2°)

$$S = 0.730\,7 + 0.015\,013\,9\,(t - 0.6) + 0.000\,022\,736\,(t - 0.6)^2 + 0.000\,000\,901\,01\,(t - 0.6)^3.$$

Silberpropionat (zwischen 0.6° und 79.6°)

$$S = 0.5238 + 0.0171938\,(t-0.7) - 0.00007646\,(t-0.7)^2 + 0.0000012501\,(t-0.7)^3.$$

Silberbutyrat (zwischen 0.6° und 81°)

$$S = 0.3660 + 0.00515752\,(t-0.6) + 0.0000498771\,(t-0.6)^2.$$

Silberisobutyrat (zwischen 0.6° und 77.5°)

$$S = 0.8008 + 0.00757805\,(t-0.6) + 0.000020289\,(t-0.6)^2 + 0.000000734379\,(t-0.6)^3.$$

O. Kch.

G. LUNGE. Löslichkeit von Gyps in Lösungen von Chlornatrium, Chlorcalcium und Salzsäure. Chem. Ind. VIII, 3†; Society of Chem. Ind. IV, 31; [Chem. Ber. XVIII, [2], 139.

Der Verfasser bestimmt bei Zimmertemperatur und Siedetemperatur die Löslichkeit von Gyps in den wässerigen, verschieden concentrirten Lösungen dieser Körper. Die Löslichkeit nimmt in Salzsäure mit der Concentration und Temperatur erheblich zu; sie wächst in der Chlornatriumlösung viel weniger mit der Concentration und ist in der Hitze geringer; sie nimmt endlich in der Chlorcalciumlösung mit der Concentration ab und ist in der Hitze grösser. *O. Kch.*

W. A. TILDEN and W. A. SHENSTONE. On the solubility of calcium sulphate in water in the presence of chlorides. Proc. of the Roy. Soc. London XXXVIII, 331-336†; [J. Chem. Soc. XLVIII, 1183; [Chem. Ber. XVIII [2] 523; [Beibl. X, 10, 1886.

Die Arbeit behandelt zum Theil denselben Gegenstand wie die im vorigen Referate besprochene. Die Versuche wurden in einem Metallrohr ausgeführt, welches mit Platin bekleidet und an beiden Enden geschlossen war. Das Rohr konnte in 3 Theile aus einander genommen werden, von denen der mittlere innen einen schmalen Schirm besass, während das offene Ende eines der anderen mit Platingaze überzogen war. In diesen Theil wurde das Salz und das Lösungsmittel gebracht und das Rohr alsdann in einem Paraffinbade 4 bis 5 Stunden lang auf der gewünschten Temperatur erhalten. Hierauf wurde die Lösung nach dem andern Ende der Röhre übergeführt und abkühlen gelassen, während der kleine Schirm den noch nachfliessenden Theil der Lösung zurückhielt. — Zwei Bestimmungsreihen wurden ausgeführt, die erste bei bestimmtem Chloridgehalt und verschiedener Temperatur, die zweite bei constanter Temperatur mit verschiedenem Gehalte der Lösung. Die Löslichkeit des Calciumsulfates in Wasser wächst bei Zusatz von Natrium- und Ammoniumchlorid, sie nimmt ab in Gegenwart von Calciumchlorid. In allen 3 Fällen wächst dieselbe zunächst ebenso wie in reinem Wasser mit der Temperatur, um dann wieder abzunehmen, und zwar besonders schnell bei Temperaturen über 100°. Bei der constanten Temperatur von 20° wächst die Löslichkeit bei zunehmendem Gehalt an NaCl bis zu einem Maximum und nimmt dann wieder ab. Bei steigendem Zusatz von $CaCl_2$ nimmt die Löslichkeit ab und wird schliesslich gleich Null. Die Resultate sind graphisch durch Curven veranschaulicht.

O. Kch.

G. Daccomo. Ueber Trichlorphenol. Chem. Ber. XVIII, 1163-1164†.

Für die Löslichkeit des Trichlorphenols in Wasser giebt der Verfasser folgende Werthe an: 1000 Theile Wasser lösen 0.510 Theile bei 11.2°; 0.858 Theile bei 25.4° und 2.430 Theile bei 96°.

Der übrige Theil der Abhandlung besitzt mehr chemisches Interesse. *O. Kch.*

Longi. Löslichkeitscoëfficienten einer Anzahl von Silberverbindungen. L'Orosi VII, 305; [Arch. Pharm. CCXXIII, 71†.

Die gewonnenen Resultate sind in nachstehender Tabelle enthalten. A bezeichnet das benutzte Lösungsmittel, B die Versuchstemperatur, C das Silbersalz, D das spec. Gewicht der gesättigten Lösung, E die Anzahl der Cubikcentimeter gesättigter Lösung, in denen 1 g des Silbersalzes enthalten ist, und F das zur Lösung von 1 g des letzteren erforderliche Gewicht in Grammen.

A	B	C	D	E	F
Ammoniakflüssigkeit von 0.5 %, entsprechend 0.998 spec. Gew.	12	Silber-Cyanid	0.99876	433.17	431.78
	12	„ Chlorid	0.99855	430.20	428.64
	12	„ Bromid	0.99820	8805.55	8779.37
	25	„ Jodid	—	—	—
	25	„ Bromat	1.02258	28.49	28.14
	25	„ Jodat	1.01523	42.73	42.39
Ammoniakflüssigkeit von 10 %, entsprechend 0.96 spec. Gew.	18	„ Cyanid	0.96400	192.52	184.59
	18	„ Chlorid	1.02286	13.46	12.76
	12	„ Bromid	0.96372	300.33	228.46
	12	„ Jodid	0.96100	27420.35	26327.54
	25	„ Bromat	1.40246	2.254	2.162
	25	„ Jodat	1.34355	2.383	2.202
Wasser	25	„ Bromat	0.99756	597.73	595.31
	25	„ Jodat	0.99680	27821.88	27728.94
Salpetersäure von 35 % = 1.21 sp. Gw.	25	„ Bromat	1.22685	262.83	320.36
	25	„ Jodat	1.21576	859.81	1044.32

O. Kch.

O. VON DER PFORDTEN. **Bildung rother Silberlösungen durch Reduction.** Chem. Ber. XVIII, 1407-1408†; [Arch. Pharm. (3) XXIII, 509.

Der Verfasser gelangte durch eine Abhandlung von WÖHLER [Ann. Chem. Pharm. 30.1 (1839)] zu der Vermuthung, dass allen löslichen Silberoxydulsalzen resp. ihren Lösungen eine rothe Farbe zukommt, und dass sich ferner aus den Lösungen der bekannten Silbersalze durch schwache Reductionsmittel rothe Lösungen herstellen lassen. Diese Erwartungen sind durch das Experiment bestätigt worden, indem sich bei der Einwirkung von phosphoriger oder schwefliger Säure auf Lösungen von Silbernitrat oder Sulfat rothe Flüssigkeiten ergeben. Ob in diesen rothen Flüssigkeiten sich wirklich aufgelöste Silberoxydulsalze befinden, oder ob darin fein suspendirtes metallisches Silber oder eine Auflösung desselben anzunehmen ist, muss erst noch experimentell entschieden werden.

O. Kch.

F. B. POWER. Löslichkeitsfactoren einiger officineller Salze. Contribut from Departm. of Pharm. Univers. Wisconsin No. 1, 1885; [Arch. Pharm. (3) XXIII, 858†.

Der Verfasser findet für die Wassermenge, in welcher sich bei 15° C. 1 Theil des Salzes löst, die folgenden Werthe:

Acidum boricum	22.27	Theile
Acidum carbolicum	13.44	„
Acidum citricum	0.53	„
Acidum salicylicum	758 00	„
Acidum tartaricum	0.71	„
Alumen	9.05	„
Tartarus stibiatus	17.96	„
Argentum nitricum	0.54	„
Hydrargyrum bichloratum	21.90	„
Plumbum aceticum	1.87	„
Kalium bitartaricum	213.33	„
Tartarus natronatus	1.53	„
Kalium jodatum	0.71	„
Kalium hypermanganicum	20.06	„
Kalium sulfuricum	7.80	„
Kalium tartaricum	0.57	„
Saccharum lactis	5.42	„
Natrium phosphoricum	6.09	„
Natrium sulfuricum	2.85	„
Zincum sulfuricum	0.73	„

O. Kch.

H. KÖHLER. Ueber die Löslichkeit des Antimonoxyds in alkalischer Glycerinlösung und eine neue Beize für die Baumwollfärberei. Dingler J. CCLVIII, 520-525†.

Der Verfasser untersuchte den Einfluss verschiedener Umstände auf die Löslichkeit des Antimonoxydes in alkalischer Glycerinlösung. Die Lösungen wurden in der Weise hergestellt, dass eine bestimmte Menge kaustisches Natron in der gleichen Gewichtsmenge destillirten Wassers gelöst, 100 g Glycerin hinzugefügt und unter Kochen Antimonoxyd eingetragen wurde. — Der Einfluss der Alkalinität äusserte sich darin, dass das Lösungsvermögen der Flüssigkeit mit wachsendem Gehalt an Natronhydrat zunahm und zwar am meisten, bis das Molecularverhältniss zwischen Glycerin und Natronhydrat gleich 1 : 1 geworden war. — Die Experimente mit verschiedener Kochdauer zeigten, dass einstündiges Kochen genügt, um die grösstmögliche Menge von Antimonoxyd in Lösung zu bringen. — Innerhalb beträchtlicher Temperaturgrenzen war ein wahrnehmbarer Unterschied in dem Lösungsvermögen nicht zu erkennen.

Wurde statt Natronhydrat Kalihydrat oder Aetzammoniak angewandt, so löste sich im ersten Falle weniger, im letzteren gar kein Antimonoxyd. *O. Kch.*

CH. DUBOIS et L. PADÉ. Essais sur les matières grasses; solubilité des acides gras. Bull. Soc. Chim. Paris XLIV, 187-190†; [Arch. Pharm. (3) XXIII, 992.

Untersucht wird die Löslichkeit der Fettsäuren verschiedener animalischer Fette in Benzin (bei 12°) und absolutem Alkohol (von 0° bis 26°). Die Fettsäuren der Butter besitzen bei weitem die grösste Löslichkeit. — Die erhaltenen Werthe ordnen sich gut unter die Gleichung von NORDENSKJÖLD: $\lg S = a + bt + ct^2$, in welcher S die Menge der gelösten Substanz und t die Temperatur bezeichnet. — Die Versuche werden fortgesetzt. *O. Kch.*

G. GREUEL. Ueber die Löslichkeit von Jod in fetten Oelen. Arch. Pharm. (3), XXIII, 431-432†.

Die Versuche ergaben, dass sämmtliche fetten Oele der Pharmacopöe Jod in bedeutender Menge lösen. Bei gewöhnlicher Temperatur geht die Lösung nur langsam von Statten, sehr schnell jedoch in der Wärme und beim Reiben. Die mit Ricinusöl hergestellte 20procentige Lösung ist braun und dickflüssig; die Olivenöllösung braunroth und von etwas dünnerer Consistenz, ebenso die Lösung in Mandelöl. *O. Kch.*

C. JEHN. Paraffinum jodatum. Arch. Pharm. (3) XXIII, 103†; [J. d. Pharm. et d. Chim. (5), 11, 615; [Chem. News LII, 36.

Flüssiges Paraffin löst 5 % Jod mit tief violetter Farbe, eine 10 procentige Lösung ist nicht zu erreichen. *O. Kch.*

O. SCHWEISSINGER. Ueber die Löslichkeit der Carbolsäure in Paraffinum liquidum und Benzin. Pharm Zeit. XXX, 259; [Arch. Pharm. (3) XXIII, 354†.

Die Löslichkeit der Carbolsäure in Paraffin und Benzin nimmt mit der Temperatur zu und zwar in letzterem Falle sehr stark. Der Verfasser findet z. B., dass sich 1 Theil Carbolsäure bei 17° C. in 60 Theilen, bei 44° in 20 Theilen Paraffinum liquidum löst. Ein geringer Zusatz von Alkohol erhöht die Löslichkeit etwas. Ferner löste sich 1 Theil Carbolsäure bei 16° in 40 Theilen, bei 43° in 1 Theil Benzin. *O. Kch.*

G. KRÜSS. Titerstellung der Lösungen von Kaliumpermanganat. Chem. Ber. XVIII, 1580-1585†; [Z. f. anal. Chem. XXIV, 572-576; [Beibl. IX, 740.

Der Verfasser benutzt die Lichtabsorption der Lösungen von Kaliumpermanganat zur Titerstellung derselben, indem er nach der VIERORDT'schen Methode das Absorptionsverhältniss des übermangansauren Kaliums mit 4 verschiedenen Concentrationen bestimmt. Ist das Absorptionsverhältniss für das ganze Spectrum bekannt, so kann man durch Beobachtung des Extinctionscoëfficienten einer Lösung ihre Concentration berechnen, oder auch, wenn es durch Multiplication mit einem gewissen Factor, welcher die Beziehung des Permanganates zu einem Titer, wie Sauerstoff oder Eisen, ausdrückt, schon reducirt worden ist, direct die Titerstellung der Lösung in Bezug auf diese angeben. *O. Kch.*

A. SCHWARZ. Ueber das Gesetz der Quellung von Leimcylindern. Exner Rep. XXI, 702-709†; [Beibl. X, 151, 1886.

MATTHIESEN hat für die Zunahme der Brechungsindices innerhalb gequollener Leimcylinder die Gleichung aufgestellt

$$n = n_1 \left(1 + \zeta \frac{b^2 - y^2}{b^2}\right).$$

Es bezeichnet hierin n den Brechungsindex der einzelnen Schichten, welche den Abstand y vom Kerncentrum haben, n_1 den Brechungsindex der äussersten Schicht, b den Halbmesser des Cylinders, und ζ eine Constante, welche durch die Relation $n_0 = n_1 (1 + \zeta)$ gegeben ist, wenn n_0 den Index des Kerncentrums bedeutet. Diese Gleichung hat der Verfasser für Gelatinecylinder (28—30^{mm} Durchmesser) geprüft, welche in Wasser gequollen waren. Er schnitt zu diesem Zwecke aus dem Cylinder Streifen senkrecht zur Axe heraus und beobachtete vom Rande zum Centrum die Brechungsindices. Berücksichtigt man, dass während der Beobachtungen ein Theil des aufgenommenen Wassers verdunstet, so differiren die beobachteten und die nach der Formel berechneten Werthe erst in der vierten Decimalstelle. *O. Kch.*

A. BARTOLI e G. PAPASOGLI. **Sulle diverse forme che prendono i corpi nel disciogliersi entro un liquido indefinito e in particolar modo sulle forme che assumono il ghiaccio e i sali nell' acqua, i corpi attaccati dal liquido che li circonda e gli ellettrodi positivi di metallo oppur di carbone e sulla notevole influenza dell' ossigeno dell' aria in queste ultime azioni.**

Atti della Società Toscana di Scienze Naturali. Pisa VII, 9 pp.†; [Natf. XVIII, 443†; [Beibl. IX, 769.

Bezüglich der Einzelheiten der Abhandlung muss auf das Original verwiesen werden, welches auf einer Tafel die erläuternden Figuren darbietet. Die Verfasser beschreiben zunächst die verschiedenen Formen, welche ein Eiscylinder, der theilweise in Wasser taucht, annimmt. Dieselben sind abhängig von der Temperatur des letzteren. Gewöhnlich zeigen die Cylinder eine Einschnürung an der Stelle, wo sie die Oberfläche des Wassers durchschneiden. Die Ursache liegt darin, dass sich im Wasser beim Schmelzen ein absteigender, kälterer Strom an dem Cylinder entlang und ein aufsteigender, wärmerer Strom in einiger Entfernung ausbildet, welcher an der fraglichen Stelle auf den Cylinder trifft und hier die Verflüssigung beschleunigt. — Das Gleiche findet bei Salzen statt, die in Wasser theilweise eingetaucht sind; hier bewirkt der absteigende, dichtere Strom einen aufsteigenden, weniger gesättigten Strom, welcher den Cylinder an seiner Durchschnittsstelle mit der Wasseroberfläche trifft. Weitere Versuche wurden mit Cylindern aus Wachs, Stearin u. s. w. angestellt, welche in warmes Wasser, und mit Salzen, welche in eine auf sie chemisch einwirkende Flüssigkeit tauchten. Auch Metalle zeigten selbst in chemisch unwirksamer Flüssigkeit nach längerer Zeit die Einschnürung, jedoch war dieselbe in diesem Falle durch den Sauerstoff der Luft hervorgebracht. Der Einfluss dieses Sauerstoffs zeigte sich auch in einer Einschnürung an der Berührungsstelle bei cylindrischen Anoden.

O. Kch.

S. v. WROBLEWSKI. Ueber das Verhalten der flüssigen atmosphärischen Luft. Wied. Ann. XXVI, 134-144.

Hierher gehört die Bemerkung: Hat man die Luft bei etwa −142° C. verflüssigt und bringt sie durch Hinzulassen von gasförmiger Luft auf den Druck von 40 Atmosphären, so verschwindet der Meniscus. Lässt man nun den Druck langsam auf etwa 37.8 Atmosphären sinken, so entsteht ein neuer Meniscus an einer viel höheren Stelle, aber gleich nachher erscheint auch der alte Meniscus wieder. Die verflüssigte Luft besteht dann aus zwei deutlich getrennten Schichten, von denen die obere optisch dünner ist als die untere. Die untere enthält im Mittel 21.4, die obere 18.5 Volumenprocente Sauerstoff. Nach einiger Zeit steigen Bläschen von der Trennungsfläche beider Flüssigkeiten auf und verwischen allmählich die Trennung.

Bde.

G. ANDRÉ. Sur les sulfates de zinc ammoniacaux, et sur la séparation en deux couches d'une solution purement aqueuse. C. R. C, 241-243†; [J. Chem. Soc. XLVIII, 485; [Beibl. IX, 202.

Wird durch eine kalte Lösung von Zinksulfat in wässrigem Ammoniak ein Strom von Ammoniakgas hindurch geleitet, so bilden sich in demselben ölige Tropfen, und es lagert sich die Flüssigkeit nach Unterbrechung des Gasstromes in zwei von einander verschiedene Schichten. Die obere hat bei 8° die Dichte 0.953 und enthält 25.69% NH_3 und 2.15% Zn; die Dichte der unteren hat 1.2714 bei einem Gehalt von 22.16% NH_3 und 13.62% Zn.

O. Kch.

W. Alexejew. Ueber die gegenseitige Löslichkeit der Metalle. Protok. Journ. d. russ. phys.-chem. Ges. 1885 (1) 282; [Chem. Ber. XVIII (2) 600†; [Beibl. X, 387, 1886.

Alles für die Lösungen von Flüssigkeiten Geltende behält seine Gültigkeit für die von geschmolzenen Metallen gebildeten Lösungen. Die Erscheinung der gegenseitigen Löslichkeit zeigen viele Metalle, z. B. Zink und Blei, Wismuth und Silber. *O. Kch.*

Lecoq de Boisbaudran. Alliages d'indium et de gallium. C. R. C, 701-703†; J. Chem. Soc. XLVIII, 638; [Chem. CBl. (3) XVI, 299.

Legirungen von Indium und Gallium werden im Gegensatz zu den Legirungen des Aluminiums und Galliums von Wasser nicht merklich angegriffen und nur langsam von verdünnter Salzsäure. Die Schmelzpunkte sind nicht genau zu bestimmen, da die Fluidität von dem ersten Auftreten des Flüssigwerdens an allmählich zunimmt. Jn + Ga, Jn + 2 Ga und Jn + 4 Ga beginnen ungefähr bei 16.5° zu schmelzen; die Verflüssigung geht bei höherer Temperatur um so rascher, je mehr Ga vorhanden ist. *Cn.*

T. Shaw. Legirung aus Aluminium, Kupfer und Phosphor. Chem. Ind. VIII, 251; [Chem. CBl. (3) XVI, 848†.

100 Theile Kupfer, 0.33 bis 5 Theile Aluminium und 0.05 bis

1 Theil Phosphor bilden eine Legirung, welche sich durch grosse Ductilität, Zugfestigkeit und Leitungsfähigkeit auszeichnen soll.

Bde.

W. W. J. NICOL. On supersaturation of salt-solutions. Phil. Mag. XIX, 453-461†; [Cim. (3) XIX, 264; [J. Chem. Soc. L, 300; [Chem. Ber. XVIII (2) 398; [Natf. XVIII, 290-292†.

Der Verfasser unterscheidet zwei Arten der Uebersättigung von Salzlösungen, 1) diejenige bei Anwesenheit, 2) diejenige bei Abwesenheit von ungelöstem Salze. Die erste Art tritt bei allen Salzen ein, bei den in fester Gestalt sowohl wasserhaltigen als wasserfreien. Ihre Existenz ist nur von dem Umstande abhängig, dass eine bestimmte Zeit erforderlich ist, um das Gleichgewicht oder die Sättigung in einer Lösung herzustellen. Wird eine warm gesättigte Lösung auf die Lufttemperatur abgekühlt, so krystallisiren die ersten Portionen des Ueberschusses sofort aus, aber die weiteren um so langsamer, je kleiner dieser Ueberschuss wird. — Die gewöhnlich sogenannte Uebersättigung ist die zweite der oben unterschiedenen Arten. Sie tritt nur bei wasserhaltigen Salzen auf. Die Menge des überschüssigen Salzes kann sehr gross sein, und das Auskrystallisiren kann unter bestimmten Bedingungen unbegrenzt hinausgeschoben werden. Sie entsteht, wenn eine concentrirte, warme Lösung eines wasserhaltigen Salzes unter Luftabschluss, oder bei Zutritt von erhitzter oder durch Baumwolle filtrirter Luft abgekühlt wird. In fast allen Fällen bleiben solche Lösungen dauernd flüssig, setzen nur bei starker Abkühlung Krystalle ab, die bei geringer Erwärmung sich wieder auflösen. Schütteln oder Durchgang eines elektrischen Stromes erzeugt keine Krystallisation, die aber sofort eintritt bei Zusatz eines Krystalls des wasserhaltigen Salzes.

Der Verfasser stellt nun für die Uebersättigung der zweiten Art den Satz auf, dass eine übersättigte Lösung des wasserhaltigen Salzes eine ungesättigte oder eben gesättigte Lösung des wasserfreien Salzes sei. — Der Verfasser hat verschieden concentrirte, übersättigte Lösungen von wasserhaltigem Natrium-Thiosulfat und -Sulfat bei 20° untersucht und die Resultate auf wasserfreie Salzmolecüle umgerechnet. Die Lösungen gingen bei dem Thiosulfat von der gesättigten Lösung aus und nahmen an Concentration zu bis zu dem im Krystallwasser geschmolzenen Salze; bei dem Sulfat stieg die Concentration von 1/2 Molecül bis auf 6 Molecüle in 100 Wassermolecülen. Bei beiden Salzen nahm das Molecularvolumen mit der Concentration zu, ohne dass sich irgend eine Unregelmässigkeit oberhalb des gewöhnlichen Sättigungspunktes zeigte, die auf einen Unterschied in der Constitution der Lösung hindeutete. Der Verfasser ist daher der Ansicht, dass diese Lösungen einfach noch nicht gesättigte Lösungen des wasserfreien Salzes sind, indem er annimmt, dass ein Salz in der Lösung sich von seinem Krystallwasser scheidet. Es zeigte sich nämlich, dass bei beiden untersuchten Salzen eine Lösung, die gesättigt war durch den Contact mit Krystallen des wasserhaltigen Salzes, noch im Stande war dieses Salz aufzulösen, wenn es entwässert war.

O. Kch.

W. W. J. NICOL. On supersaturation of salt-solutions. Phil. Mag. XX, 295-300†; [Cim. (3) XX, 266; [J. de phys. (2) V. 472; [J. Chem. Soc. L, 300; [Chem. Ber. XVIII (2), 519; [Beibl. X, 271-273, 1886.

Der Verfasser gelangt durch seine Experimente zu dem Schluss, dass (entgegen seiner früheren Ansicht) die Lösung eines wasserfreien Salzes in reinem Wasser direct stattfindet, und dass sich nicht zunächst ein Hydrat bildet, welches dann erst unter Abgabe des Krystallwassers in Lösung geht. — In zwei gleichen Flaschen von 60 ccm Inhalt befanden sich je 25 ccm destillirtes Wasser und eine Glaskugel, enthaltend 5 g oder 10 g wasserfreies Na_2SO_4. Beide Flaschen wurden auf der Temperatur von 20° gehalten, jedoch die zweite erst, nachdem sie auf 100° erhitzt worden war, um dadurch kleine Krystalle gewässerten Salzes zu zersetzen, die sich an der Flasche oder im wasserfreien Salze befinden könnten. Alsdann wurden die Glaskugeln durch Erschüttern der Flaschen zerbrochen. In der Flasche (2), welche erhitzt worden war, löste sich das Salz bald vollständig, während es in (1) zu einer festen Masse zusammenbackte und sich nur sehr langsam löste. In (1) hatte sich das feste Hydrat gebildet, während in (2) die Lösung ohne Hydratation stattgefunden hatte. Bei einem andern Experimente löste sich das Salz in beiden Flaschen, krystallisirte jedoch in (1) nach wenigen Secunden wieder aus. Die 10 g Na_2SO_4 enthaltende Lösung war sichtlich übersättigt und krystallisirte beim Entfernen des Pfropfens.

Um zu beweisen, dass sogenannte übersättigte Lösungen sich von gewöhnlichen Lösungen nicht unterscheiden, hat der Verfasser bestimmt, wie viel Na_2SO_4 sich bei verschiedenen Temperaturen überhaupt in Wasser löst, wenn nach der oben angegebenen Methode eine sog. übersättigte Lösung hergestellt wird. Nach den Versuchen von Mulder und Gay-Lussac steigt die Löslichkeitscurve mit der Temperatur schnell an bis ungefähr 33° und fällt dann langsam bis 100°, um endlich wieder zu steigen. Kopp hat nach den Versuchen von Gay-Lussac für die Löslichkeitsbestimmung zwei Interpolationsformeln construirt, von denen die eine unterhalb 30°, die andere oberhalb 40° gültig ist. Der Verfasser findet nun, dass für die Löslichkeit seiner Lösungen auch unterhalb 33° die zweite Kopp'sche Formel benutzt werden kann, dass also auch unterhalb 33° die Löslichkeit mit der Temperatur abnimmt. — Die bei der Lösung beobachtete beträchtliche Temperaturerhöhung hat vielleicht ihren Grund in der gleichzeitig stattfindenden Contraction.

O. Kch.

A. Joly. Sur les hydrates de l'acide arsénique.

C. R. CI, 1262-1264†; [Chem. Ber. XIX (2), 47.

Aus einer sirupartigen Lösung von $AsO_5\,4H_2O$ scheiden sich unter Umständen lange Prismen von $AsO_5\,4H_2O$ ab, die zwischen 35.5 und 36° schmelzen; ihre Schmelzwärme beträgt —3.7 Cal. Während die Hydrate mit zwei Wasser im Mittel 0.475 Cal. Lösungswärme haben, liefert der Zutritt des dritten Wassermolecüls nur 0.35 Cal., des vierten nur 0.1 Cal. Diese Hydratationswärmen sind geringer als bei der Phosphorsäure. Im Trockenofen auf 110° erhitzt, bildet sich $AsO_5 + \frac{3}{2}H_2O$, dessen Lösungswärme bei 14° in 300 H_2O + 1.38 Cal. beträgt. Verschliesst man geschmolzene AsO_5, $4H_2O$ in ein Gefäss und überlässt es sich selbst, so bilden sich AsO_5, $3H_2O$ Krystalle; diese bringen das isomorphe Phosphorsäurehydrat PhO_5 $3H_2O$ nicht zum Krystallisiren, während die vierfach gewässerten Phosphor- und Arsensäuren ihre überschmolzenen Flüssigkeiten wechselseitig auskrystallisiren lassen.

Cn.

JOANNIS. Sur les oxydes de cuivre. C. R. C, 999-1001†; [J. Chem. Soc. XLVIII, 872; [Chem. Ber. XVIII (2), 319; [Chem. CBl. (3) XVI, 377-378.

Im Anschluss an eine frühere mit DEBRAY zusammen ausgeführte Arbeit (diese Ber. 1884) vergleicht der Verf. die Lösungswärme eines Gemisches der beiden Oxyde CuO und Cu_2O in Verhältnissen, wie sie der Formel Cu_3O_2 entsprechen würden, mit der Lösungswärme des gleichen Gewichts eines in gleichen Verhältnissen zusammengeschmolzenen Gemisches; es ergiebt sich für Beide die gleiche Anzahl Calorien. *Cn.*

S. U. PICKERING. Modifications of Double Sulphates. Chem. N. LII, 247†; [Chem. CBl. (3) XV, 84.

Die verschiedenen Angaben über die Lösungswärme von Magnesium-Kaliumsulfatanhydrid erklären sich daraus, dass das Salz und die analogen Salze in verschiedenen Modificationen vorkommen. Entwässert man $CuK_2(SO_4)_2$, $6H_2O$ zwischen 100 und 130°, so erhält man ein blaues Pulver, das sich in 800 Mol. Wasser bei 18.25° mit einer Wärmeentwicklung von 9709 Cal. löst. Erwärmt man weiter bis 250°, so wird das Salz weiss und löst sich bei derselben Temperatur mit nur 6489 Cal. Ueber 250° erhitzt, wird es wieder blau und hat die Lösungswärme 8407 Cal. Diese 3 Modificationen sind alle ganz definirt und beständig. Die zweite wird erst 10 Tage nach der Herstellung beständig; anfangs ist ihre

Lösungswärme 330 Cal. geringer. Aehnlich verhält es sich mit anderen Doppelsalzen. *Cn.*

E. WIEDEMANN und A. LÜDEKING. Ueber die Wärmeentwickelung bei der Quellung und Lösung der Colloide. Wied. Ann. XXV, 145-153†; [Phil. Mag. (5) XX, 220. [Cim. (3) XIX, 166; [J. de phys. (2) V, 495; [J. Chem. Soc. XLVIII, 1031; [Chem. Ber. XVIII (2), 397.

Die Verfasser gelangen an der Hand ihrer Versuche zu dem folgenden Resultat: Die Lösung des trocknen Colloids setzt sich aus zwei Processen zusammen 1) der Hydratation, die mit Wärmeentwicklung, 2) der Lösung, die mit Wärmebindung verbunden ist. — Liess man Gelatine bei gewöhnlicher Temperatur mit Wasser aufquellen, so war die Quellung von einer Wärmeentwicklung begleitet, dagegen war die Lösung der aufgequollenen Gelatine mit einer Wärmeabsorption verbunden. Die Gelatine verhält sich also ganz analog, wie die sich hydratisirenden Salze. — Entsprechende Resultate ergaben Gummi arabicum, Tragantgummi, Dextrin, Stärke und Eiweiss. Es musste dabei zunächst die zur Hydratation nöthige Wassermenge empirisch bestimmt werden.

Gerbsäure zeigte eine negative Lösungswärme. — Die Lösungswärme der amorphen Modificationen: Gerstenzucker und inactive Weinsäure war positiv, diejenigen der krystallisirten: Rohrzucker und Rechtsweinsäure negativ. Da in der Lösung beide in krystallinischer Form enthalten sind, so ergiebt sich für Zucker und Weinsäure eine positive Umwandlungswärme aus der amorphen in die krystallinische Modification. — Schliesslich wurde die Coagulationswärme von Kieselsäure und Eiweiss bestimmt. Dieselbe besitzt für beide Substanzen einen positiven Werth. *O. Kch.*

J. THOULET. Attraction s'exerçant entre les corps en dissolution et les corps solides immergés. C. R. C, 1002-1005†; [J. Chem. Soc. XLVIII, 866; [Chem. CBl. (3) XVI, 375-376; [Beibl. IX, 378.

Der Verfasser hat durch frühere Versuche (C. R. XCIX) gefunden, dass eine Anziehung stattfindet zwischen gelösten und festen in die Lösung eingetauchten Körpern. — Die neuen Experimente sind mit einer wässrigen Lösung von Chlorbaryum angestellt, in welche Quarzpulver eingebracht wurde. Und zwar ergab sich, dass diese Anziehung augenblicklich wirksam ist, und dass bei Quarzkörnern von verschiedener Grösse unter sonst gleichen Umständen die auf denselben verdichtete Menge des Chlorbaryums der Oberfläche der Körner proportional ist. *O. Kch.*

J. MOSER. Elektrische und thermische Eigenschaften von Salzlösungen. Wien. Ber. XCII (2), 652-656†; Wien. Monatsh. f. Chem. VI, 634-638; [Natf. XIX, 32; [Beibl. X, 40, 1886; Wien. Anz. XXII, 180; [J. d. phys. (2) V, 242.

1) Im Anschluss an frühere Versuche mit Elementen, welche aus einem Metall und zwei verschieden concentrirten Salzlösungen bestehen, bestimmt der Verfasser die Ueberführungszahl der Jonen aus dem Quotienten der elektromotorischen Kraft mit Ueberführung und der elektromotorischen Kraft ohne Ueberführung. Diese Bestimmung ist eine Folge der Theorien von HELMHOLTZ, welche eine Beziehung herstellen zwischen den elektromotorischen Kräften, den Dampfspannungen der Salzlösungen und den Ueberführungszahlen, oder auch nur den zwei ersten dieser drei Grössen, wenn wie bei Ketten mit Quecksilbersalz, die Ueberführung experimentell eliminirt ist. — Der Verfasser giebt die Resultate von zwei Versuchen an. Die zwei Zink-Chlorid-Lösungen $ZnCl_2 + 100 H_2O$ und $ZnCl_2 + 750 H_2O$ ergaben in der gewöhnlichen Concentrationskette für die Kraft mit Ueberführung = 0.0365 Daniell. Wurde mit der einen und mit der andern der beiden Lösungen je ein Calomel-Element gebildet und diese beiden Elemente einander opponirt, so fand sich: die Kraft ohne Ueberführuug = 0.0516 Daniell. Der Quotient beider Grössen ist 0.71, während HITTORF die Ueberführungszahl experimentell zu 0.70 bestimmt hat. — Bei den zwei Zinksulfatlösungen: $ZnSO_4 + 100 H_2O$ und $ZnSO_4 + 800 H_2O$ besassen die Kräfte die Werthe 0.0146 Daniell und 0.0227 Daniell. Ihr Quotient ist 0.64 gegenüber der experimentellen Bestimmung

Hittorf's 0.636 und F. Kohlrausch's 0.65. — Somit ist eine neue Methode zur Bestimmung der Ueberführungszahl und eine Bestätigung der Theorie von Helmholtz gegeben.

2) Schaltet man zwischen zwei Zinkelectroden eine Zink-Chlorid- und eine Sulfat-Lösung, welche durch einen Heber, gefüllt mit einer derselben, verbunden sind, so kann man die Concentration der Lösungen stets so wählen, dass kein Strom vorhanden ist. Fügt man dem Sulfat ein Minimum Wasser hinzu, so entsteht ein Strom, und zwar löst sich Zink von der Electrode im Sulfat und scheidet sich ab aus dem Chlorid. Wird das Chlorid verdünnt, so tritt die umgekehrte Stromesrichtung ein. Das Sulfat und das Chlorid können auch durch das Nitrat im elektrischen Gleichgewicht gehalten werden.

3) Die elektromotorischen Kräfte der Concentrationsströme entsprechen nicht den Wärmewirkungen beim Verdünnen.

Das elektrische Verhalten der Lösungen des Bleinitrates schliesst sich dem des Zinksulfates und Chlorides an, während das thermische das entgegengesetzte ist. Bei dem Verdünnen des Zinksalzes tritt Erwärmung, bei dem des Bleinitrates Abkühlung ein.

O. Kch.

W. J. Russell. On the molecular Constitution of a Solution of Cobaltous Chloride. Br. Ass. Rep. 991.

Aus der Untersuchung der Absorptionsspectren von Kobaltchlorid in verschiedenen Lösungen und Legirungen folgert der Verfasser, dass die Wirkung des Wassers auf das wasserfreie Salz nicht in einer einfachen Addition besteht, sondern eine Spaltung des Molecüls herbeiführt, so dass sich ein Molecül bildet, in dem Wasser Kobaltchlorid ersetzt. *Cn.*

L i t t e r a t u r.

Th. Bayley. Behaviour of metallic solutions with filterpaper. Chem. News LI, 82.

Report of the comitee, consisting of Professors Ramsay, Tilden, Marshall, and W. L. Goodwin (secretary), appointed for the purpose investigating certain physical constants of solution, especially the expansion of saline solutions. Rep. Brit. Ass. 1885, 261.

W. ALEXEJEW. Ueber Lösungen von Flüssigkeiten in Flüssigkeiten. J. d. russ. phys.-chem. Ges. 1885, I, 99-109; [Chem. Ber. XVIII [2] 398-400.

— — — Ueber die Isomerie der Lösungen. J. d. russ. phys.-chem. Ges. 1885, I, 46-51; [Chem. Ber. XVIII [2], 599.

— — — Ueber die gegenseitige Löslichkeit des secundären Butylalkohols und des Wassers. J. d. russ. phys.-chem. Ges. 1885, I, 281; [Chem. Ber. XVIII, [2], 599-600.

Der Inhalt der 3 Abhandlungen von Alexejew ist zusammengefasst in:

W. ALEXEJEW. Ueber Lösungeu. Erscheint in Wied. Ann. XXVIII, 305-338 und wird 1886 berücksichtigt werden.

F. B. GUTHRIE. Note on the solubility of certain salts in fused sodium nitrate. J. Chem. Soc. XLVII, 94-98; [Chem. Ber. XVIII [2], 46; [Beibl. IX, 235; diese Ber. XL, 463, 1884.

J. BEWAD. Ueber die Löslichkeit des Lithiumcarbonates. J. d. russ. phys.-chem. Ges. 1885; Pharm. Ztg. 1885, No. 55; [Arch. Pharm. (3), XXIII, 591-592; [Bull. soc. chim. Paris, XLIII, 123; [J. Chem. Soc. XLVIII, 634; diese Ber. XL, 461, 1884.

O. Kch.

W. L. GOODWIN. On the nature of solution. Trans. Roy. Soc. Edinb. XXX, 597-618, 1882/82; [J. chem. Soc. XLVIII, 865.

Siehe diese Ber. XXXVIII, 337, wo irrthümlich Grothwin statt Goodwin steht.

Amalgamirung des Stabeisens, Stahls und Gusseisens. Aus Techniker VII, 43; [ZS. f. Instrk. V, 332; [Beibl. X, 134.

D. MAZOTTO. Sui fenomeni termici che accompagnano la formazione delle leghe. Milano, 1885.

R. RATHKE. Ueber die Natur des Schwefelselens und der Legirungen. Berl. Chem. Ber. XVIII, 1534-1538; [Beibl. IX, 646.

Von wesentlich chemischem Interesse.

Silberähnliche Legirungen. Metallarbeiter D. Ind.-Ztg. XXVI, 8; [Chem. CBl. (3), XVI, 192.

THURSTON's Metallic Alloys. Science V, 179.

G. GUILLEMIN. Sur les alliages du cobalt et du cuivre. C. R. CI, 433-434; [J. Chem. Soc. XLVIII, 1114; [Bull. soc. chim. XLIV, 431; [Beibl. X. 290, 1886. Technisch.

Herstellung von schmiedbarem Ferronickel und Ferrokobalt (D. R. P.). Pol. J. CCLIV, 174; [Chem. CBl. (3), XVI, 175-176.

J. M. THOMSON und W. P. BLOXAM. Ueber die Krystallisation aus übersättigten Lösungen von Doppelsalzen. J. chem. Soc. XLI, 379, 1882; [ZS. f. Kryst. X, 618. *Bde.*

7d. Suspension und Emulsion.

H. BREWER. Suspension and Sedimentation of clays. Sill. J. (3) XXIX, 1—5†; [Naturf. XVIII, 91-93; [Beibl. IX, 310.

Wird Thon in Wasser aufgerührt und dann sich selbst überlassen, so kommt es zuweilen vor, dass die suspendirten Körner sich ganz gleichmässig so senken, dass ihre Dichtigkeit von unten nach oben regelmässig abnimmt. Meistens aber vertheilt sich das suspendirte Material in Schichten, deren Vertheilung oft auffallend von der Temperatur abhängt (vergl. v. BEZOLD diese Ber. XL (1), 439 Ref.). Die Schichten setzen sich der Reihe nach ab, so dass zuletzt nur eine leichte Opalescenz übrig bleibt. Enthält das Wasser irgend merkliche Mengen von Salzen oder Säuren, so setzt sich auch diese Opalescenz vollständig ab; in reinem Wasser bleibt sie unter Umständen Jahre lang bestehen, ist wahrscheinlich nie vollständig und zeigt sich von der Temperatur abhängig. Bei gewissen Temperaturen (welche, ist nicht angegeben) verstärkt sich die Opalescenz, so dass es aussieht, als würde bei ihnen festes Material aus dem Schlamm wieder emporgehoben. Weitere Versuche des Verf. bestätigen die Abhängigkeit des Absetzens vom Salzgehalt der Flüssigkeit (vergl. hierzu THOULET, d. Ber. XL, (1), 464). Verfasser vergleicht das Verhalten der feineren suspendirten Theile mit dem der gelösten oder halb gelösten Colloide und erklärt, ohne einstweilen die bezüglichen Versuche anzuführen, dass die Thone wahrscheinlich als eine Reihe von wasserhaltigen Silicaten existiren, die verschiedene Antheile von Wasser schwach gebunden halten. *Bde.*

K. ZULKOWSKY. Abscheidung von plasmatischem Wasser und Niederschlägen durch Aether. Ber. Oesterr. Chem. Ges. 1884, No. 1; Pharm. Centralb. XXVI, 122; Chem. CBl. (3) XVI, 261.

Substanzen, welche sich im Wasser nicht lösen, sondern nur aufquellen oder sich in demselben pulverförmig zertheilen, wie Thonerde, Eisenoxyd, Chromoxyd, Magnesia, mischen sich, wenn man das Wasser mit Aether schüttelt, dem Aether bei und werden von diesem an die Oberfläche gehoben. *Bde.*

A. O. WALKER. Abscheidung und Ansammlung der in Rauch, Luft oder Gasen suspendirten Theilchen durch elektrische Entladungen. D. R. P. No. 32681; [Chem. Ber. XVIII, (2), 677; [Lum. Électr. XVI, 512-513; [Chem. CBl. (3) XVI, 732-734; B.- u. H.-Ztg. XLIV, 253-254.

Das Princip von LODGE (d. Ber. XL, (1), 473) wird auf die Condensation von Hüttendämpfen angewendet.

Derselbe Gegenstand ist behandelt in La Nat. XIII, (2), 194-195 und von Lodge selbst Engin. XXXIX, 697. *Bde.*

Action of electricity on Dust. Engin. XL, 184.

Aus einem deutschen Blatt wird die Notiz entnommen, dass Guitard schon 1850 Staub durch Elektrisiren condensirt und zum Fallen gebracht hat. *Bde.*

G. F. Fitzgerald. Note on Dust Repulsion. Dubl. Proc. IV, 338.

Bei Gelegenheit der Arbeiten von Lodge (d. Ber. XL (1), 468) erinnert Verfasser an die O. Reynolds'sche Theorie der Radiometerwirkung und glaubt dieselbe für die Erklärung der von Lodge beobachteten Erscheinungen heranziehen zu sollen. Vergl. hiezu Aitken im vorjährigen Bericht S. 470—472. *Bde.*

O. Nasse. Ueber Verbindungen des Glykogen nebst Bemerkungen über die mechanische Absorption. Pflüger Arch. XXXVII, 582—606.

Verfasser hält dafür, dass viele der sogenannten Absorptionen einfach chemische Verbindungen seien, z. B. die Absorption von Barythydrat durch Filtrirpapier. Von Interesse ist folgender Versuch: Aus Glykogenlösung und Fett wurde eine Emulsion bereitet; die Fetttröpfchen stiegen als Rahm in die Höhe. Nachher enthielt die untere Flüssigkeit 2.83, die obere 10.04 Pct. Glykogen. Die Fetttröpfchen der Emulsion hatten sich also mit einer glykogenreicheren Schicht umgeben. *Bde.*

Litteratur.

Klärmittel für Flüssigkeiten. Rundschau, Leitmeritz; Pol. Not. XL, 297-300; Chem. CBl. (3), XVI, 861-863.

O. Linde. Oelemulsionen. Arch. Pharm. CCXXIII, 888-894.

CHEVREUL. Sur le mouvement des poussières abandonnées à elles-mêmes. C. R. CI, 122-123.

F. W. KROHN. Some phenomena in connection with dust. Chem. News 41, 103. *Bde.*

Referat ohne neue Thatsachen.

7e. Diffusion.

A. WINKELMANN. Ueber die Diffusion der Fettsäuren und Fettalkohole in Luft, Wasserstoff und Kohlensäure. Wied. Ann. XXVI, 105-134†; [Cim. (3), XX, 69; [J. de phys. (2), V, 487; [J. chem. Soc. L; [Chem. Ber. XVIII, [2], 520.

Der Verf. bestimmt nach seiner in diesen Berichten XL, 478 und 480 erwähnten Methode die Diffusionscoëfficienten der Ameisen-, Essig-, Propion-, Butter-, Isobutter-, und Isovaleriansäure in Luft, Wasserstoff und Kohlensäure. Ferner bestimmt er dieselben für eine Reihe von Fettalkoholen bis hinauf zum normalem Hexylalkohol. Aus den Diffusionscoëfficienten werden nun die Werthe der molekularen Weglängen berechnet und zwar mit folgenden Ergebnissen: Ist λ die molekulare Weglänge, so beträgt der Werth von $\frac{1}{\lambda}\cdot 10^{-4}$ für

Ameisens.	Essigs.	Propions.	Butters.	Isobutters.	Isovalerians.
24.8	33.7	44.1	60.2	58.5	80.6

Verfasser hatte nun bei den Estern constatirt, dass die den Molekularquerschnitten proportionalen Werthe von $\frac{1}{\lambda}\cdot 10^{-4}$ für jedes CH_2 um einen constanten Werth zunehmen, der nahe gleich 10 ist, woraus folgen würde, dass jedes zutretende CH_2 den Molekularquerschnitt um ein constantes Increment vergrössert, dass also die Atome in den Molekülen plattenförmig angeordnet sind.

Berechnet man aus den im vorigen Jahre an den Estern ermittelten Werthen die molekularen Weglängen bei den Säuren, so erhält man für $\frac{1}{\lambda}\ 10^{-4}$ bei

Ameisens.	Essigs.	Propions.	Butters.	Isobutters.	Isovalerians.
25.3	35.3	45.3	55.3	55.3	65.4

Bis zur Propionsäure stimmen die Werthe recht gut mit den obigen; für die beiden letzten Säuren wird wahrscheinlich gemacht, dass kleine Verunreinigungen und Schwierigkeiten der Druckbestimmung die Nichtübereinstimmung bedingen. Die Untersuchung der Alkohole ergab

	$\frac{1}{\lambda}\ 10^{-4}$		Differenz
Methylalkohol	27.7		10.9
Aethylalkohol	38.6		10.7
Propylalkohol	49.3		10.9
Isobutylalkohol . . .	59.5	60.2	
Normal-Butylalkohol .	60.9		12.1
Gährungs-Amylalkohol	73.0	72.3	
Normal-Amylalkohol .	71.6		
Normal-Hexylalkohol .	90.1		17.8

Bei den niedrigeren Gliedern der Reihe bestätigt sich also auch hier, dass jeder Zuwachs von CH_2 einen nahezu constanten Zuwachs des Molekularquerschnitts liefert. Der hohe Werth der letzten Differenz ist aus denselben Gründen wie oben wie bei der Isovaleriansäure unsicher.

Verf. vergleicht dann noch seine Diffusionscoëfficienten mit den aus Transpirations- (L. Meyer und Schumann) und Schwingungsversuchen (Puluj und Schumann) abgeleiteten. Die Discrepanz zwischen den durch Transpiration erhaltenen und den auf anderem Wege erzielten Werthen bleibt bestehen; die Transpirationswerthe sind wahrscheinlich erheblich zu gross. Dagegen stimmen die Schumann'schen Reibungsversuche, wenn sie gehörig reducirt werden, leidlich gut mit denen des Verfassers. *Bde.*

Litteratur.

E. DETLEFSEN. Die experimentelle Behandlung der Diffusion der Flüssigkeiten im elementaren physikalischen Unterricht. ZS. phys. Unterr. II, 249-256; [Beibl. X, 558.

SANTESSON och TIGERSTEDT. Ueber die Filtration in ihrer Bedeutung für die Transsudationsprocesse im Thierkörper. Öfversigt af K. Vetensk. Ak. Förhandl. XLII, No. 6, 2.

Referat von LOVÉN darüber ib. No. 9, 2. *Bde.*

7f. Absorption.

H. W. BAKHUIS ROOZEBOOM. Solubilité de l'acide bromhydrique à des températures et sous des pressions différentes. Rec. Trav. Chim. des Pays-Bas IV, 102-107†; [Beibl. IX, 495.

Der Verfasser sättigte Wasser bei verschiedenen Temperaturen t und verschiedenen Drucken p mit Bromwasserstoffsäure und fand in 1 Theil Wasser x Theile HBr:

t = −25°		t = −20°		t = −15°		t = −11.3°		t = −5°		t = 0°	
p	x	p	x	p	x	p	x	p	x	p	x
76 cm	2.550	76 cm	2.473	76	2.390	76	2.350	76	2.280	76	2.212
30 „	2.268	37.5	2.267	47	2.266	57	2 265	73	2 264	—	—
14 „	2.120	18	2.119	25	2.119	31	2.118	43	2 117	54	2.116
10 „	2 056	13	2 056	17.5	2 056	21.6	2 055	29.8	2.055	38	2.054
1 mm	1.755	2	1.850	10.2	1.980	—	—	—	—	± 6.5	± 1.085
0.5 „	± 1.10	—	—	—	—	—	—	—	—	—	—

Für die Spannkräfts p einer Lösung von der Zusammensetzung $HBr\,2H_2O$ (2.244 HBr in 1 Theil H_2O) ergaben sich bei den Temperaturen t:

t =	−25	−20	−15	−11.3	−5	−3°
p =	27	33	43	52	69	76 cm

O. Kch.

J. D. van der Waals. Influence de la température sur la richesse en gaz d'une solution et sur l'équilibre entre des solutions gazeuses et des hydrates solides. Kgl. Ak. Amsterdam, 28. Febr. 1885; [Rec. trav. chim. IV, 135-138†.

Der dem Referenten ausschliesslich zu Gebote stehende Auszug des Rec. trav chim. giebt nur Resultate ohne Herleitung. Danach besteht zwischen der Temperatur, der Menge des aufgelösten Gases, und dem Druck des letzteren die Gleichung

$$\text{Log}\,\frac{p}{p_{0,x}} = \frac{\mu t}{1 + \alpha t}.$$

Hierin ist $p_{0,x}$ der Druck, der bei 0° erforderlich ist, damit die Lösung ebenso stark bleibe, wie sie bei t° unter dem Druck p ist.

Für Gase, welche dem Henry'schen Gesetz folgen, ergiebt sich daraus

$$p = a\,x\,e^{\frac{\mu t}{1 + \alpha t}}.$$

μ scheint die Absorptionswärme oder eine Function derselben zu sein; die Absorptionswärme nimmt demnach für Gase der letzteren Art mit steigender Concentration ab. Die weitere Untersuchung beschäftigt sich mit dem Gleichgewicht zwischen Gaslösungen und festen Hydraten; der Bericht darüber muss verschoben werden, bis die vollständige Abhandlung vorliegt.

Bde.

G. Lunge. Solubility of Nitric Oxide in Sulphuric Acid. J. soc. chem. ind. 1885, 447; Chem. Ber. XVIII, 1391-1394; [J. chem. soc. XLVIII, 954; [Beibl. IX, 558.

Verfasser bestimmte mittelst seines Nitrometers, dass concentrirte Schwefelsäure 0.035, Schwefelsäure vom specifischen Gewicht 1.5 aber 0.017 Volumina Stickoxyd aufnimmt, beides bei 80° C. *Bde.*

G. Williams. Note on the occlusion of hydrogen by zinc-dust. Chem. News. LI, 146-147; J. of gas lighting. Jan. 6, 1885; [Natf. XVIII, 224; [Beibl. IX, 501; [Phil. Mag. (5) XIX, 232.

— On the source of the hydrogen occluded by zinc-dust. Chem. News LII, 205-207; J. of gas lighting. Oct. 13, 1885; [Phil. Mag. (5) XX, 464; [J. chem. soc. XLVIII, 634, L, 15; [Chem. CBl. (3) XVI, 198.

Nach der ersten Untersuchung enthält der käufliche Zinkstaub etwa sein 39faches Volumen von Wasserstoff; nach der zweiten wird die Menge des occludirten Wasserstoffs durch Berührung mit Wasser oder feuchter Luft bedeutend vermehrt, sodass zersetztes Wasser als seine Quelle anzusehen ist. *Bde.*

A. Ledeboer. The presence of oxygen in metals and their alloys. Moniteur scient XV, Juli 1885; [Chem. News LI, 92.

Verf. nimmt an, dass der Sauerstoff in denjenigen Metallen, deren Oxide sich in hoher Temperatur zersetzen, einfach gelöst sei. Ebenso sei Wasserstoff in Silber oder Eisen oder schwefelige Säure in Kupfer blos occludirt.

Wenn dagegen das Oxid eines Metalles sich in der Hitze nicht dissociirt, so ist in diesem Metall nicht der Sauerstoff, sondern ein Oxidul des Metalles gelöst. *Bde.*

J. Gay. Absorption du bioxyde d'azote par les sels de protoxyde de fer. Rev. Sc. XXXVI, 181-182†; Ann. chim. phys. (6) V, 145-204; [Bull. soc. chim. XLIV, 175; [Beibl. IX, 773; [Arch. Pharm. (3) XXIII, 991; [J. chem. Soc. XLVIII, 1109.

Nach Herrn Gay ist die von einer Eisensalzlösung absorbirte

Menge von Stickoxid unabhängig von der Art des Salzes und dem Grad der Verdünnung; dem Gewicht Eisen, das sie im Minimum enthielt, proportional; abhängig von der Temperatur und dem Druck in ähnlicher Weise wie die Absorption von Ammoniak durch Wasser. Eine chemische Verbindung von Stickoxid mit den Eisensalzen in festem Zustande konnte nicht erhalten werden; in Lösung fand dagegen bei der Absorption eine Wärmeentwicklung statt, die gleichfalls unabhängig war von der Art des Salzes; die entwickelte Wärmemenge beträgt bei Absorption eines Aequivalents (= 22.3 l) Stickoxid durch irgend eine Eisensalzlösung in 100 Wasser etwa 10.7 Cal.; sie ändert sich um weniger als 1 Cal. mit dem Grade der Verdünnung. Die Lösungen geben das absorbirte Gas an eine stickoxidfreie Atmosphäre sofort wieder her. Die Lösungen geben ein Absorptionsspectrum, das wesentlich aus einem rothen Bande besteht. *Cn.*

O. Freiherr von der Pfordten. Neues Absorptionsmittel für Sauerstoff. Lieb. Ann. CCXXVIII, 112-126.

Das Absorptionsmittel ist Chromochloridlösung, die Absorption selbst chemischer Art. *Bde.*

R. W. Bunsen. Ueber capillare Gasabsorption. Wied. Ann. XXIV, 321-347; [Cim. (3) XVIII, 175-177; [J. de phys. (2) V, 83-88; [J. chem. soc. XLVIII, 867.

H. Kayser. Bemerkungen dazu. Verh. physik. Ges. Berlin IV, 44-47.

Bunsen geht darauf aus, die Dicke der absorbirten Wasserschichten zu bestimmen, welche auf Glasfäden bei stufenweise gesteigerten constanten Temperaturen einem dauernden trockenen Luftstrome ausgesetzt werden. Der Luftstrom wird erzeugt durch einen Aspirator, dem eine Regulirvorrichtung nach dem Princip der Mariotte'schen Flasche beigegeben wurde. Er streicht erst durch Wasch- und Trockenapparate, dann durch das Versuchsgefäss aus schwer schmelzbarem Glase, welches die absorbirenden Glasfäden enthält, hierauf durch zwei Trockenröhren, deren Gewichtszunahme den Wasserverlust der Glasfäden erkennen lässt. Das Versuchsgefäss kann durch eine besondere Heizvorrichtung auf bekannte hohe Temperaturen gebracht werden.

Bei einer gegebenen Temperatur verdunstet im trockenen Luftstrom eine gewisse Menge von Wasser mit abnehmender Geschwindigkeit; nach einiger Zeit hört die Verdunstung auf, die Fäden geben bei der fraglichen Temperatur kein Wasser mehr ab. Erhitzt man dann stärker, so tritt wieder Verdunstung ein, die nach einiger Zeit wieder aufhört u. s. w. Bunsen nimmt an, dass über 500° keine merkliche Menge von Wasser mehr zurückgehalten werde und berechnet daraus, dass die Glasfäden bei den folgenden Temperaturen die darunter stehenden Mengen Wasser in nicht verdampfbarem Zustande zurückbehalten:

Bei	23	107	215	329	415	468	503°
	22.3	14.2	11.6	7.6	2.8	0.9	0.0 mgr.

Bei 23° ist der Gleichgewichtszustand erst nach 63 Stunden, bei 215° nach 38 Stunden, bei 468° nach 23 Stunden hergestellt. Die Oberfläche der bei diesen Versuchen benutzten Fäden betrug 2.11 qm. Hieraus berechnet Bunsen die Dicke der Schicht, indem er das Wasser als nahe incompressibel nimmt, bei 23° zu 0.00101 mm, bei 215° zu 0.000006 mm. Er schliesst auf sehr bedeutende Drucke in den condensirten Schichten und erklärt nun aus diesen Drucken die auffallenden Eigenthümlichkeiten der Kohlensäureabsorption, welche er bei seinen früheren Untersuchungen (s. d. Ber. XXXIX, [1], 366 u. XL, [1], 484) gefunden hat. Er fasst nunmehr die scheinbare Absorption der Kohlensäure wesentlich als eine Absorption durch das verdichtete Wasser auf. Die absolute Grösse dieser capillaren Absorption ist sehr bemerkenswerth; die Gesammtschicht Wasser plus Kohlensäure, welche die Fäden nach dem Eintauchen in Kohlensäure annehmen, enthielt 80.9 Gewichtstheile Kohlensäure auf 19.1 Wasser. Wegen der Einzelheiten in der Deutung der früheren Versuchsresultate muss auf das Original verwiesen werden.

Kayser (vergl. hierzu d. Ber. XL, [1], 484) sieht in diesen Versuchsresultaten Bunsen's im wesentlichen eine Bestätigung seiner Auffassung, glaubt übrigens, es sei noch zu untersuchen, ob blos das absorbirte Wasser die Kohlensäure verschluckt. Er hält eine directe Absorption durch das Glas und ausserdem eine chemische Einwirkung des kohlensauren Wassers auf das Glas für möglich. Er ist ferner nicht mit der Annahme einverstanden, dass die Glasfäden bei 503° gar kein Wasser mehr halten sollen. Stellt man die Wassermenge graphisch als Function der Temperatur nach BUNSEN dar, so hat die Curve bei 503° keine horizontale Asymptote; aus ihrem Verlauf ist vielmehr zu schliessen, dass die Fäden noch wenigstens 5 mgr Wasser halten. *Bde.*

W. MÜLLER-ERZBACH. Die Wirkungsweite von der Molecularkraft der Adhäsion. Exner Rep. XXI, 406-414†; Verh. physik. Ges. Berlin 1885, 8-14; [Beibl. IX, 699†.

— Die Wirkungsweite von der Adhäsion und die Abnahme derselben bei zunehmender Entfernung. Exners Rep. XXI, 542-553†; [Natf. XVIII, 385; [Beibl. IX, 699-701†.

KAYSER. Dasselbe. Verh. physik. Ges. Berlin 1885, 29-33.

QUINCKE und PLATEAU haben, der eine aus der Dicke von Flüssigkeitslamellen, der andere aus der Capillaranziehung fester Körper gegen flüssige, der Wirkungssphäre der Cohäsion einen Radius von etwa 0.00005 mm zugeschrieben. Verf. glaubte, dass gasförmige Körper ein empfindlicheres Reagens auf moleculare Anziehung abgeben würden und hat deswegen die Absorption von Schwefelkohlenstoffdämpfen durch Eisenoxid oder Thonerde benutzt. Er wägt die absorbirten Schwefelkohlenstoffmengen, schätzt auf Grund mikroskopischer Messungen die Oberfläche der absorbirenden festen Theilchen, nimmt an, dass absorbirter Schwefelkohlenstoff höchstens um 25% dichter sei, als der gewöhnliche flüssige Schwefelkohlenstoff und berechnet daraus, dass die Dicke der Schwefelkohlenstoffschicht 0.001 mm sei. Der Radius der Wirkungssphäre würde also wenigstens 0.001 mm betragen. KAYSER hat dagegen eingeworfen, dass die erste verdichtete Schwefelkohlenstoffschicht ihrerseits die folgenden Schichten anzieht, dass also die äusseren condensirten Schichten nicht mehr vom Eisenoxid condensirt werden. Um diesen Einwurf niederzuschlagen, liess Verf. erst Wasserdampf, dann Schwefelkohlenstoffdampf durch Eisenoxid einerseits, Thonerde andrerseits absorbiren. Es fand sich, dass die Verschiedenheit der Absorptionskraft von Eisenoxid und Thonerde gegen Schwefelkohlenstoff sich auch dann noch geltend machte, wenn die beiden Körper mit gleich dicken Wasserschichten überzogen waren. Dass der absorbirte Schwefelkohlenstoff nur an der Oberfläche liegt, folgt daraus, dass er sich in Tropfenform abscheidet, sobald man das Product in Wasser wirft.

Die verschiedenen Schichten von Wasser oder Schwefelkohlenstoff, welche den Thonerdekörnern anliegen, verdunsten nun mit verschiedener Spannung, und aus der bei ihnen vorhandenen Spannungsverminderung zieht der Verf. den Schluss auf eine regelmässige Abnahme des Adhäsionsdrucks mit der Entfernung. Seine Rechnungen und Messungen ergeben das Resultat, dass die Anziehung eines festen Körpers gegen umgebenden Dampf „nicht einfach central wirkt, sondern bei geringeren Entfernungen nach höheren Potenzen derselben abnimmt“. Je weiter man sich von dem festen Körper entfernt, desto langsamer nimmt die Adhäsion ab. In der zweiten Abhandlung von Müller-Erzbach wird noch der Wirkungsradius der Thonerde auf mindestens 0.0015 mm für Wasser, 0.0017 mm für Schwefelkohlenstoff angegeben.

Bde.

J. T. Bottomley. Note on the condensation of gases at the surface of glass (Preliminary). Proc. Roy. Soc. London XXXVIII, 158-161; Chem. News. LI, 85-86; [J. chem. soc. XLVIII, 477; [Beibl. IX, 378; [Engin. XXXIX, 271; [Chem. Ber. XVIII [2], 424.

Verf. hat eine Quantität von Glasfäden in ein Glasrohr gebracht und das Rohr mehrere Tage lang sorgfältig evacuirt, dann das Rohr bis beinahe zum Weichwerden erhitzt und das während der Erhitzung von den Glasfäden abgegebene Gas bei Atmosphärendruck gemessen. Er schätzt die Oberfläche seiner Glasfäden in einem Fall auf 1448, in einem andern auf 3527 qcm.

Das abgegebene Gas betrug im ersten Fall 0.45, im zweiten 0.41 ccm und enthielt im ersten Fall 8.2, im zweiten 78.6 % Kohlensäure. *Bde.*

O. MOSZEIK. Ueber den Einfluss der Temperatur auf die Absorptionsfähigkeit der Thierkohle. Dubois Archiv, 1885, 275-283; [Naturf. XVIII, 348; [Beibl. IX, 654; [Chem. Ber. XIX [2], 234.

Unter Absorptionsfähigkeit ist hier die Fähigkeit verstanden, gelöste Stoffe aus der Lösung adhäsiv anzuziehen und festzuhalten. Die Lösungen wurden mit Thierkohle bei 0°, 40°, 100° versetzt, eine Stunde lang stehen gelassen, dann filtrirt und ihr Restgehalt bestimmt. Versuche mit Zucker, Glykogen und Farbstofflösungen zeigten, dass das Absorptionsvermögen der Thierkohle mit der Temperatur erheblich wächst. Aus 50 ccm 11.2 procentiger Zuckerlösung absorbirten 8 g Thierkohle bei 0° 44.6 %, bei 40° 65.1 %, bei 100° 75 %. Durch Schütteln nimmt die Absorptionsfähigkeit in niederen Temperaturen zu, erreicht aber nicht diejenige bei hohen Temperaturen, so dass die Einwirkung der Wärme nicht rein auf innigere Durchmischung der Materialien zu reduciren ist. Auch wenn die Lösung einfach durch Kohle filtrirt wird, die Berührung also nur kurze Zeit dauert, ist die Wirkung der Temperaturerhöhung die gleiche, eher noch stärker als bei langer Berührung. Eine Kohle, die sich in der Kälte absorptiv gesättigt hat, lässt sich, den obigen Ergebnissen entsprechend, durch Auslaugen mit kochendem Wasser nicht reinigen. *Bde.*

E. W. HILGARD. Absorption of mercurial vapour by soils. Science VI, 497.

Agronomische Untersuchungen mit dem physikalischen Ergebniss, dass diejenigen Bodenarten, welche viel Wasserdampf condensiren, auch eine grössere Menge von Quecksilberdampf in sich aufnehmen können. *Bde.*

Litteratur.

H. W. B. Roozeboom. Solubilité du chlore dans l'oxychlorure de chrome. Rec. trav. chim. IV, 379-381.

A. Eiloart. Absorbents for Carbon Bilsuphide Vapour. Chem. News LII, 184; [J. Chem. Soc. L, 16.

Das beste Absorbens scheint Jod zu sein.

Condensation of Sulphurous Acid Gas. Engineering XXXIX, 399. Technisch.

M. Schiff. Palladiumwasserstoff als Vorlesungsversuch. Chem. Ber. XVIII, 1727-1729; [J. chem. soc. XLVIII, 1035; [Beibl. IX, 616.

Zweiter Abschnitt.

Akustik.

8. Physikalische Akustik.

V. v. LANG. Bestimmung der Schwingungszahl einer Stimmgabel mit Hülfe eines HIPP'schen Chronoskops. Wien. Ber. XXII, 221-224, 1885†; [ZS. f. Inst. VI, 175, 1886; [J. d. ph. (2) V, 240.

A. M. MAYER. Method of precisely measuring the vibratory period of tuning-forks. Mem. of the National Academy; Sill. J. (3) XXX, 485†; Phil. Mag. (5) XXI, 286.

A. J. ELLIS. On measuring the vibratory periods of tuning-forks. Nature XXXIII, 54-56†.

A. IZRAILEFF. Apparat zur genauen Bestimmung der Schwingungszahl eines tönenden Körpers. J. d. Russ. phys.-chem. Ges. XVI, S. 1; ZS. f. Inst. V, 168†; [Beibl. IX, 21†.

H. WILD. Bericht über eine neue Verification der Schwingungszahl der Normal-Stimmgabel Russlands im physikalischen Central-Observatorium. Bull. Ac. Petersburg XXX, 132-152†; [Beibl. X, 156, 1886.

Diese 5 Arbeiten handeln von der genauen Bestimmung der Schwingungszahlen von Stimmgabeln, die von v. LANG und die von IZRAILEFF angegebenen Methoden lassen sich auch auf jede andere genügend constante Tonquelle anwenden.

V. v. LANG in Wien benutzte ein HIPP'sches Chronoskop, d. i. ein Uhrwerk, dessen Echappement durch eine Feder getrieben wird, deren Schwingungszahl auf nahezu 432 ganze Schwingungen gebracht wurde. Die Zahl der ausgeführten Schwingungen wird durch einen Apparat gezählt, der durch einen am Secundenpendel angebrachten Contact eine beliebige Anzahl von ganzen Secunden in Thätigkeit gesetzt werden kann.

Mit dem Tone dieses Chronoskops gab nun eine a'-Stimmgabel (R. König la$_3$ 870 v. s.) gut zählbare Schwebungen, und es konnte so aus der am Zählwerk abgelesenen Zahl der Chronoskop-Schwingungen und der Zahl der beobachteten Schwebungen die Schwingungszahl der Stimmgabel gefunden werden. Durch Mittelwerthnehmen aus vielen (13—14) Versuchen, die bei der Einfachheit der Methode hintereinander vorgenommen werden können, ging der mittlere Fehler des Resultates auf 0.03 ganze Schwingungen herunter.

Die von A. M. Mayer angegebene Methode hat für absolute Messungen den Fehler, dass die zu prüfende Stimmgabel mit einem leitend befestigten, metallenen Schreibstift versehen werden muss, und dieser der Reibung auf einer berussten Walze ausgesetzt ist. Für relative Messungen (Bestimmung von Temperaturcoëfficienten der Gabel) ist dies indessen kein Hinderniss. Sehr werthvoll an der Methode ist die Erzeugung brauchbarer Secundenmarken auf dem rotirenden Cylinder durch Inductionsfunken an Stelle der sehr ungenauen, durch electromagnetische Ankeranziehung geschriebenen Marken. Die Bedingungen für die Erzeugung eines einzigen, scharf begrenzten Inductionsfunkens können nur experimentell durch Veränderung der Stärke des primären Stromes, welcher in jeder Secunde durch einen Quecksilbercontact am Pendel einer Uhr geschlossen und wieder geöffnet wird, ferner durch Wahl der richtigen Länge des secundären Leiters und der Grösse eines in den secundären Stromkreis einzuschaltenden Condensators gefunden werden. Es gelang dies z. B. mit einer primären Stromleitung von 150 Fuss, einer secundären von 8 engl. Meilen, und einem Condensator von 50 Quadratzoll Fläche.

Auf diese Arbeit nimmt Bezug der Aufsatz von A. J. Ellis, in welchem Messungen an Stimmgabeln mitgetheilt werden, die zunächst vom Verfasser vermittelst eines Scheibler'schen Stimmgabel-Tonometers, darauf von Prof. H. Mac Leod nach einem optischen Verfahren, endlich von A. M. Mayer in Amerika nach der soeben erwähnten graphischen Methode ausgeführt wurden. Von dort zurückgekehrt wurden die Gabeln zunächst mit den daran befestigten Schreibstiften und dann ohne dieselben nach den beiden erst genannten Methoden bestimmt. Der Einfluss der Belastung zeigte sich in der zweiten Decimale der Schwingungszahl, nur bei einer Gabel belief er sich auf 0.2 Schwingungen.

Es folgt eine Kritik der bis auf 3 Decimalen angegebenen MAYER-schen Resultate, welche indessen unmöglich genau sind wegen der Unsicherheit des Temperaturcoëfficienten, den MAYER für alle Gabeln gleichsetzt, während der Verf. fand, dass er für die zu prüfenden Gabeln einen anderen Werth besitzt, überhaupt von der Form der Gabeln abhängig ist.

A. IZRAILEFF (siehe diese Ber. XL (1), 508).

H. WILD berichtet über die Ergebnisse von fünf Methoden, die er zu einer nach gesetzlicher Vorschrift von Zeit zu Zeit vorzunehmenden neuen Verification der seit 1862 in Russland eingeführten Normalgabel von 435 ganzen Schwingungen und deren als Gebrauchsnormal dienenden Copie, angewendet hat. Beide Gabeln sind von SECRETAN in Paris. Bei der letzten der zu erwähnenden Methoden wurde eine weniger schnell abklingende und mit angeschliffener Spiegelfläche versehene Verificationsgabel von R. KÖNIG statt der bis dahin gebrauchten SECRETAN'schen eingeführt.

Die angewendeten Methoden waren folgende:

1) Vergleich mit dem Tone einer CAGNIARD-LATOUR'schen Sirene durch Zählung der Schwebungen. Die Schwierigkeit, den Ton der Sirene auf constanter Höhe zu halten, liess die Genauigkeit nicht über 1 v. s. hinaus treiben.

2) Vergleich mit dem Tone einer KÖNIG'schen Stimmgabel, welche auf einem rotirenden Cylinder schreibt, durch Zählung der Schwebungen (etwa 4 in der Sec.). Um die Secundenmarken zu vermeiden, wurde noch eine zweite Schreibstimmgabel verwendet, die ebenfalls etwa 4 Schwebungen mit der Normalgabel aber in entgegengesetztem Sinne gab, so dass beide Schreibgabeln genau 8 Schwebungen hören liessen. Beide Gabeln schrieben ihre Curven neben einander auf dieselbe Walze, und man hatte durch Abzählen der Wellen diejenige Strecke zu finden, auf der bei der

einen Curve n Wellen, bei der anderen aber n + 8 Wellen lagen. Dann ist n die Schwingungszahl der tieferen Schreibstimmgabel. Die Schwierigkeit, in beiden Wellenzügen genau die gleichen Phasen zu treffen, macht die Messung unsicher. Die Genauigkeit ist nur ± 2 v. s.

3) Sowohl die zu bestimmende Gabel, als eine der bei der vorhergehenden Methode benutzten Schreibgabeln wurden durch ein Vibrationsmikroskop, welches die tiefere Octave gab, beobachtet, und durch die Veränderungen der Lissajous'schen Figur konnten die Schwebungen beider Gabeln mit der Gabel des Mikroskopes und mithin auch die beider Gabeln untereinander sehr genau bestimmt werden. Leider war die absolute Bestimmung der Schreibstimmgabel mittelst Secundenmarken auf der Walze wegen der Unbestimmtheit der Marken sehr ungenau; und Versuche, einen Inductionsfunken durch den Schreibstift schlagen zu lassen, gelangen nicht. (Hier wären die oben erwähnten Erfahrungen von A. M. Mayer von Nutzen gewesen.) Daher lieferte diese sonst brauchbare Methode keine guten Resultate.

4) Das phonische Rad von Paul la Cour (siehe diese Ber. 1878, S. 287) welches durch den intermittirenden Strom einer Unterbrechungsgabel von 456 v. s. getrieben wird, sollte mit einer Gabel versehen werden, welche die tiefere Octave der Normalgabel giebt, also 435 v. s.; aber das Rad wollte mit dieser nicht functioniren.

5) Die besten und einzig brauchbaren Resulate lieferte eine eigens für diesen Zweck von R. König hergestellte Stimmgabeluhr (Wied. Ann. 9, S. 394; diese Ber. 1880, S. 301), deren Gabel die reine Unterquinte in der zweittieferen Octave vom Tone der Normalgabel, also das grosse D von 145 v. s. giebt. Zunächst wurde der Temperaturcoëfficient dieser Stimmgabeluhr durch abwechselnde Aufstellung des Apparates in warmen und kalten Räumen von constanter Temperatur und Vergleich des Ganges mit einer Normaluhr bestimmt. Bezeichnet z_t die Schwingungszahl bei der Temperatur t^0 Celsius, so ist:

$$z_t = z_0 (1 - 0.0_4 835 \,.\, t)$$

Der hierin enthaltene Coëfficient stimmt zufällig sehr genau mit plaren übereinstimmend zwei Eigentöne constatirte: einen starken von der Höhe d′ = 270 und einen schwächeren c′ = 252. Endlich wird überhaupt gegen die internationale Festsetzung des Kammertones auf 435 oder 432 Schwingungen geltend gemacht, dass bei der in England üblichen sehr hohen Stimmung a′ = 452 ganz neue Instrumente gebaut werden müssten, zu deren Anschaffung man die englischen Institute, die meist in Privathänden sind, nicht zwingen könne.

Ueber die am 16. und 17. November 1885 zu Wien abgehaltene internationale Conferenz zur Feststellung des Kammertones berichtet der römischen Academie der italienische Abgesandte P. BLASERNA. Nachdem er den praktischen Nutzen eines gemeinsamen Kammertones berührt hat, betrachtet er die 3 vorgeschlagenen Stimmungen

a′ = 440 a′ = 435 a′ = 432.

Die erste, sogenannte deutsche, giebt für die Töne der C-dur-Tonleiter ganzzahlige Schwingungszahlen. Sie hat sich aber nirgends, auch nicht in Deutschland, recht eingebürgert, und wurde auch von den deutschen Vertretern der Conferenz nicht aufrecht erhalten. Die zweite besteht seit 25 Jahren in Frankreich und anderen Ländern. Die dritte, schon 1873 vom Belgier MEERENS vorgeschlagen, praktisch in Gebrauch bei der italienischen Militärmusik, hat viele theoretische Vortheile. (Verf. führt dieselben Punkte an, die bei SORET's Arbeit erwähnt wurden.)

Da nun für das Ohr die beiden Stimmungen 435 und 432 kaum zu unterscheiden sind, so hätte der letzteren der Vorzug gebührt, aber der Umstand, dass die französische Stimmung die einzige ist, welche seit langer Zeit und an vielen Orten wirklich in Gebrauch ist, gab den Ausschlag, und die Stimmung a′ = 435 wurde einstimmig als internationaler Kammerton anerkannt.

Der Verf. setzt weiterhin noch bekannte Dinge auseinander, dass die Reinheit der Intervalle nur von dem Verhältniss der Schwingungszahlen abhänge, dass dagegen die absolute Schwingungszahl dafür gleichgültig sei; ferner, dass das Bestreben nach ganzzahligen Schwingungszahlen bei genauen Messungen doch ein vergebliches sei, schon wegen der Veränderlichkeit der Töne aller Instrumente mit der Temperatur. *K. M.*

E. MERCADIER. Sur la vérification des lois des vibrations des lames circulaires. C. R. C, 1290-1292 u. 1335-1338†; J. de Phys. (2) IV, 541-550†; [Beibl. IX, 705 u. X, 327; Cim. (3) XVIII, 71 und 254.

In einer früheren Arbeit (J. de Phys. (2) III, 1884; C. R. XCVIII, p. 803 u. 911) wurde gezeigt, dass für rechteckig-längliche Platten die Schwingungszahl des tiefsten Tones mit zwei parallel der kurzen Kante laufenden Knotenlinien durch folgende Formel wirklich bis auf 1 oder 2% richtig ausgedrückt wird:

$$n = K \frac{e}{l^2}.$$

Dabei ist e die Dicke, l die Länge der Platte in mm, die Breite ist bei diesen den Stabschwingungen gleichenden Oscillationen gleichgültig. K ist ein vom Material abhängender Coëfficient und beträgt für Eisen und Stahl 5320134.

In der vorliegenden Arbeit wird zunächst eine Tabelle beobachteter und berechneter Zahlen nachgetragen, aus der zu ersehen ist, dass die Formel für Platten gilt, deren Dicke zwischen 0.5 mm und 12 mm variirt.

Es soll nun in ähnlicher Weise die Formel für kreisförmige Platten experimentell geprüft werden. Die Formel lautet:

$$n = K_c \,.\, \frac{e}{d^2},$$

wo e die Dicke, d den Durchmesser bedeutet. Die Constante K_c hängt nur vom Material ab, vorausgesetzt, dass die verglichenen Platten in derselben Form schwingen. Bei den vorliegenden Versuchen wurde die Schwingungsform mit einer kreisförmigen Knotenlinie festgehalten. Die Constante K_c wurde nicht bestimm, sondern nur Platten von Eisen und Stahl geprüft, für die K_c als gleich anzunehmen ist. Dann fällt K_c heraus, und man hat nur folgende Formel zu prüfen:

$$n : n_1 = \frac{e}{d^2} : \frac{e_1}{d_1^2}.$$

Die Erregung der Schwingungen geschah electromagnetisch nach dem Princip der Unterbrechungs-Stimmgabeln.

Drei Punkte der kreisförmigen Knotenlinie wurden unterstützt; unter der Mitte der Scheibe sass der Elektromagnet, dessen Strom, an einem Punkt der Knotenlinie in die Scheibe eingeführt, durch eine gegen ein Platinblech stossende Platinspitze am Rande der Scheibe beim Schwingen derselben geschlossen und geöffnet wurde.

Die Zählung der Schwingungen geschah graphisch durch einen am Rand der Scheibe angebrachten Schreibstift, der auf einen rotirenden Cylinder schrieb.

Die Resultate weichen von der Theorie weit stärker ab, als durch die Ungenauigkeit der Messungen von e und d erklärt werden könnte, und zwar war die Abweichung um so grösser, je geringer die Dicke der Platten war. Die dünneren gaben nicht immer tiefere Töne als die dickeren.

Wegen der sich herausstellenden Kluft zwischen Theorie und Erfahrung genügte es, die Schwingungszahl durch Anschlagen der Platten und Bestimmen des Tones bis auf etwa 1 Komma nach einem Stimmgabelsatz festzustellen.

Die grösste Abweichung belief sich auf 24 % der Schwingungszahl bei einer Platte von 0.5 mm Dicke.

Dagegen gaben dickere, besonders sorgfältig hergestellte Stahlscheiben von 3—10 mm Dicke befriedigende Uebereinstimmung mit der Theorie bis auf 1 %.

Der Grund für diese Abweichung liegt in der Inhomogeneität des Materials, welche sich bei dünnen Platten weit stärker geltend machen muss, als bei den dicken. Bei dünnen Platten ist z. B. die Knotenlinie nicht kreisförmig, sondern meist elliptisch oder noch unregelmässiger gestaltet, wobei meist die Richtung der durch das Walzen erzeugten Haupt-Elasticitätsaxe zur Geltung kommt. Wurden aus diesen dünnen Platten rechteckige Stücke geschnitten, und nach Art der Stäbe erregt, so zeigten sie vollkommene Uebereinstimmung mit der Theorie, weil hierbei nur verlangt wird, dass die Elasticität in Richtung der Längskante constant bleibt, nicht aber für alle Richtungen die gleiche ist. *K. M.*

CHARLES TOMLINSON. Note on an Experiment by Chladni. Proc. Royal Soc. XXXVIII, 247-250†; [Beibl. X, 155.

Der Verfasser sichert Chladni die Priorität in der Entdeckung der durch sehr feinen Staub, wie Lycopodiumsamen, auf den Schwingungsbäuchen von Platten entstehenden Figuren gegenüber SAVART, welcher sich selbst diese Entdeckung zuschreibt, und gegenüber FARADAY und Lord RAYLEIGH, welche SAVART darin folgen.

Es folgt die Beschreibung eigener Beobachtungen über Staubfiguren auf Platten verschiedenen Materials und verschiedener Form, die mit einem Violinbogen erregt wurden. Eine Tafel mit 21 Abbildungen solcher Staubfiguren ist beigegeben.

Als Staub wurde verwendet: Sand vermischt mit Lycopodiumsamen. Ersterer geht nach den Knotenlinien, letzterer zu den Stellen stärkster Schwingung, wo er sich in charakteristischen Häufchen sammelt. Schwefelblume oder Eisenfeile, auf die schwingenden Platten gebracht, theilen sich in gröberen und feineren Staub, und bilden so ähnliche Figuren, wie Gemische von Sand und Lycopodiumsamen. Auch Gemische von Sand und Schwefelblume oder dies mit Lycopodiumsamen wurden angewendet. Auch Lycopodiumsamen allein markirt die Knotenlinien, wenn auch weniger scharf, wie Sand. Eine mikroskopische Untersuchung der in den Knotenlinien und den Schwingungsbäuchen angesammelten Sporen liess keinen Unterschied der Grösse erkennen. *K. M.*

C. DECHARME. Application de l'électricité à l'étude des formes vibratoires des corps solides et des liquides. Lum. El. XV, 433-440; XVI, 49-58, 493-502, 589-599†; [Engin. XXXIX, 640; [Beibl. IX, 610; X, 667.

Der Verfasser beschreibt in vier reich illustrirten Artikeln die Wellenbewegungen, welche schwingende Körper aller Art auf der Oberfläche von Flüssigkeiten erzeugen, mit denen sie in Berührung sind. Um die Schwingungen anhaltend und gleichmässig zu gestalten, macht er einen sehr ausgedehnten Gebrauch von der elektromagnetischen Erregung, wobei die Körper durch ihre eigenen

Schwingungen den durch den Elektromagneten fliessenden Strom periodisch unterbrechen. Eiserne Körper wurden wegen der magnetischen Anziehung mit Vorliebe benützt, solche aus anderem Material wurden mit einer angekitteten eisernen Ankerfläche versehen.

Im ersten Artikel werden die Versuche mit kreisförmigen Platten beschrieben, die im Centrum befestigt und am Rande erregt wurden. Ein kleiner wächserner Wall um den Rand der Scheibe hielt eine 1 bis 3 mm starke Wasserschicht über derselben. Die auf der Oberfläche auftretenden feinen Kräuselungen entsprechen den Schwingungen der darunter liegenden Plattentheile. Sie können durch Lichtreflexion beobachtet oder fixirt werden, indem man Mennigepulver in das Wasser streut, welches durch die regelmässigen Wellenbewegungen geordnet wird.

Im zweiten Artikel folgen die Schwingungen cylindrischer Gefässe, welche zum Theil mit Wasser gefüllt sind, auf dessen Oberfläche sich wiederum die Schwingungen der Wandungen verrathen. Bei sehr schwachen Schwingungen treten regelmässige Strömungen auf, die durch aufgestreuten Lycopodiumsamen sichtbar gemacht werden können. An den vier Stellen stärkster Schwingung geht diese Strömung von der Wand fort. Bei stärkerer Schwingung treten am Rande radial gefaltete Wellen auf, in der Mitte concentrische Wellenringe, durchsetzt von einem wellenfreien Kreuz.

Im dritten Artikel werden ebenso rechteckige Gefässe behandelt, welche gekreuzte Wellensysteme parallel den Wandungen zeigten.

Daran schliessen sich die Wirkungen schwingender Platten auf Wasserflächen, in welche dieselben eintauchen. Bei schwacher Erregung wiederum Oberflächenströmungen, bei stärkerer Schwingung auf beiden Seiten der Platte alternirend gelegene Querfalten. Längsfalten namentlich stark ausgeprägt zwischen zwei parallelen Platten, welche über der Wasserfläche nach Art einer Stimmgabel verbunden sind. Drei und vier einander zugekehrte Platten gaben Superpositionsfiguren solcher Wellensysteme: triangulare und quadratische Netze.

Auch die Zinken gewöhnlicher Stimmgabeln wurden angewendet.

Im letzten Artikel schliessen sich die Beobachtungen mit geraden Stäben rechteckigen und kreisförmigen Querschnittes an und endlich diejenigen mit schwingenden Saiten.

Die Saiten waren in eisernen Rahmen ausgespannt, und mussten ebenfalls selbst den Strom durch eine Platinspitze unterbrechen. Sie konnten mit ihrer ganzen Länge in die Oberfläche des Wassers gebracht werden, und dabei noch, je nach der Stellung des Elektromagneten, senkrecht gegen die Wasserfläche oder in derselben schwingen. Es zeigten sich stets zu beiden Seiten alternirende Querfalten, deren Breite weit geringer war, als die den höchsten zu erzeugenden Obertönen entsprechenden Abschnitte der Saiten.

Endlich wurden noch erzwungene Schwingungen von kugelförmigen und halbkugeligen Seifenblasen untersucht, welche auf einer elektromagnetisch erregten Feder von verstellbarer Länge mittelst eines Schälchens ruhen. Sie zeigten parallele Knotenkreise, während an den Bäuchen starke Deformationen der Kugelform auftraten. In einer Tabelle sind die Durchmesser d der Blasen und die Längen l der Feder angegeben, die nöthig sind zur Erzeugung einer bestimmten Anzahl N von Knotenkreisen.

Es stellte sich heraus, dass die Formel gilt:

$$d = 0.0875 . N . l.$$

Dieselben Schwingungsformen erhielt man anstatt mit Seifenblasen auch mit dünnen elastischen Drahtringen.

Ebene kreisförmige Seifenwasser-Membranen wurden durch eine kleine in der Mitte berührende Platte, die an der schwingenden Feder befestigt war, erregt, und zeigten kreisförmige Knotenlinien.

K. M.

F. Melde. Akustische Experimentaluntersuchungen.

Wied. Ann. XXIV, 497-521†; [Cim. (3) XVIII, 179; [ZS. f. Instr. V, 439.

A. ELSAS. Bemerkungen zu der Arbeit des Herrn F. MELDE. Wied. Ann. XXV, 676-678†; [Cim. (3) XIX, 160.

Die Arbeit enthält die Beschreibung verschiedener Apparate zur Erzeugung von stehenden Schwingungen in mehr oder weniger schwach gespannten Fäden, und ist eine Fortsetzung der älteren, denselben Gegenstand behandelnden Arbeiten: Pogg. Ann. CIX, 192-215, 1859; CXI, 513-540, 1860; Wied. Ann. XXI, 452-470, 1884.

Einige der beschriebenen Apparate können, gleich dem Monochord, zur Demonstration der Gesetze dienen, nach denen die Schwingungszahl mit der Saitenlänge und der Spannung zusammenhängt, indem dieselben erlauben, diese 3 Elemente in messbarer Weise zu verändern. Als Erreger der Schwingungen werden in erster Linie Stimmgabeln benutzt, an deren Zinken das Ende der schwingenden Fäden befestigt wird, während die Richtung der Fäden nach Belieben in Richtung der Impulse oder senkrecht gegen diese gelegt werden kann. Auch Fäden, die zwischen zwei verschieden gestimmten Gabeln ausgespannt sind, sind für manchen Zweck instructiv. Die Erregung der Stimmgabeln geschieht entweder durch Streichstäbchen (das sind starr an den Zinken befestigte kleine Querstäbe, die zwischen nassen oder klebenden Fingern gestrichen werden) oder durch den Violinbogen oder endlich elektromagnetisch. Bei dem ältesten Apparat diente statt einer Stimmgabel eine Glasglocke. Ferner wurden als Schwingungserreger schwere metallene, starkgespannte Saiten verwendet, an die das eine Ende eines zu erregenden dünnen Seidenfadens geknüpft wurde. Diese Erregungsart hat den Vorzug, dass man die Tonhöhe in weiteren Grenzen verändern kann. Denselben Zweck erreicht man, indem man statt der Stimmgabel einen zum Theil mit Wasser gefüllten Blechcylinder anwendet, der auch durch Streichstäbchen erregt wird, oder endlich durch Anwendung einer Glasröhren-Stimmgabel, deren Schenkel man bis zu verschiedener Höhe mit Wasser oder Quecksilber füllt. Alle diese Erschütterungsarten greifen das Ende des Fadens an. Auf die Mitte der Fäden lässt der Verf. intermittirende Luftstösse wirken, wie sie aus den

Löchern einer Sirene, aus Zungenpfeifen oder aus der Mundöffnung der Flötenpfeifen austreten. Endlich kann sogar ein constanter Luftstrom den Faden in Schwingung erhalten.

Anhangsweise wird noch ein Apparat zu anderem Zwecke beschrieben: ein „Sirenen-Unterbrecher" zur Erzeugung eines intermittirenden elektrischen Stromes mittelst eines rotirenden Rades, dessen Peripherie abwechselnd aus leitendem und isolirendem Material besteht, ähnlich dem Rade des Wheatstone'schen Telegraphen. Der Verf. bemerkt aber, dass die Intermittenzen nicht regelmässig genug seien, um etwa eine Stimmgabel elektromagnetisch damit zu erregen.

Die Arbeit enthält eine Kritik der von A. Elsas (Wied. Ann. XXIII, 173-201, 1884) mitgetheilten Methode, erzwungene Fadenschwingungen durch einen Winkelhebel, der mittelst einer excentrisch an der Axe einer Sirene angebrachten Kreisscheibe hin- und herbewegt wird, zu erzeugen, wodurch Elsas den Vorzug zu haben betont, dass er die Schwingungszahl beliebig verändern und doch genau bestimmen kann. Melde spricht sich gegen die Belastung der Axe einer justirten gewöhnlichen Sirene aus, während eine besonders stark zu bauende den Apparat unnütz theuer machen würde. Ferner deutet er auf Angaben in der Elsas'schen Arbeit hin, welche einerseits eine unerreichbar schnelle Rotation der Sirene voraussetzen, andererseits unverständliche Zahlenangaben enthalten. Auf diese Punkte bezieht sich die Bemerkung von Elsas zu der Arbeit von Melde. Im ersten Falle wird erwähnt, dass nicht eine einfache excentrische Kreisscheibe, sondern eine centrische Scheibe mit vier Buckeln verwendet wurde. Die falschen Zahlenangaben werden auf einen Manuskriptfehler zurückgeführt und aufgeklärt.

K. M.

J. Ritz. Untersuchungen über die Zusammensetzung der Klänge der Streichinstrumente. München bei G. Franz 1883, 88 Seiten†; [Beibl. IX, 91-94.

Den schon von Th. Young aufgestellten Satz — dass aus dem Klange einer Saite derjenige Oberton herausfällt, in dessen Knotenpunkt man die Saite erregt hat — erweitert der Verf. für gestrichene Saiten, indem er durch sehr zahlreiche, in Tabellenform mitgetheilte Versuche mit Meterstab und Ohr feststellt, dass auch diejenigen Obertöne fehlen, deren Knoten sehr nahe der Streichstelle liegen, und zwar hat dieser zu beiden Seiten der Streichstelle sich ausbreitende Auslöschungsbezirk, welchen der Verf. die „Spielbreite des Bogens“ nennt, bei der Geige eine Länge von 1.7 cm. Beim Cello ist dieselbe wegen der grösseren Steifigkeit der Saiten etwas länger, nämlich 2.2 cm für die oberen Saiten. 2.9 cm für die C-Saite. Dennoch fallen beim Cello im Vergleich zur Geige weniger Obertöne derselben zum Opfer, weil die Knotenpunkte auf der langen Saite doppelt so weit auseinander liegen.

Aus dieser Erkenntniss unter Benutzung des Umstandes, dass die höheren Obertöne schwer oder gar nicht angeben, wenn man auf deren zweiter schwingenden Abtheilung streicht, wird als günstigste Streichstelle für die leeren Saiten $\frac{1}{11}$ der Saitenlänge, also 3 cm vom Stege der Geige, 6 cm vom Stege des Cello gefunden. Hier besteht der Klang aus den 8 ersten Partialtönen. Durch grössere Annäherung an den Steg im Fortespiel wird der Klang durch das Hinzutreten des 9. u. s. w. Tones etwas scharf, durch Annäherung an das Griffbrett durch Verschwinden des 8. bis 6. Tones sanfter, ohne dass die höheren Obertöne, deren zweite Abtheilung gestrichen wird, stören. Bei den durch Fingerdruck verkürzten Saiten muss die Streichstelle entsprechend näher an den Steg rücken. Die verkürzte Saite ist nicht fähig, in kleineren Abtheilungen zu schwingen, als die leere. Da aber der Grundton durch Verkürzung steigt, so müssen die Klänge um so ärmer an Obertönen werden, je kürzer der schwingende Theil der Saite ist. Daraus erklärt sich die verschiedene Klangfarbe der gleichen Töne auf verschiedenen Saiten. In sehr hohen Lagen ist nur noch ein Oberton zu constatiren.

Wenn nun die Obertöne das allein charakteristische an der Klangfarbe der Instrumente wären, so müssten bei der grossen Verschiedenheit in dieser Beziehung die Klänge der Geige oder des Cello untereinander so unähnlich sein, wie bei keinem anderen Instrument. Dass wir sie jedoch alle ähnlich finden und sofort als Klänge von Streichinstrumenten erkennen, liegt an dem wichtigsten

Merkmal, d. i. das von der Erzeugung durch Streichen herrührende Reibungsgeräusch, welches dieselben begleitet.

Endlich wird noch auf die verschönernde Wirkung hingewiesen, die der Klang durch das Mitschwingen der mit dem angestrichenen Tone oder dessen Partialtönen zusammenfallenden Töne oder Partialtöne der übrigen leeren Saiten erfährt. *K. M.*

V. Neyreneuf. Sur la détermination de la vitesse du son dans la vapeur d'eau bouillante. J. de Phys. (2) IV, 550-553†; [Cim. (3) XIX, 187; [Beibl. X, 678, 1886.

Eine metallene Zunge, deren Eigenton nach Biot unabhängig von der Natur des Gases ist, mit dem man dieselbe anbläst, ist in Verbindung mit einer Röhre, deren Länge durch einen Auszug in messbarer Weise verlängert werden kann. Bei gewissen Längen der Röhre hat die Resonanz und der Ausschlag der Zunge sehr empfindliche Maxima, und die Differenz zweier aufeinander folgender, solchen Maximis entsprechender Röhrenlängen ist bekanntlich gleich der halben Wellenlänge des Tones der Zunge für dasjenige Gas, welches die Röhre füllt. Man hat dadurch ein Mittel an der Hand, die Fortpflanzungsgeschwindigkeiten des Schalles in verschiedenen Gasen und zu vergleichen.

Zunächst wurde die Methode an Luft, Kohlensäure, Leuchtgas und Wasserstoff geprüft und ergab mit der theoretischen Berechnung gut stimmende Zahlen; sodann wurde dieselbe zur Bestimmung der Schallgeschwindigkeit im Dampfe siedenden Wassers angewendet, wobei einige selbstverständliche Vorkehrungen zur Erhaltung der Temperatur von 100° im Rohre getroffen werden mussten.

Die Wellenlänge des Tones, die in Luft bei 10° 28.5 cm beträgt, stellte sich in Wasserdampf von 100° gleich 40.48 cm als Mittel aus 9 Beobachtungen, während sie sich theoretisch aus der von Zeuner angegebenen Dichte des Wasserdampfes zu 41.09 cm berechnet. Ob der Eigenton der Zunge für 100° gegenüber dem für 10° corrigirt ist, ist nicht ersichtlich. Der in der Arbeit nicht mitgetheilte Werth der Geschwindigkeit würde sich aus den Beobachtungen berechnen zu 478.2 m. Versuche mit anderen Dämpfen sind im Gange. *K. M.*

F. NEESEN. Ueber Luftschwingungen in Röhren.
Verh. physik. Ges. Berlin IV, 83-90†.

J. OOSTING. Notiz über die KUNDT'schen Staubfiguren.
Wied. Ann. XXIV, 319-320†.

NEESEN und nach ihm OOSTING wenden zur Erzeugung der KUNDT'schen Staubfiguren statt der durch Reiben longitudinal erregten Stäbe grosse Stimmgabeln an, wodurch viel grössere Wellenlängen für die Figuren hervorgehen. NEESEN liess einen Querstift an der einen Zinke gegen die die lange Röhre verschliessende Gummimembran drücken und erregte die Gabel elektromagnetisch, während OOSTING eine leichte Korkscheibe an der Zinke befestigte, welche, ohne zu reiben, die Oeffnung der Röhre fast dicht verschloss, und bei der Erregung der Gabel die Luftsäule in Erschütterungen versetzte. Auch verband er die Röhre mit dem Resonanzkasten der Stimmgabel, wendete Orgelpfeifen an, und am aller bequemsten erwies sich zu Demonstrationen eine Clarinette wegen des grossen Spielraumes der Tonhöhe.

NEESEN suchte durch Anwendung der grossen Wellenlängen Aufschluss über die den KUNDT'schen Figuren eigenthümlichen Rippenbildungen. Es zeigte sich kein deutlicher Zusammenhang zwischen dem Abstand der Rippen und der Tonhöhe. Das Wandern der Rippen zeigte sich sehr deutlich. War die Röhre kürzer als eine halbe Welle des Tones, so wurde alles Korkmehl zu dem offenen Ende hinaus getrieben.

Von seitlich an das Rohr angesetzten Röhrchen, die, durch Wassertropfen verschlossen, eventuelle Druckveränderungen anzeigen sollten, wurde das Pulver fortgetrieben, als ginge aus diesen Röhrchen ein continuirlicher Luftstrom in die weite Röhre. Auch kleine Papierflügelrädchen wurden dauernd gedreht. Die Erscheinung wird als Reflexionswirkung erklärt. Kleine, nach Art der

Robinson'schen Anemometers gebildete Mühlen (wie sie schon Dvorak benutzte) geriethen in der schwingenden Luftsäule in Rotation.

Diese Apparate sind ja von der Windrichtung unabhängig, müssen sich daher auch im Wechselstrom einer schwingenden Luftsäule drehen. *K. M.*

E. Fossati. Una esperienza di acustica. Cim. (3) XVII, 261-263†; [J. de Phys. (2) V, 569; [Beibl. X, 226, 1886.

Die Knoten und Bäuche im Innern einer tönenden Luftsäule werden mit Hülfe eines kleinen Mikrophons nachgewiesen, welches man am Ende einer die Zuleitungsdrähte enthaltenden Glasröhre in der angeblasenen Pfeife hin- und herbewegen kann. Das Mikrophon selbst besteht aus einer kleinen Kohlenscheibe, die auf drei Kohlenspitzen ruht. Der Strom tritt durch zwei der Spitzen in die Scheibe ein und durch die dritte wieder aus. Die Dimensionen des ganzen Apparates übersteigen einen Centimeter nicht.

Ein in den Stromkreis eingeschaltetes Bell'sches Telephon zeigt an, ob die Kohlenscheibe durch die Luftschwingungen, die senkrecht gegen deren Ebene stattfinden, erschüttert wird, oder ob sich dieselbe in einem Knoten befindet. Bei einer durchsichtigen Pfeife und stärkerem Strom braucht man kein Telephon, sondern man kann das Funkensprühen des Mikrophoncontactes beobachten, welches nur an den Knotenstellen der Röhre verschwindet. *K. M.*

A. Abt. Reflexion des Schalles an ebenen Flächen. Exner, Rep. XXI, 503-505†.

Das Reflexionsgesetz wird für Schallstrahlen experimentell nachgewiesen. Je höher der Schall, desto besser gelingt der Nachweis wegen des vollkommeneren Schallschattens. Das Ticken einer Taschenuhr eignete sich sehr gut. Die Reflexion fand an einer drehbaren ebenen Glasplatte statt. Von dieser führten zur Schallquelle und zum Ohr cylindrische Blechröhren. Die directe Zuleitung des Schalles von der Uhr zum Ohr war möglichst abgeblendet. Es zeigte sich ein deutliches Maximum des durch Reflexion gehörten Schalls, wenn die beiden Röhrenaxen mit dem Einfallsloth am Spiegel gleiche Winkel bildeten. Bei einem anderen Arrangement waren statt des zum Ohre gehenden Rohres zwei Telephone angebracht, eines nahe dem Spiegel, das andere in weiter Entfernung am Ohre des Beobachters. Hierbei gelang der Nachweis auch unter Anwendung der menschlichen Stimme, wenn auch deren Klang im Telephon nie ganz verschwand. *K. M.*

E. MERCADIER. Sur deux espèces nouvelles de radiophones. C. R. CI, 944-947†; Lum. El. XVIII, 358-359; [Cim. (3) XIX, 76; [Beibl. IX, 610; J. de phys. (2) V, 215-218; [Eng. XLI, 530; [El. World VI, H. 26.

Der Verf. giebt eine systematische Eintheilung aller möglichen Arten von Radiophonen:

A. Solche mit directer Umsetzung strahlender Energie in tönende.

1) Thermophone, welche durch strahlende Wärme erregt werden.

Hierher gehören die meisten in wärmedurchlässigen Wänden eingeschlossenen Gase und Dämpfe:

2) Photophone, welche durch Lichtstrahlen erregt werden, wie Joddampf und Stickoxyd.

3) Actinophone, welche durch ultraviolettes Licht erregt werden.

Kein Repräsentant dafür bekannt.

B. Solche mit indirecter Energieumsetzung, d. h. zwischengeschobenen anderen Energieformen.

Von solchen war bisher nur ein Photo-Electrophon bekannt, nämlich M. G. BELLS Selenzelle im Stromkreis mit Telephon. Statt Selen auch Selen-Tellur oder Russ.

Verf. hat nun zwei neue indirecte Radiophone entdeckt. Nämlich sowohl die Platte eines Mikrophons (am besten aus gefirnisstem Tannenholz) als die eiserne Platte des Telephons ist empfindlich für intermittirende Bestrahlung, wie man diese durch eine mit

Löcherreihen versehene Scheibe im Licht der Sonne oder des elektrischen Bogens erzeugen kann.

Gesteigert wird die Wirkung durch Schwärzung der dem Licht zugekehrten Seiten der Platten. Die erste Wirkung des intermittirenden Lichtes ist die durch Erwärmung erzeugte Schwingung der Platten. Diese sind also einfache Thermophone. Die Bewegung derselben bewirkt weitere Energieveränderungen. Im Mikrophon wird durch Widerstandsänderung des Kohlencontactes die Stromstärke periodisch verändert, im Telephon ist es die Variation des magnetischen Feldes. Ersteres ist also Thermo-Electrophon, letzteres Thermo-Magnetophon, um nicht mit Berücksichtigung der Leitung zum Empfangstelephon zu sagen: Thermo-Magneto-Elektrophon.

Man kann dies Thermomagnetophon verstärken durch ein directes Thermophon, indem man Höhrrohre zu dem Luftraum hinter der bestrahlten Eisenplatte und zu einer vor derselben angesetzten Kapsel aus Glimmerwänden leitet. Durch diese hört man direct die thermophonischen Töne der Eisenplatte und der Luft in der Glimmercapsel. *K. M.*

J. Violle. Appareil pour montrer les deux modes de réflexion d'un mouvement vibratoire.

C. R. CIII, 1255-1257†.

Ein zwanzig Meter langes, 4 bis 5 cm weites Zinkrohr, welches der bequemeren Handhabung wegen gewunden ist, wird am einen Ende durch eine manometrische Capsel geschlossen, deren Aus- und Einbiegungen durch einen mit Schreibstift versehenen Hebel auf einem rotirenden Cylinder neben den Wellen einer als Zeitmesser dienenden bekannten Stimmgabel markirt werden. Die Erschütterung wird am anderen Ende der Röhre durch Abfeuern einer kleinen Zimmer-Pistole erzeugt. Man kann am Manometer eine ganze Reihe von Hin- und Herläufern der dadurch erzeugten Luftwelle im Rohre deutlich erkennen, und zwar kann man sehr schön die beiden Arten von Reflexion unterscheiden. Ist nämlich das Ende, an welchem der Schuss abgefeuert wurde, offen, so kehrt die gegen dieses Ende laufende Verdichtungswelle als Verdünnungswelle von dort zurück, und der folgende Manometerausschlag geht nach der entgegengesetzten Seite, wie vorher. Ist aber dieses Ende durch einen Pfropfen verschlossen, der nur den Lauf der Pistole hindurchlässt, so wird die Verdichtungswelle als solche reflectirt.

Der Apparat ist von KOENIG hergestellt und eignet sich zur Demonstration der REGNAULT'schen Methode der Messung der Schallgeschwindigkeit. *K. M.*

E. LOMMEL. Projection der Interferenz der Flüssigkeitswellen. Erlang. Ber. XVII, 36-37†.

Zwei gleiche Ringwellensysteme werden erzeugt durch zwei an den Zinken einer durch Resonanz erregten Stimmgabel befestigte Drähte, welche in eine Quecksilberoberfläche eintauchen. Durch schräge Beleuchtung der Fläche und Entwerfen ihres Bildes mittelst einer Linse auf einem Schirm kann man die Erscheinung bequem beobachten. Die einander sehr schnell folgenden einzelnen Kreiswellen kann man nicht ohne weiteres sehen, sondern nur die hyperbolischen Interferenzcurven, welche durch die Orte dauernder Ruhe gebildet werden.

Durch Einschaltung einer stroboskopischen Scheibe kann man auch die Ringwellen selbst sichtbar machen, und zwar stehen dieselben bei einer gewissen Rotationsgeschwindigkeit der Scheibe still, bei etwas davon abweichender Geschwindigkeit wandern sie langsam vorwärts oder rückwärts. *K. M.*

A Telephone independent of electricity. Nature XXXII, 298†.

The mechanical Telephone. Engin. XL, 89†.

W. J. MILLAR. A mechanical Telephone. Nature XXXII, 316†.

W. E. Ayrton. Transmission of sound.
Nature XXXII, 575†.

In den beiden ersten Artikeln wird ein von A. A. Knudson und T. G. Ellsworth in Amerika hergestelltes Telephon beschrieben, welches auf mechanischer Fortpflanzung der Schallerschütterungen durch einen Draht beruht. Die an den beiden Endstationen befindlichen Schalltrichter sind durch Membranen aus Weidenbast-Geflecht geschlossen. Das Ticken einer Uhr, musikalische Töne, Geflüster etc. wurden bis auf eine englische Meile deutlich vernommen.

W. J. Millar erinnert daran, dass er schon 1878 einen ebensolchen Apparat hergestellt und im Phil. Mag. 1878 Aug. beschrieben habe. (Der Artikel im Engin. erwähnt dies auch.)

W. E. Ayrton reclamirt die Priorität dieser Erfindung für Prof. Weinhold in Chemnitz, welcher seinen Apparat schon 1870 in Carl's Rep. für Exper.-Phys. VI, S. 168 beschrieben hat.

K. M.

C. R. Cross. Experiments with the thermal telephone.
Proc. Amer. Ac. XXI, 257-261†; [Beibl. X, 520.

Das Thermotelephon, von W. H. Preece (Telegr. J. 1880, p. 204) beschrieben, ist ein Empfangstelephon, bei dem die Bewegungen der Membran hervorgerufen werden durch die mit der Joule'schen Erwärmung zusammengehende Ausdehnung eines gespannten dünnen Leitungsdrahtes, welcher in der Mitte der Membran befestigt ist. Der Strom wird durch ein Mikrophon auf der Sprechstation geleitet, und durch die Variationen, welche seine Intensität bei Erregung des Mikrophons erfährt, wird der Draht stärker oder schwächer erwärmt und ausgedehnt, und die Membran giebt somit die gesprochenen Laute wieder.

Es wurden nun Versuche angestellt, um zu untersuchen, welches Material, welche Dicke, Länge, Temperatur (Stromstärke) des gespannten Drahtes die besten Resultate liefere. Als Mikrophon diente ein Hunning-Transmitter (gekörnte Kohle zwischen losen Metallplatten). Bei starken Strömen, die den Draht zum

Glühen erhitzen sollten, befand sich das Mikrophon in einem Zweigstrom.

Es wurden Platin-, Neusilber-, Eisen- und Kupferdrähte geprüft, nur die ersten beiden gaben gute Resultate. Je länger der Draht, desto grösser die Ausdehnung, desto lauter der Ton. Aber bei langen Drähten stören Eigenschwingungen: der Klang wird verworren. Die besten Resultate mit Platindrähten erhielt man bei Durchmessern von 0.1 bis 0.2 mm und Längen von etwa 16 bis 20 cm und heller Rothgluth. Man hörte dabei den Klang, der dem der gewöhnlichen Telephone sehr ähnlich war, noch in einiger Entfernung von der Membran. Bei Neusilberdraht von denselben Dimensionen war der Einfluss der Temperatur sehr gering, es genügte schon eine laue Erwärmung, um starke Töne zu erzeugen. Der Einfluss der Temperatur wird zurückgeführt auf die stärkere Ausdehnbarkeit bei hoher Temperatur, während beim Neusilber der entgegenwirkende Einfluss der stark verminderten Elasticität den ersteren aufhebt.

Auf secundäre Ströme, die durch eingeschaltete Inductionsrollen erzeugt werden, reagirte das Thermotelephon nicht.

Man kann den Apparat auch als Sprechtelephon brauchen. Dabei wird durch die Bewegung der Membran die Spannung des Drahtes verändert und somit auch dessen Widerstand (wie schon Sir W. THOMSON zeigte). Auch diese Wirkung ist bei hoher Temperatur (starken Strömen) stärker, bleibt aber überhaupt für practische Verwendung etwas zu schwach. *K. M.*

H. GEBERT. Wirkungen cylindrischer und kegelförmiger Resonatoren an singenden Flammen.

Inaug.-Diss. Erlangen. 20 S.; [Beibl. X, 87†.

CHRISTIANI's Beobachtung der „Absorption“ des Schalles singender Flammenröhren durch gleichgestimmte Resonatoren (Stimmgabelkästen, Hohlkugeln) wird als Interferenzerscheinung der beiden Wellen erklärt, welche durch Reflexion am offenen Ende des die Flamme umgebenden Cylinders und am Ende des Resonators entstehen. Zur Begründung dieser Erklärung wendet der

Verf. als Resonatoren ebenfalls offene Cylinder an, welche in Verlängerung der Flammencylinder nahe über diese gehalten werden. Wenn dieser Cylinder denselben Eigenton wie die Flammenröhre hat, wenn also seine reducirte Länge gleich einer halben Wellenlänge des Tones ist, so erlischt der Ton bei Näherung des Cylinders. Das gleiche geschieht, wenn die reducirte Länge 2, 3 mal so gross ist. Bei Cylindern mit einem geschlossenen Ende zeigt sich, dass sie die Flamme zum Schweigen bringen, wenn ihre reducirte Länge ein ungerades Vielfache einer Viertel-Wellenlänge ist. Die bekannte Art der Reflexion an offenen und geschlossenen Röhrenenden liefert in den angegebenen Fällen stets zwei Wellen, welche sich in der Flammenröhre vernichten.

Mit kegelförmigen Resonanzröhren gelang der Versuch ebenfalls. Natürlich wichen die Längen dieser Röhren um so mehr von denen der cylindrischen ab, je grösser der Oeffnnngswinkel des Kegels war. Diese Kegel konnten auch schräg oder ganz seitlich an die Mündung der Flammenröhre gehalten werden, und vernichteten auch so deren Ton. *K. M.*

E. Dorn. Einige Vorlesungsversuche. 2. Interferenz des Schalles. Wied. Ann. XXVI, 331-334; [Cim. (3) XX, 155-156.

Eine Stimmgabel auf Resonanzkasten wird mit der Oeffnung des letzteren der Wand zugekehrt und in Entfernungen zwischen 0.5 und 2 Metern von der Wand hin und her bewegt. Die Interferenzschwellungen füllen das ganze Zimmer. *Bde.*

W. le Conte Stevens. Optical projection of acoustic curves. Sill. J. (3), XXIX, 234-236.

Verf. lässt zwei mit Lissajous'schen Spiegeln versehene Stimmgabeln parallel schwingen, den von beiden Spiegeln reflectirten Lichtstrahl auf einen rotirenden Spiegel fallen, und dann das Bild sich auf einen Schirm projiciren. *Bde.*

Kiessling. Demonstration der Tonbildung in Orgelpfeifen. ZS. phys. Unt. II, 64-66; [Beibl. IX, 713.

Eine offene Lippenpfeife von 50-60 cm Länge mit quadratischem Querschnitt wird unmittelbar über dem Pfeifenfuss quer durchgesägt, so dass sich die Kernspalte im unteren, das Labium im oberen Theile befindet. Zu beiden Seiten des Pfeifenfusses werden zwei 4—5 cm hohe Brettchen angeschraubt, zwischen denen sich der Pfeifenkörper verschieben lässt. Stellt man den Pfeifenkörper so, dass der Anblasestrom ausserhalb dicht vor dem Labium vorbeigeht, so spricht die Pfeife nicht an; sie thut das aber sofort, wenn man von aussen senkrecht gegen den Anblasestrom bläst und denselben dadurch in die Pfeife hineindrückt. Der Ton dauert dann an; schlägt man aber mit der Hand auf die obere Oeffnung der Pfeife, so dass sich im Innern derselben eine starke Verdichtung bildet, so wird der Anblasestrom wieder aus der Mundöffnung herausgedrückt, und die Pfeife hört auf zu tönen. Anblasen und Aufklopfen haben die umgekehrte Wirkung, wenn der Pfeifenkörper so gestellt ist, dass der Anblasestrom inwendig hinter dem Labium vorbeigeht. *Bde.*

Kiessling. Experimentelle Darstellung der Abhängigkeit der Tonhöhe von der Temperatur der Luft. ZS. phys. Unt. II, 25-26†; [Beibl. IX, 655.

Als Demonstrationsinstrument dient eine Rijke'sche Röhre, deren Drahtnetz um ein viertel bis ein drittel der Röhrenlänge vom unteren Ende entfernt ist, Länge 50—60 cm, Durchmesser etwa 30 mm. Wird die Röhre über die Flamme eines Bunsenbrenners gestülpt, so dass die Mitte des Drahtnetzes erglüht, so tönt sie eine Zeitlang nach, wenn sie abgehoben wird. Dabei kühlt sich die Luft im Innern ab, der Ton sinkt also; erhitzt man sie aufs neue, so steigt der Ton. Legt man auf das Drahtsieb sehr dünne Platinfolie und lässt gashaltige Luft durchströmen, so glüht das Platin und unterhält den Ton. *Bde.*

Litteratur.

v. VIERORDT. Die Schall- und Tonstärke und das Schallleitungsvermögen der Körper. Tübingen, Laupp, 1885, 274 pp.; [ZS. f. Natw. (4) IV, 493-495; [Beibl. IX, 759-762.

A. VOSS und FR. POSKE. Die Akustik als Unterrichtsgegenstand. ZS. phys. Unterr. II, 193-207, 217-226; [Beibl. X, 273, 1886.

SCHUBRING. Ueber Bestimmung der Tonhöhe. ZS. f. Natw. (4) IV, 292-293.

A. J. HIPKINS. Observations on the Upper Partial Tones of a Pianoforte String struck at one-eighth of its Length. Proc. Roy. Soc. XXXVIII, 83-85, 1885.

FICK. Ueber Copirung von Klangcurven. Würzb. Ber. 80.

Die Eindrücke auf einem Edinson'schen Phonographen werden durch einen Fühlhebel 100 mal vergrössert.

H. GEBERT. Wirkung cylindrischer und kegelförmiger Resonatoren an singenden Flammen. Inauguraldiss. 20 S. Erlangen; [ZS. f. Instrk. V, 252.

A. HIMSTEDT. Ueber LISSAJOUS'sche Curven. Göttingen, Vandenhoek & Ruprecht; [ZS. f. Instrk. V, 69. *Bde.*

H. H. MOTT. The fallacy of the present theory of sound. New-York, Viley & Sons, printed for the author.

W. H. STONE. Kritik über vorstehendes Buch von Mott. Nature XXXII, 75. *K. M.*

A. BENECKE. Apparat zur Bildung stehender Wellen gespannter Saiten. ZS. phys. Unt. II, 215-216†; [Beibl. X, 274, 1886.

Der Apparat ist der bekannte Melde'sche und von Melde selbst in Giessen ausgestellt worden. Die Stimmgabel ist durch ein U-förmiges Metallrohr ersetzt, welches mit Wasser gefüllt wird. Durch Variirung des Wasserniveau's wird die Schwingungszahl der Gabel variirt. *Bde.*

O. **Wehler.** Stimmgabelspreize. D. R. P. 32 698, 1885; [ZS. f. Instrk. V, 372; [Beibl. X, 89, 1886.

H. **Hesehus.** Ueber die Leitungsfähigkeit der Körper für den Schall. J. d. russ. phys.-chem. Ges. XVII, phys. Theil, p. 326-330†.

Deutsch im Repert. d. Phys. 1887, XXIII, p. 242.

O. Chw.

Le Xylophone. La Nat. XIII, (1), 207

Holzhackbrett.

G. **Tissandier.** Les pierres chantantes. (Hackbrett aus Feuersteinen.) La Nat. XIII, (2). 33-34).

La toupie harmonique La Nat. XIII, (1), 256.

Brummkreisel, dessen Luftströmung Harmonicazungen in Bewegung setzt.

O. **Lenz.** Der tönende Sand. Die Natur (2), IX, 1885, 118, 395.

B. H. **Mullen.** On a set of musical stones in the science and art museum, Dublin. Proc. Roy. Soc. Dublin 1885, 432-436; [Beibl. X, 20.

Die Steine stammen aus Cumberland und sind Kalkstein. Näheres über ihre Geschichte war nicht zu ermitteln. Die Prüfung derselben scheint nicht von einem gewiegten Akustiker ausgegangen zu sein.

Graham Bell. On the possibility, while at sea in a fog, of detecting by means of echoes the proximity of dangerous objects. Science V, 354.

April meeting of the national academy of sciences.

Bde.

9. Physiologische Akustik.

a. Physiologische Erzeugung des Schalles.

N. P. Ssimanowsky und L. E. Bellarminoff. Die Anwendung der Photographie bei Untersuchung der Stimmbänderschwingungen. Pflüger Arch. f. Phys. XXXVII, 375-382†.

Anschliessend an D. J. Koschlakoff, welcher zuerst die Schwingungen der Kautschuk-Stimmbänder eines künstlichen Kehlkopfes durch daran befestigte Härchen auf rotirende Cylinder schreiben liess, wird eine photographische Fixirung an demselben Object ausgeführt in der Hoffnung, durch diese Vorarbeit die nöthige Erfahrung für die gleiche Aufgabe in Bezug auf die Schwingungen des lebenden Kehlkopfes von Menschen und Thieren zu sammeln.

Um zunächst ein scharfes Bild der Randpunkte zu erhalten, wurden die Ränder der Stimmbänder weiss gefärbt und durch einen engen, senkrecht zur Stimmritze gestellten Spalt beobachtet. Man sah auf diese Weise nur zwei weisse Punkte, entsprechend den beiden im Spalte erscheinenden Randstellen der beiden Stimmbänder. Diese konnte man bei scharfer Beleuchtung und empfindlichem Bromsilber-Papier als Punkte photographiren. Ist aber das lichtempfindliche Papier auf eine rotirende Walze gewickelt, so ziehen bei ruhenden Stimmbändern die beiden hellen Punkte zwei gerade Linien, bei schwingenden Stimmbändern dagegen entstanden zwei breite verwaschene Streifen. Die Rotationsgeschwindigkeit war zu gering, um die Schwingungen in einer deutlichen graphischen Curve wiederzugeben. Deshalb wurde durch Anwendung einer stroboskopischen Scheibe ein sehr verlangsamtes Abbild der wirklichen Kehlkopfschwingungen hergestellt und photographirt. Drei Muster solcher photographirter Schwingungen sind abgebildet. Es zeigt sich an diesen, dass bei gleichmässiger Spannung beide Ränder gleichzeitig nach innen und nach aussen schwingen, dass dagegen bei ungleicher Spannung die Bewegung alternirend ist, und zugleich die Amplitude beider Stimmbänder ungleich ist. Einzelheiten an der Form der Wellen, aus denen man auf bestimmte Obertöne schliessen könnte, sind nicht zu erkennen. Es wird die Hoffnung ausgesprochen, dass es mit Hülfe einer sehr schnell rotirenden Walze, die im Besitz von Prof. KOSCHLAKOFF ist, auch ohne Stroboskop gelingen werde, die Bewegungen des lebenden Kehlkopfes zu photographiren. *K. M.*

J. RUFF. Das Stottern, seine Ursache und seine Heilung. Leipzig, 1885. Gesundheit 1885, X, 364-365 (C. R.)

Als sprachliche Mängel werden getadelt, dass die Schriftzeichen sich nicht stets mit dem Laute decken, zwei verschiedene Laute oft nur ein Zeichen haben und Modificationen des nämlichen Lautes zuweilen ungenügend graphisch bezeichnet werden. Wird die richtige Aufeinanderfolge der Muskelzusammenziehungen gestört, welche zum Aussprechen der einzelnen Sprachbestandtheile gehören, so entsteht das Stottern. Die gemeinsame Ursache jener Störungen liegt im cerebralen Sprachcentrum. Das Leiden ist neurasthenisch. Vielleicht erscheint dort der Capillarkreislauf zu reich oder zu arm an Blut. „Jeder psychische Affect ist im Stande, die regelmässige Thätigkeit des Sprachcentrums zu stören und das Heer von Erscheinungen hervorzurufen, die man bei Stotterern zu beobachten Gelegenheit hat". Die Behandlung des Stotterns soll vor Allem das seelische Gleichgewicht und die regelmässige Athmung des Kranken herstellen. Zuvörderst wird mittelst Metronom und Tactstock das rhythmische Gefühl geregelt, dann die Athmungs-Gymnastik systematisch geübt, dann jeder einzelne Vocal laut gesprochen und bei sparsamer Verwendung des durch tiefe Einathmung gewonnenen Luftvorrathes irgend ein Text vorgelesen oder declamirt. *Hh.*

LICHTHEIM Aphasie. Deutsches Archiv für klinische Medc. 1885, XXXVI, 204; Schmidts Jahrb. d. Gesammt-Medc. 1885. IV, 166.

In einer aus 8 Geraden mit aufgezeichneten Pfeilen gebildeten Figur wird ein Schema dargelegt für die nervöse Verbindung der Centra, für die Klangbilder der Worte und der Bewegungsbilder, der Stätten für Begriffsbildung und optische Schriftzeichen, wie die Schreibbewegung. Die zuführende Acusticus-Bahn, die ausführende motorische Sprachbahn, das Lautlesen zum Verständniss der Schrift, die Innervation beim willkürlichen Schreiben und beim Copiren werden berücksichtigt. *Hh.*

K. M. Ueber die Stimmen der Schlangen. Natur, Halle, 1885, XIX, 228; E. H. Hitchcock, Prof. in Hannover, U. St. Nord-Amerika; Science V, 267.

Herr GEORGE W. LEITCH von Ryegate in Vermont, mehrere Jahre als Missionär wirkend zu Manepy auf Ceylon, wollte eine Schlange tödten, welche in einen mit Holz gefüllten Raum gedrungen war. In ihrer Wuth oder Angst stiess sie ein Geschrei aus, das dem Gebrüll eines zweijährigen Stieres verglichen wird. Das Thier war 7—8' lang. — Darauf machte am 6. März 1885 Herr H. NICHOLSON, Univ.-Prof. in Nebraska, die Mittheilung, dass er im Herbst 1883 zwei grosse Prairie-Ochsenschlangen (Pituophis Sayi) in seinem Laboratorium gehalten habe. Der grösseren von 5' Länge leitete er gelegentlich den elektrischen Schlag einer grossen Inductionsrolle durch die Wirbelsäule und hörte von ihr ein schwaches doch deutliches Geschrei wie von einem jungen Hunde. Diese Aeusserung des Zornes oder Schmerzes wurde von jedem der beiden Thiere ausgestossen, so oft man den beschriebenen Versuch wiederholte. *Hh.*

C. V. RILEY. The song-notes of the periodical Cicada. Science VI, 264†.

Die Laute des Cicadengesanges werden beschrieben und durch Lautzeichen annähernd wiedergegeben. *K. M.*

DROZDA, ROSENBACH, LUBLINSKI, GROEDEL. Musikalische Auscultations-Geräusche. Wiener med. Wochenschr. XXXIII, 1882; Wiener Klinik 1884, III; Ztschr. f. klin. Med. 1883, VII, 523; Berliner klin. Wochenschr. 1884, XVI; Jahrb. d. Gesammt-Med. 1885, IX.

Am linken venösen Ostium kommen musikalische Geräusche vor an Sehnenfäden, welche, angeboren oder später entstanden, zwischen vorderer und hinterer Ventrikelwand in der Systole gespannt werden, ferner bei deren entzündlicher Veränderung, endlich wegen Zurückschlagens der Klappen, wenn die Papillar-Muskeln atrophirten. Diastolische musikalische Geräusche werden gehört bei Einlagerung von Kalkplättchen oder netzförmiger Durchlöcherung verschmolzener Klappenzipfel. Am linken arteriellen Ostium treten systolische Geräusche auf bei bandförmiger Verknüpfung der Klappen unter sich oder mit der Aortenwand, Verkalkung der Klappen, Aortenstenose und Ausspannung sehniger Verbindungsstränge zwischen Aorta und Ventrikelwand. Diastolische Geräusche am Aortenostium entstehen, wenn der freie Klappenrand partiell losgelöst ist, oder Insufficienz und Rigidität vorliegt; ferner wenn accessorisch rudimentäre Aortenklappen unter den gewöhnlichen sich ansetzen. In der venösen Blutbahn entstandene Geräusche musikalischen Charakters können zum Herzen fortgepflanzt werden. Pseudocardiale Geräusche entstehen mit pfeifendem schnurrenden Charakter in den Lungen mit den Athmungsphasen variirend, oder summend und brummend in den Venen, beim Wechsel der Herzbewegungen verstärkt. Werden sie nur vom venösen Blutlauf veranlasst, so erscheinen sie weich und unbestimmt. Aecht cardiale Geräusche werden weniger hervorgerufen durch Abnormitäten der Sehnenfäden, als wegen der Verkalkung oder Zerreissung der Klappen.

Distanzgeräusche von musikalischer Beschaffenheit hört man manchmal bei Herzklappenfehlern, so $^1/_2$ m weit „Singen“ über der Aorta, oder $^3/_4$ m weit „Sägen“. Am häufigsten sind sie bei Stenose an der Aorta, seltener bei relativer Insufficienz der tricuspidalis. Hochgradig gesteigerte Herzthätigkeit, Verkalkung, Perforation, Zerreissung der Klappen kann sie auch veranlassen. Singende diastolische Herzgeräusche auf Distanz wurden beobachtet bei relativer Insufficienz der Aortenklappen. Die Semilunarklappen schwingen ähnlich, wie die Stimmbänder durch den Luftstrom, unter dem Druck und Stosse des Blutes. Der Ton ist bei beginnender Diastole am lautesten, und verklingt dann, theilweise verdeckt durch Nebengeräusche, veranlasst von Wirbeln des in den Ventrikel zurückströmenden Blutes. *Hh.*

---

b. Wahrnehmung des Schalles.

E. Mach. Zur Analyse der Tonempfindungen. Wien. Ber. XCII (2), 1283-1289†; Wien. Anz. XXII, 235-236; [J. d. phys. (2) V, 243.

Der Verf. findet in der gewöhnlichen Form des Ausdrucks der Theorie der Tonempfindung, nach welcher jedes der zahlreichen in der Schnecke nebeneinander liegenden Corti'schen Organe auf einen sehr engen Bereich von Tonhöhen mit einer ihm eigenen specifischen Energie reagirt, keine Erklärung für die Thatsache, warum wir alle Töne sofort in eine nicht willkürliche Reihe nach ihrer Höhe ordnen. Um dies zu erklären, nimmt er an, dass in all' diesen Elementarempfindungen zwei, allen gemeinsame Bestandtheile vorhanden seien, deren einer bei tieferen Tönen, der andere bei höheren stärker erregt werde. Um sie mit Namen zu bezeichnen, heisse die eine Empfindung D (Dumpf), die andere H (Hell). Dann ist die Empfindung des für die Schwingungszahl n empfindlichen Nervenendes:

$$[(1-f(n))\,D + f(n)\,.\,H],$$

wo f(n) eine mit n wachsende stetige Function ist, die selbst für die höchsten hörbaren Töne noch $<$ 1 bleibt, etwa entsprechend der Function

$$f(n) = k\,.\log n.$$

Zwei gleichzeitige Empfindungen für verschiedene n addiren sich nicht zu einer einzigen dazwischen liegenden, wie bei der Farbenmischung, sondern sie verhalten sich, wie 2 Farben an verschiedenen Raumstellen. Nur ist der Raum, in dem die Töne erscheinen, ein eindimensionaler, und die Töne sind an gewissen Stellen desselben fest. Die Localisirung ist bei verschiedenen Menschen ungleich vollkommen.

Eine andere Thatsache, nämlich dass dieselben Intervalle in verschiedenen Tonhöhen sofort als gleich erkannt werden, erklärt der Verfasser dadurch, dass er dem für die Schwingungszahl n empfindlichen Endorgan die Fähigkeit zuschreibt, in schwächerem Masse auch durch die Ober- und Untertöne: 2n, 3n..., $\frac{1}{2}$n, $\frac{1}{3}$n erregt zu werden, und zwar dieses für jeden Fall mit charakteristischen Zusatzempfindungen: Z_2, Z_3, ... $Z_{\frac{1}{2}}$, $Z_{\frac{1}{3}}$.... Beim Erklingen einer Terz z. B. wird dann das dem Differenzton (gemeinsamen Unterton) entsprechende Endorgan mit den beiden Zusatzempfindungen Z_4 und Z_5, das dem gemeinsamen Oberton zugehörende Endorgan mit den Zusatzempfindungen $Z_{\frac{1}{4}}$ und $Z_{\frac{1}{5}}$ gleichzeitig erregt; diese Erregung ein- und desselben übrigens aber ganz beliebigen Endorgans durch bestimmte zwei solche Zusatzempfindungen ist dann charakteristisch für ein bestimmtes Intervall. *K. M.*

A. B. JOHNSON. The difficulty in determining the direction of sound. Washington, Bull. Phil. Soc. VIII, 12-14†.

In einem Vortrage werden viele Beispiele aus dem Leben der Menschen und Thiere ausgeführt, aus denen hervorgeht, dass die Richtung der Schallquelle nicht erkannt wird. Selbst Blinde und Wild, trotz des sehr geschärften Sinnes, irren sich. Da die Frage nach der Richtung der Schallquelle im Seewesen von grosser Wichtigkeit ist, so ist ein Apparat „Topophon" nach Prof. MAYER's Angaben von Prof. MORTON angewendet worden, um diese Schwäche des menschlichen Ohres auszugleichen.

Das Instrument besteht aus zwei HELMHOLTZ'schen Resonatoren, welche gegen einander verschiebbar und mit drehbarer Verbindung auf dem Deck des Schiffes angebracht sind. Nach der Cajüte, von wo aus die Resonatoren in messbarer Weise verschoben werden können, führen aus den Hohlräumen der Resonatoren zwei gleich lange Gummischläuche, welche sich am Ende vereinigen und ins Ohr eingeführt werden. Die Wirkung des Apparates beruht auf der Interferenz des Schalles bei einer halben

Wellenlänge Gangunterschied, und man kann dadurch die Richtung der Schallquelle bis auf etwa 10° bestimmen. *K. M.*

A. J. Ellis. Musical scales of various nations. Nature XXXI, 488-490†; Rév. scient. (3) XXXV, 573-574.

Bericht über einen Vortrag in der Soc. of arts, in welchem der Verfasser eine grosse Reihe von Tonleitern fremder Nationen und Melodien in diesen Tonleitern auf eigens für diesen Zweck gestimmten Instrumenten oder eingetheilten Saiten (Dichord, Concertina) vorführte. Die theoretisch nicht zu erklärenden Tonleitern wurden mit einem Satz von 100 Stimmgabeln in der Octave vom Verf. und A. J. Hipkins nach mustergiltigen Vorträgen der Eingeborenen bestimmt.

Eigenthümlich ist die Aufzeichnung der Intervalle. Der Verf. theilt die Octave in 1200 gleiche Intervalle, welche er Cents nennt, weil sie den hundertsten Theil eines Halbtones ausmachen, und ordnet in diese Reihe sehr nahe bei einanderliegender Töne die verschiedenen Tonleitern ein. Die dadurch entstehenden Zahlenreihen sind proportional den Logarithmen der relativen Schwingungszahlen.

Die reine Durtonleiter würde z. B. so dargestellt werden:

0 204 386 498 702 884 1088 1200

Diff. 204 182 112 204 182 204 112

In dieser Schreibweise werden die verschiedensten Tonleitern der Araber, Inder, Javaner, Chinesen und Japaner wiedergegeben. Eine überlieferte indische Tonleiter stimmt bis auf ihre zu hohe Sexte ganz mit unserer reinen Durtonleiter überein. Eine 5stufige japanische enthält das Tetrachord des Olympos, während eine 12stufige nach eigener Angabe der Japaner identisch sein soll mit unserer gleichschwebenden Temperatur, von der sie aber thatsächlich in unregelmässiger Weise abweicht.

Das Resultat der ganzen Untersuchung ist, dass im allgemeinen bei den verschiedenen Völkern kein deutliches Streben nach der Herstellung einer einzigen, in der Consonanz begründeten, natürlichen Tonreihe zu erkennen ist. *K. M.*

B. Baginsky. Zur Physiologie der Bogengänge. Du Bois-Arch., 253-266†.

W. Kiesselbach. Ueber partielle Vorwölbung des Trommelfells bei gleichmässigem Luftdruck von aussen. Erl. Ber. XVII, 45-48†.

A. Huijsma. Ueber die Abstumpfung der Gehörnerven. Onderz. gedaan in het Phys. Lab. te Utrecht IX, 87-150; [Beibl. IX, 314†.

Diese drei rein physiologischen Arbeiten sind für die Akustik nur von indirectem Interesse.

In der ersten wird gezeigt, dass man experimentell an lebenden Thieren nicht nachweisen könne, dass die Reizung der in den Bogengängen liegenden Endigungen der Gehörnerven die Schwindelempfindung verursache, weil in allen Fällen durch den operativen Eingriff Störungen in dem benachbarten Kleinhirn hervorgerufen würden, welche allein schon alle beobachteten Gleichgewichtsstörungen erklärten.

Aus der zweiten Arbeit geht nebenbei hervor, dass der m. tensor tympani, welcher den Stiel des Hammers einwärts zieht, reflectorischer Contractionen fähig ist, gegenüber der älteren Ansicht von Magnus, dass dieser Muskel nur ein elastisches Band ohne Innervation vorstelle. Es liegt in dieser Erkenntniss eine neue Stütze der Behauptung von Helmholtz, dass die Schwerhörigkeit beim Gähnen eine Wirkung der Contraction dieses Muskels ist.

Aus der dritten Arbeit erwähnt das allein zugängliche Referat als akustisch interessante Thatsache nur das schon von Lord Rayleigh beobachtete Unhörbarwerden lang andauernder constanter hoher Töne. *K. M.*

L. Pillaut. La théorie mathématique et la composition musicale. Rev. sient. XXXV, 5-10†.

In diesem populären Aufsatze wird die historische Entwickelung der temperirten Stimmung und deren Einfluss auf die musikalische Composition behandelt. Zunächst wird eine Beschreibung der alten Stimmung der Claviere und Orgeln gegeben, welche ursprünglich nur eine rein gestimmte diatonische Tonleiter mit sieben gleichen Tasten in der Octave besassen, zwischen denen dann fünf Obertasten eingeschoben wurden, die in reinen Terzen oder Sexten zu jenen ersteren gestimmt wurden. Die Stimmung war nach MERSENNE (in OETTINGEN'scher Schreibweise)

c, des, d, $\underline{\text{es}}$, $\bar{\text{e}}$, f $\overline{\text{fis}}$, g, $\underline{\text{as}}$, $\bar{\text{a}}$, $\text{b}_{\frac{7}{4}}$—$\underline{\text{b}}$, $\bar{\text{h}}$, c.

Dieser gegenüber steht die bereits von MERSENNE berechnete, wegen des geringen Wohlklanges der C-dur Consonanzen von den Zeitgenossen bekämpfte, aber wegen der Gleichberechtigung aller Tonarten und der daraus folgenden Freiheit der Modulation schon von J. S. BACH und RAMEAU vertheidigte und benutzte gleichschwebende Temperatur mit 12 gleichen Tonstufen in der Octave. Es wird nun Vortheil und Nachtheil beider Stimmungen betrachtet und ausgeführt, wie die ganze Entwickelung der modernen Musik auf dem Boden der temperirten Stimmung steht. Namentlich gern erinnert der französische Autor an R. WAGNERS Modulationen.

Das einzige Ueberbleibsel der alten Stimmung ist noch die Gestalt unserer Claviatur, in der die C-dur Tonleiter eine singuläre Stellung einnimmt. Diese würde einer anderen weichen müssen, in der die 12 Stufen gleichberechtigt auftreten. Dies ist eine Vorahnung der JANKO-Claviatur. *K. M.*

Litteratur.

DE MEYER. Les organes de la parole. [Rev. scient. (3), XXXVI, 87-88.

Uebersetzung des v. Meyer'schen Werks, erschienen in der bibl. scient. internat.

STRICKER. Le Langage et la Musique. Paris, Alcan, 1885; [Rev. scient. (3), XXXVI, 183-184.

Aus dem deutschen übersetzt von Schwidland.

GOUGENHEIM et LERMOYER. Physiologie de la voix et du chant. [Rev. scient. (3), XXXVI, 664.

Die Recension stellt das Buch als sehr ungenügend dar.

E. BEHNKE The mechanism of the human voice. 8°. IX. 139 pp. London, 1885. J. Curwen & Sons. (Beibl. 1885. XI. 88.)

BERNARD. L'Aphasie. [Rev. scient. (3), XXXVI, 182-183.

MOURE. Simulirte und nervöse Aphonie. Revue mens. de laringol. VI, 341.

BUFF. Stottern, dessen Ursache und Heilung. Leipzig, 1885. Huke.

UCKERMANN. Taubstummheit. Tidsskr. f. pract. Mdcn. V, 14, 16.

R. COËN. Ueber die Geistesfähigkeiten Sprachleidender. Wien. medc. Wochschr. XXXV, 26.

KUSSMAUL in Strassburg. Die Störungen der Sprache. III. Aufl. 1885, XII. Bd., Anhang, v. Ziemssens spc. Pathlg. u. Therapie. 6 M.

Dr. Z. Otoscope, appareil pour éclairer l'intérieur de l'oreille. La Nature XIII, (1), 156.

BARTSCH. Schallleitung in Kopfknochen und Differentialdiagnose der Krankheiten Schall leitender oder empfindender Organe. Monatsschr. f. Ohrenheilkde. XIX, 10, XV, 110.

BEZOLD. Die Uhr als Hörmesser. HAUPT, Rettigs Tonbringer. ROTHHOLZ. Diplakusis und Knochenleitung. Zeitschr. d. Ohrenheilkde. XV, 208; XIX, 12; XV, 107, 108.

KNAPP. Einheitliche Messung der Hörschärfe. ROOSA. Presbyakusis. Transact. of the amrc. otol. Soc. III, 349, 449.

BERTHOLD. Hühnereischalenhaut als künstliches Trommelfell. Wiesbaden.

ROHRER. Rinne's Versuch für Hörweite und Perception hoher Töne. Zürich.

BEERWALD. Neuer Hörmesser. Arch. f. Ohrenheilkde. XXIII, 2, 3, p. 141.

Lucae. Zur Stimmgabel-Untersuchung. Arch. f. Ohrenheilkde. XXIII, 2. 3, p. 122.

Bezold. Ergebnisse der Schul-Untersuchung über das kindliche Hörvermögen. Aerztl. Intelligenzbl. XXXII, 15, München, 14. April 1885. — (Nach Brückner in Göttingen finden sich unterhalb 15 Jahren 22.2 Procent Ohrenkranke. (?) Als Probemittel sind verwendbar: die Flüstersprache, welche normal auf 20—25 m vernehmlich sein soll; die Taschenuhr; Politzers Hörmesser (ein Stahlstab auf $\underset{''}{c}$ abgestimmt, auf welchen ein Hämmerchen gleichen Gewichtes aus gleicher Höhe herabfällt.) *Hh.*

Politzer. Ueber den Rinne'schen Versuch. [Aerztl. Intellgzbl. München XXXII, 255, 1885.

Bezold. Erklärungs-Versuch zum Verhalten der Luft- und Knochenleitung beim Rinne'schen Versuch mit einem Obductionsfall. (Vortrag in der VII. Versammlung süddeutscher und schweizerischer Ohrenärzte in München.) Aerztl. Intelligenzblatt, 16. Juni 1885, XXXII. Jahrg. — (Die Stimmgabel an die Knochen des Kopfes gehalten verklingt in 10 Sec., vor dem Ohre in 70—80 Sec. — Nicht Molecular- sondern Massen-Bewegungen bei der Schallfortpflanzung im Ohre.)

A. Kast. Ueber Störungen des Gesanges und des musikalischen Gehöres bei Aphasischen. Aus d. medic. Klinik in Freiburg (Geh. Hofrath Baeumler); Aerztl. Intelligenzblatt, München, 3, XI, 1885; XXXII, 44, S. 621-627. (Krankengeschichte einer traumatischen Aphasie.)

Bartsch. Schallleitung durch die Kopfknochen. Monschr. f. Ohrenheilkde. XIX, 9.

Gruber. Verluste am Schneckengehäuse mit Heilung und relativer Gehörerhaltung. Monschr. f. Ohrenheilkde. XIX, 8.

Bürkner. Besserhören der Geräusche (Parakusis Willisii). Berliner klin. Wochschr. XXII, 27.

Da mir das Original unzugänglich ist, muss ich mich beschränken nach Angabe des Herrn Eilhard Wiedemann auf das, früher von Lord Rayleigh erforschte, Ergebniss der vorwiegend physiologischen Untersuchung, dass hohe Töne, wenn sie längere Zeit hindurch einwirkten, allmälig unhörbar werden. *Hh.*

Das Antiphon. Polyt. Not. XL, 176†.

Practische Vorrichtung zum Verschluss des äusseren Gehörganges gegen Schallwellen. Erfinder M. Plessner. Fabrikant Schulze & Bartels, Rathenow. *K. M.*

B. BAGINSKY. Beziehungen des Hörnerven zum Gleichgewicht. Arch. f. Ohrenheilkde. XII, (2), 143; Jacobson, XXII, (2), 146.

BAKER. Objective Geräusche in beiden Ohren. Ztschr. f. Ohrenheilkde. XIV, (3, 4), 237.

A. HARTMANN. Graphische Darstellung der Hörprüfung mit Stimmgabeln. Deutsch. med. Wochschr. XI, 15.

BASIL NORRIS. Zeitweise plötzliche Wiederkehr des Hörvermögens nach 21jähriger Taubheit. Ztschr. f. Ohrenheilkde. XIV, (3, 4), 236.

AUGUSTE FOREL. Origine du nerf acoustique. Arch. Sc. Phys. Nat. (3), XIV, 275-278.

G. FERRÉ. Des ganglions intrarocheux du nerf auditif chez l'homme. C. R. C, 862-865.

RETZIUS. Das Gehörorgan der Wirbelthiere. Öfversigt af K. Vetensk. Ak. Förhandl. XLI, No. 9, 2, 1884.

The senses of spiders. Science V, 264. *Bde.*

Druck von Fr. Aug. Eupel in Sondershausen.

FSC
www.fsc.org
MIX
Papier | Fördert
gute Waldnutzung
FSC® C083411

Kolibri 360 GmbH
Ferdinand-Jühlke-Straße 7
99095 Erfurt, Deutschland
produktsicherheit@kolibri360.de